高等教育"十三五"规划教材

水污染控制工程

（第二版）

主　编　宋志伟　李　燕

副主编　岳秀萍　黄　玲

程爱华　陶　梅

潘　宇　宋秀兰

李红梅

中国矿业大学出版社

内 容 提 要

本书为高等教育"十三五"规划教材，紧密结合水污染的现状和发展趋势，详细介绍了水污染控制的理论和工艺技术，侧重基本概念和基本理论，展现工程应用。全书共分9篇24章，内容主要包括水资源与水污染概述、污水的物理处理、污水的化学处理、污水的物理化学处理、污水生物处理、污水的深度处理及回用、污泥处理与处置、矿业水污染及防治、污水处理厂设计等。

本书注重基本概念和基本理论的严谨性，又注重理论深度的体现；在内容编排上注重系统性，力求体现各部分内容的有机联系；注重理论性与实用性的统一，适当融入工程实例和最新成果，配有例题、习题与思考题，主要专业术语均采用双语表达，以培养学生的基本专业素养、工程能力和创新意识。

本书可作为普通高等院校环境工程专业教学用书，亦可作为其他相近专业的教材或教学参考书，同时也可供从事环境工程设计、管理及科研工作的人员参考使用。

图书在版编目(CIP)数据

水污染控制工程/宋志伟，李燕主编．—徐州：中国矿大业大学出版社，2019.5

ISBN 978-7-5646-3744-6

Ⅰ．①水…　Ⅱ．①宋…②李…　Ⅲ．①水污染—污染控制
Ⅳ．①X520.6

中国版本图书馆CIP数据核字(2017)第263680号

书　　名　水污染控制工程
主　　编　宋志伟　李　燕
责任编辑　周　红
出版发行　中国矿业大学出版社有限责任公司
　　　　　　(江苏省徐州市解放南路　邮编221008)
营销热线　(0516)83884103　83885105
出版服务　(0516)83995789　83884920
网　　址　http://www.cumtp.com　**E-mail**:cumtpvip@cumtp.com
印　　刷　江苏淮阴新华印务有限公司
开　　本　787×1092　1/16　**印张** 26.5　**字数** 661千字
版次印次　2019年5月第2版　2019年5月第1次印刷
定　　价　46.00元

第二版前言

本书自2013年7月第一次出版发行以来，深受广大读者的欢迎和认可，2016年获“全国煤炭行业优秀教材”一等奖，并被列为高等教育“十三五”规划教材。近年来，随着我国生态文明建设加快，加强环境污染治理和生态环境保护已成为国家战略，环保产业发展迅速。2015年开始实施新环保法，出台了《水污染防治行动计划》，全面控制污染物排放，严格水污染排放标准，水污染治理领域的新技术和新成果不断涌现，以及新的政策、法规和标准的公布，书中的部分内容已很难满足读者的需要，基于此背景，进行本次修订。

《水污染控制工程》作为环境类专业人才培养的重要教材，本次修订是基于我国现有环保领域背景和需求，结合近年来水污染防治技术的新进展和新成果，在保持原有内容体系的基础上，从知识更新方面进行修改和补充，体现内容的前沿性和最新环保理念，满足我国环保领域对水污染防治人才培养的需求。修订主要内容为：增加了三级防控机制，体现从水污染控制到水污染防治的转变；增加了突破传统脱氮机理的理论内容和相应工艺，融入污水厂NEWs理论，体现可持续污水处理的理念；增加了新型污泥脱水干化一体设备，体现从污泥处理到污泥资源化的转变；增加了污水处理新工艺，体现内容的前沿性。

本书编写分工如下：黑龙江科技大学宋志伟（第一、二、五、十二章）、辽宁工程技术大学陶梅（第三、七、八、九章）、黑龙江科技大学潘宇（第四、六章）、西安科技大学程爱华（第十、十一、十三章）、中国矿业大学李燕（第十四、十五、二十二章）、太原理工大学岳秀萍和宋秀兰（第十六、十七、十八、二十三、二十四章）、华北科技学院黄玲（第十九、二十、二十一章）、中国寰球有限公司北京分公司李红梅（第二章）。全书由宋志伟负责最终修改和整理。

本书的编写得到了各参编高校老师和同行们的大力支持，中国矿业大学出版社对本书的编写和修订再版做了大量工作，在本书付梓之际，谨向他们表示诚挚的感谢，并向被引用资料的编著者表示感谢！

由于编者水平有限，书中可能有疏漏和不妥之处，敬请读者不吝赐教。

编　者

2019年4月

第一版前言

水资源是维系地球生态环境可持续发展的首要条件，是工农业生产、经济发展和环境改善不可替代的极为宝贵的自然资源。目前水资源短缺、水环境污染、水生态破坏的日趋严重已直接影响到人民的生活，影响到社会的可持续发展。

水污染控制工程是保护人类生存与发展环境的重要措施，全面深入地了解水污染控制技术，解决目前面临的水污染问题，已成为环境工程技术人员的重要使命。本书根据水中污染物的处理原理设章，针对水污染控制的基本理论、基本方法、工艺系统的构成及应用以及该技术的最新进展进行全面系统的阐述，旨在使学生能掌握基本理论，具备解决实际问题的初步能力。

本书在内容编排上注重系统性，力求体现各部分内容的有机联系，注重基本概念和基本理论的严谨性，适当融入工程实例和最新成果，注重理论性与实用性的统一，配有例题、习题与思考题，主要专业术语采用双语表达，并在兼顾教材通用性的前提下，体现矿业特色，以培养学生的基本专业素养、工程能力和创新意识。

本书由黑龙江科技大学宋志伟教授、中国矿业大学李燕教授担任主编。本书编写分工如下：黑龙江科技大学宋志伟（第一、二、五、十二章）、辽宁工程技术大学陶梅（第三、七、八、九章）、黑龙江科技大学潘宇（第四、六章）、西安科技大学程爱华（第十、十一、十三章）、中国矿业大学李燕（第十四、十五、二十二章）、太原理工大学岳秀萍和宋秀兰（第十六、十七、十八、二十三、二十四章）、华北科技学院黄玲（第十九、二十、二十一章）、李红梅（第二章）。全书由宋志伟负责统稿。

本书作为普通高等院校环境工程专业教学用书，亦可作为其他相近专业的教材或教学参考书，同时也可供从事环境工程设计、管理及科研工作的人员参考使用。

在本书编写过程中，吸收了以往相关教材的优点，参阅了近年来高校及设计部门的资料与相关文献，在此向所有文献作者表示感谢！各参编院校也给予了全力的支持，中国矿业大学出版社对本书的编写和出版做了大量的工作，在此一并表示衷心感谢！

由于编者水平有限，书中难免存在疏漏和错误之处，敬请广大读者批评指正。

编　者

2013 年 5 月

目 录

第一篇 水资源与水污染

第二篇 污水的物理处理

第三篇　污水的化学处理

第四篇　污水的物理化学处理

第七篇　污泥处理与处置

第八篇　矿业水污染及防治

第九篇　污水处理厂设计

第一篇

水资源与水污染

水是人类及一切生物赖以生存的物质基础，是维系地球生态环境可持续发展的首要条件，是工农业生产、经济发展和环境改善不可替代的极为宝贵的自然资源。目前人类面临着水资源短缺、水环境污染、水生态破坏等问题，直接威胁人类的生存，制约现代社会的可持续发展，且已成为全球资源环境的首要问题。因此，采取积极措施保护水资源，防治水污染，才能使人类实现自身的可持续发展。

第一章　水资源与水体污染

第一节　水循环与水资源

一、水循环

水具有三态变化的独特性质，在太阳能和日地运行规律的支配下，地球上的水无时不处于变化运动之中，存在着复杂的、大体以年为周期的水循环（Hydrologic Circle）。地球上水的循环，分为水的自然循环和社会循环两种。

1. 水的自然循环

在太阳能和地球表面热能的作用下，地球上的水不断被蒸发成为水蒸气，进入大气，水蒸气遇冷又凝聚成水，在重力的作用下，以降水的形式落到地面，这个周而复始的过程称为水的自然循环，包括蒸发、水汽输送、降水和径流四个阶段。

水的自然循环又可分为大循环和小循环。如图 1-1 所示，从海洋蒸发出来的水蒸气，被气流带到陆地上空，凝结为雨、雪、雹等落到地面，一部分被蒸发返回大气（约占 56%），其余部分成为地面径流（约占 34%）或地下径流（约占 10%）等，最终流回海洋。这种海洋和陆地之间水的往复运动过程，称为水的大循环。仅在局部地区（陆地或海洋）进行的水循环称为水的小循环。环境中水的循环是大、小循环交织在一起的，在全球范围内不停地进行着。自然界水的循环和运动是陆地淡水资源形成、存在和永续利用的基本条件。

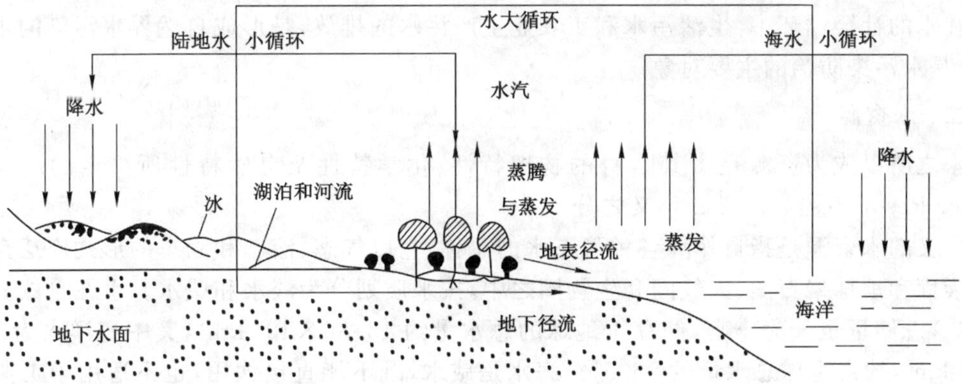

图 1-1　水的自然循环

2. 水的社会循环

水由于人类的活动而不断地迁移转化，形成了水的社会循环。水的社会循环是指人类为了满足生活和生产的需求，不断取用天然水体中的水，经过使用，一部分天然水被消耗，但绝大部分变成生活污水和生产污水排放，重新进入天然水体的过程。水的社会循环由给水、使用、排水三个环节构成。

水的社会循环分良性循环和非良性循环两种类型。如图 1-2 所示，良性循环是指对使用后的污水经过收集、处理和处置，使其水质达到国家规定的排放标准后，才返回天然水体的循环方式；非良性循环则是对使用后的污水不经处理就直接排入天然水体的循环方式。

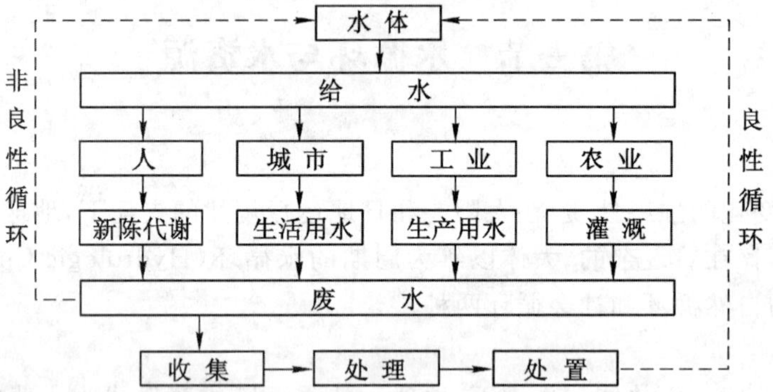

图 1-2　水的社会循环

与水的自然循环不同，在水的社会循环中，水的性质在不断地发生变化。例如，在人类的生活用水中，只有很少一部分是作为饮用或食物加工以满足生命对水的需求，其余大部分水是用于卫生目的，如洗涤、冲厕等，这部分水经过使用会含有大量污染物质。工业生产用水量很大，除了一部分水作为工业原料外，大部分为冷却、洗涤用水，还有少量用于其他目的，使用后水质也发生显著变化，其污染程度随工业性质、用水性质及方式等因素而不同。在农业生产中，化肥、农药使用量的日益增加使得降雨后的农田径流中大量化学物质流入地面或地下水体。

在水的社会循环中，生活污水和工农业生产污水的排放，是形成自然界水污染的主要根源，也是水污染防治的主要对象。

二、水资源

水之所以成为资源是由其自身的物理特性、化学特性及自然特性所决定的。水资源(Water Resources)有广义和狭义之分。

广义的水资源是指自然界各种形态水的总称，它以气态、液态和固态的形式广泛存在于地球表面和地球岩石圈、大气圈和生物圈之中，按水质划分为淡水和咸水。水在自然界的分布最广，总储量也最为丰富，储存于地球的总水量约 13.86×10^8 km^3，其中海洋水为 13.38×10^8 km^3，约占全球总水量的 96.5%，海水是咸水，既不能直接饮用，也不适用于工业生产和农业灌溉；淡水储量约为 0.35×10^8 km^3，仅占全球总储水量的 2.53%，这部分淡水大部分以冰川、永久积雪和多年冻土的形式储存，其中 68.7%以冰川雪帽的形式固存在南极和格陵兰地区，另有 30.1%为地下水和土壤水，0.86%赋存于永冻土层中，0.04%为大气水，因此存在于江河湖泊中能为人类直接利用的水仅占全球淡水资源的 0.3%左右，占全球总储水量的十万分之七。

狭义的水资源是指在当今技术经济条件下，可为人类所利用的逐年替代的那部分淡水资源。它主要指陆地上的地表水和地下水，通常以淡水体的年补给量作为水资源的定量指标。地表水资源量是指评价区内河流、湖泊、冰川等地表水体中可以逐年更新的动态水量，即当地天然河川径流量；地下水资源量是指评价区内降水和地表水对饱水岩土层的补给量，包括降水入渗补给量和河道、湖库、渠系、渠灌田间等地表水体的入渗补给量。

三、水资源的特征

1. 循环性与有限性

水资源与其他固体资源的本质区别在于其具有流动性，它是在循环中形成的一种动态的可恢复性资源。水资源在开采利用后，能够得到大气降水的补给，处在不断地开采、补给和消耗、恢复的循环之中。而且在一定时间、空间范围内，大气降水对水资源的补给量是有限的，这就决定了区域水资源的有限性。可见水循环过程是无限的，水资源量是有限的，并非取之不尽，用之不竭。

2. 时空变化的不均匀性

时空分布的不均匀是水资源的又一特性，主要表现在水资源在年际和年内变化幅度大。在年际之间，丰、枯水年水资源量相差悬殊，在丰水年内，汛期水量集中，有多余用水，而枯水期水量减少，不能满足用水需求。水资源空间变化的不均匀性表现在地区分布的不均匀性。如全球水资源按地区分布极不平衡，巴西、俄罗斯、加拿大、中国、美国、印度尼西亚、印度、哥伦比亚和刚果 9 个国家的淡水资源占世界淡水资源的 60%，而约占世界人口总数 40% 的 80 个国家和地区的人口面临淡水不足，其中 26 个国家的 3 亿人口完全生活在缺水状态。中国水资源的时空分布也很不均匀。就空间分布来说，长江流域及其以南地区，水资源约占全国水资源总量的 80%，但耕地面积只为全国的 36% 左右；黄河、淮河、海河流域，水资源只有全国的 8%，而耕地则占全国的 40%。从时间分配来看，中国大部分地区冬春少雨，夏秋雨量充沛，降水量大都集中在 5～9 月，占全年雨量的 70% 以上。

一个国家或地区的水资源丰歉程度通常用多年平均径流总量来衡量。

3. 利用的多样性

水资源是被人类在生产和生活活动中广泛利用的资源，不仅广泛应用于农业、工业和生活，还用于发电、水运、水产、旅游和环境改造等。在各种不同的用途中，有的是消耗用水，有的则是非消耗性或消耗很小的用水，而且对水质的要求各不相同。这是使水资源一水多用、充分发展其综合效益的有利条件。

4. 两重性

与其他矿产资源相比，水资源具有既可造福于人类，又可危害人类生存的两重性。如水量过多容易造成洪水泛滥，水量过少容易形成干旱、盐渍化等自然灾害。适量开采地下水，可为国民经济各部门和居民生活提供水源，满足生产、生活的需求。无节制、不合理地抽取地下水，往往引起水位持续下降、水质恶化、水量减少、地面沉降，不仅影响生产发展，而且严重威胁人类生存。因此，在水资源的开发利用过程中尤其强调合理利用、有序开发，以达到兴利除害的目的。

第二节　水体污染

一、水污染与水体污染

水体因某种物质的介入，而导致其化学、物理、生物或者放射性等方面特性的改变，从而影响水的有效利用，危害人体健康或破坏生态环境，造成水质恶化的现象，称为水污染。

水体污染（Water Body Pollution）是指进入水体的污染物超过了水体的环境容量或水体的自净能力，破坏了水中固有的生态系统，降低了水体的使用价值和功能的现象。

水体是江河湖海、地下水、冰川等的总称，是被水覆盖地段的自然综合体。它不仅包括水，还包括水中溶解物质、悬浮物、底泥、水生生物等。水与水体是两个紧密联系又有区别的概念。从水体概念去研究水环境污染，才能得出全面、准确的认识。

从污染的成因划分，水体污染可分为自然污染和人为污染两大类型，当前对水体危害最大的是人为污染。自然污染是指由于特殊的地质或自然条件，使一些化学元素大量富集，或天然植物腐烂中产生的某些有毒物质或生物病原体进入水体，从而污染了水质。通常将由于自然原因而造成的水中杂质含量称为自然本底值。人为污染指由于人类活动产生的污染物对水体造成的污染。人为污染源包括工业污染源、生活污染源和农业污染源。工业污染源是指工业生产中对环境造成有害影响的生产设备或生产场所。它通过排放废气、污水、废渣和废热污染水体。工业污水是水域的重要污染源，具有量大、面积广、成分复杂、毒性大、不易净化、难处理等特点。农业污染源包括牲畜粪便、农药、化肥等。大量农药、化肥随地表径流进入江、河、湖、库，随之流失的氮、磷、钾营养元素，可使湖泊受到不同程度富营养化污染的危害。生活污染源主要是城市生活中使用的各种洗涤剂和污水、垃圾、粪便等，多为无毒的无机盐类，生活污水中含有较多的氮、磷、硫和致病细菌。

从污染源划分，水体污染可分为点污染源和面污染源。点源污染是指污染物质从集中的地点（如工业污水及生活污水的排放口）排入水体。它的特点是排污频率高，其变化规律服从工业生产污水和城市生活污水的排放规律，它的量可以直接测定或者定量化，其影响可以直接评价。而面源污染则是指污染物质来源于地表（或地下），如农田施用化肥和农药，灌排后常含有农药和化肥的成分；城市、矿山在雨季，雨水冲刷地面污物形成的地面径流等。面源污染的排放是以扩散方式进行的，时断时续，并与气象因素有联系。

从污染的性质划分，水体污染可分为物理性污染、化学性污染和生物性污染。物理性污染是指水的浑浊度、温度和水的颜色发生改变，如热或放射性物质等；化学性污染包括有机化合物和无机化合物的污染，如水中溶解氧减少，溶解盐类增加，水的硬度变大，酸碱度发生变化或水中含有某种有毒化学物质等；生物性污染是指水体中进入了细菌和病原微生物等。

事实上，水体不只受到一种类型的污染，而是同时受到多种性质的污染，并且各种污染互相影响，不断地发生着分解、化合或生物沉淀作用。

二、水体污染物

直接或间接向水体排放的、能导致水体污染的物质统称为水体污染物（Water Pollutant）。污染物的种类、数量和性质直接决定了水体的质量，根据污染物的性质及对环境造成污染的危害不同，水体污染物通常可分为以下九大类。

1. 固体污染物(Solid Pollutant)

水中固体污染物质的存在形态有悬浮态、胶体态和溶解态三种。呈悬浮态的物质通常称为悬浮物,是指粒径大于100 nm的杂质,这种杂质造成水质显著浑浊。其中颗粒较重的多数是泥沙类的无机物,以悬浮状态存在于水中,在静置时会自行沉降。颗粒较轻的多是动植物腐败而产生的有机物质,浮在水面上。悬浮物还包括浮游生物(如蓝藻类、硅藻类)微生物。胶体态的物质是指粒径大致在1～100 nm之间的杂质。胶体杂质多数是黏土无机胶体和高分子有机胶体,其具有两方面的特性:一是稳定分散在水中,不能自行下沉;二是在被光线照射时会使光线散射而导致浑浊现象,是构成水质浑浊的主要因素。呈解态的物质,其粒径大约在1 nm以下,主要以低分子或离子状态存在。这种杂质不会产生水的外表浑浊现象。

从水质分析的角度出发,可将固体污染物划分为两部分:能够透过标准滤膜(孔径为0.45 μm)的固体物质叫溶解固体(Dissolved Solid,DS),不能透过标准滤膜的固体物质则称为悬浮固体或悬浮物(Suspended Solid,SS),两者之和称作总固体(Total Solid,TS)。

水中固体悬浮物的存在是导致水质浑浊的主要因素。大量悬浮物排入水体中,造成外观恶化、浑浊度升高,改变水的颜色;悬浮物沉于河底淤积河道,危害水体底栖生物的繁殖,影响渔业生产;沉积于灌溉的农田,则会堵塞土壤孔隙,影响通风,不利于作物生长;在水处理系统中会影响设备设施的正常工作。

2. 需氧污染物(Aerobic Pollutant)

进入水体后在分解和降解过程中需要消耗水中溶解氧的物质统称为需氧污染物。

需氧污染物分有机型和无机型两种。绝大多数的需氧污染物为有机物,主要包括以碳水化合物、蛋白质、氨基酸、脂肪等形式存在的天然有机物质,以及其他某些可生物降解的人工合成有机物质。无机型需氧污染物为数不多,主要是Fe^{2+}、S^{2-}、NH_4^+、NO_2、CN^-等具有还原性的无机化学性物质。因而,有时也以需氧污染物一词直接指代有机污染物。

需氧有机污染物是水体中经常和普遍存在的一种污染物,主要来自生活污水、牲畜污水及食品、造纸、制革、印染、焦化、石油化工等工业污水。从排水量上看,生活污水是需氧污染物质的最主要来源。

多数有机物可以在好氧或兼性微生物的生物化学作用下,消耗水中的溶解氧,当自然过程的氧补给量小于消耗量时,水中溶解氧浓度就会降低。当浓度低于某一限值时,鱼类的生存就会受到影响。当水体中的溶解氧被消耗殆尽时,有机物会在厌氧微生物和兼性微生物的作用下厌氧分解,其代谢产物硫化氢对生物具有致毒作用,硫化氢及硫醇、氨和硫化铁等还原性物质会使水体变黑变混,发生恶臭,并出现底泥冒泡和泛起。水体的这种腐败现象严重影响环境卫生和水的使用价值。

需氧物质的种类繁多,通常采用综合性水质指标(如BOD_5、COD、TOC、TOD等)间接表示它的含量水平。

3. 营养性污染物(Nutrient Pollutant)

营养性污染物主要指氮、磷及其化合物,包括铵盐、硝酸盐、磷酸盐、糖类、蛋白质、氨基酸和含磷洗涤剂等。其中氮主要来自生活污水和炼油、石油化工、化肥、食品、制革等工业污水;磷则主要来源于磷肥厂和含磷洗涤剂等,人体及动物的排泄物亦是氮、磷的主要来源。营养性污染物能为水生植物和藻类的生长提供其所需的主要营养元素N和P,进入天然水体后能导致水体富营养化，使水质恶化。

4. 生物污染物(Biological Pollutant)

生物污染物是指污水中含有的有害微生物，包括对人类有害的病毒、细菌、寄生虫等病原体和变应原等。生活污水、制革污水、医院污水中都含有相当数量的有害微生物，如病原菌、炭疽菌、病毒及寄生性虫卵等，它们在水中会使有机物腐败、发臭，引起水质恶化，也会引起人和动植物病害，影响健康和正常的生命活动，严重时会造成死亡。

未受污染的天然水体中的细菌含量很低。水体的水质是否受到致病微生物的污染是通过细菌总数和总大肠菌群数来间接考察的。

5. 有毒污染物(Toxic Pollutant)

有毒污染物是指那些直接或者间接由生物摄入体内后，导致该生物或者其后代发病、行为反常、遗传异变、生理机能失常、机体变形或者死亡的污染物，简称为毒物。在人们生活的环境中，有毒污染物可能通过各种途径进入人体，如果环境污染达到一定程度，就会给人们的身体健康带来危害。

目前污水中的有毒污染物种类繁多，分为无机毒物、有机毒物和放射性物质三大类。它们的毒性大小和对人类健康的影响因污染情况的不同区别很大。

(1) 无机毒物

无机毒物主要包括各种有毒金属及其氧化物、酸、碱、盐类、硫化物和卤化物等。主要的重金属毒物包括汞、镉、铬、铅、锌、镍等，非金属毒物包括砷、硒、氟、硫以及氰化物、亚硝酸根等。金属性毒物不可生物降解，可在各种形态之间相互转化，其毒性作用与构成形态相关，如有机型甲基汞的毒性远大于无机汞；另外金属性毒物一般呈高价、离子态时的毒性较高，且易被荷负电的悬浮胶体颗粒吸附，并随之迁移或在水体底泥中沉积；可在水生生物体内及农作物中富集，最终通过食物链进入人体积累，产生慢性中毒甚至致畸、致癌作用，如淡水鱼可将汞富集 1 000 倍、将镉富集 300 倍。

(2) 有机毒物

有机毒物主要包括有机氯农药、多氯联苯、多环芳烃、酚类、饮用水中氯化消毒副产物等。有毒有机污染物虽然大多数在水中含量甚微，但对人类的危害却很大。生态毒理学的研究表明，这类污染物有些极难被生物分解，对化学氧化和吸附也有阻抗作用。在急性及慢性毒性实验中往往并不表现出毒性效应，但却可以在水生生物、农作物和其他生物体中迁移、转化和富集，并具有三致(致癌、致畸、致突变)效应，在长周期、低剂量条件下，往往可以对生态环境和人体健康造成严重的、甚至是不可逆的影响。

(3) 放射性物质

放射性物质指具有放射性核素，能通过自身的衰变放射出 α、β、γ 等射线的物质。它分天然放射性物质和人工放射性物质两大类。人工放射性物质主要源于铀矿采选和冶炼、核武器试验制造及核工业污水等。其危害主要在于放射性射线对人体的辐射效应，如诱发血液性癌症、恶性肿瘤和遗传性畸变等，且在很低浓度下可经长期积累和积蓄产生不易察觉的慢性辐射效应。

目前在工业上使用的有毒化学物质已超过万余种，进入环境后对生态及人体健康产生的危害已引起人们的普遍关注，因此，有毒污染物是重要的水质指标，各类水质标准都对有毒污染物的浓度限值有着严格的规定。

6. 酸碱污染物(Acid or Alkaline Pollutant)

酸碱污染物是指污水中含有的酸性污染物和碱性污染物。酸碱污染物具有较强的腐蚀性，可以腐蚀管道和构筑物；排入水体会改变水体的pH值，干扰水体自净，并影响水生生物的生长和渔业生产；排入农田会改变土壤的性质，使土地酸化或碱化，危害农作物。

工业生产过程排放的酸性或碱性的污水、废液以及大气降水的酸雨是酸碱污染物的主要来源。在水质标准中以pH值来表示酸碱污染物的污染程度。

7. 油类污染物(Oil Pollutant)

油类污染物包括矿物油(即石油类)和动植物油，它们均难溶于水，在水中常以粗分散的可浮油和细分散的乳化油等形式存在。作为有机物成分的油类物质也是构成需氧污染物的成分。

油类污染物主要来自含油污水，当水体含油量达0.01 mg/L可使鱼肉带有一种特殊的油腻气味而不能食用。水体中的油量稍多时，在水面上形成一层油膜，使大气与水面隔绝，破坏正常的充氧条件，导致水体缺氧；油膜还能附着于鱼鳃上，使鱼类窒息而死；当鱼类产卵期，在含有油类污染物质污水中孵化的鱼苗，多数为畸形，生命力低下，易于死亡。含油污染物对植物也有影响，妨碍通气和光合作用，使水稻蔬菜等农作物大量减产，甚至绝收。含有油类污染物的污水进入海洋后，造成的危害很严重，不仅影响海洋生物的生长，降低海洋的自我净化能力，而且影响海滨环境。

在水质指标中以石油类和动植物油两项指标来表示油类污染物的污染程度。

8. 感官污染物(Sensory Pollutant)

感官污染物是污水中能引起浑浊、泡沫、恶臭、色变等现象，并能引起人们感官上不适的物质。异色、浑浊的污水主要来源于印染厂、纺织厂、造纸厂、焦化厂、煤气厂等；恶臭污水主要来源于炼油厂、石化厂、橡胶厂、制药厂、屠宰厂、皮革厂；当污水中含有表面活性物质时，在流动和曝气过程中将产生泡沫，如造纸污水、纺织污水等。各类水质标准中，对色度、臭味、浊度等指标都作了相应的规定。

9. 热污染(Thermal Pollution)

因污水温度较高，造成江河、湖泊等受纳水体局部水域的水温升高而引起的危害称作热污染。热污水主要来自于煤矿、油田、热电厂等大型能源转换类企业的生产过程。热污水排入水体后，导致水体水温升高，溶解氧浓度降低，并刺激藻类繁殖，加速水体富营养化进程。此外，水温升高导致水化学反应加快，影响水的物化性质，因而可能对管道和容器产生腐蚀作用。

三、污染物在水体中的迁移与转化

各种污染物在环境中发生空间位移及所引起的富集、分散和消失的过程，称污染物的迁移。而污染物在环境中通过各种作用而改变其形态或转变成另一种物质的过程，称污染物的转化。污染物在水体中的迁移与转化往往是相伴进行。

1. 水体自净机理

水体自净(Self-Purification of Water Body)是指水体能够在其环境容量范围内，通过物理、化学、生物的作用，将排入的污染物质分散、分离或分解，使水体基本上或完全恢复到原来状态的过程。

水体自净的机理可分为物理净化、化学净化和生物净化三种。物理净化是指污染物质由于稀释、混合、沉淀、挥发使河水的污染物质降低的过程，这个过程中污染物质总量不减；

化学净化是指污染物由于氧化、还原、中和、分解合成等使河水污染物降低的过程，这个过程只是将污染物质存在的形态及浓度发生了变化，但总量不减；生物净化是由于水中微生物的生命活动，使得有机污染物质氧化分解，从而使得污染物浓度降低的过程，这一过程能使有机污染物质无机化，浓度降低，污染物总量减少，是水体自净的主要原因。

水体的自净能力是有限的，如果排入水体的污染物数量超过某一界限时，将造成水体的永久性污染，这一界限称为水体的自净容量或水环境容量（Water Environment Capacity）。

2. 水体自净过程

水体自净的过程大致经历污水排入河流的混合过程、持久污染物的稀释扩散、非持久性污染物的稀释扩散、水体的氧平衡四个阶段。

（1）污水排入河流的混合过程

污水排入河流后的混合分为竖向混合、横向混合和断面充分混合三个阶段。

竖向混合阶段是污染物排入河流后因分子扩散、湍流扩散和弥散作用逐步向河水中分散，从排放口到深度上达到浓度分布均匀；横向混合阶段是当深度上达到浓度分布均匀后，在横向上存在的混合过程，即经过一定距离后污染物在整个横断面达到浓度分布均匀；断面充分混合阶段是指在横向混合阶段后，污染物浓度在横断面上处处相等，河水向下游流动的过程中，持久性污染物浓度将不再变化，非持久性污染物浓度将不断减少。

以上三个阶段顺序完成，但各阶段的开始时间与前一阶段进程在时间上有交叠。

（2）持久污染物的稀释扩散

持久性有机物（Persistent Organic Pollutants，简称 POPs）是指化学稳定性强，难于降解转化，在环境中不易消失，能长时间滞留，并对人类健康造成有害影响的化学物质。当持久性污染物随污水稳态排入河流后，经混合过程到达充分混合段时，污染物的浓度可依据质量守恒原理进行如下计算：

$$\rho = \frac{\rho_w qV_w + \rho_h qV_h}{qV_w + qV_h} \tag{1-1}$$

式中　ρ_w, qV_w——污水的污染物浓度和流量，mg/L，m^3/s；

ρ——排放口下游河水的污染物浓度，mg/L；

ρ_h, qV_h——上游河水污染物浓度和流量，mg/L，m^3/s。

（3）非持久性污染物的稀释扩散

河断面达到充分混合后，污染物浓度受到纵向分散作用和污染物的自身的分解作用不断降低。根据质量守恒原理，污染物的浓度变化可由下式表达：

$$\rho = \rho_0 \exp\left[\frac{ux}{2M_x}\left(1 - \sqrt{1 + \frac{4kM_x}{u^2}}\right)\right] \tag{1-2}$$

式中　ρ——x 断面处污染物的浓度，mg/L；

ρ_0——初始点的污染物浓度，mg/L；

u——河水流速，m/s；

x——初始点到下游 x 断面的距离，m；

M_x——河流纵向分散系数，m^2/s；

k——污染物分解速率常数，1/d。

（4）水体的氧平衡

污水在排入河流以后，其中的有机污染物随即发生生物化学分解作用，在分解的过程中消耗水中的溶解氧，使水中的溶解氧不断下降；同时河流又从水面上获得氧气（复氧），使溶解氧上升，水中溶解氧含量即为耗氧与复氧两个过程相互作用的结果。

在受污染的水体中，溶解氧的变化状况反映了水体中有机污染物的净化过程，因而可把溶解氧作为水体自净的标志，溶解氧的变化可用氧垂曲线表示。

图 1-3 所示为一条受污染的河流中生化需氧量和溶解氧的变化曲线。在上游未受污染的区域，BOD_5很低，DO 接近饱和值，在 0 点有污水排入。水体受到污染后，水中溶解氧含量沿河道的分布呈下垂状曲线，称为溶解氧下垂曲线，简称为氧垂曲线。

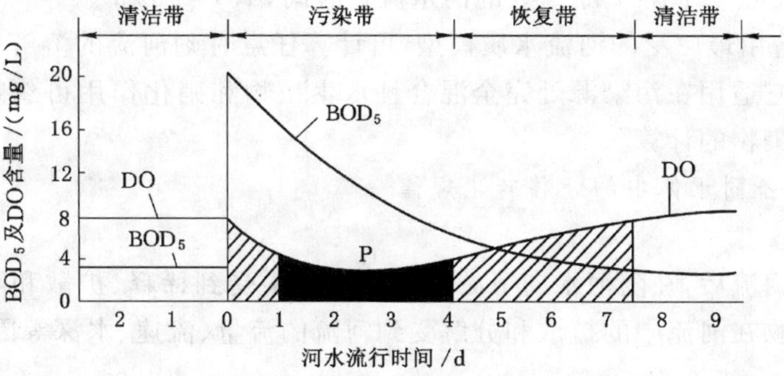

图 1-3　受污染河流中生化需氧量和溶解氧的变化曲线

由图 1-3 可见，溶解氧的变化与 BOD_5有密切的关系。在污水未排入之前，河水中溶解氧很高，污水排入后因有机污染物的生物分解作用耗氧，耗氧速率大于复氧速率，使溶解氧从 0 点开始向下游逐渐减少。河水流行至 P 点左右，溶解氧降至最低点，此点称为临界点（氧垂点），该点耗氧速率与复氧速率相等。临界点后，耗氧速率因有机物浓度降低而小于复氧速率，溶解氧呈逐渐回升的趋势，最后恢复到接近污水排入之前的状态。

氧垂曲线反映了耗氧和复氧的协同作用。最低点 P 为最缺氧点，若 P 点的溶解氧量大于有关规定的量，从溶解氧的角度看，说明污水的排放未超过水体的自净能力。若排入有机污染物过多，超过水体的自净能力，则 P 点低于规定的最低溶解氧含量，一般溶解氧小于 3 mg/L 鱼类不能生存。

根据 BOD_5和溶解氧的变化，可把该河流划分为污水排入之前的清洁带，污水排入之后的污染带，恢复带和恢复后的清洁带。图中斜线部分表示溶解氧受污染后降低的时间，黑影部分表示溶解氧低于水体质量标准的时间。

在一维河流和不考虑扩散的情况下，河流中溶解氧与可生物降解污染物的变化可用 S-P(Streeter-Philips)公式模拟：

$$\frac{d\rho_L}{dt} = K_1 \rho_L \tag{1-3}$$

$$\frac{d\rho_D}{dt} = K_1 \rho_L - K_2 \rho_D \tag{1-4}$$

在 $\rho_L(x=0)=\rho_{L_0}$，$\rho_C(x=0)=\rho_{C_0}$，$\rho_D(x=0)=\rho_{D_0}$ 的初始条件下求上述微分方程的解为：

$$\rho_L = \rho_{L_0} e^{-K_1 t} \tag{1-5}$$

$$\rho_D = \rho_{D_0} e^{-K_2 t} - \frac{K_1 \rho_{L_0}}{K_1 - K_2}(e^{-K_1 t} - e^{-K_2 t}) \tag{1-6}$$

$$\rho_C = \rho_{C_S} - (\rho_{C_S} - \rho_{C_0}) e^{-K_2 t} + \frac{K_1 \rho_{L_0}}{K_1 - K_2}(e^{-K_1 t} - e^{-K_2 t}) \tag{1-7}$$

式中 ρ_L, ρ_{L_0} —— x 和 $x = 0$ 处的河水 BOD_5 浓度，mg/L；

ρ_D, ρ_{D_0} —— x 和 $x = 0$ 处的河水亏氧浓度，mg/L，$\rho_D = (\rho_{C_S} - \rho_C)$；

ρ_{C_S} ——河水的饱和溶解氧浓度，mg/L；

ρ_C, ρ_{C_0} —— x 和 $x = 0$ 处的河水溶解氧浓度，mg/L；

t ——初始点至下游 x 断面处的河水流行时间，d，$t = x/u$。

S-P 模型是应用最广泛的河流水质模型，可计算任意时刻河流的溶解氧和有机物浓度，河流亏氧值等。它适用在污染源处完全混合且水生植物和硝化作用可忽略的场合，可生物降解的溶解性污染物的计算。

3. 污染物在不同水体中的迁移转化规律

(1) 河流

污染物排入河流后，在随河水向下游流动的过程中受到稀释、扩散和降解等作用，浓度逐渐减小。污染物在河流中的扩散和分解受到河流的流量、流速、水深等因素的影响。

(2) 河口

河口是指河流进入海洋前的感潮河段。河口污染物的迁移转化受潮汐影响，受涨潮、落潮、平潮时的水位、流向和流速的影响。污染物排入后因水流不断回荡，延长停留时间，甚至会影响排放口上游的河水。

(3) 湖泊、水库

湖泊、水库贮水量大，但水流一般比较慢，对污染物的稀释、扩散能力较弱，易在局部形成污染。当湖泊和水库水深超过一定深度时，会产生温度分层，当季节变化时易出现翻湖现象，湖底的污泥翻到水面。

(4) 海洋

海洋有巨大的自净能力，但海湾或海域局部的纳污和自净能力差别很大。

(5) 地下水

地下水的污染是一个缓慢的过程，一旦污染难以恢复。污染物在地下水中的迁移转化受对流与弥散、机械过滤、吸附与解吸、化学反应、溶解与沉淀、降解与转化等过程的影响。

第二章　水体污染防治

第一节　污水的类型与特征

一、污水及其种类

生产与生活过程中排放的，丧失原来使用功能的水简称为污水(Sewage; Wastewater)。由于水中掺入了新的物质或者因为外界条件的变化，导致水变质，不能继续保持原来的使用功能。由于产生污水的过程以及其中污染物的多样性，污水种类的划分有多种方法。

1. 根据来源划分

一般可分为生活污水、工业污水和初期雨水。生活污水是居民日常生活中产生的，并被生活废料所污染的水。它来源于家庭、商业、机关、学校、医院、城镇公共设施等，主要包括冲刷洗涤污水、沐浴污水和厕所冲洗污水等。生活污水的主要成分为纤维素、蛋白质、糖类、脂肪等有机物，氮、磷等无机盐及泥沙等杂质，还含有多种微生物及病原体。生活污水的水质、水量取决于居民的生活水平状况和生活习惯。其水质、水量随季节而变化，一般夏季用水相对较多，浓度低；冬季相应量少，浓度高。

工业污水是在工矿企业生产活动中产生的污水。它含污染物多，因工厂种类不同所含的污染物千差万别，即使是同类工厂，生产过程不同，其所含污染物的质和量也不一样，而且成分复杂，不易净化，处理难度大，是引起水体污染的最重要的原因。

初期雨水是雨雪降至地面而形成的初期地表径流。由于初期雨水冲刷了地表的各种污染物，其水质水量随区域环境、季节和时间变化，成分比较复杂。

2. 根据所含主要污染物的成分及性质划分

可分为含汞污水、含铬污水、含镉污水、含氟污水、含酚污水以及酸性污水、碱性污水、放射性污水等。这种划分方法突出了污水中产生主要危害的污染物成分，有利于其处理方法或防范措施的选择。

3. 根据产生污水的行业划分

可分为食品污水、冶金污水、焦化污水、制革污水、造纸污水、印染污水、电镀污水等。这种分类方法在污染源的调查统计工作中普遍使用。

4. 根据污水的主要性质划分

以无机污染物为主的污水称作无机污水，如矿井水、冶金污水、电镀污水等；以有机污染物为主的污水称作有机污水，如生活污水、城市污水、食品污水、造纸污水等。其中，有机污水可根据所含有机污染物的降解难易程度划分为易降解有机污水和难降解有机污水。

同一种污水可以有不同的命名和类别归属，主要根据实际应用的具体场合而决定。

二、表征污水及其污染源特征的要素

对于实际中某个确定的具体污染源来说，可通过以下要素来表述该污染源的排污状况及特征。

1. 排放流量

单位时间污水的排放量，常用单位有 m^3/s、m^3/h、m^3/d 等。污水排放量为表征污水排放强度的指标，排放流量越大，对水环境的影响越大。

2. 污染物浓度

单位体积的污水所含污染物量，常用单位有 mg/L、g/L 等。污水浓度与其所含的特定污染物种类相对应，污染物的含量水平越高，对水环境的污染危害越重。

3. 污染源排放规律

通常分间歇排放和连续排放两种形式。如生活污水的个体源为间歇排放，但在城镇区域排水管网的总排放口处则可能是连续性的；三班制连续生产排放的工业污水多为连续排放，而其他如 8 小时工作制和两班制则为间歇性排放等。

4. 污染源的源强

污染源排放污染物的规模大小，其强度值由排放流量 Q 及污染物浓度 C 两者共同决定。

5. 排放去向

排放去向指污染源所排污水的具体去向，如企业污水处理站、市政管网、农田沟渠或天然水体等。准确掌握污水的种类以及数量、排放状况等相关要素，对于环境管理以及污水收集、处理系统的设计、操作相当重要。准确掌握污染源的总排放量与污染物浓度是实施污染物总量控制制度的基础。

第二节　水质标准与水质指标

一、水质标准

由国家或地方政府对水中污染物或其他物质的最大容许浓度或最小容许浓度所作的规定，称为水质标准(Water Quality Standard)。水质标准具有指令性和法律性的法定要求，各部门、企业和单位都必须遵守。

在水污染综合防治中执行的水质控制标准是环境标准体系的重要组成部分之一，具体包括水环境质量标准、用水水质标准和水污染物排放标准三大类。

1. 水环境质量标准(Water Environment Quality Standards)

水环境质量标准是为保护人类健康和生存环境，对水中污染物或其他物质的最高允许浓度所作的规定。我国已颁布的水环境质量标准有《地表水环境质量标准》(GB 3838—2002)、《地下水质量标准》(GB/T 14848—2017)、《海水水质标准》(GB 3097—1997)等。

在《地表水环境质量标准》中，根据地表水水域的使用目的和保护目标，将我国领域内江河、湖泊、水库等具有使用功能的地表水水域，按功能高低划分为五类：

Ⅰ类：主要适用于源头水、国家自然保护区；

Ⅱ类：主要适用于集中式生活饮用水水源地一级保护区、珍贵鱼类保护区、鱼虾产卵场等；

Ⅲ类：主要适用于集中式生活饮用水水源地二级保护区、一般鱼类保护区及游泳区；

Ⅳ类：主要适用于一般工业用水区及人体非直接接触的娱乐用水区；

Ⅴ类：主要适用于农业用水区及一般景观要求水域。

本标准分别规定了不同功能水域的基本项目（24项）、特定项目（80项）和补充项目（5项）的标准值。对应地表水五类功能水域，将《地表水环境质量标准》中基本项目标准值分为5类（表2-1），不同功能类别分别执行相应类别的标准值，并规定同一水域兼有多类使用功能的，执行最高功能类别对应的标准值。

表2-1　地表水环境质量标准基本项目标准限值　mg/L

序号	项目 ＼ 标准值 ＼ 分类		Ⅰ类	Ⅱ类	Ⅲ类	Ⅳ类	Ⅴ类
1	水温/℃		人为造成的环境水温变化应限制在：周平均最大温升≤1，周平均最大温降≤2				
2	pH值（无量纲）		6—9				
3	溶解氧	≥	饱和率90%（或7.5）	6	5	3	2
4	高锰酸盐指数	≤	2	4	6	10	15
5	化学需氧量（COD）	≤	15	15	20	30	40
6	五日生化需氧量（BOD_5）	≤	3	3	4	6	10
7	氨氮（NH_3-H）	≤	0.15	0.5	1.0	1.5	2.0
8	总磷（以P计）	≤	0.02（湖、库0.01）	0.1（湖、库0.025）	0.2（湖、库0.05）	0.3（湖、库0.1）	0.4（湖、库0.2）
9	总氮（湖、库，以N计）	≤	0.2	0.5	1.0	1.5	2.0
10	铜	≤	0.01	1.0	1.0	1.0	1.0
11	锌	≤	0.05	1.0	1.0	2.0	2.0
12	氟化物（以F^-计）	≤	1.0	1.0	1.0	1.5	1.5
13	硒	≤	0.01	0.01	0.01	0.02	0.02
14	砷	≤	0.05	0.05	0.05	0.1	0.1
15	汞	≤	0.000 05	0.000 05	0.001	0.001	0.001
16	镉	≤	0.001	0.005	0.005	0.005	0.01
17	铬（六价）	≤	0.01	0.05	0.05	0.05	0.1
18	铅	≤	0.01	0.01	0.05	0.05	0.1
19	氰化物	≤	0.005	0.05	0.02	0.2	0.2
20	挥发酚	≤	0.002	0.002	0.005	0.01	0.1
21	石油类	≤	0.05	0.05	0.05	0.5	1.0
22	阴离子表面活性剂	≤	0.2	0.2	0.2	0.3	0.3
23	硫化物	≤	0.05	0.1	0.2	0.5	1.0
24	总大肠菌群（个/L）	≤	200	2 000	10 000	20 000	40 000

2. 用水水质标准(Water Quality Standards)

用水水质标准是针对水的不同用途相应所需的物理、化学和生物学的质量标准,对水中的杂质含量所做的限制性规定。我国已经颁布的用水水质标准有《生活饮用水卫生标准》(GB 5749—2006)、《城市污水再生利用城市杂用水水质标准》(GB/T 18920—2002)等。

3. 水污染物排放标准(Discharge Standard for Water Pollutant)

水污染物排放标准是为满足水环境标准的要求,对排污浓度、数量所规定的最高允许值。我国已经颁布的水污染物一般排放标准包括《污水综合排放标准》(GB 8978—1996)、《城镇污水处理厂污染物排放标准》(GB 18918—2002),国家行业水污染物排放标准基本涵盖了造纸、钢铁、化工、海洋石油开发、船舶、纺织染整、轻工、食品生产等主要产生和排放污染物的行业。

水污染物排放标准实行浓度控制与总量控制相结合的原则,我国《水污染防治法》规定,国家污染物排放标准由国务院环境保护部门根据国家水环境质量标准和国家经济、技术条件制定。各省区、直辖市人民政府针对国家水污染物排放标准中未作规定的项目或对国家水污染物排放标准中已作规定的项目,可以制定严于国家水污染物排放标准的地方水污染物排放标准,并须报国务院环境保护主管部门备案。

相关的水质标准可登录中华人民共和国生态环境部网站(http://www.mee.gov.cn)查阅。

二、水质指标

水质(Water Quality)是水体质量的简称,是水和其中的杂质共同表现出来的物理、化学和生物学的综合特性。而水质指标(Water Quality Index)表示水中杂质的数量、成分和种类,是判断水质的具体衡量标准。

水质指标大致可分为四类:① 物理指标,如嗅味、温度、浑浊度、透明度、颜色等;② 化学指标,如电导率、pH 值、硬度、碱度、有毒金属、硝酸盐、亚硝酸盐、磷酸盐、化学需氧量、生化需氧量等;③ 生物指标,如细菌总数、大肠菌群、藻类等;④ 放射性指标,如总 α 射线、总 β 射线、铀、镭、钍等。

水质指标有的是直接以具体污染物浓度来表示,如酚、重金属离子等毒性污染物指标;有的则是采用一个或多个间接或综合性指标来反映,如浊度、色度、pH 值、生物化学需氧量等。此外,一种水质指标可能只包括一种污染物,如前面提到的毒物指标;也可能包括多种污染物,如浊度、生物化学需氧量;或是不指任何污染物,如透明度。常用的水质指标如下:

1. pH 值

pH 值指水样中氢离子浓度的负对数,它是衡量水的酸性或碱性特征的指标。pH 值的测定通常根据化学原理采用玻璃电极法,也可采用比色法。应当指出,通常 pH 值并不能代表水样中呈酸性(或碱性)物质的具体数量。

2. 色度(Chromaticity)

色度指水样所呈现的颜色深浅程度。水质分析所测定的色度为水样去除悬浮物之后的色,称为"真色"。工程上常采用稀释倍数法测定污水的色度,即将水样用水进行稀释,直至接近无色,所稀释的倍数即为水样的色度值。

3. 悬浮物(Suspended Solids, SS)

悬浮物指截留于标准滤膜(0.45 μm)上的固体物质。其测定方法是将水样用滤膜过滤后，在 105 ℃下烘 1 h，干燥后称重，并经统计计算而得。

4．生化需氧量（Biochemical Oxygen Demand，BOD）

在有氧条件下，一定时间内，微生物分解一定体积水中有机物质所消耗溶解氧的数量称为生化需氧量。它是反映水中有机污染物含量的一个综合指标。

好氧微生物降解有机物的整个生化过程具有明显的阶段性。第一阶段是在异养型微生物的作用下，将有机物的碳、氮组分分别氧化为 CO_2 和 NH_3 的过程（就氮的转化而言，称为氨化过程）称碳化过程，在此阶段消耗的氧量称作碳化需氧量。第二阶段是在自养型硝化细菌的作用下，将中间产物的氨氧化为亚硝酸盐和硝酸盐的硝化过程，在此阶段的耗氧量称作硝化需氧量。

为使测定的 BOD 值具有可比性，在水质分析中将 20 ℃规定为实际测定生化需氧量的标准温度。在此温度下，有机物氨化阶段的降解过程一般需要 20 d 左右，用 BOD_{20} 表示该阶段的需氧量，并将 BOD_{20} 视为有机物的完全生化需氧量的衡量指标。但由于 BOD_{20} 测定所需时间过长，难以在实际中应用，考虑到有机物的好氧降解速度一般在最初的几天最快，现普遍采用 20 ℃下培养 5 d 的生化过程需氧量（即五日生化需氧量）作为衡量有机物含量水平的指标，以 mg/L 为单位，记为 BOD_5。BOD_5 基本上能反映可生化有机物的量。不同种类污水的 BOD_{20} 或 BOD_5，值相差悬殊，但就确定的一种污水，其 BOD_{20} 和 BOD_5 之间一般有较稳定的比值，如生活污水的该比值约在 0.8 以上。

以 BOD_5 作为衡量有机物浓度的综合指标尚存在如下缺点：① 当水样中的难生物降解甚至是非生物降解有机物含量较高时，所测 BOD_5 值的结果误差较大；② 水样中如存在对微生物生长繁殖有抑制作用的物质或是不含微生物生长所需营养时，会影响测定结果；③ 所需 5 d 测定时间仍然较长，仍难以迅速及时地指导实际工作。因此，实践中常采用化学需氧量的指标。

5．化学需氧量（Chemical Oxygen Demand，COD）

在酸性条件下，用强氧化剂将有机物氧化为 CO_2、H_2O 所消耗的氧量。根据所用氧化剂的不同，COD 的测定分为高锰酸钾法（简称锰法）和重铬酸钾法（简称铬法），两方法测定的结果分别记做 COD_{Mn}、COD_{Cr}。我国的水质检验标准规定采用铬法测定 COD 值。为明确区分 COD_{Mn}、COD_{Cr}，国际标准化组织（ISO）和我国均规定，COD_{Cr} 称为化学需氧量，而 COD_{Mn} 称为高锰酸盐指数。

重铬酸钾具有较强的氧化性，以其做氧化剂测定 COD 时，能较完全地氧化水样中各种性质的有机物和无机性还原物质，如对低碳直链化合物的氧化率可达 80%～90%。因此，同一种检测水样的 COD 值一般高于 BOD_5，其间的差值粗略为水样中不能为微生物降解的有机物以及还原性无机物的量。

若水样中的各种有机物的数量和组成相对稳定，BOD 与 COD 之间可有一定的比例关系，因而可以根据分析结果相互推算求定。一般说来，$COD > BOD_{20} > BOD_5$，COD_{Mn} 与 BOD_5 之间关系则视不同污水而定。

与 BOD_5 相比，COD 测定需要时间短，不受水质限制，并能较精确地测出水样中有机物的含量。但其缺点是不能表示出可被微生物降解的有机物的量，并由于包括还原性无机物消耗的部分氧，也会对有机物的测定结果造成一定的误差。

6. 总需氧量(Total Oxygen Demand, TOD)

总需氧量指有机物彻底氧化所消耗的氧量。其测定方法是：向含氧量已知的气体载体中注入一定量的水样，送入以铂为催化剂的特殊燃烧器，在 900 ℃温度下使水样汽化，其中有机物氧化燃烧并消耗含氧载体中的氧，用电极自动测定并记录气体载体中氧的减少量，作为有机物完全氧化所需要的氧量。

同一水样的 TOD 值一般大于 COD。TOD 的测定仅需几分钟，比 BOD_5、COD 更为快速简便，其结果也比 COD 更接近有机物的理论需氧量。

7. 总有机碳 (Total Organic Carbon, TOC)

该指标是以水样所含有机碳的量来间接表示水样中所含的有机物总量。测定过程与 TOD 类似，区别在于用红外气体分析仪测定水样中有机物在燃烧过程产生的 CO_2 量，再折算出其中有机碳的含量，即为总有机碳 TOC 的值。TOC 的测定也仅需要几分钟。

难生物降解的有机物含量只能通过 COD、TOD、TOC 等综合指标反映。组分相对稳定的水样，其 BOD_5、COD、TOD 和 TOC 之间存在一定的相关关系。利用总需氧量法和总有机碳法判定水样的有机物含量，测定过程迅速，但两者不能区分水样中有机物的种类和组成，因而不能反映总量相同的 TOD 或 TOC 所造成的不同污染后果。此外，TOD 与 TOC 的测定仪器均较为昂贵，主要用于研究。

8. 毒物(Toxic Pollutant)

毒性污染物的水质标准是以单位体积水样中所含该毒物的量表示，单位为 mg/L。

9. 总氮 (Total Nitrogen, TN)

总氮包括有机氮、氨氮、亚硝酸氮、硝酸氮等全部氮的含量(mg/L)。其中，有机氮主要包括蛋白质、氨基酸、尿素等氨基氮的有机物。有氧条件下，有机氮会经微生物的作用逐步分解为 NH_3、NH_4^+、NO_2^-、NO_3^- 等形态的简单无机氮物质。实际应用中，将 NH_3、NH_4^+ 中的氮统称为氨氮，分别写作 NH_3-N 和 NH_4^+-N；将 NO_2^- 中的氮称为亚硝酸盐氮，NO_3^- 中的氮称为硝酸盐氮，分别写作 NO_2^--N 和 NO_3^--N。根据水样中这三种组分的实际含量水平，可以判断水样中的有机氮转化为无机物过程所处的阶段，评价判定水体受污染的程度及自净状况。

10. 总磷(Total Phosphorous, TP)

总磷指水样经消解后将各种形态的磷均转变成正磷酸盐后测定的结果，以每升水样含磷的毫克数(mg/L)计量。

11. 总大肠菌数

总大肠菌数指单位体积水样中所含大肠菌的量。测定是将 1 mL 水样在规定条件下培养，再根据所生长的细菌菌落数，计算出每升水样所含的菌数(个/L)。值得说明的是：大肠菌不是有害菌，它是生活于人体内的正常菌种，以它作为间接污染指标来表示水受到人类生活活动引起的污染的可能性。

第三节　污水处理方法

污水处理的目的就是将污水中的污染物以某种方法分离出来，或者将其分解转化为无害稳定物质，从而使污水得到净化，以满足水环境变化和水资源可持续循环利用的需要。

污水处理方法的选择取决于污水中污染物的性质、组成、状态及对水质的要求等，污水的基本处理方法如表 2-2 所示。

表 2-2　　污水处理的基本方法

处理方法		作用方式	去除的主要污染物
物理法	重力沉降、混凝、气浮、过滤、离心分离、蒸发	分离	固体污染物、感官污染物油类污染物
化学法	中和法、化学沉淀、氧化还原、电化学	化学转化	酸碱污染物、生物污染物毒性污染物
物理化学法	吸附法、离子交换法、膜分离法	分离	固体污染物、生物污染物
生物法	活性污泥法、生物膜法、厌氧生物处理、自然生物处理	生物转化	需氧污染物、营养性污染物

依据处理过程对水中污染物的作用方式，可将水处理方法划分为分离处理、转化处理两大类：

分离处理——借助各种外力的作用，使污染物从污水中直接分离的处理方法，在分离过程中污染物的化学性质不发生改变。

转化处理——通过化学或生物化学的作用，使污水中不易分离的有毒有害污染物转化为可分离或无毒(或微毒)无害形态物质的处理方法，处理过程中污染物的形态或性质发生了改变。

依据处理过程中对水中污染物的作用原理，可将水处理方法分为物理法、化学法、物理化学法及生物法四大类：

物理法——利用物理作用处理、分离和回收污水中污染物的方法。例如，用重力沉降法除去水中相对密度大于 1 的悬浮颗粒；气浮法可除去乳状油滴或相对密度近于 1 的悬浮物；过滤法可除去水中的悬浮颗粒；蒸发法用于浓缩污水中不挥发性的可溶性物质等。

化学法——利用化学反应或传质作用分离、去除污水中可溶性或胶体物质，使其转化为无害物质的方法。例如，中和法用于中和酸性或碱性污水；氧化还原法用来除去污水中还原性或氧化性污染物，杀灭天然水体中的病原菌等。

物理化学法——利用物理化学作用去除污水中的污染物质，主要有吸附法、离子交换法、膜分离法等。

生物法——利用微生物的新陈代谢作用，使污水中的有机污染物转化为稳定、无害的物质的方法。根据作用微生物的不同，生物处理法又可分为好氧生物处理和厌氧生物处理。污水处理中广泛使用的是好氧生物处理法。

第四节　污水处理工艺流程

一般情况下实际污水中常含有多种污染物质，仅采用单一的处理方法往往无法达到预期的效果。为了以较低的处理成本获取较理想的处理效果，往往需要根据污水的水质、水量、处理程度、回收有用物质的可能性以及资金场地条件等多种因素，将数种处理技术方法按一定的主次关系和前后顺序进行合理组合，形成一个完整的净化处理系统。这种为达到某种处理目的而将多种不同的处理方法依照一定顺序合理组合,即形成污水处理工艺流程。

污水经过净化处理之后,其出水可以有不同的去向,例如回用、灌溉农田或排入天然水体等。净化出水的不同去向对处理系统的净化效率及出水水质的要求显然有所不同,在水处理技术中,将此称之为污水处理深度或处理级别。

按处理程度,污水处理一般可分为一级处理、二级处理、三级处理(深度处理)。

一级处理主要去除污水中呈悬浮状态的固体污染物质,多采用物理处理法。经过一级处理的污水,悬浮固体的去除率为70%～80%,BOD_5一般可去除30%左右,达不到排放标准。一级处理属于二级处理的预处理。

二级处理主要去除污水中呈胶体和溶解状态的有机污染物质(即BOD物质),多采用生物处理方法。经过二级处理后,污水中BOD_5去除率可达80%～90%,可以达到国家规定的污水排放标准,因而可直接排放或是用于农业灌溉。

三级处理是进一步去除二级处理出水中难降解的有机物、氮和磷等能够导致水体富营养化的可溶性无机物等。主要方法有生物脱氮除磷法、混凝沉淀法、过滤法、活性炭吸附法、膜分离法、消毒等。三级处理出水中的BOD_5浓度可降低到5 mg/L以下,并且能去除大部分的氮和磷,净化出水可回用或直接排放。

城市污水的水质通常较为均一,主要以去除BOD物质为目标,其处理工艺流程及系统构成基本成熟化。图2-1为城市污水处理的典型工艺流程,城市污水处理厂一般采用二级生物处理,有时为了脱除氮磷等物质或以回用为目的,还要进行三级处理。

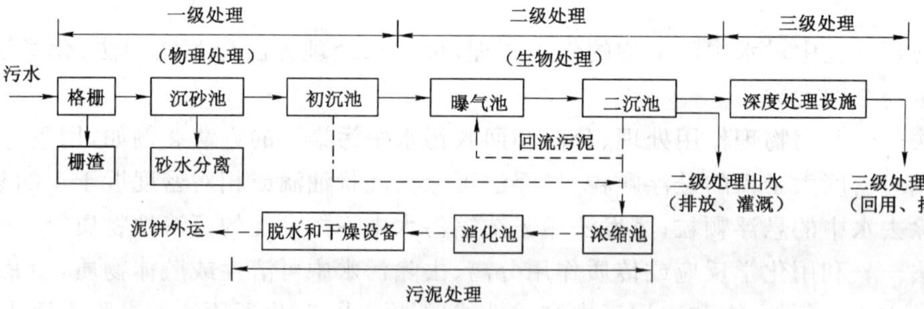

图2-1　城市污水处理典型工艺流程

工业污水的水质通常较为复杂,其处理工艺多因时因地而异,处理条件及要求亦不尽一致。虽然和城市污水一样,均是通过物理法、化学法、物理化学法、生物法对污染物质进行处理,但其工艺流程千差万别,一般没有固定的模式。

图2-2为二级气浮法处理冷轧含油污水的工艺流程,冷轧污水中含油乳化剂、脱脂剂及固体粉末等,化学稳定性好,难以通过静置或自然沉降方法分离,一般根据污水的含油浓度采用“溶气气浮+过滤组合工艺”。含油污水中的COD较高,根据排放要求,一般还需进行COD降解处理。

图2-3为酸洗工业污水处理工艺流程。酸洗工业污水主要在对钢铁零件的酸洗除锈过程中产生,污水pH值一般为2～3,还有高浓度的Fe^{2+},SS浓度也高。

图2-4为臭氧氧化法处理含氰污水的工艺流程。该工艺以臭氧作为氧化剂,处理出水水质好,出水CN^-浓度可达0.01 mg/dm^3以下,且污泥少,用空气为原料,操作简单,但耗电量较大。

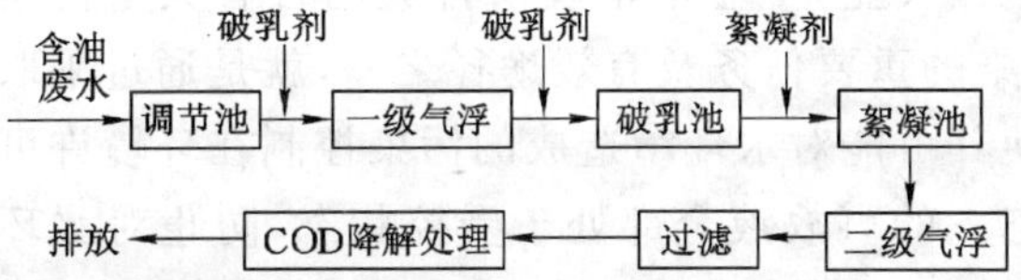

图 2-2　冷轧含油污水处理工艺流程

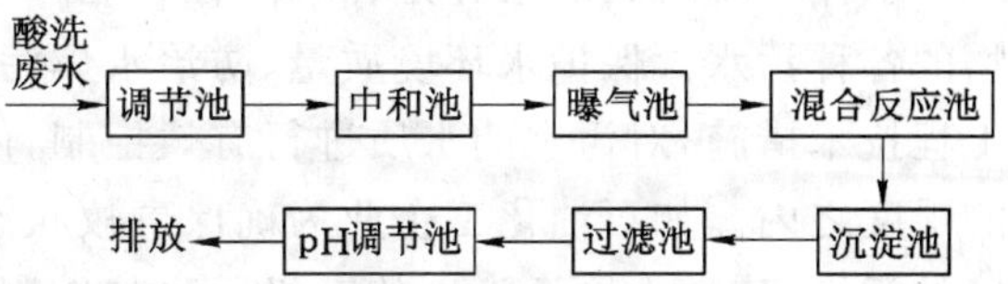

图 2-3　酸洗污水处理工艺流程

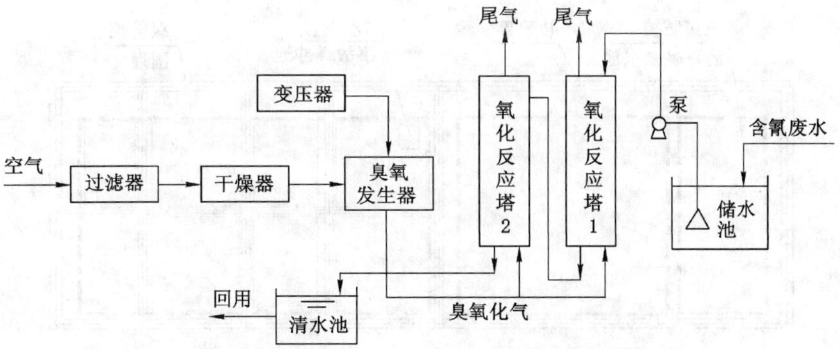

图 2-4　含氰污水处理工艺流程

第五节　水体污染综合防治

水资源的合理开发利用、有效保护与管理是维持水资源可持续利用的重要保障，与国民经济的发展和人类生活水平的提高息息相关。近十几年来，世界范围内水资源状况不断恶化，水资源短缺严重，供需矛盾日益突出。

我国是一个水资源比较匮乏的国家，水资源短缺和水污染严重已成为制约我国经济社会可持续发展的瓶颈，因此，从整体出发，运用各种措施，对水环境污染进行综合防治是一项十分重要、十分迫切的任务。

《中华人民共和国水污染防治法》提出了“预防为主、防治结合、综合治理”的水污染防治原则。水污染综合防治措施涉及工程的与非工程的两类，主要内容有：

① 水量保护，制定水环境保护法规和标准，进行水质调查、监测与评价，研究水体中污染物的迁移转化规律与水体自净规律，建立水质模型。实行科学的水质管理，统筹规划，调节水量，节约用水，减少污水和污染物排放量，包括规定用水定额，改善生产工艺和管理制度、提高污水的重复利用率等。

② 发展区域性水污染防治系统，包括制定城市水污染防治规划、流域水污染防治管理规划，实行水污染物排放总量控制制度，发展污水经适当人工处理后用于灌溉农田和回用于工业，在不污染地下水的条件下建立污水库，枯水期贮存污水减少排污负荷、洪水期内进行有控制地稀释排放等。

③ 水质控制，利用效率高、能耗低的污水处理技术，对污水的水质进行加工处理或调节控制，使不宜再用或排放的污水转变为可再用或排放的水。

水体环境污染的根源是在水的社会循环中人类生产、生活活动所排放的含有大量污染物的各种污水。保护水环境质量、防治水体污染的重要任务及有效途径之一，就是通过采取工程技术措施，对污水的水质进行有效控制，使其可能对水环境造成的污染控制在环境许可的限度之内。如石油化工企业为确保事故状态下的事故液全部处于受控状态，防止对水环境的污染，建立水体污染事故三级预防与控制体系。即针对石油化工企业污染物来源及其特性，以实现达标排放和满足应急处置为原则，建立污染源头、过程处理和最终排放的“三级防控”机制，图 2-5 为石油炼化项目三级防控典型平面布置。

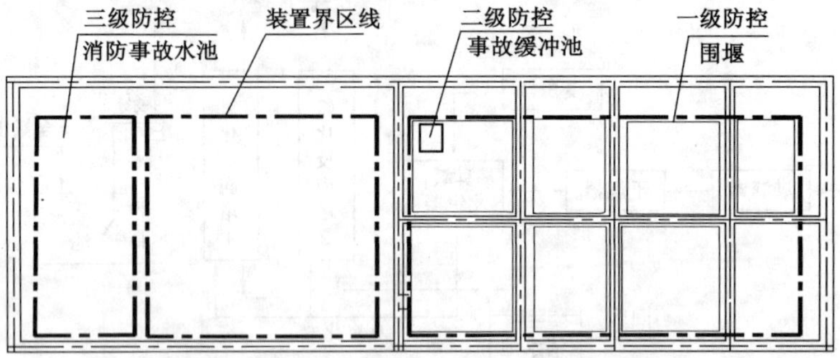

图 2-5　石油炼化项目三级防控典型平面布置图

第一级防控措施是设置装置区围堰、罐区防火堤及其配套设施（如备用罐、储液池、隔油池、导流设施、清污水切换设施等），使泄漏物料切换到处理系统，防止污染雨水和轻微事故泄漏造成的环境污染；第二级防控措施是在产生剧毒或者污染严重的装置设置事故缓冲池，切断污染物与外部的通道，导入污水处理系统，将污染控制在装置内，防止较大生产事故泄漏物料和污染消防水造成的环境污染；各装置区都必须有单独的事故缓冲池，事故缓冲池的容积应能容纳装置污染区地面一次不小于 30 mm 的降雨量；第三级防控措施是在排出厂区前建设消防事故水池，作为事故状态下的储存与调控手段，将污染物控制在厂区内，防止重大事故泄漏物料和污染消防水造成的环境污染。消防事故水池的有效容积按能容纳一次最大消防水量、发生事故时仍必须进入该收集系统的生产废水量及发生事故时可能进入该系统的雨量考虑。事故池应分格设置，每一格应设置水质在线监测仪表。

在水质控制过程中，针对污水中所含污染物的种类、性质和浓度范围，相应采取有效的净化处理技术及配套设施设备，使水污染物从污水中得到必要的分离，并使净化的出水水质满足安全排放或资源化回用的要求，实现污水的无害化、资源化，称为水污染控制工程。可见，水污染控制工程是保护水体不受污染的有效手段和必要措施，在水体污染防治中占有重要的地位。

习题与思考题

1. 简述水资源的含义及特征。
2. 试分析水资源与水的自然循环的关系。
3. 试分析水资源与水的社会循环的关系及产生水体污染的根本原因。

4. 简述水污染与水体污染的关系。
5. 何为水体污染物？归纳水体污染物种类、危害及相应的污染指标。
6. 简述 BOD、COD、TOD、TOC 的内涵，并分析这四个指标在数量上的关系。
7. 什么是水体自净？水体自净过程包括哪些？
8. 简述氧垂曲线及其作用。
9. 污水处理的基本方法有哪些？
10. 什么是污水处理的级别？城市污水的处理级别如何划分？
11. 试述水污染控制工程在水污染防治中的作用和地位。

第二篇

污水的物理处理

污水的物理处理(Physical Treatment)是利用物理作用(重力或机械力)分离污水中呈悬浮状态的固体污染物质,是污水处理的基本方法。物理处理的主要对象是生活污水和工业污水中含有的大量漂浮物与悬浮物质,采用的处理方法主要有筛滤法、重力沉降法、混凝澄清法、浮力浮上法、离心分离及磁力分离法等。

本篇重点介绍城市污水处理常用的筛滤法、重力沉降法、混凝澄清法和浮力浮上法。

第三章　筛　滤　法

筛滤法(Screening Method)是指通过机械设备的阻力截留作用,去除污水中粗大的漂浮物或悬浮物的一种水处理方法。筛滤法的主要作用是拦截污水中的固态污染物,防止管道、机械设备及其他装置的堵塞,保证后续处理单元的正常运行和处理效果。筛滤法简单、实用,筛滤装置的构件包括平行的棒、条、金属网、格网或穿孔板,常用的设备有格栅和筛网。其中由平行的棒和条构成的称为格栅,由金属丝织物或穿孔板构成的称为筛网。

第一节　格　　栅

一、格栅的作用

格栅(Bar Screen)由一组平行的金属栅条与框架制成,放置在进水的渠道或泵站集水池的进口处,用以截留较大的呈漂浮或悬浮状态的固体污染物(如纤维、碎皮、毛发、木屑、果皮、蔬菜、塑料制品等),以减轻后续处理构筑物的负荷,保护管道、水泵等机械设施不被磨损或堵塞,使之正常运行。

被格栅截留的污染物质称为栅渣,其含水率约为70%～80%,容重约为960 kg/m^3。栅渣量因地区的特点、栅条间距、污水类型而异,可采用人工或机械方式清除。

格栅的截留效果取决于栅条间距。根据栅条净间隙,可将格栅分为细格栅、中格栅和粗格栅,细格栅栅条间距3～10 mm,中格栅栅条间距16～40 mm,粗格栅栅条间距50～100 mm,分别用于拦截不同尺寸的悬浮污染物。实际应用时依所处理的污水类型而定,一般城市污水处理厂可以根据需要采用粗细两道格栅,其中粗格栅在水流阻力不太大的情况下拦截较大的漂浮物和悬浮物,改善水力条件,减轻细格栅负担;细格栅则进一步拦截尺寸较小的污染物质,净化污水水质,保障后续管道系统和设备的正常运行。大型污水处理厂亦可采用粗、中、细三道格栅。

格栅是污水处理厂的第一道工序,也是预处理的主要设备,对后续工序有着举足轻重的作用,格栅选择是否合适,直接影响整个水处理设施的运行。格栅栅条的断面形状主要有正方形、圆形、矩形和迎水面或背水面为半圆的矩形等。其中圆形断面的栅条水流阻力较小,但容易发生弯曲变形,一般多采用断面为矩形的栅条。为防止格栅堵塞,污水经过格栅应保持一定的流速,通常过栅流速为0.6～1.0 m/s,保证悬浮物不会沉积在沟渠底部,又防止把已经截留的污物冲过格栅,格栅的相关设计计算和选型参见相关手册。

二、格栅的分类

根据形状,格栅可分成平面格栅和曲面格栅。

1. 平面格栅

平面格栅由栅条与框架组成，框架采用型钢焊接而成，分成A型和B型，如图3-1所示。

A型平面格栅的栅条安装在框架的外侧，方便机械清渣；B型是栅条安装在框架的内部，一般人工清渣。当格栅长度>1 000 mm时，可在格栅框架内增加横向肋条，横向肋条的数量及断面尺寸应通过计算确定。

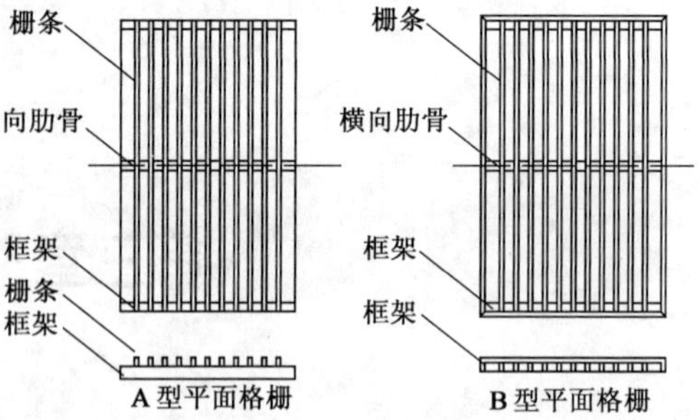

图3-1　平面格栅

平面格栅通常倾斜安装在栅槽中，倾角一般采用60°～75°，并联的格栅之间设置200 mm左右的隔墙。在设计中，为了防止在格栅前出现阻流回水现象，进水渠应是逐渐加宽，并在栅前保持一段0.5 m的直线距离，使进入格栅的水流具有比较好的水力条件，流动平稳。为保证出栅的污水不会回流，栅后也应保持一段直线距离，一般为1.0 m，然后出水渠由栅槽宽度渐缩到出水渠宽。

2. 曲面格栅

曲面格栅又可分为固定曲面格栅与转鼓筒式格栅两种。

固定曲面格栅是一种比较简单的曲面格栅，栅条为圆弧形，采用不锈钢制，框架用型钢焊接，如图3-2所示。固定曲面格栅是利用渠道水流速度推动除渣桨板。

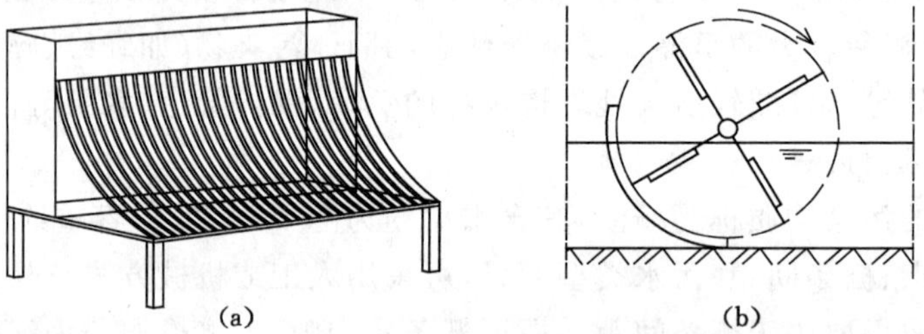

(a)　　(b)

图3-2　固定曲面格栅

(a) 格栅；(b) 清渣桨板

转鼓筒式格栅是城市污水处理厂和工业污水处理中将水中漂浮物、悬浮物和沉降物质分离的理想设备，可以安装在箱体内，也可以直接倾斜安装在沟渠中，安装倾角一般为35°，其结构如图3-3所示。

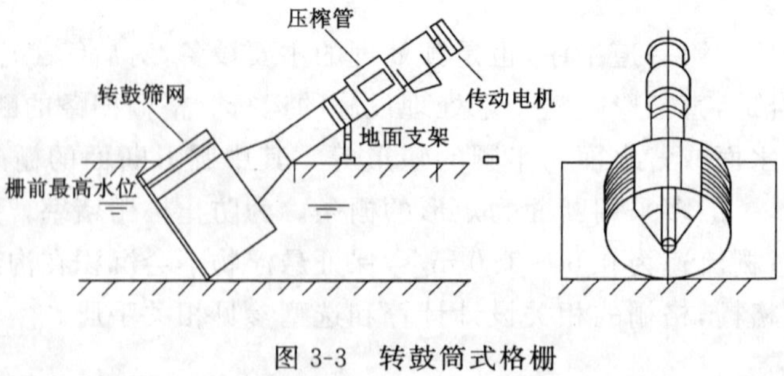

图3-3　转鼓筒式格栅

转鼓筒式格栅由转鼓筛网、旋转齿耙、压榨管和传动装置组成，如图3-3所示。格栅中的栅齿可用工程塑料或不锈钢等材料制造，栅齿轴等由不锈钢制造，可提高格栅整体的耐腐蚀性能。污水从圆筒形栅筐前端流入栅内，通过筛网过滤，流向水池出口，栅渣依靠安装在中心轴上的旋转齿耙回转清污，通过压榨脱水，栅渣固体含量可达 35%～45%。

转鼓筒式格栅结构紧凑，几乎全部由不锈钢制成，具有足够的耐蚀性和强度，工作效率高、运行平稳、格栅前后水位差小，并且不易堵塞。

三、栅渣的清除与处理

栅渣的数量与服务地区的情况、污水排水系统的类型、污水流量以及栅条的间隙等因素有关。对于一般城镇污水处理厂，栅条间距为 16～50 mm 的情况下，栅渣量约为 0.10～0.01 m^3/1 000 m^3 污水。具体栅渣量应通过实验确定。

1. 平面格栅的栅渣清除

平面格栅的栅渣清除分为人工清渣和机械清渣两种方式。

(1) 人工清渣

人工清渣格栅构造见图 3-4，为了使工人易于进行清渣作业，避免清渣过程中栅渣掉回水中，人工清渣格栅安装倾角较小，一般为 30°～45°，容易清理，水力阻力小，但占地面积大。人工清渣格栅的过水断面面积应不小于进水管渠的 2 倍，以免清渣过于频繁。设于污水泵站前集水井中的格栅，应采取有效措施避免有害物质对操作人员的危害。

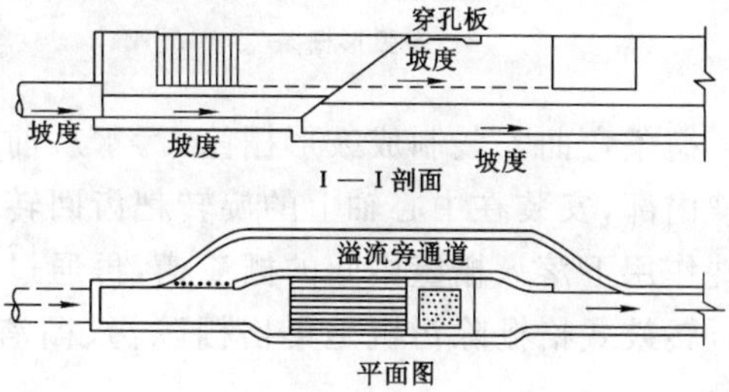

图 3-4 人工清渣格栅

人工清渣适用于栅渣量小于 0.2 m^3/d 的小型格栅。

(2) 机械清渣

机械清渣是采用机械带动耙齿对栅渣进行打捞，使污水中的固态悬浮物分离出去，保证污水流畅流过。机械清渣格栅安装倾角一般为 60°～75°，有时可为 90°，过水断面的面积一般不小于进水管渠有效面积的 1.2 倍。机械清渣格栅占地面积较人工清渣格栅小，但水流阻力略大，清渣装置设计要求较高。

按照格栅齿耙动作的方式，清渣装置可分为臂式格栅除污机、高链式格栅除污机、钢索牵引式格栅除污机、回转式格栅除污机、阶梯式格栅除污机等几种形式。

机械清渣的工作过程可以是连续的，也可以是间歇的，可以根据用户需要任意调节设备运行间隔，实现周期性运转，可以根据格栅前后液位差自动控制设备的启停，同时具有手动控制功能，以方便检修。机械清渣格栅自动化程度高、分离效率高，适用于栅渣量大于 0.2 m^3/d的大型格栅。

2. 曲面格栅的栅渣清除

曲面格栅的栅渣清除方式都是机械清渣，不同形式的曲面格栅清渣方式不同。

(1) 弧形格栅除污机

固定式曲面格栅采用弧形格栅除污机。弧形格栅除污机见图 3-5。

污水流经固定的曲面格栅，栅渣被截留下来。耙齿插入固定曲面格栅的下部，被格栅弧面所在圆心处的中心轴带动，向上运动，将栅渣剥离，运送到栅渣槽。

(2) 转鼓式格栅除污机

转鼓式曲面格栅采用转鼓式格栅除污机，其结构如图 3-6 所示。

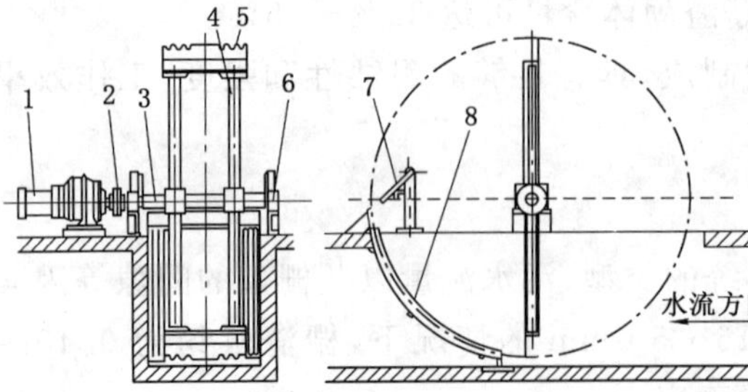

图 3-5　弧形格栅除污机

1——驱动装置；2——联轴器；
3——传动轴；4——旋臂；5——耙齿；
6——轴承座；7——除污器；
8——弧形栅条

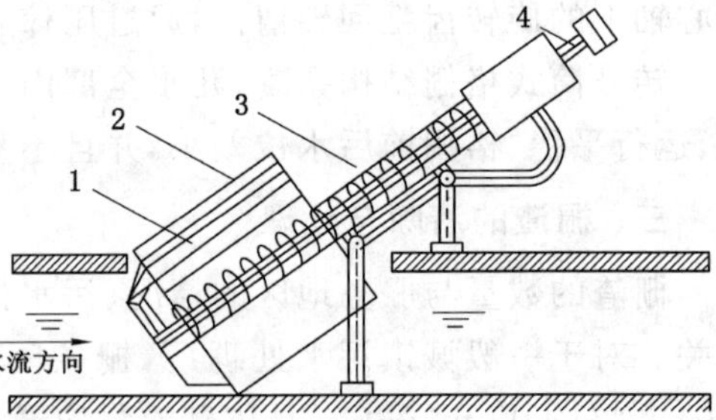

图 3-6　转鼓式格栅除污机

1——清渣耙齿；2——栅框；
3——螺施输送机；4——中心轴

栅条弯曲安装制成鼓形栅筐，污水从前端流入，经格栅拦截流向栅筐后，栅渣被截留在栅筐内部，安装在中心轴上的旋转耙齿回转清污，把栅渣扒至栅筐顶部，在栅渣自重及水流冲洗作用下落入栅筐中间的栅渣槽，再通过螺旋输送器提升至压榨装置。

转鼓式格栅除污机是集格栅除污、栅渣螺旋提升输送和压榨于一体的设备，适用于细格栅。

3. 栅渣的脱水与输送

清除的栅渣可采用带式输送机或螺旋输送机输送，由于栅渣含水率较高，最终清运前宜进行压榨脱水。常用的栅渣压榨装置为栅渣螺旋压榨机。作为格栅配套设备，栅渣螺旋压榨机的作用是对栅渣进行压榨以减少其水分和体积。如图 3-7 所示，螺旋压榨机由挤压螺旋、螺旋管、传动部件、进料斗及卸料斗等组成，污物由进料斗进入螺旋管，在挤压螺旋的作用下，压缩、脱水后输送至出渣口。

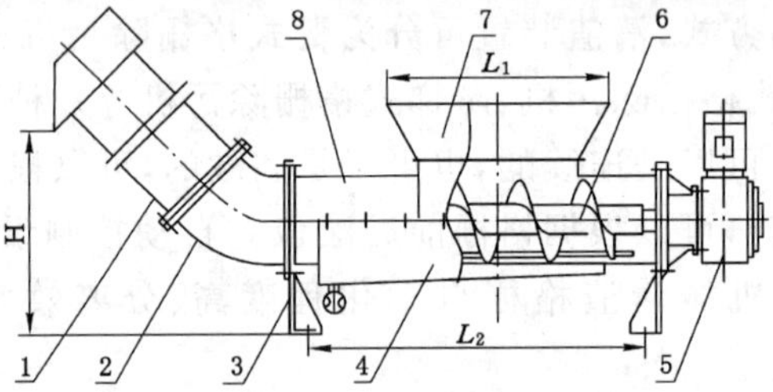

图 3-7　栅渣螺旋压榨机

1——出渣管；2——弯头；3——底部支架；4——出水斗；5——驱动装置；6——螺旋杆；7——进料斗；8——机体

栅渣螺旋压榨机的工作原理是驱动减速机带动叶片轴旋转，螺旋升角产生向前推力从而挤压进入压榨管的物料，挤压后的物料由出料口排出，而污水则被分离后进入排水槽达到分离的目的。栅渣螺旋压榨机特点是结构简单，占地面积小，安装维护方便，除进出料口敞开外，其余部分均可加盖封闭，物料不会外溢，减少空气污染。

栅渣的输送一般采用螺旋输送机，螺旋输送机通常由螺旋输送机本体、进出装置、驱动装置三大部分组成。螺旋输送机见图 3-8。

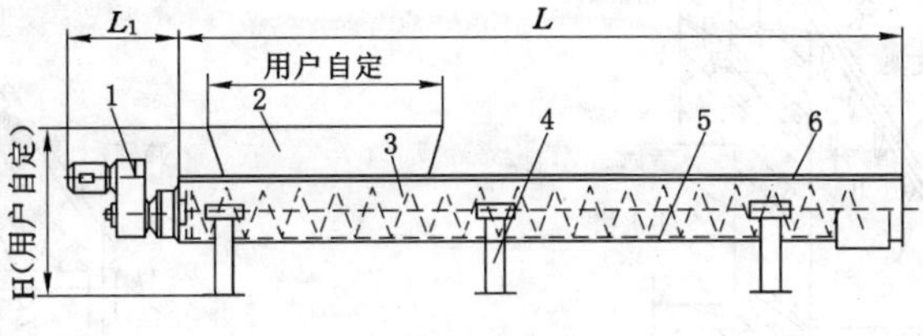

图 3-8 螺旋输送机

1——减速机；2——落料斗；3——螺旋叶片；4——支架；5——耐磨衬垫；6——U 型槽

旋转的螺旋叶片将物料推移，物料自身重量和螺旋输送机机壳对物料的摩擦阻力使物料不与螺旋输送机叶片一起旋转，从而实现螺旋输送。螺旋输送机具有结构简单，成本低，密封性强，操作安全方便等优点。

第二节 筛 网

某些工业污水中可能含有一些纤维状、软性悬浮或漂浮物，这些污染物或因尺寸太小或质地柔软细长能钻过格栅的空隙，对水泵或其他设备的运转造成不利影响。对于含有这样漂浮物的工业污水可利用孔眼较小的筛网进行处理。

筛网主要用以滤除纺织、造纸、制革、洗毛等一些工业污水中含有的细小纤维状的悬浮物质，如棉布毛、化学纤维、纸浆纤维、羽毛、兽毛、藻类等，以保证后续处理单元的正常运行和处理效果。通常污水可先经过格栅截留大尺寸杂物后用筛网过滤，或直接经过筛网过滤。

污水物理处理中所用筛网是用金属丝编织或金属板冲孔拉伸制成，孔径较小。孔径小于 10 mm 的筛网主要用于工业污水的预处理，截留粒度在几毫米大小的细碎悬浮物，去除效果相当于初次沉淀池；孔径小于 0.1 mm 的细筛网则用于二级处理出水的最终处理或污水回用前的处理。

根据在工作过程中的运行特点，筛网分为固定筛网、振动筛网、旋流筛网和转鼓式筛网。

一、固定筛网

固定筛网是把筛网固定在支座上，污水流经筛网悬浮物被拦截，拦截悬浮物的过程中筛网没有运动。为防止筛网堵塞，一般采用楔形格网，孔眼尺寸大小为 0.25～1.5 mm，可以根据处理污水的水质特点，在筛网的栅条上再覆以 16～100 网目的不锈钢丝网或尼龙网。根据筛网构造形式，固定式筛网分为平面式固定筛网和曲面式固定筛网，见图 3-9 和图 3-10。

固定筛网一般是倾斜固定在支座上，配水槽设置在筛网上方，污水沿筛网从上向下流经筛网，清水在重力作用下透过筛网孔眼落入筛网下方的集水槽中，而悬浮物被截留在筛网的上表面，并沿筛网表面滑落到筛网底部的集浆槽，必要时可对筛网表面进行冲洗。

平面式固定筛网没有弧度，制作容易，安装简单；曲面式固定筛网呈弧形，污水流过的水力条件更好。

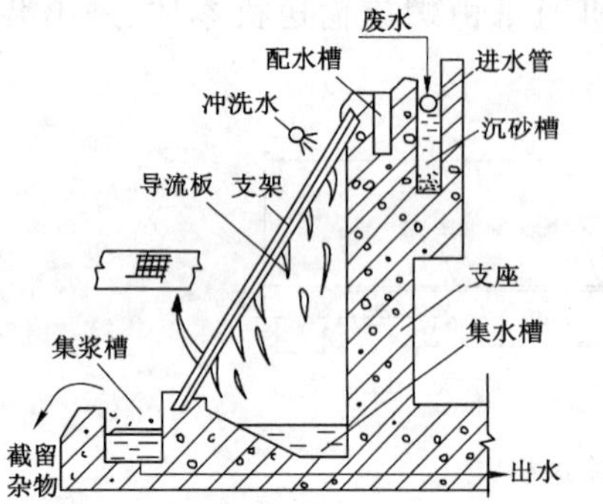

图 3-9　平面式固定筛网

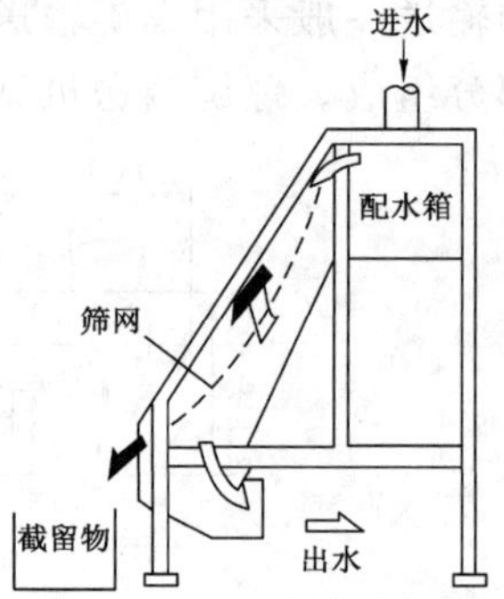

图 3-10　曲面式固定筛网

二、振动筛网

振动筛网通常是平面的，以一定角度倾斜安装，通过电动机带动筛网进行机械振动，使拦截下来的悬浮物从筛网表面剥离开。振动筛网见图 3-11。

污水流经振动筛网，清水落入筛网下面的集水槽，悬浮物被筛网拦截，同时，通过电动机带动筛网进行机械振动，将倾斜的振动筛网上截留的纤维等杂质卸到振动筛网下方的固定筛网上，进一步滤去附在纤维上的水滴。振动筛网不需要对筛网表面进行冲洗，配水系统比较简单，而且一般和固定筛网联合使用，截留的悬浮物含水率低，容易处理。

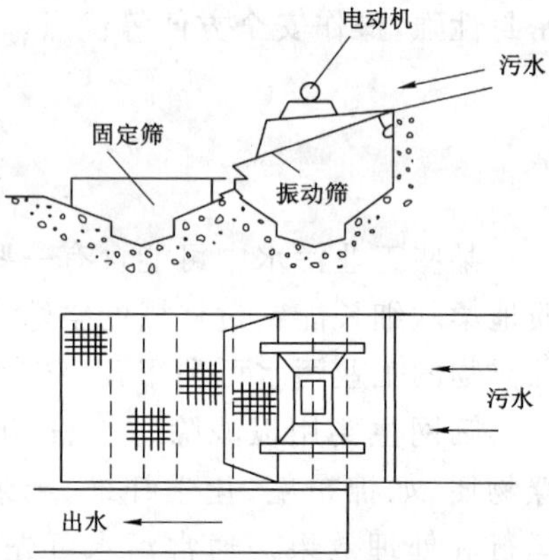

图 3-11　振动筛网

三、旋流筛网

旋流筛网是将筛网围成锥筒状，中心轴呈水平状态，运行时污水从圆台的小端进入，筛网旋转，带动污水形成旋流，水流在从小端到大端的流动过程中，纤维状污染物在离心力作用下向外运动，被筛网截留，水则从筛网的细小孔中流入集水装置。

根据筛网旋转的动力，旋流筛网可分为水力旋流筛网和电动回转筛网，水力旋流筛网构造见图 3-12，利用水的冲击力和重力作用带动筛网旋转；电动回转筛网转动的动力来自于机械动力。由于整个筛网呈圆台形，被截留的污染物会沿筛网的倾斜面卸到锥筒大口端下方的固定筛上，以进一步滤去水滴。

四、转鼓式筛网

微滤机是一种截留细小悬浮物的转鼓式筛网过滤装置，如图 3-13 所示，是由转鼓、筛网、驱动装置、冲洗装置等构成，将 15～20 μm 孔径的微孔筛网固定在转鼓型过滤设备上，可有效截留水中的泥沙、悬浮藻类等颗粒态污染物。被处理的污水沿轴向进入鼓内，在转筒转动离心力的作用下以径向辐射状经筛网流出，水中杂质即被截留于鼓筒上滤网内面。在转鼓的正上方，与转鼓平行设置有带喷嘴的冲洗水管，当截留在滤网上的杂质被转鼓带到上部时，被压力冲洗水反冲到排渣槽内流出，排水管通过转鼓的中空轴连接到池外。运行时，

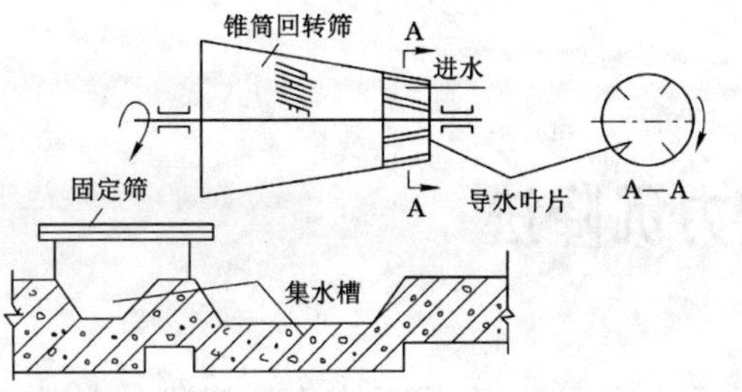

图 3-12 水力旋流筛网

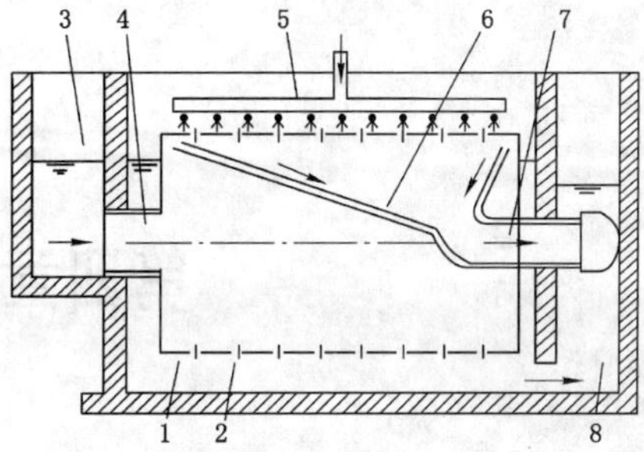

图 3-13 微滤机

1——筛网;2——转鼓;3——进水槽;4——进水管;5——冲洗设备;6——排渣槽;7——排渣管;8——出水槽

转鼓 2/5 的直径部分露出水面,转速为 1～4 r/min,滤网过滤速度可采用 30～120 m/h,冲洗水压力 0.5～1.5 kg/cm^2,冲洗水量为生产水量的 0.5%～1.0%。通过转鼓的转动和反冲水的作用力,使微孔筛网得到及时的清洁,设备始终保持良好的工作状态。

微滤机处理效果好,出水水质稳定,操作维修简便、运行费用低、占地面积小,主要用于纺织、印染、食品、自来水、电厂等行业的水质净化。

习题与思考题

1. 格栅的形式有哪些,分别具有哪些特点,实际应用中应怎样进行选择?
2. 栅条的不同形状各自具有哪些特点?
3. 格栅和筛网各自适用于哪些情况?

第四章　重力沉降法

重力沉降法(Gravity Settling Method)是在重力作用下,利用污水中悬浮物与水的密度差来进行固液分离的一种方法。在重力作用下,当悬浮物的密度大于水的密度时,悬浮物下沉形成沉淀物,而当悬浮颗粒密度小于水时则上浮形成浮渣,分别收集沉淀物和浮渣,即可达到去除污水中各种悬浮物的目的。

重力沉降法是污水处理中重要的物理方法,简便易行,效果良好,几乎所有的污水处理工程都包括重力沉降法,其主要作用如下:

① 污水处理系统的预处理,对于城市污水处理系统,污水首先经过沉砂池,用以去除污水中易沉降的砂粒类无机固体颗粒;

② 污水的初级处理,在二级污水处理系统中,通常在生物处理前设初次沉淀池,主要用于去除污水中的砂粒、悬浮物,以减轻后续处理设备的负荷,保证生物处理系统正常运行;

③ 在生物处理后设二次沉淀池,用于去除从生物处理工艺中排出的剩余活性污泥,脱落的生物膜残体等;

④ 用于絮凝处理后的固液分离,如絮凝沉淀池;

⑤ 用于污泥处理阶段的污泥浓缩。

第一节　沉降过程的基本理论

根据污水中悬浮物质颗粒的大小、密度、凝聚性能及其浓度,可将重力沉降分为自由沉降、絮凝沉降、成层沉降和压缩沉降四种基本类型。

一、自由沉降

自由沉降(Free Settling)是指固体颗粒在沉降过程中不改变质量、形状和尺寸,呈离散状态,颗粒之间互不影响,各自独立地完成沉降过程。经一定的沉降时间后颗粒的沉降速度保持恒定,在水平水流中的沉降轨迹是直线。自由沉降多发生在污水中悬浮物的浓度不高,颗粒之间不具有凝聚性的情况下,如砂粒在沉砂池中的沉降、悬浮物浓度较低的污水在初次沉淀池中的沉淀过程。自由沉降过程可用牛顿第二定律及斯托克斯公式描述。

影响颗粒自由沉降的因素很多,包括水中所含悬浮物的大小、形状、性质等,为便于分析,假定:① 颗粒为球形,不可压缩,也无凝聚性,沉淀过程中其大小、形状和质量等均不变;② 水处于静止状态,且为稀悬浮液。

基于以上假设,颗粒沉降仅受重力和水的阻力作用。静水中的悬浮颗粒开始沉淀时,因受重力作用而产生加速运动,但是水的阻力也随着增大。经过一段很短的时间后,颗粒在水中的重力和阻力达到平衡(图 4-1),颗粒的加速度为零,此后开始做匀速下沉运动。

自由沉降过程可以用牛顿第二定律表述:

$$m\frac{\mathrm{d}u}{\mathrm{d}t}=F_1-F_2-F_3 \tag{4-1}$$

式中,F_1为颗粒的重力;F_2为颗粒的浮力;F_3为颗粒在下沉过程中受到的摩擦阻力,且

$$F_1=\frac{\pi d^3}{6}g\rho_s \tag{4-2}$$

$$F_2=\frac{\pi d^3}{6}g\rho \tag{4-3}$$

图 4-1 自由沉降受力分析

$$F_3=\frac{\lambda\pi d^2\rho u^2}{8}=\lambda\frac{\pi d^2}{4}\rho\frac{u^2}{2}=\lambda A\rho\frac{u^2}{2} \tag{4-4}$$

式中 u——颗粒的沉淀速度,m/s;

d——颗粒的粒径,m;

ρ_s,ρ——颗粒及水的密度,kg/m^3;

g——重力加速度,m/s^2;

A——颗粒在垂直面上的投影面积,m^2,$A=\pi d^2/4$;

λ——阻力系数,是雷诺数 $Re=\rho ud/\mu$ 和颗粒形状的函数,对于层流,$\lambda=24/Re$;

μ——水的动力黏度,Pa·s。

把上述各关系式代入式(4-1),整理后得:

$$u=\frac{g(\rho_s-\rho)d^2}{18\mu} \tag{4-5}$$

式(4-5)称为斯托克斯公式。该公式表明:① 颗粒的沉淀速度 $u\propto\rho_s-\rho$,当 $\rho_s>\rho$ 时,$u>0$,颗粒下沉;当 $\rho_s<\rho$ 时,$u<0$,颗粒上浮;当 $\rho_s=\rho$ 时,$u=0$,颗粒处于相对静止状态;② 颗粒的沉淀速度 $u\propto d^2$,颗粒越大,沉淀速度越快,故增大颗粒直径可提高沉淀效果;③ 颗粒的沉淀速度 $u\propto 1/\mu$ 成反比,μ 主要取决于水温和水质,在水质相同的情况下,水温升高 μ 减小,有利于颗粒下沉。

由于污水中的悬浮物组成十分复杂,颗粒形状多样,并非球形,密度也有差异,故采用斯托克斯公式计算颗粒的沉淀速度十分困难,不能直接用于实际工艺设计计算,需要加以修正。

水中悬浮颗粒的自由沉降性能一般可通过沉降试验得到。该试验是在一组(通常5～7个)下部设有一取样口的沉降柱内进行(图 4-2),柱的直径为 100 mm,柱高 1 200～1 500 mm,将含悬浮物浓度为 C_0的原水混合均匀后注入沉降柱中,在沉降时间为 t_i时刻取样。测定悬浮物浓度 C_i,此时取样口处残余悬浮物量(以比率表示)为 $P_i=C_i/C_0$,则对应于每一取样时刻的颗粒沉速 $u_i=H/t_i$为横坐标,以 u_i为纵坐标,可得如图 4-3 所示的沉降速度分布曲线。该曲线可用于确定有效沉降终点和进行悬浮物总去除率计算。

悬浮物总去除率是衡量沉降效果的总体指标。由图 4-3 所给沉降速度分布曲线上可查出任一沉降速度条件下残余悬浮物的百分率,反之亦然。由沉降速度和残余悬浮物百分率可以求出某一沉降速度时悬浮物的总去除率。

$$E_r=(1-P_0)+\frac{1}{u_0}\int_0^{P_0}u\mathrm{d}P \tag{4-6}$$

式中 E_r——某一时刻悬浮物的总去除率,%;

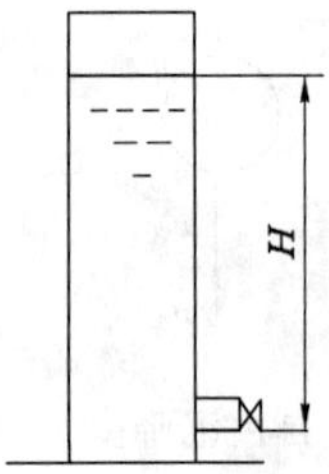

图 4-2　沉降柱

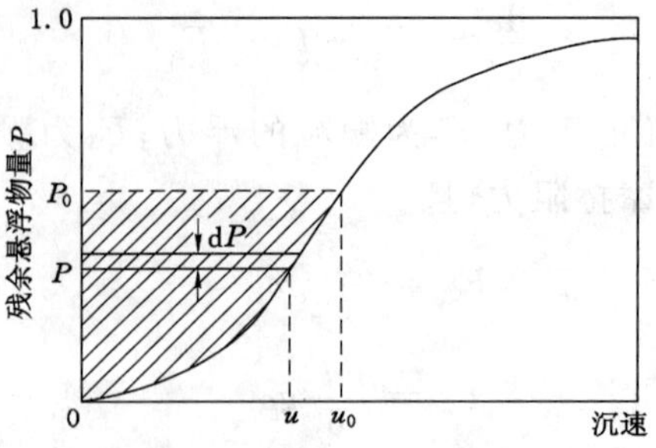

图 4-3　沉降速度分布曲线

P_0——以比率表示的残余悬浮物百分率，%；

u_0——对应于 P_0 的颗粒沉降速度，cm/min；

u——沉降速度，$u=f(P)$。

式(4-6)中的 $\int_0^{P_0} u\mathrm{d}P$ 可用图解积分法求得，见图 4-3 中的阴影部分。

【例 4-1】 某污水沉降试验数据见表 4-1 所示，初始悬浮物浓度 $C_0=400$ mg/L 有效水深 $H=1.2$ m，试求 $u_0=3.0$ cm/min 时颗粒的总去除率。

表 4-1　　沉降试验数据

取样时间/min	悬浮物浓度/(mg/L)	$P_i=C_i/C_0$	$u=H/t_i$
0	400	0	0
15	208	0.52	8
30	184	0.46	4
45	160	0.40	2.7
60	132	0.33	2.0
90	108	0.27	1.3
120	88	0.22	1.0

解　(1) 计算各沉淀时间相应的 P_i、u 值，并将计算结果列于表 4-1 中。

如当 $t=30$ 时，$P_i=\dfrac{184}{400}=0.46$，$u=\dfrac{120}{30}=4$(cm/min)，其余同理。

(2) 以 P_i 为纵坐标，以 u 为横坐标，绘制沉降速度分布曲线，如图 4-4 所示。

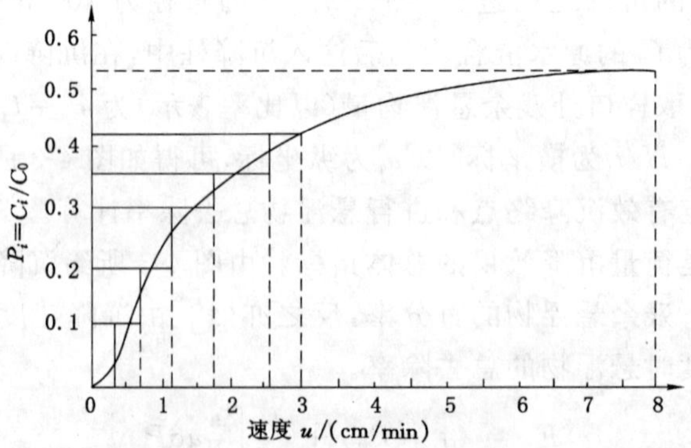

图 4-4　沉降速度分布曲线

(3) 用图解法计算 $u_0=3.0$ cm/min 的总去除率 E_r。当 $u_0=3.0$ cm/min 时，由曲线查得 $P_0=0.42$，则 $\int_0^{P_0} u\mathrm{d}P$ 等于图中各矩形面积之和。

$$\int_0^{P_0} u\mathrm{d}P=(0.3+0.7+1.2)\times 0.1+(1.75+2.6)\times 0.06=0.48$$

则总去除率 $E_r=(1-P_0)+\dfrac{1}{u_0}\displaystyle\int_0^{P_0} u\mathrm{d}P=(1-0.42)+0.48\div 3.0=0.74$

按此方法还可计算各时刻的总去除率，并绘制 E_r—t、E_r—u 曲线，分别见图 4-5 和图 4-6。

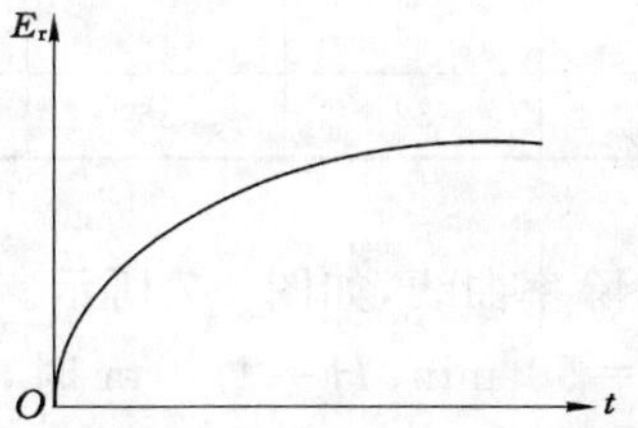

图 4-5　沉降时间与沉降效率关系曲线

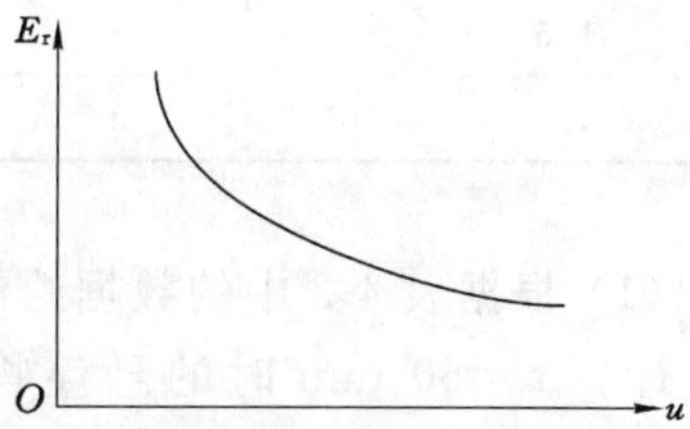

图 4-6　沉降速度与沉降效率关系曲线

二、絮凝沉降

絮凝沉降(Flocculating Settling)是絮凝性悬浮物在沉降过程中，颗粒之间互相碰撞凝聚，形成的絮状体尺寸不断加大，沉降速度也随深度增加，因此悬浮物的去除率不仅取决于沉降速度，还与深度有关，其沉降特性通常由絮凝沉降试验确定。

絮凝沉降试验是在一个设有多个取样口(一般为 4～6 个)的沉降柱中进行。沉降柱的高度应与拟采用的沉淀池的高度相同。将已知浓度的悬浮液注入沉降柱中搅拌均匀后，每隔一定时间，在各取样口同时取样，测出悬浮物浓度，并计算去除率。以取样口深度为纵坐标、取样时间为横坐标，绘制同一时间不同深度的去除率，并将去除率相等的点连接起来，即可得到絮凝沉降等去除率曲线，如图 4-7 所示。

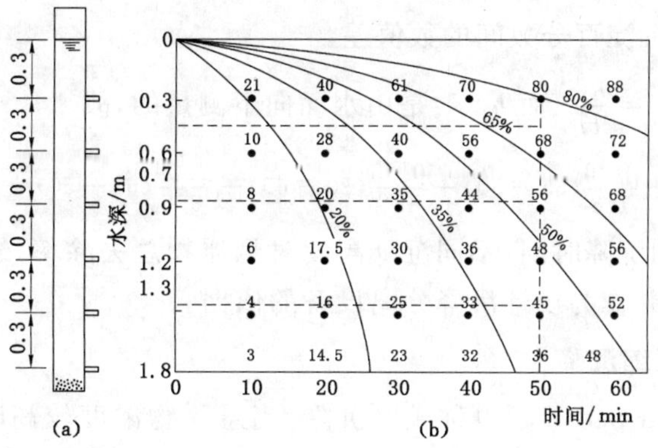

图 4-7　絮凝沉降等去除率曲线

根据该曲线可求出不同沉降时间不同深度对应的总去除率，计算方法见例 4-2。

【例 4-2】 某一城市污水在深度为 1.8 m 的沉降柱内进行絮凝沉降试验，所得数据见表 4-2 所示，试求沉降时间为 50 min、深度为 1.8 m 处的悬浮物总去除率。

表 4-2 絮凝沉降数据

取样口离水面高度/m	不同沉降时间的悬浮物去除率/%					
	10 min	20 min	30 min	40 min	50 min	60 min
0.3	21	40	61	70	80	88
0.6	10	28	40	56	68	72
0.9	8	20	35	44	56	68
1.2	6	17.5	30	36	48	56
1.5	4	16	25	33	45	52
4.8	3	14.5	23	32	36	48

解 (1) 根据表 4-2 中的数据绘制絮凝沉降的等去除率曲线,如图 4-7 所示。

(2) 计算 $t=50$ min 时的悬浮物总去除率。当 $t=50$ min、$H=1.8$ m 时,沉速 $u=1\ 800/(50\times60)=0.6$ mm/s。由图 4-7(b)可知,底部取样口处的悬浮物去除率为 36%,即有 36%的沉速大于或等于 0.6 mm/s 的颗粒被去除,而小于该沉速的颗粒只有部分沉到底部,其去除率可用图解法求得。具体步骤为:

① 在等去除率为 50%~65%之间的颗粒具有某一平均沉降速度,其值等于平均高度除以时间 t_0,平均高度为去除率为 50%~65%曲线之间中点的高度,由图中可知高度为 0.86 m,则其平均沉速为 $860/(50\times60)=0.29$ mm/s;

② 同理,在去除率为 65%~80%之间的颗粒的平均沉速为:$450/(50\times60)=0.15$ mm/s。

沉速更小的颗粒可忽略不计,则总去除率为

$$E=E_0+\frac{u_1}{u_0}(P_1)+\frac{u_2}{u_0}(P_2)+\cdots+\frac{u_n}{u_0}(P_n)$$

式中 E——沉降高度为 H、沉降时间为 t 时的去除率,%;

P_1,P_2,P_n——沉淀百分数间的数值差。

因为 $\frac{u_1}{u_0}=\frac{h_1}{H}$、$\frac{u_2}{u_0}=\frac{h_2}{H}$,而 h_1、h_2 是由水面向下测量的,故

$$E=36+\frac{1.48}{1.8}(50-36)+\frac{0.86}{1.8}(65-50)+\frac{0.45}{1.8}(80-65)+\frac{0.29}{0.6}(65-50)+\frac{0.15}{0.6}(80-65)=58.4\%$$

同理可计算出不同沉降时间、不同沉降高度时悬浮物总去除率,绘制出如图 4-5、图 4-6 所示的沉降特性曲线,并作为设计沉降分离设备的依据。

三、区域沉降和压缩沉降

区域沉降(Regional Settling)也称成层沉降,当悬浮物浓度较高时(一般大于 500 mg/L),颗粒之间互相干扰、彼此牵扯,各自保持相对位置不变,在聚合力的作用下形成了一个整体下沉,沉降层与澄清层之间形成明显的分界面,界面的下移速度就是沉降速度。二沉池及污泥浓缩池中均有区域沉降发生。当悬浮物浓度很高时,颗粒之间彼此接触、互相支撑,依靠上层颗粒间的重力作用将下层颗粒间的水挤出,颗粒间间隙越来越小,使污泥被压缩。二沉池的污泥斗及浓缩池中的浓缩过程属于压缩沉降(Compressed Settling)。

区域沉降和压缩沉降阶段颗粒的沉降特性多采用科-克莱文杰(Coe-Cleveriger)和凯西

(Kynch)理论来描述。科-克莱文杰认为，区域沉降的沉降速度仅是浓度的函数，用数学公式表示，即 $u=f(C)$。凯西从这一基本假设出发，通过单元沉降试验来研究区域沉降的沉降特性。

单元沉降试验是在容量为 500 mL 的量筒中进行，将已知悬浮物浓度 C_0 的污水装入量筒中，搅拌均匀后很快出现上清液与污泥层的界面，沉降表现为界面的下沉，沉速用界面沉速表示，记录不同时间界面高度，以时间为横坐标，以界面高度为纵坐标，可得区域沉降曲线如图 4-8 所示。

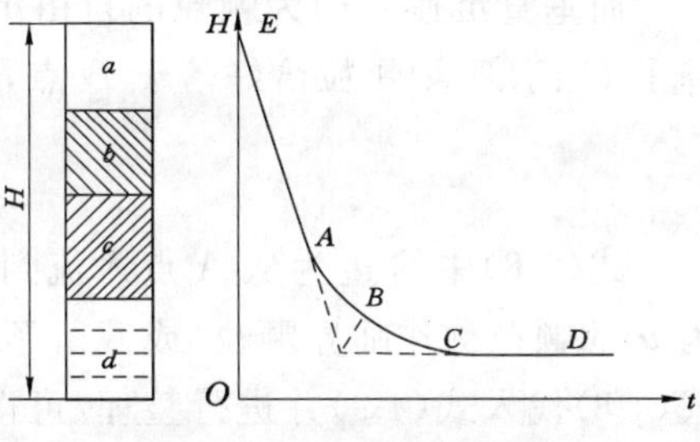

图 4-8　区域沉降曲线

a——澄清区；b——自由沉降区；c——浓缩区；d——压缩区

由图 4-8 可见，在沉降初期由于悬浮物浓度较低，界面呈等速沉降(即直线 EA 段)，沉速仅仅是浓度的函数，且认为自由沉降区的浓度与初始浓度 C_0 相同，则 $u=f(C_0)$。随着界面继续下沉，悬浮物浓度不断增加，界面沉速逐渐减慢，出现过渡区(即曲线 AC 段)，此时颗粒间水分被挤出，上升成为上清液，而界面继续下沉。当悬浮物浓度更高，使颗粒之间出现上下承托时即产生了压缩区(即 CD 段)。

图 4-8 中曲线上任意一点切线的斜率即为该点界面的下沉速度，分别作等速段和压缩段的切线，两切线夹角的角分线与沉淀曲线交于 B 点，即为临界点，也就是等速沉降区与压缩区的分界点，根据 B 点确定压缩时间，可以作为二沉池与浓缩池设计的一种依据。一般说来，由于沉降曲线在临界点处曲率最大，因此如无其他条件限制，临界点所对应的时间作为沉淀时间是最佳的。

第二节　理想沉淀池

上述四种沉降理论均研究的是悬浮颗粒在静水中的运动规律，与实际沉淀池的运动规律仍有一定的差距。为分析颗粒在实际沉淀池中的运动规律及沉淀效果，一般采用海伦(Haren)模型进行研究。海伦模型假定：① 进水在整个沉淀区的进水断面上均匀分布，且以均匀的水平流速 v 流过沉淀区；② 悬浮颗粒在沉淀区等速下沉，速度为 u；③ 悬浮颗粒在沉淀区的断面上水平流速等于水的过流速度 v；④ 颗粒一旦离开流动层进入池底，就认为已被去除。符合上述假设条件的沉淀池称为理想沉淀池(Ideal Depositing Tank)。

理想沉淀池按功能分为进水区、沉淀区、出水区和污泥区 4 个部分。平流理想沉淀池如图 4-9 所示，其有效长、宽、深分别为 L、B、H，进水流量为 Q。某一颗粒自 A 点进入沉淀区后，一方面随水流作水平方向流动，另一方面在重力作用下垂直下沉，其运动轨迹为水平分速 v 和沉速 u 的矢量和。

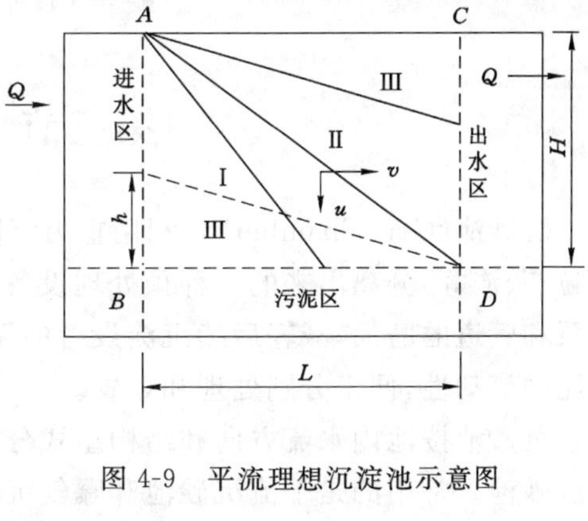

图 4-9　平流理想沉淀池示意图

基于海伦模型，颗粒的水平流速等于水流

速度，即

$$v = \frac{Q}{H \cdot B} \tag{4-7}$$

而垂直沉速 u 即为颗粒的自由沉降速度，若颗粒水平方向走 L 距离时，在垂直方向沉降了 H 高度，则颗粒恰好落于 D 点，可能进入溢流，也可能沉入池底，则临界条件为

$$\frac{L}{v} = \frac{H}{u_0} \tag{4-8}$$

式(4-8)中的 u_0 为从 A 点入流到 D 点被去除的那种颗粒的沉降速度。我们将这个流速为 u_0 的颗粒称作临界颗粒(或截留颗粒)，将该颗粒的粒度称作临界粒度(或截留粒度)。将式(4-8)代入式(4-9)并进行整理，可得

$$u_0 = \frac{Q}{L \cdot B} = \frac{Q}{A} = q \tag{4-9}$$

Q/A 为单位沉淀面积所接纳的流量，一般称之为表面负荷，用 q 表示，单位为 $m^3/(m^2 \cdot h)$。式(4-9)表明：表面负荷 q 在数值上等于临界颗粒的沉降速度 u_0，而且理想沉淀池的沉淀效率与池的水面面积 A 有关，与池深 H 无关。

对于沉速 $u \geqslant u_0$ 的颗粒，无论处于进口端的任何位置，都可在 D 点之前沉淀到池底而被去除，如图 4-9 中轨迹 I 所示。对于 $u \leqslant u_0$ 的颗粒，则视其在流入区所处的位置而定。若位于靠近水面的某一位置时，颗粒不能沉到池底，而会随水流出，如图中轨迹Ⅲ所示。若位于靠近池底的某一位置时，则可以沉到池底而被去除，见轨迹Ⅲ虚线所示。上述讨论说明对于沉速小于 u_0 的颗粒，仅有一部分可沉到池底而被去除。

若沉速 $u < u_0$ 的颗粒的重量占全部颗粒的重量比为 $\mathrm{d}P$，则其中 $(h/H)\mathrm{d}P$ 为可被去除的量。对于同一沉淀时间 t，有：

$$h = u_1 t \qquad H = u_0 t \tag{4-10}$$

故

$$\frac{h}{H} = \frac{u}{u_0} \qquad \frac{h}{H}\mathrm{d}P = \frac{u}{u_0}\mathrm{d}P$$

则对于 $u < u_0$ 的全部悬浮颗粒，可被去除的总量为：

$$\int_0^{P_0} \frac{u}{u_0}\mathrm{d}P = \frac{1}{u_0}\int_0^{P_0} u\mathrm{d}P$$

沉淀池去除的颗粒包括 $u \geqslant u_0$ 及 $u < u_0$ 两部分，故理想沉淀池的悬浮物总去除率为：

$$E = (1 - P_0) + \frac{1}{u_0}\int_0^{P_0} u\mathrm{d}P \tag{4-11}$$

第三节　沉　砂　池

沉砂池(Grit Chamber)是利用重力沉降的方法将污水中密度较大的无机固体颗粒(如砂粒、灰渣等)分离出来的一种预处理设备。沉砂池通常设在格栅之后、沉淀池之前，用以减少泵和管道的磨损，减轻后续沉淀设备的无机负荷，且能使无机颗粒和有机颗粒分离，改善污泥的流动性，便于分别处理和处置。

沉砂池按池内水流方向和结构型式分为平流式沉砂池、竖流式沉砂池、曝气沉砂池和旋流沉砂池。常用的是平流沉砂池和曝气沉砂池。

一、平流式沉砂池

平流式沉砂池是应用最多的一种形式，具有工作稳定、构造简单、沉淀效率高等特点。其构造如图 4-10 所示，包括入流渠、闸板、过流沉砂区、出流渠和沉砂斗五个部分。

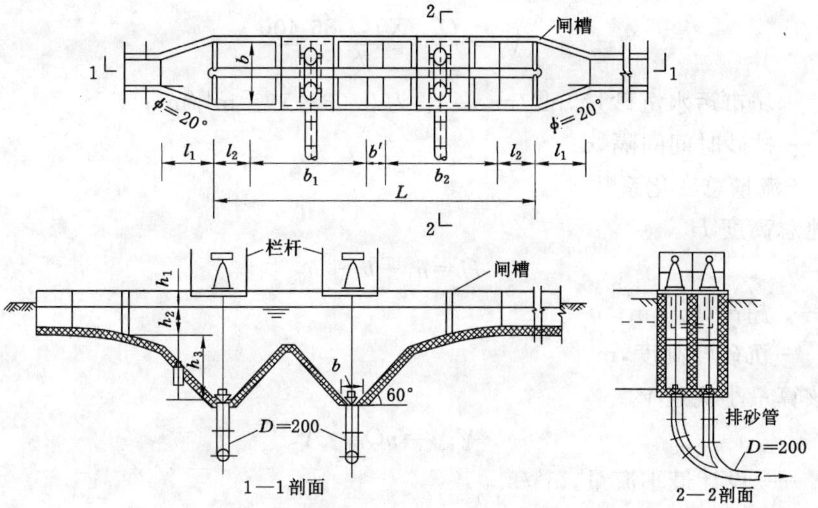

图 4-10　平流式沉砂池

平流式沉砂池的过流沉砂区是一条加宽的明渠，污水在渠内沿水平方向流动，渠的两端用闸板控制流量，渠底有沉砂斗(一般为 2 个)，斗内的沉砂通过带闸门的排砂管排出，也可采用射流泵或旋流泵排出。

工作效果良好的沉砂池应保证既能将相对密度 2.65、粒径 0.2 mm 以上的较大无机颗粒沉淀下来，又能使密度较小的有机颗粒不被截留，为此需严格控制运行时水流速度和停留时间。通常沉砂池的水平流速为 0.15～0.30 m/s，最大流量时的停留时间不小于 30 s，一般为 30～60 s。此外，沉砂池的结构尺寸也会影响沉淀效果。通常沉砂池的渠宽不得小于 0.60 m；池内有效水深应不大于 1.2 m，一般采用 0.25～1.0 m；沉砂斗的贮量应根据水质情况而定，一般按不超过 2 d 砂量计算。为使泥砂顺利排出，池底应保证有不小于 55°的倾角，下部排泥管管径不小于 200 mm。

平流式沉砂池通常按最大流量设计，按最小流量核算。主要设计内容包括：

(1) 有效长度 L

$$L=vt \tag{4-12}$$

式中　v——最大设计流量时的流速，m/s；

t——最大设计流量时的停留时间，s。

(2) 水流断面积 A

$$A=\frac{Q_{max}}{v} \tag{4-13}$$

式中　Q_{max}——最大设计流量，m^3/s。

(3) 池总宽度 B

$$B=\frac{A}{h_2} \tag{4-14}$$

式中　h_2——设计有效水深，m。

每个沉砂的宽度 $b=\dfrac{B}{n}$，n 为沉砂池分格数。

(4) 沉砂斗容积 V

$$V=\frac{Q_{max}XT\cdot 86\ 400}{k} \tag{4-15}$$

式中　X——城市污水沉砂量，m^3/m^3，一般为 $0.03\times10^{-3}\ m^3/m^3$；

T——排砂时间间隔，d；

k——流量总变化系数。

(5) 池总高度 H

$$H=h_1+h_2+h_3 \tag{4-16}$$

式中　h_1——超高，0.3 m；

h_3——沉砂斗高度，m。

(6) 核算最小流速 V_{min}

$$V_{min}=nQ_{min}/A \tag{4-17}$$

式中　Q_{min}——设计最小流量，m^3/s。

若 $v_{min}\geqslant 0.15$ m/s 为合格，否则需重新调整 b 和 h_2。

当有砂粒的沉降资料时，可按砂粒的平均沉降速度进行设计计算。

二、曝气沉砂池

曝气沉砂池的主体是一个长形渠道，沿渠壁一侧的长度方向，距池底 60～90 cm 的位置安装有曝气装置，压缩空气经空气管和空气扩散板释放到水中，上升的气流带动池内污水呈旋转前进，产生与主流垂直的横向恒速环流。在其下部有集砂斗，池底有 0.1～0.5 的坡度，以保证砂粒能随旋流态水流自行落入斗中。

图 4-11 所示为曝气沉砂池的剖面图，由于曝气作用，污水中有机颗粒经常处于悬浮状态，砂粒互相摩擦并承受曝气的剪切力，砂粒上附着的有机污染物能够去除，有利于取得较为纯净的砂粒。在旋流的离心力作用下，这些密度较大的砂粒被甩向外部沉入集砂槽，而密度较小的有机物随水流向前流动被带到下一处理单元。

曝气的作用在于通过水的旋流运动使砂粒之间互相碰撞、摩擦，使附着在砂粒表面的有机物能被淘洗下来，也使密度较小的有机悬浮物始终处于悬浮状态，克服了平流式沉砂池截留的沉砂中夹杂着有机物，而对被少量有机物包覆的砂粒截留效果也不好的缺点，因此其沉渣中有机物的含量低于 5%；曝气沉沙池的形状应尽可能不产生死角和偏流，进水方向应与池中旋流方向一致，出水方向与进水方向垂直，并宜设置挡板，防止产生短流。

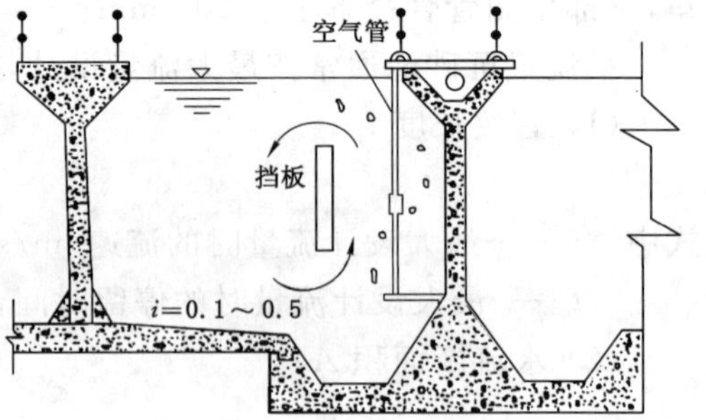

图 4-11　曝气沉砂池

此外，由于池中设有曝气设备，它具有预曝气、脱臭、除泡以及加速污水中油类和浮渣的分离作用，为后续处理提供了有利条件。但曝气作用要消耗能量，对生物脱氮除磷系统的厌氧段或缺氧段的运行存在不利影响。

曝气沉砂池的主要设计参数为污水的停留时间和水平流速。

(1) 停留时间

$$t = \frac{V}{Q_{max}} \times 60 \tag{4-18}$$

式中　t——在曝气沉砂池中的停留时间，min；

Q_{max}——最大设计流量，m^3/h；

V——曝气沉砂池的有效容积，m^3。

(2) 水平流速

$$v = \frac{Q_{max}}{A} = \frac{Q_{max}}{Bh \times 3\,600} \tag{4-19}$$

式中　v——最大设计流量时的水平流速，m/s；

A——曝气沉砂池过流面积，m^2，$A=Bh$；

B——曝气沉砂池总宽度，m；

h——设计有效水深，m，一般为 2～3。

三、旋流沉砂池

旋流沉砂池是一种采用涡流原理达到强化砂粒沉降的沉砂装置，图 4-12 所示为钟式旋流沉砂池，池体主要由沉砂区和集砂区两部分构成，两区之间采用斜坡连接。污水进入平直的进水渠后成直线流动，将进水的紊动降至最低，进水渠的末端为一斜面，污水沿池底周边切线方向流入沉砂区。利用驱动装置带动转盘和斜坡式叶片旋转，污水中的砂粒受到冲刷并在重力和离心力的作用下沿池壁下沉。沉砂区水流分为两个环流，内环流在叶轮推动下向上流动，外环流基本保持静止。砂粒以重力沉降到外环的斜底上，并顺斜坡滑入集砂区，轻的有机物则在径向叶轮的推力作用下与砂粒分离，随出水带出池外。调整转速，可达到最佳沉砂效果。沉入池底的砂经空气提升或泵提升后，进入砂水分离器，实现砂水分离，清洗水回流至沉砂区。

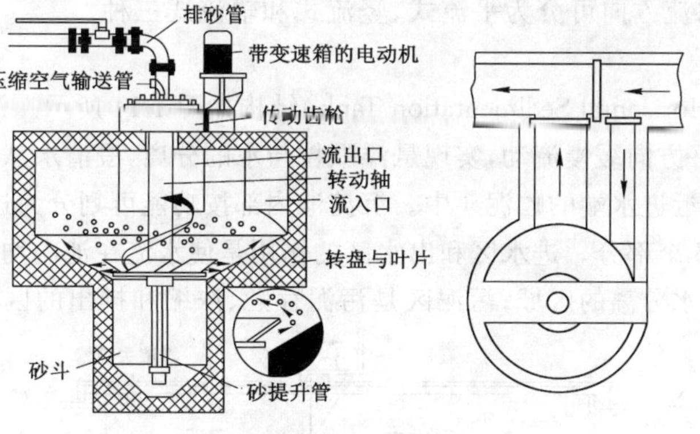

图 4-12　钟式旋流沉砂池

旋流沉砂池有多种类型，如多尔沉砂池和钟式沉砂池，对于不同池型的沉砂池，流速的控制都是非常重要的。流速过快会导致小粒径砂粒被带出，流速过慢又可能导致水中有机物的沉降。如何控制好旋流沉砂池的流态和流速，加速砂粒的沉淀，是旋流沉砂池分离效果好坏的关键。

旋流沉砂池具有能耗较低，占地面积小，除砂效率高运行稳定可靠等特点，已得到越来越多的工程应用。但它对水量的变化有较严格的适用范围，而且由于要求切线方向进水和进水渠直线较长，在池子数多于两个时，配水困难，占地面积也大。

四、砂水的分离

沉砂池排出的砂水混合物通常采用砂水分离器进行分离。目前普遍使用的是螺旋式砂水分离器，如图 4-13 所示。砂水混合液从分离器一端顶部输入水箱，混合液中密度较大的砂粒等将沉积于槽形底部，在螺旋的推动下，砂粒沿斜置的 U 型槽底提升，离开液面后继续推移一段距离，在砂粒充分脱水后经排砂口卸至盛砂桶，而与砂分离后的水则从溢流口排出并送往厂内进水池。

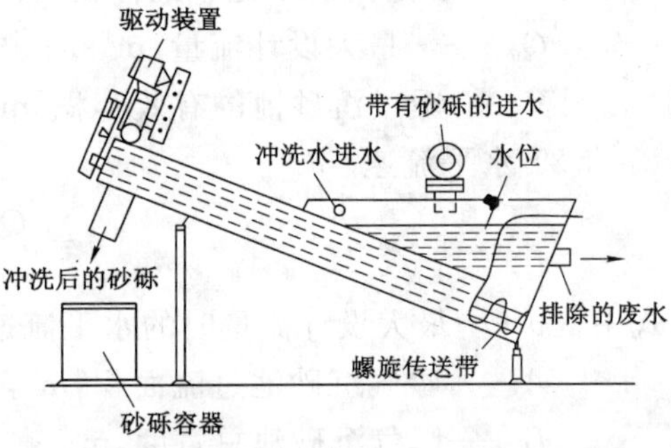

图 4-13　螺旋式砂水分离器

砂水分离器可分离出颗粒直径大于等于 0.2 mm 的颗粒，分离效率可达 96%～98%，具有结构紧凑、重量轻，维护方便等特点。

第四节　沉　淀　池

沉淀池(Sedimentation Tank)是根据静置沉淀原理设计，去除污水中悬浮物的一种构筑物。在污水处理工艺中，可用于生化处理之前或之后，用于生物处理构筑物之前的沉淀池称为初次沉淀池，去除以无机物为主的比重大的固体悬浮物；设置在生物处理构筑物后的沉淀池称为二次沉淀池，主要去除以微生物为主体的、比重较小、易发生上浮的固体悬浮物。

一、普通沉淀池

普通沉淀池按水流方向可分为平流式、竖流式和辐流式三种。

1. 平流式沉淀池

平流式沉淀池(Horizontal Sedimentation Tank)结构如图 4-14 所示。污水从长方形池的一端给入，在池内沿水平方向缓慢流动，实现悬浮颗粒与水的分离，澄清水从池的另一端排出，沉淀分离的污泥排入靠近进水端的贮泥斗中。沉淀池内部按功能可划分为进水区、出水区、沉淀区、污泥区和缓冲层 5 个部分。进水区和出水区的作用是使水流在池内均匀稳定地流动；沉淀区是可沉悬浮颗粒与水分离的区域；污泥区是污泥存贮、浓缩和排出的区域；缓冲层的作用则

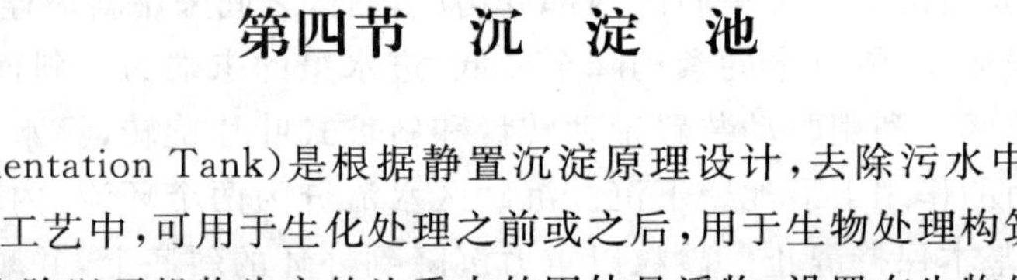

图 4-14　平流式沉淀池

是分隔沉淀区和污泥区的水层，保证已沉降分离的颗粒不因水流搅动而再行浮起。

沉淀池水流的均匀平稳流动是保证沉淀效率的关键。因此，在进水区的入口有消能和整流措施，常用的整流措施如图 4-15 所示，设置有多孔整流墙（图 4-15(a)）、淹没孔与挡板组合（图 4-15(b)）、淹没孔与多孔整流墙组合（图 4-15(c)）、底孔与挡板组合等入流方式（图 4-15(d)）。有孔整流墙的开口面积为池断面积的 6%～20%。

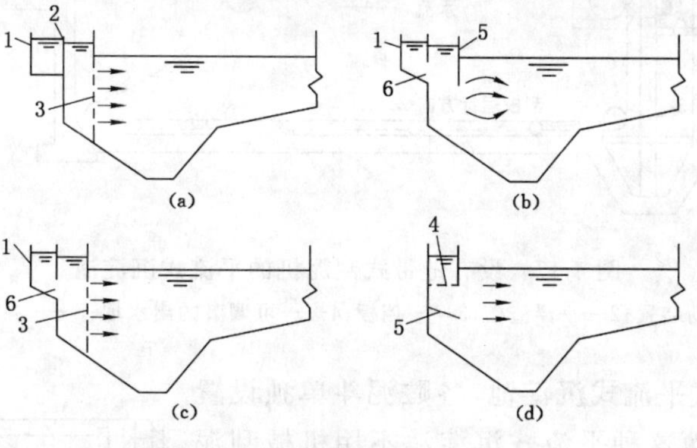

图 4-15　平流式沉淀池入口整流措施

1——进水槽；2——溢流堰；3——穿孔墙；4——底板；5——挡流板；6——淹没孔

进口处设置的挡板，一般高出池内水面 0.1～0.15 m，其在水下的深度不应小于 0.25 m。当配水装置穿孔槽的潜孔在槽的底部时，挡板则横放于池深约 1/2 处。

出水区设有出流装置，又称集水槽。集水槽多采用如图 4-16 所示的溢流堰形式。为防止水面漂浮物流出，堰前亦设有挡板，挡板距出水口 0.25～0.5 m。出流堰是沉淀池的重要部件，其作用在于控制池内水面的高度，并保证出水分布均匀，使单位堰长的过流量相等，因而对自由堰（图 4-16(a)）的形状和安装要求都较为严格，在实际应用上尚不多见。目前普遍采用的锯形溢流堰，如图 4-16(b)所示，齿深 100 mm，齿距 200 mm。该溢流堰易于加工，出水均匀，且安装方便，用螺栓固定在出口的池壁上即可。通常池内水位应控制在位于齿高度的 1/2 处。为了适应水流的变化，在堰口处需设调节装置，使堰板能够上下移动。

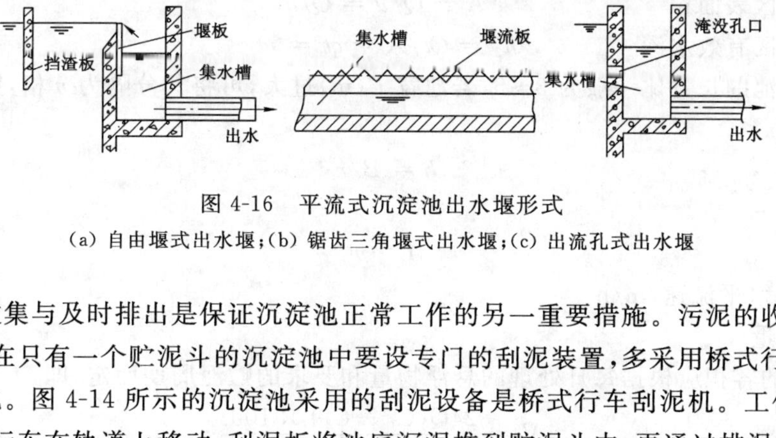

图 4-16　平流式沉淀池出水堰形式

(a) 自由堰式出水堰；(b) 锯齿三角堰式出水堰；(c) 出流孔式出水堰

污泥的收集与及时排出是保证沉淀池正常工作的另一重要措施。污泥的收集和排出方式很多，一般在只有一个贮泥斗的沉淀池中要设专门的刮泥装置，多采用桥式行车刮泥机和链带式刮泥机。图 4-14 所示的沉淀池采用的刮泥设备是桥式行车刮泥机。工作时，刮泥机件伸入水中，行车在轨道上移动，刮泥板将池底沉泥推到贮泥斗中，再通过排泥管排出；不用时，将刮泥设备提出水面，以防腐蚀。这种设备也可同时刮除浮在水面上的浮渣。

图 4-17 为实际中普遍采用的设有链带式刮泥机的平流式沉淀池。刮泥机工作时，链带

沿着与水流相反方向缓缓移动，链带上的刮板运行到池底时，在滑动中将沉淀泥渣推入贮泥斗；而当刮板移转到水面时，又将浮渣推向出口使之得到清除。该设备可依次完成对沉渣及浮渣的清除，但因各种机件都在水下，易于腐蚀，维修较困难。

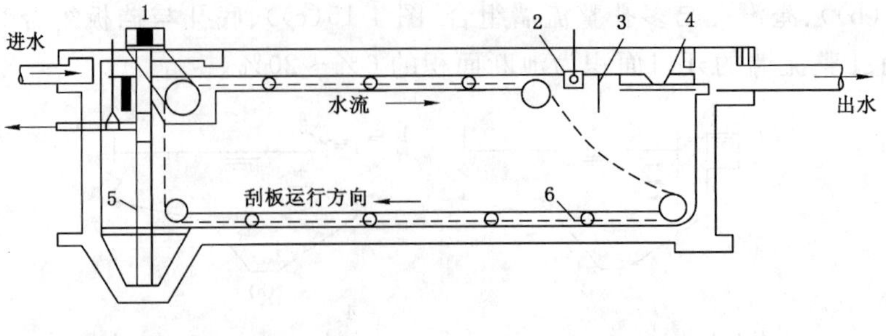

图 4-17　设有链带式刮泥机的平流式沉淀池

1——集渣器驱动装置；2——浮渣槽；3——挡板；4——可调节的出水堰；5——排泥管；6——刮板

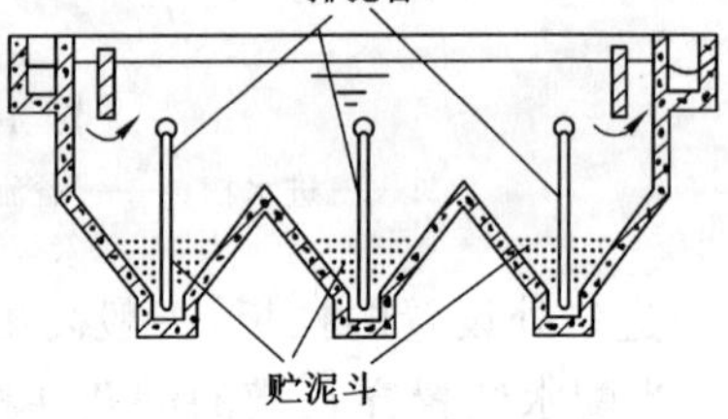

图 4-18　多斗式平流式沉淀池

图 4-18 为多斗式平流式沉淀池，各贮泥斗单独设置排泥管独立排泥，因而这种平流式沉淀池不用机械刮泥设备，每个储泥斗单独设排泥管，各自独立排泥，能够互不干扰。排泥可用污泥泵，也可用静压排泥。这种沉淀池的优点是省去了刮泥设备，缺点是总高度会增加。

沉淀池也可以用行车式吸泥机排泥，它是通过在行车上装设吸泥设备来代替刮泥设备。它的优点是维修方便，不需再设储泥斗，可降低沉淀池的高度。

平流式沉淀池设计主要是确定沉淀区和污泥斗的尺寸、池总深度、进出口设备及排泥设备等，分有无沉降特性资料两种情况。

(1) 有沉降特性资料

有沉降特性资料时，沉淀区尺寸可按表面负荷 $q[m^3/(m^2 \cdot h)]$ 或颗粒最小沉速 u(m/h)和沉淀时间 t(h)计算。

① 沉淀区表面积　$$A = Q/u = Q/q \tag{4-20}$$

② 沉降区有效水深　$$h_2 = Qt/A = qt = ut \tag{4-21}$$

③ 沉淀池的长宽比一般为 3～5，若池宽 B(m)过大，可将其分隔为 n 格，则每一格的宽度为

$$b = B/n \tag{4-22}$$

④ 池长

$$L = vt \tag{4-23}$$

式中　v——水平流速，m/h。

⑤ 污泥量

污泥区的容积应根据每日处理的悬浮物量和要求的贮泥周期而定，即

$$V = \frac{24Q(C_1 - C_2) \times 100}{\rho(100 - \rho_0)} \tag{4-24}$$

式中　V——每日产生的污泥量，m^3；

C_1——进水悬浮固体浓度，g/L；

C_2——出水悬浮固体浓度，g/L；

ρ_0——污泥含水率，%；

ρ——污泥密度，kg/m³。

⑥ 沉淀池的总深度

$$H=h_1+h_2+h_3+h_4 \tag{4-25}$$

式中　h_1——池保护高度(超高)，至少采用 0.3 m；

h_2——池有效水深，m；

h_3——缓冲层高度，m；

h_4——污泥部分高度(包括泥斗)，m。

沉淀池的池长与有效水深之比(L/h_2)一般采用 8～12。有效水深之下的缓冲层高度 h_3 分别为 0.5 m(无刮泥装置)和 0.3 m(有刮泥装置)。沉淀池的个数不应少于 2 个。

(2) 无沉降特性资料

当缺乏沉降特性资料时，沉淀池的设计可参照工程上类似沉淀池的实际运行参数选取经验数据。

沉淀池的实际运行参数主要包括沉淀时间、表面负荷和水平流速。沉淀池在运行中还要对运行效果进行计算，如计算沉淀率、污泥量等。

【例 4-3】 已知污水量为 600 m³/h，悬浮物浓度 350 mg/L，水温为 25 ℃，沉淀试验数据如图 4-7 所示，根据经验估计沉淀后的污泥含水率为 95%左右，若要求悬浮物去除率为 60%，试设计平流式沉淀池。

解　由试验曲线可知，去除率为 60%时，沉淀时间为 1 h，颗粒截流速度 $u_0=1.8$ m/h$=q_0$，则表面负荷

$$q=\frac{1}{1.5}\times q_0=1.2\ [\mathrm{m^3/(m^2\cdot h)}]$$

沉淀池面积　　$$A=\frac{Q}{q}=600\div 1.2=500\ (\mathrm{m^2})$$

如采用 4 座池子，每池面积 125 m²，每池宽度根据刮泥机规格取 4.5 m，则池长为 124÷4.5=27.8≈28 m。长∶宽=28∶4.5=6.2>4。池深采用实验的有效水深 1.8 m，池子的有效容积 $W=500\times 1.8=900$ (m³)。设计停留时间=900÷600=1.5(h)。

污泥容积(取 $T=1$ d)：

$$V=\frac{24Q(C_1-C_2)\times 100}{\rho(100-\rho_0)}=\frac{24\times(600\div 4)\times(350-350\times 0.4)\times 100}{1\,000\times 1\,000\times(100-95)}=15.12\ (\mathrm{m^3})$$

设进、出水长度分别为 0.5 m、0.3 m，则池的总长度为：

$$L=28+0.5+0.3=28.8(\mathrm{m})$$

方形污泥斗体积：

$$V_1=\frac{1}{3}h_4(A_1+A_2+\sqrt{A_1A_2})=\frac{1}{3}\times 2.51\times(4.5^2+0.4^2+\sqrt{4.5\times 0.4})=18.2\ (\mathrm{m^3})$$

池底坡度采取 0.02，则：

$$h_5=(27.8-4.5)\times 0.02=0.46(\mathrm{m})$$

若保护层 h_1 和缓冲层 h_3 均取 0.3 m，则池的总深度：

$$H=h_1+h_2+h_3+h_4=0.3+1.8+0.3+(0.46+2.05)=4.91(\mathrm{m})$$

平流式沉淀池结构尺寸设计示意图如图 4-19 所示。

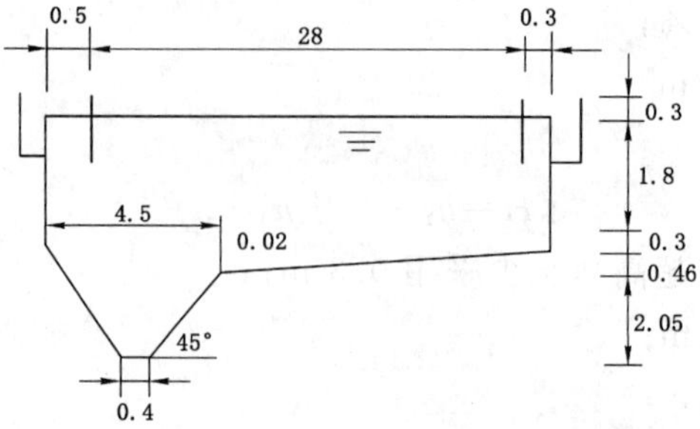

图 4-19　平流式沉淀池设计计算示意图

2. 竖流式沉淀池

竖流式沉淀池(Vertical Sedimentation Tank)是池中污水竖向流动的沉淀池,池体多呈圆形,也有方形和多角形的。污水采用中心入流、周边溢流的方式,水流方向与颗粒的沉降方向相反。在图 4-20 所示的圆形竖流式沉淀池中,污水从中心管上部流入,由其下部流出,通过反射板的阻拦向四周分布于沉淀区的整个断面上,沉淀后的出水由池四周溢出。溢流区设于池周,采用自由堰或三角锯齿堰。若池的直径大于 7 m,还可考虑设置辐射式集水槽。

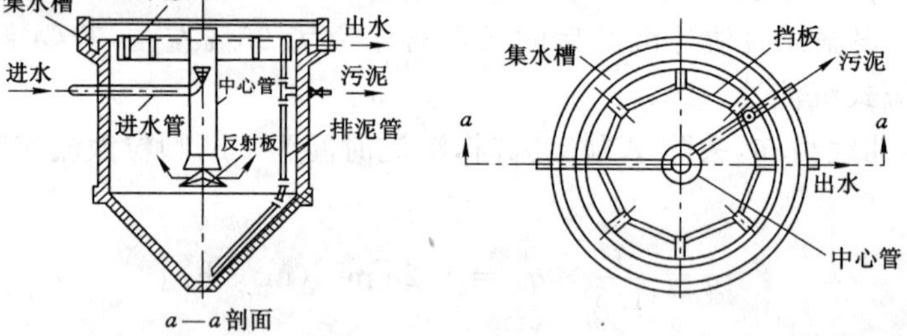

图 4-20　竖流式沉淀池

竖流式沉淀池贮泥斗的倾角为 45°～60°,排泥管下端距离池底不大于 0.2 m,管上端超出水面不小于 0.4 m。污泥借静水压力由排泥管排出,静水压力不小于 1.5～2.0 m,不必另设排泥动力装置。为防止漂浮物外溢,在水面距池壁 0.4～0.5 m 处安装挡板,挡板淹没深度为 0.3～0.4 m,高出水面 0.1～0.15 m。

竖流式沉淀池的直径或边长一般在 8 m 以下,多介于 4～7 m 之间,直径与沉淀区深度的比值以不超过 3 为宜。沉淀池上部为沉淀区,下部为污泥区,喇叭口与反射板之间的出水层为两区间的缓冲层。

竖流式沉淀池的工作原理与平流式沉淀池有所不同。悬浮颗粒随污水以速度 v 向上运动的同时,又在重力作用下以 u 的速度下沉,颗粒的实际运动速度为其自身沉速与水流上升速度之差。因此,$u>v$ 的颗粒能够沉于池底而被去除,$u=v$ 的颗粒被截留在池内呈悬浮状态,而 $u<v$ 的颗粒则随溢流排出池外。

竖流式沉淀池的污水上升速度 v 一般采用 0.5～1.0 mm/s。初沉池的沉淀时间取 1.5～2 h,二沉池取 1.5～2.5 h。污水在中心管内的流速大于 30 mm/s,中心管底部应设有喇叭口和反射板,反射板距中心管喇叭口的距离与喇叭口直径呈一定比例,通常为 0.25～0.5 m。污水从中心管喇叭口与反射板中溢出的流速不大于 40 mm/s，反射板底距按一定排泥周期计算出的污泥表面的高度（即缓冲层）为 0.3 m，池的保护高度（即超高）为 0.3～0.5 m。

前已述及，当沉淀过程属于自由沉淀时，在负荷相同的条件下，竖流式沉淀池的去除率一定程度上将低于其他类型的沉淀池。但若属于絮凝沉淀，则情况较为复杂，水流上升颗粒下沉的相对运动，可使颗粒间互相碰撞接触，促进了颗粒的絮凝，所形成的絮凝悬浮物层对上升颗粒起到拦截和过滤作用，因此其去除率很可能高于表面负荷相同的其他类型的沉淀池。

竖流式沉淀池排泥容易，不需要机械刮泥设备，便于管理，但因池深较大，水流分布不易均匀，单池容量小，适用于小型水厂。

竖流式沉淀池计算所采用的公式与平流式沉淀池基本相同。污水上升速度 v 等于颗粒的最小沉速 u_0，沉淀池的过水断面等于水的实际表面积。沉淀区的工作高度按中心管喇叭口到水面考虑。

【例 4-4】 现有竖流式沉淀池 4 座，直径 10 m，中心管喇叭口到水面距离为 3.6 m，中心管直径为 0.8 m，污水流量为 700 m^3/h，试求污水在池内上升速度 v 和沉淀时间 t。

解 沉淀池的有效过水面积：

$$A = \frac{\pi}{4}(10^2 - 0.8^2) = 78(m^2)$$

污水的上升速度 v 等于颗粒的最小沉速 u_0：

$$v = u_0 = \frac{Q}{A} = \frac{700}{4 \times 78} = 2.24\ (m/h) = 0.62\ (mm/s)$$

沉淀时间：
$$t = \frac{V}{Q} = \frac{78 \times 3.6 \times 4}{700} = 1.6(h)$$

3. 辐流式沉淀池

辐流式沉淀池（Radical Sedimentation Tank）为圆形池，如图 4-21 所示，池的直径很大且水深相对较浅。其直径一般为 20～30 m，也可达到 50～100 m。池中心的深度约为 3.5～5.0 m，池周的深度则约为 3.5 m。污水从池中心处流出，沿半径的方向朝池周流动，因此具有污水流速由内向外逐渐变小的水力特征。

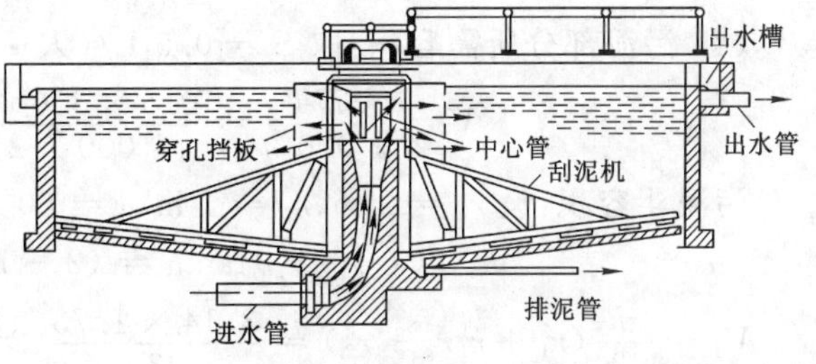

图 4-21 辐流式沉淀池

污水从池底的进水管进入池中心管。在中心管的周围常用穿孔挡板，使污水在沉淀池内沿半径均匀辐射流动。溢流区设于池周，常用三角堰或淹没式溢流孔。为阻挡水面上的漂浮物质，在出流堰前设置挡板和浮渣集排设备。

辐流式沉淀池多采用机械刮泥，刮泥板固定在桁架上，桁架绕池中心缓慢旋转，旋转速度一般为 1～3 r/h，把沉淀泥渣推入池底中心处的污泥斗，然后借静水压力排出池外，也可以用污泥泵排泥。池底坡度不宜小于 0.05 左右，中央污泥斗的坡度为 0.12～0.16。

辐流式沉淀池的平均有效水深一般不大于 4 m，直径与水深比一般取 6～12。采用机械刮泥时，沉淀池的缓冲层上缘应高出刮泥板 0.3 m。

辐流式沉淀池一般用于大型污水处理厂，既能够用作初次沉淀池，也可作二次沉淀池使用。该沉淀池的缺点是排泥设备庞大，维修困难，造价亦较高。

辐流式沉淀池的计算参数与平流式相同。其表面负荷一般为 2～3 $m^3/(m^2 \cdot h)$,沉淀时间一般为 1.5～2.0 h。

沉淀池的总高度为

$$H = h_1 + h_2 + h_3 + h_4 + h_5 \tag{4-26}$$

式中 h_1——保护高(超高),一般为 0.3 m;

h_2——沉淀区的有效深度,m;

h_3——缓冲层高度,m;

h_4——污泥斗以上部分的高度(与刮泥机械高度、直径和底坡有关),m;

h_5——污泥斗高度,m。

【例 4-5】 已知某污水处理厂最大设计流量为 2 500 m^3/h,设计人口 $N=35$ 万,采用机械排泥的辐流式沉淀池,试求辐流式沉淀池的各部分尺寸。

解 取 $n=2, q=2\ m^3/(m^2 \cdot h), t=1.5\ h$,计算示意图见 4-22。

(1) 沉淀水面面积

$$A = \frac{Q_{max}}{nq} = \frac{2\ 500}{2 \times 2} = 625(m^2)$$

(2) 池子直径

$$D = \sqrt{\frac{4A}{\pi}} = \sqrt{\frac{4 \times 625}{3.14}} = 28.2(m)$$

取 $D = 28.5\ m$

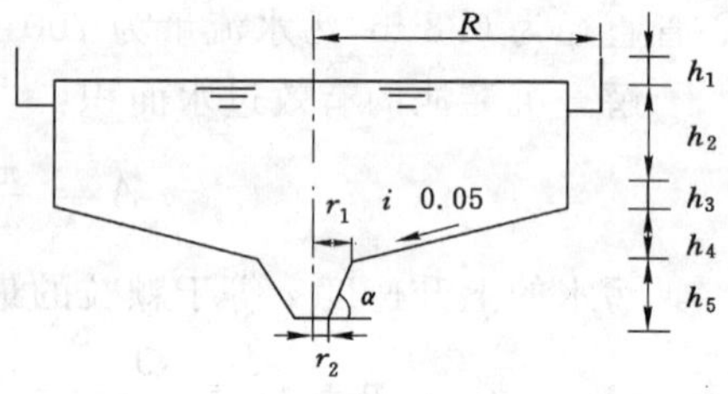

图 4-22 辐流式沉淀池计算示意图

(3) 有效水深

$$h_2 = qt = 2 \times 1.5 = 3(m)$$

(4) 污泥部分所需容积:取 $S = 0.5\ L/(人 \cdot d)$, $T = 4\ h$

$$V = \frac{SNT}{1\ 000\ n} = \frac{0.5 \times 350\ 000 \times 4}{1\ 000 \times 2 \times 24} = 14.6\ (m^3)$$

污泥斗容积:设 $r_1 = 2\ m, r_2 = 1\ m, \alpha = 60°$

$$h_5 = (r_1 - r_2)\tan\alpha = (2-1)\tan 60° = 1.73\ (m)$$

$$V_1 = \frac{\pi h_5}{3}(r_1^2 + r_1 r_2 + r_2^2) = \frac{3.14 \times 1.73}{3}(2^2 + 2 \times 1 + 1^2) = 12.7\ (m^3)$$

污泥斗以上圆锥体容积:设池底坡度 $i = 0.05$

$$h_4 = (R - r_1) \times 0.05 = (14.25 - 2) \times 0.05 = 0.61\ (m)$$

$$V_2 = \frac{\pi h_4}{3}(R^2 + Rr_1 + r_1^2) = \frac{3.14 \times 0.61}{3}(14.25^2 + 14.25 \times 2 + 2^2) = 152.4\ (m^3)$$

污泥总容积

$$V_1 + V_2 = 12.7 + 150.4 = 163.1(m^3) > 14.6\ m^3$$

(5) 沉淀池总高度:设 $h_1 = 0.3\ m, h_3 = 0.5\ m$

$$H = h_1 + h_2 + h_3 + h_4 + h_5 = 0.3 + 3 + 0.5 + 0.61 + 1.73 = 6.14(m)$$

校核径深比:$D/h_2 = 28.5/3 = 9.5$(在 6～12 范围内),符合要求。

二、斜板(管)沉淀池

普通沉淀池工作稳定,运行可靠,维修工作量小,在去除悬浮物方面起着重要作用。但其主要缺点是占地面积大,分离时间长。为克服这一缺点,人们从改善沉淀池的结构和悬浮物的沉降性能入手，开发出一些新型沉淀池和工艺，以下主要介绍较为成熟的斜板(管)沉淀池。

1. 斜板(管)沉淀池的理论基础

斜板(管)沉淀池(Inclined Plate Sedimentation Tank)是根据浅池原理，在沉淀区内设置许多间隔较小的斜板(斜管)，将沉淀区分割成若干个小的沉淀单元，增加沉淀池的沉淀面积，缩短颗粒的沉淀时间，提高了沉淀池的处理效率。

由理想沉淀池的分析可知，沉淀效率与池的水面面积有关，而与沉降高度无关，因此应充分利用池深以提高单位面积负荷。由 $u_0=Q/A$ 可知，如果水量 Q 不变，则增大沉淀池的水面面积，u_0 减小，即截流粒度减小，沉降下来的悬浮颗粒增多；又由 $t=H/u_0$ 可知，若保持 u_0 不变，即截流粒度不变，则有效水深 H 减小，沉降时间变短，处理量增大。为此，在处理量不变的情况下，若用平板把沉淀池的沉降空间分成若干个(n)薄层，这时沉降高度显著缩短，变为原来的 $1/n$，处理效果明显提高；同样若保持沉淀效果不变，将有效水深减少到原来的 $1/n$，则处理量会提高到原来的 n 倍。

2. 斜板(管)沉淀池的分类

斜板(管)沉淀池按其工作中的水流方向可分为异向流(又称逆向流)、同向流(又称顺向流)和侧向流(又称横向流)3 种。各类型的斜板如图 4-23 所示。

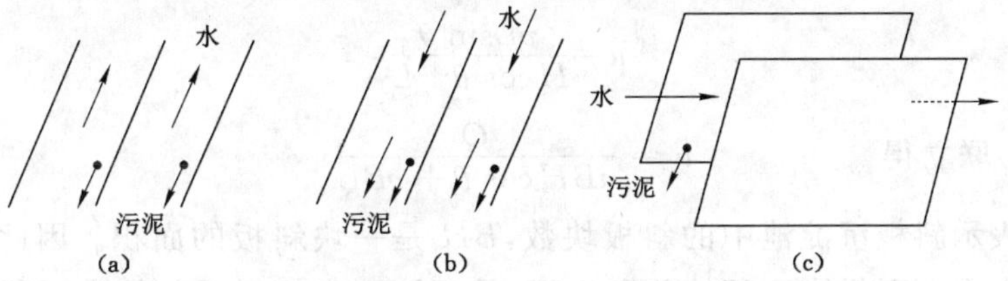

图 4-23　斜板类型示意图

(a) 异向流；(b) 同向流；(c) 侧向流

异向流斜板沉淀池的特点是污水从斜板的下部给入，沿斜间隙向上流动，污泥沿斜板面滑下，并从下部排出，澄清出水从上部排走，污泥和水运动方向相反。

同向流斜板沉淀池中的污水从斜板的上部给入向下流动，在此过程中悬浮颗粒与水分离，污泥和澄清液流均从下部排出。其优点是：水流促进泥的向下滑动，斜板积泥较少，斜板倾角较小(30°～40°)，有效面积大，因此沉淀效率较高，但下向流结构复杂，造价较高。

侧向流斜板沉淀池则是污水从一侧给入，另一侧排出，污泥仍从下部排出。

在城市污水处理厂中主要采用异向流斜板沉淀池。下面以异向流斜板沉淀池为例说明其工作原理。图 4-24 给出异向流斜板沉淀池的几何尺寸与沉淀过程各参数的关系。

从下部给入的污水，沿着与水平成 θ 角的一组平行斜板的空间，以平均速度 v 向斜上方流动。当处理水量为 Q 时，其流速 v 为

$$v=\frac{Q}{BL\sin\theta} \tag{4-27}$$

悬浮颗粒下沉落到斜板表面后，就不再受水流运动的影响，沿着斜板下滑，最终沉积在池底，作为沉淀物排出。

悬浮颗粒在斜板空间的下沉速度，可以分解成垂直于斜板和平行于斜板两个方向的分速 $u\cos\theta$ 和 $u\sin\theta$。当某一颗粒通过两块斜板之间垂直距离 cb 所需要的时间与水流从斜板

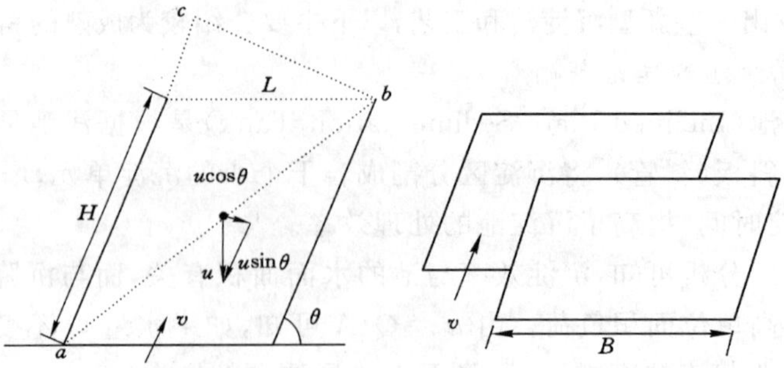

图 4-24　异向流沉淀过程示意图

一端到另一端的距离 ac 所需的时间相等时，该颗粒将在 b 点随水流出，该颗粒被称为临界颗粒，其粒度即为截流粒度。临界颗粒的实际运动途径为 ab 线。

按照上述条件，临界颗粒通过两块斜板之间垂直距离所需时间与从斜板一端到另一端所需时间有如下关系

$$\frac{H+L\cos\theta}{v-u\sin\theta}=\frac{L\sin\theta}{u\cos\theta} \tag{4-28}$$

经整理得

$$u=\frac{vL\sin\theta}{H\cos\theta+L} \tag{4-29}$$

与式(4-27)联立得

$$u=\frac{Q}{nBH\cos\theta+nBL} \tag{4-30}$$

式中用 n 表示斜板沉淀池中的斜板块数，BH 是一块斜板的面积。因此，$nBH\cos\theta$ 等于全部斜板在水平面上投影面积的总和；nBL 是沉淀池未加斜板前的水面面积。如前者以 A_e 表示，后者以 A 表示，则式(4-30)简化为

$$u=\frac{Q}{A_e+A} \tag{4-31}$$

与式 $u=Q/A$ 相比，斜板沉淀池的沉淀面积比未加斜板前的设备面积增加了 A_e 项，称 A_e 为所加设斜板的等效面积。因此，增设斜板可以大幅度增加沉淀面积，显著提高设备的处理能力。此外应说明的是，上述推导中未考虑斜板的厚度，故实际沉淀面积应为 $K(A_e+A)$，一般 $K<1$。

3. 斜板装置的设计

斜板装置的设计一般包括以下几个方面：① 采用斜板的形式；② 所需的截流粒度，如在原有设备中加设斜板，则应算出原设备截流粒度的下沉速度，亦即沉淀设备的单位面积负荷；③ 计算上述截流粒度下应采用的沉淀面积；④ 根据污泥性质推算污泥堆积角，决定斜板的安放角度并计算所需斜板面积；⑤ 每块斜板的长宽及放置距离。

【例 4-6】　某水厂原有一个直径 10 m 的竖流式沉淀池，处理的污水为 350 m^3/h，由于生产量增加，预计污水量将增加到 650 m^3/h。要求不增建沉淀池，而保持相同的沉淀效果。准备在沉淀池中加设斜板的办法，增加沉淀面积，以适应生产能力增大的需要。

解　(1) 斜板形式采用异向流装置，斜板呈辐射状排列。

(2) 计算原沉淀池截流粒度的下沉速度。

沉淀池中心给料管直径 0.8 m，沉淀池用于进行沉淀的面积 A 为

$$A = \frac{\pi}{4}(D^2 - d^2) = \frac{\pi}{4}(10^2 - 0.8^2) = 78(\text{m}^2)$$

沉淀池的单位负荷　$q = \frac{Q}{A} = \frac{350}{78} = 4.49[\text{m}^3/(\text{m}^2 \cdot \text{h})]$

则截流粒度的下沉速度 $u = q = 4.49$ m/h 。

(3) 处理量增大后,保持相同沉淀效果时的沉淀面积,即相同的截流粒度,此时所需面积为

$$A' = \frac{Q'}{q} = \frac{650}{4.49} = 145(\text{m}^2)$$

(4) 所需斜板面积。取 $\theta = 60°$,则

$$A'' = \frac{A'}{\cos 60°} = \frac{145}{\cos 60°} = 290(\text{m}^2)$$

(5) 斜板的长、宽及放置位置。已知斜板尺寸为 $E=5$ m、$B=1$ m,则所需斜板块数

$$n = \frac{A''}{BE} = \frac{290}{5 \times 1} = 58(\text{块})$$

板呈辐射状放置,斜板中心直径取 6 m,则板间距

$$d = \frac{6\pi}{n} = \frac{6\pi}{58} = 0.32\ (\text{m})$$

三、沉淀池的强化与改进

传统的各种类型沉淀池存在着两大缺点:一是悬浮物去除率不高,沉淀 1.5 h 后悬浮物的去除率也只能达到 40%～60%;二是沉淀池体积庞大,占地面积较大。为提高沉淀池的去除率,需要对传统的沉淀池进行强化和改进。

一般可从两方面提高沉淀池的分离效果和处理能力:一是从原水水质方面着手,采取措施,改变水中悬浮物质的状态,使其易于与水分离沉淀,主要方法是混凝;二是从沉淀池的结构方面着手,创造更适宜于颗粒沉淀分离的条件,提高沉淀效率的方法中较为成熟的有预曝气和各种类型的新型沉淀池。

1. 预曝气沉淀池

预曝气沉淀池就是在污水进入沉淀池之前,首先进行短时间(10～20 min)的曝气。预曝气有两种类型。第一种是单纯曝气,即仅进行曝气,不投加任何物质,目的是促进自然絮凝,可使沉淀池悬浮物质的去除率提高 5%～8%,每 1 m^3 污水的曝气量为 0.5 m^3。第二种是在曝气的同时,投加生物处理单元排出的剩余生物污泥,利用这些污泥所具有的活性产生絮凝作用,这一过程称为生物絮凝。生物絮凝法则能够较大地提高沉淀池的分离效果,悬浮物质的去除率可达 80%以上,BOD_5 的去除率也能够增加 15%以上。活性污泥的投加量一般可介于 100～400 mg/L。经验表明,活性污泥经过再生后再投加,去除率能够更好一些。再生部分的充气量占预曝气量的 25%～30%。

2. 向心辐流式沉淀池

常用的辐流式沉淀池,一般是中心进水周边出水,进口处流速很大,呈紊流现象,这时原污水中悬浮物质浓度也较高,紊流状态阻碍了它的下沉,影响沉淀池的分离效果。向心辐流式沉淀池相反,原污水从池周流入,澄清水则从池中心流出,在一定程度上能够克服上述缺点,其处理能力比一般辐流式沉淀池要高。

习题与思考题

1. 沉淀有哪几种类型？各有何特点？说明各种类型的联系和区别以及适用范围。

2. 沉淀法处理的基本原理是什么？影响沉淀的因素有哪些？

3. 水中油珠的密度 $\rho_s=800\ kg/m^3$，直径 $d=50\ \mu m$，求它在 20 ℃水中的上浮速度？

4. 某污水的静置沉降试验数据见表 4-3，试验有效水深 $H=1.8\ m$，污水悬浮物浓度 $C_0=300\ mg/L$，试求 $u_0=2.0\ cm/min$ 颗粒的总去除率。

表 4-3

时间/min	0	60	80	100	130	200	240	420
取样浓度/(mg·L^{-1})	300	189	180	168	156	111	78	27

5. 悬浮物浓度为 430 mg/L 的有机污水进行絮凝沉降试验，试验数据见表 4-4，试求沉降时间为 60 min、深度为 1.8 m 时的悬浮物总去除率。

表 4-4

取样口离水面高度/m	不同沉降时间的悬浮物去除率/%							
	5 min	10 min	20 min	30 min	40 min	50 min	60 min	75 min
0.6	257	309	252	198	163	144	116	108
1.2	387	346	299	254	230	196	179	143
1.8	396	366	316	288	252	252	204	181

6. 沉砂池的作用是什么？曝气沉砂池的工作原理与平流式沉砂池有何区别？

7. 已知生活污水流量为 500 m^3/d，污水性质与沉淀试验数据同例题 4-5，若要求悬浮物去除率为 65%，污泥含水率为 95%，试设计平流式沉淀池。

8. 试比较平流式、竖流式、辐流式沉淀池各有何优缺点？

9. 何为理想沉淀池？如何从理想沉淀池的理论分析得出斜板(管)沉淀池的原理？

10. 试推导同向流、横向流的斜板沉淀池设计计算方法。

11. 已知平流式沉淀池的长度 $L=20\ m$，池宽 $B=4\ m$，池深 $H=3\ m$，现欲改为斜板沉淀池，板间水平间距为 10 cm，斜板长度为 1 m，斜板倾角为 60 度，若不考虑斜板厚度，则当污水中悬浮颗粒的截留速 $u_0=1\ m/h$ 时，试求改装后的斜板沉淀池的处理能力比原沉淀池提高多少倍？并说明其原因。

12. 原始设计资料同例题 4-3，试计算异向流斜板沉淀池的主要尺寸。

13. 采取哪些措施可提高沉淀池的效率？

第五章　混凝澄清法

混凝澄清法(Coagulation and Clarification)是通过向污水中投加药剂,来破坏细小悬浮物和胶体颗粒在水中形成的稳定体系,使其聚集成较大的颗粒而沉降,然后再通过重力沉降法予以分离的过程。

根据聚集状态的作用机理,混凝过程可划分为凝聚(Coagulation)和絮凝(Flocculation)。凝聚是指通过向水中投加无机电解质使胶体脱稳并聚集成微小颗粒的过程,而絮凝则是通过高分子絮凝剂的架桥作用,使颗粒构成松散、多孔、具有三维空间结构的大颗粒絮状体的过程。

混凝澄清法是污水处理中常用的方法,主要去除污水中的细小悬浮物和胶体物质,用于降低污水的浊度、色度,去除多种有毒有害污染物。既可以自成独立的处理系统,又可以与其他单元过程组合,作为预处理、中间处理和最终处理过程,也可用于改善污泥的脱水性能。

第一节　混 凝 机 理

一、胶体结构

胶体颗粒是由胶核、吸附层和扩散层共同组成的运动单体,其结构如图 5-1 所示。

在粒子的中心是由胶体分子聚合而成的微粒称为胶核。在胶核表面选择性地吸附了一层带同号电荷的离子,称为电位离子。胶核因电位离子而带有电荷。电位离子通过静电作用,将周围溶液中带异号电荷的离子吸引到胶核周围,形成反离子层,被吸引的离子称为反离子,它所带的电荷量与电位离子的大小相等符号相反。

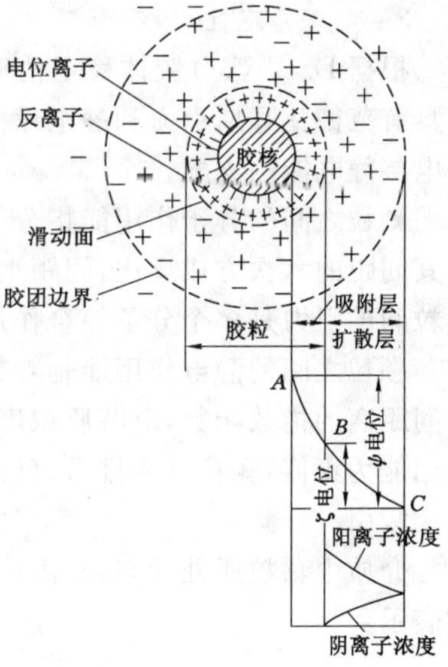

图 5-1　胶体结构及其电位

电位离子层与反离子层构成了胶体颗粒的双电层结构,其中电位离子层构成了双电层内层,其所带电荷称为胶体粒子的表面电荷,其电性和电荷量决定了双电层总电位的符号和大小。反离子层构成了双电层的外层,反离子层中有一部分比较靠近胶核并与胶核一同运动的部分组成吸附层,而另一部分离胶核较远,吸引力较小,不随胶核一起运动的反离子构成了扩散层。

吸附层与扩散层之间的交界面在胶体化学上称为滑动面。通常将滑动面以内(胶核、电位离子层与吸附层)的部分称为胶粒,胶粒再与扩散层组成电中性胶团(即胶体粒子)。由于胶粒内反离子电荷数少于表面电荷数,故胶粒总是带电的，其电量等于表面电荷数与吸附层反离子电荷数之差，电性与电位离子电性相同。

胶核表面电荷的存在使胶核与溶液主体之间产生的电位，称之为表面电位或 ψ 电位。胶粒运动时，扩散层中的大部分反离子就会脱离胶团向溶液中扩散，从而使胶粒产生剩余电荷，由于胶粒表面剩余电荷的存在，使胶粒与液体做相对运动时滑动面与溶液主体之间产生的电位称为电动电位或 ζ 电位。对于特定的胶体，ψ 电位是固定不变的，而 ζ 电位则随温度、pH 值及溶液中的反离子强度等外部条件而变化。

根据电学的基本定律，可导出 ζ 电位的表达式为：

$$\zeta=\frac{4\pi q\delta}{\varepsilon} \tag{5-1}$$

式中 q——胶体粒子的电动电荷密度，$\mu C/m^2$；

δ——扩散层厚度，cm；

ε——水的介电常数，其值随水温升高而减小。

由式(5-1)可知胶粒所带电量越大，扩散层厚度越大，ζ 电位越高，胶粒间的排斥作用越强，就越稳定不易沉降；反之，如果带电量越少，扩散层厚度越小，ζ 电位越低，胶粒间的排斥作用越弱，越易于相互接触碰撞而发生沉降。ζ 电位的大小反映了胶粒带电的多少，可用于衡量胶体的稳定性。

二、胶体的稳定性

胶体颗粒尺寸微小，在水中处于相对稳定的状态，主要是由于其具有动力学稳定性和凝集稳定性。

1. 动力学稳定性

由于胶体颗粒较细，所受重力作用极小，而布朗运动相对较为强烈，胶体粒子被周围水分子撞击后，各方向的力在瞬间不能完全抵消，粒子就朝各个方向作不规则运动而始终处于悬浮状态，不能自然沉降，胶体颗粒的布朗运动是其处于相对稳定状态的原因之一。

2. 凝集稳定性

根据 D. L. V. O 胶体稳定性理论(Derja-guin、Landau、Verwey、Overbeek)，胶体微粒之间具有范德瓦耳斯引力和静电斥力，胶体颗粒的凝聚和分散特性是受颗粒间分子作用能及双电层静电能的支配。

颗粒之间的分子作用能指分子之间的范德华瓦耳斯引力，两个单分子的范德瓦耳斯力与其间距的六次方成反比，间距增大时，范德瓦耳斯引力显著减小。当颗粒的直径很小时，微粒间的引力是多个分子综合作用的结果，其范德瓦耳斯力的作用范围比单分子更大。

颗粒之间的静电作用能是颗粒双电层之间同号离子所产生的静电排斥力，静电能是颗粒间距离的指数函数，电解质浓度对其有一定的影响。当两个颗粒的表面电位同号时，静电作用能为正值，颗粒互相排斥；反之，两个颗粒表面电位异号，静电作用能为负值，颗粒之间互相吸引。

介质中颗粒所处状态，是由静电作用能和分子作用能之和决定的，综合作用位能可用下式表示：

$$V = V_a + V_R \tag{5-2}$$

由综合位能曲线(图 5-2)可知，静电作用能和分子作用能都随胶粒间距离的增大而减小，在颗粒间距离极小时，由于电子云的相互作用产生的波恩排斥能，使总位能 V 迅速上升为正值，产生一个极小值，称为第一极小值。当颗粒间的距离逐渐增大时，V_a 和 V_R 都会下降，其中 V_R 以较快的指数规律下降，V_a 则下降较为缓慢，因而 V 为正值。但当颗粒间距离继续增大时，V_a 将超过 V_R，V 表现为负值，当距离进一步增大，V 自然趋于零，由此在综合势能曲线上又形成一个极小值，称为第二极小值。在第一极小值和第二极小值之间出现的峰值 V_m，称为势垒。

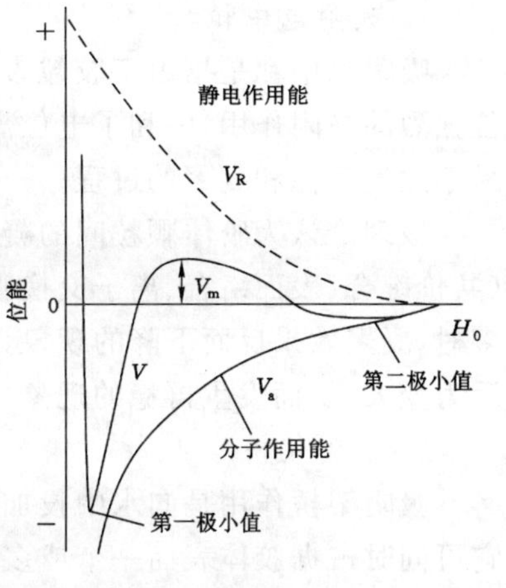

图 5-2　综合位能曲线

当两颗粒相互靠近时首先达到第二极小值处，由于第二极小值与布朗运行的动能相比较小，颗粒间只能发生微弱的凝聚。若颗粒继续靠近超越势垒，颗粒间的作用逐渐转变为以吸引作用为主，当接近第一极小值时，则表现为很强的吸引力，其作用远远超过布朗运动，使颗粒能够发生相互凝聚。

由于胶体颗粒具有上述的动力学稳定性和凝集稳定性，使其在水中形成了稳定的体系，要使其产生凝聚和絮凝，就必须首先破坏胶体的这种稳定性，即通过减少或消除 ζ 电位，消除颗粒之间的排斥力，使其失去平衡而互相接触成为较大的颗粒下沉，我们把这一过程称为胶体的脱稳。

三、混凝机理

混凝机理可分为压缩双电层、吸附电中和、吸附架桥、沉淀物网捕四种。

1. 压缩双电层

压缩双电层是指向胶体分散系中投加能产生高价反离子的电解质，通过增大溶液中反离子的浓度来降低扩散层的厚度，从而使 ζ 降低的过程。由图 5-3 可知在胶体的结构中，胶粒表面的反离子浓度由里向外逐渐降低，直至与溶液中离子浓度相平衡。当向溶液中投加无机电解质时，溶液中离子浓度增高，扩散层的厚度将变薄，由图上的 oa 减小至 ob。由于扩散层厚度的减小，ζ 电位相应降低。因此胶粒间的相互排斥力也减少，另外，由于扩散层减薄，它们相撞时的距离也减少，因此相互间的吸引力相应变大，从而使其合力由斥力为主变成以引力为主，排斥势能消失，根据 D. L. V. O 理论，胶粒会失去原有的平衡而得以迅速凝聚。

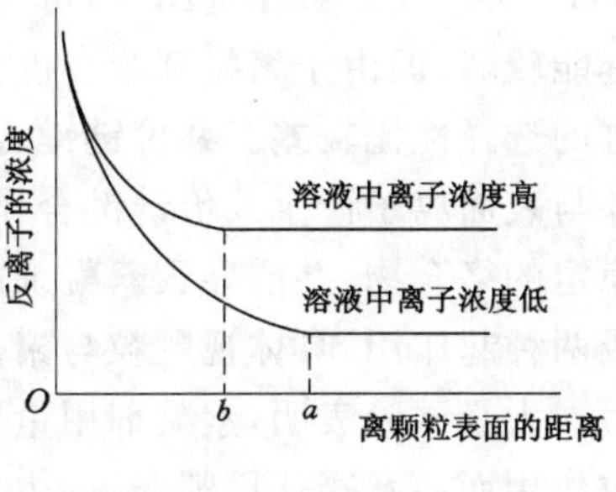

图 5-3　溶液中离子浓度与扩散层厚度的关系

该理论以物理理论为基础，强调的是电中和脱稳，但忽视了颗粒的电荷变号和再稳现象。根据这一理论，无论溶液中外加电解质浓度有多高，也不会有更多超额的反离子进入扩散层，不可能出现胶粒改变符号而使胶粒重新稳定的情况，但这与实际情况不符。例如，以三价铝盐或铁盐做混凝剂，当其投量过多时，凝聚效果反而下降，甚至出现重新稳定的现象。实际上在水溶液中投加混凝剂使胶粒脱稳现象涉及胶粒与混凝剂、胶粒与水溶液、混凝剂与水溶液三个方面的相互作用，是一个综合的现象，很难只用压缩双电层机理来解释电解质对脱稳的作用。

2. 吸附电中和

吸附电中和是指由于胶粒表面对异号离子、异号胶粒、链状离子或分子带异号电荷的部位强烈的吸附作用，中和了电位离子所带电荷，使静电斥力减少，电动电位降低，从而使胶体易于发生脱稳和凝聚的过程。

该理论认为胶体颗粒间的凝聚脱稳，除了静电作用力外，最重要的是其专属的化学作用(共价键合、表面络合、离子交换吸附等)。它很好地解释了三价铝盐或铁盐混凝剂当用量过多时，凝聚效果反而下降的现象，就是因为胶粒吸附了过多的反离子，使原来的电荷变号，排斥力变大，从而发生再稳的现象。

3. 吸附架桥

吸附架桥作用是向水中投加高分子聚合物，该聚合物的长长的分子链上具有活性基团，它可同时占据胶体表面一个或多个吸附位，或同时占据两个或多个胶粒，通过架桥的方式将多个颗粒连接起来形成粗大的絮状体，使悬浮液脱稳的现象。即使胶体颗粒间的静电斥力阻碍其碰撞接触，只要絮凝剂的分子链长度超过胶粒间的有效排斥距离，就会产生絮凝作用。一般高分子化合物都有很长的分子链，如聚合度为 14 000 的 PAM，每个分子长达 3.5 μm，它可以同时粘结几个颗粒。而且链上有很多活性基团，这些活性基团能在颗粒表面进行吸附。这样的一个分子链能同时吸附两个或两个以上微粒，把微粒像架桥一样地连接起来而形成絮团。

絮凝剂在颗粒表面的吸附，主要有静电键合、氢键键合和共价键键合三种类型。静电键合主要由双电层的静电作用引起。例如颗粒表面带正电荷，阴离子型高分子絮凝剂可进入双电层取代原有的配衡离子，两者紧密的吸附。氢键键合是指当絮凝剂分子中有一个 NH：和一个—OH 基团时，可与颗粒表面电负性较强的氧进行作用而形成氢键，虽然氢键键能较弱，但由于絮凝剂聚合度大，氢键键合的总数也大，所以这项能量不可忽视，但单纯氢键的选择性比较差。共价键键合是指高分子絮凝剂的活性基团在矿物表面的活性区吸附，并与表面离子产生共价键键合作用，此种键合通常可在颗粒表面生成难溶的表面化合物或稳定的络合物，并能导致絮凝剂的选择性吸附。上述三种键合可以同时起作用，也可仅一种或两种起作用，具体视颗粒与聚合物体系的特性和水溶液的性质而定。

大量试验表明，絮凝剂用量要适宜，用量过大，絮凝剂会将颗粒包裹住，不利于与其他颗粒作用而使絮凝作用削弱，产生再稳现象，用量过小，又起不到架桥作用，一般情况下，颗粒表面有 50%被絮凝剂覆盖时，絮凝效果最佳。图 5-4 所示为高分子絮凝过程模型。絮凝作用由于没有改变颗粒表面的电性质，胶粒并没有脱稳，产生的絮团大而蓬松，其间含有大量的水分，整体重量增加，可发生整体沉降。另外，絮团虽有一定强度，但受到长时间的强烈搅拌也会使其破碎，且碎后一般不再成团，即过程不可逆。

4. 沉淀物网捕

沉淀物网捕是指向污水中投加含金属离子的化学药剂，在金属离子的水解和聚合过程中，会以水中的胶粒为晶核形成胶体状沉淀物，或沉淀物从水中析出过程中黏附卷扫胶体颗粒而共同沉淀下来。该理论强调当金属盐凝聚剂投加量和 pH 值较高时，由于其水解产生的氢氧化物沉淀具有巨大的比表面积，且带有一定的正电荷，因此具有一定的静电黏附能力，从而实现对水中胶粒和细微悬浮物的网捕，这种作用广泛地存在于低温低浊水和溶解态污染物混凝过程中。

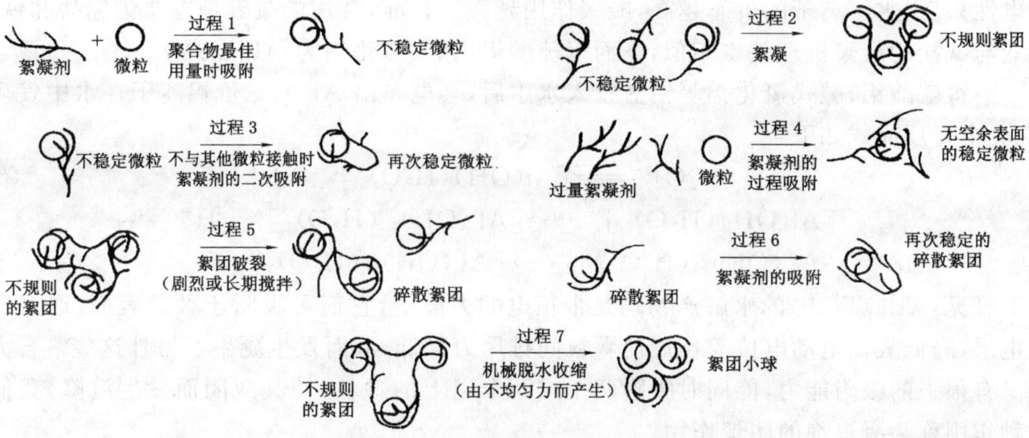

图 5-4　高分子絮凝过程模型

在实际水处理中，这四种机理往往可能同时发挥作用，单一的任何一种理论都不能把凝聚的反应过程解释清楚。

第二节　混凝剂及其作用机理

在混凝处理过程中，起凝聚与絮凝作用的药剂统称为混凝剂(Coagulant)，包括凝聚剂和絮凝剂，具有破坏胶体稳定性和促进胶体絮凝的功能。而与混凝剂配合使用以促进水的混凝过程的辅助药剂称为助凝剂，助凝剂本身可以起混凝作用，也可以不起混凝作用。

一、混凝剂的种类

混凝剂可分为无机、有机和复合型三大类，其具体分类见表 5-1。通常我们把无机混凝剂叫做凝聚剂，而把有机混凝剂叫做絮凝剂。凝聚剂主要依靠电中和、压缩双电层而凝聚，絮凝剂则主要依靠架桥作用而使颗粒沉降，在水处理中两种药剂常常联合使用。

表 5-1　　**混凝剂分类**

分类			混凝剂
无机	无机盐类		硫酸铝　硫酸钾铝　硫酸铁　氯化铁　氯化铝 碳酸镁
	金属氢氧化物		氢氧化铝　氢氧化铁　氢氧化钠　氧化钙
	聚合无机盐类		聚合氯化铝　聚合氯化铁　聚硅酸
有机	人工合成	阴离子型	聚丙烯酸钠　部分水解体的聚丙烯酰胺
		阳离子型	聚乙胺　聚乙烯吡啶
		非离子型	聚丙烯酰胺　聚氯乙烯　苛性淀粉
		两性聚合物	明胶
	天然		淀粉　壳聚糖　纤维素　木质素　微生物絮凝剂
复合型			无机-无机型　无机-有机型　有机-有机型　天然-无机型

二、混凝作用机理

1. 凝聚剂(Coagulant)

凝聚剂主要为无机电解质，它在水中发生电离水解生成带电离子，其电性与水中颗粒所带电性相反，水解离子的价态越高，凝聚作用越强。目前，常用的凝聚剂主要为铝盐和铁盐。铝盐与铁盐的凝聚机理基本相似，下面以硫酸铝、碱式氯化铝为例加以说明。

当将硫酸铝、碱式氯化铝等铝盐投入水中后，会电离出 Al^{3+}，三价铝离子在水中发生水解，其主要反应式如下：

$$Al(H_2O)^{3+} \rightleftharpoons [Al(OH)(H_2O)_5]^{2+} + H^+ \tag{5-3}$$

$$[Al(OH)(H_2O)_5]^{2+} \longrightarrow [Al(OH)_2(H_2O)_4]^{+} + H^+ \tag{5-4}$$

$$[Al(OH)_2(H_2O)_4]^{+} \longrightarrow [Al(OH)_3(H_2O)_3] + H^+ \tag{5-5}$$

可见，Al^{3+}（Fe^{3+}）的水解产物均是带正电的大离子，它们可吸附于颗粒表面，通过压缩双电层，降低表面电动电位等作用使颗粒间排斥力降低，从而发生凝聚。另外这些络合大离子又有很强的吸附能力，能同时吸附两个或两个以上的颗粒，使其成团而发生沉降，我们把这种作用称为凝聚剂的团聚作用。

有关研究结果表明，Al^{3+} 的水解产物受溶液 pH 值影响；当 $pH<4$ 时，主要以水合离子形态存在；当 pH 值升高，水合离子产生水解，生成各种羟基铝离子；若 pH 值继续升高，水解继续进行，则生成氢氧化铝沉淀物；当 $pH>8$ 时又重新溶解，水解成带负电的络合阴离子，失去凝聚作用。

凝聚剂分为阴离子型和阳离子型，由于大部分物质的颗粒带负电，故工业上常用的凝聚剂多为阳离子型。阴离子型凝聚剂较少，最常见的是六偏磷酸钠，但由于价格昂贵一般不用于生产。表 5-2 中列出了几种常用凝聚剂的制备方法及性能。

无机高分子絮凝剂(IPF)是在传统的铝盐和铁盐絮凝剂的基础上发展起来的一类新型水处理剂，其性能也要优于传统的混凝剂，表现出许多类似于高分子的性质，如沉降速度快，形成聚合物的网状分子结构和链状大分子，以及颗粒之间的架桥卷扫作用，而且比有机高分子絮凝剂(OPF)的价格低廉、无毒，因而近些年得到了迅速发展和广泛应用，在日本、俄罗斯、西欧、美国、中国都有相当的生产规模和应用。但无机高分子絮凝剂仍处于传统金属盐与有机絮凝剂之间，它的分子量和粒度大小以及架桥能力比有机絮凝剂差，而且还存在不稳定问题，这些促使无机高分子絮凝剂的发展出现由低分子向高分子、由单一型向复合型发展。

表 5-2　　常用凝聚剂制备方法及性能

名　称	分子式	制　备	性　能
硫酸铝	$Al_2(SO_4)_3 \cdot xH_2O$	以铝矾土和硫酸为原料，经酸化、沉淀、中和、浓缩和结晶制备而成	灰白色粉末或块状晶体，易溶于水，难溶于醇，水溶液呈酸性反应，过饱和液在常温下结晶为无色单斜晶体的 18 水合物，8.8 ℃下结晶为 27 水合物，pH=5.5～6.5
碱式氯化铝(PAC)	$[Al_2(OH)_nCl_{6-n}]_m$	以盐酸、氢氧化铝为原料，经过合成过滤、浓缩、干燥制得固体产品	纯品为褐色透明液体，是高效水处理剂，pH=3.5～4.5，可用于各类生活污水，也可用于污水处理
三氯化铁	$FeCl_3$	两种制备方法：① 盐酸法，即将盐酸和铁屑作用，生成的三氯化铁溶液再用氯气氯化；② 一步氯化法，即将氯气直接通入浸泡铁屑的水中	黑棕色晶体，吸湿性强，易溶于水、甲醇、乙醇、丙酮、乙醚，$FeCl_3$ 溶液稀释时生成棕色氢氧化铁沉淀

续表 5-2

名 称	分子式	制 备	性 能
聚合硫酸铝(PAS)	$[Al_2(OH)_n(SO_4)_{3-n/2}]_m$ ($m<10$)	将 $Al_2(SO_4)_3$ 与 $Ca(OH)_2$ 按 5∶1 的质量比称取一定量的药品,加水配成溶液,经反应过滤熟化制得	无色澄清液体,pH=4.5,具有与PAC相似的絮凝功能,具有极佳的脱色去氟和低温去浊性能
聚合硫酸铁(PFS)	$[Fe_2(OH)_n(SO_4)_{3-n/2}]_m$	两种制备方法:① 直接氧化法(一步法),即在氧化炉中加入硫酸亚铁,在高温下脱水氧化成碱式硫酸铁;再用硫酸混合反应,熟化后粉碎。② 喷雾干燥法,即将合格的液体产品用高速离心喷雾干燥机(或压力喷雾干燥机)脱水干燥	淡黄色无定型粉状固体,极易溶于水,10%(重量)的水溶液为红棕色透明溶液,具有吸湿性

复合絮凝剂的主要原料是铝盐、铁盐和硅酸盐,其中铝铁是阳离子型,硅是阴离子型,它们通过预羟基化聚合再加以混合或先混合再羟基化聚合后形成聚合度更高的无机高分子形态。实际上,铝铁硅类的无机高分子絮凝剂分别是它们由水解、溶胶到沉淀过程的产物,即 Al^{3+}、Fe^{3+}、Si^{4+} 的羟基和氧基聚合物,在水溶态的相对分子量约为数百到数千,可以结合成具有分形结构的较大聚集体,它能对水中的悬浮颗粒起到压缩双电层和吸附架桥两种作用而使其发生凝聚沉降。

2. 絮凝剂(Flocculant)

絮凝剂通常是线型的高分子有机聚合物,种类很多,按来源分可分为人工合成的高分子絮凝剂、天然高分子絮凝剂和复合絮凝剂,按反应类型可分为缩合型和聚合型,按带电性可分为阴离子型、阳离子型、非离子型和两性型。

(1) 合成有机高分子絮凝剂

人工合成的有机高分子絮凝剂一般是由许多链节组成的链状结构,每一个链节为一个化学单位,彼此之间以共价键结合,单体的总数为聚合度,一般低聚合度的分子量在数十万至一百万范围,而高聚合度的絮凝分子量达数百万至上千万,甚至更高,因此高分子絮凝剂吸附能力很强。在水处理中高分子絮凝剂通过氢键结合、静电结合、范德瓦耳斯力等作用吸附胶粒,另外,絮凝剂的大分子可在溶液中同时吸附两个以上的颗粒而起到架桥作用,通过吸附和架桥双重作用提高絮凝效果。

聚丙烯酰胺(PAM)是目前应用最广泛、效能较高的非离子型絮凝剂。它是由单体丙烯水解生成丙烯酰胺,然后在引发剂作用下加温聚合而成的,PAM 的线性大分子长度可达几个微米,在碳链上有活性基团,由于酰胺基之间存在氢键作用,使 PAM 分子要发生卷曲,除了一小部分酰胺基被裹在里面外,大部分的活性基团能与胶粒接触,通过架桥作用把多个颗粒连接起来形成大而蓬松的絮团,可见絮凝剂的作用并没有改变颗粒表面的电性和颗粒之间的距离,但形成的絮团整体重量增加可发生整体沉降。

要起到架桥作用,絮凝剂分子必须有足够的长度,分子链越长絮凝效果越好,为此人们又研制开发了部分水解体的聚丙烯酰胺(PHP),它是由聚丙烯酰胺同碱进行水解而得到的阴离子型絮凝剂,在生产中应用较多,其反应式如下:

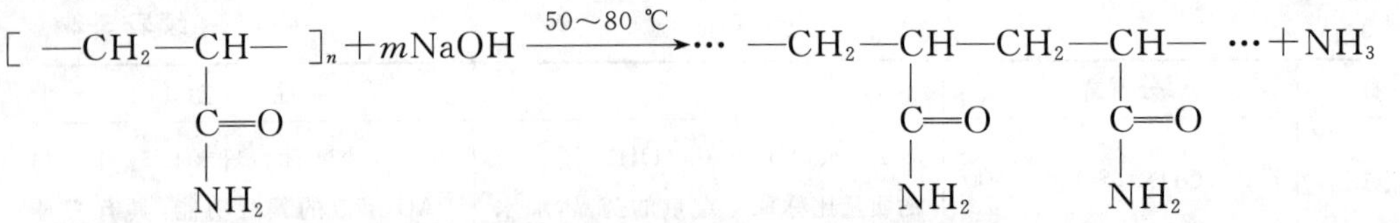

(5-6)

由式(5-6)可见，水解度越大，带负电的—COO^-就越多，对卷曲的分子链的伸展有利，但由于所处理的颗粒大多带负电，故电负性大对吸附颗粒不利，因此，聚丙烯酰胺的水解要适度，水解度对分子卷曲程度的影响见图 5-5。

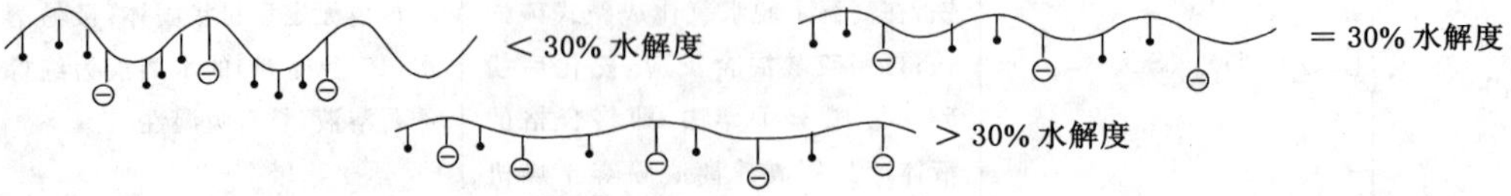

图 5-5　水解度对分子卷曲程度的影响

由图 5-5 可见，在水解度小于 30%时，分子链上—COO^-基团较少，分子卷曲得厉害，架桥作用较差，同时电负性较弱，与颗粒表面的静电斥力也较小；当水解度大于 30%时，分子链上的—COO^-基团增多，相互之间的斥力加大，分子链较伸展有利于架桥，但其电负性也随之增强，和颗粒表面的斥力也增大，以至阻碍架桥作用，影响絮凝效果；当水解度为 30%时，即每隔两个酰胺基有一个—COO^-基团，分子链不至于过分卷曲，电负性也比较适中，具有较好的絮凝效果。

(2) 天然高分子絮凝剂(Natural Polymer Flocculant)

天然高分子絮凝剂是一种相对分子质量很大的聚合物，主要是通过絮凝能力较强的基团接枝在天然化合物上形成的。目前应用天然化合物的主要有淀粉、壳聚糖、纤维素和木质素等。相比于无机絮凝剂，其稳定性更强，投加量更少、絮凝效果更好，相比于人工合成高分子絮凝剂，其来源丰富、经济环保、易于降解。但天然高分子絮凝剂电荷密度小、分子量低、易发生生物反应而失去絮凝活性，储存时间受到一定的限制。

微生物絮凝剂(Microbial Flocculant)是一类由微生物或其分泌物产生的代谢产物，它是利用微生物技术，通过细菌、真菌等微生物发酵、提取、精制而形成的一种水处理剂。微生物产生的絮凝剂物质为糖蛋白、粘多糖、蛋白质、纤维素、DNA 等高分子化合物，相对分子质量在 105 以上，属于天然有机高分子絮凝剂。由于微生物絮凝剂本质上是属于分泌物和微生物，因而具有较强的生物分解性，在水处理中具有无毒、高效和无污染等优势，是一种绿色水处理剂。

微生物絮凝剂的作用机理存在着多种假说，包括：以生枝动胶菌可积累聚羟基丁酸为依据的 PHB 聚合学说；以胞外纤维丝可聚合形成絮凝物为基础的菌外纤丝纤维素学说，此外还有 But-terfield 提出的粘质假说、Strantford 提出的病毒假说以及吸附架桥学说、电性中和学说等，其作用机理尚在不断发展和完善中。

微生物絮凝剂具有适用范围广、絮凝活性高、安全无害且易生物降解的特性，可以克服无机高分子和合成有机高分子絮凝剂本身固有的缺陷，实现无污染排放，在水处理领域显示出广阔的应用前景。但微生物絮凝剂生产成本较高，并且在菌群发酵、提取中的工艺技术尚不够成熟，使得微生物絮凝剂的絮凝效果以及组成成分的稳定性还难以保障，导致微生物絮凝剂的使用发展受到一定限制，故降低生产成本、提高微生物絮凝剂的生产效率，是未来的重点开发方向。

(3) 复合絮凝剂(Composite Flocculant)

为解决单一的絮凝剂无法处理复杂、稳定分散体系污水的情况，水处理实践中常常把两种(类)或两种(类)以上的絮凝剂通过分别投加而进行复配，或在一定条件下通过混合或反应形成一种复合絮凝剂产品，可实现优势互补，从而提高絮凝处理效果、拓宽应用范围和降低处理成本。目前复合絮凝剂其按化学成分可分为有机复合、无机复合、有机-无机、天然-无机等 4 大类。

三、助凝剂

在污水的混凝处理中，有时使用单一的混凝剂不能达到预期效果，往往需投加一些辅助药剂，这些药剂即为助凝剂。其主要作用是改善絮团的性能，使形成的絮团大而密实，脱水性好。根据助凝剂的功能，可将其划分为三类。

1. pH 调整剂

pH 调整剂的作用是调整溶液的 pH 值，改善混凝条件，使其达到混凝剂使用的最佳 pH 值。常用的 pH 调整剂有 CaO、$Ca(OH)_2$、Na_2CO_3、$NaOH$ 和 $NaHCO_3$ 等碱性物质。

2. 絮体结构改良剂

絮体改良剂其作用是提高絮团的强度，增大絮团重量以促进沉降，常用药剂有活性硅酸、黏土、活性炭、聚丙烯酰胺等。活性硅酸是应用广泛的助凝剂，但它不稳定，只能保存 4～12 h，使用时通常将其引入到铝盐或铁盐溶液中，不但能提高其稳定性，还能改善铝盐或铁盐的沉降性能，提高絮凝效果。

3. 氧化剂

氧化剂主要作用是去除污水中有机物对混凝过程的干扰，当污水中有机物含量较高时，易产生泡沫，使形成的絮团难于沉降，此时需投加氧化剂，如氯气、臭氧、次氯酸钠等来破坏有机物。

第三节　混凝效果的影响因素

在污水的混凝沉淀处理过程中，影响混凝效果的因素归纳起来主要有三个方面：原水性质、混凝剂的种类和投入混凝剂后的水动力学条件。

一、原水性质的影响

1. 水温

水温直接影响无机盐类的水解及水的黏度，水温低时水的黏度大，导致水中颗粒水解困难、热运动减慢，不利于颗粒的相互接触碰撞。另外，水的黏度大，絮团的成长也受到阻碍。特别是硫酸铝，当水温低于 5 ℃时，水解速率非常缓慢。采用铁盐时，水温对混凝效果影响不大。

2. pH 值

由混凝剂的作用机理可知，每一种药剂都有最佳的 pH 值范围，pH 值不同水解产物不同，混凝效果也不同，如 $Al_2(SO_4)_3$ 的最佳 pH 值范围是 5.6～7.5，当 pH 值高于 8.5 时，生成的 $Al(OH)_3$ 胶体就会离解成带负电的溶于水的铝酸盐，从而失去对带负电胶体颗粒的凝聚作用。用三价铁盐时，最佳 pH 值范围在 6.0～8.4 之间。通常有机高分子絮凝剂受 pH 值的影响较小，但水解时产生 H^+、OH^- 者除外。

3. 共存杂质

水中的某些共存物对铁盐、铝盐的凝聚作用有直接影响，如硫酸根离子、硅酸、腐殖酸钠等的存在会使 pH 值向酸性偏移，使凝聚作用恶化，而钙离子的存在会使 pH 值向碱性偏移，有利于混凝的进行。

二、混凝剂的影响

1. 混凝剂种类

由于污水的水质比较复杂，因此所用的混凝剂也有所不同，选择药剂应根据污水中颗粒的性质和浓度来确定，若水中的污染物主要是高浓度细微悬浮物，则应选用阴离子型和非离子型的高分子絮凝剂，若水中的污染物主要呈胶态，并且电动电位较高，则应考虑无机混凝剂与有机高分子絮凝剂配合使用，一般先加无机混凝剂使其脱稳凝聚，然后再投加高分子絮凝剂使其絮凝，以显著提高其混凝的效果。

2. 混凝剂用量

对任何污水进行混凝处理，都有最佳用药量的问题，药剂的投加量受许多因素的影响，如水中微粒的性质、浓度、药剂种类、投加方式及介质条件等。药剂用量应通过混凝实验来确定，一般的用量范围：普通的铁盐、铝盐 10～30 mg/L，聚合盐为普通盐的 1/2～1/3，有机高分子絮凝剂通常为 1～5 mg/L。

3. 混凝剂投加方式

药剂的投加方式主要是指加药顺序，一般无机混凝剂和有机絮凝剂并用时，投加顺序取决于污水中微粒的性质，当微粒粒度较细时先投加无机混凝剂，再投加有机絮凝剂，而当微粒粒度大于 50 μm 时，常常先加有机絮凝剂吸附架桥，再投加无机混凝剂压缩双电层使其脱稳。

三、水动力学的影响

影响混凝澄清的水动力学条件主要是指混凝过程的搅拌强度和搅拌时间，在混凝过程的混凝和反应阶段为使混凝剂能在污水中充分分散混合均匀，发挥对悬浮物的混凝作用，必须进行适当的搅拌，为悬浮颗粒和药剂的充分接触反应提供机会。

搅拌强度通常用相邻水层中两个颗粒运动的速度梯度 G 来表示，搅拌速度越快，两运动颗粒的速度梯度 G 越大，相互碰撞的机会越多，凝聚反应速度就越快。

搅拌时间 T 是指水在反应设备中的停留时间。反应处于不同的阶段，反应设备类型不同，搅拌时间也不同，一般在混合阶段，多采用高搅拌强度（$G = 500～1\ 000\ s^{-1}$），短搅拌时间（$T = 10～30$ s），以使污水与药剂迅速混匀。而在反应阶段，既要为絮团的成长提供有利条件，又要防止把已生成的小絮团打碎，通常采用低搅拌强度（$G = 20～70\ s^{-1}$），长搅拌时间（$T = 15～30$ min）。

第四节　混凝澄清工艺及设备

混凝澄清过程主要包括投药、混合、反应、沉淀分离等几个部分，其工艺流程如图 5-6 所示。

一、投加方式与设备

混凝剂的投加方式分为干法和湿法两种，干法就是将破碎后的药剂直接投入到污水中，

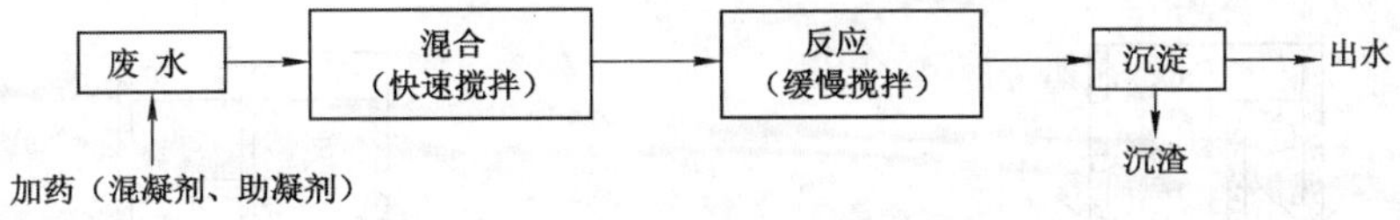

图 5-6　混凝工艺流程

该方法占地面积小，但对药剂的粒度要求较高，投加量较难控制，且对机械设备要求高，劳动条件差。湿法是先将药剂配成一定浓度的溶液，再按处理水量的大小定量投加，湿投法是目前国内应用较多的药剂投配法，其投加过程如图 5-7 所示。

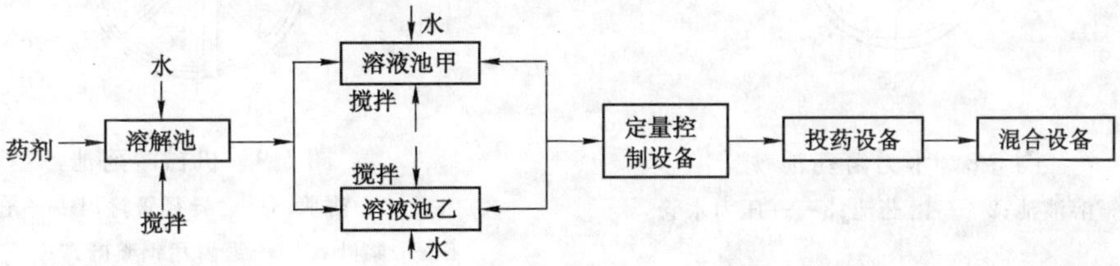

图 5-7　药剂的配制及投加过程

混凝剂的溶解需要进行搅拌，搅拌方法有水力搅拌、机械搅拌和压缩空气搅拌法。可根据药剂的性质和用药量的大小进行选择，一般水力搅拌适用于易溶药剂，而机械搅拌适用于各种药剂。水力调制设备如图 5-8 所示，水沿切线方向进入溶药池，靠自身的旋流作用溶解药剂，然后进入溶液池，溶药池的体积一般为溶液池的 1/5～1/3。

溶液池常设两个交替使用，其体积可由下式确定

$$W = \frac{(24 \times 100aQ)}{(1\,000 \times 1\,000bn)} = \frac{aQ}{417bn} \tag{5-7}$$

式中　a——混凝剂最大用量，mg/ L；

Q——处理水量，m^3/h；

b——溶液浓度按质量分数计；

n——每昼夜配制溶液次数。

水力溶药设备构造简单，使用方便，适用于药量小的场合。

药量大时可采用机械搅拌设备（图 5-9），由轴承旋转带动叶片旋转搅拌水流，促使药剂迅速溶解。

药剂的投加应能准确地计量，常用的计量设备有计量泵、水射器、孔口计量设备、转子计量设备、虹吸定量投药设备等。药剂的投加方式有重力式和压力式两种，其中孔口计量设备（图 5-10）用于重力式药剂投加系统，由浮子保持液位恒定，溶液通过孔口经软管流出，加药量可通过调节孔口大小来控制，只要孔上水头不变，投药量就恒定，安全可靠，但溶液池位置较高。水射器用于压力式药剂投加系统，通过压力管完成投药（图 5-11），结构简单，使用方便，但效率低，易磨损。

二、混合设备

混合是指药剂投入污水后迅速扩散溶解并与水中的悬浮颗粒接触的过程，混合的主要作用是使混凝剂和水中的悬浮物充分接触，使其能聚集结成细小的絮团。因此充分混合是

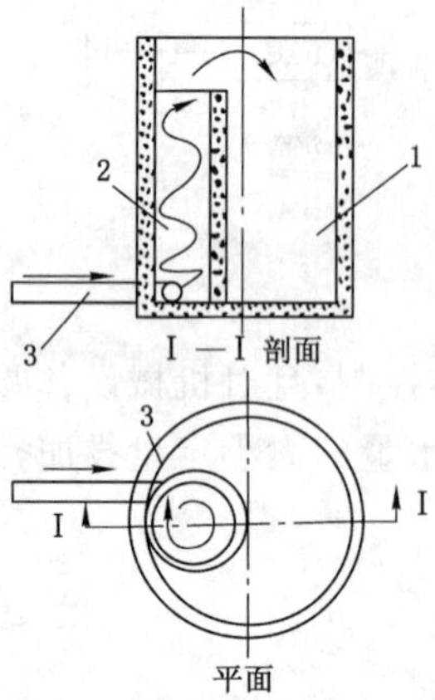

图 5-8　水力溶药池

1——溶液池；2——溶药池；3——压力水管

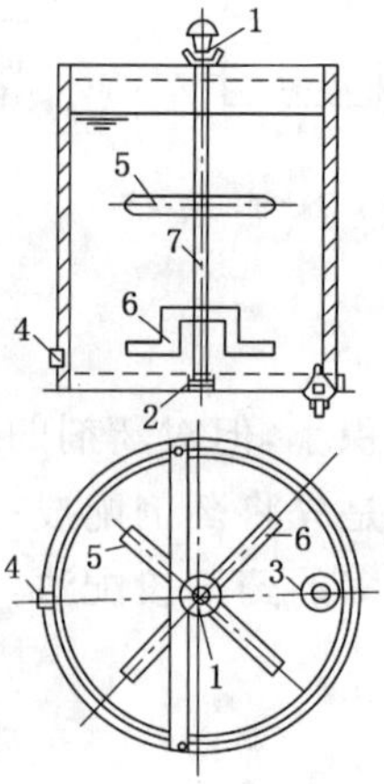

图 5-9　机械溶药池

1，2——轴承；3——异径管箍；4——出管；5——桨叶；6——锯齿角钢桨叶；7——立轴

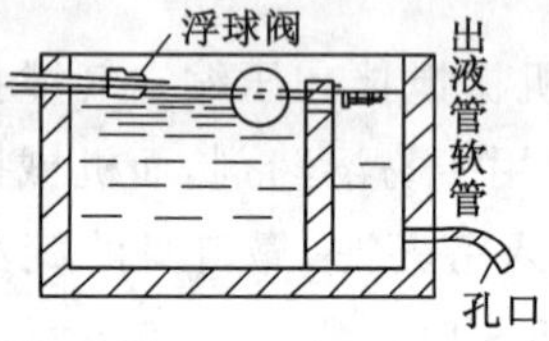

图 5-10　孔口计量加药

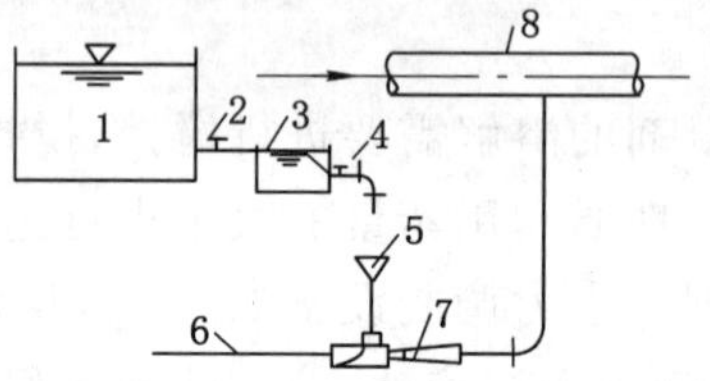

图 5-11　水射器加药

1——溶液池；2，4——闸门；3——加药箱；5——漏斗；6——高压水管；7——水射器；8——原水管

进行反应的前提，混合要求高速度和剧烈搅拌，尽量造成急速湍流。

混合方式主要有两种：① 利用水泵的吸水管或压水管进行混合，多在提升泵站距反应设备很近时采用，这种方式不需消耗动力，混合效果好，但吸水管多使投药设备增多，不便于安装；② 在混合槽内进行混合，常用的混合槽有机械混合槽、水泵混合槽、穿孔板式混合槽、分流隔板式混合槽等。

机械混合槽如图 5-12 所示，主要通过桨板的转动搅拌来完成搅拌混合，适用于多种药剂处理污水。穿孔板式混合槽如图 5-13 所示，槽为钢制或钢筋混凝土结构，槽内有若干个穿孔隔板，水流经小孔时做旋流运动而与药剂混合，可通过调节孔口数目来适应流量的变化，但设备的水力损失较大。

三、反应设备

水与药剂充分混合后进入反应设备，反应设备的主要作用是使细小的絮团能够逐渐地碰撞，黏着吸附形成较大的絮凝体，因此需要降低搅拌强度，增加搅拌时间，为形成较大的絮团提供良好的碰撞机会。按搅拌的动力来源，反应设备可分为机械搅拌和水力搅拌两大类，其中水力搅拌反应池在国内应用广泛，反应池的型式有隔板式、涡流式、旋流式三种，污水处理中多用隔板式反应池。

图 5-14(a)所示为平流式隔板反应池，池体为矩形，采用钢筋混凝土结构，池内设有许多

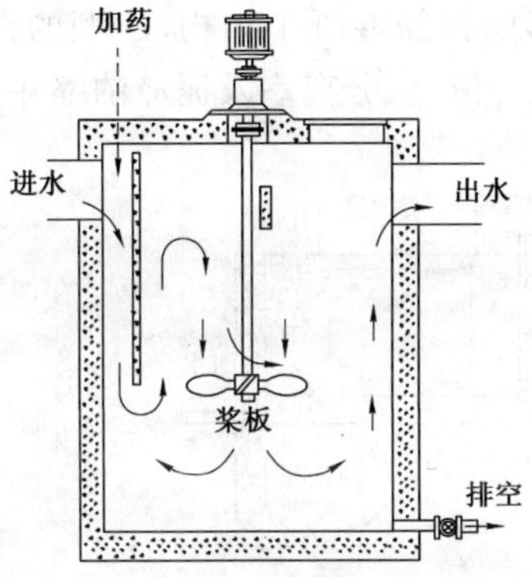

图 5-12　机械混合槽

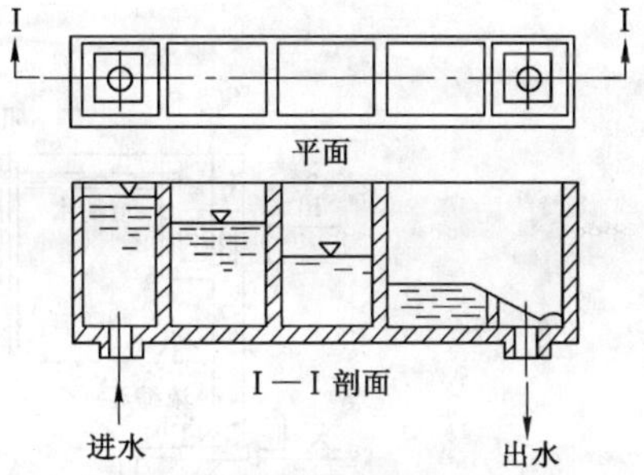

图 5-13　穿孔板式混合槽

隔板，水从一侧进入后，沿隔板间隙做回转流动，进口流速 0.5～0.6 m/s，出口流速 0.15～0.2 m/s，反应时间 20～30 min，反应时间长，能形成很好的絮凝体，水流稳定，但水头损失较大，为克服这一缺点，对平流池进行改进，形成了回转式隔板反应池[图 5-14(b)]。

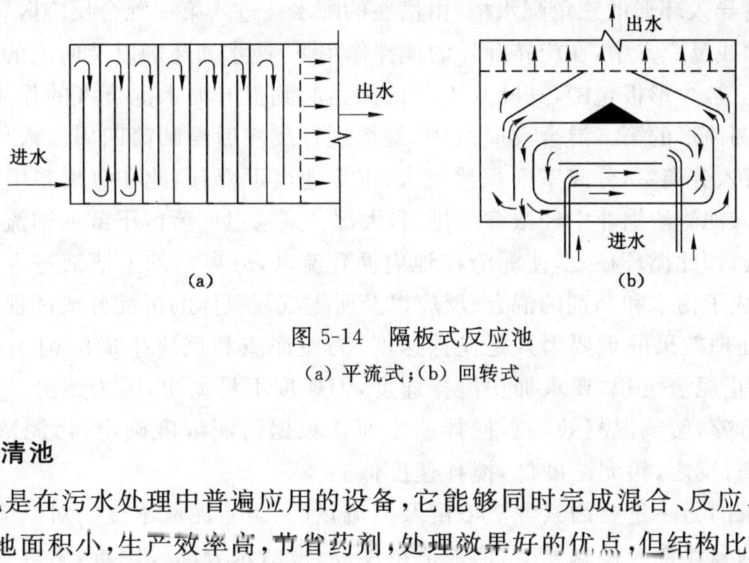

图 5-14　隔板式反应池

(a) 平流式；(b) 回转式

四、澄清池

澄清池是在污水处理中普遍应用的设备，它能够同时完成混合、反应、沉淀分离三个过程，具有占地面积小，生产效率高，节省药剂，处理效果好的优点，但结构比较复杂，对进水水质要求严格。

澄清池是利用接触絮凝原理进行工作，它以呈悬浮状态的泥渣作为介质，当水中的颗粒与药剂混合后形成的细小絮团与泥渣接触碰撞时，就被吸附在泥渣表面而被去除，因此保持泥渣呈悬浮状态，浓度稳定均匀是保证澄清池工作效果的关键。

澄清池的形式很多，按污水和泥渣的接触方式可分为两大类，一类是泥渣循环型，主要有机械加速澄清池和水力循环加速澄清池；另一类是悬浮泥渣型，主要有脉冲澄清池、悬浮澄清池。

1. 机械加速澄清池

机械加速澄清池是目前常用的一种泥渣循环式澄清池，是利用机械搅拌作用完成混合、接触絮凝和泥渣循环过程，在澄清池内泥渣沿垂直方向上不断循环，在运动过程中捕集水中的微小絮团，然后在分离区加以分离。

机械加速澄清池构造如图 5-15 所示，池体多为圆形的钢筋混凝土结构，小型的也可采用钢板，整个池体分为：第一混合反应区、第二混合反应区、导流室、分离室及泥渣浓缩斗五个区。

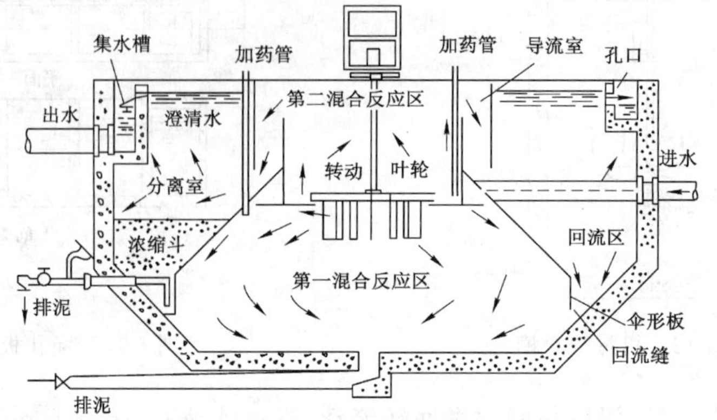

图 5-15　机械加速澄清池

原水由进水管导入环形的三角配水槽，由槽底的配水孔进入第一混合反应区，混凝剂通过加药管加在配水槽或反应室中，在旋转叶片的搅拌作用下，使水和药剂以及回流的泥渣充分混合接触，第一反应区被伞形板包围，其叶片上部的圆盘起到提升泥水混合液的作用，由于叶轮的提升，水进入到圆筒形的第二混合反应区中，继续进行反应后经圆筒四周流入导流室，在导流板作用下平稳流入分离室，分离室面积比较大，水流速度下降，因此在分离室中泥渣靠自重下沉，一小部分进入泥渣浓缩斗中经浓缩后排出，大部分则通过回流区下部的回流缝又重新进入第一反应混合区，如此循环往复，使泥渣在池内循环流动，分离室的上清液进入集水槽由排水管排出，最终完成了污水和药剂的混合、反应以及所生成絮凝体的沉淀分离过程。

影响澄清池处理效果的重要因素是搅拌速度，为使泥渣和反应生成的细小絮团充分混合并接触絮凝，防止泥渣沉积，要求加快搅拌速度，但速度不易太快，因为超出一定的范围会将已生成的絮团打碎，影响混凝效果。搅拌速度通常根据污泥浓度确定，污泥浓度高，搅拌速度相应也要增高，反之，污泥浓度低，搅拌速度低。

影响混凝效果的另一重要因素泥渣浓度及回流量的大小，泥渣浓度高对反应有利，因为泥渣易于同水中的悬浮颗粒接触絮凝，但泥渣浓度高，澄清水分离较困难，出水水质变差，因此应在保证分离室正常工作的前提下尽量提高泥渣浓度，泥渣浓度可以通过调节排泥量的大小来控制。回流量大反应效果好，但过大时，从第二反应室流出的混合液流速也变大，会影响分离室工作的稳定，故一般控制回流量为处理水量的 3～5 倍。

2. 脉冲澄清池

脉冲澄清池是一种泥渣悬浮式澄清池，它是依靠上升水流的作用在池内形成一层悬浮泥渣层，当污水自下而上流经泥渣层时，其中的悬浮颗粒便被截流下来。脉冲水流澄清池是在脉冲水流发生器的作用下间歇进水的，当进水时，上升水流的速度增大，泥渣呈上升悬浮状态，而停止进水时，泥渣就处于下降压缩状态，因此池中的泥渣始终处于脉冲式的升降状态。

脉冲澄清池按脉冲发生器的形式可分为虹吸式、钟罩式、真空式、滚筒切门式及皮膜切门式，其中钟罩式脉冲澄清池应用最为普遍。

钟罩式脉冲澄清池结构如图 5-16 所示，它由脉冲发生器和澄清池池体两大部分组成，池体又包括配水区、澄清区，集水系统和排泥系统。

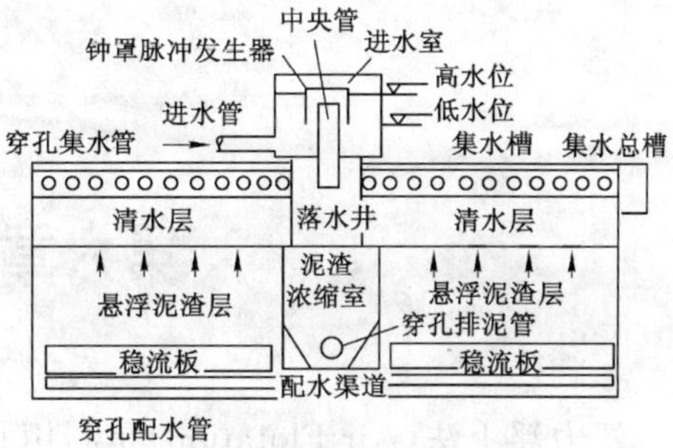

图 5-16　脉冲澄清池

污水由进水管进入到进水室中，室内水位不断上升，压缩钟罩内的空气，当水位超过中央水管后，就溢流流入落水井中，由于溢流作用将钟罩内的压缩空气带走，从而使钟罩内形成真空，产生虹吸作用，进水室的水迅速超过钟罩，由中央管、落水井进入配水系统，经由穿孔配水管的水孔高速喷出，流速一般为 2～4 m/s，在每个穿孔配水管的上面装有稳流板，能使水流均匀平稳上升，通过上升流的作用使泥渣悬浮起来，随着进水室水位的下降，悬浮泥渣层的上升流速逐渐减小，当进水室水位下降到脉冲发生器的低水位时，虹吸作用被破坏，水流停止，进水室内水位又开始上升，到高水位后虹吸作用又开始。我们把从进水室水位开始上升到虹吸作用开始的阶段称为充水段，而把虹吸作用开始到虹吸作用破坏的阶段称为放水段。脉冲澄清池的工作过程就是由充水段和放水段组成的周期性的循环过程，两次充水相隔时间为脉冲周期，一般约为 30～40 s，其中充水时间为 25～30 s，放水时间为 5～10 s。

由以上工作过程可以看出，在充水段澄清池内没有进水，池内水的上升流速接近于零，悬浮泥渣层下降，而在放水段池内上升流速增大，又将悬浮泥渣层托起，因此悬浮泥渣层在池内做周期性的上下运动，这有利于接触絮凝，提高混凝效果。

为提高脉冲澄清池的工作效果，可投加混凝剂，一般在未形成悬浮泥渣层时，投药量要适当增加，待悬浮泥渣层形成后，再适当减少药量，药剂的种类和投加量应通过混凝实验确定。

习题与思考题

1. 试述双电层、电动电位的概念。
2. 请说明胶粒表面带电的原因。
3. 简述胶体的双电层结构及稳定性机理。
4. 试述胶体及微细悬浮物的混凝机理。
5. 什么是凝聚、絮凝？两者有何区别？
6. 试举例说明混凝剂的作用机理和主要适用范围。
7. 试叙述絮凝剂的作用机理及适用范围。
8. 试述影响混凝过程的主要因素。
9. 水处理中有机絮凝剂有哪些种类？请简述其各自功能及特点。
10. 在污水处理中常将有机混凝剂和无机混凝剂配合使用，其投加顺序如何确定？
11. 混凝过程的混合阶段和反应阶段对搅拌强度和搅拌时间的要求有何不同？为什么？
12. 混合和絮凝的主要作用是什么？对搅拌有何要求？
13. 澄清池的工作原理是什么？它与沉淀池有何区别？

第六章 浮力浮上法

浮力浮上法(Air Flotation)是利用水的浮力作用,以微小气泡为载体去黏附不溶态污染物,使其附着气泡上浮至水面,然后通过机械刮除分离的水处理方法。作为一种有效的固—液、液—液分离技术,浮力浮上法主要应用于含油污水的处理、污水中有用物质的回收以及污泥的浓缩等场合。

根据所分离悬浮物的密度和表面性质,浮力浮上法可分为3类:

① 自然浮上法。水中那些粒径较粗且密度接近或小于1 g/cm³的强疏水性物质,可以依靠浮力的作用自然上浮与水分离,这种方法称作自然浮上法,又称为隔油。

② 气泡浮升法。对于水中的弱疏水性悬浮固体或乳化油,可利用高度分散的微小气泡为载体去黏附,并使其随气泡浮升到水面得以分离,这种方法即为气泡浮升法,简称气浮。

③ 药剂浮选法。通过向水中投加某些药剂,将亲水性的悬浮物转变成疏水的性质,从而能附着并随气泡升浮,这种方法称为药剂浮选法,简称浮选,该方法适用于自然气浮难以去除的乳化油或亲水性物质,因为气浮法和浮选法的理论基础是相同的,故有时也将两者统称为气浮。

第一节 隔 油

在石油开采炼制、石油化工、钢铁、毛纺、机械加工等行业的生产过程中,有大量含油污水排放,其中含有天然石油、石油产品、焦油及分馏物、动植物油等,污水的含油量及其特征,随工业种类、工艺流程、设备和操作条件的不同而相差较大。污水中所含油类,除重焦油的相对密度可达1.1 g/cm³以上外,其余的相对密度都小于1 g/cm³。

根据其存在形态的不同,油类在水中的存在形式可分为4种:

① 浮油(Suspended Oil),粒径大于100 μm,在污水中呈分散状态,静置后能较快上浮,形成油膜和油层。浮油约占污水中总含油量的60%~80%。

② 分散油(Dispersed Oil),粒径为10~100 μm,以微小的油滴悬浮、弥散在水中,不稳定,静置一段时间后往往变成浮油,也可能转化为乳化油。

③ 乳化油(Emulsified Oil),粒径很小,一般小于10 μm,是由于水中含有表面活性剂而形成的,在水中呈乳化状态,不易从污水中分离出来,常需采用气浮或混凝沉淀法去除。

④ 溶解油(Dissolved Oil),以分子状态分散于水中形成油—水均相体系,其粒径极小,可达几个纳米,在污水中含量甚微,一般5~10 mg/L。

对于含油污水的处理主要是去除浮油和乳化油,其中浮油易于上浮,可通过隔油池加以回收利用。隔油池(Oil Removal Tank)是利用自然上浮法进行分离的设备,目前普遍采用平流隔油池和斜板隔油池。

一、平流隔油池

平流式隔油池在国内使用最为普遍，是处理炼油厂污水的标准设备，其结构如图 6-1 所示。污水从池的一端由进水孔进入池中，以较低的水平流速（2～5 mm/s）流经池子，流动过程中，密度小于水的油粒上升到水面，密度大于水的颗粒杂质沉于池底，分离后的水进入集水槽，经由出水管从池子的另一端排出。

在隔油池的出水端设置集油管，集油管一般用直径 200～300 mm 的钢管制成，在管壁的一侧沿长度方向开有弧宽为 60°或 90°的槽口。平时槽口位于水面之上，当水面上的油层达到一定的厚度时，转动集油管，开槽方向转向水平面以下收集浮油，并将浮油导出池外。

大型隔油池中还应设置刮油刮泥机，它的主要作用是推动浮油和刮集沉渣。图 6-1 中的刮油刮泥机是由链条牵引缓慢转动的，带速一般为 0.01～0.05 m/s，它将浮油推向集油管，将沉渣刮向池前部的污泥斗中，为了使沉渣能顺畅地排出，污泥斗倾角为 45°，排渣管直径一般为 200 mm。收集在排泥斗中的沉渣由设在池底的排渣管借助静水压力排走。

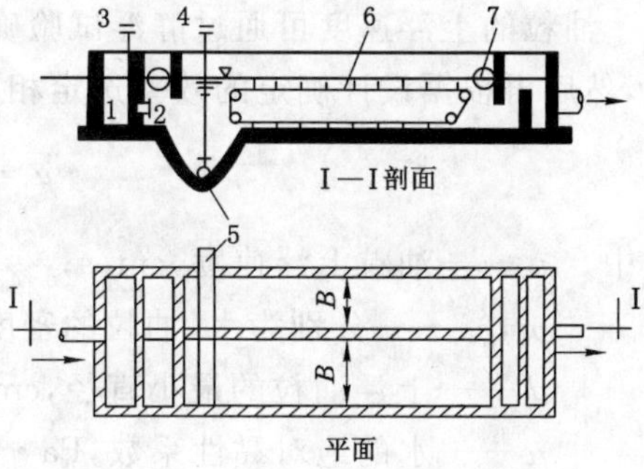

图 6-1 平流隔油池

1——布水间；2——进水孔；3——进水阀；4——排渣阀；5——排渣管；6——刮油刮泥机；7——集油管

隔油池的宽度应与选用的刮泥机规格相匹配，当采用机械刮泥时，隔油池每格的宽度为 6.0 m、4.5 m、2.5 m、2.0 m；若采用人工除油，每个隔宽不超过 3.0 m。为防水、防雨、保温及防止油气散发，平流式隔油池表面常设置盖板，在寒冷地区还在池内设置蒸汽加热管，以便必要时加温。

平流式隔油池能去除的最小油珠直径一般不低于 100～150 μm，除油效率在 70%以上，它工作稳定，构造简单，便于管理，但存在占地面积大，受水流不均匀性影响较大，排泥困难等缺点。

二、斜板隔油池

斜板式隔油池以浅池原理为基础设计，具有占地面积小，分离效率高的特点。斜板隔油池由进水管、布水设施、斜板组、出水管和集油管等部分组成。按斜板的形式，斜板式隔油池又分为平行板式隔油池和波纹板式隔油池。

图 6-2 所示为波纹斜板隔油池。池内安装一组波纹状斜板，斜板倾角不小于 45°，板间距离一般为 20～40 mm，污水沿板面向下运动，进入出水堰由出水管排出，水中油珠沿板的下表面向上流动，由集油管收集，沉渣落在斜板表面上，下滑落入池底经排泥管排出。该设备属于异向流斜板装置，斜板一般采用聚酯玻璃钢制成，耐腐蚀，不沾油，光洁度比较好，池内还应设斜板清洗装置。

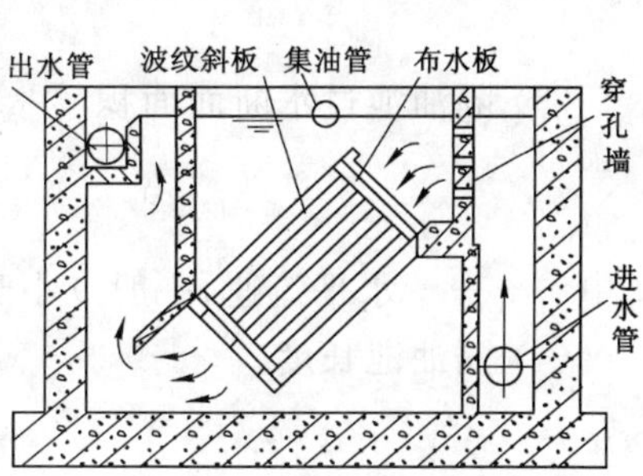

图 6-2 波纹斜板隔油池

由于斜板的设置提高了单位池容的分离表面，斜板隔油池油水分离效果好，可去除的最小油珠粒径达 60

μm，相应的上升速度约为 0.2 mm/s。停留时间短，一般不超过 30 min，表面水力负荷 0.6～0.8 $m^3/(m^2 \cdot h)$，池容仅为平流式隔油池的 1/4～1/2。目前我国新建的一些含油污水处理站，多采用斜板隔油池。

三、隔油池的计算

隔油池的设计计算主要是确定隔油池的结构尺寸，其主要设计参数是污水在池中的停留时间和上升速度，常用的计算方法有两种。

1. 按油粒的上浮速度计算

（1）油粒的上浮速度

油粒的上浮速度可通过静浮试验确定，即根据试验数据绘制去除率和上浮速度关系曲线，然后再根据设计确定的效率选定相应的 u 值；还可以利用修正的斯托克斯公式计算。

$$u = \frac{\beta g d^2 (\rho_0 - \rho_1)}{18\mu} \tag{6-1}$$

式中　u ——油粒上浮速度，cm/s；

ρ_0，ρ_1 ——分别为水、油粒的密度，g/cm^3；

d ——上浮油粒的最小直径，cm；

μ ——水的绝对黏性系数，Pa · s；

β ——颗粒碰撞的阻力系数，一般 $\beta = 0.95$。也可由下式计算

$$\beta = \frac{4 \times 10^4 + 0.8S^2}{4 \times 10^4 + S^2} \tag{6-2}$$

式中　S ——污水中悬浮物浓度，mg/L。

（2）隔油池的表面积

$$A = a\frac{Q}{u} \tag{6-3}$$

式中　Q ——污水流量，m^3/h；

a ——修正系数，与池容积利用率和水流紊动状况有关，其值可按表 6-1 选取。

表 6-1　　修正系数 a

v/u	20	15	10	6	3
a	1.74	1.64	1.44	1.37	1.28

（3）隔油池过水断面面积

$$A_c = \frac{Q}{v} \tag{6-4}$$

式中　v ——水平流速，一般 v 小于 15 mm/s，取 2～5 mm/s。

（4）隔油池长度

$$L = a\left(\frac{v}{u}\right)h \tag{6-5}$$

式中　h ——有效水深，一般取 1.5～2.0 m。

隔油池每格的长宽比 L/B 一般不小于 4.0。

2. 按污水的停留时间计算

(1) 隔油池的总有效容积

$$W = Q \cdot t \tag{6-6}$$

式中　t——污水在池内的停留时间，一般取 1.5～2.0 h。

(2) 隔油池的过水断面面积

$$A_c = \frac{Q}{v} \tag{6-7}$$

(3) 隔油池的有效长度

$$L = v \cdot t \tag{6-8}$$

(4) 隔油池隔数

$$n = \frac{A_c}{Bh} \tag{6-9}$$

一般情况下，隔油池的隔数 $n \geqslant 2$。

第二节　气浮及气浮工艺

气浮法是将人工产生的微小气泡通入水中，使气泡与水中的悬浮颗粒黏附，形成固—液—气三相聚合体，其密度小于1，可携带颗粒上浮形成浮渣，并从水中分离出来，从而达到改善水质，回收水中有用物质的目的。

气浮法在水处理中应用广泛，既可用于一般疏水性或亲水性细微悬浮物的分离，也可用于分离回收工业污水中的有用物质，还可在易于产生污泥膨胀的生化处理工艺中代替二沉池分离浓缩剩余活性污泥。

与重力分离法相比，它处理效率高，占地面积小，表面负荷大，出水水质好，并且沉淀污泥体积比沉淀法少 2～10 倍，还可节省药剂，但电耗比较大。

一、气浮原理

气浮过程包括生成气泡，气泡与颗粒的黏附以及浮上分离等步骤，因此气浮处理工艺必须满足以下三个基本条件：① 必须向水中提供足够数量的微细气泡；② 必须使目的物呈悬浮状态，具有疏水性，能与气泡黏附；③ 气泡与颗粒的黏附具有一定的稳定性。

1. 气泡的产生

气浮分离要求首先在水中产生大量均匀且充分弥散的气泡，目前产生气泡的方法主要有分散空气法、溶解空气法和电解法三种。

(1) 分散空气法

分散空气法(Falloff Flotation)是通过一定方式使空气在水中得到分散而产生气泡的方法，按具体分散方式的不同，可分为微孔曝气和机械搅拌两种方式。

① 微孔曝气产生气泡，即将压缩空气通过多孔介质，如纤维织物、多孔橡胶、陶瓷、微孔塑料等，空气通过微孔形成气泡，如图 6-3 所示。压缩空气克服液体压强的阻力，使气体在孔眼处形成气泡，气泡逐渐变大并在液体中上升，由于表面张力的作用，气泡并不立即破碎，而是逐渐积累增多，用这种方法产生气泡时，空气的压力要适当，压力太小，空气不能克服介质阻力而形成气泡，而压力过大，又易形成气流，同样也不能产生气泡。空气通过微孔介质

产生的气泡尺寸与微孔孔径的关系如下：

$$R = 6\sqrt[4]{r^2\sigma_{GL}} \tag{6-10}$$

式中　R——气泡半径，cm；

r——微孔半径，cm；

σ_{GL}——气—液界面张力，10^{-5} N/m。

由式(6-10)可见降低气—液界面张力对形成微小气泡有利。

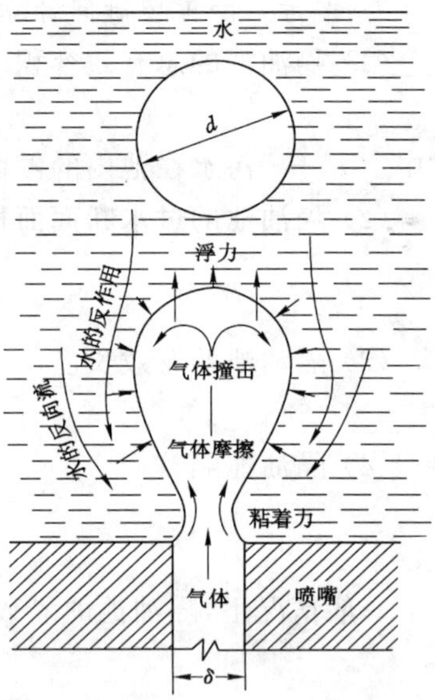

图 6-3　微孔曝气产生气泡

② 机械搅拌产生气泡，即通过各种形式的叶轮搅拌装置将空气导入污水中以产生气泡的方法。它是借助于叶轮高速旋转所形成的大量漩涡将空气卷入水中，并在流体剪切力的作用下，将大气泡进一步分割为多个微小气泡。由流体力学原理可知，物体在湍流中逆流运动时，其前方受流体的正压作用，而物体背面将形成低压区，并产生涡流，由于高压和低压区的形成，液体中的自由空气在叶片的前方高压区溶于液体，而在叶片背面的低压区以微泡析出，同时在有速度梯度存在的流体中，大气泡受切应力作用而被破碎为小气泡。实验表明，空气与溶液相对运动的速度差越大，气—液界面的表面张力越小，形成的气泡也越小，产生的气泡大小可由下式表示

$$d = L^{\frac{2}{3}}\left(\frac{\sigma_{GL}}{K'\rho}\right)^{\frac{3}{5}}\frac{1}{v^{\frac{6}{5}}}\left(\frac{\rho_0}{\rho_1}\right)^{\frac{1}{5}} \tag{6-11}$$

式中　d——气泡尺寸，cm；

L——气泡的初始尺寸，cm；

σ_{GS}——气—液界面张力；

K'——气泡阻力系数；

ρ_0，ρ_1——分别为液体、气体的密度，g/cm^3；

v——各向同性流的流速，cm/s。

可见产生的气泡与 σ_{GS} 成正比，而与 v 成反比，即降低气—液界面的表面张力、加快搅拌都有利于产生小气泡。

(2) 溶解空气法

溶解空气法(Dissolved-air Flotation)是将空气在一定压力的条件下溶于水中并达到饱和状态，然后通过降低压力使溶于水中的空气析出形成微小气泡的方法。该方法产生的气泡粒度微细，粒径一般为 20～100 μm，分散性好，且气泡可在疏水表面优先吸附，还可人为控制气泡与污水的接触时间，因此在污水的处理中得到了广泛的应用。

根据气泡从水中析出时产生的压力不同，溶气法又分为加压溶气法和真空溶气法两种。

① 加压溶气法

该方法是在加压情况下，将空气溶于水中达饱和状态，然后突然降低压力至常压，使溶于水中的空气处于过饱和状态，并以微泡形式释放出来。

加压溶气法释放的微气泡量取决于空气在水中的溶解度。空气在水中的溶解度与溶气压力有关，压力越大，溶解度越大，气泡的分散度也越高，溶解度与压力的关系符合亨利定律，即

$$V = K_T p \tag{6-12}$$

式中　V——水中溶解的空气量，L/m^3；

K_T——溶解度系数，其值见表 6-2，与温度有关；

p——溶气的绝对压力，kPa。

表 6-2　　不同温度下的 K_T 值

温度/℃	0	10	20	30	40	50
K_T	0.285	0.218	0.180	0.158	0.135	0.120

空气的溶解度还与溶气时间有关，二者关系见图 6-4，在不同压力下，随着溶气时间的加长，溶解度也随之增大，达到某一值后就基本保持不变，故溶气时间应控制在适当的范围内。

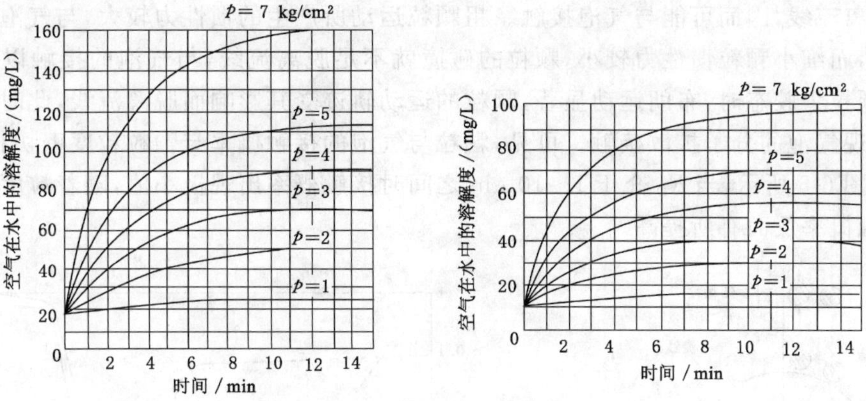

(a) 20 ℃　　(b) 40 ℃

图 6-4　溶气量与加压时间的关系

② 真空溶气法

该方法是在常压或加压条件下将空气溶解于水中，然后在负压（真空）条件下溶解于水中的空气呈过饱和状态，以微小气泡的形式大量从水中析出，析出的空气量取决于空气的溶解度和真空度。该方法释放的微气泡量取决于操作时的真空度和空气溶解度。

这种方法所需溶气压力比加压溶气法低，能耗较少，但由于气浮池在负压（真空）下工作，一切设备都要密封，使得气浮池结构复杂，不便于维护和管理。故在生产中应用较少。

(3) 电解法

在水电解时，在阴极和阳极分别析出氢气泡和氧气泡，即

阴极：$H^+ + e \longrightarrow H_2\uparrow$；阳极：$2OH^- - 4e \longrightarrow 2H_2O + O_2\uparrow$

电解法(Electrolytic Flotation)产生的气泡直径很小，可达 8～15 μm，是其他方法无法比拟的，而且这种气泡大小均匀，在脱离电极后的一段时间内不易兼并，具有较高的化学活性，能捕获污水中的疏水性颗粒或乳化油。电解法产生的气泡大小可通过调节电流来实现，另外采用铝板或钢板做阳极，则电解溶蚀产生的胶状氢氧化物还起到凝聚共沉作用，有利于水中悬浮物的去除。

电解法工艺简单，泥渣量少，处理范围广，但电耗高，主要用于中小型污水处理厂。

2. 气泡与悬浮颗粒的黏附

颗粒与气泡的黏附是一个复杂的动力学过程，微细气泡具有巨大的比表面能，是不稳定的热力学体系。当颗粒与气泡接近到一定距离时，在范德瓦耳斯引力和表面张力的作用下，气泡与颗粒之间的水化层变薄破裂，最终形成气—液—固三相接触周边，降低气泡与粒子之间的界面能。气泡与颗粒黏附的稳定性，取决于颗粒自身的润湿性能。

(1) 颗粒与气泡的接触

颗粒与气泡的碰撞接触是二者黏着的前提，它与颗粒和气泡的大小及两者相对运动的流型有关，其接触情况如图 6-5 所示。

当气泡与水无相对运动时，在气泡上方半径为 $R_b + R_D$（R_b 是气泡半径，R_D 是颗粒半径）的水柱中的颗粒都可在重力作用下沉降，与气泡接触，而当气泡在水中上升时，其周围液体的流线被扭曲，水中的颗粒既受介质黏滞阻力的作用使其沿流线运动，同时又受惯性力作用使其脱离流线，因而可能与气泡接触。粗颗粒运动所产生的惯性力较大，与气泡有较高的接触概率，而细小颗粒惯性力较小，颗粒的碰撞就不足脱离流线，与气泡的接触以滑动接触为主，当颗粒为胶态时，布朗运动显著，颗粒的运动轨迹受其影响而脱离流线，此时在气—液界面可实现气泡的分子扩散接触。可见，颗粒与气泡的接触概率与颗粒粒度密切相关，其关系曲线如图 6-6 所示，当 R_D 介于 1～10 μm 之间时接触概率出现极小值，随着粒度的进一步减小，接触概率反而有所提高。

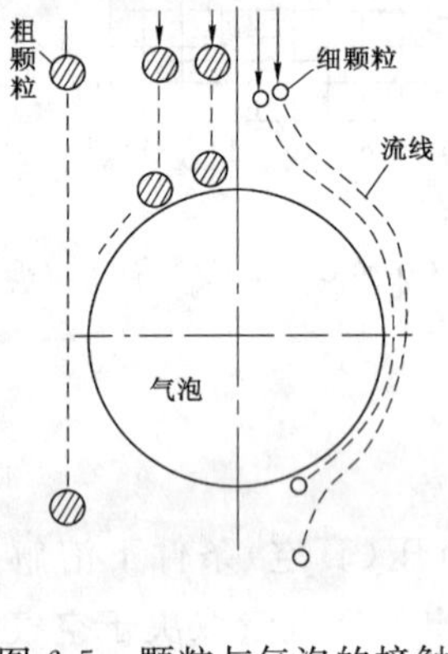

图 6-5 颗粒与气泡的接触

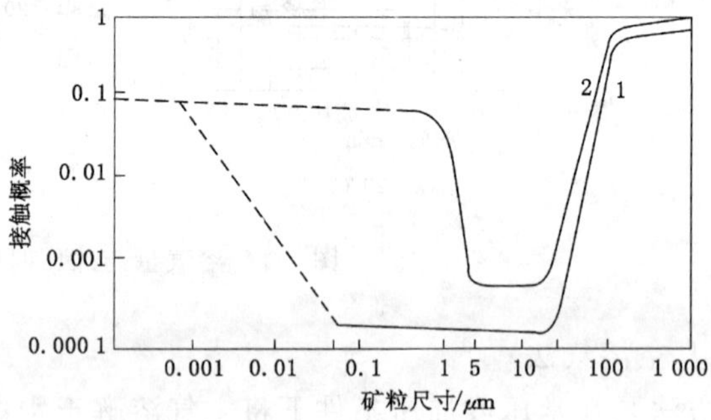

图 6-6 接触概率与颗粒粒度的关系

1—— $Re < 1$；2—— $Re > 1$

(2) 颗粒与气泡的黏着

水中的悬浮颗粒能否与产生的气泡黏着，主要取决于颗粒的表面性质。

在气浮过程中存在着气—液—固三相介质，不同介质的表面上都存在着因受力不平衡而产生的界面张力，所具有的界面能可用下式表示：

$$w = \sigma \cdot S \tag{6-13}$$

式中 σ ——界面张力，N/m；

S ——界面面积，m^2。

界面能又称表面能，由热力学可知，它是储存在表面上的位能，有逐渐减至最小的趋势。当气泡和颗粒共存于水中时，附着前体系的界面能为

$$w = \sigma_{GL} S_{GL} + \sigma_{SL} S_{SL} \tag{6-14}$$

附着后相当于 1 m^2 附着面积的体系的界面能为

$$w' = \sigma_{GL}(S_{GL}-1)+\sigma_{SL}(S_{SL}-1)+\sigma_{GS} \tag{6-15}$$

则附着前后体系的界面能的变化为

$$\Delta w = w - w' = \sigma_{GL}+\sigma_{SL}-\sigma_{GS} \tag{6-16}$$

由热力学第二定律可知，气泡和颗粒的附着过程是体系的界面能向减小的方向自发进行的，即 $\Delta w > 0$，其减少的界面能转化为排开颗粒表面的水化层所做的功，Δw 越大，黏着的推动力越大，颗粒越容易与气泡黏附。

由于水中悬浮颗粒的表面性质不同，与气泡的黏附状况也不相同，在静水中当气、液、固三相接触时，在气—液界面张力线、固—液界面张力线之间的夹角称为润湿接触角，用 θ 表示，它通常用来表示颗粒的疏水性，一般将 $\theta<90°$ 的物质称为亲水性物质，$\theta>90°$ 的物质称为疏水性物质。亲水性物质易于被水润湿而形成水化膜，不易与气泡黏附，而疏水性物质则易于同气泡黏附，其黏附情况见图 6-7。

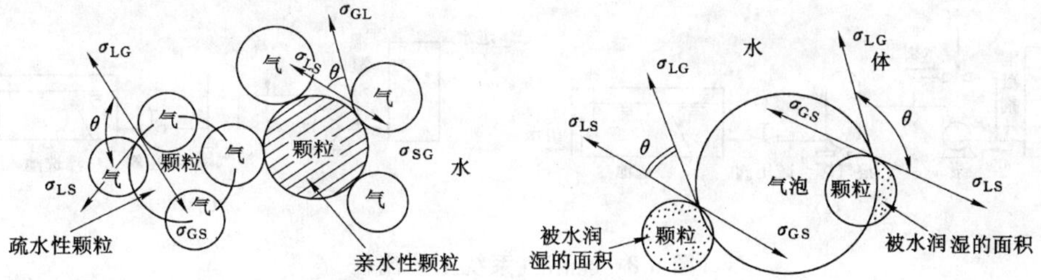

图 6-7　不同颗粒与水的润湿情况

在三相接触点上，三相界面张力总是处于平衡状态，其关系如下：

$$\sigma_{LS} = \sigma_{LG}\cos(180°-\theta)+\sigma_{GS} \tag{6-17}$$

将上式代到(6-16)式中整理可得

$$\Delta w = \sigma_{LG}(1-\cos\theta) \tag{6-18}$$

由式(6-18)可知，当 $\theta \to 0°$ 时，$\cos\theta \to 1$ 则 $\Delta w \to 0$，这时颗粒完全被水润湿，不能与气泡相黏附，因此不能用气浮法处理；当 $\theta \to 180°$ 时 $\cos\theta \to -1$ 则 $\Delta w \to 2\sigma_{LG}$，颗粒完全不被水润湿，极易与气泡黏附，可用气浮法处理。

对于亲水性颗粒(如 $d<0.5$ mm 的煤粒、纸浆等)，若采用气浮法进行处理，就必须投加一些药剂，以改变颗粒表面的性质，这种药剂称为浮选剂，浮选药剂大多数是由极性—非极性分子组成，其极性端易溶于水，含有—COOH、—NH_2、—OH 等基团，而非极性端疏水，主要是烃链，在浮选过程中，浮选药剂的活性基团能选择性地被亲水性物质吸附，而非极性基团则朝向水，这样就把亲水性物质转化为疏水性物质而能够黏附在气泡上。

3. 颗粒与气泡黏着的稳定性

颗粒在气—液界面黏着的稳定性是气浮过程的又一个重要因素，若颗粒在气—液界面的黏着后缺乏必要的牢固度，稍微受到外界的影响就脱离，则分选仍无法正常进行。

在实际生产中，颗粒从气—液界面脱落的主要原因是湍流赋予颗粒的惯性力，湍流的产生可能是由于机械搅拌，也可能是气泡本身的运动。当然引起颗粒脱落的因素还有重力、水的静压力、气泡的毛细压力等，但有关的分析表明，惯性力是使颗粒从气—液界面脱落的支配性因素。

二、气浮工艺及设备

在污水的气浮处理中，一般按产生气泡的方法可将气浮工艺分为溶气气浮、分散气浮和电解气浮三大类。目前生产中常用的气浮工艺有加压溶气气浮、叶轮气浮、射流气浮以及真空气浮、微孔扩散气浮等。下面着重介绍加压溶气气浮的工艺及设备。

1. 加压溶气气浮的工艺流程

加压溶气气浮(Pressurized Dissolved-air Flotation)是目前广泛采用的一种浮上分离法,按照加压方式的不同,其基本工艺流程可分为全溶气流程、部分溶气流程和回流溶气流程三种。

(1) 全溶气流程

全溶气(Whole Dissolved-air)系统的工艺流程如图 6-8 所示,是将加入混凝剂的全部污水全部用泵加压,并在泵前或泵后注入空气,送入压力溶气罐,使空气在污水中溶解,再经减压阀送入气浮池,由于减压产生大量的微小气泡黏附污水中的悬浮颗粒上浮到水面形成浮渣,再用刮板送至集渣槽,经浮渣管排出,分离后的污水通过溢流堰由出水管排出。

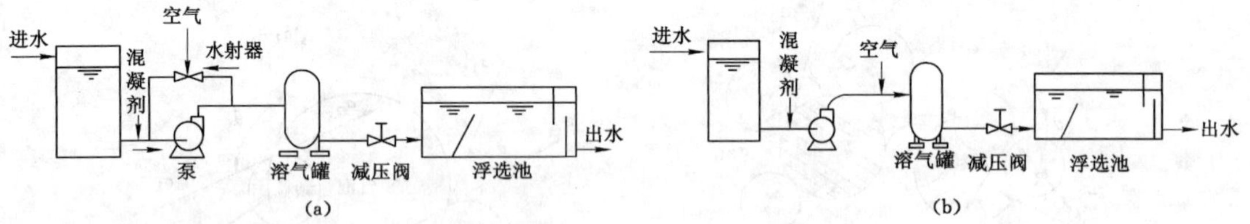

图 6-8 全溶气系统工艺流程

(a) 泵前加气;(b) 泵后加气

全溶气流程溶气量大,有利于颗粒与气泡的接触,在处理量相同的条件下,它比部分溶气气浮所需的气浮池小,基建投资省,但压力泵和溶气罐较其他流程要大,故动力消耗较大。

(2) 部分溶气流程

部分溶气(Part Dissolved-air)系统的工艺流程如图 6-9 所示,是将一部分污水进行加压溶气,而另一部分污水则直接进入气浮池。这种溶气流程所需的压力泵和溶气罐的容积均小于全溶气气浮,故可节省设备,动力消耗低,但部分溶气系统提供的空气量也少,因此,若达到同样的供气量,部分溶气流程必须在较高的压力下工作。

(3) 回流溶气流程

回流溶气(Reflux Dissolved-air)系统的工艺流程如图 6-10 所示,加有混凝剂的全部污水直接进入气浮池,然后将部分出水回流进行加压溶气,经减压阀后再送入气浮池中,其回流量一般为含油污水的 25%～50%。其主要优点是溶气水量少,动力消耗省,溶气效率高,混凝过程不受污水输送设备的影响,形成的絮体好。但气浮池的容积比前两种流程大。

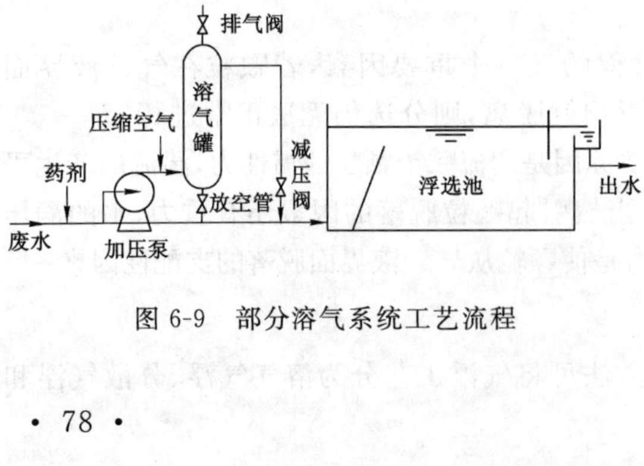

图 6-9 部分溶气系统工艺流程

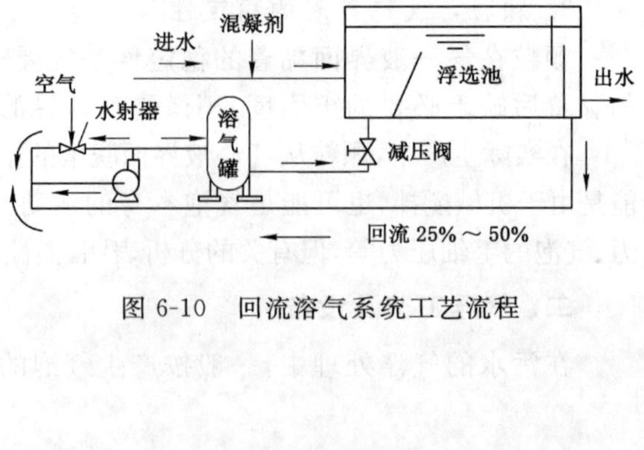

图 6-10 回流溶气系统工艺流程

2. 加压溶气系统

加压溶气系统主要由压力溶气系统、空气释放系统和气浮分离系统(气浮池)组成。

(1) 压力溶气系统

压力溶气系统包括加压水泵、溶气罐和供气设备及其辅助设备。

加压水泵用来提供一定压力的水量,其压力的选择应满足溶气水的压力要求,还要考虑管路系统的水头损失,采用的溶气压力一般为 0.25～0.35 MPa。

溶气罐(Dissolved Air Vessel)的作用是在一定的压力下(0.2～0.6 MPa),确保空气能充分地溶于水中,使气、水良好混合。在溶气罐中水气的混合时间与进气方式有关,泵前进气时间短些,泵后进气时间相对要长些,一般混合时间为 1～3 min。溶气罐的顶部设有排气阀,用以定期排出罐顶部未溶解的空气,保证溶气罐的有效容积和溶气效率,罐底设有放空阀,在清洗时用来放空溶气罐。另外为了防止罐内短路,增大紊流程度,罐内还设有挡板或填料。

溶气罐的型式很多,如图 6-11 所示,可分为静态型和动态型两种,静态型包括花板式、纵隔板时、横隔板式等,这种溶气罐主要用于泵前进气。动态型包括填充式、涡流式,主要用于泵后进气。国内多采用花板式和填充式。

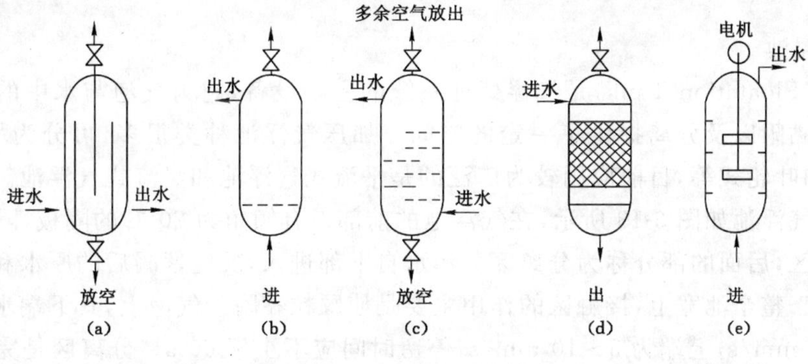

图 6-11　溶气罐的型式

(a) 纵隔板式;(b) 花板式;(c) 横隔板式;(d) 填充式;(e) 涡轮式

供气方式有水射流携带式[图 6-8(a)]、水泵吸气式[图 6-8(b)]和空压机供气式(图 6-12)三种,其中使用较为广泛的是空压机供气式和水射流携带式,空压机供气式能耗较低,是使用最早的一种方式,而水射流携带式无需另设空压机,没有噪音和油污染。

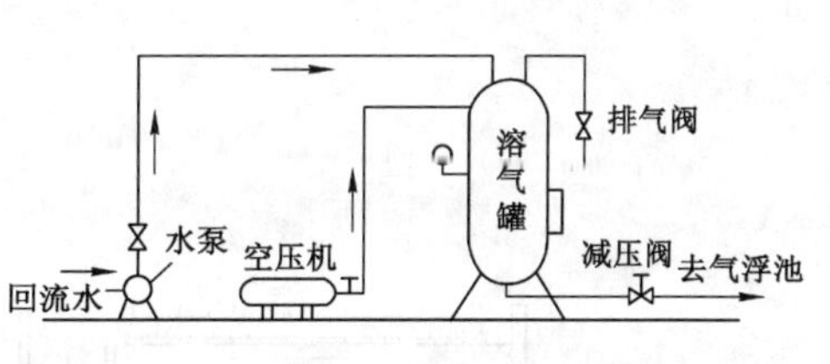

图 6-12　空压机供气式溶气系统

(2) 空气释放系统

空气释放系统包括减压释放装置和溶气管路。减压释放装置(如减压阀、释放器)的作用是将压力溶气水减压,使溶于水中的过饱和空气迅速地以微小气泡的形式释放出来,再通过溶气管路将释放的溶气水送入气浮池,使产生的微小气泡与水中的悬浮颗粒黏附。

溶气释放器(Releaser)是压力溶气气浮系统中的关键装置。释放器性能的好坏,涉及气泡释放量的多寡,气泡的微细度及气泡尺寸的分配律等,它直接影响气浮法净水的效果及电能的消耗。目前普遍采用的溶气释放器主要有 TS 型、TJ 型和 TV 型溶气释放器,三种溶气释放器的性能特征见表 6-3。

表 6-3　　TS\TJ\TV 型溶气释放器性能特征

型号	结构	溶气压力及出流量	释气效果	特　点
TS 型	孔口—多孔室—小平行圆盘缝隙—管嘴	0.1～0.5 MPa；0.25～4.95 m^3/h	在 0.15 MPa 以上，释气率在 99%以上，气泡平均直径在 20～40 μm，在 0.2 MPa 压力下即能正常工作	孔盒易堵塞，单个释放器出流量小，作用范围较小；除用于试验性装置外，在生产上已很少采用
TJ 型	孔口—单孔室—大平行圆盘缝隙—舌簧—管嘴	0.2～0.5 MPa；1.08～11.75 m^3/h		单个释放器出流量、作用范围较大。堵塞时可用水射器提起舌簧，以清除杂质
TV 型	孔口—单孔室—上下大平行圆盘缝隙	0.2～0.5 MPa；1.04～6.64 m^3/h		单个释放器出流量、作用范围较大，出水分布均匀。堵塞时可用压缩空气使下盘移动，清除堵塞物

(3) 气浮池

气浮池(Floatation Tank)是气浮处理系统的主要设备，它为气泡与水中的悬浮颗粒的混合、接触、黏附以及分离提供了一定的空间。加压气浮池种类很多，可分为平流式、竖流式、斜板式和叶轮式等，目前应用较为广泛的是平流式气浮池和竖流式气浮池。

平流式气浮池如图 6-13 所示，在气浮池的前部设有倾角为 70 ℃的隔板，隔板前面的部分称为接触区，后面的部分称为分离区。污水自下部进入，反应絮凝后的原水和溶气水混合均匀后分布于整个池宽上，接触区的作用主要是使颗粒黏附于气泡上，其下端水流的上升速度为 10～20 mm/s，上端为 5～10 mm/s，停留时间应不小于 60 s。分离区是完成颗粒与水的分离，一方面颗粒随气泡上浮，另一方面清水由下部排出产生下向流，那么当颗粒的上浮速度大于水流的下向流速时可以实现固液的分离，否则颗粒会下沉随水流排出。污水在分

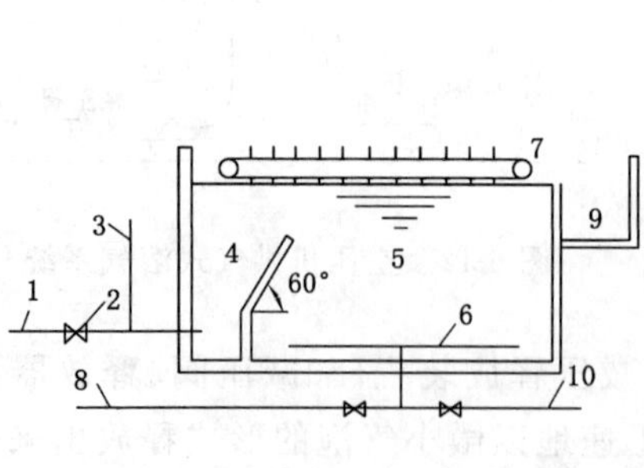

图 6-13　平流式气浮池

1——溶气水管；2——减压释放及混合设备；3——原水管；4——接触区；5——分离区；6——集水管；7——刮渣设备；8——回流管；9——集渣槽；10——出水管

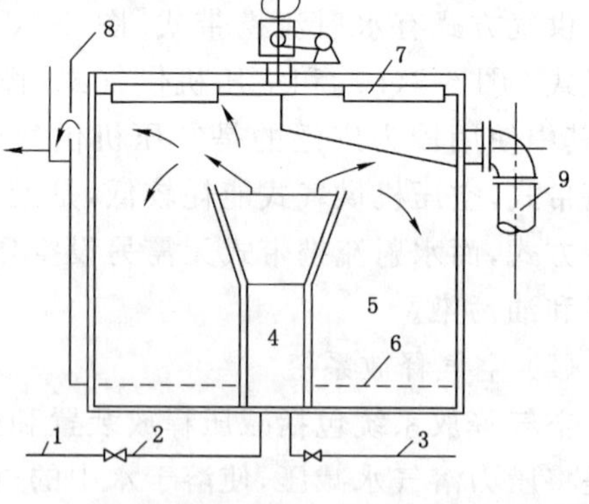

图 6-14　竖流式气浮池

1——溶气水管；2——减压释放器；3——原水管；4——接触室；5——分离室；6——集水管；7——刮渣机；8——水位调节器；9——排渣管

离区的停留时间一般为 10～20 min。浮渣由刮渣机刮入集渣槽，清水进入底部的集水管。平流式气浮池池身浅，构造简单，管理方便，造价低，缺点是与后续构筑物在高度上配合较困难，分离区的容积利用率不高。

竖流式气浮池如图 6-14 所示，污水由下部沿垂直方向给入，接触室位于池中央，水流向四周扩散，水力条件比平流式要好，便于与后续处理构筑物连接，但池容利用率较低。一般当处理水量大于 150～200 m^3/h，污水中悬浮固体浓度较高时，宜采用竖流式沉淀池。

3. 加压溶气系统的设计计算

加压溶气气浮的设计计算主要包括溶气量、溶气水量、溶气罐和气浮池尺寸等。

(1) 溶气量的计算

当有实验资料时，可按式(6-19)计算：

$$Q_g = \frac{\gamma Q R a_e \psi}{1\,000} \tag{6-19}$$

式中　Q_g ——气浮池所需空气量，kg/h；

γ ——空气容重，g/L；

Q ——气浮池处理水量，m^3/h；

R ——试验条件下溶气水回流比，%；

a_e ——试验条件下释气量，L/m^3；

ψ ——水温校正系数，1.1～1.3。

当无实验资料时，可按式(6-20)计算：

$$Q_g = \frac{\gamma C_s (fP - 1) R Q}{1\,000} \tag{6-20}$$

式中　C_s ——一定温度下，一个大气压时的空气溶解度，mL/(L · atm)；

P ——溶气压力，atm；

f ——加压溶气系统的溶气效率，一般取 0.8～0.9。

(2) 溶气水量的计算

$$Q_r = \frac{Q_g}{736 f P K_T} \tag{6-21}$$

式中　Q_r ——溶气水量，m^3/h；

K_T ——溶解度系数，可根据水温查表 6-4 而得。

表 6-4　　不同温度下的 K_T 值

温度/℃	0	10	20	30	40	50
K_T	0.038	0.029	0.024	0.021	0.018	0.016

(3) 溶气罐的计算

溶气罐直径由下式计算

$$D_d = \sqrt{\frac{4 \times Q_r}{\pi I}} \tag{6-22}$$

其中，I 为过流密度，对于空罐其值选用 1 000～2 000 $m^3/(m^2 \cdot h)$；对于填料罐选用 2 500～5 000 $m^3/(m^2 \cdot h)$；溶气罐高度由下式计算：

$$h = 2h_1 + h_2 + h_3 + h_4 \tag{6-23}$$

式中 h_1——罐顶底封头高度,根据罐直径而定,m;

h_2——布水区高度,一般为 0.2~0.3 m;

h_3——贮水区高度,一般为 1.0 m;

h_4——填料层高度,采用阶梯环时,取 1.0~1.3 m。

(4) 气浮池的计算

当选定接触室中的水流上升速度 v_c 后,可按下式计算接触室的面积 A_c。

$$A_c = \frac{Q + Q_r}{3\,600 v_c} \tag{6-24}$$

式中 v_c——水流平均速度,通常取 10~20 mm/s。

接触室的水力停留时间不应小于 60 s。

当选定分离速度 v_s(即分离室的上下平均流速)后,可按下式计算分离室的表面积 A_s。

$$A_s = \frac{Q + Q_r}{3\,600 v_s} \tag{6-25}$$

式中 v_s——分离室水流向下平均速度,通常取 1~1.5 mm/s。

气浮池水深 H 由下式计算:

$$H = v_s \cdot t \tag{6-26}$$

式中 H——气浮池水深,m;

t——气浮池分离室停留时间,一般取 10~20 min。

则气浮池的总容积为

$$V = (A_c + A_s)H \tag{6-27}$$

4. 浅层离子气浮

浅层离子气浮(Shallow Ion Floatation)是近年来研发并已成功运用的一种新型溶气气浮装置,其利用气浮原理和浅池原理,在溶气气浮的基础上,采用独特的微氧化强溶溶气系统和微气泡制造系统两大核心系统。微氧化强溶溶气系统(Micro-oxidation of Dissolved Air System)通过高速旋转产生强大离心力,微米级空气集成喷射系统,使溶气水浓度仅在 3 s内基本达到亨利定律理论最大值(27%),且无浓度梯度,为制造大规模微气泡提供保证,同时动力因子大幅度减少,用电成本随之降低。

微气泡制造系统(Micro-bubbles Manufacturing System)采用微秒级快速相分离装置。该装置通过特殊结构使溶气水中水分子和空气分子两个相在不足 1 μs 时间内向不同方向高速运动分离,瞬间聚集形成均匀的直径为 3~7 μm 并携带电荷的微小气泡,从而在溶气量相同条件下使气泡密度呈几何级数量增加,大大增加了微气泡预浮选的接触面积。集成化带电气泡改变了水的表面张力,吸附有色基团及部分亲水性胶体。在气浮理论中,悬浮物自水体的分离,除了气泡吸附、气泡顶托、絮体吸附机理之外,还存在所谓的“气泡裹携”作用。部分未与气泡或絮体吸附的细小悬浮物,在密集气泡上升过程中,因无论细小悬浮物怎样细小,其粒径仍远大于水分子,它们将可能被挟带在气泡群的气泡间隙中被裹携至水面而分离。显然,气泡群越密集,这个作用将越强烈,所能挟带的悬浮物也将越细小。

浅层离子气浮装置净化池浅,污水在气浮池中的停留时间仅 3~5 min,抗冲击负荷强,特别适用高浓度污水的处理。该溶气装置具有 27%空气溶解率,3~7 μm 离子气泡直径,

15～40 $m^3/(m^2 \cdot h)$超高表面负荷。SS去除率可达95%～99.5%，出水SS在1～10 mg/L以下。COD、色度、浊度、油类去除率均可达到60%～99%。目前该装置已高效应用于市政提标、海水淡化、中水回用、河道水库及自来水净化、石油化工、选矿、煤化工、屠宰养殖、食品饮料、酿造、餐厨、垃圾渗滤液、制革、医药、表面处理(电子电镀、酸洗)、池浴水、制浆造纸、印染等行业的污水处理，污泥浓缩、物料回收、除油、除藻、除磷等各行业的多种污水处理。

习题与思考题

1. 什么是浮力浮上法？浮力浮上法可分为哪几类？

2. 在污水中的油以哪几种形态存在，分别采用什么方法可去除？

3. 在气浮过程中，气泡与颗粒黏附的基本条件是什么？如何改善微气泡与颗粒的黏附性能？

4. 什么是润湿接触角，如何表示？

5. 在气浮法中产生气泡的方式有哪几种？各有何优缺点？

6. 加压溶气气浮的基本原理是什么？有哪几种基本流程，各自的特点是什么？

7. 加压溶气系统由哪几部分组成？各部分的主要作用是什么？

8. 某工业污水的水量为2 500 m^3/d，水中悬浮固体浓度为600 mg/L，需用气浮法降低其悬浮物浓度，试设计平流式气浮池的尺寸。

9. 如何改进或提高浮上分离法的分离效果？

10. 今用部分回流水加压容器气浮流程处理某厂纸机白水。已知污水流量为160 m^3/h，原水中纸浆纤维SS为160 mg/L，处理后要求不大于10 mg/L。经技术经济比较，确定采用空压机供气和折流板空罐溶气，溶气罐过流密度为60 $m^3/(m^2 \cdot h)$，溶气压力为294 kPa(表压)，气固比A/S=20 L/kgSS，水温为20 ℃。试计算：(1) 空压机额定供气量；(2) 溶气罐结构尺寸；(3) 气浮池结构尺寸。

第三篇

污水的化学处理

污水的化学处理(Chemical Treatment)是利用化学反应作用,分离去除污水中呈溶解、胶体状态的污染物,或将其转化为无害物质的处理方法。化学处理的主要对象是污水中无机的或有机的(难于生物降解的)溶解物质或胶体物质,常用处理方法有中和法、化学沉淀法和氧化还原法。

第七章 中 和 法

中和法(Neutralizing Treatment)是通过酸碱的中和反应,调节污水的酸碱度(pH值),使其呈中性或接近中性,满足下一步处理或排放要求的一种化学处理方法。中和法的主要处理对象是无机酸或无机碱。

酸性污水一般来自于化工厂、化纤厂、电镀厂、煤加工厂及金属酸洗车间等,其酸性成分主要为无机酸或有机酸,酸的浓度在1%~10%;碱性污水一般来自于印染厂、金属加工厂、炼油厂、造纸厂等,其碱性成分主要为无机碱或有机碱。酸、碱性工业污水中除含无机酸或碱外,还可能含有酸式盐、碱式盐,以及其他的无机和有机物质。一般而言,酸含量小于3%~5%或碱含量小于1%~3%的酸碱性污水,回收价值不大,常采用中和处理方法,使其pH值达到污水排放标准。

中和法常用于以下几种情况:① 污水排入受纳水体,其pH值超过排放标准,会破坏水体生态环境。② 污水排入城市排水管道,酸或碱浓度较高,会对排水管道产生腐蚀作用。③ 物理化学处理或生物处理,酸性或碱性条件会影响物理化学处理效果或生物活性。在工业污水处理中,中和法既可以作为独立单元,也可以作为系统的预处理单元。

第一节 酸性污水的中和处理

一、酸碱污水相互中和法

在一定条件下,酸碱污水相互中和处理是实现以废治废的理想目标,利用酸性污水和碱性污水互相中和时,应进行中和能力的计算,即参与反应的酸和碱的当量数应相同。中和后污水的当量浓度按式(7-1)计算:

$$C = Q_1 \cdot C_1 - Q_2 \cdot C_2 \tag{7-1}$$

式中 Q_1 ——酸性污水流量,L/s;

C_1 ——酸性污水的当量浓度,克当量/L;

Q_2 ——碱性污水流量,L/s;

C_2 ——碱性污水的当量浓度,克当量/L。

在中和过程中,酸碱双方的当量恰好相等时称为中和反应的等当点。强酸强碱互相中和时,由于生成的强酸强碱盐不发生水解,因此等当点即中性点,溶液的pH值等于7.0。但进行中和反应的一方为弱酸或弱碱时,由于中和过程中所生成的盐的水解,尽管达到等当点,但溶液并非中性,pH值的大小取决于所生成盐的水解度。

中和设备可根据酸碱污水排放规律及水质变化来确定。

① 当水质水量变化较小或后续处理对pH要求较宽松时,可在集水井或管道、混合槽内进行连续混合反应。

② 当水质水量变化不是很大但后续处理对 pH 值要求高时,可设连续流中和池。中和时间视水质水量变化情况确定,一般采用 1～2 h。中和池有效容积按公式(7-2)计算。

$$V = (Q_1 + Q_2) \cdot t \tag{7-2}$$

式中 V ——中和池有效容积,m^3;

Q_1 ——酸性污水设计流量,L/ m^3;

Q_2 ——碱性污水设计流量,L/ m^3;

t ——中和时间,h。

③ 当水质水量变化较大,且水量较小时,连续流无法保证出水 pH 值要求,或出水中还含有其他杂质或重金属离子时,多采用间歇式中和池。中和池有效容积可按污水排放周期中的总污水量计算。

二、药剂中和法

1. 中和药剂及投药量

酸性污水中和药剂有石灰、石灰石、大理石、白云石、碳酸钠、苛性钠、氧化镁等。在选择中和剂时,还应尽可能使用一些工业废渣,如化学软水站排出的废渣,有机化工厂或乙炔发生站排放的电石废渣,钢厂或电石厂筛下的废石灰,热电厂的炉灰渣或硼酸厂的硼泥等。

石灰是最常用的碱性中和剂,可以中和不同浓度的酸性污水,中和反应方程式如下:

$$H_2SO_4 + Ca(OH)_2 \longrightarrow CaSO_4 + 2H_2O$$

$$2HCl + Ca(OH)_2 \longrightarrow CaCl_2 + 2H_2O$$

$$2HNO_3 + Ca(OH)_2 \longrightarrow Ca(NO_3)_2 + 2H_2O$$

$$2CH_2COOH + Ca(OH)_2 \longrightarrow Ca(CH_2COO)_2 + 2H_2O$$

污水中含有其他金属盐类,如铁、铅、锌、铜、镍等也消耗石灰,反应如下:

$$FeCl_2 + Ca(OH)_2 \longrightarrow Fe(OH)_2 \downarrow + CaCl_2$$

$$PbCl_2 + Ca(OH)_2 \longrightarrow Pb(OH)_2 \downarrow + CaCl_2$$

石灰来源广泛,价格便宜,所以应用较广,而且由于氢氧化钙对污水中杂质有凝聚作用,因此更适用于处理杂质多、浓度高的酸性污水,但同时,石灰具有粉末极易飘扬、劳动卫生条件差,装卸、搬运劳动量较大、成分不纯、含杂质较多、沉渣量较多不易脱水、石灰溶液制配和投加需要较多的机械设备等缺点。苏打(Na_2CO_3)和苛性钠(NaOH)相对具有组成均匀、易于贮存和投加、反应迅速、易溶于水而且溶解度较高的优点,但是由于价格较贵,通常很少采用。

石灰石、白云石系石料在产地使用非常便宜,而且劳动卫生条件比石灰好。但是当中和对象是硫酸污水时,中和产物硫酸钙的溶解度很小,不仅形成沉淀,而且当硫酸浓度很高时,在药剂表面会产生硫酸钙的覆盖层,影响和阻止中和反应的继续进行。所以当采用石灰石、白垩或白云石做中和剂时,药剂颗粒应在 0.5 mm 以下。

选择酸性污水的中和药剂时,应考虑药剂本身的溶解性、反应速度、成本、二次污染、使用方便等因素,还要考虑中和产物的性状、数量及处理费用等因素。

中和药剂的理论投量,按等当量反应的原则,可按式(7-3)进行计算。

$$G_a = \frac{KQ(c_1 a_1 + c_2 a_2)}{a} \tag{7-3}$$

式中 G_a ——药剂总消耗量,kg/d;

K——不均匀系数；

Q——酸性污水水量，m^3/d；

c_1，c_2——污水中酸和酸性盐的浓度，kg/m^3；

a_1，a_2——中和剂理论比耗量，即中和 1 kg 酸和酸性盐所需的碱量，kg/kg，见表 7-1、表 7-2；

a——中和剂的纯度，%。

表 7-1 中和各种酸所需碱、盐的理论比耗量 kg/kg

酸的名称	分子量	$NaOH$	$Ca(OH)_2$	CaO	$CaCO_3$	$MgCO_3$	Na_2CO_3	$Ca/Mg(CO_3)$
		40	74	56	100	84	106	
HNO_3	63	0.635	0.59	0.445	0.795	0.668	0.84	0.732
HCl	36.5	1.10	1.01	0.77	1.37	1.15	1.45	1.29
H_2SO_4	98	0.816	0.755	0.57	1.02	0.86	1.08	0.94
H_2SO_3	82	0.975	0.90	0.68	—	—	1.29	1.112
CO_2	44	1.82	1.63	(1.27)	(2.27)	(1.91)	—	2.09
$C_2H_4O_2$	60	0.666	0.616	(0.466)	(0.83)	(0.695)	0.88	1.53
$CuSO_4$	159.5	0.251	0.465	0.352	0.628	0.525	0.667	0.576
$FeSO_4$	151.9	0.264	0.485	0.37	0.66	0.553	0.700	0.605
H_2SiF_6		0.556	0.51	0.38	0.69		0.73	0.63
$FeCl_2$		0.63	0.58	0.44	0.79		0.835	0.725
H_3PO_4		1.22	1.13	0.86	1.53		1.62	1.41

表 7-2 中和各种碱所需酸的理论比耗量 kg/kg

碱的名称	H_2SO_4		HCl		HNO_3		CO_2	SO_2
	100%	98%	100%	36%	100%	65%		
$NaOH$	1.22	1.24	0.91	2.53	1.57	2.42	0.55	0.80
KOH	0.88	0.90	0.65	1.80	1.13	1.74	0.39	0.57
$Ca(OH)_2$	1.32	1.34	0.99	2.74	1.70	2.62	0.59	0.86
NH_3	2.88	2.93	2.12	5.90	3.71	5.70	1.29	1.88

由于药剂中常含有不参与中和反应的惰性杂质如砂土、黏土等，因此药剂的实际耗量应比理论消耗量要大些，具体可通过实验绘制中和曲线，即溶液 pH 值随中和药剂投加量而变化的曲线，可确定中和药剂的实际投药量。

2. 酸性污水药剂中和法工艺

药剂中和法是应用较为广泛的酸性污水中和方法，药剂投配的方式可分为干投法和湿投法两种。

干投法即把石灰等碱性中和药剂直接投加到污水中去，可采用电磁石灰振荡器进行投加，以保证投加均匀。干投法设备简单，但反应较慢，反应不够彻底，投药量较大，约为理论投药量的 1.4～1.5 倍，且劳动强度大。

湿投法是将石灰在消解槽内先消解到40%～50%的浓度后，投入乳液槽，经搅拌配成5%～10%浓度的氢氧化钙乳液，然后定量投加。该方法中和剂能制成溶液或浆料，卫生条件较好、劳动强度低且投药量易于控制，实际应用中多采用湿投加法。其处理工艺流程见图7-1。

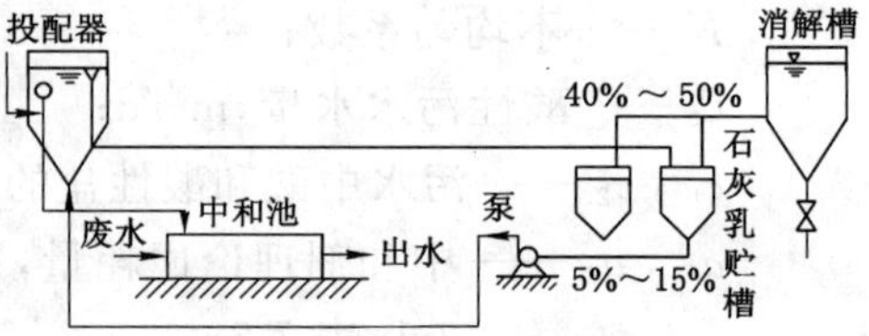

图7-1　湿投加药剂中和法工艺

中和反应在中和池中进行。污水量少时(每小时几吨到十几吨)可采用间歇处理，两、三池交替工作。污水量大时一般采用连续式处理。

(1) 投药装置

石灰首先在消解槽内进行搅拌和消解，将石灰制成40%～50%的乳浊液。消解槽有效容积可按下式计算：

$$V_1 = K \cdot V_0 \tag{7-4}$$

式中　V_1——消解槽的有效容积，m^3；

V_0——配制的药剂量，m^3；

K——容积系数，一般采用2～5。

经消解后的石灰乳排至溶液槽，溶液槽一般采用2个，轮换使用。为防止石灰的沉积，应设搅拌装置，可采用机械搅拌、压缩空气搅拌或水泵搅拌。溶液槽的有效容积按下式计算：

$$V_2 = \frac{G \cdot 100}{\gamma \cdot C \cdot n} \tag{7-5}$$

式中　V_2——溶液槽的有效容积，m^3；

G——石灰消耗量，t/d；

γ——石灰的容重，0.9～1.1 t/m^3；

C——石灰乳的浓度，一般采用5%～10%(含有效氧化钙)；

n——每天搅拌的次数。

投药量大时，可设单独的石灰乳投配器，石灰乳投配器结构见图7-2。

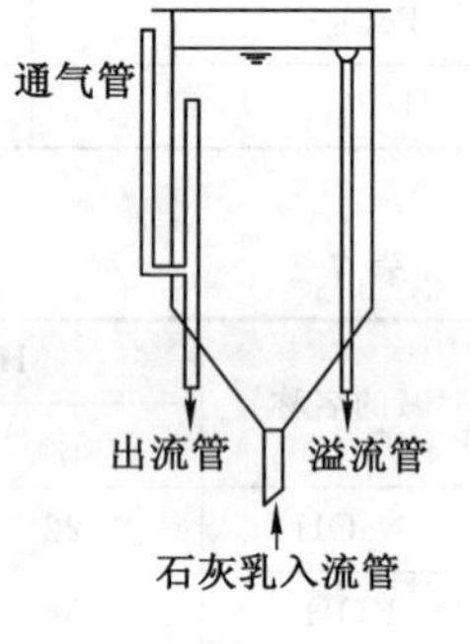

图7-2　石灰乳投配器

石灰用量在1 t/d以内时，可人工在消解槽内进行搅拌和消解，石灰用量超过1 t/d时，可采用机械方法进行消解，见图7-3。消解槽和乳液槽中采用机械搅拌或水泵循环搅拌，防止产生沉淀。

图7-3　大量石灰乳配置系统

(2) 混合反应装置

中和反应速度较快，用石灰中和酸性污水时，混合反应时间一般采用2～5 min，但是当污水含金属盐类或其他有毒物质时，还应考虑去除金属离子及毒物的要求。采用其他中和剂时，混合反应时间采用5～20 min。

当污水量较少和浓度较低且不产生大量沉渣时，可不设混合反应池，中和剂可直接投加在水泵吸水井中，在管道中进行反应，但必须满足混合反应时间的要求。当污水量大时，一般需设混合反应池，混合反应和中和反应可在同一池内进行，即石灰乳在池前端投入。图 7-4 为隔板混合反应池，池内用压缩空气或机械进行搅拌。

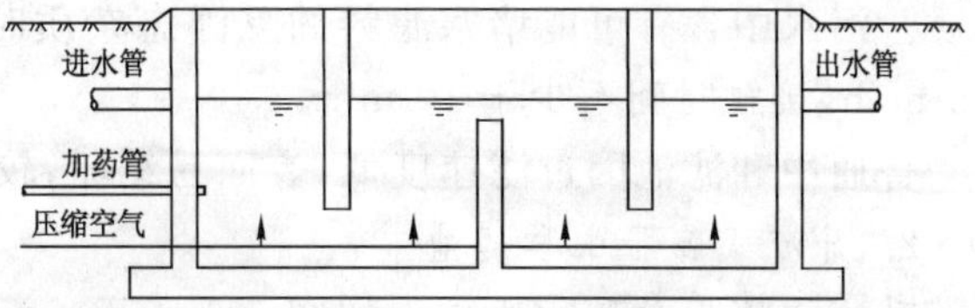

图 7-4　隔板混合反应池

(3) 沉淀分离装置

当沉渣量少且可重力排渣时，可采用竖流式沉淀池；当沉渣量大，重力排泥困难时，可采用平流式沉淀池，沉渣用污泥泵排出。以石灰中和含硫酸污水为例，一般沉淀时间为 1～2 h，沉渣含水率约为 95%。

三、过滤中和法

酸性污水流过碱性滤料发生反应而实现中和的方法，称为过滤中和法(Filter Neutralization)。常用的碱性滤料主要有石灰石、大理石、白云石等，前两种的主要成分是 $CaCO_3$，后一种的主要成分是 $CaCO_3 \cdot MgCO_3$。过滤中和法仅用于酸性污水的中和处理。

过滤中和法滤料的选择与中和产物的溶解度有着密切的关系，因为滤料的中和反应发生在颗粒表面上，如果中和产物的溶解度很小，就在滤料颗粒表面形成不溶性的硬壳，阻止中和反应的继续进行，使中和处理失败。各种酸在中和后形成的盐具有不同的溶解度，其顺序大致为：$Ca(NO_3)_2$、$CaCl_2 > MgSO_4 > CaSO_4 > CaCO_3 > MgCO_3$。

中和处理硝酸、盐酸时，滤料可选用石灰石，大理石或白云石；中和处理碳酸时，含钙或镁的中和剂都不行，不宜采用过滤中和法；中和硫酸时，最好选用含镁的中和滤料，如白云石，但是，白云石的来源少、成本高，反应速度慢，所以，如能正确控制硫酸浓度，使中和产物($CaSO_4$)的生成量不超过其溶解度，则也可以采用石灰石或大理石。

承载碱性滤料，过滤中和处理酸性污水的装置称为中和滤池，中和滤池分为普通中和滤池、升流式膨胀中和滤池和滚筒式中和滤池。

1. 普通中和滤池

普通中和滤池为固定床。滤池按水流方向分为平流式和竖流式两种，竖流式比较多用，分为升流式和降流式两种，结构见图 7-5。

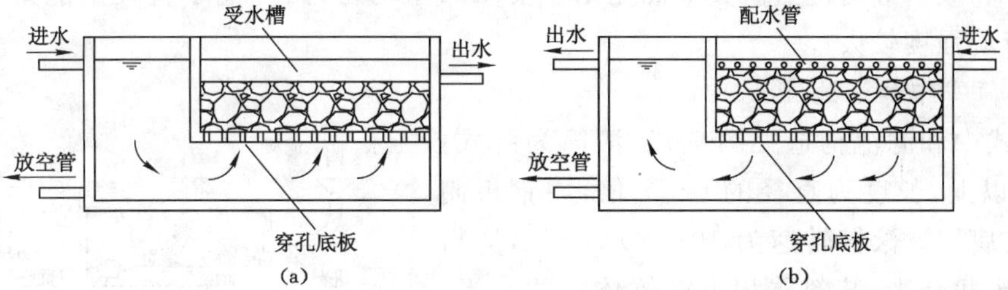

图 7-5　普通中和滤池

(a) 升流式；(b) 降流式

普通中和滤池的滤床厚度一般 1.0～1.5 m，滤料粒径一般 30～50 mm，不得混有粉料杂质。污水中含有可能堵塞滤料的悬浮态杂质时，应进行预处理。过滤速度一般为 1.0～1.5 m/h，接触时间不少于 10 min。

普通中和滤池因过滤速度低，表面易结垢，较易发生堵塞现象。

2. 升流式膨胀中和滤池

升流式膨胀中和滤池结构如图 7-6 所示。污水从滤池的底部以较高的流速进入，流经滤料从池顶流出，过滤过程中滤料处于膨胀状态。进水装置要求均匀布水，多采用大阻力配水系统，在滤池底部装有栅状配管，干管上部和支管下部开有孔眼。

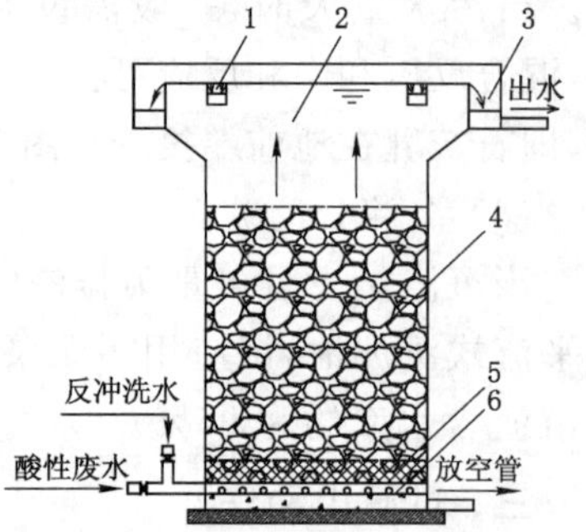

图 7-6　等速升流式膨胀中和滤池

1——中间集水槽；2——清水区；
3——环形集水槽；4——石灰石滤料；
5——卵石垫层；6——大阻力配水系统

升流式膨胀中和滤池的污水自下而上运动，由于升流流速较高，一般 60～70 m/h，使滤料呈悬浮状态，滤层膨胀，类似于流化床，滤料间不断发生碰撞摩擦，滤料表面难以形成沉积物质，生成的 CO_2 气体也容易排出，因而进水含酸浓度可以适当提高，不会使滤床堵塞。此外，由于滤料粒径小，仅为 0.5～3 mm，比表面积大，因而其接触面积也大，使中和效果得到改善。

根据结构不同，升流式膨胀滤池又分为等速升流式膨胀滤池和变速升流式膨胀滤池。污水在圆柱形池体中和滤池的各个水平截面上的滤速保持一致，称为等速升流式膨胀中和滤池，其缺点是小粒径滤料在较高滤速下可能会流失；将等速升流式滤池设计成变截面形式，上部放大，即随着水流上升滤速逐渐减小，称为变速升流式中和滤池，这样既保持了滤池底部较高的流速，使滤层全部都膨胀，维持处理能力不变，而上部滤速减小，又能保持微小滤料不流失。

升流式膨胀滤池的滤料层高度可根据酸性污水浓度、滤料粒径、中和反应时间等条件确定，一般为 1.0～1.2 m，滤池的总高度一般为 3.0～3.5 m。随反应中惰性物质的积累，滤料层的厚度会逐渐增加，当滤料层厚度达到 2.0 m 时应全部更换。为使滤料处于膨胀状态并互相摩擦，滤料颗粒表面不结垢，垢屑能随水流出，防止滤床堵塞，升流式膨胀滤池流速一般采用 60～70 m/h，滤料膨胀率保持在 50%左右，并保持上部清水区高度为 0.5 m 左右。

与普通中和滤池相比，升流式膨胀中和滤池具有滤速高、体积小，可有效缓解滤料表面的堵塞，中和效果好的优点。其缺点是由于要求布水均匀，因此池子直径不能太大，并需定期倒床，劳动强度较大。

3. 滚筒式中和滤池

滚筒式中和滤池构造见图 7-7。滚筒为卧式，直径 1 m 以上，长度为直径的 6～7 倍，用钢板制成，内衬防腐层。滚筒转速为 10～20 r/min，滤料粒径可达十几毫米，装料体积占筒体体积的一半。筒内壁焊数条纵向挡板，带动滤料不断翻滚，使沉淀物外壳难以形成，并加快反应速度。为避免滤料流失，在滚筒出水处设有穿孔滤板。

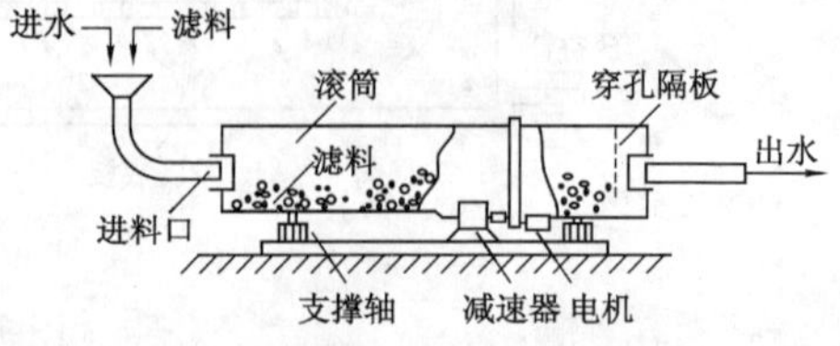

图 7-7　滚筒式中和滤池

滚筒式中和滤池的优点是进水硫酸浓度可超过极限值数倍，滤料不必破碎到很小粒径，但构造复杂，动力费用高，运行时设备噪音较大。

与药剂投加中和法相比较，过滤中和法具有操作方便，出水 pH 值稳定、运行费用低及劳动条件好等优点，缺点是需要定期倒床，劳动强度大，不适合中和浓度高的酸性污水。

第二节 碱性污水的中和处理

碱性污水的处理方法主要有与酸性污水相互中和、药剂中和两种，其中酸碱污水相互中和法前已叙及，本节将着重介绍药剂中和法。

碱性污水的中和药剂有硫酸、盐酸、硝酸、烟道气等，以含氢氧化钠和氢氧化铵碱性污水为例，中和剂采用工业硫酸，其化学反应如下：

$$2NaOH + H_2SO_4 \longrightarrow Na_2SO_4 + 2H_2O$$

$$2NH_4OH + H_2SO_4 \longrightarrow (NH_4)_2SO_4 + 2H_2O$$

如果硫酸盐的浓度足够高，中和产物可考虑回收利用。

烟道气一般含 CO_2 量可达 24%，有的还含有少量的 SO_2 和 H_2S，以含氢氧化钠碱性污水为例，用烟道气中和，其化学反应如下：

$$2NaOH + CO_2 + H_2O \longrightarrow Na_2CO_3 + 2H_2O$$

$$2NaOH + SO_2 + H_2O \longrightarrow Na_2SO_4 + 2H_2O$$

用烟道气中和碱性污水一般在喷淋塔中进行，喷淋中和塔结构见图 7-8。

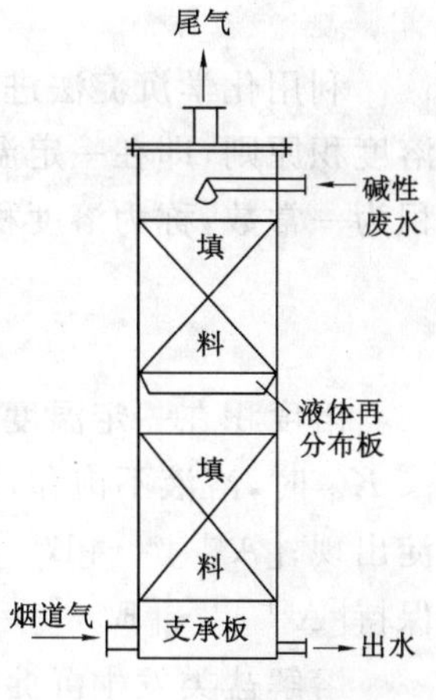

图 7-8 喷淋中和塔

污水从塔顶布水器均匀喷出，烟道气则从塔底鼓入，两者在填料层间进行逆流接触，完成中和过程，使碱性污水和烟道气都得到净化。用烟道气中和碱性污水，出水的 pH 值可由 10～12 降到中性。该方法的优点是以废烟道气治废，节水且可回收烟灰及煤，中和碱性污水的同时实现烟道气湿法水膜除尘，投资省，运行费用低，缺点是出水中的硫化物、耗氧量和色度都会明显增加，还需进一步处理。

习题与思考题

1. 何为中和法？中和法处理的主要对象是什么？

2. 酸性污水的药剂中和处理工艺主要包括哪几个部分？

3. 过滤中和法滤料的选择应考虑哪些因素？

4. 过滤中和设备有哪几种类型？各有何优缺点？

5. 按结构不同，升流式膨胀中和滤池可分为哪几种？各有何特点？

6. 采用过滤中和处理高浓度硫酸污水时为什么不宜采用石灰石滤料？为了得到理想的处理效果应采取哪些措施？

第八章 化学沉淀法

化学沉淀法(Chemical Precipitation)是向水中投加某些化学药剂,使之与水中溶解性物质发生化学反应,生成难溶于水的沉淀物而加以分离去除,使污水得到净化的方法。该法适用于去除污水中的重金属离子(如汞、铅、铜、锌、铬等)、碱土金属(如钙、镁)和某些非金属(如氰、氟、砷等)离子态污染物。

第一节 基本原理

利用化学沉淀法进行污水处理所形成的化合物都是难溶物。难溶盐在水中的溶解服从溶度积原则,即在一定温度下,在含有难溶盐 A_mB_n(固体)的饱和溶液中,各种离子浓度的乘积为一常数,称为溶度积(K_{sp}),亦即溶解平衡常数。

$$K_{sp}(A_mB_n) = [A^{n+}]^m \cdot [B^{m-}]^n \quad (8\text{-}1)$$

溶度积在一定温度下是个常数,它的大小反映了物质的溶解能力。当$[A^{n+}]^m \cdot [B^{m-}]^n < K_{sp}$ 时,溶液不饱和,溶解会继续进行;$[A^{n+}]^m \cdot [B^{m-}]^n = K_{sp}$,溶液达到饱和,但没有沉淀出现;$[A^{n+}]^m \cdot [B^{m-}]^n > K_{sp}$,即过饱和,则会产生沉淀,A^{n+}、B^{m-} 浓度下降,以使系统中保持$[A^{n+}]^m \cdot [B^{m-}]^n = K_{sp}$ 。

溶解盐类发生沉淀的必要条件是其离子的浓度积大于溶度积。因此,化学沉淀法的实质主要是向水中投加某种适当的化学物质,使投入的离子与水中的待去除离子形成溶度积很小的难溶物而沉淀析出。

根据溶度积原理,对于污水中待处理的某金属离子 A^{n+},可向污水中投加具有离子 B^{m-} 的某种化合物,使$[A^{n+}]^m \cdot [B^{m-}]^n > K_{sp}$ 则可使污水中的金属离子 A^{n+} 与 B^{m-} 形成 A_mB_n 沉淀,从而降低污水中 A^{n+} 离子的浓度。通常称具有这种作用的化学物质为沉淀剂,污水处理中一般采用氢氧化物、硫化物和碳酸盐等作为沉淀剂。

难溶盐的溶度积常数可参阅有关的化学手册。表 8-1 为一些常见离子的难溶盐或难溶氢氧化物溶度积简表。

由表 8-1 可知,具有难溶盐或难溶氢氧化物的离子都能用化学沉淀法从污水中去除,如难溶盐 $CaSO_4$ 的溶度积 $K_{sp}(CaSO_4) = 2.45 \times 10^{-5}$ 已经很低,但是 $BaSO_4$ 的溶度积 $K_{sp}(BaSO_4) = 0.87 \times 10^{-10}$ 更低,所以,可以用 $CaSO_4$ 作为沉淀剂,沉淀去除水中 Ba^{2+}。

根据使用沉淀剂的不同,化学沉淀法可分为氢氧化物沉淀法、铁氧体沉淀法、难溶盐沉淀法等,本章将重点介绍前两种方法。

表 8-1　　**溶度积简表**

化合物	溶度积	化合物	溶度积
$Al(OH)_3$	1.1×10^{-15}(18 ℃)	$Fe(OH)_2$	1.64×10^{-14}(18 ℃)
AgBr	4.1×10^{-13}(18 ℃)	$Fe(OH)_3$	1.1×10^{-36}(18 ℃)
AgCl	1.56×10^{-10}(25 ℃)	FeS	3.7×10^{-19}(18 ℃)
Ag_2CO_3	6.15×10^{-12}(25 ℃)	Hg_2Br_2	1.3×10^{-21}(25 ℃)
Ag_2CrO_4	1.2×10^{-12}(18 ℃)	Hg_2Cl_2	2.0×10^{-18}(25 ℃)
AgI	1.5×10^{-16}(25 ℃)	Hg_2I_2	1.2×10^{-28}(25 ℃)
Ag_2S	1.6×10^{-49}(18 ℃)	HgS	$4.0\times10^{-53}\sim2.0\times10^{-49}$(18 ℃)
$BaCO_3$	7.0×10^{-9}(16 ℃)	$MgCO_3$	2.6×10^{-5}(12 ℃)
$BaCrO_4$	1.6×10^{-10}(18 ℃)	MgF	7.1×10^{-9}(18 ℃)
BaF_2	1.7×10^{-6}(18 ℃)	$Mg(OH)_2$	1.2×10^{-11}(18 ℃)
$BaSO_4$	0.87×10^{-10}(18 ℃)	$Mn(OH)_2$	4.0×10^{-14}(18 ℃)
$CaCO_3$	0.99×10^{-8}(15 ℃)	MnS	1.4×10^{-15}(18 ℃)
CaF_2	3.4×10^{-11}(18 ℃)	NiS	1.4×10^{-24}(18 ℃)
$CaSO_4$	2.45×10^{-5}(25 ℃)	$PbCO_3$	3.3×10^{-14}(18 ℃)
CdS	3.6×10^{-29}(18 ℃)	$PbCrO_4$	1.77×10^{-14}(18 ℃)
CoS	3.0×10^{-26}(18 ℃)	PbF_2	3.2×10^{-8}(18 ℃)
CuBr	4.15×10^{-8}(18～20 ℃)	PbI_2	7.47×10^{-9}(15 ℃)
CuCl	1.02×10^{-6}(18～20 ℃)	PbS	3.4×10^{-28}(18 ℃)
CuI	5.06×10^{-12}(18～20 ℃)	$PbSO_4$	1.06×10^{-8}(18 ℃)
CuS	8.5×10^{-45}(18 ℃)	$Zn(OH)_2$	1.8×10^{-14}(18～20 ℃)
Cu_2S	2.5×10^{-48}(16～18 ℃)	ZnS	1.2×10^{-23}(18℃)

第二节　氢氧化物沉淀法

一、氢氧化物沉淀法原理

氢氧化物沉淀法(Hydroxide Precipitation)又称中和沉淀法，当碱加入含重金属的污水时，其中的金属阳离子以氢氧化物或盐的形态沉淀析出．污水中的金属离子很容易生成各种氢氧化物，其中包括氢氧化物沉淀及各种羟基络合物，其生成条件和存在状态与溶液 pH 值有直接关系。

如果金属离子以 M^{n+} 表示，则氢氧化物的溶解平衡为：

$$M(OH)_n \rightleftharpoons M^{n+} + nOH^-$$

其溶度积为：

$$K_{sp}(M(OH)_n) = [M^{n+}]\cdot[OH^-]^n$$

则与氢氧化物沉淀共存的饱和溶液中的金属离子浓度：

$$[M^{n+}] = K_{sp}(M(OH)_n)/[OH^-]^n \tag{8-2}$$

可见，氢氧化物的饱和溶液中，金属离子 M^{n+} 的最大可能浓度取决于溶液的 OH^- 离子浓度，即溶液 pH 值。

1. 金属氢氧化物的溶解平衡

氢氧化物的饱和溶液中存在着水的解离：

$$H_2O \rightleftharpoons H^+ + OH^-$$

水的离子浓度积为：

$$K_W = [H^+] \cdot [OH^-]$$

代入公式(8-2)则有：

$$[M^{n+}] = \frac{K_{sp}(M(OH)_n)}{(K_W/[H^+])^n}$$

上式两边取负对数则：

$$\begin{aligned} \lg[M^{n+}] &= \lg K_{sp}(M(OH)_n) - \{n \cdot \lg K_W - n \cdot \lg[H^+]\} \\ &= -\lg K_{sp}(M(OH)_n) - n \cdot \lg K_W + n \cdot pH \end{aligned} \tag{8-3}$$

对于某特定的金属氢氧化物，在一定条件下，$-\lg K_{sp}(M(OH)_n) + n \cdot \lg K_W$ 是一个常数，所以，式(8-3)为一直线方程，直线的斜率为 n，金属氢氧化物在水中的最大浓度取决于该溶液的 pH 值。由式(8-3)可知，不同金属离子浓度相同时，溶度积 K_{sp} 越小，则开始析出氢氧化物沉淀的 pH 值愈低；相同金属离子，浓度愈大，开始析出沉淀的 pH 值愈低。

根据式(8-3)可确定金属氢氧化物溶液中使金属离子浓度$[M^{n+}]$控制在某一数值以下的 pH 值。根据各种金属氢氧化物的 K_{sp} 值，可计算出某 pH 值时溶液中金属离子的饱和浓度。以 pH 值为横坐标，以 $-\lg[M^{n+}]$为纵坐标，可绘制纯溶液中金属离子的饱和浓度与 pH 值的关系。图 8-1 为几种重金属离子浓度与溶液 pH 值的关系。

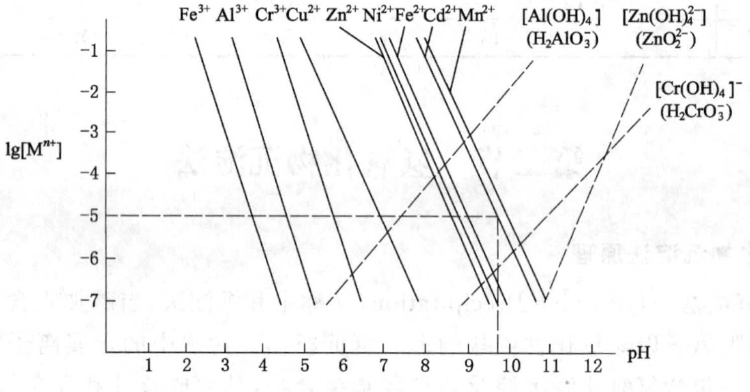

图 8-1 金属离子溶解度与 pH 值的关系

由图 8-1 可知，对于同一价数的金属氢氧化物，它们的斜率相同，该方程表达的直线为平行线。对于不同价态的金属氢氧化物，价数愈高，直线愈陡，它表明 M^{n+} 浓度随 pH 值的变化比价态低的要大。

【例 8-1】 以去除 Cd^{2+} 为例，若$[Cd^{2+}]$= 0.1 mol/L，则由图可查出，使 Cd^{2+} 开始析出的 pH 值为 7.7，若欲使溶液残余$[Cd^{2+}]$降至 10^{-5} mol/L，则沉淀结束时的 pH 值为 9.7。

2. 金属羟基络合物的溶解平衡

大多数金属的氢氧化物在水中的溶度积很小，但有些金属氢氧化物，如 $Zn(OH)_2$、$Al(OH)_3$ 等具有两性，在水中溶解度很小，但既能和酸作用，又能和碱作用，产物是各种可溶性羟基络合物，表现为既能溶于酸又能溶于碱。

以 $Zn(OH)_2$ 为例，在其饱和溶液中有游离的金属离子，还有配位数不同的各种羟基络合物，它们都将参与沉淀—溶解平衡，各种金属羟基络合物在溶液中存在的数量和比例取决于溶液 pH。在 pH 值等于 9 时，Zn(Ⅱ)几乎全部以 $Zn(OH)_2$ 的形式沉淀，但是当 pH> 11 时，生成的 $Zn(OH)_2$ 又能溶解，其羟基络合物的生成反应平衡常数如下：

$Zn^{2+} + OH^- \rightleftharpoons ZnOH^+$　　$K_1 = [ZnOH^+]/([Zn^{2+}][OH^-]) = 5\times10^{-5}$

$ZnOH^+ + OH^- \rightleftharpoons Zn(OH)_2(液)$　　$K_2 = [Zn(OH)_2(液)]/([ZnOH^+][OH^-]) = 2.7\times10^4$

$Zn(OH)_2(液) + OH^- \rightleftharpoons Zn(OH)_3^-$　　$K_3 = [Zn(OH)_3^-]/([Zn(OH)_2(液)][OH^-]) = 1.26\times10^4$

$Zn(OH)_3^- + OH^- \rightleftharpoons Zn(OH)_4^{2-}$　　$K_4 = [Zn(OH)_4^{2-}]/([Zn(OH)_3^-][OH^-]) = 1.82\times10$

由式(8-3)，与 $Zn(OH)_2$(固)呈平衡的各种离子、羟基络合物与 pH 的关系如下：

(1) $Zn(OH)_2(固) \rightleftharpoons Zn^{2+} + 2OH^-$

$K_{sp} = [Zn^{2+}][OH^-]^2 = 7.1\times10^{-8}$

$-\lg[Zn^{2+}] = -\lg K_{sp} + 2\cdot\lg K_W + 2\cdot pH = 2pH - 20.85$

(2) $Zn(OH)_2(固) \rightleftharpoons ZnOH^+ + OH^-$

$K_{s1} = [ZnOH^+][OH^-] = K_{sp}\cdot K_1 = 3.55\times10^{-12}$

$-\lg[ZnOH^+] = -\lg K_{s1} + 1\cdot\lg K_W + 1\cdot pH = pH - 2.55$

(3) $Zn(OH)_2(固) \rightleftharpoons Zn(OH)_2(液)$

$K_{s2} = [Zn(OH)_2(液)] = K_{s1}\cdot K_2 = 9.585\times10^{-8}$

$-\lg[Zn(OH)_2(液)] = -\lg K_{s2} + 0\cdot\lg K_W + 0\cdot pH = 7.02$

(4) $Zn(OH)_2(固) + OH^- \rightleftharpoons Zn(OH)_3^-$ 即 $Zn(OH)_2(固) \rightleftharpoons Zn(OH)_3^- - OH^-$

$K_{s3} = [Zn(OH)_3^-]/[OH^-] = K_{s2}\cdot K_3 = 1.21\times10^{-3}$

$-\lg[Zn(OH)_3^-] = -\lg K_{s3} - 1\cdot\lg K_W - 1\cdot pH = 16.92 - pH$

(5) $Zn(OH)_2(固) + 2OH^- \rightleftharpoons Zn(OH)_4^{2-}$ 即 $Zn(OH)_2(固) \rightleftharpoons Zn(OH)_4^{2-} - 2OH^-$

$K_{s4} = [Zn(OH)_4^{2-}]/[OH^-]^2 = K_{s3}\cdot K_4 = 2.2\times10^{-2}$

$-\lg[Zn(OH)_4^{2-}] = -\lg K_{s4} - 2\cdot\lg K_W - 2\cdot pH = 29.66 - 2pH$

根据以上各式，可以作出 −lg[Zn(Ⅱ)]和溶液 pH 值的关系图，如图 8-2 所示。图中阴影线所围的区域为生成固体 $Zn(OH)_2$ 沉淀的区域。由图可见，当 pH<10.2 时，$Zn(OH)_2$(固)的溶解度随 pH 值升高而减小；当 pH >10.2 以后，$Zn(OH)_2$(固)的溶解度随 pH 值升高而增大。其他可生成两性氢氧化物的金属也具有类似的性质，如 Al^{3+}、Fe^{3+}、Pb^{2+} 等。

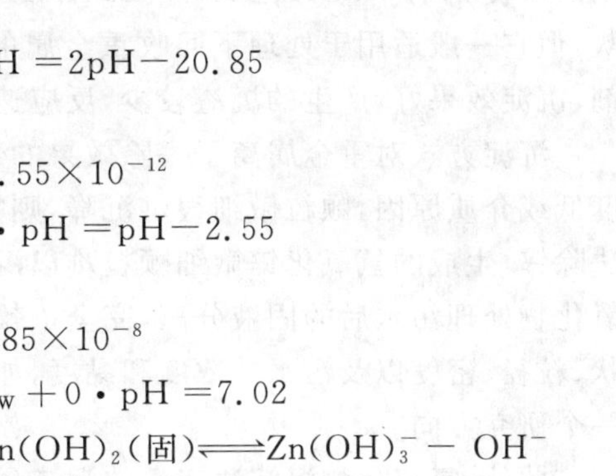

图 8-2　−lg[Zn(Ⅱ)]和溶液 pH 值的关系

二、氢氧化物沉淀法处理效果的影响因素

在处理含重金属离子污水的过程中，影响重金属去除效果的因素主要有 pH 值、沉淀剂种类、沉淀方式等。

pH 值是影响重金属沉淀效果的关键因素之一，有的金属氢氧化物是两性化合物，在高碱条件下出现溶解现象。pH 值控制过低，重金属离子不会完全沉淀析出，pH 值过高，金属氢氧化物就会出现反溶现象，使水溶液中重金属离子含量增高。因此，控制好 pH 值可以使重金属离子最大限度地生成氢氧化物沉淀。可根据溶解区域图给出的沉淀析出最佳 pH 值范围，对实际水样进行试验确定。

常用氢氧化物沉淀析出的最佳 pH 值范围可参考表 8-2。

表 8-2　金属氢氧化物沉淀析出的最佳 pH 值范围

金属离子	Fe^{3+}	Al^{3+}	Cr^{3+}	Cu^{2+}	Zn^{2+}	Sn^{2+}	Ni^{2+}	Pb^{2+}	Cd^{2+}	Fe^{2+}	Mn^{2+}
沉淀最佳 pH	6～12	5.5～8	8～9	>8	9～10	5～8	>9.5	9～9.5	>10.5	5～12	10～14
加碱溶解 pH		>8.5	>9		>10.5			>9.5		>12.5	

在采用氢氧化物沉淀法处理含重金属离子污水时，沉淀剂的选择也是一个重要因素，常用的沉淀剂有 NaOH、$CaCO_3$、$Ca(OH)_2$、CaO 等。氢氧化物沉淀法最经济的沉淀剂是石灰，但它一般适用于处理不回收重金属的低浓度污水。与石灰相比，采用 NaOH 作为沉淀剂，沉淀效果好，产生的沉渣较少，反应速度较快，但是成本较高。

沉淀方式对重金属离子去除效果的影响主要体现在沉降效果方面，有时重金属离子浓度低或介质原因，颗粒微细很难沉降，则需添加絮凝剂使其凝聚沉淀。如采用氢氧化物沉淀法除锌，生成的氢氧化锌微细颗粒难以沉降，可添加阳离子型 PAM、磁种等强化其沉降。氢氧化物处理污水后的固液分离，完全依赖于沉淀的重力作用，其沉降速度取决于沉淀物的形状、粒径、密度以及污水的浓度和黏度，如何改善其絮凝、混凝沉降效果是氢氧化物沉淀法的一个研究方向。

此外，氢氧化物沉淀法产生的泥渣量大、含水率高、脱水困难，若处置不当，极易造成二次污染。目前，处置沉淀泥渣的方法主要有送尾矿库与尾矿混堆、送往废石堆堆存、单独建库或综合利用。常见的综合利用工艺有沉淀泥渣返回处理流程、固化沉淀泥渣（制砖、水泥）、充填和湿法处理以回收有用金属等。

三、氢氧化物沉淀法的应用

氢氧化物沉淀法具有技术成熟、投资少、处理成本低、适应性强、管理方便、自动化程度高等优点，在含重金属污水处理中得到广泛应用。

1. 铜铁矿污水处理

某铜铁矿污水含铜 83.4 mg/L，总铁 1 260 mg/L，二价铁 10 mg/L，pH 值为 2.23，采用氢氧化物沉淀法进行处理，沉淀剂采用石灰乳，其工艺流程如图 8-3 所示。

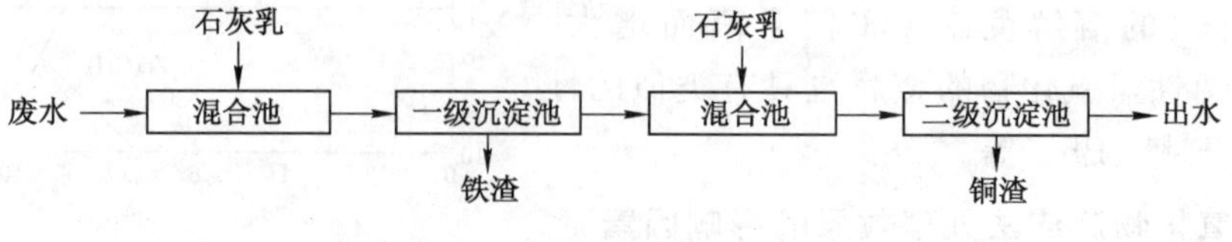

图 8-3　铜铁矿污水处理工艺流程

该工艺采用两级化学沉淀，第一级化学沉淀控制 pH 值为 3.47，以铁的沉淀为主，沉渣含铁 32.84%，含铜 0.148%。第二级化学沉淀控制 pH 值在 7.5～8.5，使铜沉淀，沉渣含铜 3.06%，含铁 1.38%，铁渣、铜渣可回收利用。

2. 碱性锌酸盐镀锌污水处理

碱性锌酸盐镀锌工艺是指以氧化锌为主盐，氢氧化钠为络合剂的镀锌工艺，不使用氰化物，应用比较广泛，主要污染物为 Zn^{2+} 和 OH^-，锌的氢氧化物兼有弱碱性和弱酸性，氢氧化锌不溶于水，但由于呈两性，在强酸或强碱中都能溶解。

图 8-4 所示为碱性锌酸盐镀锌污水处理工艺，在调节池中用硫酸将污水的 pH 值调至 8.5～9.0，污水中的锌很快转化为氢氧化锌白色沉淀，而分离出的氢氧化锌在溶解池遇到氢氧化钠溶液又溶解，可返回到镀槽再利用，实现污染物零排放。

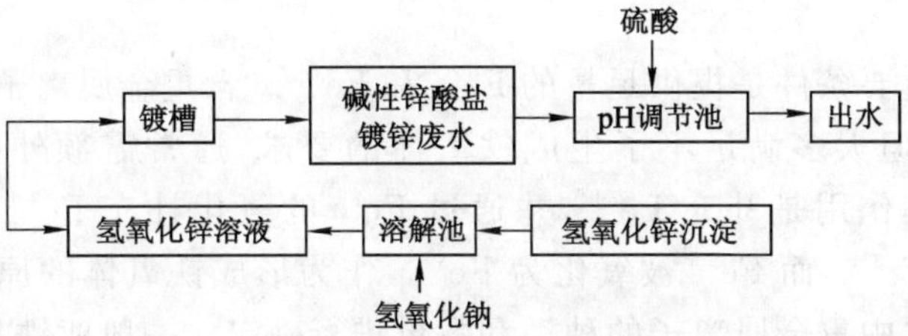

图 8-4　碱性锌酸盐镀锌污水处理工艺流程

第三节　铁氧体沉淀法

一、铁氧体沉淀法原理

铁氧体(Ferrite)是一类具有一定晶体结构的复合氧化物，其化学通式为 M_2FeO_4 或 $MOFe_2O_3$(M 表示其他金属)，具有高导磁率和高电阻率(其电阻比铜大 10^{13}～10^{14} 倍)，是一种重要的磁性介质，其制造过程和机械性能类似陶瓷品，因而也叫磁性瓷。跟陶瓷质一样，铁氧体不溶于水，也不溶于酸、碱、盐溶液。

铁氧体沉淀法(Ferrite Precipitation)是指向污水中投加铁盐，通过控制工艺条件，使污水中的各种金属离子在铁氧体的包裹、夹带作用下进入铁氧体的晶格，形成不溶性的复合铁氧体，然后采用固液分离的手段，一次脱除多种重金属离子，从而使污水得到净化的方法。

铁氧体的晶格类型有多种，最简单又最常见的铁氧体是尖晶石型铁氧体，其化学组成可用通式 $BO \cdot A_2O_3$ 表示，其中 B 代表二价金属，如 Fe、Mg、Zn、Mn 等，A 代表三价金属，如 Fe、Al 等，磁铁矿 $FeO \cdot Fe_2O_3$ 就是一种天然的尖晶石型铁氧体。

尖晶石型铁氧体的制备原料易得，方法成熟，进入晶体晶格中的重金属离子种类多，形成的共沉物化学性质稳定，表面活性大，吸附性能好，粒度均匀，磁性强，所以用铁氧体工艺处理含重金属污水时，多以生成尖晶石结构的铁氧体为主。

按产物生成过程不同，铁氧体工艺可分为中和法和氧化法两种。中和法是先将 Fe^{2+} 和铁盐溶液混合，在一定条件下用碱中和直接形成尖晶石型铁氧体。氧化法是将 Fe^{2+} 和其他可溶性重金属离子溶液混合，在一定条件下(主要是调节 pH)用曝气(或其他方法)部分氧化 Fe^{2+} 而形成尖晶石型铁氧体。

二、铁氧体沉淀法的工艺

铁氧体沉淀法工艺过程包括投加亚铁盐、调整 pH 值、充氧加热、固液分离、沉渣处理等五个环节。铁氧体沉淀法处理重金属污水工艺流程见图 8-5。

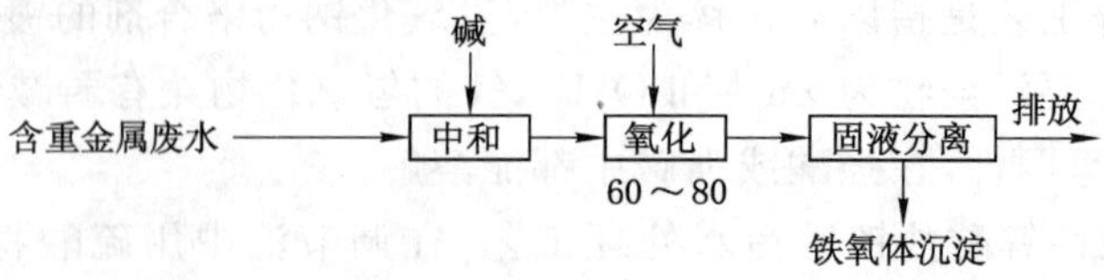

图 8-5　铁氧体沉淀法处理重金属污水工艺流程

1. 配料反应

形成铁氧体的重要条件是提供足量的 Fe^{2+} 和 Fe^{3+}。含重金属离子的污水中，一般或多或少地含有铁离子，但大多满足不了生成铁氧体的要求，通常需额外补加铁离子，如投加 $FeCl_2$ 或 $FeSO_4$ 等，其作用是补充 Fe^{2+}，并通过 Fe^{2+} 的氧化补充 Fe^{3+}，如污水中有 Cr^{6+}，Fe^{2+} 可将其还原成 Cr^{3+}，而 Fe^{2+} 被氧化为 Fe^{3+}，作为形成铁氧体的原料。$FeCl_2$ 或 $FeSO_4$ 的投加量应根据污水中重金属离子的种类和数量进行确定。一般亚铁盐的实际投加量稍大于理论量，约为理论量的 1.15 倍。

2. 加碱共沉淀

大多数含重金属离子的污水呈酸性，投加 $FeSO_4$ 或 $FeCl_2$ 后，由于水解会进一步使 pH 值下降，不利于产生金属氢氧化物沉淀，这时应加碱调节 pH 值至 8～9，在常温及缺氧条件下，金属离子以 $M'(OH)_2$ 及 $M''(OH)_3$ 胶体的形式沉淀出来，如 $Cr(OH)_3$、$Fe(OH)_3$、$Fe(OH)_2$ 和 $Zn(OH)_2$ 等。调整 pH 值一般采用 NaOH 而不采用石灰，因为石灰溶解度小，杂质多，未溶解颗粒和杂质混入沉淀中，会影响铁氧体的质量。

3. 充氧加热，转化沉淀

加热可促使铁氧体生成反应进行、氢氧化物胶体破坏和脱水分解：

$$Fe(OH)_3 = FeOOH + H_2O$$

$$FeOOH + Fe(OH)_2 = FeOOH \cdot Fe(OH)_2$$

$$FeOOH \cdot Fe(OH)_2 + FeOOH = FeO \cdot Fe_2O_3 + 2H_2O$$

污水中其他金属氢氧化物的反应大致相同，二价金属离子占据部分 Fe(Ⅱ)的位置，三价金属离子占据部分 Fe(Ⅲ)的位置，从而使其他金属离子均匀地混杂到铁氧体晶格中去，形成特性各异的铁氧体。

加热时要注意控制温度，温度过高，氧化反应过快，会使 Fe(Ⅱ)不足而 Fe(Ⅲ)过量。一般加热温度控制在 60～80 ℃，时间为 20 min。加热充氧的方式有两种：一种是对全部污水加热充氧，另一种是先对污水充氧，然后将调整好组分配比的氢氧化物沉淀分离出来，再对沉淀物加热。

4. 固液分离

铁氧体沉淀形成后，可进行固液分离回收铁氧体。由于铁氧体的相对密度可达 4.4～5.3，沉淀过滤、离心分离和磁力分离都能获得较好的分离效果。

5. 沉渣处理

根据沉渣的组成、性能及用途不同，处理方式也不同。若污水的成分单纯、浓度稳定，则其沉渣可作为铁氧磁体的原料，此时，沉渣应进行水洗，除去硫酸钠等杂质；如果得到的铁氧体不符合铁氧磁体的要求，也可烧成各种耐蚀瓷器，一时无法回收利用的沉渣可暂时堆放，它不溶于水，不会引起二次污染。

铁氧体沉淀法能一次脱除污水中的多种金属离子，出水水质好，设备简单、操作方便；沉渣量少，且化学性质比较稳定，不易造成二次污染，铁氧体还可作为磁性材料回收利用。但该法存在不能单独回收有用金属，且在形成铁氧体过程中一般需加热，能耗较高，处理后污水盐度高，不能处理含 Hg 和络合物的污水等缺点。

三、铁氧体沉淀法的应用

铁氧体处理重金属污水工艺经历了由单级向多级工艺复合发展；由复杂向简单化、连续化、集成化发展的过程。国内外用该法对多种实际水体进行了处理研究，处理的重金属种类几乎覆盖全部重金属，去除程度因实际水体及工艺操作情况不同变化较大，含单一重金属污水处理后可达到各国污水排放标准，而多种重金属离子共存水体，所确定的工艺参数对各种重金属铁氧体的生成条件不具普遍性，使处理程度有别，个别离子可能达不到污水排放标准。

含铬(Ⅵ)污水处理是铁氧体沉淀法的典型应用，工艺流程如图 8-6 所示。含铬(Ⅵ)污水经调节池进入反应槽，根据铬(Ⅵ)含量投加硫酸亚铁进行氧化还原反应，然后投加氢氧化钠调节 pH 值至 7～9，产生墨绿色氢氧化物沉淀，通蒸气 20 min，控制温度 60～80 ℃，当沉淀呈黑褐色时停止。静置沉淀后上清液回用或排放，沉淀经离心分离洗去钠盐后烘干即为铁氧体。

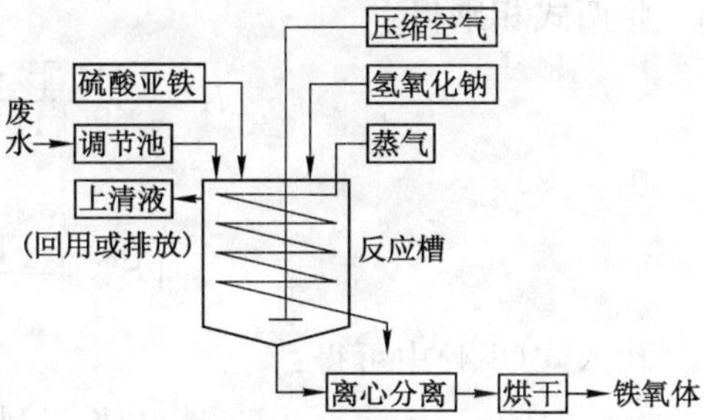

图 8-6　铁氧体沉淀法处理含铬(Ⅵ)污水工艺流程

当污水中有多种金属离子共存时，硫酸亚铁投加量约为单一离子投加量的总和，反应中控制 pH 值为 8～9 生成氢氧化物沉淀，经气浮分离，浮渣进入转化槽，补充一定量硫酸亚铁，加热并通入压缩空气曝气约 10～15 min，控制温度 70～80 ℃，即可得到铁氧体。

实际污水处理中，考虑到其他物质的干扰或排放控制的要求，需对污水进行前后处理，如有机物的氧化加热分解，泥沙柴草的去除等。

目前铁氧体工艺倾向于与其他污水处理工艺相结合，如 GT(Galvanic Treatment)—铁氧体法、电解—铁氧体法、铁氧体　HGMS(High Gradient Magnetic Separation)法、离子交换—铁氧体法、活性炭吸附—铁氧体法等。

第四节　难溶盐沉淀法

难溶盐沉淀法包括硫化物沉淀法(Sulfide Precipitation)、碳酸盐沉淀法(Carbonate Precipitation)、钡盐沉淀法(Barium Salts Precipitation)、卤化物沉淀法(Halide Precipitation)等。

一、硫化物沉淀法

许多金属的硫化物溶度积都很小，一般比其氢氧化物要小得多，采用硫化物作沉淀剂可使污水中的金属得到更完全地去除。常见金属硫化物的溶度积见表 8-1。常用沉淀剂为硫化氢、硫化钠和硫化钾等。

在金属硫化物沉淀的饱和溶液中，有以下离解平衡：

$$MS \rightleftharpoons M^{2+} + S^{2-}$$

由溶度积公式可知：

$$[M^{2+}] = \frac{K_{sp}(MS)}{[S^{2-}]} \tag{8-4}$$

以硫化氢为沉淀剂时，硫化氢在水中分两步离解：

$$H_2S \rightleftharpoons H^+ + HS^-$$

$$HS^- \rightleftharpoons H^+ + S^{2-}$$

其离解常数分别为：

$$K_1 = \frac{[H^+]\cdot[HS^-]}{[H_2S]} = 9.1\times10^{-8}$$

$$K_2 = \frac{[H^+]\cdot[S^{2-}]}{[HS^-]} = 1.2\times10^{-15}$$

将两式相乘得：

$$K = \frac{[H^+]^2\cdot[S^{2-}]}{[H_2S]} = 1.1\times10^{-22}$$

则：

$$[S^{2-}] = \frac{1.1\times10^{-22}[H_2S]}{[H^+]^2}$$

代入式(8-4)中可得：

$$[M^{2+}] = \frac{K_{sp}(MS)}{\dfrac{1.1\times10^{-22}[H_2S]}{[H^+]^2}} = \frac{K_{sp}(MS)\cdot[H^+]^2}{1.1\times10^{-22}[H_2S]} \tag{8-5}$$

在一定条件下，当 H_2S 达到饱和时，金属离子 M^{2+} 的浓度取决于 H^+ 浓度即 pH 值，且随 pH 值增大金属离子 M^{2+} 的浓度降低。所以，通常硫化物沉淀法都是在碱性条件下进行。几种常见金属硫化物溶解度和 pH 值的关系见图 8-7。

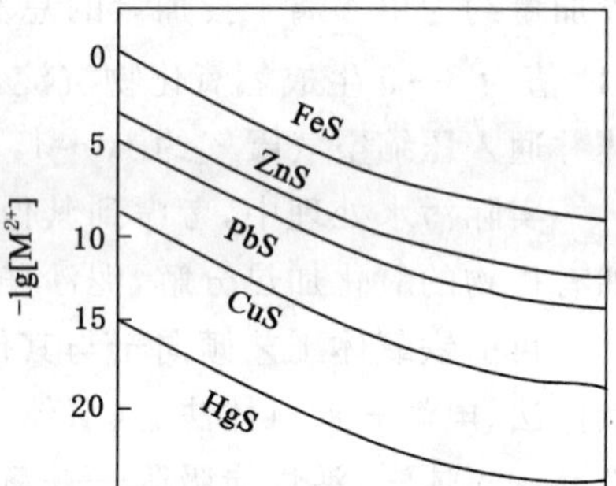

图 8-7　常见金属硫化物溶解度和 pH 值的关系

在一定的 pH 值范围内，硫化物沉淀法是否适用不仅与硫化物的溶度积有关，还与金属离子的价态和浓度有关。如果溶液的 pH 值大于硫化物沉淀平衡 pH 值，金属硫化物将沉淀析出，pH 值低时会生成硫化氢气体，因此控制溶液的 pH 值可以选择性地析出溶度积较小的金属硫化物。

采用硫化物沉淀法处理污水能更完全地去除金属离子，而且硫化物沉渣可直接作为产品出售，可选择性地回收有价金属离子，但硫化物沉淀法的处理费用较高，硫化物固液分离困难，常需投加凝聚剂，因此，该方法采用得并不广泛，有时作为氢氧化物沉淀法的补充方法。

二、碳酸盐沉淀法

许多金属的碳酸盐都难溶于水，所以采用碳酸盐沉淀法将这些金属离子从污水中去除，可去除污水中的碱土金属和重金属离子等，并回收重金属。

根据选用沉淀剂的不同,碳酸盐沉淀法主要有以下三种方法。

① 以难溶的碳酸钙作为沉淀剂,利用沉淀转化原理,使某些金属离子生成溶度积更小的碳酸盐而析出。如:Pb^{2+}、Cd^{2+}、Zn^{2+}、Ni^{2+},反应如下:

$$ZnSO_4 + CaCO_3 \longrightarrow ZnCO_3 \downarrow + CaSO_4$$

② 以可溶性的碳酸钠作为沉淀剂,使水中金属离子生成难溶的碳酸盐沉淀而析出。

$$CaCl_2 + Na_2CO_3 \longrightarrow CaCO_3 \downarrow + 2NaCl$$

③ 投加石灰,与导致水中碳酸盐硬度的 $Ca(HCO_3)_2$ 和 $Mg(HCO_3)_2$ 生成难溶碳酸盐沉淀析出。

$$Ca(HCO_3)_2 + Ca(OH)_2 \longrightarrow 2CaCO_3 \downarrow + 2H_2O$$

【例 8-2】 蓄电池生产过程中产生的含铅(Ⅱ)污水,可投加碳酸钠,控制值 pH 为 6.4～8.7,生成难溶的碳酸铅,经砂滤后,出水总铅可降至 0.2～3.8 mg/L。

三、钡盐沉淀法

钡盐沉淀法主要用于含六价铬的污水处理,采用的沉淀剂有碳酸钡、氯化钡、硝酸钡、氢氧化钡等。

以碳酸钡为例,与污水中的铬酸根进行反应,生成难溶盐铬酸钡沉淀:

$$BaCO_3 + CrO_4^{2-} \rightleftharpoons BaCrO_4 \downarrow + CO_3^{2-}$$

碳酸钡也是一种难溶盐,它的溶度积 $K_{sp}(BaCO_3) = 8.0 \times 10^{-9}$,比铬酸钡的溶度积 $K_{sp}(BaCrO_4) = 2.3 \times 10^{-10}$ 要大,在碳酸钡的饱和溶液中,钡离子的浓度比铬酸钡饱和溶液中的钡离子的浓度约大 6 倍。因此,向含有 CrO_4^{2-} 的水中投加 $BaCO_3$,Ba^{2+} 就会和 CrO_4^{2-} 生成 $BaCrO_4$ 沉淀,从而使 Ba^{2+} 和 CrO_4^{2-} 浓度下降,导致 $BaCO_3$ 溶液不饱和,$BaCO_3$ 固体就会逐渐溶解,这样直到 CrO_4^{2-} 离子完全沉淀。这种由一种沉淀转化为另一种沉淀的过程称为沉淀的转化。

为了提高 CrO_4^{2-} 去除效果,应投加过量的碳酸钡,反应时间应保持 25～30 min。需要注意的是,投加过量的碳酸钡会使出水中含有一定数量的残余钡,回用前可用石膏法去除:

$$CaSO_4 + Ba^{2+} \rightleftharpoons BaSO_4 + Ca^{2+}$$

四、氯化物沉淀法

氯化物的溶解度都很大,唯一例外的就是氯化银($K_{sp} = 1.8 \times 10^{-10}$),氯化物沉淀法可用于处理含银污水并回收污水中的银。

含银污水主要来源于镀银和照相工艺,尤其是镀银槽污水中,Ag^+ 浓度可高达 13 000～45 000 mg/L。对于高浓度含银污水,一般先采用电解法对银进行回收,使污水中 Ag^+ 浓度降低到 100～500 mg/L,再采用氯化物沉淀法进行处理。氯化物沉淀法处理含银污水工艺流程见图 8-8。

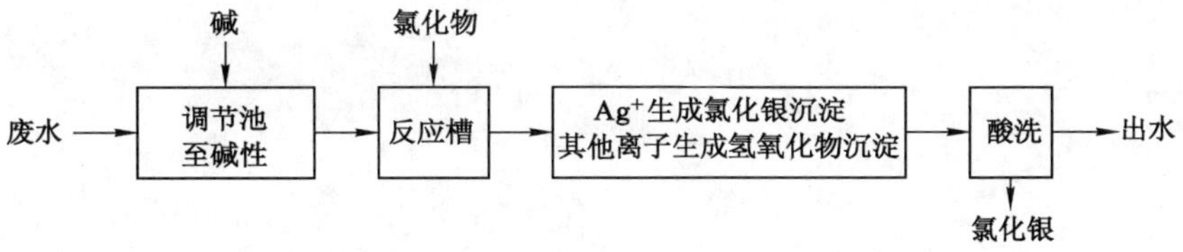

图 8-8 氯化物沉淀法处理含银污水工艺流程

镀银污水中含有 CN^-,可与 Ag^+ 形成$[Ag(CN)_2]^-$,影响处理效果,所以一般先采用氯化法氧化氰,释放出的氯离子再与 Ag^+ 反应生成沉淀。经该工艺处理,污水中 Ag^+ 浓度可以降低至 0.1 mg/L。

习题与思考题

1. 化学沉淀法处理的对象主要是水中什么污染物质?举例说明。
2. 影响氢氧化物沉淀法处理效果的因素有哪些?如何确定合适的 pH 值?
3. 可溶性络离子的生成对化学沉淀法的处理效果有何影响,怎样消除?
4. 试述铁氧体沉淀法处理重金属离子的机理及工艺流程?
5. 化学沉淀法的投药量如何确定?

第九章 氧化还原法

氧化还原法(Oxidation Reduction Method)是将污水中呈溶解状态的无机物和有机物，通过化学反应氧化或还原为微毒、无毒的物质，或转化成容易与水分离的形态，从而使污水得到净化的处理方法。

污水的氧化还原处理法又可分为氧化法和还原法两类。在氧化法中，水中的污染物质作为还原剂，需外加氧化剂，常用氧化剂有空气、臭氧、氯气等，可去除有机污染物(如色、嗅、味、COD)及还原性无机离子(如 CN^-、S^{2-}、Fe^{2+}、Mn^{2+} 等)。在还原法中，水中的污染物质作为氧化剂，需外加还原剂，常用的还原剂有铁屑、锌粉、硫酸亚铁、三氯化铁等，可去除污水中的许多重金属离子(如汞、镉、铜、银、金、六价铬、镍等)。

第一节 基本原理

一、无机物的氧化还原

无机物氧化还原的实质是反应过程中电子的转移。失去电子的元素被氧化，是还原剂；得到电子的元素被还原，是氧化剂。在一个化学反应中，氧化和还原是同时发生的。

氧化剂的氧化能力和还原剂的还原能力是相对的，其相对强弱可以用相应的标准电极电位来初步衡量。物质的标准电极电位 $\varphi^{\ominus}$ 值越大，物质的氧化性越强，$\varphi^{\ominus}$ 值越小，其还原性越强，而且两个电对的电位差越大，氧化还原反应进行得越完全。

标准电极电位 $\varphi^{\ominus}$ 是在标准状况下测定的，但在实际应用中，反应条件与标准状况不同。因此，需了解一般情况下电极电位 φ，才能较为准确地比较物质的氧化还原能力。

对于电极反应：$\mathrm{Ox}(氧化剂)+ne^- \rightleftharpoons \mathrm{Red}(还原剂)$

在绝对温度下(298.15K)，其电极电位的 Nernst 方程为

$$\varphi=\varphi^{\ominus}+\frac{0.059\,16}{n}\lg\frac{[\mathrm{Ox}]}{[\mathrm{Red}]} \tag{9-1}$$

对于任一氧化还原反应：$\mathrm{Ox_1}+\mathrm{Red_2} \rightleftharpoons \mathrm{Ox_2}+\mathrm{Red_1}$

在绝对温度下(298.15 K)，其电池电动势的 Nernst 方程为：

$$E=E^{\ominus}-\frac{0.059\,16}{n}\lg\frac{[\mathrm{Red_1}][\mathrm{Ox_2}]}{[\mathrm{Ox_1}][\mathrm{Red_2}]} \tag{9-2}$$

应用标准电极电位，还可求出氧化还原反应的平衡常数

$$\lg K^{\ominus}=\frac{nE^{\ominus}}{0.059\,16}=\frac{n(\varphi^{\ominus}_{\mathrm{Ox}}-\varphi^{\ominus}_{\mathrm{Red}})}{0.059\,16} \tag{9-3}$$

根据求出的 φ、E、$K^{\ominus}$ 可分别判断氧化剂和还原剂的相对强弱、氧化还原反应进行的方向及程度等。一般在标准状态下，$E^{\ominus}>0$，反应正向进行；$E^{\ominus}<0$，反应逆向进行。在非标

准态下，通常 $E^{\ominus} > +0.3$ V 时反应正向进行，$E^{\ominus} < -0.3$ V 时反应逆向进行，$E^{\ominus} = -0.3 \sim +0.3$ V 时，浓度改变可能引起反应方向的改变。

二、有机物的氧化还原

有机物的氧化还原过程，由于涉及共价键，电子的移动情形很复杂。许多反应并不发生电子的直接转移，只是原子周围的电子云密度发生变化。目前还没有建立电子云密度变化与氧化还原反应的方向和程度之间的定量关系。

一般认为，对于有机物的氧化还原反应，加氧或脱氢的反应称为氧化，加氢或脱氧的反应则称为还原；凡是与强氧化剂作用而使有机物分解成简单的无机物如 CO_2、H_2O 等的反应，可判断为氧化反应。

各类有机物的氧化性强弱差异较大，酚类、醛类、芳胺类和某些有机硫化物（如硫醇、硫醚）等易于氧化；醇类、酸类、酯类、烷基取代的芳烃化合物（如"三苯"）、硝基取代的芳烃化合物（如硝基苯）、不饱和烃类、碳水化合物等在一定条件（强酸、强碱或催化剂）下可以氧化；饱和烃类、卤代烃类、苯、人工合成高分子聚合物等难以氧化。

复杂的有机化合物一般都是逐步分解转化为简单化合物，通常把含碳原子的数目和分子量随着氧化分解逐渐减少的过程称为有机物的氧化降解。其氧化过程和中间产物十分复杂，彻底氧化降解的最终产物是简单的无机物，在通常条件下，有机物的化学氧化并不一定能彻底进行到底。

第二节　化学氧化法

向污水中投加氧化剂，氧化污水中具有还原性的有毒有害物质，使其转变为无毒无害或毒性小的物质的方法称为化学氧化法。

根据氧化剂的不同及氧化机理，污水的氧化处理法可分为空气（氧气）氧化法、氯氧化法、臭氧氧化法以及超临界水氧化法等高级氧化技术。其中空气氧化法多用于含强还原性物质的污水处理，氯氧化法、臭氧氧化法比较常用，而超临界水氧化法是化学氧化法研究的热点。

一、空气（氧气）氧化法

1. 空气（氧气）氧化法的原理

空气是常用的氧化剂。空气氧化法（Air Oxidation）就是把空气鼓入污水中，利用空气中的氧气氧化污水中的污染物。从热力学上分析，电对 O_2/O^{2-} 的半反应式中有 H^+ 或 OH^- 离子参加，因而其氧化还原电位与 pH 值有关。

在 pH=14 的强碱性溶液中，电对 O_2/O^{2-} 的半反应式为：

$$O_2 + 2H_2O + 4e^- \rightleftharpoons 4OH^-$$

标准电极电位为 $\varphi^{\ominus}_{强碱} = 0.401$ V。

在 pH=7 中性和 pH=0 强酸性溶液中，电对 O_2/O^{2-} 的半反应式为

$$O_2 + 4H^+ + 4e^- \rightleftharpoons 2H_2O$$

标准电极电位分别为 $\varphi^{\ominus}_{中} = 0.815$ V，$\varphi^{\ominus}_{强酸} = 1.229$ V。

可见，氧的氧化性随 pH 值的降低而增强。

2. 空气(氧气)氧化法的应用

在常温常压和中性条件下，分子氧为弱氧化剂，故常用来处理易氧化的污染物，如S^{2-}、Fe^{2+}、Mn^{2+}等。pH值降低、提高温度和氧分压，可以增大电极电位，有利于空气氧化的进行。添加合适的催化剂，可以降低反应活化能，有利于空气氧化反应的进行。

空气氧化法目前主要用于含硫(Ⅱ)污水的处理。

硫的标准电极电位如下：

酸性溶液：

$$H_2S \xrightarrow{\varphi^0=0.14\ V} S \xrightarrow{\varphi^0=0.5\ V} S_2O_3^{2-} \xrightarrow{\varphi^0=0.4\ V} H_2SO_3 \xrightarrow{\varphi^0=0.17\ V} H_2SO_4$$

碱性溶液：

$$S^{2-} \xrightarrow{\varphi^0=-0.508\ V} S \xrightarrow{\varphi^0=-0.74\ V} S_2O_3^{2-} \xrightarrow{\varphi^0=-0.58\ V} SO_3^{2-} \xrightarrow{\varphi^0=-0.93\ V} SO_4^{2-}$$

硫(Ⅱ)在酸性溶液中以S^{2-}、HS^-、H_2S的形式存在，各电对具有较弱的氧化能力；在碱性溶液中，硫(Ⅱ)的还原性较强，且不会形成易挥发的硫化氢，利用分子氧氧化效果较好。向含硫(Ⅱ)污水中注入空气和蒸汽(加热)，硫化物转化为无毒的硫代硫酸盐或硫酸盐。其反应如下：

$$2HS^- + 2O_2 \longrightarrow S_2O_3^{2-} + H_2O$$

$$2S^{2-} + 2O_2 + H_2O \longrightarrow S_2O_3^{2-} + 2OH^-$$

$$S_2O_3^{2-} + 2O_2 + 2OH^- \longrightarrow 2SO_4^{2-} + H_2O$$

由上述反应式可计算出，氧化1 kg硫化物为硫代硫酸盐，理论需氧量为1 kg，由于部分硫代硫酸盐(约10%)会进一步氧化为硫酸盐，使需氧量约增加到1.1 kg。实际操作中供气量为理论值的2～3倍。

空气氧化脱硫工艺可在各种密封氧化塔(空塔、筛板塔、填料塔等)中进行。空气氧化脱硫工艺流程见图9-1。

含硫污水经隔油池去除沉渣后，与压缩空气及水蒸气混合，升温至80～90 ℃，进入氧化塔，塔径一般不超过2.5 m，氧化脱硫塔分段运行，每段进口处有喷嘴，使污水、蒸汽、空气和污水在每段内充分混合，促进塔内反应的加速进行。污水在塔内的停留时间为1.5～2.5 h，气水体积比不小于15，脱硫效率可达98.3%。

用O_2进行氧化反应的活化能很高，因而反应速度很慢，使得在常温、常压、无催化剂时，空气氧化法所需反应时间很长，使其应用受到限制。

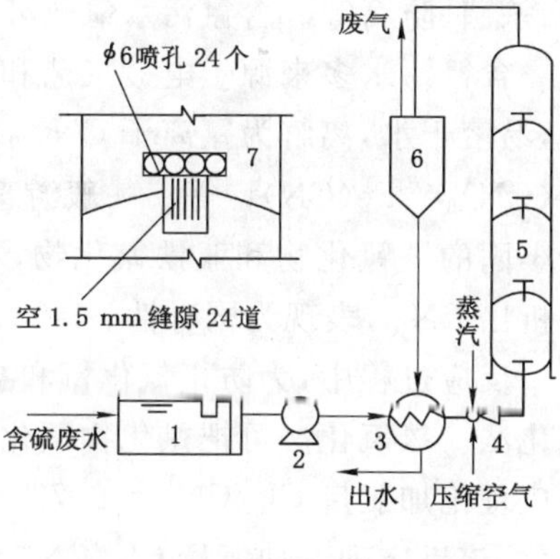

图9-1 空气氧化脱硫工艺流程

1——隔油池；2——水泵；3——换热器；4——射流器；5——氧化脱硫塔；6——分离器；7——脱硫塔喷嘴

二、氯氧化法

1. 氯氧化法的原理

以含氯的氧化剂进行污水的氧化处理称为氯氧化法(Chlorine Oxidation)。常用的含氯药剂有液氯、漂白粉、次氯酸钠、二氧化氯等。其中HClO、ClO^-、Cl_2称为有效氯，也称活性氯。

氯气的化学性质很活泼，溶于水后，发生歧化反应：

$$Cl_2 + H_2O \rightleftharpoons HClO + HCl$$

次氯酸是弱酸，能在水中发生离解：

$$HClO \rightleftharpoons H^+ + ClO^-$$

电离常数为

$$K = [H^+][ClO^-]/[HClO]$$

可得

$$\lg \frac{[ClO^-]}{[HClO]} = \lg K + pH$$

可知，ClO^- 与 HClO 的比例取决于溶液 pH。ClO^- 与 HClO 的比例与 pH 和水温的关系见图 9-2。

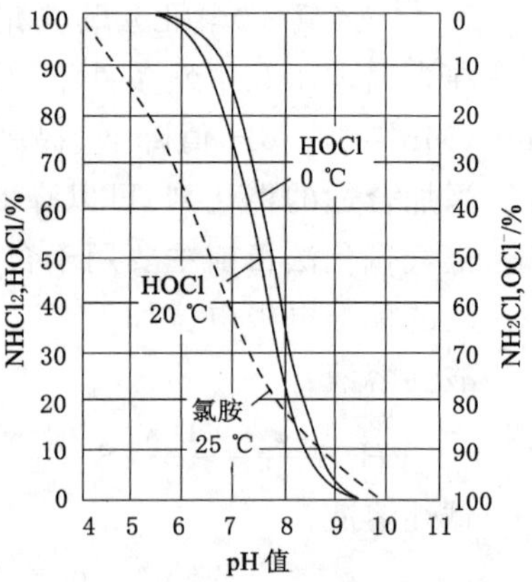

图 9-2　ClO^- 与 HClO 的比例与 pH 和水温的关系

在次氯酸盐溶液中，有效氯主要以 ClO^- 和 HClO 两种形式存在，次氯酸和其盐是强氧化剂。漂白粉的主要成分为 $Ca(ClO)_2$，次氯酸钠（NaClO）俗称漂白水，都是强氧化剂。二氧化氯（ClO_2）是红黄色气体，光照下分解，有强氧化作用，溶于碱溶液而生成次氯酸及氯酸盐，溶于四氯化碳。

次氯酸和次氯酸根离子的标准电极电位如下：

酸性溶液中：$HClO + H^+ + 2e^- \rightleftharpoons Cl^- + H_2O$，$\varphi^\ominus = 1.49$ V

碱性溶液中：$ClO^- + H_2O + 2e^- \rightleftharpoons Cl^- + 2OH^-$，$\varphi^\ominus = 0.9$ V

中性溶液中：$\varphi^\ominus = 1.2$ V

可见，HClO 比 ClO^- 的氧化能力强得多，因此酸性溶液对氯氧化法的进行较为有利。

2. 氯氧化法的应用

在污水处理中氯氧化法主要用于氰化物、硫化物、酚、醇、醛、油类的氧化去除及脱色、脱臭、杀菌、防腐等。含氰污水氧化处理是氯氧化法的典型应用。

含氰污水多来源于电镀工艺和化工生产，污水中含有氰化钠、氰化钾、氰化铵等简单氰盐，易溶于水，离解为氰离子 CN^-，同时可能存在氰的络合离子，如 $Zn(CN)_4^{2-}$、$Ag(CN)_2^-$、$Fe(CN)_6^{4-}$、$Fe(CN)_6^{3-}$ 等。一般游离氰是指 CN^- 而言。氰化物的毒性与氰的形态有关，络合牢固的铁氰化物和亚铁氰化物，不易析出 CN^-，所以表现为低毒性，而氰化钠、氰化钾等易析出 CN^-，表现为剧毒性。

反应过程中，为防止氯化氰和氯逸入空气中，反应常在碱性条件下进行，故常称作碱性氯化法。氯氧化法可把氰化物氧化成两种产物，氧化成氰酸盐时称氰化物的不完全氧化，该反应理论加氯量 $Cl_2/CN^- = 2.73$（重量比）；氧化成氮气和碳酸盐的反应称为氰化物的完全氧化，该反应理论加氯量 $Cl_2/CN^- = 6.83$（重量比）。

在碱性条件下氰化物被氯氧化生成氰酸盐的不完全氧化如下：

$$CN^- + ClO^- + H_2O \longrightarrow CNCl + 2OH^-$$

$$CNCl + 2OH^- \longrightarrow CNO^- + Cl^- + H_2O$$

第一个反应在任意 pH 值条件下均可快速完成，第二个反应则是 pH 值越高反应速度越快，在 pH 值为 10～11 条件下 10～15 min 即可完成。不完全氧化法生成的氰酸盐毒性仅为氰的千分之一，但 CNO^- 易水解生成 NH_3。

完全氧化法是继不完全氧化法后，进一步增加投氯量，氧化 CNO^- 生成 N_2 和 CO_2，消除氰酸盐对环境的污染，反应如下：

$$2CNO^- + 3ClO^- + H_2O = 2HCO_3^- + N_2 + 3Cl^-$$

该反应在 pH 值为 8～8.5 时可在 1 h 内完成，生成的碳酸盐随反应 pH 值不同存在形式也不同，当 pH 值低时，以 CO_2 形式逸入空气中，当 pH 值高时，生成 $CaCO_3$ 沉淀。

完全氧化法处理含氰污水必须在不完全氧化法的基础上才能进行，药剂应分两次投加，以保证有效地破坏氰酸盐，适当的搅拌可加速反应进行。完全氧化法处理含氰污水的氧化剂用量一般为不完全氧化法的 1.1～1.2 倍。

碱性氯化法处理含氰污水，一般情况下可采用一级氧化处理，工艺流程如图 9-3 所示。

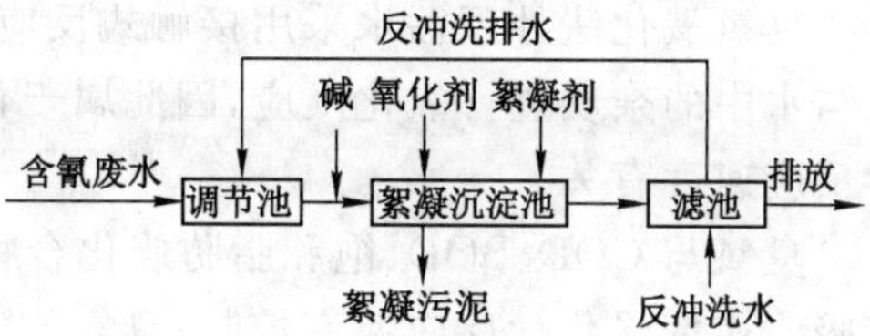

图 9-3　一级氧化处理含氰污水工艺流程

当出水要求较高时，可采用两级氧化处理，工艺流程如图 9-4 所示。

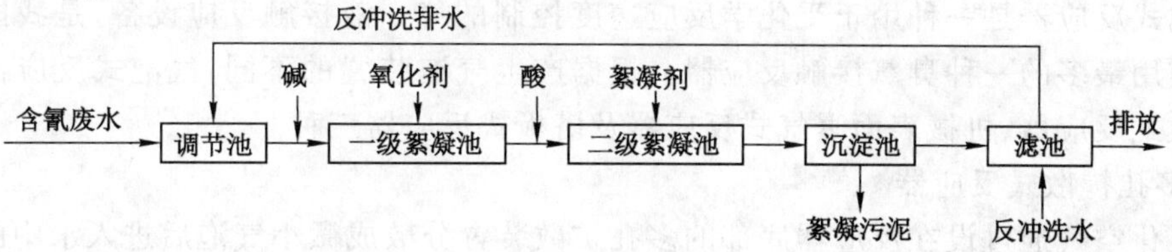

图 9-4　两级氧化处理含氰污水工艺流程

碱性氯化法处理含氰污水，污水中 CN^- 含量不宜大于 50 mg/L，应避免铁、镍离子混入含氰污水处理系统。

氯氧化法是一种成熟的方法，处理含氰污水氰化物可降低到 0.5 mg/L 以下，氰酸盐能进一步水解，生成无毒产物，而且工艺设备简单。但需注意在处理污水过程中，不能破坏亚铁氰络合物和铁氰络合物中的氰化物，也不能使其形成沉淀物而去除。

三、臭氧氧化法

1. 臭氧氧化法的原理

污水臭氧氧化处理法（Ozone Oxidation）是用臭氧做氧化剂对污水进行净化和消毒处理的方法。

臭氧是一种强氧化剂，酸性溶液中，标准电极电位 $\varphi^{\ominus} = 2.07$ V，其氧化能力仅次于氟，碱性溶液中，标准电极电位 $\varphi^{\ominus} = 1.24$ V，略低于氯。在理想的反应条件下，臭氧可把水溶液中大多数单质和化合物氧化到它们的最高氧化态，对酚、氰化物、有机硫化物、不饱和脂肪族及芳香族化合物等有机物有强烈的氧化降解作用，还有极强的消毒杀菌作用。

臭氧性质不稳定，在常温下容易自行分解成为氧气，释放出初生态的氧，并迅速和被氧化的物质发生反应，其反应式如下：

$$2O_3 \longrightarrow 3O_2 + [O] + \Delta H \text{，} \Delta H = 284 \text{ kJ/mol}$$

臭氧在空气中的分解速度与臭氧浓度和温度有关。当臭氧浓度小于 1%时，温度越高，浓度越高，臭氧分解速度越快。臭氧分解时放出大量热量，在空气中的分解速度随温度升高而加快。浓度小于 1%的臭氧，在常温常压下的半衰期为 16 h 左右，所以臭氧不易贮存，需边用边制备。

臭氧在水溶液中的分解速度比在气相中的分解速度快得多，因为它在水溶液中将强烈地受到羟基离子的催化作用，水中臭氧浓度为 3 mg/L 时，在常温常压下，其半衰期仅 5～30 min，一般在碱性条件下分解很快，在酸性条件下比较稳定。

2. 臭氧氧化法的反应设备

臭氧氧化法处理污水采用接触式反应设备。臭氧加入水中后，两相间进行传质，同时臭氧与水中的杂质进行氧化反应，因此属于化学吸收，它不仅和相间的传质速率有关，还和化学反应速度有关。

臭氧与 COD、BOD、饱和脂肪族化合物、合成表面活性剂(ABS)、氨氮等反应速度很慢，其吸收速率受化学反应速率控制；臭氧与酚、氰、亲水性染料、细菌、铁、锰、硫化氢、亚硝酸盐等化学反应速度很快，这时吸收速率受传质速率控制。因此，应根据臭氧处理的对象，选用不同的接触反应设备。

(1) 气泡式臭氧接触反应器

气泡式反应器是一种用于受化学反应速度控制的气—液接触反应设备，是我国目前水处理中应用最多的一种臭氧接触反应器。根据产生气泡装置的不同，气泡式反应器可分为多孔扩散式反应器、机械表面曝气式反应器及塔板式反应器三种。

① 多孔扩散式反应器

臭氧化空气通过设在反应器底部的多孔扩散装置分散成微小气泡后进入水中的接触反应装置称为多孔扩散式反应器。多孔扩散装置有穿孔管、穿孔板和微孔滤板等。根据气和水的流动方向不同又可分为同向流扩散式反应器和异向流扩散式反应器两种。

同向流多孔扩散式反应器见图 9-5(a)。同向流多孔扩散式反应器是最早应用的一种反应器。同向流多孔扩散式反应器结构简单，缺点是底部臭氧浓度大，如果原水杂质的浓度也大，则大部分臭氧会被易于氧化的杂质消耗掉，而上部臭氧浓度小，此处的杂质较难氧化，低浓度的臭氧往往对它无能为力，因此，臭氧利用率较低，一般为 75%。当臭氧用于消毒时，宜采用同向流反应器，这样可使大量臭氧早与细菌接触，以免大部分臭氧氧化其他杂质而影响消毒效果。

异向流多孔扩散式反应器见图 9-5(b)。异向流多孔扩散式反应器水流阻力损失略大，但是传质作用充分，经氧化作用后浓度降低的臭氧是与杂质浓度大的水相接触，臭氧的利用率大大提高，可达 80%以上。我国目前多采用异向流多孔扩散式反应器。

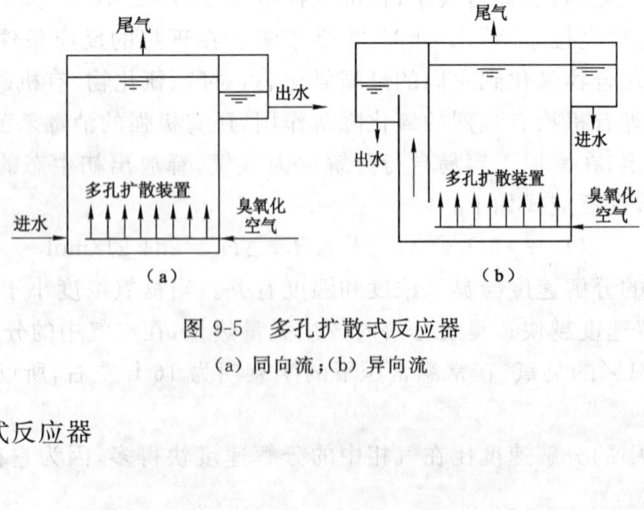

图 9-5　多孔扩散式反应器

(a) 同向流；(b) 异向流

② 表面曝气式反应器

表面曝气式反应器是在反应器内安装曝气叶轮，见图 9-6。臭氧化空气沿液面流动，高速旋转的叶轮在其周围形成水跃，使水剧烈搅动，卷入臭氧化空气，气液界面不断更新，使臭氧溶入水中。这种反应器适用于臭氧投量低的情况，缺点是能耗较大。

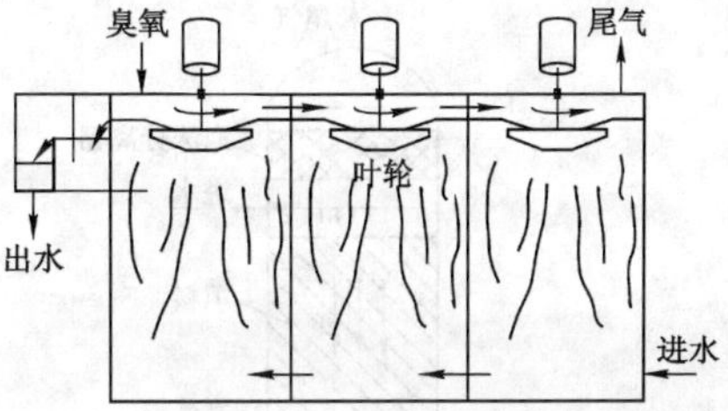

图 9-6 表面曝气式反应器

③ 塔板式反应器

塔板式反应器分为筛板塔和泡罩塔，其结构如图 9-7 所示。

筛板塔[9-7(a)]内设多层塔板，每层塔板上设溢流堰和降液管，水在塔板上翻过溢流堰，经降液管流到下层塔板。筛板塔的塔板上开许多筛孔，上升的气流通过筛孔，被分散成细小的股流，在板上的水层中形成的气泡与水接触后逸出液面，然后再与上层液体接触。板上的溢流堰使板上的水层维持一定深度，将降流管出口淹没在液层中形成水封，防止气流沿降流管上升。筛板塔运行时应维持一定的气流压力，以阻止污水经筛板下漏。

泡罩塔[9-7(b)]内装有多层水平板，板上有若干个供气流通过的升气管，其上各覆盖底缘有齿缝和小槽的泡罩。工作过程中气流经升气管进入泡罩，然后通过泡罩上的缝或孔，分散成细小的气泡进入液层。泡罩塔运行时应控制气流压力，使泡罩形成水封，防止气流从泡罩下沿逸出。泡罩塔不易发生液漏现象，气液负荷变化大时，也能保持稳定的吸收效率，但构造复杂、造价高。

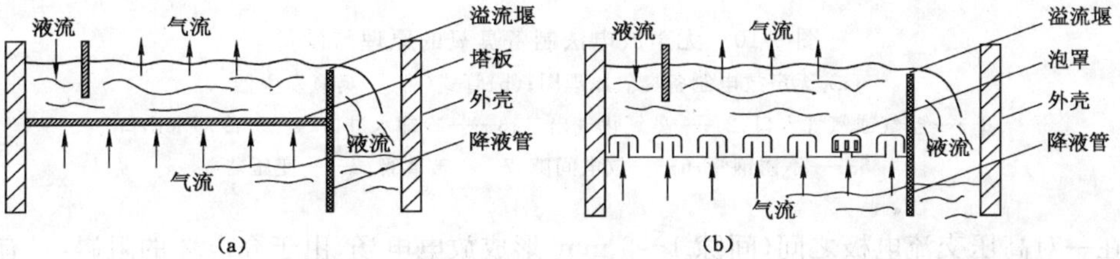

图 9-7 塔板式反应器

(a) 筛板塔；(b) 泡罩塔

(2) 水膜式臭氧接触反应器

填料塔是一种常用的水膜式反应器，结构如图 9-8 所示。填料塔内装拉西环或鞍状填料，污水经配水装置分布到填料上，形成水膜沿填料表面向下流动，上升气流从填料间通过污水逆向接触。水膜式臭氧接触反应器适用范围广，但污水悬浮物高时易堵塞。

(3) 水滴式臭氧接触反应器

喷雾塔是水滴式反应器的一种，结构如图 9-9 所示。喷雾塔中，污水由喷雾头分散成细小水珠，水珠在下落过程中，与上升的臭氧化空气接触，在塔底聚集流出，尾气从塔顶排出。该设备简单，造价低，但对臭氧的吸收能力也低，另外喷头易堵塞，预处理要求高，适用于受传质速率控制的反应。

3. 臭氧的制备

制备臭氧的方法较多，有化学法、电解法、紫外光法、无声放电法等。工业上一般采用无声放电法制取。无声放电法生产臭氧的原理与设置见图 9-10。

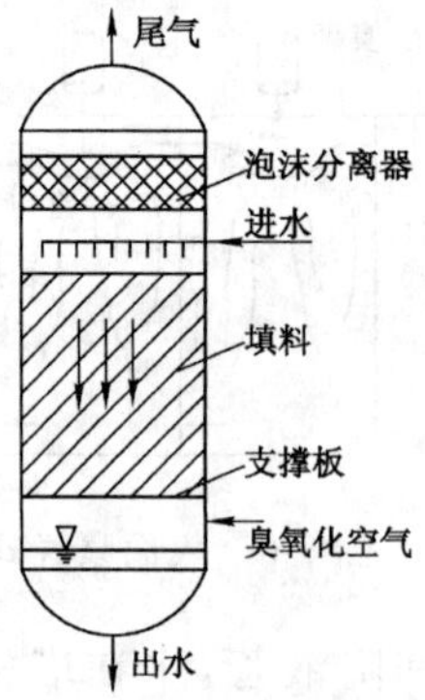

图 9-8 填料塔

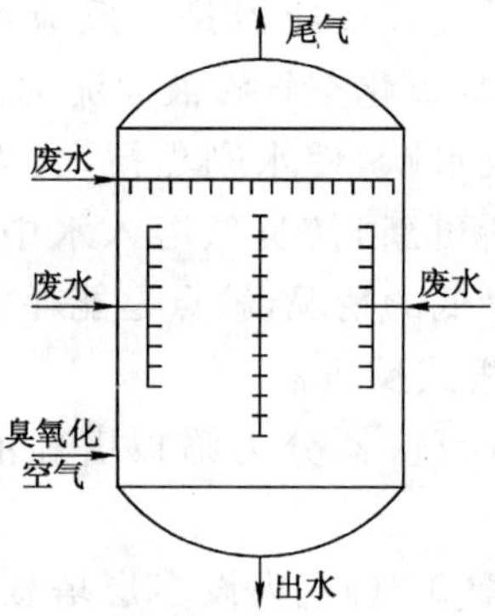

图 9-9 喷雾塔

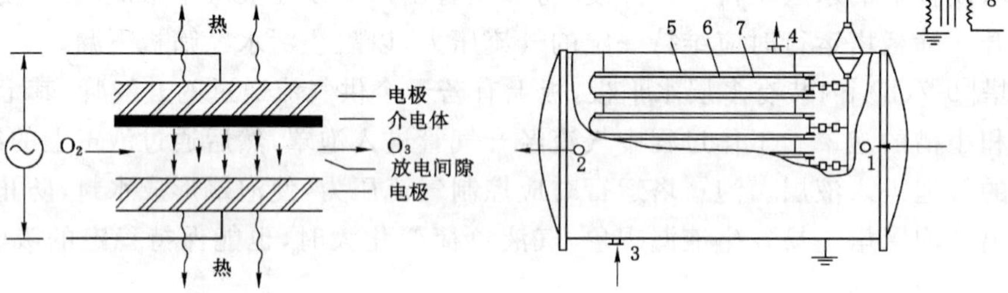

(a) (b)

图 9-10 无声放电法制备臭氧的原理与设备

(a) 无声放电制备臭氧原理图；(b) 管式(卧式)臭氧发生器

1——空气或氧气入口；2——臭氧化气出口；3——冷却水进口；4——冷却水出口；

5——不锈钢管；6——放电间隙；7——玻璃管；8——变压器

在一对高压交流电极之间(间隙 1～3 mm)形成放电电场，由于介电体的阻碍，只有极小的电流通过电场，即在介电体表面的凸点上发生局部放电，因不能形成电弧，故称之为无声放电。当氧气或空气通过此间隙时，在高速电子流的轰击下，部分氧分子转变为臭氧，其反应如下：

$$O_2 + e^- \longrightarrow 2O + e^-$$

$$3O \longrightarrow O_3$$

$$O_2 + O \rightleftharpoons O_3$$

影响臭氧产率的因素很多，主要是原料气中水分与氧气含量、温度、气流速度、施加电压、电流频率及臭氧发生器构造等。工业上用此法制备的臭氧实际上只有 1%～4% 的臭氧化气。

臭氧具有强的氧化能力，除金和铂外，臭氧化空气几乎对所有金属都有腐蚀作用。不含碳的铬铁合金，基本上不受臭氧腐蚀，所以生产中常采用含 25%Cr 的铬铁合金(不锈钢)来制造臭氧发生设备、加注设备及臭氧直接接触的部件。臭氧对非金属材料也有强烈的腐蚀作用，如聚氯乙烯塑料板等，故不能用普通橡胶做密封材料，应采用耐腐蚀能力强的硅橡胶或耐酸橡胶。

4. 臭氧氧化法的应用

臭氧氧化法主要用于工业污水中酚、氰化物、有机硫化物、不饱和脂肪族及芳香族化合物等有机物的氧化去除，以及水的消毒、脱色，铁、锰等金属离子的去除，异味和臭味的去除等。

德国 Ochtrup 处理厂采用臭氧与生化相结合的 Bio Quint 工艺处理纺织污水，纺织污水属重度污染污水，其中含高浓度的 COD 和可吸附性卤代烃(AOX)，该工艺采用臭氧先将非降解性物质裂解，以使它们在后续的生物处理过程中得以降解。其工艺流程见图 9-11。

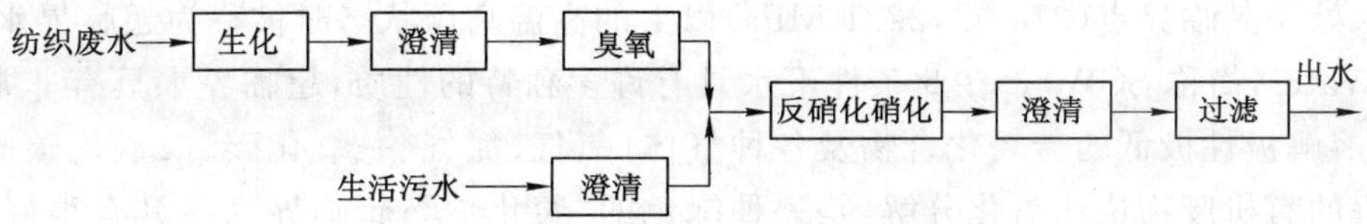

图 9-11　Ochtrup 纺织污水处理工艺流程

纺织污水首先经第一步生化曝气处理后，加入 12 kg/h 的臭氧，处理 12～30 min，其染料值降低 60%～80%，AOX 降低 60%，聚乙烯乙醇的浓度降低了 50%。每 1 kgCOD 消耗 O_3 为 0.127 kg，使此前不能通过生物降解的物质得以部分氧化，为下一步的生化处理提供有利条件，处理效果很好。

表面活性剂因含有各类可湿化或乳化的脂类，在污水处理中，采用生物处理很难将它们降解，且会形成泡沫，最终流入河流中。臭氧可改变表面活性剂的性质，提高其可生化性，德国 WEDECO 公司用臭氧/UV 工艺处理含表面活性剂的污水，污水 COD 浓度约 1 000 mg/L，NIT 浓度 380 mg/L，其工艺流程见图 9-12。

未处理水被加入臭氧处理过的循环水中，循环水用于吸收由氧气产生的臭氧，臭氧与水中成分在反应容器中发生反应，未溶解的氧气经干燥后再用于臭氧生产。带有气和水的氧化过程所需的最小压力为 5×10^5 Pa(绝对压力)，工作温度为 40 ℃。经该工艺处理其 COD 去除率约 47.2%，NIT 去除率约 96.5%，出水的 NIT 浓度低于欧洲标准的 20 mg/L。

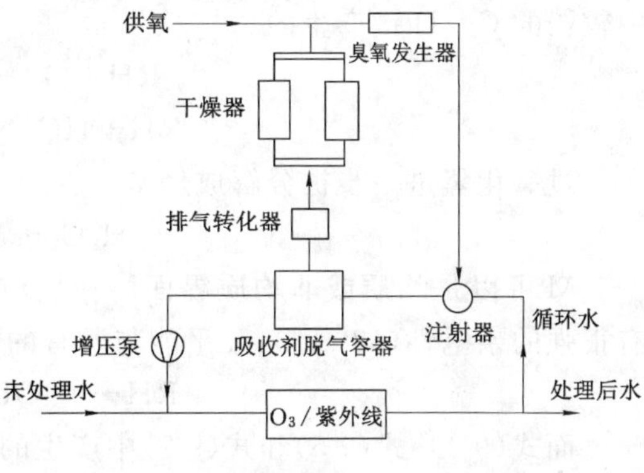

图 9-12　WEDECO—臭氧处理流程

臭氧氧化法的主要优点是能氧化一般氧化剂难以破坏的有机物、反应迅速、流程简单、无二次污染，且兼有消毒作用等，但存在投资高、电耗大、处理成本高等缺点。

四、高级氧化技术

高级氧化技术(Advanced Oxidation Processes，简称 AOPs)是 20 世纪 80 年代开始形成的处理有毒污染物的技术，它是通过反应产生羟基自由基(·OH)，该自由基具有极强的氧化性，通过自由基反应具有氧化性强、操作条件易于控制的优点。

·OH 是最具有活性的氧化剂之一，在高级氧化工艺中起主要作用。·OH 作为氧化反应的中间产物通常由自由基链式反应分解水中的 O_3、光分解 H_2O_2、水合氯、硝酸盐、亚硝酸盐或溶解的水合亚铁离子、Fenton 反应或离子化辐射反应等过程产生。

高级氧化技术具有以下特点：① 强氧化性，·OH 是一种极强的化学氧化剂，它的氧化电位要比普通氧化剂高得多；② 反应速率快，臭氧氧化反应的速率主要是由·OH 的产生速率决定的；③ 提高可生物降解性，减少三卤甲烷(THMs)和溴酸盐的生成。

常见的高级氧化技术主要包括超临界水氧化法、Fenton试剂法、湿式氧化法、催化湿式氧化法、光化学氧化法等。

1. 超临界水氧化法

当水处于其临界点(374 ℃,22.1 MPa)以上的高温高压状态时被称为超临界水(Supercritical Water,简称SCW)。在此条件下水具有许多独特的性质,超临界水具有非常强的极性,可以溶解极性极低的芳烃化合物及各种气体(氧气、氮气、一氧化碳、二氧化碳等),可将不易分解的有机废物快速氧化分解,是一种绿色的"焚化炉";超临界水还具有很好的传质、传热性质,这些特性使得超临界水成为一种优良的反应介质。

超临界水氧化(Supercritical Water Oxidation,简称SCWO)反应是指有机废物和空气、氧气等氧化剂在超临界水中进行氧化反应而将有机废物去除的过程。超临界水氧化反应速率很快(可小于1 min),处理彻底,有机物被完全氧化成二氧化碳、水、氮气以及盐类等无毒的小分子化合物,不形成二次污染,且无机盐可从水中分离出来,处理后的水可完全回收利用。另外,当有机物含量超过2%时,超临界水氧化反应过程可以形成自热而不需额外供给热量。这些特性使超临界水氧化法与生化处理法、湿式空气氧化法、燃烧法等传统的污水处理技术相比具有其独特的优势,对于传统方法难以处理的污水体系,超临界水氧化法已成为一种具有很大潜在优势的环保新技术。

超临界水氧化反应基于自由基反应机理,该机理认为自由基是由氧气进攻有机物分子中较弱的C—H键产生的。

$$RH+O_2 \longrightarrow R\cdot+HO_2\cdot \tag{9-4}$$

$$RH+HO_2\cdot \longrightarrow R\cdot+H_2O_2 \tag{9-5}$$

过氧化氢进一步被分解成烃基:

$$H_2O_2+M \longrightarrow 2\cdot OH \tag{9-6}$$

M可以是均质或非均质界面。在反应条件下,过氧化氢也能热解为·OH。·OH具有很强的亲电性(586 kJ),几乎能与所有的含氢化合物作用。

$$RH+\cdot OH \longrightarrow R\cdot+H_2O \tag{9-7}$$

而式(9-4)、式(9-5)和式(9-7)中产生的自由基(R·)能与氧气作用生成过氧化自由基。后者能进一步获取氢原子生成过氧化物。

$$R\cdot+O_2 \longrightarrow ROO\cdot$$

$$ROO\cdot+RH \longrightarrow ROOH+R\cdot$$

过氧化物通常分解生成分子较小的化合物,这种断裂迅速进行,直至生成甲酸或乙酸,并最终转化为CO_2和水。

不同的氧化剂和氧气或过氧化氢的自由基引发过程是不同的,但一般认为自由基获取氢原子的过程,即式(9-5)或式(9-7)为速度控制步骤。

超临界水氧化反应完全彻底。有机碳转化成CO_2,氢转化成水,卤素原子转化为卤化物的离子,硫和磷分别转化为硫酸盐和磷酸盐,氮转化为硝酸根和亚硝酸根离子或氮气。同时,超临界水氧化在某种程度上与简单的燃烧过程相似,在氧化过程中释放出大量的热,一旦开始,反应可以自己维持,无需外界能量。

超临界水氧化法污水处理工艺流程见图9-13。

用污水泵将污水压入反应器,在此与反应物直接混合而加热,提高温度。然后,用压缩

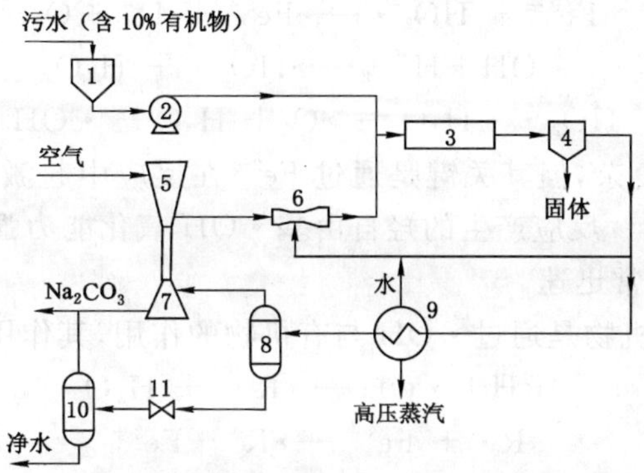

图 9-13　超临界水氧化法污水处理工艺流程

1——污水槽；2——污水泵；3——氧化反应器；4——旋风分离器；5——空气压缩机；6——循环用喷射器；7——膨胀机；8——高压气液分离器；9——蒸汽发生器；10——低压气液分离器；11——减压阀

机将空气增压，通过循环用喷射器将反应物一并带入反应器。有害有机物与氧在超临界水相中迅速反应，有机物完全氧化，氧化释放出的热量足以将反应器内的所有物料加热至超临界状态，在均相条件下，使有机物和氧进行反应。离开反应器的物料进入旋风分离器，在此将反应中生成的无机盐等固体物料从流体相中沉淀析出。离开旋风分离器的物料一部分循环进入反应器，另一部分作为高温高压流体先通过蒸汽发生器，产生高压蒸汽，再通过高压气液分离器，在此大部分 CO_2 气体离开分离器，进入膨胀机，为空气压缩机提供动力。液体物料（主要是水和溶在水中的 CO_2）经减压阀排出，进入低压气液分离器，分离出的气体（主要是 CO_2）排放，液体则为洁净水，进入水槽作为补充水。

利用超临界水氧化技术处理各种污水和高浓度活性污泥已取得成功，国外已有工业化的装置出现。但超临界水氧化苛刻的反应条件以及对金属具有较强的腐蚀性，对设备材质有较高的要求。另外，对某些化学性质稳定的化合物，所需的反应时间还较长，对反应条件要求较高。为此许多研究者将催化剂引入超临界水氧化工艺以加快反应速率，减少反应时间，降低反应温度。目前，对催化超临界水氧化法处理污水的研究是超临界水氧化技术的一个重要发展方向。

2. Fenton 试剂法

1894 年，化学家 Fenton 首次发现有机化合物如羧酸、醇、酯类等在过氧化氢与 Fe^{2+} 组成的混合溶液中能被迅速氧化为无机态，为此将亚铁盐和过氧化氢体系命名为 Fenton 试剂。

Fenton 试剂法的实质是 H_2O_2 在 Fe^{2+} 的催化作用下生成具有高反应活性的羟基自由基，从而引发和传播自由基链反应，加快有机物和还原性物质的氧化，可与大多数有机物作用使其降解，能有效氧化去除传统污水处理技术无法去除的难降解有机物，特别适用于高浓度难降解的工业污水的处理。

（1）普通 Fenton 试剂法

当 pH 值足够低时，在 Fe^{2+} 的催化作用下过氧化氢就会分解产生 · OH 自由基，从而引发一系列链反应：

$$Fe^{2+} + H_2O_2 \longrightarrow Fe^{3+} + OH^- + \cdot OH$$

$$Fe^{3+} + H_2O_2 \longrightarrow Fe^{2+} + H^+ + H_2O \cdot$$

$$Fe^{2+} + \cdot OH \longrightarrow Fe^{3+} + OH^-$$

$$Fe^{3+} + HO_2\cdot \longrightarrow Fe^{2+} + H^+ + O_2$$
$$\cdot OH + H_2O_2 \longrightarrow HO_2\cdot + H_2O$$
$$HO_2\cdot + H_2O_2 \longrightarrow O_2 + H_2O + \cdot OH$$

整个体系反应十分复杂，但其关键是通过 Fe^{2+} 在反应中起激发和传递作用，使链反应持续进行直至 H_2O_2 耗尽。反应产生的羟自由基·OH 氧化能力强，与不同有机物的反应速率常数相差很小，反应异常迅速。

Fenton 试剂处理有机物是通过·OH 与有机物的作用，其作用机理如下：

$$RH + \cdot OH \longrightarrow R\cdot + H_2O$$
$$R\cdot + Fe^{3+} \longrightarrow R^+ + Fe^{2+}$$
$$R^+ + O_2 \longrightarrow ROO^+ \longrightarrow CO_2 + H_2O$$
$$Fe^{2+} + O_2 + 2H^+ \longrightarrow Fe(OH)_2$$
$$4Fe(OH)_2 + O_2 + 2H_2O \longrightarrow 4Fe(OH)_3\text{(胶体)}$$
$$Fe^{3+} + 3OH^- \longrightarrow Fe(OH)_3\text{(胶体)}$$

由反应过程可知，Fenton 试剂在水处理中的作用包括对有机物的氧化和混凝两种。对有机物的氧化是指 Fe^{2+} 与 H_2O_2 作用，生成具有极强氧化能力的羟基自由基·OH 而进行的游离自由基反应；混凝作用是指在反应中生成的 $Fe(OH)_3$ 胶体具有絮凝、吸附功能，也可以通过凝聚作用去除水中的部分有机物。

(2) 类 Fenton 试剂法

Fenton 试剂法设备投资和运行成本低，但存在 H_2O_2 的利用率不高，不能充分矿化有机物等缺点，因此采用引入其他的金属离子或非金属催化剂等方法促进 Fenton 反应，或利用光、声、电等技术引导自由基与有机物反应，提高对有机物的降解效率。由于这些改进技术的基本原理与 Fenton 反应类似，其主要氧化作用均为羟自由基·OH，故将其统称为类 Fenton 试剂法，主要包括微电解—Fenton 法、UV—Fenton 法、电—Fenton 法，US—Fenton 法等，其原理和特点见表 9-1。

表 9-1　　主要类 Fenton 试剂法的机理及特点

方法	作用机理	特点
微电解—Fenton 法	铁屑在酸性条件下，通过原电池效应发生电极反应，形成大量的 Fe^{2+}，与体系中的 H_2O_2 反应生成·OH，降解水中的有机污染物	优点：反应一般利用工业废弃铁屑，成本低廉，运行稳定，适用于高浓度难生化有机污水的预处理
UV—Fenton 法	反应体系在紫外光(UV)的照射下三价铁与水中氢氧根离子的复合离子可以直接产生·OH 并产生二价铁，二价铁可与 H_2O_2 进一步反应生成羟自由基，从而能加速水中有机物的降解速度	优点：有机物矿化程度高； 缺点：光量子效率低，自动产生 H_2O_2 机制不完善，能耗较大，处理费用高； 只适用于中低浓度有机污水的处理
电—Fenton 法	通过电解产生 Fe^{2+} 和 H_2O_2，新生成的 Fe^{2+} 和 H_2O_2 立即作用生成·OH 来降解有机物，并伴随有电氧化、还原及电吸附作用	优点：具有自动产生 H_2O_2 机制，H_2O_2 利用率高，有机物降解因素多，不易产生中间毒害物； 缺点：电流效率较低
US—Fenton 法	超声波(US)对有机物的降解是通过超声辐射产生的空化效应，使 H_2O_2 和溶解在水中的 O_2 发生裂解反应，生成大量的·OH、O、·HOO 等高活性的自由基团，并与 Fenton 发生协同效应，使得羟自由基快速大量产生，加速有机污染物的降解	优点：具有能耗低，无二次污染、不受 pH 值变化影响，无水质要求等； 缺点：能量利用率低，处理效率低，目前尚处于实验室研究阶段

由于 Fenton 试剂氧化法具有反应迅速、温度和压力等反应条件缓和且无二次污染等优点，在工业污水处理中越来越受到国内外的广泛关注和重视。Fenton 法在处理难降解有机污水时，具有一般化学氧化法无法比拟的优点，至今已成功运用于多种工业污水的处理。但 H_2O_2 价格昂贵，单独使用往往成本太高，因而在实际应用中通常是与其他处理方法联用，将其用于污水的预处理或深度处理。

3. 湿式氧化法(WAO)

湿式氧化法(Wet Air Oxidation，简称 WAO)就是在高温和高压条件下，用空气中的氧作为氧化剂，在液相中将有机污染物氧化为易于生化处理的小分子有机物、CO_2 和水等无机物的方法。因氧化过程在液相中进行，故称湿式氧化。与一般方法相比，湿式氧化法具有适用范围广(包括对污染物种类和浓度的适应性)、处理效率高、二次污染低、氧化速度快、装置小、可回收能量和有用物料等优点。

目前的研究认为，湿式氧化反应属于自由基反应，主要包括传质和化学反应两个过程。湿式氧化反应通常可分为三个阶段：① 链的引发：由反应物分子生成自由基，氧通过热反应产生 H_2O_2；② 链的发展与传递：自由基和分子的相互作用，反应交替进行使自由基数量增加；③ 链的终止：自由基之间互相碰撞生成稳定分子，则链的增长过程中断。

湿式氧化法作为一种有效的处理高浓度有毒、有害有机污水的水处理技术，已被广泛地应用于造纸黑液、含氰污水、电镀污水、农药污水等难降解有机污水的处理上。常见的工业化规模的湿式氧化工艺流程如图 9-14 所示。

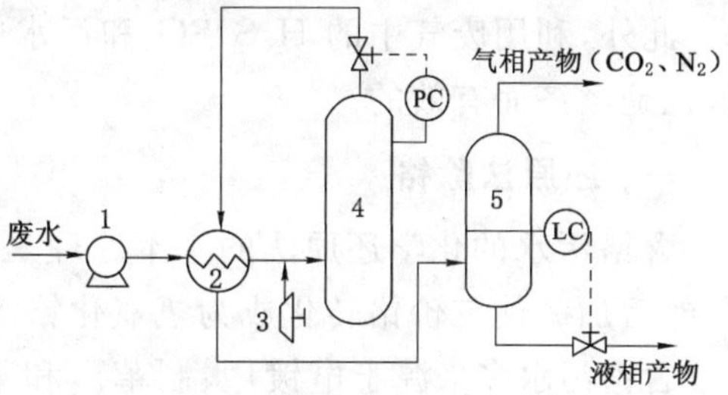

图 9-14　湿式氧化基本工艺流程

1——高压泵；2——热交换器；3——空气压缩机；4——反应器；5——气液分离器

待处理的污水首先经高压泵增压后，在热交换器内被加热到反应所需温度，然后进入反应器；同时空气或纯氧经空气压缩机压入反应器。在反应器内，污水中可氧化的污染物质被氧气氧化，反应产物排出后先进入热交换器，被冷却的同时加热了原水，然后反应产物进入气液分离器，经分离后的气相(主要为 CO_2、N_2 和少量未反应的低分子有机物)和液相分别排出。

湿式氧化的典型运行条件为：反应温度 200～326 ℃、反应压力 5～17.5 MPa，停留时间 35～180 min，一般为 60 min，进水 COD_{Cr} 的范围 10～80 kg/m^3。一般湿式氧化 COD_{Cr} 去除率不超过 95%，处理后的出水不能直接排放，大多数的湿式氧化系统都和生化处理系统联合运行。

湿式氧化工艺处理的有机物范围广、效果好，反应时间短、反应器容积小，几乎没有二次污染，可回收有用物质和能量。但其反应需较高的温度和压力，对设备要求高，一次性投资比较大。

20 世纪 70 年代以后发展起来的催化湿式氧化技术(Catalytic Wet Air Oxidation，简称 CWAO)，是在传统的湿式氧化技术处理工艺中，加入适当的催化剂以降低反应的温度和压力，提高氧化降解能力，缩短反应时间，降低成本。高效稳定的湿式氧化催化剂的研究是湿式氧化技术的一个研究热点。

高级氧化工艺能对污水中的难生物降解以及不能生物降解的有毒有害污染物发挥显著的处理功效，成为近年来水处理方面的研究热点。但这些工艺的处理成本尚较昂贵，目前还主要应用于某些特殊污水的处理。

第三节 化学还原法

向污水中投加还原剂，使污水中的有毒有害物质转变为无毒无害的或毒性较小的物质的方法称为化学还原法。

化学还原法的主要处理对象是污水中某些毒性很大的高价态金属离子，如 Hg^{2+}、Cu^{2+}、Ag^{+}、Cr^{6+} 等，可采用化学还原法将其还原为低价态后分离除去，减轻污染危害，还可能实现有用物质的回收再用。如污水中 Cr^{6+} 毒性很大，可用还原的方法还原成毒性较小的 Cr^{3+}，再控制反应条件使其生成 $Cr(OH)_3$ 沉淀而去除。污水中的某些难生物降解的有机化合物，如硝基苯，具有较大的毒性，并对微生物有抑制作用，且难以被氧化，但在适当的条件下，可以被还原成另一种化合物，如苯胺，进而改善了可生物降解性能。

常用的还原剂有以下几类：

① 电极电位较低的金属，如铁屑、锌粉等。反应后 $Fe \longrightarrow Fe^{2+}$，$Zn \longrightarrow Zn^{2+}$。

② 某些带负电的离子，如 BH_4^-、SO_3^{2-}，反应后 $BH_4^- \longrightarrow BO_2^-$，$SO_3^{2-} \longrightarrow SO_4^{2-}$。

③ 某些带正电的离子，如 $FeSO_4$ 或 $FeCl_2$ 中的 Fe^{2+}，反应后 $Fe^{2+} \longrightarrow Fe^{3+}$。

此外，利用废气中的 H_2S、SO_2 和污水中的氰化物等低价态元素的还原能力进行还原处理，也是经济而有效的。

一、还原法除铬

含铬污水的化学还原法的基本原理是在酸性条件下，利用还原剂将六价铬还原成三价铬，然后加碱使三价铬转化成为氢氧化铬沉淀而去除。

含铬污水多来源于电镀厂、制革厂和某些化工厂。电镀污水中的六价铬主要以铬酸根 CrO_4^{2-} 和重铬酸根 $Cr_2O_7^{2-}$ 两种形式存在，酸性条件下，六价铬主要以 $Cr_2O_7^{2-}$ 形式存在，碱性条件下，六价铬主要以 CrO_4^{2-} 形式存在。随着污水 pH 值的不同，两种形式之间存在着转换平衡：

$$2CrO_4^{2-} + 2H^+ \rightleftharpoons Cr_2O_7^{2-} + H_2O$$

$$Cr_2O_7^{2-} + OH^- \rightleftharpoons 2CrO_4^{2-} + 2H_2O$$

在酸性条件下，六价铬的还原反应进行得很快，一般控制 $pH<3$。常用的还原剂有亚硫酸钠、亚硫酸氢钠、焦亚硫酸钠、硫代硫酸钠、硫酸亚铁、二氧化硫、水合肼、铁屑、铁粉等。

1. 铁屑还原除铬

Fe^{2+} 还原六价铬反应式为：

$$Cr_2O_7^{2-} + 6Fe^{2+} + 14H^+ \longrightarrow 2Cr^{3+} + 6Fe^{3+} + 7H_2O$$

$$CrO_4^{2-} + 3Fe^{2+} + 8H^+ \longrightarrow Cr^{3+} + 3Fe^{3+} + 4H_2O$$

$$Cr^{3+} + 3OH^- \longrightarrow Cr(OH)_3 \downarrow$$

$$Fe^{3+} + 3OH^- \longrightarrow Fe(OH)_3 \downarrow$$

含铬污水还原处理工艺流程是：含铬的酸性污水（控制进水 pH＝4～5）进入充填铁屑的滤柱，铁放出电子，产生 Fe^{2+}，将 Cr^{6+} 还原为 Cr^{3+}，随着反应的不断进行，H^+ 大量消耗，OH^- 浓度增高，当其达到一定浓度时，与 Cr^{3+} 反应生成 $Cr(OH)_3$ 沉淀，少量 Fe^{3+} 生成具有凝聚作用的 $Fe(OH)_3$ 沉淀，将 $Cr(OH)_3$ 吸附凝聚在一起，并截留在铁屑孔隙中。

2. 亚硫酸盐—氢氧化钠还原除铬

亚硫酸钠和亚硫酸氢钠是常用的还原剂，也可用焦亚硫酸钠。焦亚硫酸钠溶于水后，可水解为亚硫酸氢钠，反应如下：

$$Na_2S_2O_5 + H_2O \longrightarrow 2NaHSO_3$$

采用亚硫酸盐一氢氧化钠还原除铬过程中，污水中的 $Cr_2O_7^{2-}$ 先在酸性条件下与还原剂反应：

$$H_2Cr_2O_7 + 3Na_2SO_3 + 3H_2SO_4 \longrightarrow Cr_2(SO_4)_3 + 3Na_2SO_4 + 4H_2O$$

$$2H_2Cr_2O_7 + 6NaHSO_3 + 3H_2SO_4 \longrightarrow 2Cr_2(SO_4)_3 + 3Na_2SO_4 + 8H_2O$$

在 pH＝3～4 时，该反应进行完全，药剂用量省，Cr^{6+} ：S＝1：1.3～1.5；在 pH＝6 时，反应不完全，药剂投加量较大，Cr^{6+} ：S＝1：2～3；当 pH＞7 时，反应不能进行。

还原后的 Cr^{3+} 可与氢氧化钠生反应成 $Cr(OH)_3$，在 pH＝7～9 的碱性条件下溶解度最小，沉淀析出：

$$Cr_2(SO_4)_3 + 6NaOH \longrightarrow 2Cr(OH)_3 \downarrow + 3Na_2SO_4$$

某工程采用亚硫酸氢钠还原法处理电镀含铬污水的工艺流程见图 9-15，污水是由电镀车间在镀铬、钝化、光化、退镀等工艺中产生的漂洗污水和地面冲洗水混合而成，污水量 20～30 m^3/d，主要污染物为六价铬和其他重金属，六价铬的质量浓度为 10～30 mg/L，pH 值 6～7。

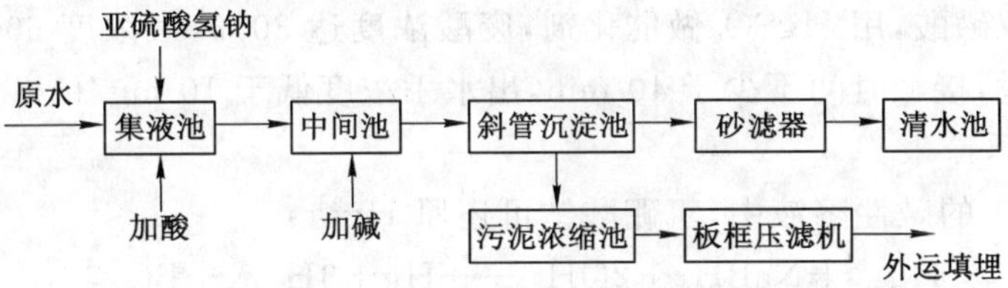

图 9-15　电镀含铬污水处理工艺流程

该工艺在集液池加酸将污水 pH 值调节到 3～4，可使六价铬转化为三价铬，然后在中间池加碱将污水 pH 值调节到 8～9，处理效果稳定，出水中的六价铬浓度低于 0.2 mg/L。

亚硫酸盐—氢氧化钠还原除铬生成的 $Cr(OH)_3$ 纯度较高，可以综合利用，也可用石灰进行中和沉淀，费用较低，但操作不便，工序复杂，反应速度慢，生成的污泥量大，且难于利用。

3. 硫酸亚铁还原除铬

硫酸亚铁还原法处理含铬污水是一种成熟的方法，主要是 Fe^{2+} 起到还原作用。在酸性条件下（pH＝2～3）污水中 Cr^{6+} 以 $Cr_2O_7^{2-}$ 形式存在，其还原反应为：

$$H_2Cr_2O_7 + 6FeSO_4 + 6H_2SO_4 \longrightarrow Cr_2(SO_4)_3 + 3Fe_2(SO_4)_3 + 7H_2O$$

然后需加碱中和，产物是 $Cr(OH)_3$ 和 $Fe(OH)_3$ 的混合沉淀。

采用硫酸亚铁—石灰流程除铬适用于含铬浓度变化大的场合，当 $FeSO_4$ 投量较高时，可不加硫酸，因 $FeSO_4$ 水解呈酸性，能降低溶液的 pH 值，也可降低第二步反应的加碱量，但该工艺泥渣量大，出水色度较高。采用此法处理，理论药剂用量为 Cr^{6+} ：$FeSO_4 \cdot 7H_2O$＝1：16。当污水中 Cr^{6+} 浓度大于 100 mg/L 时，可按理论值投药，小于 100 mg/L 时，投药量要增加。石灰投量可按 pH＝7.5～8.5 计算。

硫酸亚铁还原法除铬药剂来源广泛，除铬效果也较好，费用低，但产生的沉淀是 Cr^{3+} 和

Fe^{3+}的氢氧化物混合污泥,且污泥量大。

二、还原法除汞

氯碱、炸药、制药、仪表等工业污水中常含有剧毒的 Hg^{2+},可采用化学还原法进行处理,将 Hg^{2+} 还原为 Hg,加以分离和回收。采用的还原剂为比汞活泼的金属(如铁屑、锌粒、铜粉、钢屑)以及硼氢化钠和醛类等。

污水中的有机汞应先氧化为无机汞再进行还原处理。

1. 金属还原除汞

金属还原除汞通常在充填金属的滤柱内进行,反应速度与接触面积、温度、pH 值、金属纯净度等因素有关。金属还原除汞通常需要先将金属表面污物去掉,破碎成 2～4 mm 的碎屑,处理过程中控制反应温度 20～80 ℃,避免温度过高导致汞蒸气逸出。

用铁屑做还原剂时,控制 pH＝6～9 耗铁量最低,pH＜6 时铁屑会因溶解而耗量增大。用工业铁粉去除酸性污水中的 Hg^{2+},在 50～60 ℃,反应时间 1～1.5 h,经过滤分离,汞去除率可达 90%以上。

用锌粒做还原剂时,最佳 pH 值为 9～11,反应后游离出的汞与锌结合成锌汞齐,通过干馏,可回收汞。

用铜屑做还原剂时,pH 值为 1～10 均可,一般应用在污水含酸浓度较大的情况。如蒽醌磺化法制蒽醌双磺酸,用 $HgSO_4$ 做催化剂,废酸浓度达 30%,汞浓度 600～700 mg/L,采用铜屑过滤法除汞,接触时间不少于 40 min,出水汞浓度低于 10 mg/L。

2. 非金属还原除汞

在 pH＝9～11 的碱性溶液中,氢硼酸钠可还原 Hg^{2+}:

$$Hg^{2+} + NaBH_4 + 2OH^- \longrightarrow Hg + 3H_2\uparrow + BO_2^-$$

反应生成的汞粒(粒径约 10 μm)送水力旋流器分离,分离出的汞渣真空蒸馏,回收率 80%～90%。残留于溢流水中的汞,用孔径为 5 μm 的过滤器过滤,出水残留汞低于 0.01 mg/L。排出气体中的汞蒸气用稀硝酸洗涤,返回原污水进行二次回收。采用氢硼酸钠还原法,1 kg 氢硼酸钠可回收 2 kg Hg。

习题与思考题

1. 何为污水的氧化还原法,其处理的主要对象是什么?
2. 简述碱性氯化法处理含氰污水的基本原理、工艺流程和反应条件。
3. 臭氧氧化法的反应设备有哪几种,各自具有怎样的特点,适用情况怎样?
4. 什么是高级氧化技术,有何特点?
5. 简述超临界水氧化法、Fenton 法及湿式氧化法的原理、特点及适用范围。
6. 六价铬的处理方法有哪几种?试述各自的原理、工艺过程和处理效果?
7. 金属还原法的影响因素有哪些?如何提高处理效率?
8. 举例说明污水中汞、氰、酚的处理方法。

第四篇

污水的物理化学处理

污水的物理化学处理法是运用物理和化学的综合作用使污水得到净化的方法，主要处理对象是污水中无机或有机（特别是难生物降解的）的溶解态以及胶体态污染物质，可在净化污水的同时实现对有用物质的回收。

常用的物理化学处理方法有吸附、离子交换、膜分离、吹脱、汽提、萃取、电化学法等。

第十章 吸 附 法

吸附(Adsorption)法是指利用多孔固体物质的表面吸附特性,分离去除水中的污染物,使污水得到净化的处理方法。具有吸附能力的多孔性固体物质称为吸附剂(Adsorbate),而被吸附的物质称为吸附质(Adsorbent)。

第一节 吸附原理

一、吸附原理

吸附是溶液中的一种物质向另一种物质表面富集的过程。吸附是一种界面现象,它与物质表面张力和表面能有关,固体表面的分子或原子因受力不均衡而产生表面张力,具有剩余的表面能,当某些物质碰撞固体表面时,受到这些不平衡力的吸引而停留在固体表面上,从而降低固体颗粒表面的自由能。

吸附符合热力学第二定律,在定温条件下,本体溶液浓度 c 和表面张力 σ 、吸附量 Γ 之间的关系可用吉布斯(Gibbs)方程式来表示:

$$\Gamma=-\frac{c}{RT}\cdot\frac{\mathrm{d}\sigma}{\mathrm{d}c} \tag{10-1}$$

由式(10-1)可知,若某溶质能降低溶液的表面张力,则 $\mathrm{d}\sigma/\mathrm{d}c<0$,$\Gamma$ 为正值,产生正吸附;若某溶质能增加溶液的界面张力,则 $\mathrm{d}\sigma/\mathrm{d}c>0$,$\Gamma$ 为负值,产生负吸附,也称为解吸;若 $\mathrm{d}\sigma/\mathrm{d}c=0$,$\Gamma=0$,则无吸附作用。

二、吸附类型

根据吸附剂与吸附质之间的主要作用力不同,吸附可分为物理吸附(Physical Adsorption)、化学吸附(Chemical Adsorption)和离子交换吸附(Ion Exchange Adsorption)三种类型。

1. 物理吸附

物理吸附是由吸附剂和吸附质之间分子间引力(范德瓦耳斯力)的作用而产生的吸附过程。物理吸附没有特定的选择性,同一种吸附剂可以吸附多种吸附质,但因物质分子量的不同所导致分子间力的不同,分子引力随吸附质分子量的增大而增大,吸附可以是单分子层吸附,也可以是多分子层吸附。物理吸附的吸附热较小,一般约 42 kJ/mol 或更少,因而可在低温下进行。被吸附的物质由于分子的热运动会脱离吸附剂表面,该现象称为解吸或脱附。物理吸附解吸容易,是可逆吸附。影响物理吸附的主要因素是吸附剂的比表面积和细孔分布。

2. 化学吸附

化学吸附是由吸附剂和吸附质间化学键力的作用而产生的吸附过程。化学吸附具有选择性,即一种吸附剂只对一种或特定的几种物质发生吸附作用,只能形成单分子层吸附。化学吸附发生化学反应，需要一定的活化能，吸附后吸附质的性质改变；吸附热较大，约 84～420 kJ/mol；在低温时，吸附速度较小，因此化学吸附常在较高温度下进行。化学吸附牢固，解吸困难，当化学键力大时，化学吸附是不可逆吸附。影响化学吸附的主要因素是吸附剂的表面化学性质、吸附质的化学性质、吸附的温度条件等。

3. 离子交换吸附

离子交换吸附是指吸附质的离子由于静电引力作用，与吸附剂表面的可交换离子发生交换的吸附过程。只有污水中呈离子状态的物质才能发生离子交换，离子吸附伴随着等当量的离子交换。离子交换吸附具有选择性，反应可逆，可以解吸。影响离子交换吸附的主要因素是离子的电荷数及其水合半径的大小。

实际污水处理过程中，物理吸附、化学吸附和离子交换吸附这三种吸附形式并不是孤立的，而是相伴发生的。由于吸附质、吸附剂及其他因素的影响，可能在一定条件下某种吸附是主要的，其他吸附是次要的。

三、等温吸附规律

1. 吸附平衡与吸附容量

当污水和吸附剂充分接触后，一方面吸附质被吸附剂吸附，同时已被吸附的吸附质由于热运动的作用也会脱离吸附剂的表面又重新回到水中，前者称为吸附，后者称为解吸(Desorption)。在一定温度下，当吸附速度和解吸速度相等，吸附质在吸附剂和溶液中的浓度不发生变化，达到动态平衡时，称为吸附平衡(Adsorption Equilibrium)。达到吸附平衡时，吸附质在溶液中的浓度称为平衡浓度(Equilibrium Concentration)。

吸附剂吸附能力的大小用吸附容量(Adsorption Capacity)表示，是指达到吸附平衡时，单位重量的吸附剂所吸附的吸附质的质量。吸附容量可用下式计算：

$$q = \frac{V(C_0 - C_e)}{M} \tag{10-2}$$

式中 q——吸附容量，g/g；

V——污水体积，L；

M——吸附剂投加量，g；

C_0——吸附质初始浓度，g/L；

C_e——吸附平衡浓度，g/L。

吸附容量是反映吸附剂性能和选择吸附剂的重要参考指标，它决定了吸附剂再生周期的长短，吸附容量越大，吸附剂的再生周期就越长，吸附工艺过程的再生剂用量越少，再生费用越低。

2. 吸附等温式

吸附等温式指一定温度下，吸附达到平衡时吸附容量与平衡浓度之间关系的曲线为吸附等温线(Adsorption Isotherm)，表示吸附等温线的方程称为吸附等温式。常用的有 Langmuir 吸附等温式、Freundlich 吸附等温式和 B. E. T 吸附等温式。

(1) Langmuir 吸附等温式

Langmuir 吸附等温式基于单分子层吸附理论的假定条件，该理论的基本假设为：① 固体表面是均匀的，因此它对所有分子吸附的机会都相等，且吸附热以及吸附和脱附的活化能与覆盖度无关；② 每个吸附位只能吸附一个分子，且吸附分子之间没有相互作用；③ 吸附只进行到单分子层为止;④ 吸附平衡是动态平衡,即达到吸附平衡时吸附速率和脱附速率相等。

由单分子层吸附理论及动力学原理推导出的 Langmuir 吸附等温式为:

$$q_e = q_e^0 \frac{C_e}{a + C_e} \tag{10-3}$$

式中 a——与吸附能有关的常数;

q_e^0——达到饱和时的极限吸附量,g/g;

q_e,C_e——物理意义同前。

Langmuir 吸附等温线是一条渐进线为 $q_e = q_e^0$ 的双曲线,见图 10-1(a)。若假定 C_s 为吸附质饱和浓度,则有以下推论:

① 当平衡浓度很大时,$C_e \geqslant a$,则 $q_e = q_e^0$,即平衡吸附容量和饱和吸附容量(极限吸附容量)相等;

② 当平衡浓度很小时,$C_e \leqslant a$,则 $q_e = \frac{q_e^0}{a} C_e$,即平衡吸附容量与平衡浓度成正比;

③ 当 $C_e = a$,$q_e = \frac{1}{2} q_e^0$,即溶液的平衡浓度等于常数 a 时,平衡吸附容量达到饱和吸附容量的一半。

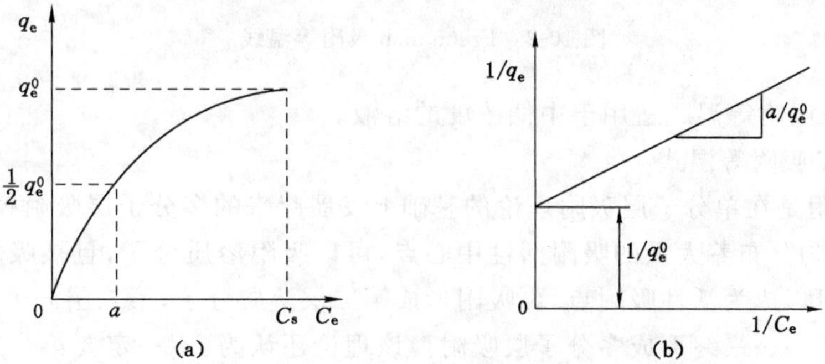

图 10-1 Langmuir 吸附等温线

Langmuir 吸附等温式可化为直线式(10-4),如图 10-1(b)所示,借助实验数据即可求取相关参数 a、q_e^0。

$$\frac{1}{q_e} = \frac{a}{q_e^0} \cdot \frac{1}{C_e} + \frac{1}{q_e^0} \tag{10-4}$$

Langmuir 吸附等温式适用于各种浓度条件,公式中各符号都有明确的物理意义,应用更为广泛。但 Langmuir 吸附等温式是一种理想的吸附公式,实际应用时系统常会出现偏差。

(2) Freundlich 吸附等温式

Freundlich 吸附等温式是一个经验公式;

$$q_e = K_f C_e^{1/n} \tag{10-5}$$

式中 K_f——Freundlich 吸附系数;

n——经验常数,其值通常大于 1;

q_e,C_e——物理意义同前。

其中,K_f和结合能有关,表征单位平衡浓度下吸附剂吸附吸附质的能力。n 表示某吸附剂吸附作用力的大小,其值越小,表示吸附作用力越小,吸附作用越弱;反之亦然。K_f、n 值比较高时，表明整个液体浓度范围内的吸附能力比较好；当 K_f、n 值比较低时，表明在低浓度下吸附效果不好，但在高浓度下吸附效果较好。一般来说，$1/n=0.1\sim0.5$ 时，溶质容易吸附；$1/n>2$ 时，难以吸附。

Freundlich 吸附等温线如图 10-2(a)所示，Freundlich 式在一般的浓度范围内与 Langmuir 吸附等温式比较接近，但在高浓度时不像后者那样趋于一定值；在低浓度时，也不会还原为直线关系。对式(10-5)取对数，Freundlich 吸附等温式可化为如图 10-2(b)所示的直线式，根据实验数据可较为方便地求取相关参数 K_f、n 值。

$$\lg q_e = \lg K_f + \frac{1}{n}\lg C_e \tag{10-6}$$

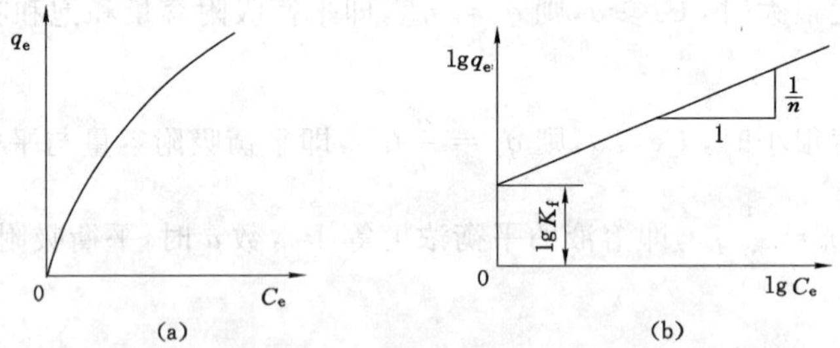

图 10-2 Freundlich 吸附等温线

Freundlich 吸附等温式适用于中低浓度的溶液。

(3) B. E. T 吸附等温式

B. E. T 吸附是在单分子层吸附理论的基础上发展起来的多分子层吸附模型，该理论认为：固体表面均匀分布着大量的吸附活性中心点，可以吸附溶质分子，且被吸附的第一层溶质分子本身也可以成为活性吸附点，再吸附形成第二层溶质分子，第二层分子又可吸附形成第三层溶质分子……最终形成多分子层吸附。该理论还认为：不一定要第一层吸附满后再吸附第二层。第一层吸附是靠吸附剂与吸附质间的分子引力，而第二层以后是靠吸附质分子间的引力。总吸附量等于各层吸附量之和。

$$q_e = \frac{BaC_e}{(C_s - C_e)[1+(B-1)(C_e/C_s)]} \tag{10-7}$$

式中 a，B——常数；

C_s——吸附质饱和浓度，mg/L；

C_e——平衡浓度，mg/L。

当以第一层吸附为主时，$C_s \leqslant C_e$，令 $B=C_s/a$，则式(10-7)就转化为 Langmuir 式。在 B. E. T 吸附等温线中(图 10-3)，拐点 A 之前的部分即相当于单分子层吸附平衡段。因此，B. E. T 吸附等温式包含 Langmuir 吸附等温式，可以适应更广泛的吸附现象。

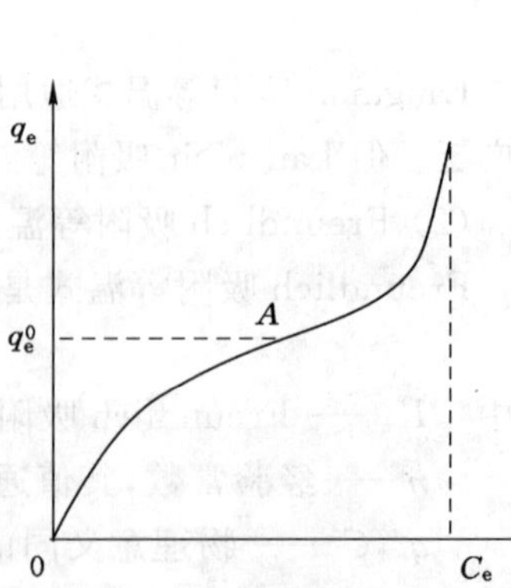

图 10-3 B. E. T 吸附等温线

以上三种吸附等温式均适用于单组分吸附体系，有一定的局限性。因此，人们在此基础上研究提出了一些改进模型，用于对多组分吸附进行预测和解释。

(4) 多组分体系的吸附等温式

和单组分吸附相比，多组分体系吸附增加了吸附质之间的相互作用，计算吸附容量时可用两类方法：① COD或TOC综合表示溶解于污水中的有机物浓度，其吸附等温式可用单组分吸附等温式表示，但吸附等温线可能是曲线或折线；② 假定吸附剂表面均一，混合溶液中的各种溶质在吸附位置上发生竞争吸附，被吸附的分子之间的相互作用可忽略不计，则其吸附容量可用 Langmuir 竞争吸附模型或 IAST-Freundlich 吸附模型来计算。

当溶液中有多种组分同时在固体表面发生吸附时，它们之间将产生竞争。对于有 n 个组分的体系，通过对 Langmuir 模型进行一定的改进，可得到 Langmuir 竞争吸附模型：

$$q_e = \frac{q_{ie}^0 K_{ib} C_{ie}}{1 + \sum_{j=1}^{n} K_{jb} C_{je}} \tag{10-8}$$

式中 q_{ie}^0 ——溶液中 i 组分的饱和吸附量，g/g，可从单一组分的 Langmuir 模型中得出；

K_{ib} ——单组分溶液 i 的结合常数，是吸附平衡的解离常数的倒数；

C_{ie} ——单组分溶液 i 的吸附平衡浓度，g/L；

K_{jb} ——单组分溶液 j 的结合常数，是吸附平衡的解离常数的倒数；

C_{je} ——单组分溶液 j 的吸附平衡浓度，g/L。

若单组分溶质吸附符合 Freundlich 吸附模型，多组分溶质吸附后，其平衡浓度符合 IAST-Freundlich 吸附模型：

$$C_i = \frac{q_i}{\sum_{j=1}^{N} q_j} \left[\frac{\sum_{j=1}^{N} n_j q_j}{n_i K_i} \right]^{n_i} \tag{10-9}$$

式中 C_i ——混合溶液中 i 组分的吸附平衡浓度，g/L；

n_i, K_i ——单组分实验中，i 组分的 Freundlich 常数；

q_i ——单组分实验中，i 组分的饱和吸附量，g/g；

q_j ——单组分实验中，j 组分的饱和吸附量，g/g；

n_j ——单组分实验中，j 组分的 Freundlich 常数。

3. 吸附等温式的应用

在实际应用中，吸附剂对污水中污染物的吸附能力大小，一般通过吸附实验进行判断，根据试验数据绘制吸附等温线并进行拟合，进而求得与吸附等温式相对应的常数。

吸附等温式的用途主要有以下几个方面：

① 确定某种吸附剂对水中不同吸附质的吸附效能：即通过实验确定某种吸附剂对不同污染物质的吸附量，判断该吸附剂最适合处理哪种污染物质。

② 比较不同吸附剂对水中同种吸附质（污染物）的吸附效能：即通过实验确定不同吸附剂对某种污染物质的吸附量，判断去除该污染物质的最佳吸附剂。

③ 判断不同吸附剂对水中吸附质的吸附特性：建立吸附等温式，可以初步探讨吸附机理，如 Langmuir 吸附等温式是单层吸附，机理有可能是化学吸附。

④ 确定达到一定处理要求所需吸附剂的用量：建立出水浓度即平衡浓度和吸附剂投加量之间的定量关系，从而确定所需吸附剂的用量。

⑤ 确定吸附工艺的运行方式和装置设计的重要依据：根据吸附等温式，可以计算出吸附量及吸附时间，从而进行吸附装置的设计。

【例 10-1】 用活性炭吸附水中苯酚，经试验得到吸附等温式为 $q=3.9C_e^{0.5}$。现有 100 L 溶液，苯酚含量为 0.05 g/L，拟将苯酚去除 90%，计算所需的活性炭用量。

解 (1) 平衡浓度：$C_e=0.05\times(1-0.9)=0.005(g/L)$

(2) 吸附容量：$q=3.9C_e^{0.5}=3.9\times0.005^{0.5}=0.276(g/g)$

(3) 活性炭用量：

$$M=\frac{V(C_0-C_e)}{q}=\frac{100\times(0.05-0.005)}{0.276}=16.3(g)$$

【例 10-2】 利用活性炭吸附水溶液中农药的实验研究如下：10 个 500 mL 的锥形瓶各装有 250 mL 含有农药约 500 mg/L 的溶液，向 8 个烧杯中投入不同数量的粉末状活性炭，2 个烧瓶做空白实验（空白瓶的平均浓度 515 mg/L），烧瓶塞好后在 25 ℃条件下摇动 8 h，然后将活性炭滤出，测定滤液中农药浓度，结果见实验记录表 10-1，试求其 Langmuir 吸附等温式。

表 10-1 实验记录表

瓶号	1	2	3	4	5	6	7	8
农药浓度/(μg/L)	58.2	87.3	116.4	300	407	786	902	2 940
活性炭投加量/(mg/L)	1 005	835	641	491	391	298	290	253
q_e	0.128	0.154	0.201	0.262	0.329	0.431	0.443	0.506
$1/q_e$	7.82	6.49	4.98	3.82	3.04	2.32	2.26	1.97
$1/C_e$	17.18	11.45	8.59	3.33	2.46	1.27	1.11	0.34

解 (1) 根据实验数据，依次求每个烧杯中溶液的平衡吸附量

1 号烧杯：$q_{1e}=\dfrac{V(C_0-C_e)}{M}=\dfrac{0.25(515-0.058\ 2)}{1\ 005}=0.128\ (mg/mg)$

2 号烧杯：$q_{2e}=\dfrac{V(C_0-C_e)}{M}=\dfrac{0.25(515-0.087\ 3)}{835}=0.154\ (mg/mg)$

同理可分别计算出 8 个烧杯的平衡吸附容量 q_e 及相应的 $1/q_e$、$1/C_e$ 值，将计算结果填入表 10-1 中。

(2) 绘制实验曲线

按 Langmuir 进行拟合，以 $1/C_e$ 为横坐标，$1/q_e$ 为纵坐标，绘制实验曲线见图 10-4。

(3) 求相关参数 a、q_e^0，得出吸附等温式

由图可知，$1/q_e^0=2.080\ 6$，$a/q_e^0=0.351\ 1$，求得 $q_e^0=0.481$，$a=0.169$，则 Langmuir 吸附等温式为：

$$q_e=\frac{0.481C_e}{0.169+C_e}$$

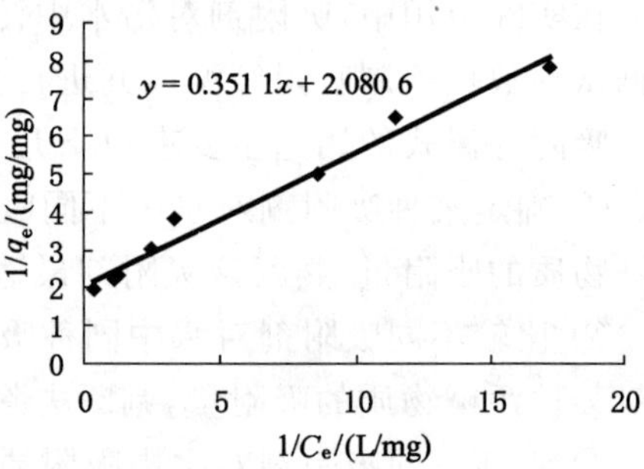

图 10-4

四、吸附动力学

1. 吸附过程

吸附速度(Adsorption Rate)指单位时间内单位质量的吸附剂所吸附的吸附质的量，

是衡量吸附处理过程中吸附效果的主要指标之一，具有重要的实际意义。它决定了污水吸附处理工艺中接触时间的长短，吸附速度越快，接触时间越短，所需反应器的容积也就越小。

根据溶液中的溶质在吸附剂中的迁移顺序，吸附过程主要经历三个阶段：

① 颗粒外部扩散阶段。是吸附质通过液膜从溶液主体扩散至吸附剂外表面的过程。该阶段的传质扩散阻力主要来自吸附剂表面对吸附质扩散产生阻碍作用的滞留边界层，也称之为“液膜”，故该阶段又可称为膜扩散阶段。膜扩散速度与溶液浓度、吸附剂外表面积以及溶液搅动程度有关，膜扩散的速度与溶液浓度成正比，与吸附剂颗粒直径成反比，适当增加溶液与吸附剂之间的相对运动，可使液膜变薄，也可有效提高膜扩散速度。

② 颗粒内部扩散阶段。是扩散到吸附剂表面的吸附质继续向吸附剂孔隙深处的吸附活性中心点扩散的过程，又称孔隙扩散。影响孔隙扩散速度的因素主要有吸附质和吸附剂的孔结构(孔径大小、孔分布和比表面积等)。通常吸附剂颗粒越小，吸附质越容易到达内部活性中心点，孔隙扩散速度就越快。而吸附剂孔径较大时，吸附质的扩散阻力小，孔隙扩散速度也会提高，但会因比表面积的降低而影响吸附剂的吸附量。

③ 吸附反应阶段。是扩散到活性中心点的吸附质被吸附剂吸附的过程，吸附反应过程一般会在瞬间完成。

通常吸附反应阶段速度非常快，所以整个吸附过程的吸附速度主要受膜扩散速度和孔隙扩散速度控制。在一般情况下，吸附过程初期由膜扩散控制，而在吸附后期往往孔隙扩散起决定作用。

2. 吸附动力学方程

常采用准一级动力学模型、准二级动力学模型、颗粒内扩散模型描述吸附过程。

准一级动力学模型是基于固体吸附量的 Lagergren(拉格尔格伦)一级速率方程；准二级动力学模型是基于吸附速率受化学吸附机理控制的假定。

准一级吸附动力学方程表达式为：

$$\ln(q_e - q_t) = \ln q_e - \frac{k_1}{2.303}t \tag{10-10}$$

准二级吸附动力学方程表达式为：

$$\frac{t}{q_t} = \frac{1}{k_2 q_e^2} + \frac{1}{q_e}t \tag{10-11}$$

颗粒内扩散模型的表达式为：

$$q_t = Kt^{0.5} + C \tag{10-12}$$

式中：k_1 为一级吸附速率常数，min^{-1}；t 为吸附时间，min；q^t 为 t 时刻的吸附量，$mg \cdot g^{-1}$；q_e 为平衡吸附量，$mg \cdot g^{-1}$；k_2 为二级吸附速率常数，$g \cdot mg \cdot min^{-1}$；$K$ 为内扩散速率常数，$mg \cdot g \cdot min^{-1/2}$；$C$ 表示吸附剂周围边界层对吸附的影响，$mg \cdot g^{-1}$。

准一级动力学模型具有局限性，往往只能够描述吸附初始阶段的动力学，不能准确地描述其吸附全过程，相比之下，准二级动力学模型包含了吸附的所有过程。在内扩散模型中，若内扩散模型相关系数不高，说明吸附速率还受外扩散、表面吸附的控制。

3. 影响吸附过程的因素

影响吸附的因素很多，主要有吸附剂的性质、吸附质的性质、溶液的性质以及吸附过程的操作条件。

(1) 吸附剂的影响

① 比表面积。吸附剂的比表面积与其吸附能力成正比，比表面积越大，吸附能力越强。如活性炭的比表面积包括内表面和外表面，内表面是指活性炭孔隙内的表面积，实际上内表面起主要的吸附作用，一般在活性炭中微孔的容积约为0.15～0.9 mL/g，其表面积占总表面积95%以上。

② 孔结构。吸附剂内孔的大小和分布对吸附性能影响很大。孔径太大，比表面积小，吸附能力差，孔径太小，不利于吸附质扩散，并对直径较大的分子起屏蔽作用。如在活性炭的孔结构中，以起吸附作用的微孔为主，细孔越发达，其比表面积越大。

③ 表面化学性质。吸附剂的表面化学结构和荷电性质对吸附过程也有很大影响，一般极性分子型的吸附剂容易吸附极性分子型的吸附质，而非极性分子型的吸附剂容易吸附非极性分子型的吸附质。

(2) 吸附质的影响

吸附质的溶解度、表面自由能、分子大小和不饱和程度、极性等均对吸附有影响，这是一个非常复杂的关系，此处仅就一般规律进行论述。

① 有机物。有机物的分子量、分子结构、溶解度、电离程度等都会影响吸附过程。对活性炭而言，吸附剂的吸附容量随有机物分子量的增大而增加，活性炭对有机酸的吸附容量的排列顺序是丁酸＞丙酸＞乙酸＞甲酸；有机物在水中的溶解度随着碳链长度的增长而减小，电离程度越强的有机物被吸附的可能性越小。

② 无机物。无机物被吸附的难易程度比较复杂，如对金属离子的吸附，容易吸附的有锑、砷、铋、铬、锡，较难吸附的有铜、镉、锌、钡、硒、钼、钨、镭；对其他化合物的吸附，较易吸附的是氯、溴、碘、氟化物；难吸附的包括硝酸盐、磷酸盐、氯化物、溴化物、碘化物等。

(3) 溶液性质的影响

溶液的性质包括溶液的温度、pH 值及共存物等。

① 温度。吸附是放热过程，一般是低温有利于吸附，升温有利于脱附。在通常的水处理条件下温度变化并不明显，因而温度对吸附过程的影响不大，一般在常温下进行吸附操作，而在活性炭再生的时候，则通过大幅度升温以完成吸附质的脱附。

② pH 值。污水的 pH 值影响不仅到溶质的存在状态(分子、离子、络合物)和溶解度，也影响到吸附剂表面的电荷特性和化学特性，从而影响吸附效果。活性炭在酸性溶液中吸附性能好，而在碱性溶液中(pH＞9)时则不易吸附。

③ 共存物。多种物质共存于同一溶液中，将产生独立吸附、诱发吸附和干扰(竞争)吸附。独立吸附对溶质的吸附效果无影响；诱发吸附有利于吸附剂的重复使用；干扰(竞争)吸附影响溶质的吸附效果。

(4) 操作条件的影响

操作条件包括接触时间、混合程度等。在污水处理中，吸附剂和污染物质应保证一定的接触时间，才能达到吸附平衡，一般生产中接触时间为0.5～1.0 h。接触时间受吸附速度影响，吸附速度越快，达到平衡所需要的接触时间就越短。而快速的混合有利于提高吸附速率，充分发挥吸附剂的吸附能力。

第二节 吸 附 剂

从广义而言，一切固体物质的表面都具有吸附作用，但不同物质的吸附能力相差很大，只有多孔的或粒度极细的固体物质，由于其比表面积很大，才有明显的吸附能力。工业上使用的吸附剂必须满足下列要求：吸附能力强、吸附平衡浓度低、化学性质稳定、容易再生和再利用、机械强度好、吸附选择性好、来源广、价格低。

污水处理中应用的吸附剂有活性炭、磺化煤、沸石、活性白土、硅藻土、焦炭、木炭、木屑、树脂等。其中，活性炭的应用最广，已用于炼油、含酚、印染、氯丁橡胶、腈纶、三硝基甲苯等污水处理以及城市污水的深度处理。

一、吸附剂的种类

1. 活性炭

活性炭是用含炭为主的原料（木材、煤），经高温炭化和活化而制成的疏水性吸附剂，外观黑色，有粉末活性炭（Powder Activated Carbon, PAC）、成型活性炭和活性炭纤维（Activated Carbon Fiber, ACF）等。活性炭孔隙结构发达，比表面积为 500～1 700 m^2/g，具有很强的吸附能力。

活性炭晶格间有许多不同形状和大小的细孔，可分为大孔、过渡孔和微孔三种，如图 10-5 所示。

通常孔径大于 100～10 000 nm 的孔称为大孔，容积约为 0.2～0.5 mL/g，占总表面积的很小一部分，是吸附质的扩散通道；孔径 10～100 nm 的孔称为过渡孔，容积通常为 0.02～0.1 mL/g，除采用特殊活化方法以外，其表面积不超过总表面积的 5%，是吸附质的扩散通道，同时为大分子物质提供吸附位；而孔径小于 10 nm 的称为微孔，容积约为 0.15～0.9 mL/g，其表面积占总表面积 95%以上，是小分子物质的重要吸附场所，活性炭的吸附容量主要由微孔支配。

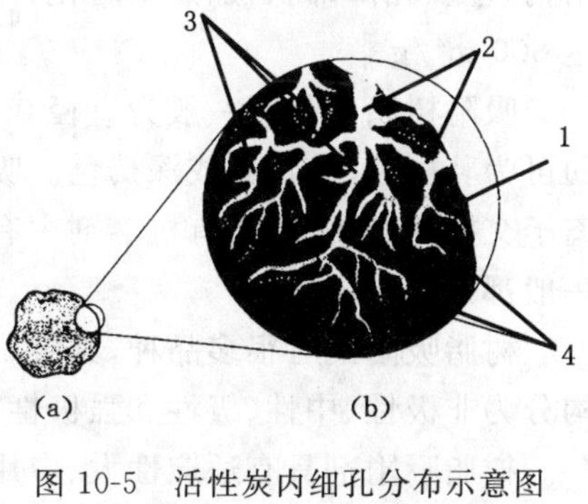

图 10-5 活性炭内细孔分布示意图

(a) 活性炭颗粒；(b) 局部放大图

1——活性炭表面；2——大孔；3——过渡孔；4——微孔

活性炭是一种非极性吸附剂，其表面巨大的物理活性吸附点是构成吸附能力的主体部分，而在活性炭制备过程中形成的表面氧化物也可以成为活性炭选择性的吸附中心，使活性炭具有类似化学吸附的能力，具有疏水性和亲有机物质的性质，在处理污水时，活性炭对芳香族化合物的吸附效果较脂肪族化合物好，不饱和链有机物较饱和链有机物好，非极性或极性小的吸附质较极性强吸附质好。

市场上的活性炭种类很多，分类方法也很多。按形状可分为粉状、粒状、柱状、球状、纤维状等，按生产的原料可分为木质、果壳、煤质、石油类、再生和其他活性炭，按活化方法可分为化学活化、物理活化、特殊活化活性炭，按内部微孔的分布可以分为大孔活性炭和细孔活性炭；按用途可以分为净水用活性炭、脱色用活性炭、分析用活性炭、防毒面具用活性炭等。

目前工业上大量采用的是粒状活性炭，虽然其吸附能力低于粉末活性炭，但它生产工艺简单，操作方便，再生后可重复使用。纤维状活性炭是一种新型高效的吸附材料，它是将有机碳纤维经活化处理而制得，具有比表面积大、微孔发达、吸附速度快、吸附能力强和再生容易等特点，但其制造的原料及工艺要求较为严格。

活性炭因孔径分布广，应用范围广，适应性强，处理效果好，还可回收有用物质等，是目前水处理中应用最为广泛的吸附剂，常用粒状活性炭的典型性能指标见表 10-2。

表 10-2　污水处理中粒状活性炭的性能指标

序号	项　目	数值	序号	项　目	数值
1	比表面积/(m^2/g)	950～1 500	4	均匀系数	≤1.9
2	密度： 堆积密度/(g/cm^3) 颗粒密度/(g/cm^3) 真密度/(g/cm^3)	 0.44 1.3～1.4 2.1	5	空隙容积/(cm^3/g)	0.85
			6	最小碘值/(mg/g)	900
			7	最大灰分/%	8
3	粒径： 有效粒径/mm 平均粒径/mm	 0.8～0.9 1.5～1.7	8	包装后最大含水率/%	2
			9	耐磨强度/%	>90

2. 树脂吸附剂

树脂吸附剂也叫做吸附树脂，是一种人工合成的有机高分子共聚物。它具有立体网状结构，呈多孔海绵状，加热不熔化，可在 150 ℃下使用，不溶于一般溶剂及酸、碱，比表面积可达 800 m^2/g。

吸附树脂的外观一般为直径 0.1～1.0 mm 的小圆球，表面光滑，根据品种和性质的不同可为乳白色、浅黄色或深褐色。吸附树脂手感坚硬，有较高的强度，密度略大于水，结构与离子交换树脂类似，在有机溶剂中有一定的溶胀性。为了避免吸附树脂过渡溶胀，吸附树脂一般都是含水出售的。

树脂吸附剂有很多品种，其吸附能力和所吸附的物质的种类也有区别，通常按其化学结构分为非极性、中性、极性和强极性四种类型。

树脂吸附剂具有适应性大、应用范围广、吸附选择性特殊、稳定性高等优点，并且容易再生，多数为溶剂再生。在应用上它介于活性炭等吸附剂与离子交换树脂之间，且兼具二者的优点，既具有类似于活性炭的吸附能力，又比离子交换剂更易再生。树脂吸附剂最适宜于吸附污水中微溶于水，但易溶于甲醇、丙酮等有机溶剂且分子量较大、带极性的有机物，如脱酚、除油、脱色等。

3. 腐殖酸系吸附剂

腐殖酸是一组芳香结构的、性质相似的酸性物质的复合混合物。它的大分子约由 10 个分子大小的微结构单元组成，每个结构单元由核（主要由五元环或六元环组成）、联结核的桥键（如—O—、—CH_2—、—NH—等）以及核上的活性基团所组成。据测定，腐殖酸含有的活性基团有羟基、羧基、羰基、胺基、磺酸基、甲氧基等。这些基团决定了腐殖酸对阳离子的吸附性能。

用做吸附剂的腐殖酸类物质有两大类，一类是天然的富含腐殖酸的风化煤、泥炭、褐煤等，直接用做吸附剂或经简单处理后做吸附剂用。另一类是把富含腐殖酸的物质用适当的黏结剂制成腐殖酸系树脂，造粒成型，以便用于管式或塔式吸附装置。腐殖酸对阳离子的吸附包括离子交换、螯合、表面吸附、凝聚等作用，既有化学吸附，又有物理吸附。当金属离子浓度低时，以螯合作用为主，当金属离子浓度高时，离子交换占主导地位。

腐殖酸类物质可用于处理工业污水，尤其是重金属污水及放射性污水，除去其中的离子。如 Hg、Zn、Pb、Cu、Cd 等，其吸附率可达 90%～99%。而且，金属离子的存在形态不同，吸附效果也不同，如对 Cr^{3+} 的吸附率大于 Cr^{6+}。腐殖酸类物质吸附重金属离子后，容易脱附再生，常用的再生剂有浓度为 1～2 mol/L 的 H_2SO_4、HCl 及 NaCl、$CaCl_2$ 等。

4. 其他类型吸附剂

(1) 沸石

沸石是一类架状结构的含水铝硅酸盐矿物，其结构是由硅氧四面体和铝氧四面体相互结合形成的立体网状结构，在网状结构中形成孔隙，这些孔隙有纵横交错的孔道相互连通。含有移动性较大的阳离子和水分子，具有离子交换吸附的能力。

沸石的化学组成十分复杂，因种类不同有很大差异，其化学组成通常用下式表示：$(Na,K)_x(Mg,Ca,Sr,Ba)_Y[Al_{x+2y}Si_{n-(x+2y)})O_{2n}]mH_2O$。其中常用的是人工沸石颗粒，通过高温灼烧成多孔，拓宽其孔道结构和通道，提高其表面积和吸附性能，用于金属离子、有机污染物和氨氮的去除。

(2) 硅藻土

硅藻土是由古代硅藻及其他微生物的硅质遗体组成的生物硅质岩。其主要成分为非晶质 SiO_2，此外还有 Al_2O_3、Fe_2O_3、MgO 及一定的有机质。

硅藻土呈白色、灰色、黄色、绿色或灰绿色，密度低，比表面积大，具有多孔性，孔径分布范围大，孔隙率达 80%～90%，具有很强的吸附能力，有良好的过滤性、漂白性、化学稳定性和隔离隔热性。易溶于碱，不溶于氢氟酸以外的任何酸。可用于造纸污水、印染污水和金属离子污水的处理。

(3) 粉煤灰

粉煤灰是从煤燃烧后的烟气中收捕下来的细灰。我国火电厂粉煤灰的主要氧化物组成为：SiO_2、Al_2O_3、FeO、Fe_2O_3、CaO、TiO_2、MgO、K_2O、Na_2O、SO_3、MnO_2 等，此外还有P_2O_5等。

粉煤灰是晶体、玻璃体及少量未燃炭组成的一个复合结构的混合体。其中结晶体包括石英、莫来石、磁铁矿等；玻璃体包括光滑的球体形玻璃体粒子、形状不规则孔隙少的小颗粒、疏松多孔且形状不规则的玻璃体球等，占 50%～80%；未燃炭多呈疏松多孔形式。

粉煤灰表面呈多孔结构，孔隙率一般为 60%～70%，比表面积大，具有较高的表面能，吸附能力强。常用来去除水中的金属离子、色度和 COD。

二、吸附剂的再生

吸附剂再生(Regeneration)就是在吸附剂本身结构不发生变化或变化不大的情况下，将吸附质从吸附剂的表面去除，以恢复吸附剂吸附性能的过程。再生是吸附的逆过程，在某些条件下，再生的同时可以使吸附质得到富集，为有用成分的回收创造条件。

常用的吸附剂再生方法有加热再生法、药剂再生法、生物再生法、化学氧化再生法等。在污水处理上，应用最多的是加热再生法。

1. 加热再生法

加热再生即用外部加热的方法，改变吸附平衡关系，达到使吸附质脱附或分解的目的。根据再生温度的不同，加热再生法分为低温再生和高温再生两种方法。

低温再生直接在吸附柱内进行，以水蒸气为载体，加热温度 100～200 ℃，适用于处理高浓度、易脱附型吸附质。

高温再生一般要加热到 800～1 000 ℃，并需要加入活化气体（如水蒸气、二氧化碳等）才能完成。高温加热再生活性炭一般分三个阶段：第一阶段是干燥，把饱和的活性炭加热到 100～150 ℃，将吸附在其细孔中的水分（水的质量分数约为 40%～50%）蒸发出来，同时部分低沸点的有机物也随着挥发出来。干燥过程所需热量约为再生总热量的 50%；第二阶段是炭化，水分蒸发后，继续加温到 700～800 ℃，这时低沸点有机物全部挥发脱附，高沸点有机物由于热分解，一部分成为低沸点有机物挥发脱附，另一部分被炭化残留在活性炭微孔中；第三阶段是活化，通入活化气体（如水蒸气、二氧化碳及氧），使炭化后留在活性炭微孔中的残留炭气化，使微孔表面得到清理，恢复其吸附性能，活化温度一般为 900～1 000 ℃。活化过程中还必须控制再生装置中氧的质量分数，一般控制在 1%以下，以减少活性炭损失。与制备新的活性炭一样，活化过程也是保证再生效果的关键。

高温再生的干燥、炭化和活化过程是在再生炉中完成的。再生炉的炉型很多，如回转炉、移动床炉、立式多段炉及流动床炉等。目前采用最广的是立式多段炉，其结构如图 10-6 所示。再生炉体为钢壳，内衬耐火材料，内部分隔成四到九段炉床。饱和的活性炭由入口加入，每段有搅拌耙与中心轴相连，中心轴由传动装置驱动，转动时带动搅拌耙旋转，使活性炭均匀受热并通过下降口自上而下移动，中心轴由空气进口输入的压缩空气冷却。经再生后的活性炭由再生炭出口排出。从再生炉排出的气体由废气出口排出，其中含有甲烷、乙烷、乙烯、焦油蒸汽、二氧化硫、一氧化碳、氢以及过剩的氧等。为了防止废气污染空气，可将废气先送入燃烧器燃烧脱臭，然后进入水洗涤塔除尘后再排放。

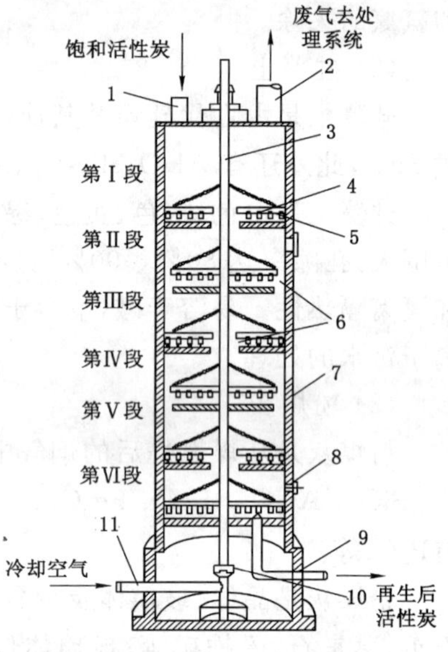

图 10-6　立式多段再生炉

1——饱和炭入口；2——废气出口；3——中心轴；4——搅拌耙；5——多孔炉台；6——活性炭下降口；7——炉体；8——燃烧气入口；9——再生炭出口；10——传动装置；11——冷却空气入口

再生炉沿高度方向分为Ⅵ段，第Ⅰ、Ⅱ段用于干燥，温度为 100～150℃，停留时间为 15 min；第Ⅲ、Ⅳ段用于炭化，温度为 800 ℃，停留时间为 5 min；第Ⅴ、Ⅵ段用于活化，温度约为 950 ℃，停留时间 10 min。

立式多段再生炉占地面积小，炉内有效面积大，炭在炉内停留时间短，再生质量均匀，再生后活性炭的损失一般为质量分数的 7%左右。这种炉型结构复杂，操作要求严格，适合大规模活性炭再生。

高温加热再生法是目前污水处理中粒状活性炭再生最普遍最有效的方法，再生后吸附剂性能的恢复率可达 95%以上，不产生有机废液，适用于绝大多数种类的吸附质，但其设备造价高，运行能耗大。

2. 药剂再生法

用某种化学药剂将被吸附的吸附质解吸下来的过程称为药剂再生。其过程是在饱和吸附剂中加入适当的溶剂，改变吸附剂与吸附质之间的分子引力，改变介质的介电常数，从而使原来的吸附破坏，吸附质离开吸附剂进入溶剂中，达到吸附剂再生和回收的目的。

常用的有机溶剂有苯、丙酮、甲醇、乙醇、异丙醇、卤代烷等。树脂吸附剂从污水中吸附酚类后，一般采用丙酮或甲醇脱附；吸附了 TNT 用丙酮脱附；吸附了 DDT 类物质可以用异丙醇脱附。

无机酸（硫酸、盐酸）或碱（氢氧化钠）也是很好的再生剂，如吸附了高浓度苯酚的活性炭可以用热的 NaOH 溶液再生，脱附的酚以酚钠盐形式被回收。

对于能电离的物质最好以分子形式吸附，以离子形式脱附，即酸性物质宜在酸里吸附，在碱里脱附；碱性物质在碱里吸附，在酸里脱附。

药剂再生的优点是再生时吸附剂损失较小，再生可以在吸附塔中进行，无需另设再生装置，而且有利于回收有用物质。其缺点是再生效率低，再生不易完全，在污水处理中应用较少。

3. 生物再生法

利用经过驯化的微生物，将被活性炭吸附的有机物氧化分解为 H_2O 和 CO_2 的过程。生物再生法主要用于吸附质为有机物的情况。通常认为在再生过程中会发生细胞自溶现象，即细胞酶流至胞外，而活性炭对酶有吸附作用，因此在炭表面形成酶促中心，从而促进污染物分解，达到再生的目的。

生物再生的形式可以根据实际情况确定。如果再生周期较长、处理水量不大，可以将活性炭一次性卸出，然后放置在固定的容器内进行生物再生，待一段时间后活性炭内吸附的有机物基本上被氧化分解，炭的吸附性能基本恢复即可重新使用。也可以在活性炭吸附处理过程中，同时向炭床鼓入空气，以供炭粒上生长的微生物生长繁殖和分解有机物的需要，即把吸附和再生同时进行，因此炭的饱和周期将成倍地延长。

生物再生法简单易行，投资和运行费用较低，但所需时间较长，受水质和温度影响较大。

4. 其他再生法

以上几种传统再生方法尽管有各自的优点，但普遍存在再生过程中活性炭损失往往较大，再生后活性炭吸附能力会有明显下降，而且增加水处理费用等缺点。故近年来出现了一些新兴的再生技术，如电化学再生、超声波再生、超临界氧化再生等。几种常见的活性炭再生法的对比见表 10-3。

表 10-3　　常用活性炭再生方法的对比

种类		处理温度	主要条件
加热再生	加热脱附	100～200 ℃	水蒸气、惰性气体
	高温加热再生（炭化再生）	750～950 ℃（40～500 ℃）	水蒸气、燃烧气体、CO_2
药剂再生	无机药剂	常温～80 ℃	HCl、H_2SO_4、NaOH、氧化剂
	有机药剂（萃取）	常温～80 ℃	有机溶剂（苯、丙酮、甲醇等）
生物再生		常温	好氧菌、厌氧菌
湿式氧化分解		180～220 ℃、加压	O_2、空气、氧化剂
电解氧化		常温	O_2

第三节 吸附工艺及设备

一、吸附操作方式

实际污水处理中，吸附过程是在吸附装置内完成的，该过程称为吸附操作。吸附操作的过程是使污水和吸附剂以某种方式接触，完成吸附后的水再与吸附剂分离而完成的。按吸附操作过程中污水的流动状态，可把吸附操作分为静态吸附操作和动态吸附操作两种。

污水在不连续流动的条件下进行的吸附操作为静态吸附操作，也称为间歇吸附操作。如图 10-7(a)所示，静态吸附操作过程是把一定量的吸附剂加入待处理的污水中，不断地进行搅拌，达到吸附平衡后，用沉降或过滤法使吸附剂与污水分离。静态吸附操作过程中污水和吸附剂并不是固定不动的，只是没有连续的进出。若一次吸附后出水水质达不到要求，可以采用多次静态吸附操作，在实际污水处理中应用较少，多用于试验研究。

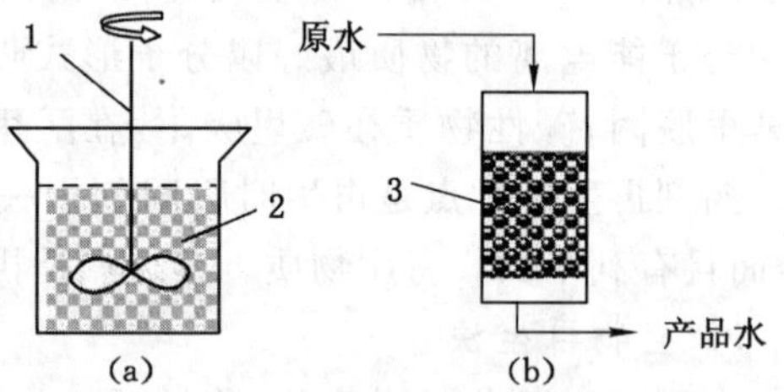

图 10-7 静态与动态吸附操作示意图

(a) 静态吸附操作；(b) 动态吸附操作

1——搅拌装置；2——吸附剂和原水；

3——吸附剂床层

污水在连续流动条件下进行的吸附操作为动态吸附操作。实际使用的吸附设备称为吸附塔(也称为吸附柱)，如图 10-7(b)所示。水以一定的方式进入吸附塔与吸附剂接触，污水中的污染物在通过吸附剂床层时被吸附剂吸附。动态吸附操作是连续的过程，当床层中的吸附剂达到饱和时，吸附不能继续进行，需要进行再生或更换吸附剂。按吸附剂床层在吸附过程中的状态，动态吸附操作可以分成固定床(Fixed Bed)、移动床(Moving Bed)和流化床(Fluidized Bed)三种。

二、吸附设备

1. 固定床

固定床吸附塔是污水处理中常用的设备，外形一般为圆柱状，由钢板焊接而成。在固定床中，吸附剂在吸附操作过程中是固定不动的，在塔内上部设有保证均匀进水的进水装置。根据吸附时水流动的方向，固定床又分为升流式和降流式两种。

降流式固定床结构如图 10-8 所示。吸附时污水由进水管流入，通过进水分配装置，均匀地自上而下通过吸附剂床层，其中的污染物被吸附剂吸附。当吸附剂数量足够时，即床层的高度足够时，从床层流出的污水中污染物的浓度可以降低到接近于零。吸附后的产品水通过石英砂垫层，再通过底部集水系统收集，经产品水管排出。随着吸附过程的进行，上层的吸附剂首先达到饱和，吸附进行到一定时间后，所有吸附剂逐渐全部达到饱和，出水中的污染物浓度逐渐增加，当增加到超过允许的数值时，停止进水，结束吸附过程。进行吸附剂再生，然后再进行下一个周期的吸附。吸附剂可以通过吸附剂排出口排出。

降流式固定床的出水水质较好，但穿过床层时的水头损失较大，特别是处理含悬浮物较高的污水时床层易堵。为了解决悬浮物堵塞床层的问题，当床层的阻力达到一定程度后需进行反洗。反冲洗水经过反洗水入口进入，经反洗配水装置分配均匀，再经多孔板和石英砂垫层进一步分配均匀，自下向上通过吸附剂，使其发生膨胀，把截留悬浮物冲出，经反洗水出口排出。有时仅靠反洗不能完全除去截留的悬浮物，特别是悬浮物有一定黏性时，此时需在反洗的同时进行表面冲洗。

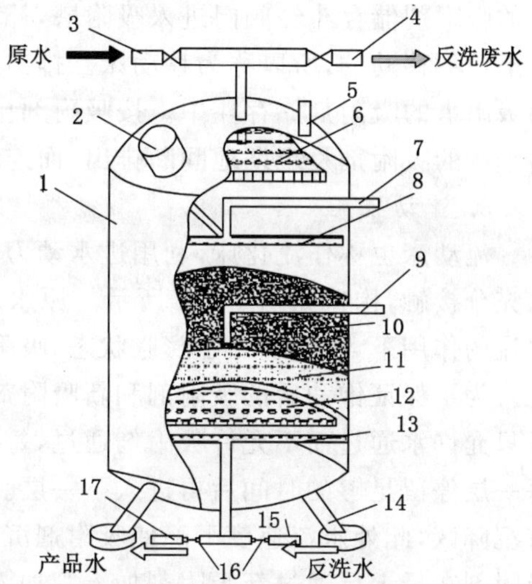

图 10-8　固定床吸附塔结构示意图

1——外壳；2——检查孔；3——原水进水管；4——反洗水出口；5——排气孔；6——进水分配装置；7——表面冲洗水入口；8——表面冲洗装置；9——吸附剂排出口；10——吸附剂床层；11——石英砂垫层；12——多孔板；13——反洗水配水装置；14——底座；15——反洗水入口；16——阀门；17——产品水排出管

升流式固定床的结构与降流式基本相同，只是省去了表面冲洗装置。与降流式固定床相反，升流式固定床吸附时，水流自下而上穿过床层，从吸附塔的上部排出。当水头损失增大时，可适当提高水的流速，使床层稍有膨胀，使截留在床层中的悬浮物随水流出，就可以达到自清洗的目的。升流式固定床的优点是吸附剂床层内水头损失增加较慢，运行时间较长；缺点是当流量增大或操作失误时会使吸附剂流失，因此需要严格控制污水的流量。

污水处理过程中，可根据不同的处理要求，把固定床组合起来使用，可以用单塔、多塔串联式和多塔并联式，如图 10-9 所示。单塔在实际应用中使用较少，仅在污水量较少时使用；多塔串联式用于处理流量较小，但对水质要求较高时；多塔并联适合于处理水量大，但对水质要求不高的情况。

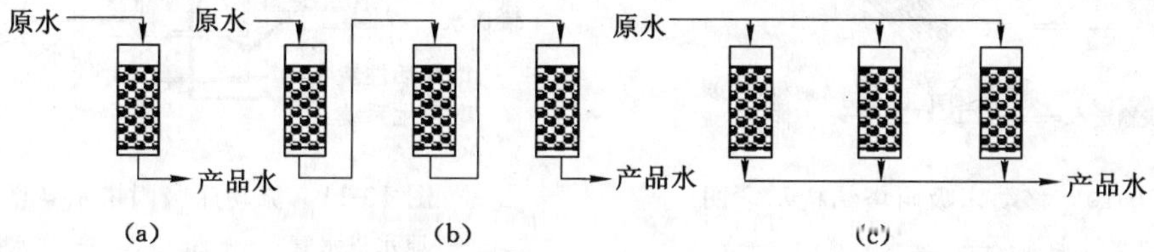

图 10-9　固定床不同的组合方式

(a) 单塔；(b) 多塔串联；(c) 多塔并联

2. *移动床*

移动床吸附塔的主要构造与固定床吸附塔相似，区别在其吸附床层下面没有垫层，也不需要表面冲洗和反洗系统，但增加了吸附剂加入和排出系统。移动床吸附塔结构如图10-10所示，移动床吸附塔的操作方式是原水从吸附塔底部经进水管和配水装置进入，从下向上穿过吸附剂床层和吸附剂接触，吸附后的水从塔顶的产品水出水管排出，为防止活性炭随水排出，在产品水排水管上装有滤头。在吸附的过程中床层下部首先和污水接触的吸附剂先达到饱和，随着吸附的进行，饱和区逐渐从下向上扩展，当饱和区达到一定高度时停止进水，饱和吸附剂经排出阀排出吸附塔，经水射器送去再生系统。同时新的或再生后的吸附剂从塔顶的吸附剂储存斗经阀门进入吸附塔，补充排出的吸附剂，因此在吸附的过程中，吸附剂是逐渐向下移动的，所以称为移动床。排出的饱和吸附剂送到专门的再生设备，经再生后再送回吸附塔的吸附剂储存斗中。按吸附剂排出的方式又分为间歇移动床和连续移动床，间歇移动床的吸附剂是定期地间断排出，而连续式移动床的吸附剂是连续排出的。

3. 流动床

流动床也称作流化床，利用进水动力使炭粒之间发生相对运动，呈流态化悬浮，利于炭水充分接触，构造如图 10-11 所示。原水从进水管进入，以升流式通过吸附剂床层，在上升水流的作用下，吸附剂处于膨胀状态，吸附剂颗粒之间有一定的空隙，且相对位置也不断变化。为了保证饱和后的吸附剂和新吸附剂不相互混合，把床层用多孔板分成不同的层，多孔板只允许水通过而不允许吸附剂通过，每一层设允许吸附剂通过的下降管，以保证吸附剂在每一层停留足够的时间后再进入下一层。为保证吸附剂不随产品水流失，在流动床上部设有沉降区，此处水流速度下降使吸附剂沉降下来，产品水经出水槽收集后由产品水管排出。吸附剂在最上层通过新吸附剂加入管加入，然后从上向下顺序通过不同的床层，与污水逆向连续接触，饱和后的吸附剂从最下一层通过水射器排出。为保证吸附剂顺利从上向下流动，在每个下降管处设冲洗水管，用吸附后的产品水作为冲洗水。

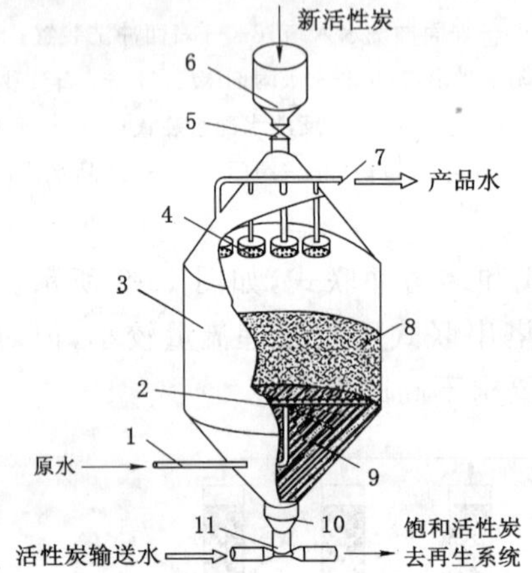

图 10-10　移动床吸附塔结构示意图

1——原水进水管；2——配水装置；3——塔体；4——出水滤头；5——直流阀门；6——吸附剂储存斗；7——产品水出水管；8——吸附剂床层；9——饱和的吸附剂；10——吸附剂排出阀；11——水射器

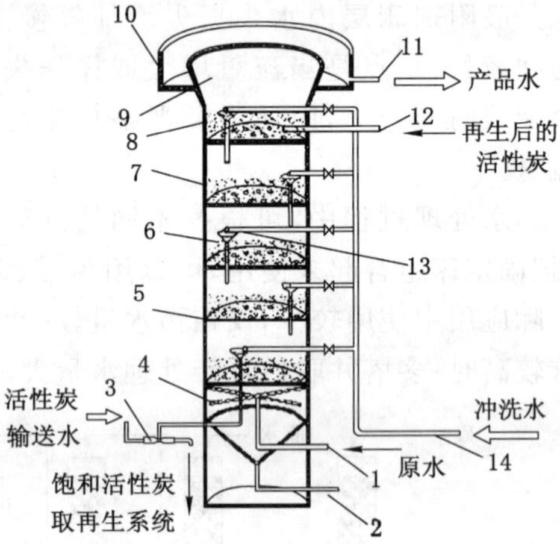

图 10-11　流动床吸附塔示意图

1——原水进水管；2——排空管；3——水射器；4——配水装置；5——多孔板；6——吸附剂下降管；7——塔体；8——吸附剂床层；9——沉降区；10——出水槽；11——产品水管；12——新吸附剂加入管；13——冲洗水管；14——冲洗水进水管

流动床的优点是：① 与固定床相比，可使用小颗粒的吸附剂；② 吸附剂一次投量较少；③ 不需反洗；④ 设备小，生产能力大；⑤ 预处理要求低。但流动床也有缺点，主要是：① 运转中操作要求高，不易控制，主要是如何保持活性炭均匀的流化状态，如何使活性炭连续均匀地在各床层间移动；② 对吸附剂的机械强度要求高，因为吸附剂处于流化状态互相之间有摩擦，强度低的吸附剂很容易磨碎而损失掉。

三、吸附柱的工作规律

以降流式固定床为例，在吸附过程中，吸附柱内的吸附工作规律通常用穿透曲线进行描述。穿透曲线(Breakthrough Curve)是表示出水中污染物的浓度随时间变化关系的曲线，如图 10-12 所示。

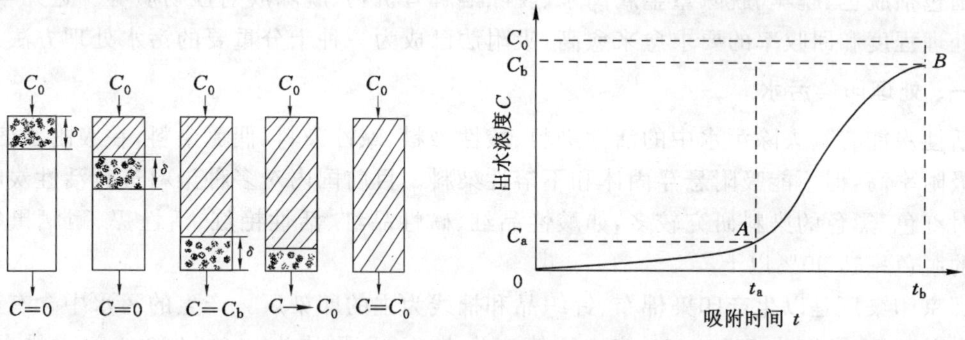

图 10-12　固定床吸附柱的穿透曲线

运行初期，由于吸附剂有足够的吸附能力，所有污染物都被吸附，出水中污染物的浓度接近于零，此时吸附主要发生在床层的上部，把床层中正在起吸附作用的吸附剂填充层称为吸附带。正常运行时，吸附带高度为定值。

随着吸附过程的进行，顶层吸附剂首先达到饱和，该区域称为饱和区。饱和区出现以后吸附带下移，但此时出水中污染物的浓度仍然接近于零，当吸附带逐渐下移到接近底端时，处理出水中开始出现吸附质，该点称为理论穿透点(图 10-12 中的 A 点)，此时出水中污染物的浓度称为穿透浓度 C_a，所经历的时间为穿透时间 t_a。此时床层中的吸附剂仍有一小部分未达到饱和。

随着吸附过程的继续进行，吸附带高度逐渐减小，出水中污染物的浓度迅速上升，床层内所有的活性炭都达到饱和，失去吸附作用，当出水中污染物浓度达到进水浓度的 95%时，称该点为理论耗竭点(图 10-12 中的 B 点)，此时出水中污染物的浓度称为耗竭浓度 C_b，所经历的时间称为耗竭时间 t_b。

在污水处理中，当出水中污染物超过允许浓度时，称为床层的穿透，达到穿透点时吸附不能继续进行，需要停止进水，进行再生或更换吸附剂的操作。因此，也可以将吸附剂尚未完全饱和失效就需转入再生或更换操作的实际穿透点称为实际耗竭点。

穿透曲线的形状与下列因素有关。① 吸附速度，吸附速度愈快穿透曲线愈陡，吸附区愈短，有利于充分发挥吸附剂的吸附能力。② 吸附剂的种类和粒度，对球形吸附剂，粒度愈小，床层直径与颗粒直径之比愈大，穿透曲线愈陡。对同一种污染物，采用不同的吸附剂，穿透曲线的形状也有差别。另外吸附剂的再生次数也影响穿透曲线的形状，次数愈多，穿透曲线愈平缓。③ 污水中污染物的性质和浓度，一般是进水浓度愈高，穿透曲线愈陡，污染物越容易吸附，穿透曲线愈陡。④ 水流的速度，水流速度愈小，穿透曲线愈陡。

固定床设计和运行方式的确定很大程度上取决于穿透曲线，实际污水吸附的穿透曲线需要通过试验确定。

第四节　吸附法在污水处理中的应用

在污水处理中，吸附法主要用来脱除污水中的微量污染物，以达到深度净化的目的。应用范围包括脱色、脱臭、脱除重金属离子、脱除溶解有机物、脱除放射性物质等。近几年随着污水处理程度和回收率的要求愈来愈高，吸附法已成为一种十分重要的污水处理方法。

一、处理印染污水

活性炭能有效去除污水中的活性染料、酸性染料、碱性染料、偶氮染料，在吸附水溶性染料时吸附率高，但不能吸附悬浮固体和不溶性染料。目前国内对多种染料进行活性炭吸附，其中对红色、黑色的染料研究较多，如酸性品红、碱性品红、活性艳红、活性黑、耐晒黑等等，普遍的脱色率达 90%以上。

邵京印染厂是以生产印染棉布、针织品和棉线为主的印染厂。产生的污水中含有染料、助剂和酸碱等，色度为 500～600 倍，pH 值变化大，COD 平均为 800～900 mg/L，排水量为 80 m^3/d，其污水处理工艺见图 10-13。污水经絮凝沉淀，炉渣吸附处理后的 COD 去除率平均达 65%～75%，脱色率平均达 80%以上。

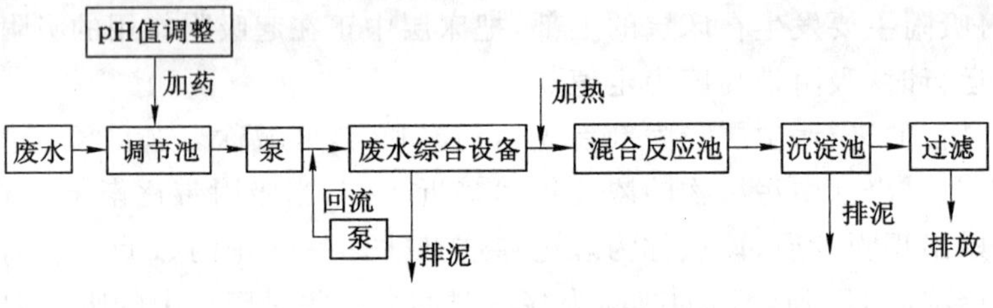

图 10-13　邵京印染厂污水处理工艺流程图

二、处理电镀污水(回收铬酸)

某机械生产企业采用活性炭吸附法处理电镀车间含铬污水，处理系统的工艺流程见图 10-14。

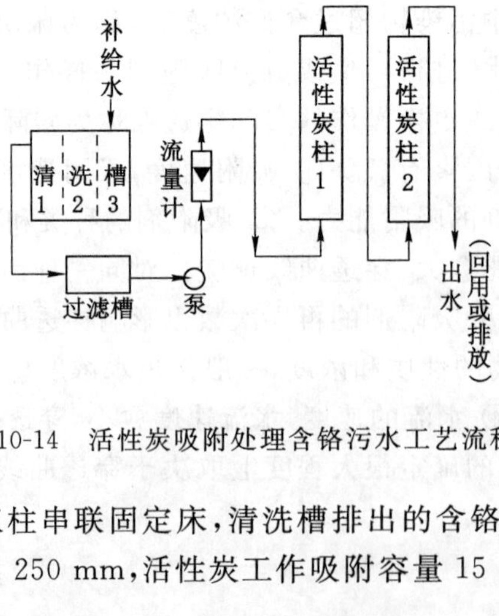

图 10-14　活性炭吸附处理含铬污水工艺流程图

处理系统采用双流式双柱串联固定床，清洗槽排出的含铬污水经过滤后送入吸附柱。吸附柱柱径 270 mm，柱高 1 250 mm，活性炭工作吸附容量 15 g/L(炭)；进水 pH 值 3.5～

4.5，污水通过活性炭层的升流速度 10～12 m/h，水头损失 0.6～0.7 m，固液接触时间 10 min。饱和吸附剂用 8%～15%NaOH 再生，炭碱接触时间为 30～60 min。再生后的活性炭用 5%～10%的 H_2SO_4 活化，H_2SO_4 用量为活性炭体积的 50%。再生液主要成分为铬酸钠，可回用于钝化工序，或经脱钠后回收铬酸。该处理系统的处理量为 0.3～1.0 t/h，进水六价铬浓度小于 80 mg/L 时铬的去除效率可达 99%，出水仅含有少量的 Cr^{3+}。该处理系统管理操作简便，投资少，适用于中小型企业。

三、处理乙烯污水

国内某乙烯厂的乙烯污水含有乙烯及其配套化生产装置产生的污水及生活污水等，成分复杂，特征污染物较多，污染较严重。污水主要污染物的综合指标值为：pH 值 6～9，SS 100～500 mg/L，BOD_5 400～600 mg/L，COD 1 000 mg/L。该厂污水处理站设计处理能力 1 200 m^3/h，污水处理工艺流程由生化处理、高速过滤、活性炭吸附、污泥处理 4 个基本处理单元构成(图 10-15)。

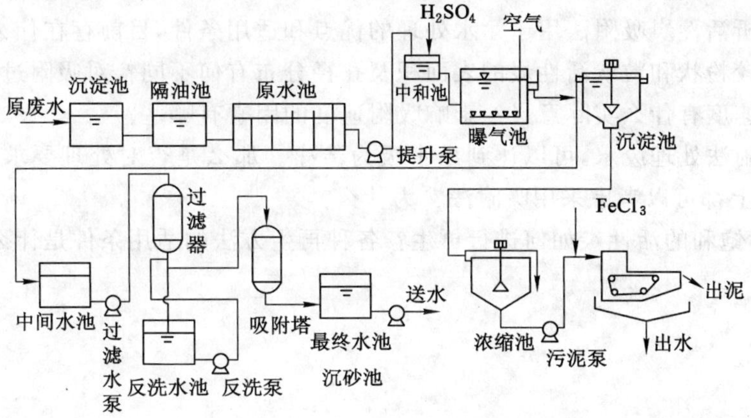

图 10-15 乙烯污水处理工艺流程图

在生化处理单元中，污水经沉砂池、隔油池、中和池、曝气池、沉淀池后，单元出水水质 SS 40 mg/L、BOD_5 20 mg/L、COD 60 mg/L；再经高速过滤处理单元后，出水悬浮物 SS 含量进一步降至 8 mg/L，系统产生的污泥经浓缩、脱水设施处理后，最终送入立式多段焚烧炉焚烧处置。

吸附单元采用立式圆筒形降流固定床吸附塔，共设 12 个吸附塔，吸附塔规格 ϕ5 000 mm×4 000 mm，活性炭层高 3 000 mm，塔装填吸附剂容量为 60 m^3、26.4 t。吸附单元最大处理量 1 135 m^3/L，过流速度 20 m/h，反洗流速 20 m/h，反洗时间 15 min，吸附层膨胀率 30%。饱和活性炭送入立式六段再生炉高温再生，再生炉炉温 400～900 ℃，停留时间 30～45 min，再生损失率 5%～7%。经吸附处理后，处理系统出水水质达到 SS 小于 5 mg/L、BOD_5 4～5 mg/L、COD 小于 30 mg/L，处理较为彻底。

习题与思考题

1. 吸附法可以去除污水中的哪几类污染物？
2. 在污水处理中最常用到的吸附等温式有哪几种？它们有什么实用意义？

3. 试比较 Langmuir 吸附等温线与 B. E. T 吸附等温线有何异同？为什么说 B. E. T 多分子层吸附等温式包含了 Langmuir 等温式，需具备哪些条件？

4. 常用的吸附设备有哪几种？各有何特点？

5. 石油化工含酚污水用活性炭作二级深度处理进行脱色和除酚，若污水流量为 50 m^3/h；污染物浓度用 COD 表示，测得 COD=30 mg/L，吸附达到平衡时活性炭投加量与平衡浓度的试验结果见表 10-4：

表 10-4

活性炭投加量/(mg/L)	50	100	150	200	250	500
平衡浓度/(mg/L)	18	11	7.5	5.0	3.5	1.0

（1）试推求 Freundlich 等温式中的经验常数 K_f；

（2）若污水经吸附处理后回用于生产，要求其剩余浓度不超过 3 mg/L，求活性炭用量。

6. 试分析活性炭吸附法用于污水处理的优点和适用条件，目前存在什么问题？

7. 试比较粉状和粒状活性炭的表面积及孔径分布有何不同？对吸附过程有何影响？

8. 吸附速度有什么实际意义？影响吸附速度的因素有哪些？

9. 用吸附法处理废水，可以达到出水极为洁净。那么是否对处理要求高、出水要求高的废水，原则上都可以考虑采用吸附法？为什么？

10. 吸附饱和的活性炭如何进行再生？各种再生方法的适用条件是什么？

第十一章　离子交换法

离子交换法(Ion Exchange Process)是通过离子交换剂的可交换离子与溶液中相同电性的离子进行交换反应,去除污水中有害离子的方法。离子交换法的实质是固液两相间等当量的离子交换作用,是一种特殊的吸附过程。

离子交换法具有设备简单、操作容易、去除率高、离子交换剂可再生反复使用等优点。但对污水的预处理要求比较高,存在离子交换剂的再生和再生液难处理的问题,其应用范围受离子交换剂品种及成本限制。

第一节　离子交换的基本原理

一、离子交换平衡

离子交换过程可以看作是固相的离子交换树脂与液相(污水)之间的化学置换反应。其反应一般都是可逆的,向右进行时是交换过程,向左进行时是再生过程。阳离子交换树脂的交换和再生的机理可用式 11-1 表示:

$$\underset{\text{交换树脂}}{nRA} + \underset{\text{水中离子}}{mB^+} \rightleftharpoons \underset{\text{饱和树脂}}{R_nB_m} + \underset{\text{可交换离子}}{nA^+} \tag{11-1}$$

在一定温度下、经过一定时间后,离子交换体系中的树脂相和液相间的离子交换反应达到平衡,服从等当量交换原则和选择性原则,其平衡常数可表示为:

$$K=\frac{[R_nB_m][A^+]^n}{[RA]^n[B^+]^m} \tag{11-2}$$

式(11-2)中,右边各项均以离子浓度表示,在稀溶液条件下,可近似地看作常数。K 越大,吸着量越大,也就是说,溶液中 B^+ 离子的去除率就越高。根据 K 值的大小,可以判断交换树脂对某种离子吸着选择性的强弱,所以又把 K 值称为离子交换平衡选择系数。

一般在低浓度溶液中,树脂对离子的亲和能力的大小有以下规律:① 电荷数高的离子亲和能力强,如 $Fe^{3+}>Mg^{2+}>Na^+$、$PO_4^{3-}>SO_4^{2-}>NO_3^-$;② 同电荷数离子水合离子半径小的亲和能力强,如 $Ca^{2+}>Mg^{2+}>Be^{2+}$,$K^+>Na^+>Li^+$;③ 对于强酸性阳离子树脂 $Na^+>H^+$,弱酸性阳离子树脂相反;④ 对于强碱性阴离子树脂 $OH^->Cl^-$,弱碱性阴离子树脂相反。

二、离子交换速度

离子交换反应过程可分为四个阶段:① 液膜扩散阶段:待交换的离子从溶液中扩散到树脂颗粒的表面,主要是待交换的离子穿过水化层的过程;② 孔隙扩散阶段:待交换离子由树脂颗粒的表面继续向树脂颗粒内部扩散并达到交换点的过程;③ 离子交换反应阶段:待交换离子与树脂活性基团上的可交换离子发生交换反应的过程；④ 反向扩散阶段：被交换下来的离子由树脂颗粒内部扩散到树脂颗粒的表面，再穿过水化层，进入主体溶液中随产品水流走的过程。

在以上四个反应阶段中，离子交换反应的速度很快，而被交换下来的离子向溶液中的反向扩散速度与离子交换速度无关，所以离子交换的总速度取决于液膜扩散速度和孔隙扩散速度。

就传质的动力学而言，扩散速度受到以下因素影响：

① 树脂交联度：交联度大，孔隙小，则孔隙扩散慢，交换速度受孔隙扩散控制；

② 树脂的粒径：液膜扩散和孔隙扩散分别与交换树脂颗粒的半径和半径平方成反比，因此，缩小粒径会使交换速度增大；

③ 水中的离子浓度：浓度梯度是扩散的推动力，当液相中离子浓度在 0.1 mmol/L 以上时，离子在液膜中具有较快的扩散速度，交换速度主要受树脂孔隙扩散影响；当液相中离子浓度在 0.003 mmol/L 以下时，离子在液膜中扩散速度很慢，交换速度主要受液膜扩散影响；

④ 液相的流动速度：液相速度增加，可加快液膜扩散，但对孔隙扩散无影响；

⑤ 液相的温度：水温高，交换速度加快。

三、离子交换的影响因素

离子交换剂的性质、水中污染物离子的性质、水中的其他成分以及操作条件等都对离子交换效果有影响，了解各因素的影响程度及规律对于更好地利用离子交换过程是非常重要的。

1. 离子交换剂的性质

离子交换剂对交换的效果有重要影响，因此需要根据原水水质、处理要求、交换工艺和投资运行费用等综合考虑后确定。基本原则如下：

当分离无机阳离子或有机碱性物质时，一般选用阳离子交换树脂；分离无机阴离子或有机酸时，一般选用阴离子交换树脂。对两性的物质（如氨基酸等）选用阴、阳树脂都可以实现。对某些贵重金属或有毒的金属离子，可以选用选择性较强的螯合树脂对其进行回收。

在污水处理时，对容易交换的离子可以采用弱型树脂进行交换，此时弱型树脂的交换能力强，同时再生比较容易，可以节省运行费用。当污水中含有多种离子时，可以利用交换树脂的选择性分别回收，如果不需要回收，可以采用混合床进行处理。由于污水的组成复杂，影响因素多，所以最好通过试验比较后确定最佳的树脂种类。

2. 污水水质

（1）悬浮物和油类物质

污水中的悬浮物会堵塞树脂孔隙，油类物质会包住树脂颗粒，都会使交换能力下降，因此当这些物质含量较多时，应进行预处理。预处理的方法有过滤、吸附等。

（2）有机物

污水中某些高分子有机物与树脂活性基团的固定离子结合力很大，一旦结合就很难进行再生，这会降低树脂的再生率和交换能力。例如高分子有机酸与强碱性季胺基团的结合力就很大，难于洗脱下来。为了减少树脂的有机污染，可选用低交联度的树脂，或者进行离子交换处理之前对污水进行预处理。

（3）高价金属离子

污水中 Fe^{3+}、Al^{3+}、Cr^{3+} 等高价金属离子能引起树脂中毒。从阳离子树脂的选择性可看出，高价金属离子易为树脂交换，再生时难以把它洗脱下来，会降低树脂的交换能力。使用高浓度酸长时间浸泡可以恢复树脂的交换能力。

(4) 氧化剂

污水中如果含有氧化剂(如 Cl_2、O_2、$H_2Cr_2O_7$ 等)时,会使树脂氧化分解。强碱性阴树脂容易被氧化剂氧化,使交换基团变成非碱性物质,可能完全丧失交换能力。氧化作用也会影响交换树脂的本体,使树脂加速老化,使交换能力下降。为了减轻氧化剂对树脂的影响,可选用交联度大的树脂或加入适当的还原剂。

(5) pH 值

强酸和强碱树脂的活性基团电离能力很强,交换能力基本上与 pH 值无关。但弱酸性树脂在低 pH 值时不电离或部分电离,因此,在碱性条件下,才能得到较高的交换能力。而弱碱性树脂在酸性溶液中才能得到较大的交换能力。螯合树脂对金属的结合与 pH 值有很大关系,每种金属都有适宜的 pH 值。

另外,离子在污水中存在的状态,有的与 pH 值有关,例如含铬污水中,$Cr_2O_7^{2-}$ 与 CrO_4^{2-} 两种离子的比例与 pH 值有关,用阴离子树脂去除污水中六价铬,其交换能力在酸性条件下比在碱性条件下高,因为同样交换一个二价阴离子,$Cr_2O_7^{2-}$ 比 CrO_4^{2-} 多一个铬。

(6) 水温

虽然增高水温可加速离子交换的扩散,但各种离子交换树脂都有一定的允许使用温度范围。水温超过允许温度时,会使树脂交换基团分解破坏,从而降低树脂的交换能力。所以水温太高时,应进行降温处理。进水温度一般以 30～40 ℃为宜。

3. 操作条件

影响离子交换的操作条件主要是运行流速,它是指交换时水流通过交换剂床层的速度。对一定的进出水水质而言,往往有一个较优的流速值,超过此流速,由于离子供应速度大于交换速度,会使出水水质恶化,同时工作层厚度增大,树脂利用率降低。根据污水的性质和处理条件不同,滤速一般为 10～30 m/h。实际应用时最好通过试验确定最佳流速。

第二节　离子交换剂

凡是能与溶液中的离子进行等当量交换反应的物质都称为离子交换剂。离子交换剂分为无机和有机两大类。无机的离子交换剂有天然的(如沸石、海绿砂)和人工合成的(如合成沸石),有机的离子交换剂有碳质的(如磺化煤)和各种离子交换树脂(Ion Exchange Resin)。在污水处理中,应用最为广泛的是离子交换树脂,本节将作重点介绍。

一、离子交换树脂的结构

1. 离子交换树脂的结构

离子交换树脂是一类具有离子交换特性的有机高分子聚合电解质,是一种疏松的、具有多孔结构的固体球形颗粒,粒径一般为 0.3～1.2 mm,不溶于水,也不溶于电解质溶液。其结构由不溶性的树脂母体(骨架)(Resin Matrix)和具有活性的交换基团(也叫活性基团)(Functional Group)两部分组成,如图 11-1 所示。

树脂母体是由高分子化合物与交联剂二乙烯苯经聚合反应而成,组成树脂母体的单体材料主要有苯乙烯和丙烯酸(酯)两大类,其中交联剂的作用是使树脂母体形成立体的网状结构。交换基团是由起交换作用的可交换离子和与树脂母体联结的固定离子组成。

2. 离子交换树脂的类型

按活性基团的性质，离子交换树脂分为阳离子交换树脂(Cation Resin)和阴离子交换树脂(Anion Resin)两种。阳离子交换树脂内的活性基团是酸性的，它能够与溶液中的阳离子进行交换，如 $R—SO_3—H^+$，酸性基团上的 H^+ 可以电离，能与其他阳离子进行等当量的离子交换；阴离子交换树脂内的活性基团是碱性的，它能够与溶液中的阴离子进行离子交换，如 $R—N^+OH^-$，碱性基团上的 OH^- 可以和其他阴离子进行等当量的交换。

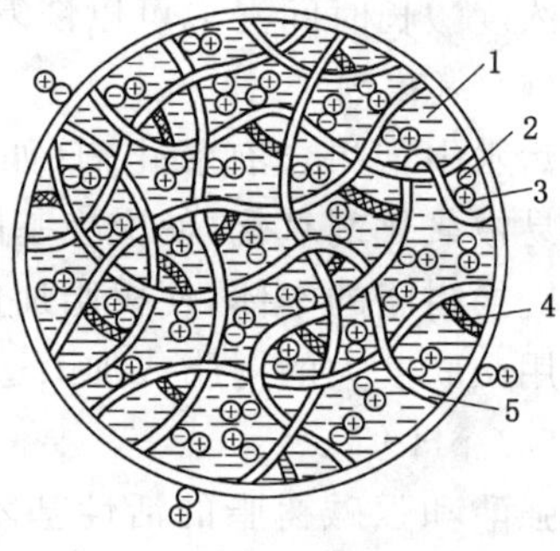

图 11-1　离子交换树脂结构示意图
1——水；2——固定离子；3——可交换离子；
4——二乙烯交联链；5——聚苯乙烯链

按活性基团酸碱性的强弱，离子交换树脂可分为四类：① 强酸性阳离子交换树脂，活性基团一般为 $—SO_3H$，故又称磺酸型阳离子交换树脂；② 弱酸性阳离子交换树脂，活性基团一般为—COOH，故又称羧酸型阳离子交换树脂。上述两种交换剂活性基团中的 H^+ 可以被 Na^+ 代替，因此阳离子交换树脂又可分为氢型和钠型；③ 强碱性阴离子交换树脂，活性基团一般为≡NOH，故又称为季胺型阴离子交换树脂；④ 弱碱性阴离子交换树脂，活性基团一般有 $—NH_3OH$、$=NH_2OH$ 或≡NHOH，故分别又称伯胺型、仲胺型或叔胺型离子交换树脂。阴离子交换树脂中的 OH^- 可以用 Cl^- 代替。因此，阴离子交换树脂又有氢氧型和氯型之分。

根据离子交换树脂颗粒内部结构特点，又分为凝胶型(Gel Structure)、大孔型(Macroporous Structure)和等孔型三类。凝胶型树脂不具有物理孔隙，只有在浸入水中时才显示其分子链间的网状孔隙(2～4 nm)，比表面积约 2～120 m^2/g；大孔树脂则无论在干态或湿态，用电子显微镜都能看到孔隙(20～120 nm)，比表面积 0.1 m^2/g；等孔型树脂与大孔型相似，只是孔隙更均匀。三种树脂的内部结构见图 11-2。目前污水处理中使用的多数为大孔型离子交换树脂。

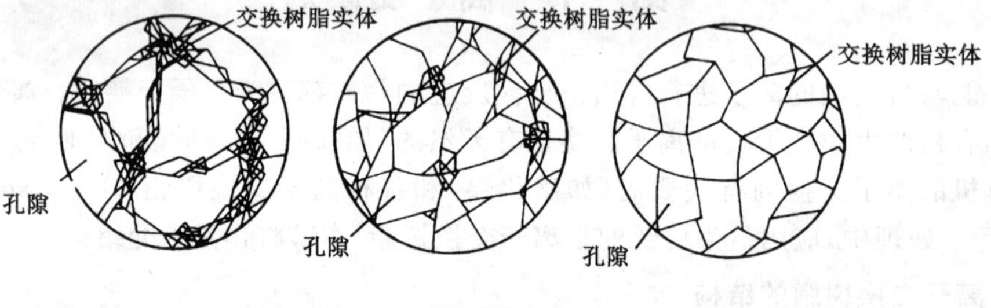

图 11-2　树脂结构示意图
(a) 凝胶型树脂；(b) 大孔型树脂；(c) 等孔型树脂

另外还有一些具有特殊活性的离子交换树脂，如氧化还原树脂(含巯基、氢醌基等)；两性树脂(同时含羧基和叔胺基)以及螯合树脂等。

二、离子交换树脂的性能指标

1. 交联度

树脂中交联剂的质量在树脂质量中所占的百分数称为交联度(Crosslinking Degree)，它直接影响树脂的性能。交联度越低，则孔隙率大，含水率高，但强度差，易破碎；而交联度越高，结构紧密，强度大，溶胀性小，树脂越稳定，但离子扩散速度低，交换速度慢，可交换基团数量下降。水处理中所用的交换树脂的交联度一般为7%～10%。

2. 交换容量

交换容量(Exchange Capacity)是树脂交换能力大小的标准，可以用质量法和容积法两种方法表示。质量法是指单位质量的干树脂中离子交换基团的数量，用mmol/g或mol/kg来表示。容积法是指单位体积的湿树脂中离子交换基团的数量，用mmol/L或mol/m^3树脂来表示。由于树脂一般在湿态下使用，因此常用的是容积法。

交换容量分为理论(全)交换容量、工作交换容量和有效交换容量。理论(全)交换容量是指树脂中活性基团或可交换离子的总数；工作交换容量是指在给定的工作条件下，实际所发挥的交换容量，受再生程度、污水的离子种类、浓度、树脂层高度、水流速度等因素影响，一般工作交换容量只有总交换容量的60%～70%；有效交换容量是指出水到达一定指标时交换树脂的交换容量。

3. 选择性

离子交换树脂对水中某种离子能优先交换的性能称为离子交换选择性。选择性表示了交换离子取代树脂上可交换离子的难易程度。交换离子与树脂的亲和力的大小称为交换势(Exchange Potential)。交换势越大，表明选择性越高。离子的交换势与自身化学性质和树脂的化学特性有关，并受温度和浓度影响大。在常温和低浓度条件下，水中离子所带电荷数越多(原子价越高)，交换势越大，越易被树脂交换；水中离子所带电荷相同时，原子序数越大(即离子水合半径越小)，交换势越大，越易被交换，副族元素正好相反。

在含盐量不太高的水溶液中，常见离子交换树脂的选择性规律可大致归纳如下：

强酸性阳离子交换树脂的选择顺序为：

$$Fe^{3+} > Cr^{3+} > Al^{3+} > Ca^{2+} > Mg^{2+} > K^{+} \approx NH_4^{+} > Na^{+} > H^{+} > Li^{+}$$

弱酸性阳离子交换树脂的选择顺序为：

$$H^{+} > Fe^{3+} > Cr^{3+} > Al^{3+} > Ca^{2+} > Mg^{2+} > K^{+} \approx NH_4^{+} > Na^{+} > Li^{+}$$

强碱性阴离子交换树脂的选择性顺序为：

$$Cr_2O_7^{2-} > SO_4^{2-} > CrO_4^{2-} > NO_3^{-} > Cl^{-} > F^{-} > HCO_3^{-} > HSiO_3^{-}$$

弱碱性阴离子树脂的选择性顺序为：

$$OH^{-} > Cr_2O_7^{2-} > SO_4^{2-} > NO_3^{-} > Cl^{-} > HCO_3^{-} > HSiO_3^{-}$$

4. 密度

离子交换树脂的密度有干真密度、湿真密度和湿视密度三种表示方法。

① 干真密度：是指树脂于115 ℃真空干燥后的密度，常用于研究树脂的结构与性能的关系。

② 湿真密度：是指树脂在水中充分膨胀后的颗粒密度，是湿树脂质量与湿树脂颗粒体积(不包括空隙)之比。湿真密度与树脂反冲洗时的分层情况和沉降性能相关，其值一般在1.04～1.30 g/mL之间。

③ 湿视密度：是指树脂在水中充分膨胀后的堆积密度，是湿树脂质量与湿树脂堆积体积之比。一般在0.60～0.85 g/mL之间，常用来计算离子交换树脂的用量。

5. 含水率

含水率指在水中充分膨胀后的湿树脂所含溶胀水的质量与湿树脂质量的百分比，即每克湿树脂(去除表面水分后)所含水分的质量分数,反映树脂的交联度和孔隙率,一般为40%左右。

6. 溶胀度

当树脂由一种离子型态转变为另一种离子型态时所发生的体积变化称为溶胀性或膨胀。树脂溶胀的程度用溶胀度来表示。在设计离子交换装置时,必须考虑树脂的溶胀度,以适应生产运行时树脂中的离子转换发生的树脂体积变化,如强酸阳离子交换树脂由钠型转变成氢型时,其体积溶胀度约为5%~7%。

7. 稳定性

树脂的稳定性主要包括机械稳定性和化学稳定性。物理稳定性中最重要的是树脂的机械强度,即树脂在各种机械力作用下抗破碎的能力,主要取决于交联度,提高树脂骨架结构的均匀性,有利于减少内应力,增加树脂的机械强度。化学稳定性是指离子交换树脂抵抗氧化剂氧化的能力。树脂的孔结构对化学稳定性影响很大,氧化后的树脂中活性基团的数量和性质会发生变化。防止树脂因氧化而化学降解的办法有三种:一是采用高交联度的树脂;二是在污水中加入适量的还原剂;三是使交换柱内的 pH 值保持在 6 左右。

常用离子交换树脂的规格和性能如表 11-1 所示。

表 11-1　　常用离子交换树脂的规格和性能

牌　号		001×7	110	201×7	D301
产品名称		强酸性苯乙烯系阳离子交换树脂	弱酸性丙烯酸系阳离子交换树脂	强碱性苯乙烯系阴离子交换树脂	大孔弱碱性苯乙烯系阴离子交换树脂
功能基		$—SO_3$	—COOH	$—N^+(CH_3)_3$	$—N(CH_3)_2$
交换容量	mol/g(干)	≥4.2,Na	≥12,H	≥3.0,Cl	≥4.0
	mol/mL(湿)	≥2.0,Na	≥4,H	≥1.2,Cl	≥1.4
外　观		棕黄色至棕褐色球状颗粒	近乎白色半透明球状颗粒	淡黄色至金黄色球状颗粒	微黄色不透明球状颗粒
粒度/% (0.3~1.2 mm)		≥95	≥95	≥95	≥95
含水量/%		34~41	50~60	40~50	50~60
湿真比重(20 ℃)		1.30~1.35	1.10~1.15	1.06~1.11	1.05~1.12
湿视密度/(g/mL)		0.84~0.88	0.70~0.80	0.65~0.75	0.70~0.75
耐磨率/%		≥98		≥95	
型变膨胀率/%			H→Na,70	Cl→OH,22	盐→碱→8
最高使用温度/℃		H 型 100 Na 型 120	100	OH 型 40 Cl 型 100	盐型 40 碱型 100
pH 值使用范围		1~14	5~14	1~12	1~9
出厂型式		Na^+	H^+	Cl	碱型

第三节　离子交换工艺与设备

与吸附过程相似,离子交换过程也可以分为静态交换和动态交换两种,其操作过程也与吸附类似。动态交换是在离子交换柱中完成的，根据离子交换剂在交换过程中的状态，分为固定床、移动床和流动床三种。

一、固定床离子交换器

1. 工艺过程

常用的固定床式离子交换柱与吸附塔基本相同。离子交换剂在柱内不移动，污水通过一定高度的交换剂床层进行交换。全部交换过程一般包括交换、反洗、再生和正洗四个主要步骤，如图 11-3 所示。

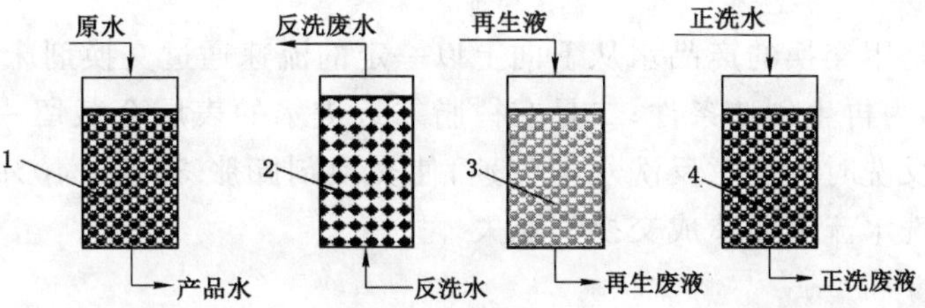

图 11-3　离子交换工艺示意图

(a) 交换；(b) 反洗；(c) 再生；(d) 正洗

(1) 交换

离子交换是在一定压力下进行的，交换时使一定压力的水连续通过交换剂床层。在污水通过床层的过程中，其中需要去除的离子和交换剂上的离子进行交换，水中的污染物离子进入交换剂中而被除去，交换剂中交换下来的离子进入水中随水一起排出，完成污水的净化过程。

以钠树脂处理含钙离子的污水为例，交换反应进行一段时间后，停止运行，逐层取出样品并测定其吸着的钙离子浓度以及饱和度。如图 11-4(a)所示，白点代表钙型树脂，黑点代表钠型树脂，1 段表示树脂已全部被钠离子饱和，2 段表示正在进行离子交换反应的部分，其饱和程度顺着流向逐渐减小，3 段表示树脂尚未进行交换的区段。如把整个树脂层各点饱和程度绘成曲线，即得图 11-4(b)所示的饱和程度曲线。

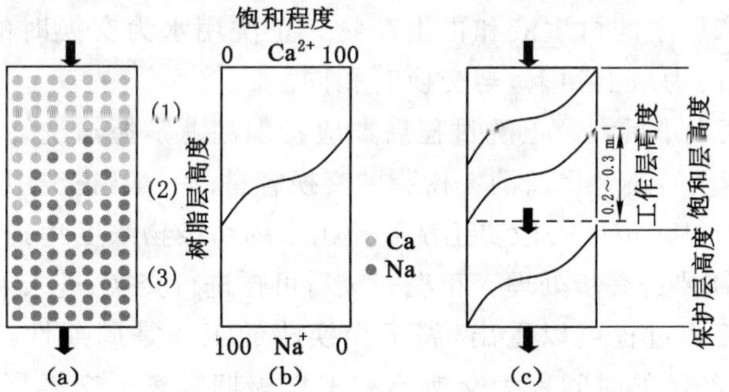

图 11-4　固定床树脂层离子交换过程示意图

当污水进入交换柱后，首先与顶层的树脂接触并进行交换，钙离子被吸着而钠离子被交换下来。污水继续流过下层树脂时，水中钙离子浓度逐渐降低，而钠离子浓度却逐渐升高。当污水流经一段滤层之后，全部钙离子都被交换成钠离子，再往下便无变化地流过其余的滤层。通常把某一时刻正在进行交换反应的树脂层称为工作层或交换层。交换柱中树脂的实际装填高度远远大于工作层厚度，因此当污水不断地流过树脂层时，工作层便不断地下移。如图 11-4(c)所示，当工作层下端到达树脂层底部，钙离子开始泄漏。此时，整个树脂层可分为两个部分：树脂交换容量得到充分利用的部分称为饱和层，树脂交换容量只是部分利用的部分称为保护层。工作层厚度主要与进水流速及浓度有关。

离子交换的过滤速度是一个重要的工艺参数，过滤阶段的滤速与进水水质、出水水质及阻力损失等因素有关。对一定的进出水水质而言，往往有一个较优的滤速值。根据污水性质和处理条件的不同，滤速可在每小时几米到几十米的范围内变动，一般为 10～30 m/h。

(2) 反洗

反洗的过程是用交换的产品水从下向上以一定的流速通过交换剂床层，目的有两个：一是使树脂层松动，为再生创造条件；二是在树脂靠近进水的表层会截留一些悬浮物，再生前通过反洗除去。反洗时要注意反洗水的流速，使交换剂膨胀 30%～40%即可，流速过大会造成交换剂随反洗水流走而造成交换剂流失。

(3) 再生

再生是交换的逆过程，是使含有原离子交换剂上可交换离子的溶液以一定的流速通过交换剂床层，使其中的离子替代交换剂上的污染物离子，从而使交换剂回复到交换以前的状态，为下一次交换做好准备，污染物离子进入再生废液，排出交换塔。

按再生液的流向，再生分为顺流再生和逆流再生两种。再生液的流向与交换时污水的流向相同称为顺流再生，再生液的流向与交换时污水的流向相反称为逆流再生。顺流再生所需的再生液量大，但操作简单；而逆流再生所需的再生液少，但操作复杂。实际应用中两种再生方式都有应用。再生的时间一般要大于 30 min。

再生过程应尽可能地减少再生剂用量，以降低再生费用，便于回收处理再生废液，故应尽量使用浓度较高的再生剂，同时采用逆流再生的方法，且再生时一般不追求过高的再生率，把交换剂的交换能力恢复到原来的 80%左右即可。

(4) 正洗

再生完成以后还需要进行正洗，离子交换塔才能进入下一个交换过程。正洗的目的是除去残留在交换剂床层中的再生液和再生产物。正洗用水为交换时的产品水，要求高时需用去离子水，水的流向为从上到下，与交换时相同。

正洗的水流速度先小后大。正洗过程后期应特别注意掌握清洗终点的 pH 值(尤其是弱性树脂转型之后的清洗)，避免重新消耗树脂的交换容量。一般，正洗用水为树脂体积的 4～13 倍，正洗水流速为 10～15 m/h，一般要正洗到排出水的污染物浓度达到要求的标准为止，其排水不能排放或回用，需要进一步处理。正洗完成后可再进行交换，进入下一个循环。

由离子交换的工作过程可以看出，离子交换法的工作是周期性进行的，交换、反洗、再生、正洗四个阶段所经历的时间称为交换器的工作周期。离子交换周期的长短受很多因素影响，在实际应用时要综合考虑，总的原则是要使交换周期尽可能地长，一般交换的时间不低于 8 h，否则会频繁地再生，不但使操作复杂，而且会使再生和正洗废液的体积增加，给进一步处理带来困难。

2. 结构和组合方式

(1) 离子交换柱的结构

固定床离子交换柱的构造如图 11-5 所示，其外观为柱状，柱体是能承受 0.4～0.6 MPa

压力的钢制圆筒。内部构造主要有上部配水系统、交换剂床层、垫层、下部配水系统和再生液分配系统。上部配水系统的作用是在交换时分配进水，使之在整个交换塔截面积上均匀分布。交换剂床层的高度为1.5～2.0 m，交换剂表层和上部配水系统的距离为交换剂床层高度的40%～80%，以保证反洗时交换剂有充分的膨胀空间。下部配水系统的作用有两个，一是收集交换的产品水；二是均匀分配反洗水。

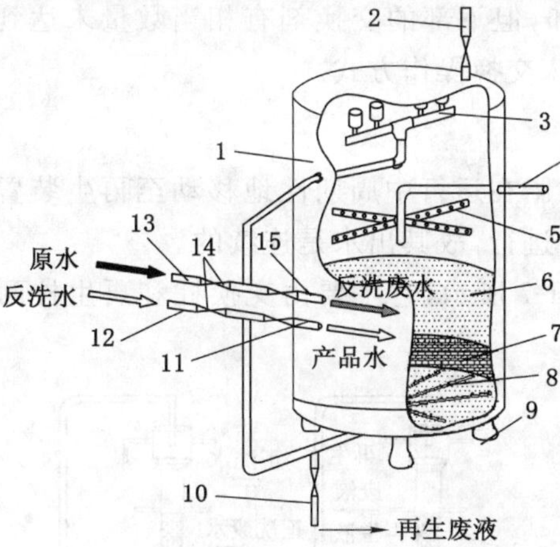

图 11-5　固定床离子交换柱的结构

1——柱体；2——排气管；3——上部配水系统；4——再生液进入管；5——再生液分配系统；6——离子交换剂床层；7——垫层；8——下部配水系统；9——底座；10——再生废液排出管；11——产品水管；12——反冲洗水进水管；13——反冲洗水排出管；14——阀门；15——反洗水排出管

(2) 离子交换柱的组合方式

在实际应用中一般是把多个不同作用的交换柱按一定的方式组合起来，构成一套离子交换装置。根据不同的使用要求和交换柱内交换剂的装填情况，离子交换装置可分为单床、多床、复床、混合床和联合床等几种装置，图 11-6 所示是离子交换装置的不同组合方式。

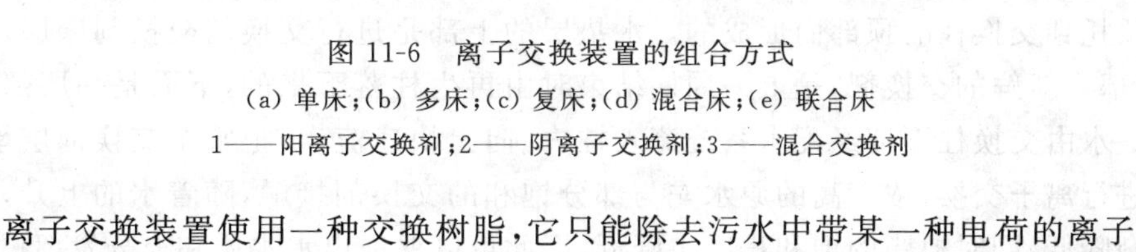

图 11-6　离子交换装置的组合方式

(a) 单床；(b) 多床；(c) 复床；(d) 混合床；(e) 联合床

1——阳离子交换剂；2——阴离子交换剂；3——混合交换剂

单床离子交换装置使用一种交换树脂，它只能除去污水中带某一种电荷的离子；多床离子交换装置也使用一种交换树脂，但由两个以上交换柱串联组成，它的目的是使污水中带同一种电荷的离子去除率更高；复床离子交换装置使用两种交换树脂，分别装填在两个交换柱内，然后串联组成，它可以去除污水中带不同电荷的离子；混合床离子交换装置是在同一交换柱内装填阴、阳两种交换树脂，它能在同一个交换柱内去除带不同电荷的离子；联合床离子交换装置是将复床与混合床串联使用，目的是使水中带不同种电荷的污染物离子去除的更彻底。

固定床离子交换器主要存在三个问题：① 交换柱体积大，交换剂用量多；② 不能连续操作，交换与再生在同一个交换柱内完成，再生时不能交换；③ 交换剂的利用不平均，交换柱内上部的交换剂达到了饱和，但下部的交换剂有相当数量未达到饱和时就要停止交换。为解决上述问题，出现了移动床交换操作方式。

二、移动床离子交换器

移动床是指交换柱中的树脂在运行中周期性地移动至再生装置进行再生，即其交换和再生分别在不同的设备中同时进行，故其出水是连续的。

移动床离子交换器如图 11-7 所示，它主要由交换柱和再生柱两部分组成，其工作过程可分为如下四个连续阶段。

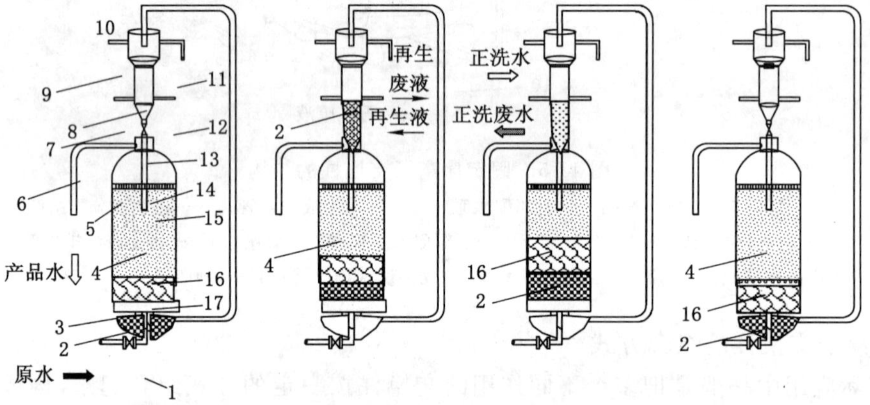

图 11-7　移动床离子交换器工作过程示意图

(a) 交换过程；(b) 再生过程；(c) 交换结束；(d) 落床

1——进水管；2——饱和的交换剂；3——进水配水装置；4——新的交换剂；5——交换柱体；6——产品水管；7——正洗排水管；8——再生柱；9——正洗进水管；10——交换剂输送管；11——再生废液出口；12——再生液进口；13——浮球阀；14——交换剂下降管；15——筛网；16——部分饱和的交换剂；17——水垫层

图 11-7 (a)表示交换开始时的情况，原水经进水管进入，通过配水装置上升。此时交换柱内配水系统的下面是上一个交换周期完成后留下的已经饱和的交换剂，配水系统上面是一层不含交换剂的清水，称为水垫层，它是由于原水上升的流速大于交换剂的沉降速度而把交换剂顶托到交换柱的顶部而形成的。水垫层的上部是进行交换的交换剂床层，它又分为两层，上部为新鲜的交换剂，是上一周期结束时由再生柱落下来的，下面是一层部分饱和的交换剂。水由交换柱下部经配水系统流入柱内，向上快速流动，把整个交换剂层承托起来，并与之进行离子交换，浓度高的原水先与部分饱和的交换剂接触，随着水的上升，其中离子浓度逐渐降低，同时树脂的饱和程度也降低，因此可以保证出水水质和充分发挥树脂的交换能力。交换后的产品水从上部产品水管流出。为保证吸附剂不随产品水流出，在交换柱的上部设有筛网，它允许水通过而不允许交换剂通过。交换开始时再生柱内是空的。

图 11-7(b)表示再生时的情况。交换开始并水流稳定后即把交换柱底部的饱和交换剂

通过输送管送到再生柱内，在柱内进行树脂的再生与正洗。再生剂由再生液进口进入，由再生废液排出管排出。再生完成后进行正洗，正洗水由正洗进水管进入，由正洗排水管排出。正洗完成后树脂再生过程完成。

图 11-7(c)表示交换结束时的情况。此时再生柱内的交换剂已完成了再生，同时交换柱内下部一定厚度的交换剂已经达到饱和，产品水中离子浓度超过了规定的数值，交换过程完成，停止进水。

图 11-7(d)为落床时的情况。停止进水后，由于失去水流的顶托作用，整个交换剂床层下落，称为落床。落床时饱和的交换剂正好落到配水系统以下，同时再生柱内已再生好的交换剂通过交换剂下降管进入交换柱内。该过程完成后交换柱内又恢复到图 11-8(a) 所示的状态，然后再进水进行交换。

移动床把交换柱和再生柱结合在一起的，称单柱移动床。也可以把再生柱独立出来，此时称为双柱移动床。还可以进一步把再生和清洗过程分开在不同的柱内完成，此时称为三柱移动床，它由交换柱、再生柱和清洗柱组成，如图 11-8 所示。原水由进水管进入，与交换剂床层逆流接触后经产品水管排出，完成交换过程。饱和后的交换剂由排出管排出，用水流输送到再生柱，再生剂从再生液进口进入，再生废液从再生液排出管排出。再生后的交换剂由水力输送到清洗柱内清洗，清洗水由正洗水进口进入，由正洗水排出管排出，清洗好的交换剂经输送管送回交换柱完成循环。输送树脂所用的水是产品水的一部分，由输送水管提供。

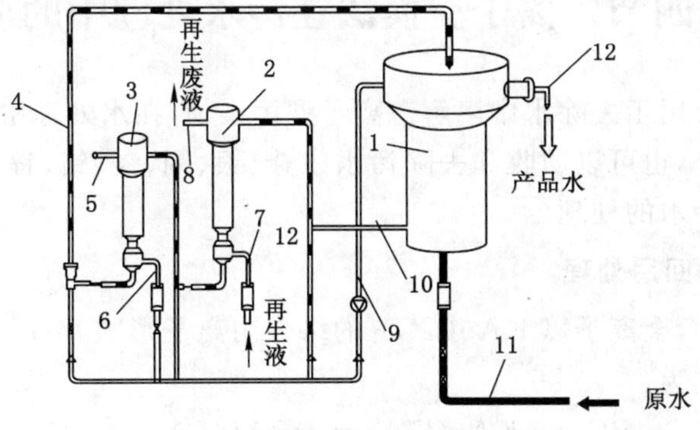

图 11-8　三柱移动床交换装置示意图

1——交换柱；2——再生柱；3——清洗柱；4——交换剂输送管；5——正洗水排出管；6——正洗水进口；7——再生液进口；8——再生液排出管；9——交换剂输送水管；10——饱和交换剂排出管；11——原水进水管；12——产品水管

移动床实际上是一种介于固定床和流动床间的半连续式离子交换装置，交换柱中的离子交换树脂多批不断进行交换—再生—交换，周期循环。在两个周期的交替间隔，停产几分钟，使离子交换树脂落床，而在其余时间内，交换柱、再生柱分别连续进行交换、再生操作。

移动床的树脂用量比固定床少，在相同产水量时，约为后者的 1/3～1/2；运行流速高，树脂利用率高；占地面积小，可基本连续制供水。但树脂磨损率大，操作复杂易出故障，对水质水量适应性较差，再生剂比耗普遍偏高。

三、流动床交换柱

流动床是全连续式的离子交换装置，在流动床操作中，溶液和离子交换树脂处于连续流动状态，离子交换树脂在流动过程中，依次进行交换、洗涤、淋洗、再生等操作，再回到交换柱，作连续周期循环。其结构和工作过程与吸附过程的流动床操作相似（见图 11-9）。原水由交换塔下部由下而上进入，与树脂发生交换作用，处理后的软水从上部流出。离子交换树脂之间有一定的空隙，且相对位置也不断变化。为了保证饱和后的离子交换树脂和新离子交换树脂不相互混合，把床层用多孔板分成不同的层，多孔板只允许水通过而不允许离子交换树脂通过。离子交换树脂在最上层通过新离子交换树脂加入管加入，然后从上向下顺序通过不同的床层，与污水逆向连续接触，饱和后的离子交换树脂从最下一层通过水射器排出，在再生塔再生，经洗涤塔洗涤后再用。

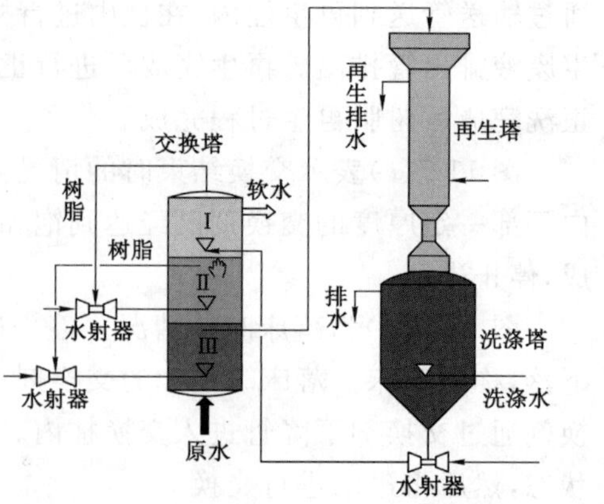

图 11-9　压力式流动床运行示意图

流动床交换的优点是所需树脂量比固定床少，树脂利用率高，连续运行，效率高。其缺点是设备较复杂，树脂磨损大。

第四节　离子交换法在污水处理中的应用

离子交换法主要用于去除水中溶解态离子型污染物，在水处理中，离子交换法是软化和除盐的主要方法之一，也可以回收和去除污水中金、银、铜、镉、铬、锌等金属离子，还可用于放射性污水及有机污水的处理。

一、含金污水的回用处理

氰化镀金污水中，金离子以 $KAu(CN)_2$ 的络合阴离子形式存在，采用 Cl 型阴离子树脂进行处理的交换反应为：

$$RCl + KAu(CN)_2 \rightleftharpoons RAu(CN)_2 + KCl$$

处理系统如图 11-10 所示，采用 2～3 个阴柱串联运行式的全饱和操作工艺，丙酮—盐酸水溶液再生，再生洗脱率在 95%以上。

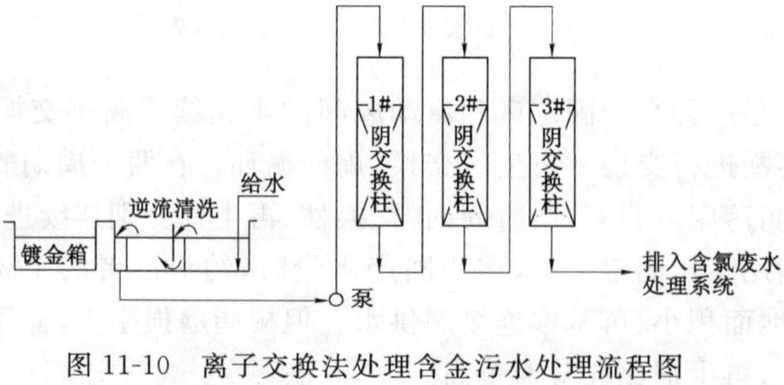

图 11-10　离子交换法处理含金污水处理流程图

洗脱过程中 $Au(CN)_2^-$ 络合阴离子被 HCl 酸解，生成 AuCl 和 HCN，AuCl 溶于丙酮而从树脂解脱。

洗脱液经水浴加热，简单蒸馏回收丙酮，并使 AuCl 沉淀析出。析出的 AuCl 在 500 ℃下灼烧 2～3 h，使其裂解为 Au 和 Cl_2，并用浓硝酸或王水对 Au 进行提纯，即可获得纯度为 99.5%～99.9%的黄金。

二、含铬污水的回用处理

用离子交换法处理含铬污水，不论是单独使用还是在闭路循环系统中与其他单元操作组合使用，都具有普遍性。当污水含铬 100 mg/L，回收铬的价值完全可以抵偿处理费。

用离子交换法处理含铬污水，目前国内多采用复床式工艺流程。

经过滤除去机械杂质的污水先经阳柱去除水中的阳离子（如 Fe^{3+}、Cr^{3+}、Ca^{2+}、Mg^{2+}等），出水呈酸性。当 pH 值下降到 4 以下时，污水中六价铬大部分以 $Cr_2O_7^{2-}$ 形式存在。水中 $Cr_2O_7^{2-}$ 和 CrO_4^{2-} 与阴树脂的 OH^- 交换：

$$2ROH + Cr_2O_7^{2-} \rightleftharpoons R_2Cr_2O_7 + 2OH^-$$

$$2ROH + CrO_4^{2-} \rightleftharpoons R_2CrO_4^{2-} + 2OH^-$$

当出水中六价铬达到规定浓度时，树脂带有的 OH^- 基本上为污水中的 $Cr_2O_7^{2-}$、CrO_4^{2-}、SO_4^{2-} 和 Cl^- 取代。

上海虹口电镀厂污水来源于装饰镀铬自动生产线，两班生产，该车间是旧厂改建，清洗水无专用排水沟收集，有冲洗地坪等水混入含铬污水系统，故悬浮物含量较高。采用图 11-11所示处理工艺，自投产运行以来，水和铬酸都基本正常，能回用于生产中。除铬阴柱再生剂采用工业氢氧化钠，再生回收的铬酸经蒸发浓缩后，铬酸中平均含 Cl^- 的浓度为 1.95 g/L，经电解脱氯净化后降至0.1 g/L。

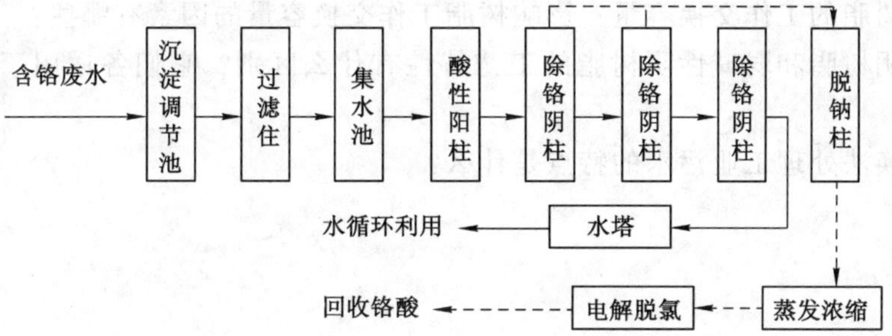

图 11-11　离子交换法处理含铬污水处理流程图

三、含镍污水的回用处理

上海滚镀二厂采用离子交换法处理镀镍清洗水的装置。污水量含镍浓度为 200～400 mg/L，用 732 强酸阳离子交换树脂，处理后水循环使用，树脂再生洗脱液回用于镀镍槽。

处理流程如图 11-12 所示，镀件出槽后经 3 级逆流清洗后的污水流入调节池，用泵抽升送入处理系统。当 1 号交换柱泄漏镍时与 2 号交换柱串联，待 1 号交换柱树脂交换吸附镍饱和后进行再生。此时，2 号交换柱单柱运行到泄漏镍时与已再生的 1 号交换柱串联，这样反复交替运行。再生用 1 mol/L 左右的硫酸钠溶液，若将再生液重复使用后，能使回收液中硫酸镍浓度达到 180～200 g/L，经静止沉淀后回用于镀镍槽。

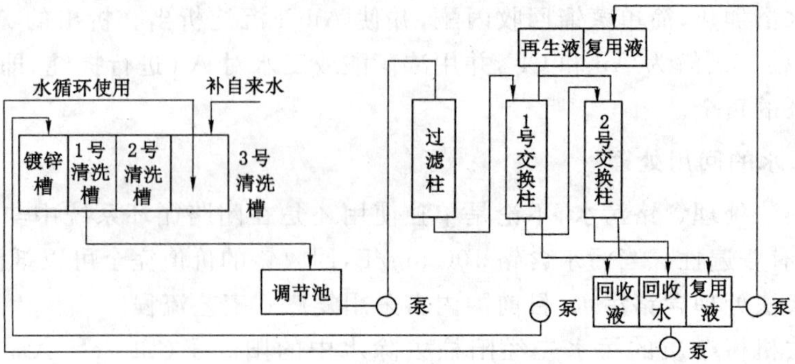

图 11-12　离子交换法处理含镍污水流程图

习题与思考题

1. 为什么树脂相的高浓度活动离子能同外溶液相浓度低的同号离子相交换？这种交换作用与活性炭吸附作用有何不同？

2. 什么叫做交联度？对树脂的性质有何影响？

3. 活性炭吸附柱与离子交换柱化学再生的原理有何不同？

4. 离子交换速度有什么实际意义？影响离子交换速度的因素有哪些？

5. 强酸性阳树脂和弱酸性阳树脂的交换特性有什么不同？在实际应用中应如何选择？

6. 什么是树脂的工作交换容量？影响树脂工作交换容量的因素有哪些？

7. 强碱性阴树脂和弱碱性阴树脂的工艺特性有什么区别？它们各适用于什么样的水质条件？

8. 离子交换法处理工业污水的特点是什么？

第十二章　膜分离技术

第一节　概　　述

膜分离技术是以选择性透过膜为分离介质，在外力推动下，对双组分或多组分溶质和溶剂进行分离、浓缩或提纯的技术方法。在膜分离中，溶质透过膜的过程称渗析，溶剂透过膜的过程称渗透。

根据分离过程中推动力的不同，水处理中常用的膜分离技术可分为渗析（Dialysis）、电渗析（Electric-dialysis）、微滤（Micro-filtration）、超滤（Ultra-filtration）、纳滤（Nano-filtration）、反渗透（Reverse Osmosis）、液膜分离（Liquid Membrane）等，各种膜的分离特性如表12-1所示。

表 12-1　常用膜分离方法及其特点

方法	推动力	传递机理	透过物及其大小	截留物	膜类型
渗析（D）	浓度差	溶质扩散	低分子物质、离子（0.004～0.15 μm）	溶剂 分子量＞1 000	非对称膜 离子交换膜
电渗析（ED）	电位差	电解质离子选择性透过	溶解性无机物（0.004～0.1 μm）	非电解质大分子物	离子交换膜
微滤（MF）	压力差 ＜0.1MPa	筛分	水、溶剂和溶解物	悬浮颗粒、纤维（0.02～10 μm）	多孔膜 非对称膜
超滤（UF）	压力差 0.1～1.0 MPa	筛滤及表面作用	水、盐及低分子有机物（0.005～10 μm）	胶体大分子 不溶的有机物	非对称膜
纳滤（NF）	压力差 0.5～2.5 MPa	离子大小或电荷	水、溶剂（＜200 μm）	溶质（＞1 nm）	复合膜
反渗透（RO）	压力差 2～10 MPa	溶剂的扩散	水、溶剂 0.000 4～0.06 μm	溶质、盐（SS、大分子、离子）	非对称膜或复合膜
液膜（LM）	化学反应和浓度差	反应促进和扩散	电解质离子	溶剂（非电解质）	液膜

膜法水处理技术的主要处理对象是分子或离子态的溶解性物质，与其他的分离技术相比较，膜分离技术具有以下的特点：

① 膜分离过程不发生相变，能耗低，能量转化效率较高；

② 膜分离过程在常温下即可进行，因而特别适于对热敏性物料，如果汁、酶、药物等的

分离、分级和浓缩；

③ 膜分离对象广泛，不仅适用于有机物和无机物，从病毒、细菌到微粒的广泛分离，而且还适用于许多特殊溶液体系的分离，如溶液中大分子与无机盐的分离，一些共沸物和近沸点物系的分离等；

④ 膜法分离设备分离效率高，装置紧凑，占地小，操作简便，易于实现自动化控制。

膜分离技术近年来得到迅速的发展，已在水处理、化工、医药、食品和生物工程等领域发挥着巨大的作用，它既可用于海水淡化、纯净水制备，也可用于污水处理中有用物质的回收，及出水水质要求高、污染物采用其他常规处理方法难以去除的场合，并且在多数情况下是作为处理系统的一个处理单元，和其他水处理方法组合使用。目前，膜法水处理技术尚存在膜污染、膜价格高、处理费用昂贵等问题。

第二节　扩散渗析法

渗析法（Dialysis，简称 D）是指在膜两侧溶液浓度差的推动作用下，溶质由高浓度的溶液主体透过半透膜向低浓度溶液迁移扩散的过程，也称为扩散渗析。

一、扩散渗析的基本原理

在膜分离技术中，扩散渗析是最早被发现和研究的膜分离过程，它是利用半透膜及浓差扩散原理对液体进行分离提纯的水处理操作。

扩散渗析法的原理如图 12-1 所示，以酸洗钢铁污水中的硫酸回收为例。以选择性阴离子交换膜将容器分隔为原液室和回收液室，两室分别通入废酸液和接受液，废酸液与接受液在膜的两侧逆向流动，在浓度差的作用下，渗析室中的 Fe^{2+}、SO_4^{2-}、H^+ 都有向回收液室扩散的趋势。由于阴离子交换膜的选择透过性，SO_4^{2-} 离子能顺利透过膜进入到回收液室，而 Fe^{2+} 则很难通过；同时，根据电中性要求，也会夹带正电荷的离子，由于 H^+ 的水合半径比较小，电荷较少，而金属盐的水合离子半径较大，又是高价的，因此 H^+ 会优先通过膜，这样废液中的酸就会被分离出来，回收液室下端流出的为硫酸，从原液室上端排出的主要是 $FeSO_4$ 残液，这样废酸液中的酸得到分离回收。

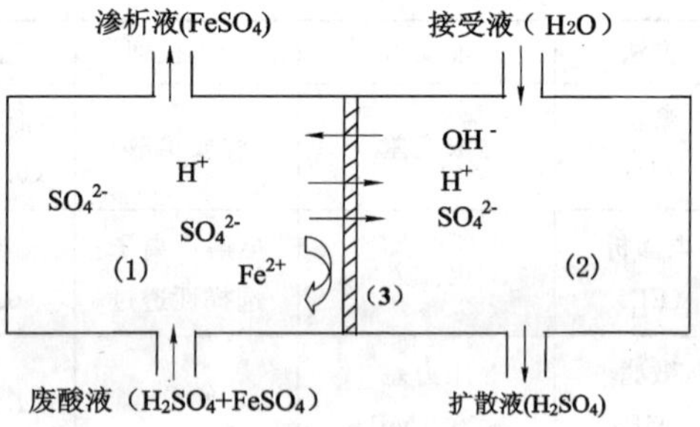

图 12-1　扩散渗析回收酸原理示意图

1——原液室；2——回收液室；3——阴离子交换膜

由上述分离过程可见，只要具备浓度差和膜的选择性透过两个条件，扩散渗析过程就可自发进行。但扩散渗析的渗析速度与膜两侧溶液的浓度差成正比，分离速度随被分离组分在膜两侧浓度差的降低而渐减，当膜两侧的离子组分浓度达到平衡时，渗析过程便停止。

扩散渗析法适用于浓度较高溶液的分离，移动速度较快的 H^+ 及 OH^- 离子的分离，不能用于离子浓缩。

二、扩散渗析法在污水处理中的应用

扩散渗析法主要用于有机和无机电解质的分离和纯化，在水处理中，目前主要用于酸、

碱废液的处理和回收。

1. 废酸液的扩散渗析法处理(酸回收)

利用扩散渗析法处理钛材加工业混合废液的工艺流程如图 12-2 所示。

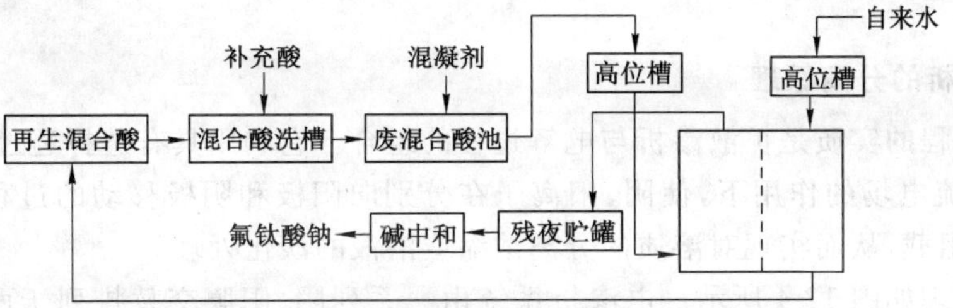

图 12-2　钛材加工业废酸回收工艺流程

某钛材加工过程中产生的酸洗废液的主要成分为：HNO_3：4.5～5.0 mol/L；HF：3 g/L；Ti^{4+}(以 TiF_4，$[TiF_6]^{2-}$ 等形式)：18～24 g/L。利用渗析法回收酸，渗析器采用DF系列阴离子交换膜，酸洗槽排出的废液，经废酸混合池打入渗析液高位槽，然后送入渗析器；渗析所得 HNO_3 和 HF 酸回收用于酸洗，渗析残液可用碱中和，提取氟钛酸钠。该工艺钛截留率80%，酸回收率达 90%。

采用扩散渗析法处理酸洗废液，渗析分离过程以浓度差为推动力。无需耗电，但扩散过程缓慢，分离效率较低，设备投资较大。

2. 人造丝浆压榨液的扩散渗析法处理(碱回收)

人造丝浆压榨液的主要成分有半纤维素(以通式 CH_2O 表示)、甘露醇、葡萄糖以及 NaOH 等。利用扩散渗析法处理该压榨液并回收碱的工艺流程如图 12-3 所示。

中空纤维渗析器膜材料由聚乙烯醇制成，具有非选择性渗透的特性，即允许小分子物质以较快的速度扩散，对大分子物质的扩散阻力较大。原液和接受液在渗析膜两侧逆向流动时，原液中的 NaOH 渗析到接受液侧，而 CH_2O 主要阻留在原液侧，从而实现 CH_2O 与 NaOH 的分离，并回收 NaOH。该工艺的分离效果较好，CH_2O 截留率达 95.5%，NaOH 回收率为 97.8%。

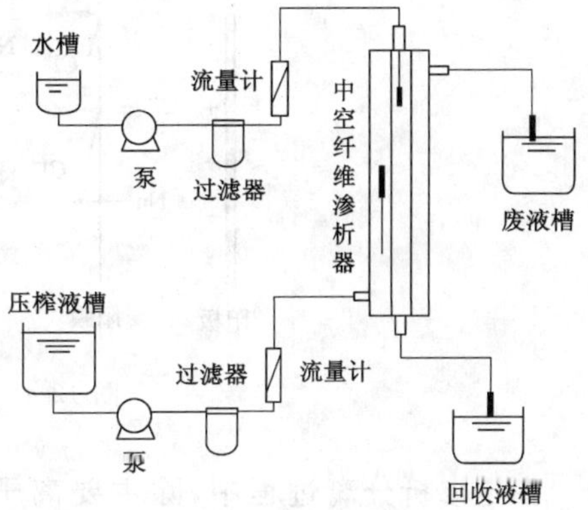

图 12-3　扩散渗析法回收 NaOH 工艺流程

第三节　电渗析法

电渗析(Electric Dialysis，简称 ED)是在直流电场力的作用下，利用离子交换膜的选择透过性，把电解质从溶液中分离出来，从而实现溶液的淡化、浓缩、精制或纯化的分离操作过程。与扩散渗析相比，电渗析中离子渗析迁移的推动力是施加在膜两侧的电位差，因而可以有效提高渗析速度和渗析分离的效率。

电渗析法对离子型物质的处理过程只需消耗电能，不产生离子交换法对树脂再生的废酸、废碱液的问题，也无需反渗透的高压系统，不需要消耗化学药品，设备简单，操作方便。电渗析技术广泛用于电子、医药、化工、火力发电、食品、啤酒、饮料、印染及涂装等行业的给水处理；用于物料的浓缩、提纯、分离等物理化学过程，还可用于污水、废液的处理与贵重金属的回收。

一、电渗析的分离原理

电渗析过程的实质是扩散渗析与电解过程的组合。它利用具有选择透过性的离子交换膜，在外加直流电场的作用下，使阴、阳离子在分别向阳极和阴极移动的过程中，或是透过膜，或是被膜阻截，从而实现对溶质的分离浓缩或溶液的淡化处理。

其分离原理如图 12-4 所示。电渗析系统由一系列阴、阳膜交替排列于两电极之间，组成许多由膜隔开的小水室，当原水进入这些小水室时，在直流电场的作用下，溶液中的离子做定向迁移，阳离子向阴极迁移，阴离子向阳极迁移。但由于离子交换膜具有选择透过性（即阳膜只允许阳离子通过、阴膜只允许阴离子通过），阳离子在向阴极迁移的过程中可透过阳膜进入邻室，或是被阴膜阻截滞留在原水室；相反地，阴离子则在向阳极迁移的过程中可透过阴膜进入邻室，或是被阳膜阻截而滞留在原水室，结果使一些小室离子浓度降低成为淡水室，与淡水室相邻的小室则因富集了大量离子而成为浓水室。分别收集淡水室和浓水室的出水可得到淡水和浓水，原水中的离子得到分离和浓缩。

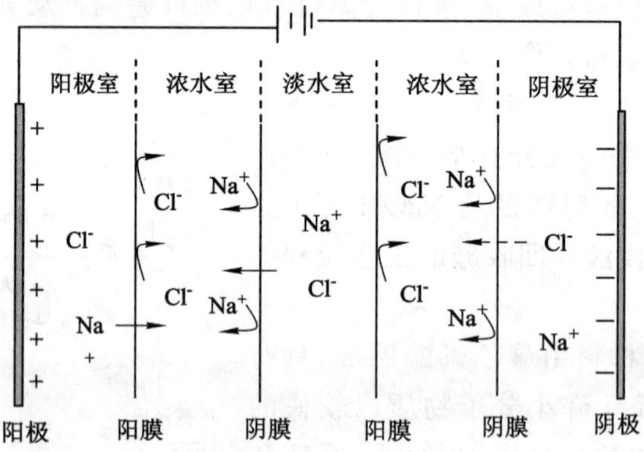

图 12-4　电渗析分离原理示意图

在电渗析分离过程中，除主要离子迁移和电极反应之外，同时还发生如下的一系列过程：

① 反离子的迁移。由于膜的选择透过性不可能达到 100%，会有少量与离子交换膜解离离子电性相反的离子透过膜，即阴离子透过阳膜，阳离子透过阴膜。

② 电解质浓差扩散。由于膜两侧溶液的浓度不同，在浓度差的作用下，电解质由浓室向淡室扩散，扩散速度随浓度的增大而增高。

③ 水的电迁移。电解质离子多以水合离子的形式存在，在离子定向迁移的过程中会携带一定量的水分子共同迁移。

④ 水的电离。电渗析器运行时，由于电流密度和液体流速不匹配，电解质离子未能及时补充到膜的表面，而造成淡水室的水电离成 H^+ 和 OH^- 离子，以补充淡水侧离子的不足。

以上各种电渗析的次要过程或是影响电渗折的浓缩结果，或是造成淡水流失，或是导致电耗增加，在实际应用中必须选择优质的离子交换膜和最佳的电渗析操作条件，以预防或消除这些次要过程的不利影响。

二、离子交换膜

离子交换膜是一种具有离子选择透过性能的高聚物电解质材料，其微观结构类似于离子交换树脂，可分为基膜和活性基团两大部分。基膜是具有立体网状结构的高分子化合物，活性基团是由具有交换作用的阴(阳)离子和与基膜相连的固定阴(阳)离子组成。

1. 离子交换膜的分类

离子交换膜的品种很多，性能和作用各异。按膜体结构来分，有异相膜、均相膜和半均相膜三种；按其选择透过性能，又可分为阳膜、阴膜和特种膜(如复合膜、中性膜、两性膜、镶嵌膜、表面涂层膜和无机离子交换膜等)；按活性基团来分，阳膜有强酸性阳膜(如磺酸型膜)和弱酸性阳膜(如磷酸型膜)，阴膜也有强碱性阴膜(如季胺基团的膜)和弱碱性阴膜(如带仲胺、叔胺和芳香胺基团的膜)。通常使用的离子交换膜是磺酸型阳膜和季胺型阴膜。

磺酸型阳膜可示意为：

$$R—SO_3H \longrightarrow R—SO_3^- + H^+ \tag{12-1}$$

基膜 活性基团　基膜 固定离子　解离离子

季胺性阴膜可示意为：

$$R—N(CH_3)_3OH \longrightarrow R—N^+(CH_3)_3 + OH^- \tag{12-2}$$

基膜　活性基团　基膜　固定离子　解离离子

2. 对离子交换膜的性能要求

离子交换膜是电渗析设备的核心，其性能直接影响到设备的运行，因此要求离子交换膜选择透过性高、交换容量大、导电性好、含水率及溶胀率适中、物化稳定性强等。

(1) 膜的选择透过性

膜的选择透过性是衡量离子交换膜性能的主要指标，可用迁移数和膜电位来表征。

迁移数是指某种离子传递的电量与总电量之比。理想膜只允许反离子通过，不允许同名离子通过，即此时反离子的迁移数为1，同名离子的迁移数为零。因此可用迁移数定量地表示膜的选择透过性。

膜电位是指用离子交换膜分隔两种浓度不同的电解质溶液，横跨膜的电位差。膜电位的大小取决于膜的离子选择透过性和膜两侧溶液的浓度差。因此，在一定的浓差及温度下，可以用膜电位表示膜的选择透过性。

(2) 交换容量

交换容量指单位膜样品中所含活性基团的数量。通常以单位干重的膜所含可交换离子的毫克当量数表示。膜的选择透过性及导电性能均与膜的交换容量大小相关。膜的交换容量一般在 1～3 mmol/g(干膜)。

(3) 导电性

膜的导电性可以用电阻率、电导率或面电阻表示。面电阻是指单位膜面积所具有的电阻，单位 Ω/cm^2(膜)。完全干燥的膜基本不导电，膜的导电性能是由含水膜中的电解质溶液实现的，因此膜的导电性与溶液及膜中的离子种类、浓度以及溶液温度、膜自身的特性等相关，通常要求膜的导电能力应大于溶液的导电能力。

(4) 含水率

含水率表示湿膜中所含水的百分数(可以单位重量干膜或湿膜计)。含水率与膜的活性基团数量、交联度以及电解质溶液的离子种类、平衡浓度相关。其数值通常在30%~50%范围。

(5) 厚度

膜的厚度与膜电阻和机械强度相关。在保证一定机械强度的前提下,膜越薄,其电阻就越小,导电性能也就越好。通常异相膜的厚度约1 mm,均相膜厚度约0.2~0.6 mm,最薄的为0.015 mm。

(6) 破裂强度

破裂强度是膜在实际应用中所能承受的最大垂直压力。它是衡量膜机械强度的重要指标之一。在电渗析器操作中,膜两侧所受到的流体压力不可能相等,因此膜必须具备足够的机械强度,以免因膜的破裂造成浓室和淡室贯通而使电渗析器无法运行。国产膜的破裂强度为0.3~1.0 MPa。

三、离子交换膜选择透过性机理

离子交换膜的最基本性能是对不同性质的离子具有选择透过性,关于离子交换膜的选择透过性机理,通常用双电层理论或Donnan膜平衡理论来加以解释。

1. 双电层理论

离子交换膜是一种高聚物电解质薄膜,当浸入电解质溶液中,其中的活性基团在溶剂的作用下发生解离,双电层理论认为膜中的活性基团在电离之后带有电荷,在固定基团附近与电解质溶液中带相反电荷(可交换)的离子形成双电层。

以阳膜为例,在膜上带负电的固定基团吸引溶液中的阳离子使之向膜运动的同时,膜表面的阳离子在外加直流电场作用下要脱离固定基团的静电吸引而进行电迁移。这样,阳离子在膜孔中交替地发生吸附和解吸,得以穿过膜体运动到膜另一侧的溶液中;溶液中的阴离子则因固定离子的静电排斥作用而难以靠近和穿过膜,从而实现了膜对离子的选择性透过。离子交换膜中活性基团的数量愈多,所形成的双电层愈厚,固定离子对反离子的吸引力以及对同离子的排斥力就愈大,膜的选择透过性就越高。

2. Donnan膜平衡理论

Donnan膜平衡理论是解释离子交换树脂与电解质溶液间平衡关系的一个理论。该理论认为:当离子交换膜浸入电解质溶液时,电解质溶液中的离子与膜内离子发生交换作用,最后达到动态平衡,构成平衡体系。如图12-5所示,以磺酸钠型阳膜浸入氯化钠溶液,有少量NaCl将扩散于离子交换膜中,但NaCl在膜中的浓度低于溶液中的浓度,当达到平衡时:

$$[Na^+]_{膜} \cdot [Cl^-]_{膜} = [Na^+]_{溶液} \cdot [Cl^-]_{溶液} \quad (12\text{-}3)$$

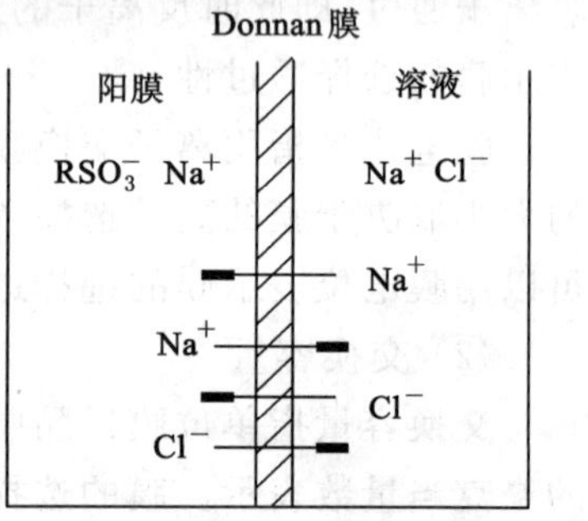

图12-5 Donnan膜离子平衡

当一种电解质从溶液中被吸附于离子交换膜上时,与离子交换膜的网架电荷同号离子、反号离子、同名离子和平衡离子均被吸附,以保持电中性。即:

$$[Na^+]_{溶液} = [Cl^-]_{溶液} \quad (12\text{-}4)$$

$$[Na^+]_{膜} = [Cl^-]_{膜} \cdot [RSO_3^-]_{膜} \quad (12\text{-}5)$$

将(12-4)、(12-5)带入到(12-3)中整理可得：

$$[Na^+]^2_{溶液}=[Na^+]^2_{膜}-[Na^+]_{膜}[RSO_3^-]_{膜} \tag{12-6}$$

$$[Cl^-]^2_{溶液}=[Cl^-]^2_{膜}+[Cl^-]_{膜}[RSO_3^-]_{膜} \tag{12-7}$$

由式(12-6)和式(12-7)可见，在平衡时，阳膜内的阳离子浓度大于溶液中阳离子浓度，而阳膜内阴离子浓度小于溶液中阴离子浓度，说明溶液中的反离子(Na^+)容易进入膜内，而同名离子(Cl^-)不容易进入膜内，因此离子交换膜对反离子具有选择透过性。

由 Donnan 膜平衡理论所得到的上述结论，与双电层理论是一致的，但又能更为圆满地解释膜的选择透过性不可能达到 100％的现象，两者相互补充，成为解释离子交换膜选择透过性的最基本理论。

四、电渗析器的构造

电渗析器是利用电渗析原理进行溶液的物质分离或浓缩操作的装置。

1. 电渗析器的结构

电渗析器的基本结构如图 12-6 所示。由膜堆、极区和压紧装置三大部分组成。

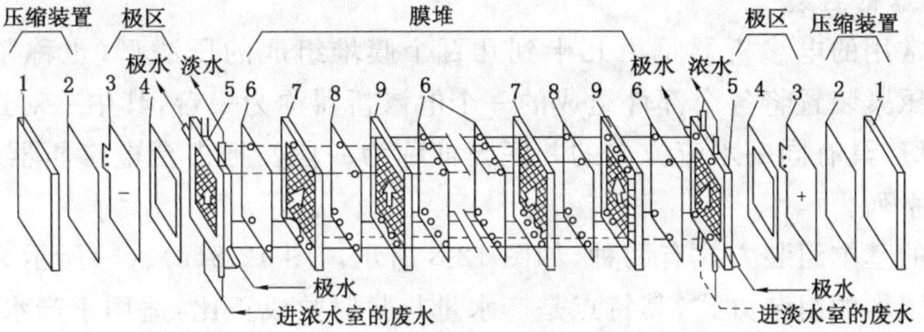

图 12-6　电渗析器的基本构造

1——压紧板；2——垫板；3——电极；4——垫圈；5——电极框、导水板；

6——阳膜；7——淡水隔板框；8——阴膜；9——浓水隔板框

(1) 膜堆

膜堆是由若干个膜对组合而成的总体。膜对是指由阳膜、淡水隔板、阴膜、浓水隔板各一张，按顺序组成的电渗析膜堆的基本单元。

组装前要首先对膜进行处理，将膜放在操作溶液中浸泡 24～48 h，使之与膜外溶液平衡，然后剪裁打孔。膜的尺寸大小比隔板周边小 1 mm，而比隔板水孔大 1 mm。电渗析停运时，应在电渗析器中充满溶液，以防膜发霉变质，或膜因干燥收缩变形甚至破裂。

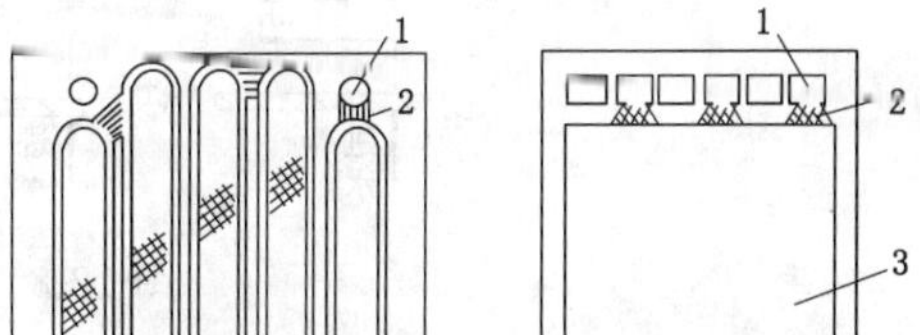

图 12-7　常用隔板结构

1——进水孔；2——布水道；

3——配水槽和集水槽；4——过水道；

5——出水孔；6——隔网；7——内流道孔

常用的隔板结构如图 12-7 所示。隔板上开有进出水孔、布水道、过水槽、集水槽，其作用是分隔和支撑阴、阳膜，并形成流水通道，进行配水和集水，隔板材料一般用聚氯乙烯塑料、聚丙烯、合成橡胶等。按水流方式的不同，隔板分为有回路隔板和无回路隔板两种。前者靠弯曲而细长的通道，达到以较小的流量提高平均流速的效果，除盐率高；后者液流沿整个膜面流过，流程短，产水量大。为支撑膜和增加过流液体的紊流强度，在隔板和膜之间通常粘贴或热压有一定形式的隔网，常用的阴网类型有鱼鳞网、编织网、挤塑网等。

(2) 极区

极区位于膜堆两侧，包括电极、电极框和导水板。电极与直流电源整流器相连接，为电渗析过程提供传质推动力，常用铅板或石墨板作阳极，不锈钢作阴极。电极框用于在极板和膜堆之间保持一定的距离，以构成极室和极水的通道，并起绝缘、密封的作用。电极框常用厚 5～7 mm 的粗网多水道式塑料板制成。导水板的作用是将欲处理的原水引入电渗析器的各个水室，并将各水室的处理出水引出电渗析器。

(3) 压紧装置

压紧装置设在两极区的外侧，其作用是把极区和膜堆组装成完整的电渗析整体。压紧板和电极框之间衬有垫板，起防止漏水和调整厚度不均的作用，常用橡胶或软聚氯乙烯板制成。压紧装置可采用压紧板和螺栓压紧，或液压锁紧两种方式。

2. 电渗析器的组装

水处理中常用的电渗析器是由几十到几百个膜堆组成的压滤型(也称紧固型)电渗析器。通常把用压紧装置将各个部件组成的一个电渗析器称为一台，其中一对正、负电极之间的膜堆称为一级，具有同一水流方向的并联膜堆称为一段。把多台电渗析器串联成为一个流程整体称为系列。

电渗析器的基本组装方式有两种，如图 12-8 所示。图 12-8(a)、(b)所示为并联组装，即水流同向通过膜堆的组装方式，其特点是产水量与膜对数成正比，适用于产水量大而水质要求不高的场合；而图 12-8(c)、(d)所示为串联组装，水流由一个膜堆出来后改变方向进入下一个膜堆的组装形式，适用于产水量较小而对水质要求较高的场合。此外，为了同时满足产水量和水质的要求，还有将串联和并联组合使用的组装形式。

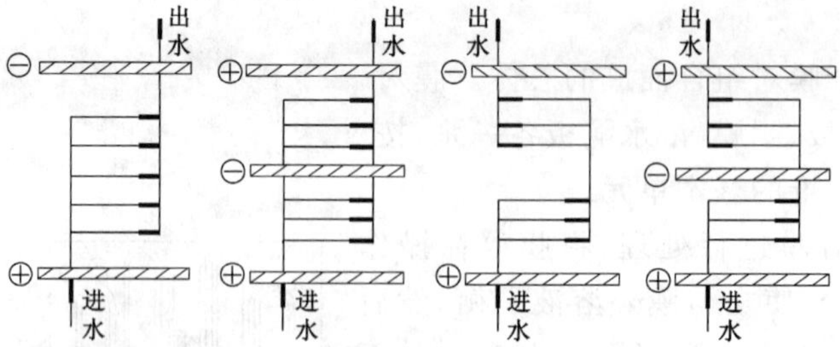

图 12-8　电渗析器的组装形式

(a) 一级一段并联；(b) 二级一段并联；(c) 一级二段串联；(d) 二级二段串联

3. 电渗析器运行工艺参数

影响电渗析器运行的工艺参数主要有电流密度、电流效率、流速与压力、浓缩倍数等。

(1) 电流密度与极化现象

电渗析器工作时，单位膜面积上通过的电流称为电流密度。运行过程中，当电流密度达到一定值时，界面层离子的迁移速度远低于膜内离子迁移速度，迫使膜界面处水分子发生电离，依靠 H^+ 离子和 OH^- 离子来传递电流，这种膜界面现象称为极化现象。此时的电流密度称为极限电流密度。

极化现象出现的结果，在阴膜浓水一侧，由于 OH^- 离子富集起来，水的 pH 值增高，产生氢氧化物沉淀，在阳膜的浓水一侧，由于膜表面处的离子浓度远大于溶液中的离子浓度，容易造成膜面附近结垢，导致膜电阻增大，电流效率降低，膜的有效面积减小，寿命缩短，影响电渗析过程的正常进行。

防止极化现象产生的主要措施是选择合适的工作电流密度，一般工作电流密度为极限电流密度的 70%～90%。此外，定期倒换电极和酸洗，也可防止沉淀和结垢，酸洗一般采用盐酸，酸液浓度 1%～2%，不宜过高。

(2) 电流效率

电流效率是电渗析器的主要技术指标，它表示电渗析过程中电流的有效利用程度。电渗析器的电流效率(η)为电渗析器运行时实际除盐量与理论除盐量之比，即：

$$\eta = \frac{FQ(c_0 - c_1)}{LBJ} \tag{12-8}$$

式中 Q ——淡水流量，m^3/h；

F ——法拉第常数，96 500 C/mol；

c_0，c_1 ——分别为淡水的进、出口浓度，mol/L；

L ——隔板流程长度，cm；

B ——隔板流水槽宽度，cm；

J ——平均电流密度，A/cm^2；

(3) 流速与压力

电渗析器都有自身的额定流量，流量过大进水压力过高，设备容易产生漏水和变形；而流量过小时，达不到正常流速，水流不均匀，容易极化结垢，都会影响电渗析器的正常运行。目前一般隔室中的流速控制在 5～20 cm/s，进水压力一般不超过 0.2～0.3 MPa。

(4) 浓缩倍数

浓缩倍数是指浓水浓度与原水浓度的比值。浓缩倍数增大，浓水和淡水之间的浓度差增大，膜的选择透过性降低，导致电流效率下降，除盐率降低。通常控制浓缩倍数为 5～10。对不同的进水水质和不同的离子交换膜，最佳浓缩倍数应通过试验确定。

五、电渗析法在污水处理中的应用

目前电渗析法在污水处理中得到较广泛应用，如从含金属离子的污水中分离和浓缩金属离子、从放射性污水中分离放射性元素、从芒硝废液中制取硫酸和氢氧化钠、从酸洗废液中制取硫酸及沉积重金属离子、处理电镀污水和废液等。

1. 电渗析-离子交换组合处理重金属污水

利用电渗析法从酸洗废液中回收重金属和酸已在工业上获得应用，我国某印刷企业利用电渗析-离子交换系统处理含铜污水的工艺流程如图 12-9 所示。

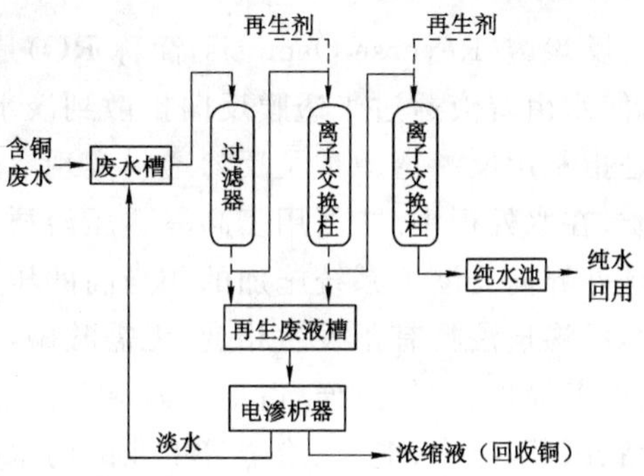

图 12-9 电渗析法处理含铜污水工艺流程

处理过程中，废液由废液槽经过滤预处理后进入离子交换系统，分别通过阳离子交换柱和阴离子交换柱，使铜离子由废液转存于离子交换树脂中，待离子交换柱饱和后进行再生，将再生液中富集的 Cu^{2+} 送入电渗析器进一步浓缩并回收利用，经处理后，Cu^{2+} 浓度由 100 mg/L 降至 1 mg/L。离子交换柱得到净化和软化的出水可替代自来水回用于淋洗工序，电渗析器淡水室出水与原水混合后再通过离子交换柱循环处理。处理系统为闭路循环形式，既可浓缩回收铜盐，实现水的回用，又消除了环境污染。

2. 电渗析-离子交换处理放射性污水

莫斯科某处理站采用电渗析-离子交换法处理低浓度放射性污水，其工艺流程如图 12-10 所示。该低放污水除含有 α、β 放射性核素外，还含有大于 500 mg/L 的无机盐、大量表面活性剂、洗涤剂、悬浮物及有机物。

处理系统由三部分主要工艺组成：预处理工艺（污水收集、凝聚、澄清）、处理工艺（电渗析、离子交换）和浓缩工艺（再生液的苏打-碱处理、蒸发处理）。预处理采用铁盐凝聚、经砂滤澄清，20%～30%的有机物和所有的 α 放射性核素随氢氧化物沉渣一起被除去；经过电渗析处理后，可去除污水中 50%～75%盐分，β 放射性核素减少 50%～80%；经过两级离子交换器（阳离子交换剂用 H 型，阴离子交换剂用 OH 型），出水的含盐量低于 10 mg/L，放射性核素的浓度低于规定的卫生标准。

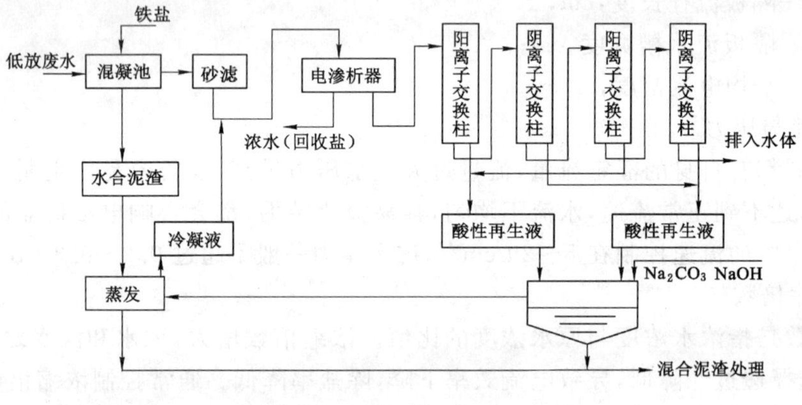

图 12-10 电渗析-离子交换法处理低放污水工艺流程

第四节 反渗透法

反渗透（Reverse Osmosis，简称 RO）是指在外界所施加的高于溶液渗透压的压力作用下，使水由溶液透过半透膜反向扩散到淡水一侧，使溶液中的溶质得到浓缩的过程。反渗透法是指利用反渗透原理及反渗透膜实现溶质的分离与浓缩的水处理操作，截留的是小分子物质，在水处理中.主要用于高渗透压溶质（如 NaCl）的浓缩分离场合。反渗透的传质推动力是外界向反渗透系统施加的相当高的压力，其操作压力一般为 2～10 MPa。

反渗透法具有不发生相变、无需酸碱再生、无需加热、产水水质稳定、能耗低以及适应性强、设备简单、操作方便、占地少等显著优点，因而其应用也从早期的脱盐迅速发展到化工、食品、医药、电力、电子、冶金等工业的污水处理，产品分离和高纯水制备等。

一、反渗透原理及反渗透膜

1. 反渗透的基本原理

如图 12-11 所示，把相同体积的稀溶液（如淡水）和浓液（如海水或盐水）分别置于一容器的两侧，中间用一张仅让溶剂（水）通过而不允许溶质（盐）通过的半透膜阻隔，在膜两侧浓度差的推动下，稀溶液中的溶剂将会不断地透过半透膜，向浓溶液侧流动，浓溶液侧的液面会比稀溶液的液面高出一定高度，这个过程称为渗透。两液面高度差所形成的水压差构成水的传质阻力，当水压差的传质阻力与浓度差的传质动力相等时，水的渗透达到平衡状态，两液面高度不再发生变化，此时所形成的高度差被称为该溶液在其初始浓度条件下的渗透压 π。若在浓溶液侧施加一个大于渗透压 π 的压力（其与 π 的差值为 ΔP），则浓溶液中的溶剂受 ΔP 的作用会反向透过膜向稀溶液侧流动。这种在压力差的推动下溶剂反向透过膜的分离过程即为反渗透。

渗透压大小和溶液的浓度、温度和溶质解离度相关，而与膜和溶质的种类、化学性质无关，可由式(12-9)计算：

$$\pi = \Phi RT \sum c_i \tag{12-9}$$

式中　π——溶液的渗透压力，MPa；

R——理想气体常数，8.314 J/(mol·K)；

c_i——溶质 i 的摩尔浓度，mol/cm^3；

T——绝对温度，K。

Φ——与溶质离解状态相关的范特霍夫常数。对于完全电离的电解质溶液，Φ 等于离解阴、阳离子的总数；对于非电解质溶液，$\Phi=1$。

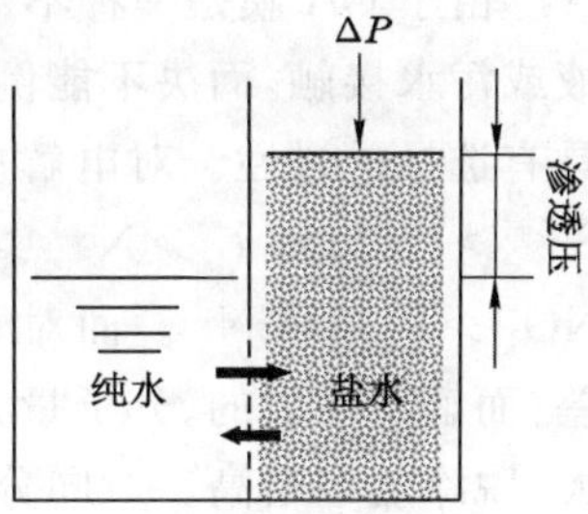

图 12-11　反渗透原理

可见，实现反渗透操作必须具备两个条件：一是具有高于溶液渗透压的操作压力；二是具有良好选择性和透水性的半透膜。

2. 反渗透膜

反渗透膜的结构和性能对膜的分离效果起着决定性作用，要想达到好的分离效果，要求膜材料要有好的选择性和透水性，良好的物理化学稳定性，具有一定的机械强度。目前采用的膜材料主要为人工合成的有机高分子材料，最常用的有醋酸纤维素膜、芳香聚酰胺膜和复合膜。

(1) 醋酸纤维素膜(Cellulose Acetate, CA)

20 世纪 60 年代，美国的洛布和索里拉金发明了醋酸纤维素膜，简称为 CA 膜，是以醋酸纤维素为原料制备的一种无定形链状高分子羟基聚合物，其化学结构式如下：

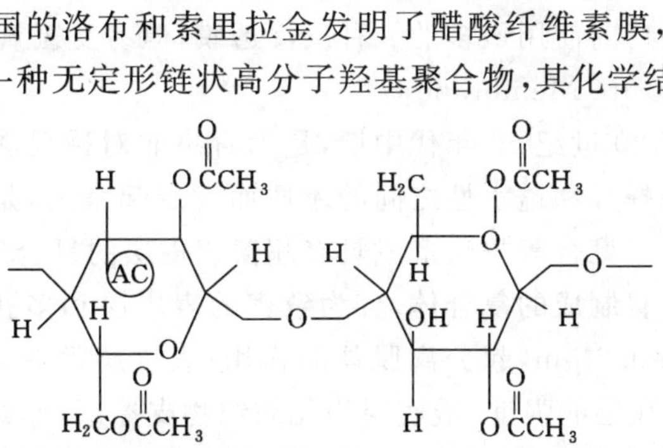

由其结构式可见醋酸纤维素膜中含有大量的乙酰基，其含量决定了膜的选择性和透水性，含量越高膜的选择性越好，但透水性则越低，一般控制乙酰基含量在 40%左右。

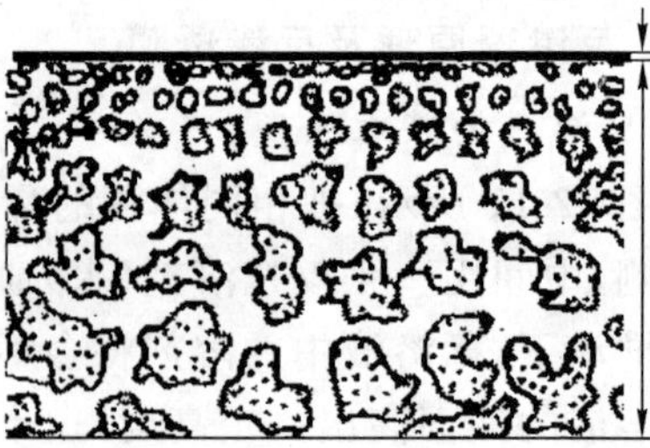

图 12-12　CA 膜结构示意图

CA 膜具有不对称结构，如图 12-12 所示，厚度约为 100～200 μm，表面结构致密，孔径较小，通称为表面层（致密层或活化层），厚度约为整个膜厚的 1%，孔径多小于 10 nm，主要作用是截留溶质；在它的下面紧接着结构疏松、孔隙较大的一层称为多孔层（或支撑层），厚度约为整个膜厚的 99%，孔径多数在 100 nm 以上，主要作用是支撑表面层，提高透水性。

CA 膜是被水充分溶胀了的凝胶体，呈乳白色、半透明状，有一定的韧性。在相对湿度为 100%时，膜的含水量达 60%，其中表皮层中含水 10%～20%，且主要是以氢键形式结合的一级结合水和少量的二级结合水，而多孔层的较大孔隙中还充满着毛细管水。

由于 CA 膜是一种不对称膜，因此，在使用时具有方向性，必须保持表层与待处理的溶液或污水接触，而决不能倒置，否则达不到处理的目的。同时 CA 膜对无机电解质和有机物具有选择透过性。对电解质，离子价越高，或同价离子水合半径越大，则脱除效果越好，如 $Sr^{2+} > Ba^{2+} > Li^{+} > Na^{+} > K^{+}$；柠檬酸根＞酒石酸根＞$SO_4^{2-} > CH_3COO^{-} > Cl^{-} > Br^{-} > NO_3^{-} > I^{-} > SCN^{-}$。而对于有机物，一般水溶性好的、非解离性的、分子量小的脱除效果较差；而解离性大的、分子量大于 200 的有机物，脱除效果较好；对同一类有机物，随分子量增大，脱除效率增高。对同分子量有机物，随分子支链的增加，脱除效果变得更好。如：正丙醇＞乙醇、异丁醇＞正丁醇。

CA 膜具有选择性好、成膜性能好、价廉、耐游离氯、不易污染等特点，是初期研究和使用最多的一种反渗透膜，但它应用 pH 范围窄，易压密，易水解和受生物侵蚀。

(2) 芳香聚酰胺膜(Ploy-amide，PA)

20 世纪 70 年代，美国杜邦公司研制的一种性能更为优良的芳香聚酰胺膜，简称为 PA 膜，是以芳香聚酰胺为原料制成，其化学结构式如下：

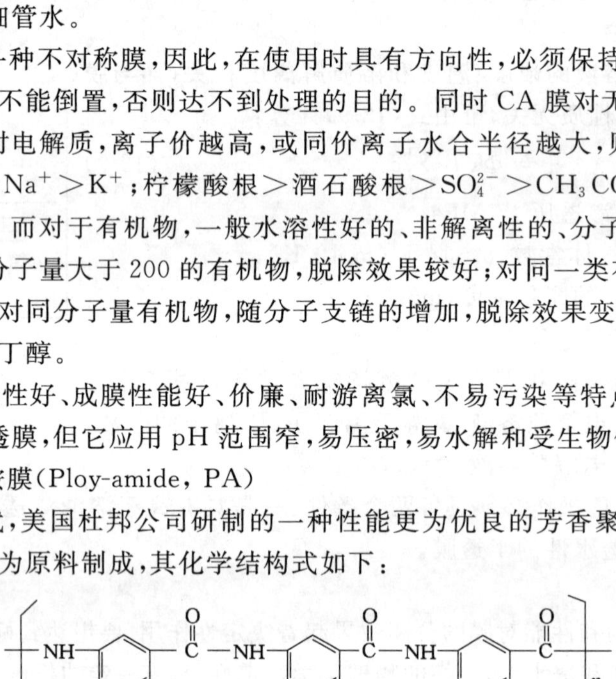

芳香聚酰胺膜中含有酰胺基，亲水性好，具有和醋酸纤维素膜一样的不对称结构，热稳定性和水解稳定性都很好，能在温度 0～30 ℃ 、pH 值为 4～11 的条件下连续操作，耐生物降解。芳香聚酰胺膜是目前使用最多的一种反渗透膜，但易受氯氧化、抗污染性能较差。

(3) 复合膜(Composite Membrane)

复合膜的研究始于 20 世纪 60 年代中期，是为解决非对称反渗透膜使用过程中存在的压密现象及难以平衡选择性和透水性之间的矛盾而发展起来的，是通过在支撑层上进行复合浇铸、界面聚合、等离子聚合等方法形成具有超薄表皮层的复合反渗透膜。

复合膜是由不同材料制成的复合体，分为致密的表皮层和多孔支撑层。表皮层为致密的活性薄层，厚约 0.1～0.2 μm，起分离脱盐的作用；表皮层敷在多孔层上，多孔层厚约 40 μm，为了进一步增强多孔层的强度，最底层为无纺织物支撑层，厚约 120 μm，起支撑整个膜的作用，多孔支撑层又称为基膜。反渗透的选择透过性能由致密的表皮层决定，通过对复合膜起分离作用的表皮层和多孔支撑层进行材料和结构的优化，可以有效提高膜的分离效率和抗污染能力。

目前，国内外通用的反渗透复合膜表皮层材料有醋酸纤维素、线型聚酰胺和芳香聚酰胺三类，其中以芳香聚酰胺为主，且目前多用多元胺和多元酰氯单体进行界面聚合反应方法制备，具有代表性的复合反渗透膜产品有：NS-100、NS-200、NS-300、PA-100、PA-300、FT-30、PEC-1000。聚酰胺反渗透复合膜的脱盐率高、通量大、操作压力低，有很好的机械稳定性、热稳定性、化学稳定性及水解稳定性，膜通量比一般非对称膜高 50%～100%。但其耐氯性、抗结垢和耐污染性差。

支撑体在复合膜中也是十分重要的，采用的材料以聚砜最为普遍，其次为聚丙烯和聚丙烯腈、聚偏氯乙烯等，聚砜具有良好的耐热、耐氧化、耐酸碱和有机溶剂等特点，但它也有其局限性，因此选择优良的支撑体材料同样不容忽视。

近年来，通过开发新型制膜材料和膜材料改性等方法来提高反渗透复合膜的耐氯性、抗氧化和耐污染能力，是膜材料领域的研究热点之一。

3. 反渗透膜的透过机理

关于反渗透的透过机理，自 20 世纪 50 年代很多学者就从不同的角度进行了研究，先后提出了多种模型加以解释，目前最流行的主要有氢键理论、溶解-扩散理论、优先吸附—毛细孔流理论。

(1) 氢键理论

里德等人最早提出氢键理论，并运用该理论对醋酸纤维膜的反渗透机理进行了解释。该理论认为水能透过膜是由于水分子和膜的活化点之间形成氢键及断开氢键的过程。如图 12-13 所示，在压力作用下，溶液中的水分子和膜表皮层上的活化点缔合，原活化点上的结合水解离出来，解离出来的水分子继续和下一个活化点缔合，又解离出下一个结合水。水分子通过一连串的缔合－解离过程，依次从一个活化点转移到下一个活化点，直至离开表皮层，进入多孔层，由于多孔层中含有大量的毛细管水，水分子能顺畅流出膜外。

氢键理论把水和溶质在膜中的迁移仅归结于氢键作用，忽略了溶质－溶剂－膜材料之间实际存在的各种相互作用力，有它的局限性。

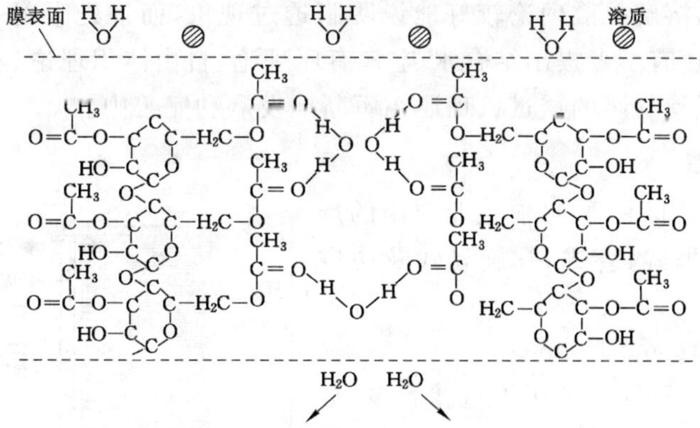

图 12-13　氢键理论扩散模型

(2) 溶解-扩散理论

1965 年，朗斯代尔(Lonsdale)和赖利(Riley)等人提出了溶解-扩散理论。该理论假定膜是无缺陷的“完整的膜”，溶剂与溶质透过膜是由于溶剂与溶质在膜中的溶解，然后在化学位差的推动下，从膜的一侧向另一侧扩散，直到透过膜。按照该理论，溶质和溶剂都可能溶于均质或非多孔型膜表面，物质的渗透能力不仅取决于溶质和溶剂在膜中的溶解度，而且取决于其扩散系数。在压力作用下水分子在膜中的扩散系数要远远高于溶质，所以透过膜的水分子量就比透过去的溶质更多。

溶解-扩散理论建立在“假定膜是无缺陷的完整的膜”的基础上，这就忽略了膜结构对膜性能的影响，而膜性能同膜材料的化学性质与膜的物理结构都是密切相关的，用溶解-扩散模型不能解释某些膜材料对水具有高吸附特性和膜对水的低渗透性的现象。

(3) 优先吸附-毛细孔流理论

1970 年，索里拉金等人提出优先吸附-毛细孔流理论，该理论把反渗透膜看作一种微细多孔结构物质，它能有选择性吸附水分子而排斥溶质分子，故也称为有孔学说。如图12-14所示，当水溶液同膜接触时，膜表面优先吸附水分子，在界面上形成一层不含溶质的纯水分子层，其厚度视界面性质而异，或为单分子层或为多分子层。在外压作用下，界面水层在膜孔内产生毛细管流连续地透过膜。

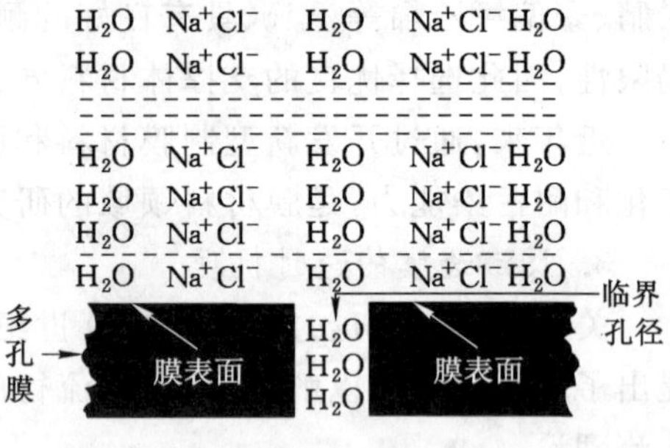

图 12-14 优先吸附-毛细孔流理论模型

根据这一理论，反渗透过程是界面现象和压力作用下流体通过贯通膜面毛细孔的综合结果，膜的选择性取决于膜内孔径与膜面处形成的纯水层厚度的关系。当膜面毛细孔有效孔径为纯水层厚度的两倍时，毛细孔纯水过流量达到最大值，该毛细孔直径被称为临界孔径。如果毛细孔直径大于临界孔径，则会从细孔中心部位而产生溶质的泄漏；反之，如果毛细孔直径小于临界孔径，能保证溶质不会泄漏，但纯水过流量下降。

临界孔径的提出奠定了实用反渗透膜的发展基础，该理论给出选择和制备反渗透膜的依据，即要获得最佳的分离效率和最高的透水速率，膜材料应具备对水分子的优先选择吸附性和对溶质的选择排斥性；且膜的表面层应具有尽可能多有效直径为临界孔径的细孔。

目前一般认为，溶解扩散理论较好地说明膜透过现象，而优先吸附-毛细孔流理论更具有实际意义。此外还有学者提出结合水-空穴有序理论、自由体积理论、不可逆热力学模型、筛网效应学说等，反渗透膜的透过机理还在不断地发展和完善中。

二、反渗透装置

根据膜组件形式的不同，目前工业应用的反渗透装置主要有板框式、管式、螺旋卷式及中空纤维式四种类型。

1. 板框式(Plate and Frame)

板框式装置是一种简单的压力过滤容器，如图 12-15 所示。

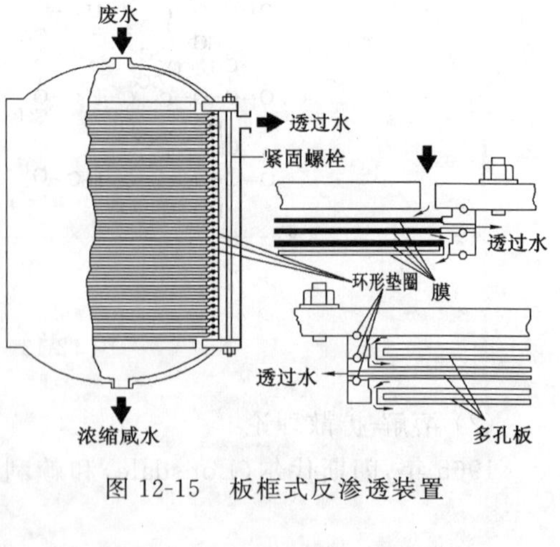

图 12-15 板框式反渗透装置

整个装置由若干块圆形多孔承压透水板叠加组成，透水板两侧贴有反渗透膜，膜四周用胶黏剂与透水板外环密封，透水板外环有“O”形密封圈支撑，使板与板之间形成过水空间，并起到分隔料液和透过液的作用；用长螺栓将所有的板固定成为一个整体，然后装入密封耐压容器。加压水以湍流状态自上而下流过每块板的反渗透膜表面进行反渗透操作，渗透出水由每块透水板引出，在板的边缘混合，浓缩液经螺旋折流后由下部引出，从而实现分离。

板框式反渗透器能承受高压，结构紧凑，占地面积少；但入流料液分布不均，液流状况较差，易造成浓差极化，单位体积中比表面积低，产水量小，且设备费用大，多级膜装卸复杂。但因其结构简单，在小规模污水处理及研究试验中使用仍具有一定的优越性。

2. 管式(Tubular Modules)

管式反渗透装置是把膜浇注在多孔支撑管上，将一定数量的膜单管以串联或并联的方式联成一体组装而成。如图 12-16(a)所示为串联式反渗透装置，管子被挤压或铸入每一端的管板内，外加一套管收集透过液，再用 U 形管连接。装置中的耐压管径一般为 0.3～2.5 cm，常用材料有玻璃纤维管、多孔陶瓷管，钻孔的塑料管和不锈钢管等。因玻璃纤维管本身具有许多小孔，且成本低、易于加工，故是目前广泛采用的支撑材料。

按照膜的位置和料液流动方向的不同，管式反渗透器分内压式和外压式两种。内压式管状膜衬在耐压微孔管的内壁，料液在压力推动下自管内透过膜，经套管微孔壁渗出管外。外压式管状膜则是特制膜浆液直接涂刮在耐压微孔管外壁，料液在压力作用下从管外透过膜并经套管微孔壁渗入管内。因外压式反渗透器需要耐高压容器外壳，进水的流动状态较差，故实际中应用较多的是内压式。图 12-16(b)所示为内压式反渗透过程。在压力作用下料液通过具有内壁膜的管子，穿过半透膜的淡水从玻璃支撑管的小孔流出，管内浓缩液从管子的另一端流出。

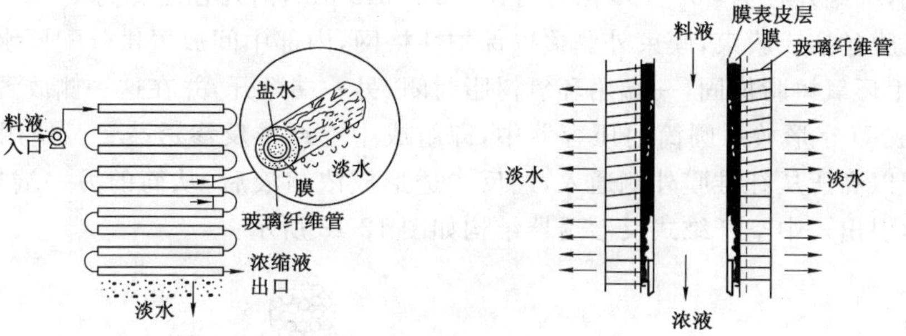

图 12-16　管式反渗透装置

(a) 串联管式反渗透装置；(b) 内压式反渗透过程示意图

内压管式反渗透装置水力条件好，安装、清洗、维修比较方便，能耐高压，对原水适应性强，适当调节流态可防止和改善浓差极化和膜污染。但膜的有效面积小，装置体积大，而且两端要较多的联结装置，制作和安装费用高。

3. 螺旋卷式(Spirals Wound)

螺旋卷式反渗透膜组件由中心集水管和膜叶组成，如图 12-17(a)所示。在两层反渗透膜中间夹入一层柔性导水隔网，并密封组合膜的三面边沿，而后在组合膜下再铺上一层供原液流通的进水隔网即构成“膜叶”。导水隔网为单面凹凸的涤纶织物，以利于将凹槽中的淡水通畅地导向中心管；进水隔网则用聚丙烯制成双面凹凸的塑料挤出网，以利于使进水形成湍流状态。将膜叶开放的一边沿多孔中心集水管卷缠，便形成一个螺旋卷式膜组件。中心集水管多采用聚氯乙烯等工程塑料，起到支撑膜叶和收集透过液的作用。将数个卷式膜组件串联并固定在筒式压力容器中，便构成完整的卷式反渗透装置(图 12-17(b))。使用时，承压料液在与中心管平行流动的过程中，渗透穿过膜的淡水由中心管收集并排出，经浓缩的料液沿膜面流动，从另一端排出。

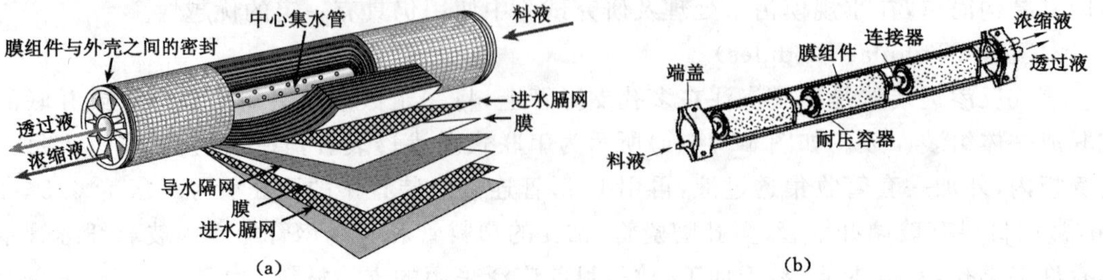

图 12-17　螺旋卷式反渗透装置

(a) 卷式反渗透膜组件；(b) 卷式反渗透膜组件组装示意图

螺旋卷式反渗透器膜堆密度大，结构紧凑，设计简单，易安装更换；但料液流程短，压力损失大，再循环浓缩较困难，膜件间黏结密封难度较大，缠卷褶皱处易发生泄漏，维修清洗不方便，易堵塞，对原料液的预处理要求严于板框式和管式反渗透器。

4. 中空纤维式(Hollow Fiber)

中空纤维膜组件是由中空纤维膜制成的，中空纤维膜是一种纤维状的空心管，由制膜液空心纺丝而成，纤维外径为 50～100 μm，内径为 25～42 μm，内外径之比为 1∶2。通常将数十万中空纤维膜丝捆成膜束，膜束外侧覆以保护性格网，内部中间放置供分配原水用的多孔管，膜束两端用环氧树脂加固，一端用环氧树脂封闭，另一端敞开，并在这一侧放置多孔支撑板，将膜束弯成 U 字形放入圆筒耐压容器中，即组成中空纤维反渗透装置。使用时原料液自耐压筒一端以高压从纤维膜外侧通入，经反渗透形成浓缩液后，从筒的另一端排出，净化水由纤维管内引出。中空纤维式反渗透器结构如图 12-18 所示。

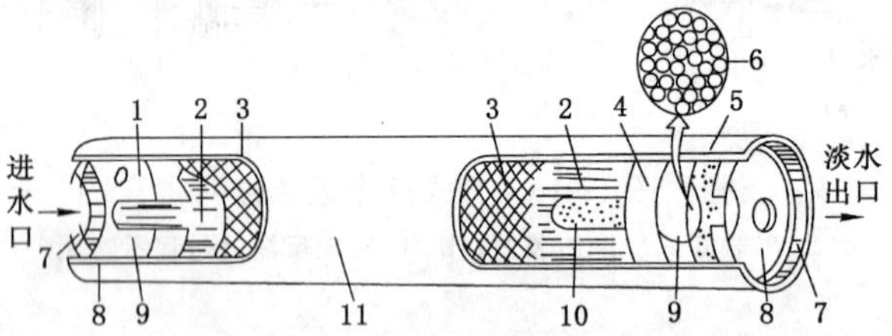

图 12-18　中空纤维式反渗透装置

1——浓缩液出口；2——中空纤维束；3——导流网；4——环氧树脂管柱；5——多孔支撑圆盘；6——纤维束开口端；7——弹性挡圈；8——端板；9——O 型密封圈；10——多孔进水分布管；11——壳体

中空纤维式反渗透装置紧凑、膜堆密度大，一般单位体积中膜的比表面积可达 16 000～30 000 m^2/m^3；中空纤维膜无需支撑材料，自身可以承压而不破裂；但易堵塞，难以发现损坏的膜，不便清洗，对进水预处理要求高。

三、反渗透工艺

1. 反渗透工艺

反渗透工艺系统由预处理、反渗透、后处理三个单元组成。预处理单元是采用物理方法、化学方法或电化学方法去除原水中的悬浮物,进行温度、pH 值调节等,为反渗透单元提供良好的运行条件。反渗透单元是实现系统处理目的的核心单元,通常由保安过滤器、高压泵和反渗透装置组成,完成对处理料液溶质的分离过程。后处理单元常在海水、苦咸水淡化及纯水制备时设置,其作用是对反渗透出水进行进一步的处理,使之满足使用的要求。

在反渗透工艺中,膜组件的浓缩液(浓水)流到下一组膜组件处理称为一段,膜组件的产品水再经下一组膜组件处理称为一级。常见的反渗透工艺流程有一级一段、一级多段、多级多段、循环等几种形式,如图 12-19 所示。

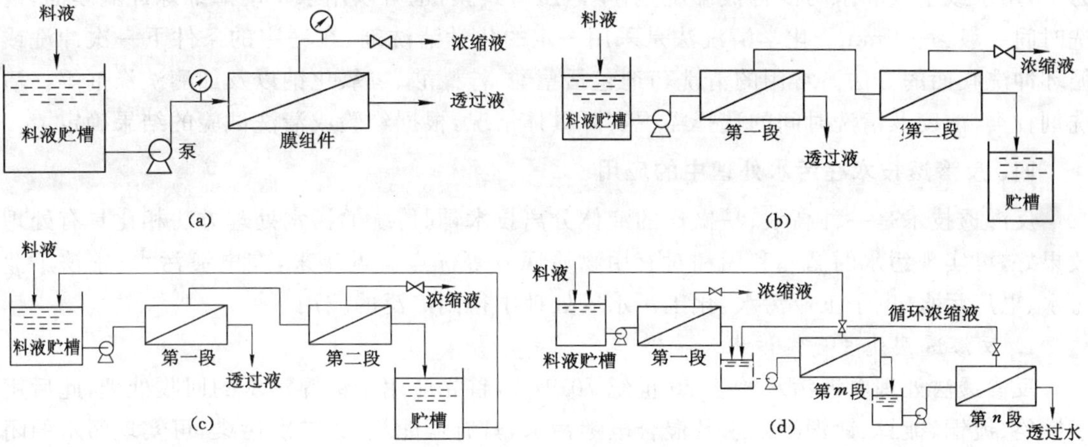

图 12-19　反渗透工艺流程形式

(a) 一级一段直流式;(b) 一级两段直流式;(c) 一级两段循环式;(d) 多级多段浓循环

一级一段直流工艺流程简单,料液通过膜组件一次即排出,由于单个组件料液流程不可能很长,因此料液的浓缩率低,这种流程工业上较少采用。当一级处理出水难以达到处理要求时,可采用一级多段式工艺流程,即在系统中串联设置 2 个以上的反渗透器,并将前段的浓缩液作为下一段的进水,浓缩液浓度随段数的增加而获提高,渗透液回收率亦随之提高。单级多段式工艺流程处理效果的保证率高,但不能充分发挥接近末段的反渗透器工作能力。

在多级多段流程中,将浓缩液回流循环的方式称作浓循环。若系统回流循环的是部分渗透液,以获得所需的滤过液水质时,则称之为淡循环。多级多段式水的回收率提高,浓缩液的量减少,每一级膜两侧的浓差减小,但能耗增加。

2. 反渗透工艺的操作控制

(1) 预处理

为保证反渗透系统的高效稳定运行,特别是保证反渗透膜的使用寿命,必须对反渗透装置的进水进行有效的预处理,如 pH 值调节、过滤、消毒等,以充分发挥反渗透的工作效率。

(2) 操作压力

反渗透过程的推动力是压力差,操作压差愈高,渗透通量愈大,但压差增大往往导致浓差极化的增加,使得膜面的渗透压增高,达到一定压力,增加压力并不能提高渗透通量,却在膜面形成了一层凝胶层。另一方面，操作压差的增大将导致能耗增加，因此，应根据实际处理料液和所选反渗透膜的耐压性能、选择适当的运行操作压力。一般来说，反渗透的操作压差在 2～10 MPa 之间。

(3) 温度

温度升高有利于降低浓差极化的影响，提高膜的渗透通量，但温度升高导致能耗增大，并且对高分子膜的使用寿命有影响，因此反渗透过程一般均在常温或略高于常温下操作。

(4) 膜的清洗

反渗透膜在操作一段时间后必然会受到污染，导致膜通量的下降，这时就需要对其进行清洗。清洗的方法有两种：物理清洗和化学清洗。

物理清洗法是指以流动的清水冲洗膜面来清除膜面污垢的方法。可在约 0.3 MPa 压力下，用水或空气和水的混合液冲洗，对于内压管式膜，也可以用水带动海绵球冲刷膜面，清洗时间一般为 30 min。化学清洗法是采用一定的化学清洗剂，在一定的条件下一次冲洗或循环冲洗膜面的方法。常用的清洗药剂包括草酸、柠檬酸、氢氧化钠以及加酶洗涤剂等。清洗剂种类、浓度及清洗时间的选择需视实际具体情况，根据经验或清洗试验的结果确定。

四、反渗透技术在污水处理中的应用

反渗透技术是一种高效、易操作的液体分离技术，同传统的污水处理方法相比具有处理效果好，可实现污水的循环利用和对有用物质回收等优点。近年来，在电镀污水、钢铁工业污水、电厂污水、电子工业污水、化工污水等处理中得到广泛的应用。

1. 反渗透法处理含铜污水

反渗透法处理电镀污水始于 20 世纪 70 年代，首先应用于镀镍污水的回收处理，此后用于镀铬、镀铜、镀锌、镀铜漂洗水及混合电镀污水，具有低能耗，无二次污染，可实现污水的闭路循环处理等优点。

铜箔污水酸度大，且含有重金属，如果排放，不仅污染环境，而且造成资源的浪费。典型的铜箔污水水质为：酸 50～80 mg/L、Cu^{2+} 50～80 mg/L、Zn^{2+} 5～10 mg/L、Cr^{3+} 5～10 mg/L、Se 1～2 mg/L。根据原水的水质特点，辽宁本溪铜加工厂采用了二级反渗透处理铜箔污水，水源为生产工艺中的含铜污水，经处理后，淡水可作为生产工艺用水，浓缩液进行铜的萃取，既满足了生产工艺用水需求，又回收了铜，其工艺流程如图 12-20 所示。

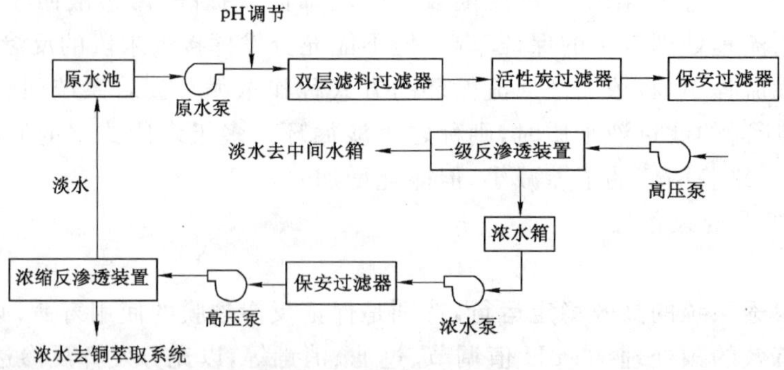

图 12-20　二级反渗透处理铜箔污水工艺流程

首先调节污水的 pH 值，使水中的明胶呈悬浮态而铜离子不产生沉淀，经双层过滤器和活性炭过滤器去除水中的悬浮物和胶体，出水浊度和 SDI 达到反渗透要求，进入一级反渗透装置，反渗透淡水经中间水箱进一步处理，出水达到 $Cu^{2+}\leqslant 0.5$ mg/L，电导率 $\leqslant 30$ μS/cm；浓水进入二级反渗透进行浓缩，二级反渗透淡水回到一级反渗透原水箱，浓缩水进入铜萃取系统进行铜的回收。处理系统中的 RO 膜元件采用美国海德能公司的 LFC1 抗污染膜，单支膜脱盐率≥99.6%，系统脱盐率≥95%。

该工艺既将 Cu^{2+} 从 80 mg/L 浓缩到 1 200 mg/L，大大减少了萃取费用，又解决了工艺用水问题，基本实现了闭路循环。总运行成本 0.513 元/t 水，年回收铜 26 600～42 560 kg/a，具有可观的社会效益和经济效益。

2. 反渗透法处理化工污水

在尼龙生产的尼龙纤维提取液蒸发工序中，所产生的二次冷凝液中含有 0.1%的己内酰胺，采用反渗透法对其进行浓缩处理的试验工艺流程如图 12-21 所示。

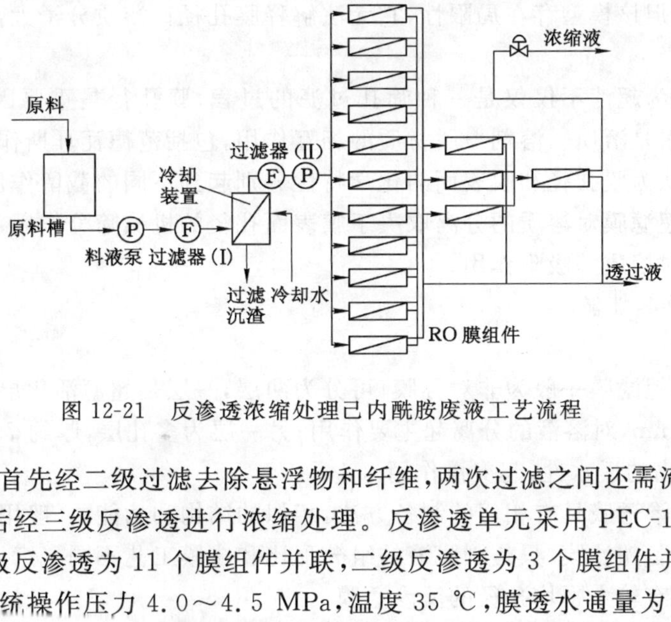

图 12-21　反渗透浓缩处理己内酰胺废液工艺流程

所处理的废液首先经二级过滤去除悬浮物和纤维，两次过滤之间还需流经冷却装置，以控制进水温度，然后经三级反渗透进行浓缩处理。反渗透单元采用 PEC-1000 型反渗透膜微型组件，其中一级反渗透为 11 个膜组件并联，二级反渗透为 3 个膜组件并联，三级反渗透为 1 个膜组件。系统操作压力 4.0～4.5 MPa，温度 35 ℃，膜透水通量为 0.38 $m^3/(m^2 \cdot d)$，己内酰胺脱除率达 99.9%以上，处理水量 300 m^3/d。每周对膜进行一次物理清洗，每 2～4周则用 0.2%DDS(十二烷硫酸钠)进行一次化学清洗，透水通量可恢复到 89%。

第五节　超　滤　法

超滤(Ultra-filtration，简称 UF)是利用半透膜的微孔结构，以一定的外界压力(0.1～0.5 MPa)为推动力，实现对物质的选择性分离、回收的膜分离方法。在污水处理中主要用于分离分子量大于 500、直径为 0.005～10 μm 的大分子和胶体，如酶、蛋白质、病毒等中低浓度的高分子溶解态及胶体态污染物的分离与回收。

超滤技术由于操作简单、能耗低、分离效率高，特别是可以回收有用物质，实现污水的资源化，在环境污染治理中受到高度重视。目前已在纺织印染、机械、石油化工、造纸、食品、医药等行业以及生活污水的处理与资源化利用中获得了广泛的研究和应用。

一、超滤原理及超滤膜

1. 超滤的基本原理

超滤分离过程如图 12-22 所示，当溶液以某一流速流经具有一定孔径的超滤膜表面时，在外界压力的作用下，溶液中分子量小于膜截留分子量的溶质和水透过超滤膜，形成滤过液（简称滤液），而分子量大于膜截留分子量的溶质则被膜所截留。随超滤过程的进行，料液逐渐浓缩，达到一定浓缩程度时，以浓缩液（亦称母液）的形式排出，溶液中不同分子量的溶质得到分离或浓缩。

图 12-22　超滤分离过程示意图

一般认为超滤是一种筛分过程，膜表面的孔隙大小是主要的控制因素，溶质能否被膜孔截留取决于溶质粒子的大小、形状、柔韧性以及操作条件等，因此通常用微孔模型来表示超滤的传递过程。但该模型存在局限性，它无法解释膜孔径比溶质分子大，却有明显分离效果的现象。

索里拉金认为超滤不仅仅是一种筛孔过滤的过程，膜孔径是重要因素，但不是唯一因素，另一重要因素是溶质—溶剂—膜材质的相互作用，包括范德瓦耳斯作用力、静电作用力、氢键作用力，他认为膜孔径和膜表面的化学特性分别起到不同的截留作用，更加全面地解释了超滤过程，即超滤膜对溶质的分离取决于膜表面孔径的机械筛分作用、膜孔的阻滞阻塞作用、膜面及膜孔对溶质的吸附作用。

2. 超滤膜及其性能

(1) 超滤膜

工业使用的超滤膜一般为非对称膜，可分为两层，一层是超薄活化层，厚约 0.25 μm，孔径为 5.0～20.0 nm，对溶液的分离起主要作用；另一层为多孔层，厚约 75～125 μm，孔径约 0.4 μm，具有很高的透水性，起支撑作用。

超滤膜和反渗透膜具有相似的制备方法，相似的结构和功能，一般用于制备反渗透膜的材料也可用于制备超滤膜，只是制膜液的组分配比和成膜工艺不同。索里拉金认为，可以把超滤膜看作是具有较大平均孔径的反渗透膜。

超滤膜有很多种类，目前国内外最常用的是醋酸纤维素膜和聚砜膜（Polysulfone-PS）。醋酸纤维素膜首先在超滤中使用，虽然其 pH 适用范围窄（pH 值 3～8），不耐化学和生物侵蚀，有其局限性，但由于它可以制得切割分子量变化范围较大的各种醋酸纤维素膜，用途广，且价格低廉，至今仍在使用着。

聚砜是继醋酸纤维素之后主要发展的一种超滤膜材料，由其化学结构式（图 12-23）可知，聚砜分子中的砜基团使聚合物膜具有优良的抗氧化性和稳定性，醚键改善了聚砜的韧性，苯环提高了聚合物的机械强度，分子中所有键都不易水解，使聚合物具有可耐酸、碱水溶液腐蚀的特性。

聚砜是目前工业上应用极其广泛的超滤膜材料，它具有价廉易得，机械强度、抗压密性、化学稳定性、耐热性良好，及 pH 适用范围宽（pH 值为 2～12）等优点。但其疏水性强，在超滤过程中易被污染，导致膜通量下降，故耐污染聚砜超滤膜的研发成为目前的研究热点。

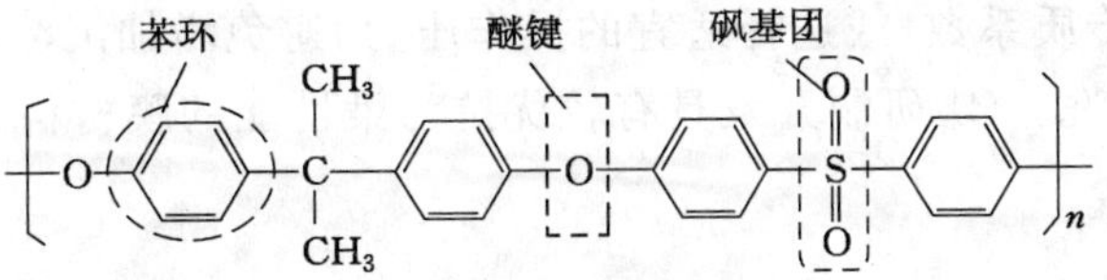

图 12-23　聚砜化学结构示意图

(2) 超滤膜的性能

超滤膜的性能是影响超滤处理效率的关键因素。超滤膜的基本性能包括孔结构、孔隙率、表面特性、化学稳定性、机械强度等。

表征超滤膜特性的基本参数有三个:透水通量、截留率和截留分子量。

① 透水通量(J_w)

透水通量是指在一定压力和温度下,单位膜面积单位时间所透过的水量,单位为 mL/($cm^2 \cdot h$)或 L/($m^2 \cdot h$)。其计算表达式为

$$J_w = Q/(A \cdot t) \tag{12-10}$$

式中　Q——t 时间内透过超滤膜的水量,mL 或 L;

A——有效膜面积,cm^2 或 m^2;

t——超滤时间,h。

商业上,一般以纯水或蒸馏水为标准,取 25 ℃、0.1 MPa 工作压力下所测得的数据计算透水通量。

② 截留率(R)

截留率是指膜所能截留的一定分子量物质的程度,单位为%。其计算表达式为

$$R = (C_b - C_p)/C_b \tag{12-11}$$

式中　C_b——所分离溶质在料液中的浓度;

C_p——所分离溶质在滤过液中的浓度。

③ 截留分子量

截留分子量是指一定条件下,截留率大于 90%所对应的标准物质的最小分子量。截留分子量是表征超滤膜截留特性的量,其测定方法是逐一用含有不同分子量溶质(如蛋白、聚乙二醇或葡聚糖)的水溶液做超滤实验。

(3) 膜污染与浓差极化

膜污染主要是由膜材料及溶液溶质之间附着、吸附、结合以及料液中悬浮物在膜表面的沉积所导致,是膜与溶质之间相互作用而产生的后果,分为可逆污染和不可逆污染。

超滤过程中,由于膜的选择透过性,主体溶液带到膜表面的溶质,被膜截留而积累增多,使膜表面处的溶质浓度远高于溶液主体的浓度,这种现象称为浓差极化。浓差极化现象是在操作压力驱动下,溶质逐渐向膜表面积聚的结果,因而是一种可逆的膜污染过程。通过降低超滤膜两侧的压力差,或提高超滤料液湍流程度以降低膜表面的溶质浓度等方法,可以减轻浓差极化现象,使膜的透水通量得到较好的恢复。

超滤膜一旦被污染,将引起膜透水通量的下降,会导致超滤过程无法进行较长时间的稳定操作,影响超滤效率的充分发挥,必须采取措施避免浓差极化现象,主要措施包括:① 采取过滤、混凝沉降等措施对料液进行预处理。② 控制操作参数,如增加膜面的切向流速,降

低边界层厚度，提高传质系数；或选择适宜的操作压力，避免增加沉淀层密度及厚度。③ 定期对膜进行有效的清洗。④ 研制开发具有较优抗污染性能的膜材料。

二、超滤工艺流程

1. 超滤工艺流程

在污水处理中，超滤的工艺流程分间歇式和连续式两种。

(1) 间歇式操作工艺流程

间歇式操作工艺系统如图 12-24 所示，所处理的料液一次加入到料液槽后，进行循环浓缩的超滤运行过程，直至达到所需的溶质浓缩倍数后，停机清料，并转入下一批次的料液处理。间歇操作系统运行过程中，超滤膜的透水通量由高向低始终处于变化状态，该操作方式多用于试验研究及小规模污水处理的场合。

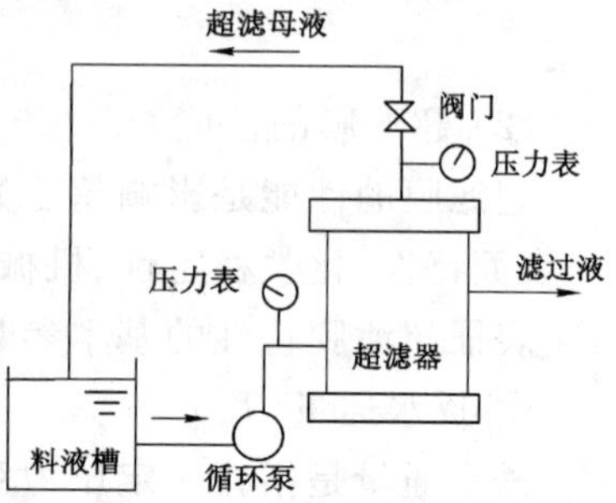

图 12-24　间歇式超滤工艺流程

(2) 连续式操作工艺流程

由于一次过流的超滤效率通常不能满足要求，在实际应用中多采用连续式操作工艺。图 12-25 所示为三级配置的连续式超滤工艺流程，由三级部分循环的超滤单元串联配置而成，这样在保证超滤处理效果的前提下，可以控制每一级组件在最佳运行工况条件下以较高的超滤效率运行。连续式操作方式多用于污水处理量较大的场合。

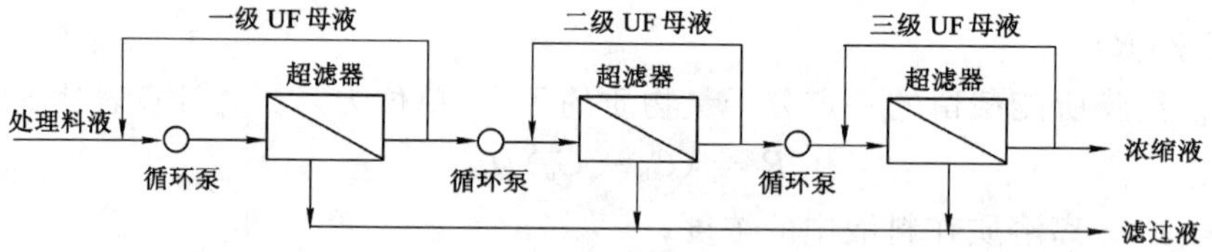

图 12-25　连续式超滤工艺流程

2. 超滤效率的影响因素

在超滤过程中，影响超滤效率的影响因素主要有以下几方面：

① 操作压力。由于超滤过程中在膜的界面处形成凝胶层，操作压力增大到一定值后，透水通量不再随压力升高而增大，因而操作压力要合适，过高的压力不仅不能增大透水通量，还会压实或损坏膜。实际超滤操作应在临界透水通量附近进行，此时操作压力约为 0.5～0.6 MPa。

② 料液流速。增加料液流速，可以使膜面液流的湍流加剧，有利于减缓浓差极化、提高设备的处理能力，但料液流速过高，系统运行费用随能耗的增加而加大，因此应将料液流速控制在适宜的范围。一般情况下的超滤料液流速为 1～3 m/s。

③ 料液的预处理。为保证超滤系统正常稳定运行、提高超滤效率，在超滤前需对料液进行预处理。料液预处理的主要对象是悬浮物和 pH 值，预处理的方法根据料液性质和需要进行选用，可以相应采用过滤、化学混凝和 pH 值调节、消毒、活性炭吸附等方法。

④ 操作温度。系统的操作温度主要影响操作料液的黏度，在膜的材质和所处理料液允许的条件下，提高操作温度有利于增加传质效率，提高透水通量。

⑤ 膜的清洗。当膜的透水通量衰减到一定程度，就要进行清洗。膜的清洗方法有水力清洗、药剂清洗和机械清洗等方式，通常应根据膜及处理料液的性质以及膜组件的型式进行确定。

3. 超滤与反渗透的异同

超滤与反渗透都是以压力驱动的膜分离技术，二者的应用范围有所交叉，很难分界；所采用的膜均为不对称微孔结构的半透膜，有相同的膜材料和相仿的膜制备方法，有相似的机制和功能；二者的分离均是溶剂透过膜而溶质被膜截留的过程。

超滤与反渗透的区别主要在于：① 膜的结构不同，一般超滤膜较疏松、透水通量大、除盐率低，而反渗透膜致密、透水通量小，具有选择透过性。② 膜的透过机理不同，超滤膜的分离主要是筛滤作用，而反渗透膜的分离过程还伴有复杂的物理化学作用。③ 工作压力不同，超滤过程能在较低的操作压力下进行，操作压力范围一般在 0.1～0.5 MPa，而反渗透为克服渗透压，必须施加较高的外界压力，其操作压力范围在 2～10 MPa。④ 截留的溶质不同，超滤截留的是分子量大于 500 的大分子溶质，而反渗透所分离的一般是相对分子量低于 500 的糖、盐等物质。

三、超滤法在污水处理中的应用

超滤技术具有操作压力低、分离效率高、透水通量大、能耗低、有利于有价物质的回收利用等特点，是污水处理工程中采用的最主要的膜分离技术。目前超滤分离技术已在电镀、化纤、印刷、印染、化工、造纸、电泳漆、放射性、含油等污水的处理中得到广泛应用。

1. 超滤法处理电镀污水

广东中山某电子厂采用超滤＋反渗透组合工艺对产生的电镀污水进行处理，其工艺流程如图 12-26 所示。设计超滤系统产水量 50 t/h，产水水质达到 SDI≤5，浊度＜0.2NTU。

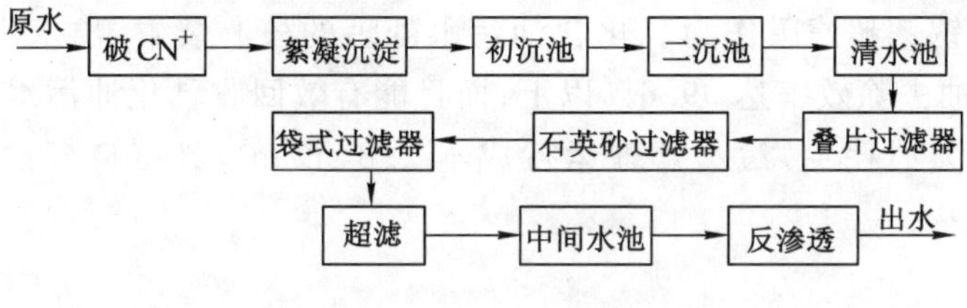

图 12-26　超滤＋反渗透法处理电镀污水工艺流程

本工艺中超滤作为反渗透的前处理单元，能截留 0.002～0.1 μm 的颗粒和杂质，有效阻挡住胶体、蛋白质、微生物和大分子有机物。为了避免污水中所含的杂质污染超滤膜元件，影响系统的稳定运行和膜元件的使用寿命，必须对进水进行有效的预处理。因此，处理系统增加了叠片过滤器、石英砂过滤器、袋式过滤器等预处理单元，并适当投加了阻垢剂、消毒剂、除氯剂。

针对电镀污水的特点，采用 AQU-200-H-100K 型号超滤膜作为本分离系统的核心处理部件，AQU-200-H-100K 超滤膜采用材质为改性的 PVC 中空纤维。该工程实例中，单支超滤膜产水量为 1.53 t/h，共需要 36 支 AQU200-H-100K 超滤膜。为保证超滤系统的布水均匀、长期稳定运行、降低超滤清洗和反洗设备的投入，设计采用两套超滤系统，每套超滤系统 18 支超滤膜，设计过水通量比膜元件的额定过水通量要低 20%～30%。

整个超滤膜处理系统的控制参数主要有：温度、浊度、pH、压力、流量等，特别是进出水压力、流量两个参数。采用超滤作为反渗透系统的预处理，系统运行稳定，效果良好。AQU超滤膜有效去除原水中的各种细菌、微生物以及一些大分子的有机物和水中所有不溶解性的胶体等，使处理出水浊度≤0.2NTU、SDI≤3，有效延长了后续反渗透膜的使用寿命。

工艺运行结果表明，超滤+反渗透膜技术是电镀企业实现电镀污水循环利用、清洁生产的有效手段。

2. 超滤法处理乳化含油污水

传统处理乳化油污水的主要方法有重力分离、溶气气浮和化学破乳等方法，但都存在出水水质波动性大的问题。近年来，超滤膜法被广泛用于处理冷轧含油污水的处理。山东冠州股份有限公司采用超滤法处理乳化油污水的工艺流程如图12-27所示。

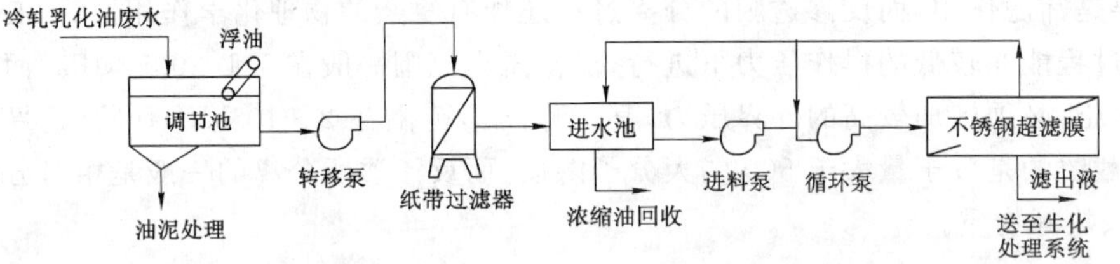

图12-27　超滤法处理乳化含油污水工艺流程

该公司乳化油污水来自彩图车间生成过程，污水中COD达5 000～100 000 mg/L，总油1 000～20 000 mg/L，处理难度较大。乳化油污水先排至调节池，调节池设有蒸汽加热管对污水进行加热，使大量游离的浮油分离，浮油通过刮油刮渣机刮出。调解后的污水用泵送纸带过滤机过滤，去除粗渣后进入到不锈钢超滤膜系统进行油水分离。调节池及不锈钢超滤膜浓缩的废油进入油回收系统，回收的油可外卖作为燃料，污水排入含油污水调节池。

该工艺采用不锈钢超滤膜作为乳化含油污水处理的核心装置，出水水质稳定，COD去除率达98.5%，总油去除效率达99.6%以上；而且能有效回收乳化油污水中的油，系统运行稳定，产泥量小，动力消耗少，污水处理运行成本2.8元/m^3，具有良好的经济效益和社会效应。

第六节　纳　滤　法

纳滤(Nano-filtration，简称NF)是一种以压力差为推动力，介于反渗透和超滤之间的截留水中粒径为纳米级颗粒物的一种膜分离技术。纳滤膜孔径在几个纳米左右，截留分子量在200～1 000 Dalton，操作压力低(≤1.0 MPa)，故又称为低压反渗透。

纳滤用于将相对分子质量较小的物质，如无机盐或葡萄糖、蔗糖等小分子有机物从溶剂中分离出来，是一种新型的膜分离技术，主要应用于饮用水和工业用水的纯化、污水净化处理、工艺流体中有价值成分的浓缩等方面。

一、纳滤原理及纳滤膜

1. 纳滤原理

纳滤属于压力驱动的膜分离过程，类似于反渗透和超滤，但其传质机理却有所不同。纳滤膜的孔径大于反渗透膜而小于超滤膜，一般认为其截留机理与反渗透膜相似，但由于膜表面荷电，所以其截留的机理比反渗透更复杂，确切的机理尚无定论。

纳滤膜的分离特性可概括如下：

(1) 纳滤膜的荷电效应。荷电效应是指离子与膜所带电荷的静电相互作用。大多数纳滤膜的表面带有负电荷，它们通过静电相互作用，阻碍多价离子的渗透，这是纳滤膜在较低压力下仍具有较高脱盐性能的重要原因。

由于纳滤膜一般是荷电膜，其对无机盐的分离不仅受化学势控制，同时也受电势梯度的影响。纳滤过程之所以具有离子选择性，是由于在膜上或者膜中有负的带电基团，它们通过静电相互作用，阻碍多价阴离子的渗透。具有一价离子的盐可以大量地渗过纳滤膜，截留率低，而纳滤膜对多价阴离子(例如硫酸盐离子和碳酸盐离子)的截留率则高得多，对中性不带电荷的物质的截留则是由膜的纳米级微孔的分子筛效应引起的。

(2) 对不同价态的离子截留效果不同。对二价离子和高价离子的截留率明显高于单价离子。对于阴离子来说，截留率按以下顺序上升：NO_3^-，Cl^-，OH^-，SO_4^{2-}，CO_3^{2-}；对于阳离子来说，截留率按以下顺序上升：H^+，Na^+，K^+，Ca^{2+}，Mg^{2+}，Cu^{2+}；多价阴离子(如硫酸盐离子和碳酸盐离子)，由于膜的负电荷而被排斥在膜外，只有在很高的浓度下，膜电荷受到很强的屏蔽，才能够进入膜中并且渗透；多价阳离子的截留率高于一价阳离子的截留率，因为在膜的微孔中使固定离子屏蔽所必需的高价态阳离子的浓度是较少的。

(3) 对离子的截留受离子半径的影响。在分离同种离子时，离子价数相等时，离子半径越小，膜对该离子的截留率越小，离子价数越大，膜对该离子的截留率越高。

(4) 一般来说，随着浓度的增加，膜的截留率下降。这一方面可以由进料流体与膜流体之间的道南平衡来解释，另一方面也可由增加了固定离子的屏蔽作用来解释。

(5) 随着过膜差压的增加，截留率增加，并且趋向于某个极限值。

2. 纳滤膜

纳滤膜的孔径范围在1～5 nm之间，属于纳米(10^{-9} m)的尺寸范围。纳滤膜的截留分子量为200～1 000 Dalton，其截留分子量介于反渗透和超滤之间，对无机离子的去除率在90%以下，比反渗透截留率低。与反渗透膜的不同之处是，反渗透膜对几乎所有溶质都有很高的去除率，而纳滤膜对不同的离子有不同的去除率，具有离子选择性。

纳滤膜材料可采用多种材质，如醋酸纤维素、三醋酸纤维素、磺化聚砜、磺化聚醚砜、芳香聚酰胺复合材料和无机材料等，其表面分离层由聚电解质构成，一般膜表面带负电。

生产超滤、纳滤和反渗透膜所用的材料基本相同，目前应用较多的是醋酸纤维素或聚砜酰胺等材料。膜的结构也基本相似，都可分为对称性(均匀性)和不对称性(各向异性)结构膜，目前应用较多的是不对称性结构膜。两者主要区别是膜的致密层结构不同。反渗透膜的致密层孔径很小，纳滤膜的致密层比反渗透膜疏松，孔径约为2 nm，超滤膜的致密层更疏松，孔径为10～100 nm。纳滤膜与反渗透和超过滤膜的另一个区别是大多数纳滤膜表面都带有电荷，也称为荷电型膜。

二、纳滤技术在水处理中的应用

纳滤膜比反渗透膜操作压力低，运行费用等较低，且可以截留一部分有机物和高价态的无机离子，其最大的应用领域是饮用水软化和有机物的脱除，在工业下游产品脱盐与浓缩方面，它正在取代传统的离心分离、真空蒸馏、加热蒸发等工艺；它也可用于污水处理再生水回用。

纳滤进水要求几乎不含浊度，一般要求进水的 SDI≤3，故仅适用于经砂滤、微滤甚至超滤，作为预处理的水质。

1. 纳滤在雨雪水回用处理中的应用

北京鸟巢雨洪系统工程采用“超滤＋纳滤”系统为主体工艺，其工艺流程如图 12-28 所示。该系统主要是回收雨水、雪水，经处理后回用于冲洗鸟巢的运动场，原水水质为 COD_{Cr}≤240 mg/L，SS≤500 mg/L，TN≤40 mg/L，TP≤1.5 mg/L，经处理后出水达到回用标准。

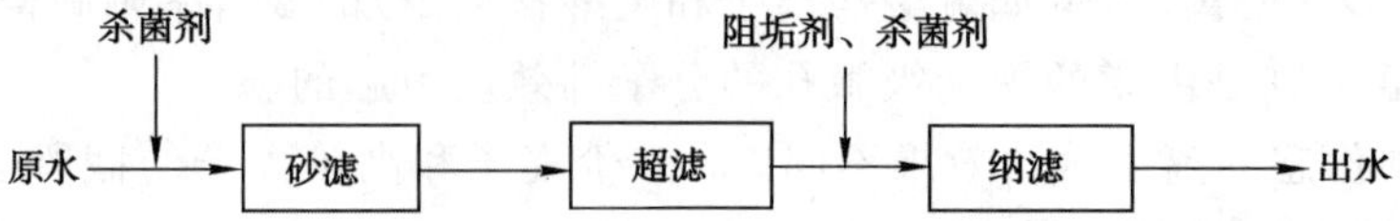

图 12-28　鸟巢雨洪系统工艺流程

针对雨洪水，首先采用次氯酸钠投加量为 2～3 mg/L 的有效氯进行杀菌，然后进入砂滤装置进行预处理，经砂滤处理后的水由泵提升供给超滤装置，为防止无机盐造成的纳滤膜结垢问题产生，超滤的产水加阻垢剂、非还原性杀菌剂混合后，经供水泵加压进入 5 μm 保安过滤器，出水进入纳滤装置进行除盐，处理后水进入后续出水消毒系统。

该工艺中每套超滤膜元件数量 12 支，采用的超滤膜精滤度为 10 万分子量，膜丝内径为 0.9 mm，悬浮物的去除率达 98%，胶体铁的去除率 98%，微生物去除率 98%，出水 SDI<3，系统回收率 92%，系统设计产水率 92 m^3/h；每套纳滤膜元件数为 56 支，系统回收率 87%，单台产水量为 40 m^3/h。

2. 纳滤在炼油污水回用处理中的应用

中石油新疆克拉玛依炼油厂采用美国海德能公司纳滤膜元件 ESNAI 处理炼油厂综合废水并回用，该项目是目前国内规模最大的用于工业水回用的纳滤膜系统，其工艺流程见图 12-29。

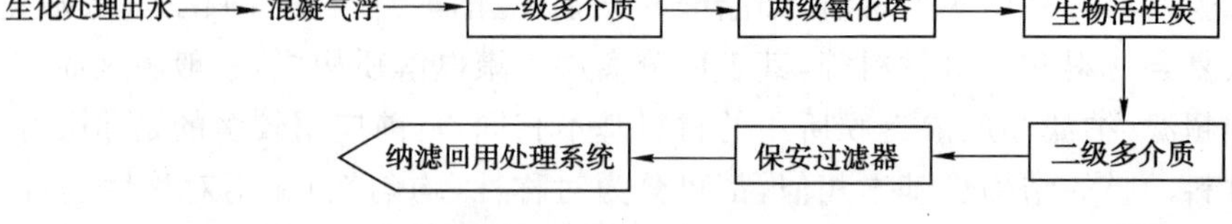

图 12-29　炼油污水深度处理工艺流程

炼油厂综合污水来源于炼油厂工艺废水、成品油的脱水以及厂区生活污水，经生化处理后进入纳滤系统，其水质 COD_{Cr} 为 5.45～279.8 mg/L，含油为 0.87～2.01 mg/L，浊度为 1.07～5.87 NTU，Ca^{2+} 含量为 119.8～269.5 mg/L，Mg^{2+} 含量为 154.3～265.6 mg/L，SO_4^{2-} 含量为 411.9～605.6 mg/L，总铁含量为 0.18～0.98 mg/L。该工程一期纳滤膜系统采用美国海德能公司 ESNAI 系列膜元件 96 支，二期采用低污染纳滤膜元件 ESNAI-LFI 96 支，膜为表面带负电的芳香聚酰胺复合膜，可有效脱除硬度、铁、色度，有机物及三卤甲烷等物质。该系统运行稳定，运行压力 0.55 MPa，压力损失只有 0.15 MPa，产水量高于 60 m^3/h，且回收率大于 75%，对 COD_{Cr} 去除率可达到 70%以上，脱盐率稳定在 90%。

第七节　微　滤　法

微滤(Micro-filtration，简称 MF)是一种精密过滤技术，以静压差为推动力，利用筛网状过滤介质膜的“筛分”作用进行分离的膜过程。微滤膜的主要技术优点是：膜孔径均匀、过滤精度高、滤速快、吸附量少、无介质脱落等。微滤膜主要用于截留悬浮固体、细菌。

一、微滤原理及微滤膜

1. 微滤的基本原理

微滤膜的分离机理主要分为：

① 筛分截留。即过筛截留，指微滤膜将尺寸大于其孔径的固体颗粒或液体颗粒聚集体截留，筛分作用是微滤膜截留溶质的主要机理。

② 吸附截留。微滤膜将尺寸小于其孔径的固体颗粒通过物理或化学作用吸附而截留。

③ 架桥截留。固体颗粒在膜的微孔入口因架桥作用而被截留。

④ 网络截留。这种截留发生在膜的内部，往往是由于膜孔的曲折而形成。

2. 微滤膜

实施微孔过滤的膜称为微滤膜。微滤膜是均匀的多孔薄膜，厚度为 90～150 μm，过滤粒径为 0.025～10 μm，操作压力为 0.01～0.2 MPa，是具有筛分过滤作用的多孔固体连续介质。依据微孔形态的不同，微滤膜可分为两类：弯曲孔膜和柱状孔膜。弯曲孔膜的微孔结构为交错连接的曲折孔道形成的网络，而柱状孔膜的微孔结构为几乎平行的贯穿膜壁的间柱状毛细孔结构。

能用来做微滤膜的材质有很多种，但目前国内外已商品化的主要有以下几类：

① 纤维素酯类。如二醋酸纤维素(CA)、三醋酸纤维素(CTA)、硝化纤维素(CN)、乙基纤维素(EC)、混合纤维素(CN-CA)微滤膜等。

② 聚酰胺类。如尼龙 6(PA-6)和尼龙(PA-66)微滤膜。

③ 聚砜类。如聚砜(PS)和聚醚砜(PES)微滤膜。

④ 含氟材料类。如聚偏氟乙烯(PVDF)和聚四氟乙烯(PTFE)微滤膜。

⑤ 聚烯烃类。如聚丙烯(PP)拉伸式微孔膜和聚丙烯(PP)纤维式深层过滤膜。

⑥ 无机材料。如陶瓷微孔膜、玻璃微孔膜，各类金属微孔膜等。无机膜具有耐高温、耐有机溶剂、耐生物降解等优点，特别在高温气体分离和膜催化反应器及食品加工等行业中有良好的应用前景。

二、微滤技术在水处理中的应用

1. 微滤在再生水工程中的应用

再生水厂主体生产工艺采用微滤(MF)＋ 反渗透(RO)组合工艺，并根据实际需要设置合理的配套单元，如预处理、杀菌、化学清洗系统等(图 12-30)。

污水处理厂二级出水通过进水管线引入格栅间，经提升水泵提升并添加抑菌剂后进

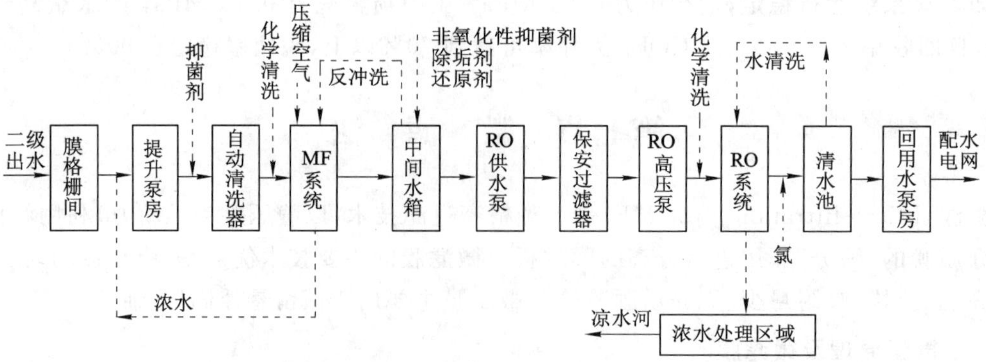

图 12-30　微滤＋反渗透再生水处理工艺

入自清洗过滤器进行过滤，自清洗过滤器出水进入 MF 系统，MF 系统出水进入中间水池，并添加非氧化性抑菌剂、阻垢剂、还原剂后，经 RO 供水泵加压进入保安过滤器，过滤器出水再经 RO 高压泵加压后进入 RO 系统，处理出水进入清水池，在进入清水池前采用加氯消毒，以保证管网内余氯要求，最后通过回用水泵房加压送入配套再生水管网向用户供水。再生水生产过程中产生的浓水、反冲洗排水及化学清洗废液排至浓水处理区域进行处理。

2. 微滤法在海水淡化预处理中的应用

近 20 年来，海水淡化技术日益成熟，反渗透(RO)海水淡化工艺已逐步成为海水淡化的主导技术之一。而由于反渗透膜材质的特性，进水水质会直接影响到反渗透的工作效果以及反渗透膜的使用寿命，所以对进水水质指标有着严格的要求，而微滤膜，尤其是高抗污染的聚偏氟乙烯 (PVDF)微滤膜，平均微孔孔径在 0.2 μm，能有效去除海水中的藻类、细菌及其他杂质，因此已经越来越多地用于反渗透的前处理。

3. 在家用净水器中的应用

由于我国城市自来水供给系统在输送过程中的不完善，我们日常饮用的自来水往往存在着二次污染的问题，这对我们的人身健康带来很大的隐患。采用 MF 技术制造的家用净水器，通过 MF 膜的过滤不仅能有效去除水中的铁锈、泥沙等肉眼可见物，还能截留水中的细菌、大肠杆菌等。

第八节　液膜分离技术

液膜(Liquid Membrane，简称 LM)分离是以具有选择透过性的液态膜为分离介质，以浓度差为推动力，利用混合物各组分渗透性能的差异来实现分离、提纯或浓缩的一种新型膜分离技术。

液膜分离作用与固体膜相似，而操作方式又类似于溶剂萃取。与固态膜相比，液膜具有高效、快速、选择性强、节能等优点；与溶剂萃取相比，液膜分离具有萃取与反萃取同时进行、分离和浓缩因数高、萃取剂用量少、溶剂流失量少等优点。

一、液膜及其分离机理

1. 液膜及其分类

液膜是悬浮在液体中的一层乳液薄膜，是分隔两个液相的第三液相，通常由膜溶剂、表面活性剂、添加剂和载体构成。其中膜溶剂构成膜的基体，占膜总量的90%以上；表面活性剂含有亲水基团和疏水基团，可以定向排列，起稳定膜形的作用；添加剂能改变膜相液的黏度，提高液膜的稳定性；载体是运载溶质穿过液膜的物质，能与被分离的溶质发生化学反应，分为离子型和非离子型。通常膜内相（分散相）与膜外相（连续相）是互溶的，而膜相与被分隔的液体是互不相溶的。

按液膜的组成不同，可将其分为油包水型（W/O）和水包油型（O/W）。所谓油包水型是指膜相是油质而内相和外相是水相，亦称为油膜；而水包油型是膜相为水相而内外相均为油相，亦称为水膜。

按照液膜传质机理的不同，可将其分为无流动载体液膜和有流动载体液膜。无流动载体液膜是把表面活性剂加到有机溶剂或水中所形成的膜，这种液膜是利用溶质或溶剂的渗透速度差进行物质分离，其选择性主要取决于溶质在膜中的溶解度，溶解度越大，分离效果越好；有流动载体的液膜是由表面活性剂、溶剂和载体所形成的，载体在液膜的两个界面之间来回穿梭传递迁移物质，极大提高了被迁移物质在液膜中的有效溶解度，特别是通过不断给载体输送能量，可以实现从低浓度区向高浓度区连续地迁移物质，目前这种类型的液膜研究较多，发展较快，是一种更有效的液膜。

按照液膜的形状，可将其分为液滴型、支撑型和乳化型。这三种类型的液膜如图12-31所示，液滴型是料液包上一层表面活性剂溶液形成的单个球体，是乳化型的前身，目前主要用于理论研究和分离气体；支撑型是由固体高分子多孔物质从两侧以夹层状把液膜溶液包围起来，是一种很有发展前途的液膜构型，多用于分离和富集金属离子；乳化型是液滴直径（0.05～0.2 cm）小到呈乳化状的液膜，有更大的传质面积，液膜的厚度薄（1～10 μm），传质速率快，是目前研究和使用较多的一种。

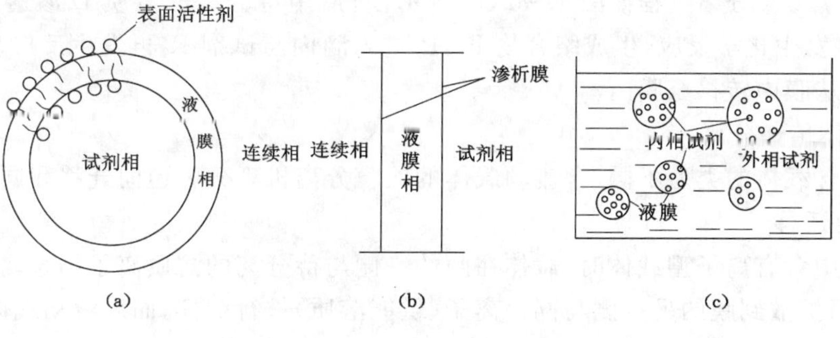

图12-31　三种类型液膜示意图

(a) 液滴型；(b) 支撑型；(c) 乳化型

2. 液膜分离机理

液膜分离的机理主要有三种类型：选择性渗透、液滴反应分离及载体传递分离。对于非流动载体的液膜分离主要为选择性渗透和液滴反应，而对于含流动载体的液膜分离则主要取决于添加的流动载体，依靠载体传递分离。

（1）选择性渗透

当液膜中不含有流动载体时，溶液中的组分透过液膜的渗透速率不同或其中某种组分不能透过液膜，以达到分离的效果。如图12-32(a)所示，设料液中含有A和B两种物质，其中A易溶于液膜，A透过膜相向另一侧传递，而B不能透过膜而大部分留在料液中，从而达到选择性分离的目的，当膜两侧被迁移的溶质浓度相等时，分离过程便会自动停止。其分离的选择性取决于溶质在膜中的溶解度，溶解度越大，选择性越好。

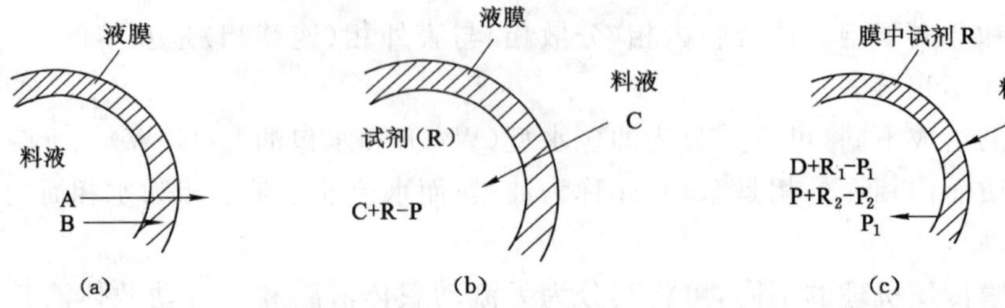

图12-32　非流动载体液膜分离机理

(a) 选择性渗透；(b) 滴内化学反应；(c) 膜中化学反应

（2）液滴反应分离

液滴反应分离分为滴内化学反应和膜中化学反应。

① 滴内化学反应

滴内化学反应分离过程如图12-32(b)所示，料液中待分离的溶质C渗透通过膜进入滴内，与滴内试剂R发生化学反应，生成不溶于膜相的物质P，P不能透过膜。待分离的溶质C在膜内的浓度几乎为零，在浓度差的推动下，料液中的C物质就不断地迁移到膜内，直至滴内反应试剂R消耗完为止。滴内化学反应可保证液膜两侧有最大的浓度梯度以促进输送。

② 膜中化学反应

膜中化学反应分离过程如图12-32(c)所示，料液中待分离的溶质D渗透至膜相，在膜中与试剂R_1发生化学反应，生成络合物P_1，P_1进入滴内与试剂R_2再发生反应生成P_2，待分离的物质即从膜中转移至膜内。

（3）载体传递分离

按照所含载体的类型不同，含流动载体的液膜分离机理分为逆向迁移和同向迁移两种。

① 逆向迁移

当液膜中含有离子型载体时，载体在膜的一侧与待分离的溶质离子结合，生成络合物在膜中扩散，而扩散到膜的另一侧与同性离子（供能溶质）进行交换，而后流动载体又重新通过逆扩散回到膜的外侧重复上述过程，所以待分离的溶质与供能溶质迁移方向相反，这种迁移称为逆向迁移。

逆向迁移过程如图12-33(a)所示，以分离去除金属离子为例。载体（HX）首先在膜的一侧与欲分离的金属离子（M^+）形成离子络合物（MX）从膜的外相向内相扩散，当到达内相侧界面时发生解络反应，解络后的金属离子（M^+）进入内相料液中，而载体则反扩散到外相侧，继续与欲分离的金属离子络合。只要内相中有H^+存在，这样的循环就会一直进行下去，M^+就不断从低浓度向高浓度迁移，从而达到分离或浓缩的目的。

② 同向迁移

当液膜中含有非离子型载体时，它所载带的是中性盐。载体与阳离子选择性络合的同时，又与阴离子结合形成离子对一起迁移，这种迁移过程称为同向迁移。

同向迁移过程如图 12-33(b)所示，非离子型载体(E)首先选择 M^+，同时 X^- 迅速与络合物缔合成离子对，然后在膜内扩散，当扩散到膜相与内相界面时，M^+ 和 X^- 同时被释放出来，解络后的载体重新返回外相侧，继续与 M^+ 和 X^- 络合，这样的过程不断重复进行，就可达到从混合物中分离某种物质的目的。

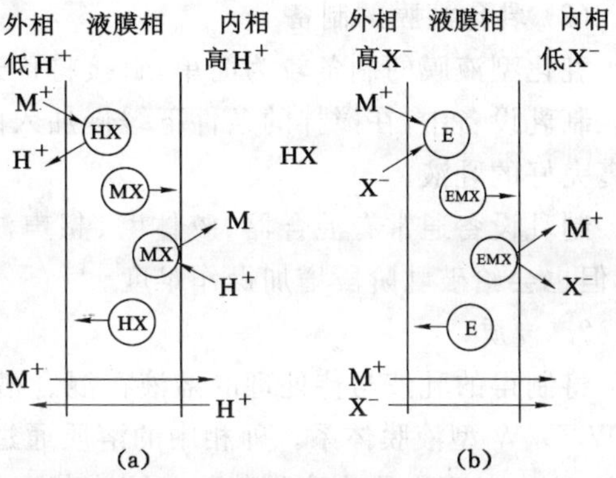

图 12-33　流动载体液膜分离机理

(a) 逆向迁移；(b) 同向迁移

使用含流动载体的液膜时，其选择性分离主要取决于所添加的流动载体，载体负责指定溶质或离子的选择性迁移，因此，要提高液膜选择性的关键在于找到合适的流动载体。

二、液膜分离过程

液膜分离的操作过程分乳液制备、传质、破乳三个阶段依次进行。

1. 乳化液膜的制备

(1) 选择液膜组分

液膜溶液通常由膜溶剂、表面活性剂和流动载体所组成，部分还加入一些添加剂来增加其稳定性。

选择膜溶剂时，主要考虑液膜的稳定性和对溶质的溶解度。对于无载体的液膜，要求欲分离的溶质能优先溶解；而对于有载体的液膜，溶剂应能溶解载体，不能溶解溶质；此外膜溶剂应不溶于膜的内相和外相。油膜使用的有机溶剂一般为非极性溶剂，以保证载体在其中有最大的溶解度，并需防止与水混溶，通常采用的油膜为 S100N(中性油)和 Lops(异链烷烃)、辛醇、聚丁二烯、氯仿、黄化煤油、柴油等；对于烃类分离，宜选用水为膜溶剂。

表面活性剂的种类、浓度对液膜的稳定性和渗透性都有很大影响，根据不同体系的要求，可以选择适当的表面活性剂，做成油膜或水膜。一般表面活性剂的浓度越大，液膜的稳定性就越高。要形成油包水或水包油型乳化液所用的表面活性剂必须具有一个特定的 HLB(亲水性水平衡值)，配置油膜应选择 HLB 为 4～6 的油溶性表面活性剂，配置水膜时应选用 HLB 为 8～18 的水溶性表面活性剂。常用的表面活性剂有 Span 80(单油酸山梨糖醇酐)、聚胺 EN J3029 或 EN J3064 、聚乙烯醇、十二烷基磺酸钠等。常用的水膜表面活性剂是 Saponin(皂角甙)。

选择流动载体的方法与选取萃取剂的方法相似，用于溶剂萃取的萃取剂一般都可用做液膜分离过程中的流动载体。流动载体应溶于膜相，而不溶于膜的内外相，在膜的一侧能与待分离物质络合，然后传递通过膜相，在另一侧解络，要求形成的络合物稳定性要适宜；此外，载体不能与表面活性剂反应。

为保证液膜在萃取阶段的稳定性，又要考虑到破乳阶段容易破乳，有时可往膜组分中加入添加剂，以达到在整个液膜分离操作中稳定性适宜。

(2) 乳化液膜的制备

乳化型液膜的制备较为简单，直接将优选的膜配方材料(膜溶剂、表面活性剂、添加剂)加入制乳设备中，在搅拌的条件下缓慢加入内相试剂的水溶液，在高速搅拌一定时间，形成包裹完好的乳液。

制乳设备通常有混合器、胶体磨、超声波乳化器等。其中超声波制得的乳液稳定性极高，但也会给破乳阶段增加操作难度。

2. 传质

将制得的乳液与待处理的溶液在混合槽中搅拌混合，使乳液分散在料液相(外相)中，形成 W/O/W 型液膜体系。外相中的溶质通过液膜进入内相，然后再将乳液与被处理的料液分离，这个过程也称为液膜萃取。液膜萃取与溶剂萃取机理不同，它不受分配系数的限制，其萃取效率比溶剂萃取要高，所以液膜萃取要求的级数比溶剂萃取少。

3. 破乳

破乳是将乳液破碎，使乳液的内相与膜相分离，回收内相浓缩液，经破乳后的膜相返回到制乳器循环使用。破乳的方法一般采用加热、离心分离、电场或凝聚器等。目前认为最有前途的方法是电场破乳。

三、液膜技术在污水处理中的应用

液膜分离技术自 20 世纪 60 年代问世以来，在湿法冶金、化学分析、污水处理、石油化工、生物医学等领域已显示出广泛的应用前景。

1. 液膜法处理含酚污水

含酚污水主要来自焦化、冶金、化工合成、石油炼制等行业的生产过程。含酚污水已有多种处理方法，通常对低浓度者(100～200 mg/L)多采用生化法处理，而对高浓度含酚污水(数百到数千毫克每升)则多采取溶剂萃取方法处理。液膜法处理含酚污水现已完成实验室试验、中试及扩大规模的试验，证明这种方法可替代生化法和溶剂萃取法，适用于各种浓度含酚污水的处理。

液膜法处理含酚污水的工艺流程如图 12-34 所示。系统所用浓膜配方为：溶剂 S100N、表面活性剂 Span 80、内相试剂 NaOH(0.5%～2.0%，化学纯)，油内比为 2。系统处理能力 1 L/min，当酚的初始浓度分别为 1 740 mg/L、200 mg/L 时，处理出水的酚含量均仅在 3～8

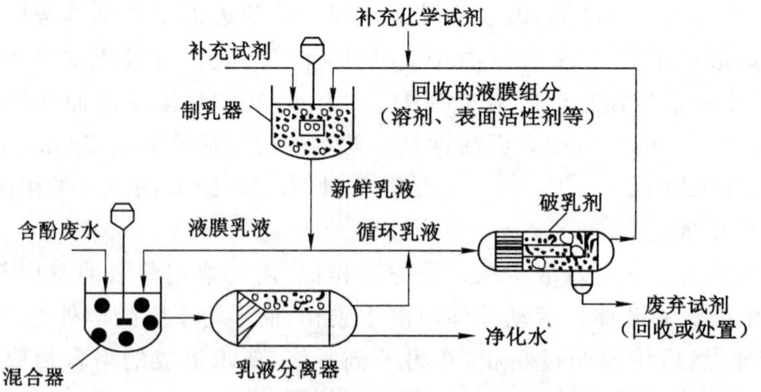

图 12-34 液膜法处理含酚污水工艺流程

mg/L，经液膜法处理后，出水酚含量仅几个毫克每升，分离净化效果显著，且处理效果不受污水中其他杂质(如悬浮物、溶解油等)的影响。

2. 液膜法处理含氰污水

图 12-35 所示为国内某化工厂采用乳化液膜法处理农药生产含氰污水的工艺流程。系统所用膜配方为：膜溶剂 96% S100N、表面活性剂 0.1% Span 80、内相试剂 10% NaCN。原污水中氰浓度 800～900 mg/L，pH 值 9～10，COD 为 3 600 mg/L；处理系统采用间歇操作工艺，处理能力 36 t/d，乳水比 1∶15；萃取时间 0.5 h，处理周期 2 h。

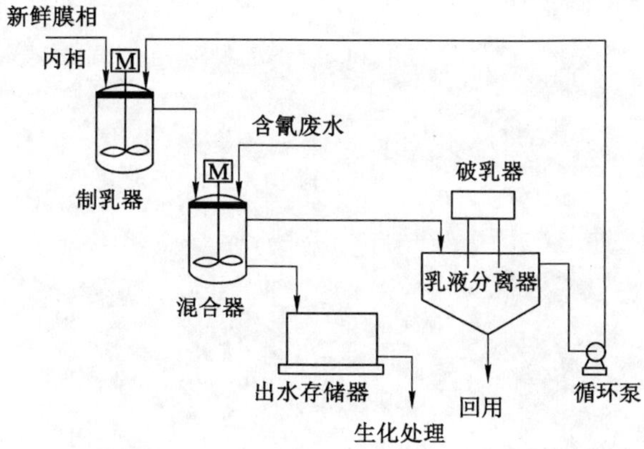

图 12-35　液膜法处理含氰污水工艺流程

运行统计资料表明，处理出水 CN^- 小于 2 mg/L，COD 1 764 mg/L，处理效果稳定。萃取乳化液经高压静电破乳后，油相反复循环使用，水相 NaCN 溶液的回收率 90%。该工艺年回收 NaCN 8.7 t，节约原料费 8.7 万元，不但脱除并回收利用了 CN^-，而且提高了污水后续处理的可生化性，解决了高浓度、高毒性含氰污水治理的难题，同时取得了经济效益和环境效益。

习题与思考题

1. 什么是膜分离技术？主要的膜分离方法有哪些？

2. 简述膜分离技术的特点，为何说半透膜物化性能优良与否是膜分离技术的关键？

3. 试分析比较膜分离技术与化学转化分离技术的异同之处。

4. 离子交换树脂和离子交换膜的异同之处有哪些？

5. 在电渗析分离过程中，除主要离子的迁移过程之外，还会有哪些其他的物理化学过程？它们对电渗析过程的影响是什么，可以采取哪些预防措施？请举例说明。

6. 电渗析过程中，淡水室中的阴、阳离子分别透过阳、阴膜向浓水室迁移，问淡水室出水是否仍保持电中性？其原因是什么？

7. 常用的反渗透膜有哪几种？各有何优缺点？反渗透膜与离子交换膜在离子交换选择性上的本质区别是什么？

8. 简述反渗透膜的透过机理，哪种理论奠定了反渗透膜工业应用的基础？

9. 何为浓差极化现象？它是如何影响膜分离的？可以采取哪些措施减小浓差极化现象？

10. 超滤技术与反渗透技术在原理、设备、工艺操作等方面的联系和区别各是什么？

11. 超滤过程膜表面的浓差极化与膜污染对工艺操作的影响作用是什么？两现象间有何本质区别？

12. 试分析比较反渗透、纳滤、超滤、微滤分离技术的异同之处。

13. 何为液膜？对于非流动载体的液膜和流动载体的液膜，其分离机理分别是什么？

第十三章　污水的其他物理化学处理方法

第一节　电化学法

电化学法(Electrochemical Method)是指在外加电场的作用下，在电化学反应器中，通过控制电压和电流等条件，发生电化学过程或电化学反应，从而使污染物降解去除的方法。根据电极反应发生的方式不同，电化学法可分为内电解法、电凝聚、电气浮、电催化氧化等。

与其他水处理方法相比，电化学过程具有多功能、灵活性，便于综合处理，可自动控制，反应条件温和，效率高，环境相容性高，有较高的选择性，可防止副反应发生，无污染或少污染等优点，在水处理中有着广泛的用途和广阔的发展前景，被称为"环境友好技术"。

电化学法可以去除多种污染物，同时还可以回收污水中的贵重金属等，近年已广泛应用于处理电镀污水、化工污水、印染污水、制药污水、制革污水及造纸黑液等的研究。

一、基本原理

电化学法用于污水处理的基本原理是使污染物在电极上发生直接或间接的电化学转化，按原理可分为直接电解、间接电解、电凝聚三种。

1. 直接电解

直接电解是污染物在电极上直接被氧化或还原而从污水中去除的，可分为阴极过程和阳极过程。

阴极过程就是污染物在阴极表面还原而得到去除。电化学还原即为阴极过程，主要用于卤代烃的还原脱卤和重金属的回收，其基本反应式为：

$$R—Cl+H^{+}+2e^{-}\longrightarrow R—H+Cl^{-} \tag{13-1}$$

$$M^{2+}+2e^{-}\longrightarrow M \tag{13-2}$$

阳极过程就是污染物在阳极表面氧化而转化为毒性小的物质或易生物降解的物质，甚至是发生有机物无机化，从而达到削减、去除污染物的目的。主要用于含氰化物、含酚、含醇、含氮有机染料的污水处理中。

2. 间接电解

间接电解是指利用电化学产生的氧化还原物质作为反应剂或催化剂，使污染物转化为毒性更小的物质。间接电解分为可逆过程和不可逆过程。

可逆过程(媒介电化学氧化)就是氧化还原物在电解过程中可能发生电化学再生和循环使用。利用电化学过程产生的一些氧化还原媒介，如 Ti^{3+}、V^{2+}、Cr^{2+}，将污染物还原去除，如二氧化硫间接还原，可转化无单质硫，其反应式如下：

$$SO_2+4Cr^{2+}+4H^{+}\longrightarrow S+4Cr^{3+}+2H_2O \tag{13-3}$$

不可逆过程是利用不可逆化学反应产生的物质，如具有强氧化性的次氯酸盐、H_2O_2和O_3等氧化有机物的过程，还可以利用电化学反应产生的寿命短、强氧化性的中间体，包括溶剂化电子、HO、HO_2、O^{2-}等自由基，它们可以氧化降解污染物，对四氯化碳、4-氯酚、苯二酚等有机物及CN^-、S^{2-}、I^-、Br^-、Fe^{2+}等离子都能有效去除。

3. 电凝聚

电凝聚是采用可溶性阳极（Fe、Al），生成Fe^{2+}、Fe^{3+}、Al^{3+}等大量阳离子，通过絮凝生成$Fe(OH)_2$、$Fe(OH)_3$、$Al(OH)_3$等沉淀物，可促使水中的胶态杂质絮凝沉淀，从而实现污染物的去除。同时，阴极上产生大量的氢气微气泡，与絮凝物一起上浮并从污水中除去。

阳极反应为：
$$Fe \longrightarrow Fe^{2+} + 2e^- \tag{13-4}$$
阴极反应为：
$$2H^+ + 2e^- \longrightarrow H_2\uparrow \tag{13-5}$$
$$O_2 + 2H_2O + 4e^- \longrightarrow 4OH^- \tag{13-6}$$
溶液中反应为：
$$Fe^{2+} + 2H_2O \longrightarrow 2H^+ + Fe(OH)_2\downarrow \tag{13-7}$$
$$H^+ + Fe(OH)_2 + 1/2O_2 \longrightarrow Fe(OH)_3\downarrow \tag{13-8}$$

4. 电极极化及电能效率

电流通过电极时，电极电势偏离平衡值的现象称为电极的极化（Polarization）。不论电化学反应的方向如何，无论是原电池还是电解池，只要是在不可逆情况下，阴极极化时电极电势总是向负（减小）的方向移动；而阳极极化时电极电势则总是向正（增加）的方向移动。能使电解正常进行时所需的最小外加电压叫做分解电压。其值为：原电池电动势＋浓差电池电位＋化学极化电位＋IR（电解液电阻产生压降）。

电解法制备产品过程中消耗电能的多少，是极为重要的经济指标，通常，我们把理论上所需的电能与实际消耗的电能之比称为电能效率，即：

$$电能效率 = \frac{理论所需的能量}{实际消耗的能量} \times 100\% = 电流效率 \times 电压效率 \tag{13-9}$$

而电流效率与电压效率又可分别表示：

$$电流效率 = 实际产量 \div 理论产量 \times 100\% \tag{13-10}$$
$$电压效率 = 理论分解电压 \div 电解槽的实际槽电压 \times 100\% \tag{13-11}$$

二、电化学反应设备

1. 电解槽

电解设备由直流电源、整流设备和电解槽组成。电解槽（Electrolytic Bath）是进行电解反应的装置，由槽体、阳极和阴极组成。

电解槽多采用矩形，槽内水流为折流式，有回流式和翻腾式两种布置形式（图 13-1），其中水流在水平方向折流的称为回流式，水流在上下方向折流的为翻腾式。回流式水流程长，容积利用率高，但施工和检修困难。翻腾式的极板为悬挂式，不与池壁接触，可减少漏电现象发生，极板更换较方便，易于维修。极板间距一般为 30～40 mm。

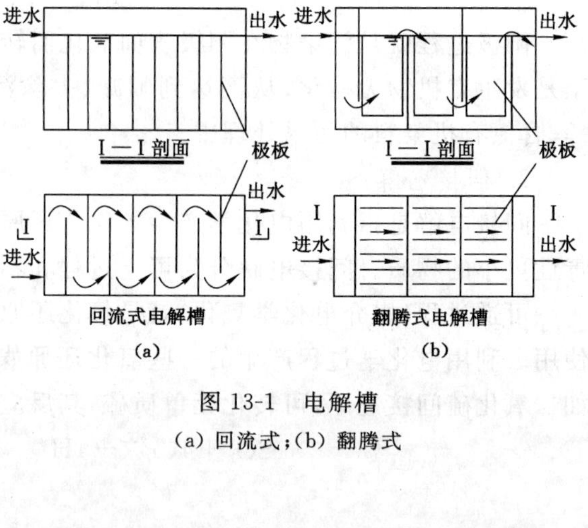

图 13-1 电解槽

(a) 回流式；(b) 翻腾式

根据极板电路，电解槽可分为单极性电解槽和双极性电解槽两种形式（图 13-2）。其中单极性电解槽投资较大，易因不均匀腐蚀而导致短路事故。双极性电解槽极板布置均匀，无短路现象，极板间距小而利用率高，运行费和投资较低。故实际中多采用双极性电解槽。在工程应用中，应定期倒换电极，以减少电极钝化，保证电解反应正常进行，倒换时间与污水性质有关，应由试验确定。

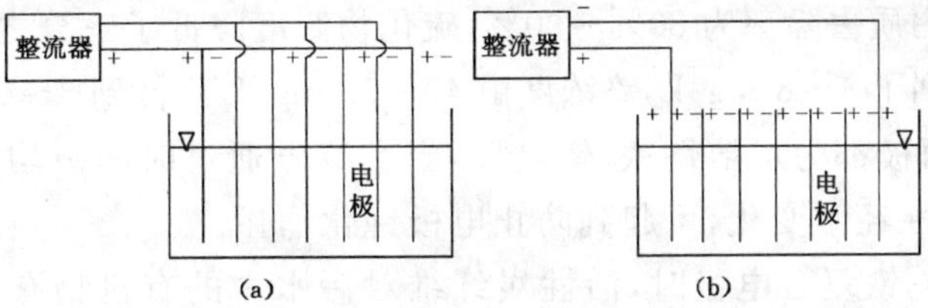

图 13-2　电解槽极板电路

（a）单极性电解槽；（b）双极性电解槽

传统的电解槽采用的是二维平板电极，这种反应器有效电极面积很小，传质问题不能很好地解决。1969 年，Backnurst 等提出流化床电极（Fluid Bed Electrode 简称 FBE）的设计。这种电极与平板电极不同，有一定的立体构型，比表面积是平板电极的几十倍甚至上百倍，电解液在孔道内流动，电解反应器内的传质过程得到很大的改善。

1973 年，M. Fleischm amm 与 F. Goodridge 等研制成功了双极性填充床电极（Bipolar Packed Bed Electrode，简称 BPBE），也叫三元电极或三维电极，如图 13-3 所示。它与通常的平板电极不同之处是在电极富集填充了很多微粒（直径 0.5～4 mm），微粒可以是金属、活性炭、石墨、碳纤维、玻璃碳、SiO_2 等。根据粒子极性可分为单极性粒子和复极性粒子，这些粒子在与电极接触后带电，当电解池通电时，每个粒子就成为一个微电解池，在其表面完成氧化和还原反应。由于每个微电解池的阴极和阳极距离很小，迁移容易实现。同时，由于整个电解槽相当于无数个微电解池串联组成，因此效率大大提高。与传统的二维电极相比，三维电极具有传质系数高、电流效率高、电极比表面积大、无需加入大量导电电解质等优点。

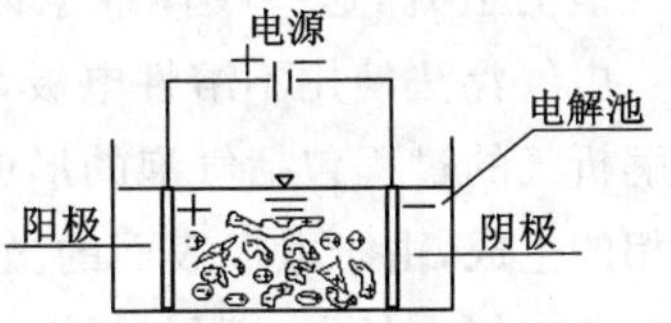

图 13-3　双极性填充床电极电解槽

2．内（微）电解反应器

内（微）电解法就是利用铁-碳颗粒之间存在着电位差而形成了无数个细微原电池。这些细微电池是以电位低的铁成做阴极，电位高的碳做阳极，在含有酸性电解质的水溶液中发生电化学反应，反应的结果是铁受到腐蚀变成二价的铁离子进入溶液。

对内（微）电解反应器的出水调节 pH 值到 9 左右，由于铁离子与氢氧根作用形成了具有混凝作用的氢氧化亚铁，它与污染物中带微弱负电荷的微粒异性相吸，形成比较稳定的絮凝物（也叫铁泥）而去除。内（微）电解不需外加电源，常采用固定式铁碳床。

三、电化学污水处理技术

1．电凝聚法

电凝聚法（Electric Agglomerate）是利用电解来氧化铁屑、铁板或铝板等生成 Fe^{2+}、Fe^{3+} 或 Al^{3+}，再絮凝生成 $Fe(OH)_2$、$Fe(OH)_3$、$Al(OH)_3$ 等沉淀物，以去除水中的污染物。

在传统的平板电极凝聚法基础上，发展了脉冲电凝聚和交流电凝聚。在反应器电极发展方面发展了活性炭纤维(ACF)-铁复合电极、笼式电极、堆积床电极、旋转电极。电极的极型有单极性、双极性。

使用脉冲电源时,电极上的反应时断时续,有利扩散,降低过电位,从而降低能耗和铁耗,如铁耗可降低一半。该方法是一种活性凝聚方法,能够形成高表面能的混合物,效果几乎优于所有的絮凝剂,可以从溶液中去除任何极性化合物。用该法对制革工艺的浸泡过程中的水进行实验研究表明,蛋白质去除率为80%～90%,硫化物浓度降低了三分之一,悬浮固体浓度由50～100 mg/L降低到了4～8 mg/L,铬浓度由40～50 mg/L降低到3～4 mg/L。

交流电凝聚是两极都为可溶性铁、铝电极,当交流电通过时两极均可溶解,从两极产生金属阳离子,两极极性经常变化,可起到防止电极钝化作用。

使用活性炭纤维-铁复合电极时,活性炭纤维对污水中的有机物有富集作用,使其容易与$Fe(OH)_2$、$Fe(OH)_3$、$Al(OH)_3$发生絮凝作用。用该法直接处理染料污水及较高浓度印染污水,脱色率达95%～100%,COD去除率为40%～80%。

电凝聚法常用来处理印染污水、造纸污水、有机污水等。

2. 电气浮法

电气浮法(Electrical Air Floatation)通过对污水进行电解,在阳极和阴极上产生如氧气、氢气等一些气体。这些气体以微气泡形式存在,能够黏附在胶体或已形成的絮体上。随着气泡的上升,这些胶体或絮体会随之上升至水面,形成浮渣,从而被去除。

电气浮法使用不溶性电极,常用电极有不锈钢、石墨、二氧化铅和金属氧化物钛基电极等。电解析气的过程包括气泡的形成、长大和气泡脱离三个阶段。电解气泡的生成在本质上属于新相的生成,由于电极表面的微观不均匀性,并涉及气体的溶解、过饱和及扩散等,成粒过程十分复杂。气泡长大过程包括电极表面小气泡聚并,以中等气泡为中心兼并周围小气泡以及大气泡的滑移聚并。气泡的脱离发生在上升力大于附着力,气泡脱离的临界尺寸与电解条件和电极表面状态有关。电解气浮设备为气浮槽,分为平流式、竖流式、回流式和翻滚式。

电气浮法在水处理方面有广阔的工业应用前景,常用于含油污水和造纸污水的处理。处理造纸污水的研究表明,电气浮可使造纸污水的脱色率达94%,SS去除达98%,COD_{Cr}去除达75%。电气浮处理含油污水,可使水中浮油的去除率达95%,使乳化油去除率达92%,对不同浓度的LAS平均去除率也达到91.2%。

3. 电氧化法

电氧化法(Electrooxidation)是利用阳极的高电位来降解溶液中的有毒化合物,可分为直接氧化(Direct Oxidation)和间接氧化(Indirect Oxidation)。

直接氧化法可用于降解无机污染物(如含CN^-污水、含NH_4^+和含硫污水等)、有机物(如染料、酚)以及造纸、皮革、垃圾、填埋场渗滤液等各种污水。据文献报道,电镀工业污水中CN^-可被电极直接氧化,尤其适用于高浓度(1 g/L),比加氧化剂(如H_2O_2等)方法还要方便。同时直接氧化还具有脱硫和杀菌的作用。日本Tsuzuki Koichi用电化学法杀灭微孢藻属藻类,使水纯化,在电压为10 V,电解处理时间为5 min时,湖水中细菌去除率达98%。

间接氧化是利用氯气、次氯酸根、Ag^{2+}、Co^{3+}和Fe^{3+}等作为有机物的氧化中介,对难降解物质进行氧化分解。还原电势越弱,氧化中介效果越好。间接氧化已经在苯、苯酚、油和氯化物的氧化过程中显示出明显的效果。

4. 电还原法

电还原法(Electroreduction)是污染物在阴极表面还原而得以去除,主要用于卤代烃的还原脱卤和重金属的回收。它能从污水中得到纯度很高的重金属,这种方法运行费用低,去除效率高,在几分钟内,可以使重金属浓度从100 mg/L降至0.1 mg/L。

5. 微电解(内电解)法

电解时铁屑(较多使用铸铁屑)为铁-碳合金,当浸没在污水溶液中时,就构成一个完整的微电池回路,形成一种内部电解反应,这就是微电解(Microelectrolysis);而在铸铁屑中再加入惰性碳(如石墨、焦炭、活性炭、煤等)颗粒时,铁屑与碳颗粒接触,形成的原电池则是内电解法(Internal Electrolysis)。

Fe^{2+}具有较强的还原作用,可使污水中的某些氧化性组分还原,同时$Fe(OH)_3$及$Fe(OH)_2$还具有絮凝和吸附作用。原电池的某些位电流也具有直接氧化还原作用,还能刺激水中微生物的代谢作用,促进微生物处理污水。该法优点是以废治废,不消耗能源,能去除多种污染物成分,还能提高难降解物的可生化性。其缺点是反应速率慢,处理污水少,反应柱易堵塞,对高浓度污水处理比较困难,反应操作弹性差。已用此法处理含油厨房污水,印染污水、含油污水、煤气洗涤污水和染料污水等。

第二节　吹脱与汽提

吹脱法(Air Stripping)和汽提法(Steam Stripping)是让污水与气体充分接触,使污水中的溶解气体和易挥发的溶质穿过气液界面,向气相扩散,从而达到脱除污染物的目的。用来去除污水中的溶解气体和某些挥发性物质。

吹脱和汽提同属于气—液两相间的传质过程,其基本原理为气液相平衡和传质理论(亨利定律)。常用空气或水蒸气作为载气,前者为吹脱,后者为汽提。

一、吹脱法

1. 基本原理

根据亨利定律,对于稀溶液,在一定温度条件下,当气液间达到相平衡时,溶质气体在气相中的分压(P)与该气体在液相中的浓度(c)成正比。

$$P=E\cdot c \tag{13-12}$$

式中　P——溶质气体在气相中的平衡分压,kPa;

c——溶质气体在液相中的平衡浓度(摩尔分数);

E——亨利常数,kPa。

当该组分的气相分压低于溶液中该组分对应的气相平衡分压时,溶质组分便由液相向气相转移(传质)。传质速度取决于组分平衡分压和气相分压之差值,与目标物的特性、温度及两相接触状况有关。

当将一定量的空气通入污水时,改变了因溶质气体溶解于水所建立的气液平衡关系,实质上降低了挥发性溶质组分的气相分压,从而使这些挥发性溶质不断由液相转至气相,然后予以收集或扩散到大气中,进而达到从污水中去除这些挥发性污染物质的目的。

吹脱法是用来脱除污水中的溶解气体和某些易挥发溶质的,如硫化氢、氰化氢、二氧化碳、二硫化碳、丙烯腈等。该过程中一般采用空气作为介质,有化学氧化作用和吹脱作用,既可以脱除原存于污水中的溶解有毒有害气体，也可以脱除经化学转化而形成的溶解气体，因此在有机污水处理中占有重要地位。

2. 吹脱设备

吹脱设备一般有自然吹脱池、强化吹脱池和吹脱塔（内装填料或筛板）。吹脱塔占地小，吹脱效率高，便于回收气体，不污染大气，因此工程上常用吹脱塔对污水进行吹脱处理。吹脱塔的形式有填料塔和筛板塔。

(1) 填料塔

填料塔处理系统如图 13-4 所示，在塔内设置一定高度的填料，污水从塔顶向下喷淋，沿填料表面呈薄膜状向塔底流动，空气则从塔底鼓入，由下而上与污水进行连续的逆流接触，污水经吹脱处理后从塔底经水封管排出。自塔顶排出的气体通过气液分离器分离后进行回收或进一步处理。

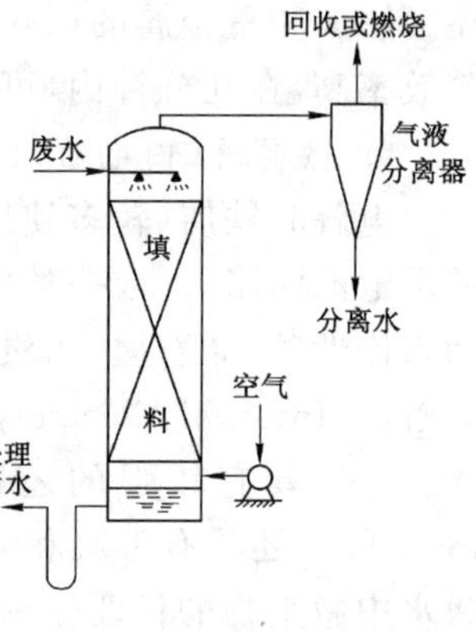

图 13-4　填料塔处理系统示意图

填料塔常用的填料有纸质蜂窝、木格板、拉西环（材质有瓷质、硬 PVC、聚丙烯等），还可使用聚丙烯鲍尔环、聚丙烯多面空心球等。

填料塔的缺点是塔体大，传质效率不如筛板塔，处理含高悬浮物的污水易发生堵塞现象。

(2) 筛板塔

筛板塔通常由一个呈圆柱形的壳体和按一定间距水平设置的若干块筛孔板组成。污水水平流过筛板，经降流管流入下一层塔板。空气以鼓泡或喷射方式穿过筛板上水层，因相互接触传质而达到分离的目的。其中穿流式筛板塔在泡沫状态下工作，也称泡沫塔，如图 13-5 所示。

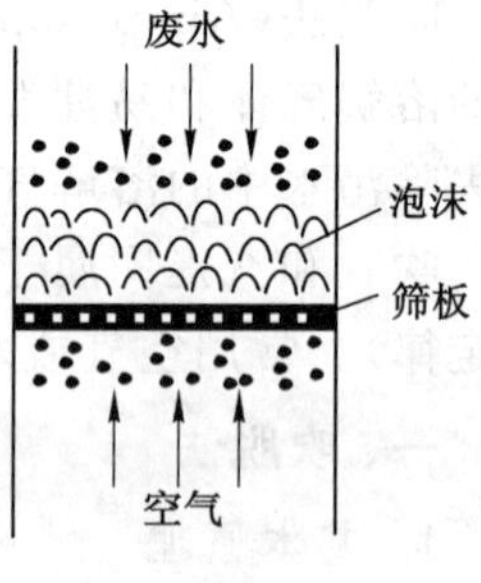

图 13-5　穿流式筛板塔

筛板上筛孔孔径一般为 6～8 mm，筛板间距 200～300 mm，水自上而下喷淋，穿过筛孔向下流动，空气则穿过筛孔由下而上流动，当气流的空塔速度（指空塔的横断面面积与空气流量之比）达到 1.5～2.5 m/s 时，筛板上面的部分液体就被气流吹成泡沫状态，使气液接触面积显著增加，强化了传质过程。

适宜的气流速度是保证穿流式筛板塔正常运行的关键，速度小不形成泡沫，速度过大（如超过 3 m/s）则造成液泛。气体穿过筛孔的流速控制在 7～13 m/s 为宜。污水在塔内的喷淋密度可以控制在 0.2～100 $m^3/(m^2 \cdot h)$ 范围内，筛板的数目一般根据经验选定。

筛板塔结构简单、制造方便、成本低、传质效率高，塔体比填料塔小，不易堵塞。

3. 吹脱过程的影响因素

在吹脱过程中，影响吹脱的因素较多，主要有以下几点：

① 温度。一定压力下，气体在水中的溶解度随温度的升高而降低。提高温度对吹脱有利。

② 气液比。空气量过小，气液两相接触不够；空气量过大，会造成液泛，破坏正常操作，又增大动力消耗。在工程设计中，通常按液泛时极限气液比的 80% 取值。

③ pH 值。pH 条件不同，污水中挥发性物质的存在状态可能不同。如污水中的游离

H_2S 和 HCN 在硫化物和氰化物中的百分含量与 pH 值的关系如表 13-1 所示。

只有游离的 H_2S 和 HCN 才能被吹脱，因此要在适宜的酸性条件下进行曝气。

表 13-1　　不同 pH 条件下游离 H_2S 和 HCN 的含量

pH 值	5	6	7	8	9	10
游离 H_2S/%	100	95	64	15	2	0
游离 HCN/%		99.7	99.3	93.3	59.1	12.2

④ 油类及表面活性物质。污水中的油类及表面活性物质会阻碍挥发性污染物由气相向液相扩散，而且油类可能堵塞填料，影响吹脱效果，故应在预处理中将油及表面活性物质去除。

二、汽提法

1. 基本原理

汽提法的基本原理与吹脱法相同，只是所使用的介质不是空气而是水蒸气。使用水蒸气与污水直接接触，将污水中的挥发性有毒有害物质按一定比例扩散到气相中去，从而达到分离污水中污染物的目的。

当蒸汽与污水接触时，挥发性污染物将从液相转入气相，通常认为污染物在气相中的浓度与污染物在污水中的浓度的比值为一常数，遵循分配定律：

$$K = C_1/C_2 \tag{13-13}$$

式中　C_1 ——平衡时，挥发性污染物在蒸汽冷凝液中的浓度，g/L；

C_2 ——平衡时，挥发性污染物在污水中的浓度，g/L；

K ——分配系数，随挥发性物质的性质和浓度而异。

由上式可知，当 $K>1$ 时，说明挥发性污染物比水易于挥发，表示污水中的污染物适于采用汽提法分离；当 $K<1$ 时，说明挥发性污染物比水难于挥发，不适于用汽提法分离。总之，K 值越大，挥发性越强，越适宜采用汽提法。

对于 0.01～0.1 N 的低浓度溶液，分配系数可视为定值，几种溶质的分配系数见表 13-2。

表 13-2　　几种溶质的分配系数

挥发酚	苯胺	游离氨	甲基苯胺	氨基甲烷	氨基乙烷	二乙基氨	氨苯甲基
2	5.5	13	19	11	20	45	8.3

汽提过程不仅是污染物在气液两相间转移的过程，也是蒸汽的消耗过程。单位体积污水所需的蒸汽量称为汽水比，用 V_0 表示。若在污水进口处气液两相达到平衡时，则可得：

$$V_0 = \frac{V}{Q} = \frac{C - C_0}{KC_0} \tag{13-14}$$

式中　Q ——污水量，m^3；

C_0，C ——进出水中污染物的浓度，g/L。

在实际生产中，汽提都是在不平衡的状态下进行的，同时存在热量损失，故通常情况下，实际蒸汽用量是理论的 2～2.5 倍。

2. 汽提设备

汽提通常是在封闭而保温的塔内进行，常用的汽提塔主要有填料塔和板式塔，板式塔是一种比填料塔传质效率更高的设备，其关键部件是塔板，根据塔板形式的不同，又可分为筛板塔。泡罩塔和浮阀塔等。

泡罩塔的结构见图 13-6。塔内设有若干层塔板，每层塔板的一侧有一至数根降液管。管顶高出上层塔板一定距离，用以在该层塔板内形成一定的水层深度。管底深入下层液面内一定距离，以形成水封，阻止气流沿降液管流动。污水经上层降液管流入下层塔板后，沿水平方向由一侧流向另一侧，并由该层降液管流向更下一层的塔板。污水由塔顶供入，如此逐层流下，最后从塔底排出。每层塔板上都设有短管(蒸汽通道)，其上覆以钟形泡罩。泡罩的底缘浸没于塔板上的液层中，形成水封。蒸汽由塔底供入，通过各层塔板，由塔顶排出。蒸汽在通过各层塔板时，由蒸汽通道上升，从泡罩底缘的齿缝或小槽分散成细小气流冲入液内，以气泡形式逸出液面。当气流速度适合时，一部分蒸汽分散于液内，形成气泡，同时将液体质点分散成雾滴，夹带出液面。充满板间空间的雾滴和气流构成了主要的传质接触面积。

泡罩塔的特点是操作稳定、弹性大、塔板效率高，能避免脏污和阻塞；但是存在气流阻力大、板面液流落差大、布气不均匀、泡罩结构复杂、造价高等缺点。

浮阀塔是一种高效传质设备，由于生产能力高、构造简单、造价低、塔板效率高、操作弹性大等优点而得到广泛应用。这种塔和泡罩塔基本相同，不同的地方仅是用浮阀代替了泡罩和升气管(图 13-7)。

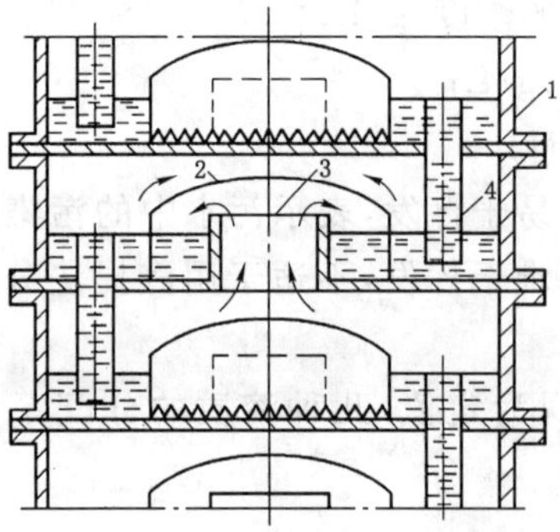

图 13-6　泡罩塔结构示意图

1——塔板；2——泡罩；

3——蒸汽通管；4——降流管

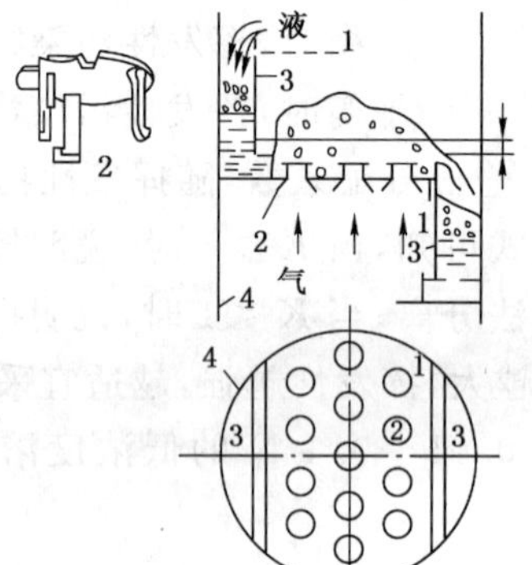

图 13-7　浮阀塔结构示意图

1——塔板；2——浮阀；

3——降流管；4——塔体

第三节　萃　　取

萃取(Extraction)就是向污水中投加一定种类的与水不互溶、但可良好溶解污染物的溶剂，使其与污水充分混合接触，而使污染物转移至溶剂相，达到使污染物与水分离、浓缩(回收)及净化污水的目的。

采用的溶剂为萃取剂，被萃取的污染物为溶质，含有溶质的萃取剂为萃取液，而被萃取出溶质以后的残液为萃余液。

萃取法适用于不能用蒸馏、蒸发等方法分离回收的污水组分、难挥发性物质(如含乙酸、苯甲酸和多元酚的污水)、含某些金属离子的污水(如含铜冶炼污水)等的处理(或回收)。

一、基本原理

当某一种溶质溶解在两个互不相溶的溶剂中时,若溶质在两相中的分子状态相同,在一定的温度下,溶质在两相中平衡浓度的比值为一常数,这种关系称为分配定律。溶质在两相中的平衡分配浓度的比值,并不是一个常数。为此,采用分配系数来表征被萃取组分在两相中的实际平衡分配关系。

分配系数(或称分配比)D 就是溶质在有机相中的总浓度 y 与在水相中总浓度 x 的比值,即 $D=y/x$。由分配系数的定义可知,D 越大,即表示被萃取组分在有机相中的浓度越大,越易被萃取。

萃取是物质从一相转移到另一相的传质过程。两相之间物质的转移速率 G(kg/h)可用下式表示:

$$G=K\cdot F\cdot \Delta C \tag{13-15}$$

式中　F——两相的接触面积,m^2;

ΔC——传质推动力,即污水中污染物质的实际浓度与平衡浓度之差值,kg/m^2;

K——传质系数,m/h,与两相的性质、浓度、温度、pH 值等有关。

提高传质速率的途径主要有增大传质推动力、增加两相接触面积、增大传质系数等。

二、萃取剂

萃取剂(Extractant)的性质直接影响萃取效果,也影响萃取费用。在选取萃取剂时,一般应考虑以下几个方面的因素:

① 萃取剂应有良好的溶解性能。一是对萃取物的溶解度要高,即分配系数大;二是萃取剂本身在水中的溶解度要低。这样,分离效果就较好,相应的萃取设备也较小,萃取剂用量也较少。常用来萃取酚的萃取剂及其分配系数见表 13-3。

表 13-3　　某些萃取剂萃取酚的分配系数

萃取剂	苯	重苯	中油	杂醇油	异丙醚	三甲酚磷酸酯	醋酸丁酯
分配系数	2.2	2.5左右	2.5左右	8左右	20	28	50

② 萃取剂与水的密度差要大。二者的密度差异越大,两相就越容易分层分离。合适的萃取剂应该是与水混合后不大于 5 min 分层。

③ 萃取剂要容易再生。要求与萃取物的沸点差要大,二者不能形成恒沸物。

④ 价格低廉,来源广,无毒,不易燃易爆,稳定性好。

萃取后的萃取液需经再生,将萃取物分离后,萃取剂继续使用。再生的方法主要有:① 物理再生法(蒸馏或蒸发),即利用萃取剂与萃取物的沸点差来分离。如用醋酸丁酯萃取污水中的酚时,因单元酚的沸点为 181～202.5 ℃,醋酸丁酯则为 116 ℃,二者的沸点差较大,控制适当的温度,采用蒸馏法即可将二者分离;② 化学再生法(反萃取),即投加某种化学药剂使其与萃取物形成不溶于萃取剂的盐类,从而达到二者分离的目的。如用重苯或中油萃取污水中的酚时,向萃取相投加浓度为 12%～20%的苛性钠,使酚形成酚钠盐结晶析出，萃取剂便得到再生，返回流程循环使用。

三、萃取工艺过程

萃取工艺过程包括以下三个工序：① 混合把萃取剂与污水进行充分接触，使溶质从污水中转移到萃取剂中；② 分离使萃取液与萃余液分离；③ 回收分别从两相中回收萃取剂和溶质。

根据萃取剂与污水接触方式的不同，萃取作业可分为间歇式和连续式两种。根据两相接触次数的不同，萃取流程可分为单级萃取和多级萃取两种，多级萃取又分为“错流”与“逆流”两种方式。其中最常用的是多级逆流萃取流程。

多级间歇萃取过程是将多次萃取操作串联起来，实现污水与萃取剂的逆流操作。在萃取过程中，污水和萃取剂分别由第一级和最后一级加入，萃取相和萃余相逆向流动，逐级接触传质，最终萃取相由进水端排出，萃余相从萃取剂加入端排出。多级逆流萃取只在最后一级使用新鲜的萃取剂，其余各级都是与后一级萃取过的萃取剂接触，因此能够充分利用萃取剂的萃取能力。这种流程体现了逆流萃取传质推动力大、分离程度高、萃取剂用量少的特点，因此也称为多级多效萃取，简称多效萃取。

四、萃取设备

萃取设备可分为箱式、塔式和离心式三大类。连续萃取多采用塔式装置，主要有填料塔、筛板塔、转盘塔、离心萃取机等。下面简要介绍污水处理中常用的两种塔式萃取设备。

1. 脉冲筛板萃取塔

脉冲筛板萃取塔结构如图 13-8 所示，塔身分三段，中间为萃取段，段内上下排列着许多筛板，这是进行传质的主要部位。塔的上下两个扩大段是两相分层分离区。萃取时，污水和萃取剂分别由塔顶、塔底给入，均穿过筛板面做逆流运行，分散在筛板之间不分层，使污染物从污水中转移到萃取剂中。引入脉冲的目的是提高流体间的湍流程度，产生脉冲的方法有往复泵、隔膜泵、压缩空气等。脉冲振幅范围为 9～50 mm，脉冲频率为 30～200 min。

脉冲筛板萃取塔具有较高的萃取效率，结构较简单，能量消耗也不大，在污水脱酚时常采用这种设备，处理其他污水也能获得良好的效果。

2. 转盘萃取塔

转盘萃取塔结构如图 13-9 所示。塔的中部为萃取段，在塔体内壁上水平装设一组等距

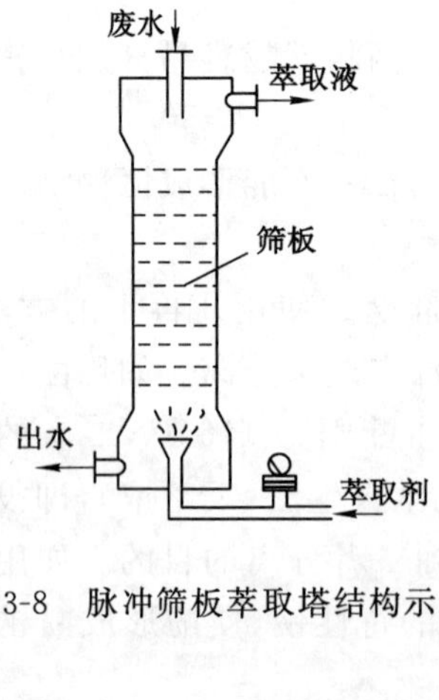

图 13-8　脉冲筛板萃取塔结构示意图

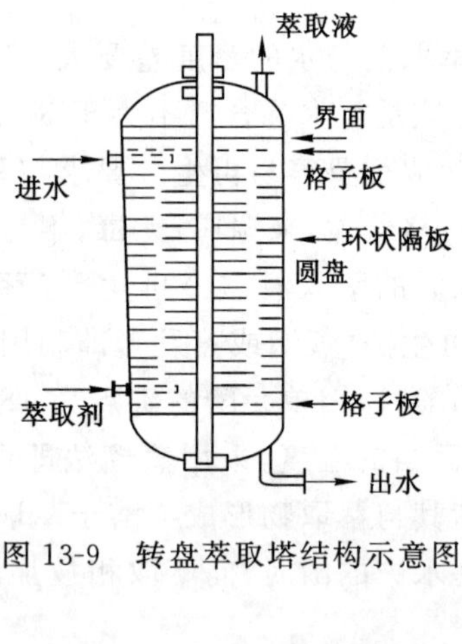

图 13-9　转盘萃取塔结构示意图

离的固定环板,把塔内空间分割成若干个分割开的空间,在塔中心轴上按同样间距安装若干个水平圆形转盘,每一转盘的高度恰好位于两固定环板的中间,圆形转盘的直径小于固定环板的内径。萃取时,污水由萃取段的上部流入,萃取剂由萃取段下部供入,两相逆向流动于环板间隙中。当转盘旋转时,液流内产生很高的速度梯度和剪应力,使分散液滴被剪切变形和破碎,随之又碰撞聚集,从而强化了传质过程,而固定环板则抑制返混。

转盘萃取塔结构简单,生成能力大,传质效率高,操作弹性大,故在工业中应用较为广泛。

习题与思考题

1. 电化学法按原理可分为哪几种?
2. 试举例说明电解絮凝与电解上浮有何实际应用价值。
3. 试述吹脱法的基本原理及吹脱设备。
4. 简述汽提法的主要原理及汽提设备。
5. 简述吹脱法与汽提法在污水处理中的主要应用,试举例作简要说明。
6. 简述萃取法的主要工艺过程。
7. 简述萃取设备。

第五篇

污水的生物处理

污水的生物处理(Biological Treatment of Wastewater)是指在一定的人工技术措施条件下,利用微生物的新陈代谢作用,对污水中的污染物质进行转化或稳定,使之无害化的过程。主要用于去除污水中的溶解性和胶体态有机物,降低水中氮、磷等营养物质的含量。

污水的生物处理技术具有效率高、消耗少、成本低、工艺操作管理方便可靠和无二次污染等显著优点,广泛应用于生活污水及炼油、石油化工、印染、纺织、制革、食品、造纸、制药、炼焦等多种工业污水的处理。

第十四章　生物处理基本理论

第一节　污水处理微生物基础

污水的生物处理是依靠以有机物为生的各种微生物的生命活动，将大分子有机物氧化分解并将其转化为简单的有机物或稳定的无机物，其中的主要作用者是微生物，因此要认识并掌握生物净化处理污水的实质，需首先了解微生物的生理特性及其在水处理过程中的生长规律。

一、微生物的新陈代谢

1. 微生物的新陈代谢

新陈代谢(Metabolism)是指微生物不断从外界中摄取营养物质，并通过体内酶的催化作用进行物质转化以获取能量并合成新的生物机体，不断进行生长繁殖和自我更新，并向外排泄废物的过程。新陈代谢分为分解代谢(Katabolism)和合成代谢(Anabolism)两种类型。

(1) 分解代谢

分解代谢又称异化作用，是物质的分解及提供能量的代谢。一切生物进行生命活动所需要的能量和物质都是通过分解代谢所提供的。从外界环境汲取的营养物质进入生物体内后，通过分解代谢，一方面，使得复杂的高分子物质或大分子有机物降解为简单的低分子或低能化合物；另一方面，在代谢过程中，将高能化合物所含的能量逐级释放出来。因此，分解代谢的实质是物质由复杂到简单、由不稳定到稳定并逐级释放能量过程。

根据代谢过程对氧的需求，分解代谢可分为好氧分解代谢(Aerobic Katabolism)和厌氧分解代谢(Anaerobic Katabolism)两类。好氧分解代谢是在有溶解氧的条件下，好氧微生物和兼性微生物将有机物降解为 CO_2 和 H_2O，并释放能量的过程。如葡萄糖好氧分解反应如下：

$$C_6H_{12}O_6+6O_2 \longrightarrow 6CO_2+6H_2O+2\ 870\ \text{kJ} \qquad (14\ 1)$$

厌氧分解代谢是厌氧微生物和兼性微生物在无溶解氧的条件下，将复杂的有机物分解为简单的有机物和无机物(有机酸、醇等)，再被甲烷菌进一步转化为甲烷和 CO_2，并释放能量的过程。厌氧代谢的受氢体可以是有机物，也可以是含氧化合物，如硫酸根、二氧化碳、硝酸根等。如葡萄糖的厌氧代谢反应：

$$C_6H_{12}O_6 \longrightarrow 2C_2H_5OH+2CO_2+226\ \text{kJ} \qquad (14\text{-}2)$$

$$C_6H_{12}O_6+12KNO_3 \longrightarrow 6CO_2+6H_2O+12KNO_2+1\ 796\ \text{kJ} \qquad (14\text{-}3)$$

由上述反应式可知，以含氧化物为受氢体时，1 mol 葡萄糖厌氧分解释放的能量为 1 796 kJ，而以有机物为受氢体时，1 mol 葡萄糖释放的能量为 226 kJ。

在好氧分解代谢过程中，有机物的分解比较彻底，最终产物是含能量最低的 CO_2 和 H_2O，故释放能量多，代谢速度快，代谢产物稳定。从污水处理的角度来说，希望保持这种代谢形式，在较短时间内，将污水中有机物稳定化。厌氧分解代谢中有机物氧化不彻底，代谢速度慢，释放能量少，但可生产沼气，回收甲烷。厌氧分解代谢用于处理污水时，不能达到排放要求，还需要进一步处理。

(2) 合成代谢

合成代谢又称同化作用，是生物体将低能量的较简单物质转化成高能的较复杂细胞物质的过程，也是一个吸收能量的生物合成过程。合成代谢的过程是在分解代谢的基础上进行的，其所需的能量和物质是均由分解代谢提供。

在微生物的整个生命活动过程中，分解代谢与合成代谢相互依赖相互配合，共同构成了新陈代谢体系，推动了生命的运动与繁衍。在水污染控制工程的生物转化处理中，正是利用微生物自身的新陈代谢作用对水中的污染物进行降解，并使污染物转化成对环境不再产生危害的物质。

2. 微生物生长的影响因素

污水的生物处理是利用微生物的作用来完成的，微生物的代谢对环境因素有一定的要求。因此，需要给微生物创造适宜生长繁殖的环境条件，使微生物大量生长繁殖，才能获得良好的污水处理效果。影响微生物生长的主要因素有水温、pH 值、营养物质、毒物以及溶解氧等。

(1) 水温

水温是影响微生物生理活动的重要因素。温度适宜，能够促进、强化微生物的生理活动。在微生物的酶系统不受变性影响的温度范围内，温度上升会使微生物生理活动旺盛，能够提高生化反应速度。

根据温度对微生物的约束，将其分为最适生长温度，即在一定温度范围内，随着温度上升，微生物生长加快；最低生长温度，即低于这一温度，微生物停止生长，但并不死亡；最高生长温度，即高于这一温度，生物停止生长，并最终导致死亡。

好氧生化处理的实际工艺温度一般多在 15～30 ℃，水温为 30～35 ℃时，处理效果最好。当水温低于 10 ℃或高于 40 ℃时，通过调节负荷，也能得到较好的处理效果。因此，除了某些水温太高的工业污水需要特殊降温外，好氧生化处理一般不需对水温进行调整。

根据温度不同，厌氧生化处理一般可分为中温消化(30～35 ℃)和高温消化(50～55 ℃)两大类。高温消化比中温消化所需的生化反应时间短，但所需的热量也大，因此从经济角度考虑，一般多采用中温消化。近年来，低温厌氧消化(15～20 ℃)工艺已得到应用，可以大大地降低运行费用。采用何种温度，在实际工作中要考虑污水的原有温度及改变温度的经济可行性。

(2) pH 值

生物体内生物反应酶需要适宜的 pH 值范围，污水 pH 值对活性污泥中的细菌代谢有较大的影响，实践经验表明，污水的 pH 值在 6.5～8.5 之间较为适宜。活性污泥中细菌经驯化后对酸碱度适应范围可进一步提高，但当 $pH>11$ 时，活性污泥会被破坏，处理效果会下降。

此外，微生物对 pH 值的波动十分敏感，即使在其生长范围内，pH 值突然改变也会导致细菌活动的明显减弱。在厌氧处理系统中，超过适宜的 pH 值范围往往引起严重后果，低于 pH 值下限时，会导致甲烷菌活力丧失而乙酸菌大量繁殖，引起反应器系统的酸化，以至难以恢复到原有状态。

一般来说，污水中大多含有碳酸、碳酸盐类、铵盐以及磷酸盐等物质，具有一定缓冲能力，但这种缓冲能力毕竟是有限的，一旦有强酸或强碱工业污水排入城市污水管道后，应对其是否超过缓冲能力并引起 pH 值变化进行仔细观测，以免影响污水处理厂的正常运行。

(3) 营养物质

在污水处理中，活性污泥中微生物的生长、繁殖及代谢活动都离不开营养物质，所需的营养物质主要有碳源、氮源和无机盐类等。

① 碳源。碳是构成微生物机体的重要元素，污水中以 BOD_5 为代表的含碳有机物是细菌的重要能源，也是被污泥微生物所氧化利用的碳源。当生物处理系统的碳源缺乏时，会影响微生物的生长代谢。例如在采用 A/O 系统反硝化脱氮时，有些 C/N 低的污水会缺乏反硝化细菌在脱氮时所需要的碳源，这时应加入甲醇或含碳量较高的有机污水，以提高氮的去除率。

② 氮源。氮是构成污泥微生物体的重要元素，菌体的蛋白质、核酸分子等均含有氮元素。无机氮源包括氨、硝酸盐，无机氮最容易被利用，个别细菌还可利用气态氮作为氮源。

③ 无机盐类。无机盐类是微生物生长必不可缺的营养物质，一般微生物所需无机盐包括磷酸盐、硫酸盐、氯化物和含钾、钠、镁、铁的化合物等，它们参与细胞结构的组成；此外还需要微量的铜、锰、锌、钴、碘等营养元素，它们是酶辅基的组成部分，或是酶的活化剂。尽管微生物对无机盐类的需要量很少，但其用量的多少却在一定程度上影响着菌体的生长和代谢产物的形成。

微生物的生长繁殖需要各种营养物质，不同的微生物对各营养元素有一定的比例要求。好氧微生物要求 BOD_5(C)∶N∶P＝100∶5∶1，厌氧微生物群体略低于好氧微生物，一般要求 BOD_5(C)∶N∶P＝200∶5∶1。城市生活污水能满足活性污泥微生物的营养要求，但有些工业污水除含有机物外一般缺乏某些营养元素，特别是 N 和 P，所以在用生化法处理这类污水时，需要投加适量的氮、磷等化合物。

(4) 毒物

在污水处理中，对微生物具有抑制或扼杀作用的物质称为有毒物质，简称毒物。毒物对微生物的毒害作用，主要表现在使细菌细胞的正常结构遭到破坏以及使菌体内的酶变质，并失去活性。毒物可分为：① 重金属离子，如镉、铬、铅、砷、锌、铜、铁等；② 有机物类，如酚、甲醛、甲醇、苯、氯苯等；③ 无机物类，如氰化钾、硫化物、氯化钠、硫酸根、硝酸根等。

毒物对微生物的毒害作用，是与其浓度有关的，即只有在有毒物质的浓度达到或超过某一定值时，它对微生物的毒害或抑制作用才显现出来，这一浓度称为有毒物质的极限允许浓度。污水生物处理中毒物的极限允许浓度可参考表 14-1。

表 14-1　污水生物处理毒物极限允许浓度

毒物名称	容许浓度/(mg/L)	毒物名称	容许浓度/(mg/L)
铅	1	酚	＜50
镉	1～5	甲醛	100～150
三价铬	10	甲醇	200
六价铬	2～5	苯	100
铜	5～10	氯苯	100
锌	5～20	氰化钾	8
铁	100	硝酸根	5 000
亚砷酸盐	5	硫酸根	5 000
砷酸盐	20	氯化钠	10 000

由于毒物的毒性随 pH 值、温度以及其他环境因素的不同而有很大差异，且不同种类的微生物对同一种毒物的忍受能力也不同，因此，污水生物处理中毒物的极限允许浓度至今仍未能统一。对于某一种污水而言，最好根据所选择的工艺，通过实验来确定毒物的允许浓度。若污水中的毒物浓度超过允许浓度，必须采取适当的方法进行预处理，以防微生物中毒现象的发生，影响到污水处理效果。

(5) 溶解氧

根据细菌对溶解氧的需求程度，污水处理中的细菌可分为好氧细菌(Aerobes Bacteria)、厌氧细菌(Anaerobic Bacteria)。

好氧细菌以分子氧作为电子受体，进行有氧呼吸、生长与繁殖。依据好氧细菌与氧化底物的不同，又可分为好氧性异养细菌和好氧性自养细菌。前者以有机物为底物，来氧化分解污水中的污染物；后者在呼吸过程中以还原态的无机物，如氨氮、硫化氢为底物，同时释放能量，供自身生长繁殖需要。好氧生物处理时，如果溶解氧不足，微生物代谢活动受影响，处理效果明显下降，甚至造成局部厌氧分解，产生污泥膨胀现象。通常在活性污泥系统中，维持好氧区溶解氧浓度不小于 2 mg/L。

厌氧细菌是在无氧条件下存活的细菌，其中在无氧存在的条件下才能存活的细菌，称为专性厌氧细菌；而在有氧或无氧的条件下都能生长的细菌，称为兼性厌氧细菌。专性厌氧菌除通过发酵、光合作用获得能量外，有的能把硫酸盐等无机氧化物作为最终电子受体而加以利用。在兼性厌氧菌中，有氧存在时是借助呼吸，氧不存在时是借助发酵来获得能量，如反硝化细菌。厌氧细菌对氧很敏感，在有氧存在的条件下，生长会受到抑制，甚至导致死亡。在活性污泥系统中，控制缺氧区溶解氧浓度为 0.2～0.5 mg/L，厌氧区小于 0.2 mg/L。

二、微生物的生长规律

污水生物处理的过程实质上就是微生物的连续培养过程，通过对微生物生长规律的分析，可以更好地对环境条件进行控制，有利于提高污水处理的效果。

在污水处理过程中，环境因素直接对微生物生长产生至关重要的影响作用，不同类型的微生物在不同的环境下，都有其生长规律。微生物的生长规律通常用生长曲线加以描述，定量描述液体培养基中微生物群体生长规律的实验曲线称为生长曲线(Growth Curve)。

1. 微生物生长曲线

微生物在适宜的环境条件下，通过吸收分解有机物进行新陈代谢。就单个细菌而言，当同化作用大于异化作用时，细胞物质增长，体积增大，这种现象称之为细菌的生长；与此同时，细菌数量增多的现象称为细菌的繁殖。

在微生物学中，对纯菌种培养的生长规律已有大量研究，通常采用批式培养(Batch Culture)，即将纯菌种细菌接种在液体培养基中，间隔一段时间取样统计细菌数，并以培养时间为横坐标，以细菌数目的对数为纵坐标，可获得如图 14-1 所示的细菌生长曲线。此曲线表示了细菌的生长情况及整个生长过程。

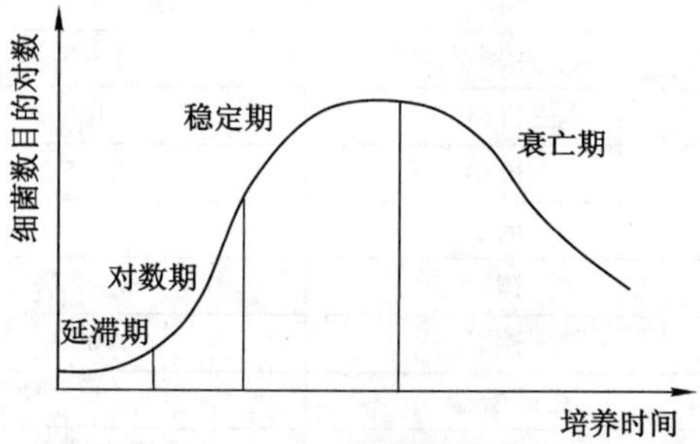

图 14-1　细菌生长曲线

通过对细菌生长曲线的分析可知，细菌的生长过程可划分为以下 4 个时期：

① 延滞期(Lag Phase):菌种接种到培养基后,需要经过一段时间的调整和适应,如合成多种酶,完善体内酶系统及其他细胞成分等,这个时间过程即延滞期,这是微生物培养的最初阶段。

在这个时期,细菌的生长速度为零,数量基本不增加,只是形态变大或增长,对外界不良条件的反应比较敏感。在污水的生物处理过程中,延滞期一般出现在微生物的培养驯化阶段或水质突变后,此时不能适应的微生物被淘汰,微生物的数量有可能减少。

② 对数期(Logarithmic Phase):通过一定时间调整后,细菌开始迅速分裂,其数量按照几何级数增加,其规律如下式:

$$B = B_0 2^n \tag{14-4}$$

式中 B_0——培养起始的细菌数;

B——一定时间后的细菌数;

n——细菌的世代数。

在此时期中,微生物与周围营养都很丰富,生物体生长不受有机物限制,细菌的生长速度达到最大,细菌死亡数少。这时微生物的繁殖快、活性大,对有机物的降解速度快。但由于微生物体内能量高,其絮凝和沉降性能较差,处理出水中的机物浓度较高。

③ 稳定期(Steady Phase):经过对数期大量的生长繁殖后,细菌的数量已经达高峰期。由于底物大大消耗而逐步减少,代谢产物积累多,部分细菌开始死亡,此时,细菌的生长数量与死亡数量接近相等,处于一种动态的稳定状态。

进入稳定期时,微生物开始积累聚糖原、异染颗粒和脂肪等内含物,易形成菌胶团。

④ 衰亡期(Decline Phase):该时期由于培养液中营养物质几乎消耗殆尽,使得活细胞数量急剧下降,多数细胞出现自溶现象并大量死亡,死亡速率大大超过细胞的增长速率,微生物只能利用体内贮存的物质以及死亡的菌体作为养料,进行内源呼吸,亦称为内源呼吸期。在此时期,微生物数量急剧减少,生长曲线呈现明显的下降趋势。

细菌生长曲线反映了微生物特有的生长规律,这对于充分发挥微生物在污水生物处理系统中的作用具有重要的指导意义。

生长曲线反映了微生物的生长与底物浓度之间的关系,微生物环境中营养的丰富程度,直接影响它们的生长与繁殖情况。在不考虑其他因素的条件下,控制营养物质,就可以达到控制微生物的生长的目的。通常用营养物质与微生物量的比值(F/M)来反映环境营养物质的供给状况,F/M 值越大,则微生物的养料越充分,对数生长期就越长,生物繁殖快,活力强,处理污水能力也就越高。但由于微生物生长速率不受营养有机物限制,过多的有机物会影响到出水水质。因此,在实际污水生物处理工程中,通常控制 F/M 比值在较低的范围内,利用稳定期或衰亡初期微生物的生长活动,使污水中的有机物趋于稳定化,以取得较理想的处理效果。

2. 混合微生物群体的生长

污水生物处理中所利用的活性污泥是由多种微生物组成的,是各类微生物的混合群体,不同种类的微生物在培养基中有各自的生长规律,它们之间是相互依赖,相互作用,共同处于一个生态平衡系统中。

在污水生物处理过程中,如果条件适宜,活性污泥的增长过程与纯种单细胞微生物的增殖过程大体相仿,也存在延滞期、对数期、稳定期和衰亡期。但由于活性污泥是多种微生物的混合群体，其生长受污水性质、浓度、水温、溶解氧等多种环境因素影响，因此，在处理构筑物中通常仅出现生长曲线中的某一、二个阶段。且处于不同阶段时的污泥，其特性有很大的区别。图 14-2 所示为活性污泥培养过程中微生物的演替现象，当有机物较多时，以有机物为食料的细菌占优势；而细菌增多后，则会出现以细菌为食料的原生动物，然后出现了以细菌和原生动物为食料的后生动物。

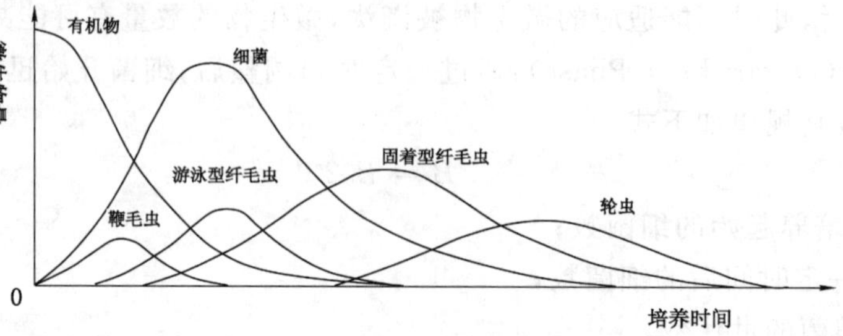

图 14-2　活性污泥培养过程中微生物的演替

生长曲线定性地反映了微生物的生长规律，这对于通过镜检手段推断污水生物处理过程中水质变化情况有很大帮助。例如，当污水中发现大量的鞭毛虫时，说明污水中的有机物含量还较高，尚须进一步处理；当发现游动型纤毛虫时，表明水中有机物和游离细菌较少，污水处理接近完成；当发现轮虫时，表明水质已较稳定；当发现有大量丝状菌出现时，则表明有可能发生污泥膨胀。

第二节　微生物的酶促反应

微生物与其他动植物一样，一切生命活动都离不开酶，微生物对环境中营养物质的吸收，以及在体内的利用都有酶的参与。在污水的生物处理中，微生物对污水中有机物的分解和转化过程，实质上都是在酶的催化下进行的一系列生化反应的过程。

酶是活细胞的组成成分，由细胞自身合成的，并能在细胞内或细胞外起催化作用的一种催化剂，又称为生物催化剂。酶具有与普通催化剂相同的特点，如可以加快反应速度而自身在反应前后结构和性质没有变化，只能缩短反应时间而不能改变反应的平衡点等。此外，酶具有高效性、专一性、易失活等特点，其催化作用只能在常温、常活、接近中性的条件下发生。

一、底物浓度对酶反应速度的影响

生物化学反应速度实质上取决于酶的催化活性。酶促反应在动力学方面有特殊的规律，曾提出过各种假设予以解释，其中比较合理的是中间产物学说。根据这一学说，酶促反应分两步进行，首先酶(E)与底物(S)形成中间络合物(中间产物)，这个反应是可逆反应，然后中间产物(ES)再分解为产物(P)和游离态酶。反应过程可用下式表示：

$$E+S \overset{K_1 K_2}{\rightleftharpoons} ES \xrightarrow{K_3} P+E \tag{14-5}$$

酶促反应速度受酶浓度、底物浓度、pH 值、温度、反应产物、活化剂和抑制剂等因素的影响。

在有足够底物又不受其他因素的影响时，酶促反应速度与酶浓度成正比。但在酶浓度和其他因素恒定的条件下，当底物浓度在较低范围时，反应速度与底物浓度成正比，为一级反应。当底物浓度增加到一定限度时，酶反应速度达到最大值，再增加底物对反应速度无影响，呈零级反应，所有的酶分子都被底物所饱和，此时的反应速度达最大值。这时，底物浓度提高，反应速度也不会再提高了。因此以底物浓度[S]与酶反应速度 v 作曲线，就形成如图 14-3 所示的曲线。

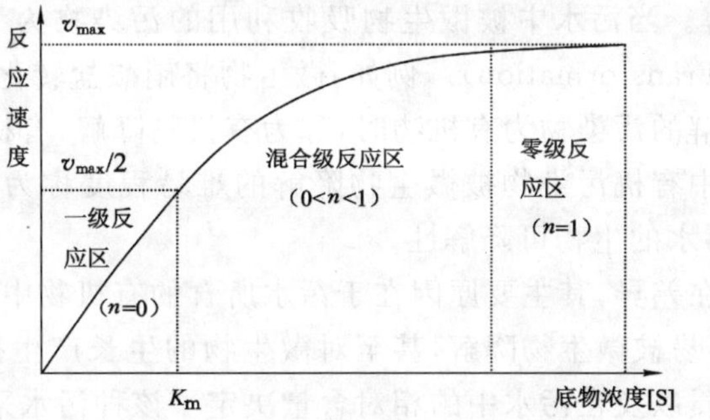

图 14-3　底物浓度和酶反应速度的关系

该关系曲线可以分为三个阶段：

第一段：成直线。此时因底物初始浓度低而限制了反应速度，对底物和酶来说都是一级反应。

第二段：成曲线。对酶为一级反应，对底物则介于零级和一级之间的混合级反应。

第三段：接近直线。对酶为一级反应，对底物已接近零级反应，反应速度已达到最大值，$v=v_{max}$。

二、酶促反应的动力学方程式

Michaelis 和 Menten 根据中间产物学说，通过理论推导和实验验证，提出了含单一基质单一反应的酶促反应动力学公式，即米—门方程式：

$$v=\frac{v_{max}S}{K_m+S} \tag{14-6}$$

式中　v ——酶促反应中产物生成的反应速率；

v_{max} ——产物生成的最高速率；

K_m ——米氏常数(又称饱和常数，半速常数)；

S ——基质浓度。

K_m 是酶促反应速度为最大反应速度一半时的底物浓度，称为米氏常数。米氏常数值是酶的特征物理常数，亦称动力学系数，它只与酶的性质和它所催化的底物浓度有关，而与酶浓度无关。所以，一种酶在一定条件下对某一种底物只有一个特定的 K_m 值。

常数 K_m 和 v_{max} 的测定方法很多，常用的是 Lineweaver-Burk 作图法，即将式(14-6)取倒数形式：

$$\frac{1}{v}=\frac{1}{v_{max}}+\frac{K_m}{v_{max}}\frac{1}{S} \tag{14-7}$$

若以 $\frac{1}{v}$ 对 $\frac{1}{S}$ 作图，可得直线的截距为 $\frac{1}{v_{max}}$，斜率为 $\frac{K_m}{v_{max}}$，即可求得。

第三节　污水可生化性的评价方法

在污水处理中，能够被微生物作为营养物质摄取利用的污染物称为底物(Food)。微生物通过新陈代谢作用，对污染物进行分解、吸收与转化，这个过程称为污染物的降解(Degradation)，又称底物降解。当污水中被微生物吸收利用的污染物为无机物时，称为无机物的生物转化(Biological Transformation)。例如，微生物将硝酸盐转化为亚硝酸盐及N_2的作用过程。若污水中被降解的污染物为有机物时，称为有机物降解，有机物降解是生物处理的主要类型。在污水处理中有机污染物被微生物降解的难易程度称为污水的可生化性(Biodegradability)，也称为污水的生物可降解性。

污水可生化性存在差异，其主要原因在于污水所含的有机物中，除一些易被微生物分解利用外，还含有一些不易被微生物降解，甚至对微生物的生长产生抑制作用的物质，这些有机物质的生物降解性质以及在污水中的相对含量决定了该种污水采用生物法处理的难易程度及可行性。

判断污水的可生化性，对于处理方法的选择、生化处理工艺参数的确定等具有重要的意义。目前常用的污水可生化性的评价方法有水质指标法、生化呼吸线法、模型实验法等。

一、水质指标法

该方法是以污水中有机物的某些水质指标来评价其可生化性，人们习惯采用BOD_5/COD_{Cr}的比值作为评价指标。

BOD_5是在有氧条件下，利用微生物氧化分解污水中的有机物所消耗的氧量，通常用BOD_5表示污水中可生物降解的那部分有机物。COD_{Cr}是利用重铬酸钾作为氧化剂，去氧化污水中的有机物所消耗的氧量，一般近似认为COD_{Cr}代表了污水中全部有机物的数量。所以，BOD_5/COD_{Cr}比值反映了污水中有机物的可降解程度，一般情况下比值愈大，说明这种污水的可生化性愈好，可参照表14-2中所示的数据评价污水可生化性。

表14-2　污水可生化性评价参考值

BOD_5/COD_{Cr}	>0.45	0.3～0.45	0.2～0.3	<0.2
可生化性	好	较好	较难	难

BOD_5/COD_{Cr}比值法是最经典的，也是目前广泛采用的一种评价污水可生化性的方法。但该方法存在明显的不足：

① 某些污水中含有的有机悬浮物容易被重铬酸钾氧化，以COD_{Cr}的形式表现出来需氧量，但在BOD_5测定中受物理形态的限制，BOD_5值却较低，导致BOD_5/COD_{Cr}值偏小；

② 在COD_{Cr}的测定中还包含某些无机还原性物质(如S^{2-}、SO_4^{2-}等)所消耗的氧量，不能准确地反映污水中有机物的含量；

③ 有些物质(如吡啶类)不能被重铬酸钾氧化，却能和微生物作用，以BOD_5形式表现出需氧量，使得BOD_5/COD_{Cr}值偏大。

因此，BOD_5/COD_{Cr}比值法在应用过程中有较大的局限性。在各种有机污染指标中，TOD、TOC等比COD能更好地反映出污水中的有机物浓度，这些指标能够通过仪器快速地测定，且测定过程更加可靠。故近年来 BOD_5/TOD 比值、BOD_5/TOC 比值也被作为污水可生化性的评定指标，并给出了一系列的评定标准。

虽然水质指标法简便易行，可快速判断污水的可生化性，但由于污水中可能存在抑制微生物生长的污染物，所以，无论 BOD_5/COD_{Cr}、BOD_5/TOD 还是 BOD_5/TOC 比值都不可能直接等于实际可生物降解的有机物占全部有机物的百分数。因此，用水质指标法评价污水的可生化性比较粗糙，要想做出准确的评价，还应辅以生化呼吸线法和模型实验法。

二、生化呼吸线法

该方法是根据有机物的生化呼吸线与内源呼吸线的比较来判断有机物的生物降解性能。测试时，接种物可采用活性污泥，接种量为 1～3 gSS/L。

生化呼吸线是以时间为横坐标，以耗氧量为纵坐标作图得到的曲线。生化呼吸线的形状特征取决于基质的性质，当微生物处于内源呼吸阶段时，耗氧速率基本保持恒定，耗氧量与时间呈直线关系，这一直线称为内源呼吸线。当微生物与有机物接触后，其呼吸耗氧的特性反映了有机物被氧化分解的规律，一般来说，耗氧量大，耗氧速率高，说明该有机物易被微生物降解，反之亦然。

测定不同时间污水中有机物的生化呼吸耗氧量，可得其生化呼吸线，如图 14-4 所示，通过比较内源呼吸线和生化呼吸线的关系，即可判定污水的可生化性。

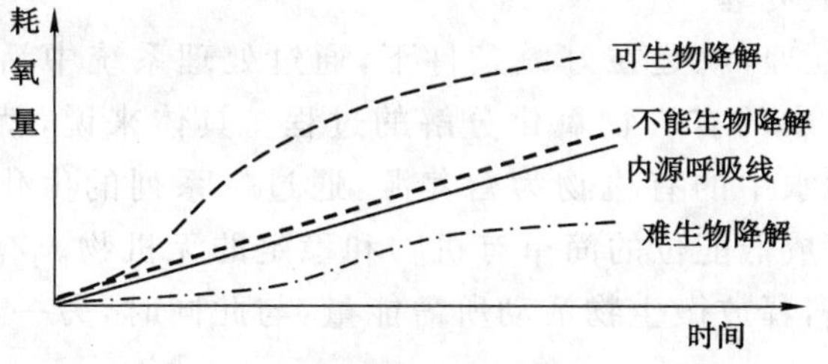

图 14-4　微生物生化呼吸线

① 当生化呼吸线位于内源呼吸线之上，污水中的有机物一般是可生物降解的；

② 当生化呼吸线位于内源呼吸线之下，则说明污水中含有对微生物产生毒害或抑制作用的物质，且该曲线离内源呼吸线越远，说明污水中的有机物对微生物的毒性愈强，愈难于生物降解；

③ 当生化呼吸线与内源呼吸线接近甚至重合时，说明污水中的有机物不能被微生物降解，但对微生物也无抑制作用。

生化呼吸线法操作简单，实验周期短，可满足大批量数据的测定。但用此方法来评价污水的可生化性，必须对微生物的来源、浓度、驯化和有机污染物的浓度及反应时间等条件作严格的规定，加之所需测定设备在国内普及率不高，故该方法在国内应用并不广泛，国外已将其用于污水的运行和管理中。

三、模型实验法

该方法是在模拟生化反应器（如曝气池模型）中进行的，通过模拟实际污水处理设施的反应条件，如 MLSS、温度、DO、F/M 比值等，来预测各种污水处理设施的处理效果。由于试验中采用的污水、微生物、生化反应条件及反应空间都较其他测试方法更接近于实际情况，因此，模型实验法能更加准确地判断污水的可生化性。但模型实验法也存在一定的不足，如针对性强，各种污水之间的测定结果没有可比性，且模型实验的判断结果在实际生产的放大过程中也可能产生一定的误差。

第四节　污水生物处理及分类

一、污水的生物处理

污水的生物处理可从不同角度进行分类，一般根据微生物生长对环境条件的需求不同，可将污水的生物处理分好氧生物处理和厌氧生物处理两大类。从微生物处理过程中的环境条件角度来看，好氧处理方法就是通过好氧细菌、兼性细菌在有溶解氧的条件下，来完成对污水中有机物的处理过程的工艺。厌氧处理方法就是通过厌氧细菌、兼性厌氧细菌在无溶解氧的条件下，来完成对污水中有机物处理过程的工艺。

实际处理过程中，由于受氧传递速率大小的限制，好氧生物处理的主要对象一般为中、低浓度的有机污水；而有机固体废弃物、污泥以及高浓度有机污水等，一般则采用厌氧生物处理。

1. 污水的好氧生物处理

污水的好氧生物处理，就是在好氧条件下，通过处理系统中活性污泥或生物膜微生物的代谢活动，将污水中的有机物氧化分解的过程。具体来说，就是在提供分子氧的条件下，好氧微生物以污水中的有机物为营养源，通过一系列的生化降解反应使有机物逐级分解并释放能量，生成低能位的简单有机物和稳定的无机物。有机物经过微生物的代谢活动，一部分被分解，释放微生物活动所需能量，与此同时，另一部分被合成、转化为原生质的组成部分。

当污水中的有机物浓度丰富时，可为微生物提供足够的能量，与此同时，微生物利用这些能量合成新的细胞质，这有利于微生物的不断生长；反之，当污水中营养有机物浓度较低时，微生物生长速度受到一定程度的限制，数量发生减少。

污水好氧生物处理的微生物合成与分解代谢过程如图 14-5 所示。

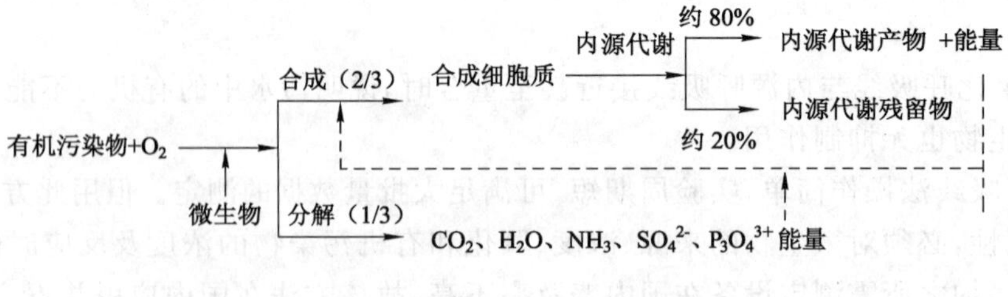

图 14-5　污水好氧生物处理过程

2. 污水的厌氧生物处理

在无分子氧存在的条件下，厌氧微生物对污水中的有机物进行厌氧消化，最终将有机物分解成简单、稳定的化合物，其中大部分以甲烷的形式出现，同时也释放出能量，且少量有机物转化合成为新细胞组成部分。有机物的厌氧分解涉及多种微生物生理群类的生化反应。

根据厌氧消化过程的代谢差异，可将有机物厌氧分解的全过程划分为两个阶段：第一个阶段称为产酸阶段，是通过兼性水解发酵菌(产酸菌)的代谢活动，将复杂的有机物，如碳水化合物、蛋白质和脂肪等发酵成有机酸、醇类、CO_2、H_2、NH_3、H_2S 等；第二阶段称为产气阶段，是通过专性厌氧的产氢产乙酸菌的生理活动，将第一阶段中的代谢产物，转化为乙酸、CO_2 和 H_2，然后，由甲烷菌将乙酸、CO_2、H_2 转化为 CH_4、CO_2。污水的厌氧生物分解过程如图 14-6 所示。

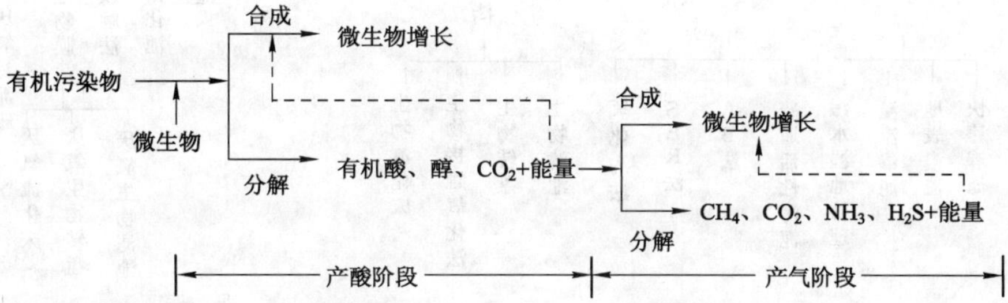

图 14-6 污水的厌氧生物分解过程

3. 好氧生物处理与厌氧生物处理的比较

尽管好氧生物处理与厌氧生物处理都能对有机物进行分解处理，但二者之间存在区别，表 14-3 列出了它们在作用者、处理对象及环境条件等方面的不同特点。

表 14-3 好氧生物处理与厌氧生物处理的比较

比较内容	比较结果
作用者	好氧生物处理的作用者主要是好氧微生物；而厌氧生物处理的作用者主要是厌氧微生物
环境条件	好氧处理要求充分供氧，对其他环境条件要求不太严格；而厌氧生物处理要绝对在厌氧的环境下，对其他的条件(如温度、pH 值等)要求较严格
反应速率	好氧生物处理，有机物转化速率快，处理单位污水所需的处理设备较小；而厌氧生物处理的速率较慢，单位污水所需设备较大
代谢产物	在好氧生物处理中，有机物转化为 CO_2、H_2O、NH_3、PO_4^{3-}、SO_4^{2-} 等无机物，基本上为无害；而厌氧生物处理中，有机物依次转化成众多的中间产物和 CO_2、H_2、H_2S、NH_3 等，产物较为复杂，但最终产物 CH_4 气体可作为燃料
主要处理对象	好氧处理对象为浓度不高的污水；而厌氧处理主要为高浓度的污水及有机污泥等

二、生物处理方法分类

目前，常用的生物处理方法如图 14-7 所示。

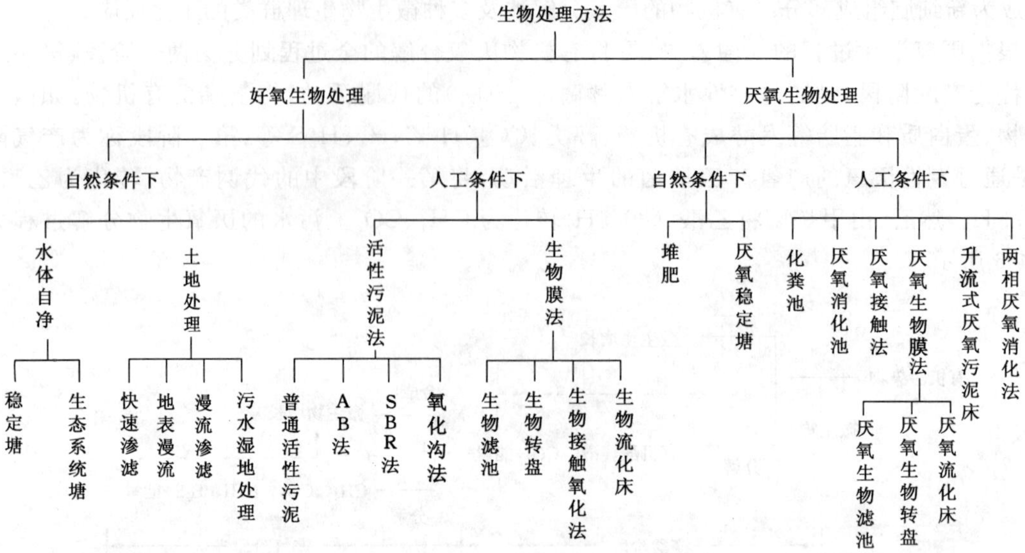

图 14-7 生物处理方法

习题与思考题

1. 微生物的呼吸作用有哪几种类型？各有什么特点？

2. 试述好氧呼吸和厌氧呼吸的本质。微生物内源呼吸的本质是什么？

3. 试根据能量代谢作用解释为何厌氧生物处理过程中所产生的剩余污泥量要比好氧生物处理少？

4. ATP在生物反应过程中所起的作用是什么？

5. 影响微生物生长的因素有哪些？如何影响？

6. 简述微生物的增长规律。微生物生长曲线的研究在污水生物处理中的指导意义是什么？

7. 什么是废水的可生化性？评价废水可生化性的方法有哪些？

8. 好氧生物处理与厌氧生物处理有何不同？

第十五章　活性污泥法

第一节　概　　述

1914 年，英国的阿登(E. Arden)和洛基特(W. T. Lockett)创建了活性污泥法，迄今为止已有百余年的历史。随着实际运行经验的积累和科学技术的发展，活性污泥法得到不断改进和发展，已从传统的工艺流程，发展到今天多种多样的工艺形式，提高了处理的有效性和适应性，在城市污水和一些工业污水的处理中占有极大优势，已成为污水处理领域应用最为广泛的方法之一。

一、活性污泥法

活性污泥法(Activated Sludge Process)是利用人工驯化、培养的微生物群体，在人工强化曝气的环境中呈悬浮状态生长，分解去除污水中可生物降解的有机物质，从而使污水得到净化的方法。

活性污泥法处理污水需具备作用者(活性污泥)、作用对象(污水中的有机物)、环境条件(溶解氧、温度、pH、营养等)三个基本要素，这三者缺一不可。其中，创造微生物所需的环境条件，使微生物在反应器中得到良好的生长繁殖是活性污泥系统运行的关键。

二、活性污泥法的基本流程

活性污泥法的基本流程是英国建立的，如图 15-1所示，称之为传统(或典型)活性污泥法工艺流程。流程中，污水和由二次沉淀池(简称二沉池)沉淀、浓缩的回流污泥一起进入曝气池，互相混合接触，污水中可生物降解的有机物被活性污泥中的微生物所利用，微生物降解有机物的过程既有同化作用，又有异化作用，因此污水的 BOD_5 得以降低，而活性污泥量增加。从曝气池流出的混合液，进入二沉池进行固、液分离，分离后的污泥一部分回流到曝气池，这部分污泥称为回流污泥(Returned Activated Sludge)，而另外一部分则排出系统，进一步予以消化处理，这部分污泥称为剩余污泥(Excess Activated Sludge)。

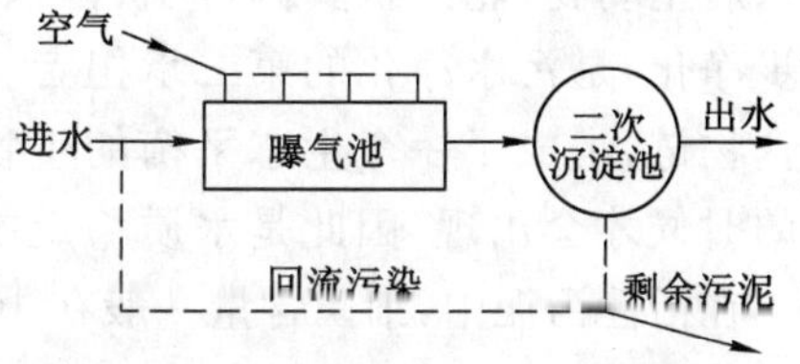

图 15-1　活性污泥法基本流程

以曝气池和二沉池为主体组成的工艺称作活性污泥系统，完整的活性污泥系统还包括实现回流、曝气、污泥处置功能所需的辅助设施。随着科技的进步和发展，活性污泥法亦有了很大的进展，在传统活性污泥法的基础上开发了不少新型的工艺流程，但这些流程的基本原理和活性污泥法是一致的。

第二节 活性污泥

1912年,英国人克拉克(Clark)和盖奇(Gage)发现对污水进行长时间曝气会产生污泥并使水质明显改善,进一步研究发现由于实验容器洗不干净,瓶壁留下的残渣反而使处理效果提高,进而发现了活性微生物菌胶团。他们把这种由微生物群体及吸附的污水中的有机物和无机物组成的、有一定活力、具有良好的净化污水功能的絮绒状泥粒命名为活性污泥(Activated Sludge)。

一、活性污泥的性质和组成

活性污泥从外观上看,为似矾花状的絮绒颗粒,通常称为生物絮凝体。菌胶团是活性污泥的主要组成部分,在活性污泥中有着十分重要的地位。只有在菌胶团正常发育的情况下,活性污泥的功能才能得到发挥,如活性污泥的絮凝、沉降性能以及对周围营养物质的吸附功能等。而在不正常情况下,活性污泥中菌胶团消失,丝状菌大量出现,沉降性能恶化,活性污泥将发生膨胀,此时,活性污泥法系统的正常运行将发生故障,即所谓运行失常。

活性污泥略具泥土气味,根据污水水质不同而具不同的颜色,一般为黄色或褐色。活性污泥的密度因含水率及其组成而异,一般曝气池内混合液的密度为1.002～1.003 kg/m^3,回流污泥的密度为1.004～1.006 kg/m^3。活性污泥绒粒的粒径一般为0.02～0.2 mm,比表面积约为20～100 cm^2/mL,其巨大的比表面积有利于对污水中污染物质的吸附。

活性污泥是以好氧细菌为主的混合群体,主要菌属有假单孢菌属、微球菌属、黄杆菌属、芽孢杆菌属、动胶杆菌、产碱杆菌属等。它们绝大多数是好氧和兼性异养型的原核细菌,增殖速率高,世代时间仅为20～30 min,具有很强的分解有机物的功能,且动胶杆菌具有将大量细菌凝结成"菌胶团"的功能,好氧细菌是污水净化的第一承担者。此外,在活性污泥中还栖息有一些其他的菌类,如酵母菌、放线菌、霉菌,以及原生动物(肉足虫、鞭毛虫、纤毛虫等)、后生动物(轮虫)、真菌(丝状菌)、昆虫等。原生动物以水中的游离细菌为食,使污水进一步净化,是污水净化的第二承担者。而后生动物以原生动物、细菌为食,它们之间形成一条食物链,组成了一个生态平衡的生物群体,后生动物只有在活性污泥系统处理出水水质优异的时候才会出现,因此是水质稳定的标志。

在活性污泥中,细菌含量一般在10^7～10^8个/mL之间,原生动物为10^3个/mL左右。而在原生动物中,则以纤毛虫居多数,并以此作为指示生物,通过镜检判断活性污泥的活性。通常当活性污泥中有固着型的纤毛虫如钟虫、等枝虫、盖纤虫、独缩虫、聚缩虫等出现,且数量较多时,说明活性污泥培养驯化成熟以及活性较好。反之,如果在正常运行的曝气池中发现活性污泥中固着型纤毛虫减少,而游泳型纤毛虫突然增加,说明污泥活性差,处理效果将变差。

活性污泥是一种较复杂混合物,除含有大量的活性微生物外,还携带着来自污水的无机悬浮物、有机悬浮物和胶体物。因此,从化学性质来区分,它由有机物与无机物两部分组成。其组成比例随反应器的入流污水不同而异,如生活污水的活性污泥中的有机成分约占70%,无机成分为30%。

活性污泥的沉淀性能与其含水率有关,正常的活性污泥,凝聚、沉淀性能好,经30 min沉降后一般含水率在99%左右,其中固体物质仅占1%左右。这些固体物质在工程实际中,以悬浮固体(SS)、挥发性悬浮固体(VSS)和灰分(NVSS)区分并表示,SS代表固体物质的总量，VSS 代表其中有机物的量，NVSS 代表无机物的量。目前在工程实际中，活性污泥中的微生物量并不是直接测定的，一般采用测定活性污泥中挥发性悬浮固体（VSS）量的方法来间接表示微生物量的多少。

二、活性污泥的增长特点

纯种微生物的生长繁殖规律已经有大量的研究，通常以生长曲线反映其一般规律。活性污泥的生长繁殖规律虽比较复杂，但其增殖曲线与纯种细菌的生长曲线颇为相似，故也可用增殖曲线来描述活性污泥生长繁殖的一般规律，如图 15-2 所示。

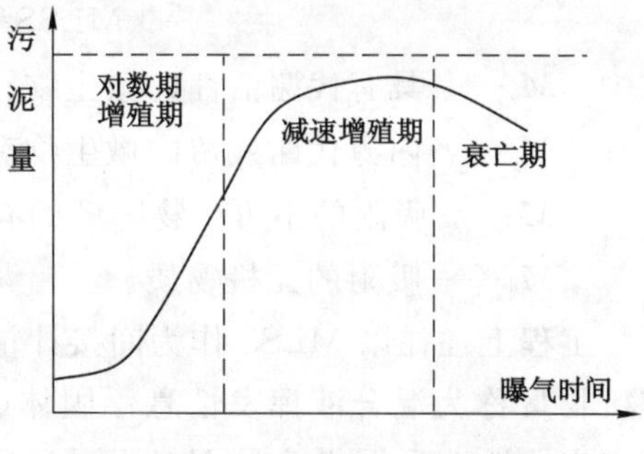

图 15-2　活性污泥的增殖曲线

图 15-2 从直观上看是反映了活性污泥量的增长和增长速率的变化，但是这一变化是和活性污泥所处的具体环境密切相关。因此，从增殖曲线反映的活性污泥增长过程，间接反映了活性污泥处理过程中底物的变化、污泥吸附性能的变化、污泥沉降性能的变化、微生物群组成的变化以及溶解氧消耗速率的变化等，具有重要的实际意义。

活性污泥增长过程中的变化，主要是和曝气池中活性污泥微生物承受的底物（BOD_5）变化有关，底物浓度（F）与活性污泥量（M）的比值（即 F/M）对这个时段内活性污泥的增长及性质起主要的影响作用。

在对数增殖期，F/M 值很高，微生物的生长繁殖不受底物浓度的限制，混合液中的有机物以最大的速度进行氧化分解，并合成新的微生物细胞而被去除。此时，活性污泥增长率快，且在营养丰富和能量水平高的情况下，活性污泥微生物具有巨大的活动能力，活性污泥较松散，絮凝、沉降性能差，吸附能力亦差。此外，若使活性污泥微生物生长处在对数期，需要有充分的底物作为养料，也就是说，入流污水所含有机物应多，相应地处理过的出水中所含有机物也相对地多些。故采用对数期进行污水的生物处理，虽然有机物去除速率高，但难以得到稳定优质的出水。

在减速增殖期，F/M 值已经下降到限制微生物繁殖的程度，污水中有机物的去除以及活性污泥的增长不能像在对数期那样以最大速度进行，而受底物浓度限制。由于营养不够丰富，能量水平较低，故活性污泥微生物的活动能力弱一些，但活性污泥的絮凝、沉降性能相对好一些，吸附能力较好，经过处理后的出水水质较稳定。为此，在污水生物处理中，人们常采用活性污泥微生物的减速增殖期，以期获得良好的活性污泥及稳定优质的出水。

在衰亡期（也称内源呼吸期），F/M 值极低，微生物已不能从周围环境中获得足够的养料以维持其生命，自身氧化的分解代谢作用占主导地位，以自身体内有机物作为养料，维持生命活动，在这种情况下，活性污泥微生物不但停止繁殖，而且衰落，活性污泥量逐渐减少。活性污泥由于曝气时间过长、有机物的不断转化而变得密实和细小，无机成分增多，活性较差。

活性污泥法所需要的理想污泥是具有很强的生物活性和吸附性能，又有很好的凝聚沉降性能。实际工程中，通过对 F/M 值的控制，可以使得活性污泥处于特定的增长期。对数期的污泥活性强但是沉降性能不好，污泥的密度小；而内源代谢阶段的活性污泥虽然沉降性能很好，但是无机成分多，吸附能力弱，生物活性差。因此，通常控制活性污泥增长过程的终点是处于减速增殖的后期或衰亡期的初期。

三、活性污泥的性能指标

1. 混合液悬浮固体

混合液悬浮固体(Mixed Liquor Suspended Solid，MLSS)是指曝气池中污水和活性污泥组成的混合液体的悬浮固体浓度，单位为 mg/L 或 g/L，即

$$MLSS = M_a + M_e + M_i + M_{ii} \tag{15-1}$$

式中 M_a——具有代谢活性的微生物；

M_e——内源代谢残留的微生物有机体；

M_i——吸附的不可生物降解的有机物质；

M_{ii}——吸附的无机物质。

工程上往往以 MLSS 作为间接计量活性污泥微生物量的指标，而混合液悬浮固体中的有机物量称为混合液挥发性悬浮固体(Mixed Liquor Volatile Suspended Solid，MLVSS)，用它表示活性污泥微生物量比用 MLSS 更为切合实际。对一定的污水而言，MLVSS 与 MLSS 有一定的比值，这个比值称为活性污泥有机比，如生活污水的活性污泥有机比为0.75左右。

以上两项指标表示的是活性污泥的相对值，而不能精确地表示活性污泥微生物量。但因为其测定简便易行，故广泛应用于活性污泥处理系统的设计运行中。

2. 活性污泥的沉降性能

通常用污泥沉降比和污泥体积指数来表示活性污泥的沉降性能。

(1) 污泥沉降比

污泥沉降比(Sludge Volume，SV)是指曝气池混合液静止 30 min 后沉淀污泥的体积分数，又称 30 min 沉降率，以%表示。通常采用 1 L 的量筒测定污泥沉降比，即：

$$SV = \frac{1\ \text{L 混合液静沉 30 min 后的污泥体积}}{\text{混合液体积}} (\%) \tag{15-2}$$

由于正常的活性污泥在静沉 30 min 后可接近它的最大密度，故可反映污泥的沉降性能。污泥沉降比与污泥性质、污泥浓度、污泥絮体颗粒大小及污泥絮体性状等因素有关，实际运行中混合液污泥浓度在 3 000 mg/L 左右时，正常曝气池污泥沉降比在 20%～30%左右。

一般情况下，SV 有两方面的指导作用：一是判断曝气池污泥浓度，控制排泥量。当 SV 值较低时(20%～30%)，常常反映曝气池污泥浓度过低，此时需适当减少剩余污泥的排放量；否则当 SV 值较高时(＞30%)，常常反映曝气池污泥浓度过高，此时需适当增加剩余污泥的排放量。二是判断污泥的凝聚沉降性能，及时发现早期的污泥膨胀。当 SV 值较低(＜30%)时，常常反映曝气池污泥状况良好，污泥较为结实；否则当 SV 值较高(＞30%)时，常常反映曝气池污泥有一定膨胀现象。其值越高，可能膨胀现象越为严重，此时需采取一定的措施，如适当增加剩余污泥的排放量等。

SV 测定快速、方法简便，因此在活性污泥法工程实践上，尤其是小型污水处理厂(站)常常以它指导工程运行。

(2) 污泥体积指数

污泥体积指数(Sludge Volume Index，SVI)是曝气池混合液沉淀 30 min 后，每单位质量干污泥形成的湿污泥的体积，常用单位为 mL/g。

$$SVI=\frac{\text{混合液沉淀 30 min 后的活性污泥体积(mL)}}{\text{混合液中悬浮固体干重(g)}}=\frac{SV(mL/L)}{MLSS(g/L)} \tag{15-3}$$

SVI 通常按下述方法测定：① 在曝气池出口处取混合液样品；② 测定 MLSS；③ 读取沉淀污泥的体积(mL)，测定样品的 SV 值；④ 按式(15-3)计算 SVI 值。

SVI 值是判断污泥沉降浓缩性能的一个重要参数，通常认为 SVI 值为 100～150 mL/g 时，污泥沉降性能良好；SVI 值过低时，污泥絮体细小紧密，含无机物较多，污泥活性差；SVI 值＞200 时，污泥沉降性能差，将要或已经发生污泥膨胀现象。

【例 15-1】 设从正常运行的曝气池中取出混合液，并注入 100 mL 量筒中，静置沉淀 30 min 后，污泥的沉淀体积 29.5 mL，测得其 MLSS 为 2.5 g/L，试求该活性污泥的 SVI 值，并判断其沉降性能。

解　根据式(15-2)，可知

$$SV=\frac{29.5}{0.1}=295(mL/L)=29.5\%$$

由式(15-3)可得：

$$SVI=\frac{SV}{MLSS}=\frac{29.5}{2.5}=118(mL/g)$$

判断：由计算得到的 SV、SVI 值在正常值范围内，可判断该活性污泥沉降性能良好。

四、活性污泥的净化过程及其影响因素

1. 活性污泥的净化过程

活性污泥净化污水的实质就是污水中的有机物不断被降解，微生物不断地增长与繁殖并以剩余污泥的形式不断排出的过程，主要经历以下三个阶段：

第一阶段：吸附。污水与活性污泥微生物充分接触后，其中的污染物被表面巨大且含有多糖类黏性物质的微生物所吸附，其中呈胶态的大分子首先在水解酶的作用下分解为小分子，然后与溶解性的有机物一起在透膜酶的作用下或依靠浓差推动选择性地渗入到细胞体内。吸附过程通常进行得较为迅速，对于含悬浮物和有机物较多的污水，其最佳吸附时间一般在 10～40 min，此时 BOD_5 去除率超过 70%。

第二阶段：微生物的代谢。渗透到细胞体内的污染物通过微生物的新陈代谢作用而得到降解，一部分经过一系列的中间状态最终氧化为稳定的无机物 CO_2 和 H_2O，另一部分则转化为新的有机体，使细胞增殖，表现为活性污泥量的不断增加。

第三阶段：絮凝与沉淀分离。通过新陈代谢合成的菌体有机体通过凝聚作用形成絮凝体，其凝聚主要依靠细菌体内积累的聚 β-羟基丁酸释放到液相、生物摄食过程中释放的黏性物质以及细菌颗粒间的作用力，促使细胞间相互凝聚，结成绒粒。最后通过沉淀作用将絮凝体从水中分离出来，并将增长的活性污泥不断以剩余污泥的形式从系统中排出，进而实现污水的净化。

2. 活性污泥性能的影响因素

(1) BOD 负荷率

BOD 负荷率是指单位质量的污泥微生物，在单位时间内所承受的有机物的量，即 F/M 比值。在实际工程中 BOD 负荷率又可分为 BOD 容积负荷率(kgBOD/(m^3 · d))和 BOD 污泥负荷率(kgBOD/(kgMLSS · d))。

BOD负荷率是污水处理中一个非常重要的工艺参数，它会直接影响到出水水质的好坏和污水处理厂运行的经济性。BOD负荷率高，将加快活性污泥增长速率和有机底物的降解速率，使曝气池容积缩小，在经济上是可行的；BOD负荷率过低，则有机底物的降解速率降低，会使处理能力降低，加大曝气池的容积，提高建设费用。

BOD负荷率还与活性污泥膨胀现象有直接关系。图15-3所示为活性污泥系统处理生活污水时BOD污泥负荷率与SVI值的关系曲线。

由图15-3可知，在0.5 kg BOD/(kgMLSS・d)以下的低负荷率区和1.5 kg BOD/(kgMLSS・d)以上的高负荷率区，SVI值都在150以下，不会出现污泥膨胀现象。而BOD负荷率介于0.5～1.5 kg BOD/(kgMLSS・d)之间的中间负荷率区，SVI值很高，属于污泥膨胀区。在设计与运行上应当避免采用这个区段的负荷率值。

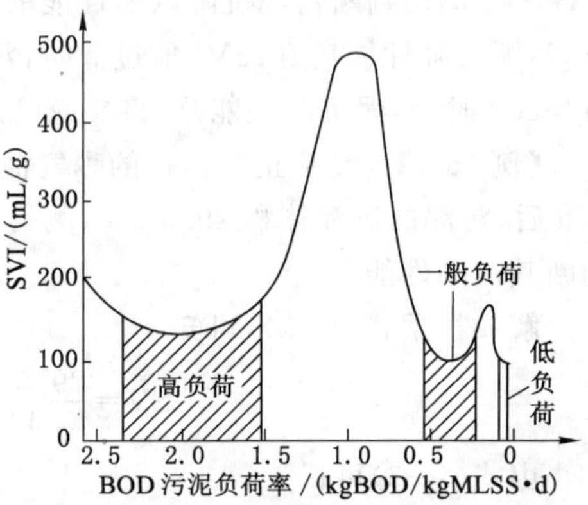

图15-3　BOD污泥负荷率与SVI值的关系

(2) 溶解氧

活性污泥微生物都属好氧菌，因此，在混合液中保持一定浓度的溶解氧至关重要，据长期的研究证实，当混合液中的溶解氧浓度不低于2 mg/L时，可以保证活性污泥法系统的正常运行。

溶解氧过高，耗能加大，在经济上是不适宜的；溶解氧过低，有利于丝状菌在系统中占优势，能够诱发产生污泥膨胀现象。因此工程实践中，一般情况下常常维持曝气池溶解氧水平在2 mg/L左右。

(3) 营养物

通常碳、氮、磷三种营养源作为培养活性污泥微生物所需营养物的主体构成，且其比例要满足BOD：N：P＝100：5：1。这一营养源组成比例，在生活污水处理中是能够满足的，但在工业污水中不一定都能满足，有的工业污水可能缺乏某种营养源，往往需要另外加以补充。补加的方法可以是将工业污水与营养丰富的生活污水混合处理，或者是向工业污水中投加化学药剂，如硫酸铵、硝酸铵、尿素、磷酸氢二钠等。

(4) 温度

活性污泥微生物的生理状况和其所处环境的温度有着密切的关系。一般说来，每种微生物都有一定的适宜温度范围，在这范围内，微生物的生理代谢活动活跃、生长旺盛、繁殖较快，物质代谢作用亦较快。

活性污泥法处理污水的运行经验表明，曝气池系统内的水温，以20～30 ℃为适宜范围。若水温超过35 ℃或低于10 ℃时，处理效果就会下降；若水温超过45 ℃或低于5 ℃时，反应速率可能降至最低程度，甚至可能完全停止。因此，对高温工业污水，如进行生物处理，往往需要加以降温，使水温处于适宜范围内；而对寒冷地区的污水和生物处理构筑物，有时需要采取保温措施，维持一定的水温。目前对于小型生物处理构筑物，一般采取设置于室内的措施，予以保温；而对大型污水处理厂，可采取适当保温措施，维持一定的运转水温。

(5) pH值

曝气池内混合液的pH值，对活性污泥中微生物来说，是一个非常重要的因素。活性污泥微生物最适宜的 pH 值范围是 6.5～8.5，pH 值低于 6.5 时，将对真菌（主要是丝状霉菌）生长有利；当 pH 值降低到 4.5 时，真菌将完全占优势，活性污泥絮凝体遭到破坏，产生污泥膨胀现象，原生动物完全消失，处理水质恶化。同样，如果 pH 值超过 9 时，原生动物将由比较活跃转为呆滞，菌胶团黏性物质解体，活性污泥结构亦将遭到破坏。为此，pH 值过高或过低的工业污水，在进行生物处理之前，均应采取适当措施，予以调整。

（6）有毒物质

毒物对微生物的影响是破坏它们的细胞结构，主要破坏细胞的细胞质膜和机体内的酶，使酶失去活性、细胞膜遭到一定破坏、体内的细胞质在一定程度上溢出体外，同时又使机体外界的物质未经酶的作用而直接进入细胞体内。这些作用都破坏了微生物的正常生理活动，使得活性污泥不能正常生长繁殖甚至被直接毒死。

许多重金属离子（如砷、铅、镉、铬、铜、锌等）对微生物有毒害作用。这些重金属离子能与细胞内蛋白质结合，而使蛋白质变性，使酶失去活性。在污水活性污泥法生物处理中，应对这些重金属离子加以控制，使其处于允许浓度内。

第三节　活性污泥去除有机物的规律

曝气条件下，微生物降解污水中有机物，消耗水中的溶解氧，同时微生物利用有机物的物质和能量进行生长繁殖。对于污水生物处理工程设计来说，即为三个主要过程：有机物的降解（曝气时间计算），溶解氧的消耗（曝气量计算），微生物的增长（剩余污泥排放量的计算）。

在微生物增殖理论的基础上，国内外学者深入研究了底物（有机物）降解和微生物（活性污泥或生物膜）增殖的规律，即活性污泥反应动力学。

活性污泥法反应动力学可以定量或半定量地揭示系统内有机物降解、污泥增长、溶解氧消耗等作用与各项设计参数、运行参数以及环境因素之间的关系。它主要包括：① 基质降解动力学，涉及基质降解与基质浓度、生物量等因素的关系；② 微生物增长动力学，涉及微生物增长与基质浓度、生物量、增长常数等因素的关系；③ 底物降解与生物量增长、底物降解与需氧、营养要求等的关系。

一、有机物的降解

1. 莫诺特方程式

1942 年，莫诺特（Monod）在纯菌种对单纯化合物的分批培养研究基础上，将以酶促反应为基础的米-门关系式应用到微生物增殖上，提出了与米-门公式类似的描述底物与微生物增殖速度关系的公式（图 15-4）：

$$\mu=\frac{\mu_{max}\cdot S}{K_s+S} \qquad (15\text{-}4)$$

式中　μ——微生物的比增殖速率，$\mu=\left(\frac{dx}{dt}\right)/X$，kgVSS/(kgVSS·d)；

μ_{max}——微生物的最大比增殖速率，d^{-1}；

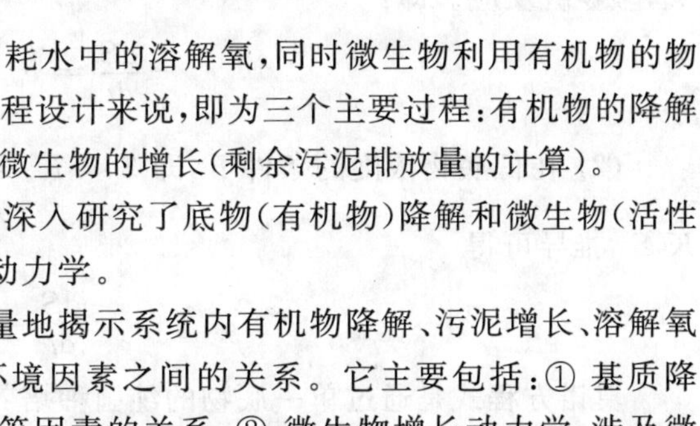

图 15-4　莫诺特方程的图示

S ——反应器内的基质浓度,mg/L;

K_s ——饱和常数,也是半速常数。

假定在微生物比增殖速率与底物的比降解速率之间存在下列比例关系:

$$\mu \propto v \tag{15-5}$$

则与比增殖速率相对应的比底物降解速率也可以用类似公式表示,即莫诺方程式:

$$v = v_{\max} \frac{S}{K_s + S} \tag{15-6}$$

式中 v ——比底物降解速率,$v = -(\frac{ds}{dt})/X$,kgVSS/(kgBOD$_5$ · d);

$v_{\max}$ ——底物的最大比降解速率;

S ——限制增殖的底物浓度;

K_s ——饱和常数。

对于污水处理来说,其基本目的是降解有机物,因此式(15-6)更具有实际意义。对莫诺方程分析可知:

(1) 在高底物浓度的条件下,即 $S \gg K_s$,则有 $v = v_{\max}$,有机物降解速率与底物浓度无关,呈零级反应。即:

$$-\frac{dS}{dt} = v_{\max} X = K_1 X \tag{15-7}$$

(2) 在低底物浓度的条件下,即 $S \ll K_s$ 时,有机物降解为一级反应,即:$v = v_{\max} \frac{S}{K} = K_2 S$,推导可得

$$-\frac{dS}{dt} = K_2 XS \tag{15-8}$$

莫诺方程式是通过单一底物的纯菌种培养实验而得出的,而活性污泥处理系统的微生物是多种属微生物群体,污水中的有机底物也是多种类的。在 20 世纪 60～70 年代,劳伦斯等人将莫诺方程式引入活性污泥处理系统,证实了在污水生物处理领域莫诺方程是完全适用的。

艾肯菲尔德(Eckenfelder)认为,城市污水属低浓度污水,其有机底物的降解速度可用式(15-8)加以描述。对该式积分可得:

$$\ln \frac{S}{S_0} = -K_2 Xt \tag{15-9}$$

移项整理后可得:

$$S = S_0 e^{-K_2 Xt} \tag{15-10}$$

式(15-10)有很强的实用价值,它表示了在活性污泥反应系统中,经过任意时间 t 反应后,原污水中有机物浓度 S_0 与混合液中残存的有机物浓度 S 之间的关系。并可据此计算有机物的去除率、污泥负荷率和容积负荷率。

去除率:

$$\eta = 1 - \frac{S_e}{S_0} = 1 - e^{-K_2 Xt} \tag{15-11}$$

污泥负荷率:

$$N_s = \frac{S_0 - S_e}{Xt} = K_2 S_e \tag{15-12}$$

容积负荷率：
$$N_V = \frac{S_0 - S_e}{t} = K_2 X S_e \tag{15-13}$$

K_2值可通过实验，取几组$(S_0 - S_e)/Xt$与S_e值后，用图解法求得。

2. 劳-麦方程式

1970年，劳伦斯和麦卡蒂(Lawrence-Mc Carty)以微生物增殖和对有机底物的利用为基础，建立了活性污泥反应动力学方程式，简称劳-麦方程式。

(1) 劳-麦方程的基本概念

① 生物固体平均停留时间θ_c

劳伦斯-麦卡蒂对"污泥龄"这一参数，提出了新的概念，即单位重量的微生物在活性污泥反应系统中的平均停留时间，称为"生物固体平均停留时间"(Sludge Retention Time, SRT)。在工程上习惯称为污泥龄，就是反应系统内活性污泥总量与每日排放的剩余污泥量之比，以θ_c表示，单位为d，即：

$$\theta_c = \frac{VX}{\Delta X} = \frac{VX_V}{\Delta X_V} \tag{15-14}$$

式中　ΔX——每日增殖的污泥量，mg/L；

ΔX_V——每日增殖的挥发性污泥量(VSS)，mg/L；

X——曝气池中悬浮固体浓度，mg/L；

X_V——曝气池中挥发性悬浮固体浓度，mg/L；

V——曝气池容积，m^3。

② 单位底物利用率q

劳伦斯、麦卡蒂还提出了"单位底物利用率"这一概念，即单位微生物量对有机底物的降解速度，为一常数，以q表示。

$$q = \left(\frac{dS}{dt}\right)_u / X \tag{15-15}$$

式中　X——单位微生物量；

$\left(\frac{dS}{dt}\right)_u$——微生物对有机底物的降解速度。

(2) 劳-麦方程式

劳-麦方程式是以生物固体平均停留时间和单位底物利用率为基本参数，用两个基本方程式表达。

劳-麦第一基本方程式是建立在微生物增殖速度与有机底物利用率之间关系的基础上，其表达式为：

$$\frac{1}{\theta_c} = \frac{\Delta X_V}{X_V V} = Yq - K_d \tag{15-16}$$

式中　Y——微生物的产率系数，kgVSS/kgBOD$_5$·d；

K_d——自身氧化系数，又称衰减常数，d^{-1}。

劳-麦第二基本方程式是建立在莫诺方程式基础上的，认为有机底物的降解速度等于其被微生物的利用速度，即$v = q$，其表达式为：

$$q = \frac{dS}{X dt} = \frac{v_{max} S}{K_S + S} \tag{15-17}$$

第二基本方程表示的是有机底物的利用率与曝气池内微生物浓度、有机底物浓度之间的关系。

3. 劳-麦方程式的推论

劳伦斯-麦卡蒂在自己提出的活性污泥动力学方程式基础上，通过对活性污泥系统的物料衡算（图 15-5），推导出了一些具有实际意义的参数之间的关系式。

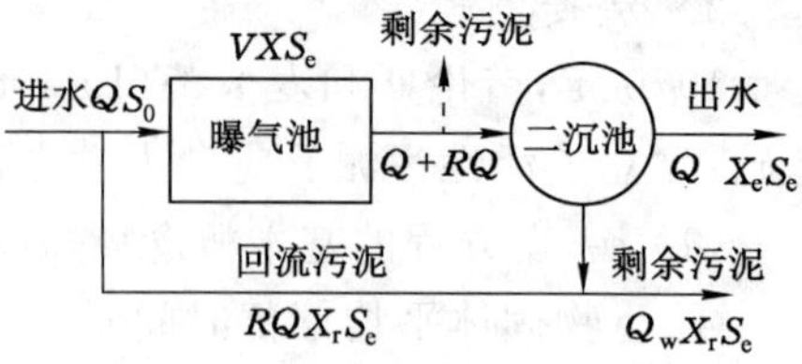

图 15-5　活性污泥系统的物料衡算

(1) 出水有机物浓度 S_e 与污泥龄 θ_c 之间的关系

对于完全混合式活性污泥系统，将式(15-17)代入式(15-16)中，整理可得：

$$S_e = \frac{K_S(1 + K_d\theta_c)}{\theta_c(Yv_{max} - K_d) - 1} \tag{15-18}$$

由式(15-18)可见，其中的 K_S、K_d、Y、v_{max} 均为常数，则出水的有机物浓度只与污泥龄有关。

此外，劳伦斯、麦卡蒂还建议剩余污泥的排出可采用从污泥回流系统排出和从曝气池直接排出两种方式。其中后一种排泥方式可减轻二沉池的负担，还可将剩余污泥单独浓缩处理，此时污泥龄的计算可简化为 $\theta_c = V/Q_w$，更有利于曝气池的控制和运行管理。

(2) 曝气池内微生物浓度 X 与污泥龄 θ_c 之间的关系

对曝气池作有机底物的物料衡算：底物的净变化率＝底物进入曝气池的速率－底物从曝气池中消失的速率，即：

$$0 = V\,(\mathrm{d}s/\mathrm{d}t)_T = QS_0 + RQS_e - (\mathrm{d}s/\mathrm{d}t)_u \cdot V - (1 + R)QS_e$$

整理可得：

$$\left(\frac{\mathrm{d}s}{\mathrm{d}t}\right)_u = \frac{Q(S_0 - S_e)}{V},$$

将其代入劳-麦第一基本方程式，则有：

$$X = \frac{\theta_c \cdot Y \cdot Q \cdot (S_0 - S_e)}{V \cdot (1 + K_d \cdot \theta_c)} \tag{15-19}$$

由于 $t = HRT = V/Q$，则有：

$$X = \frac{\theta_c}{t} \cdot \frac{Y \cdot (S_0 - S_e)}{(1 + K_d \cdot \theta_c)} \tag{15-20}$$

式(15-20)说明曝气池中微生物浓度与有机物的浓度、污泥龄和曝气时间等有关。

(3) 回流比 R 与 θ_c 之间的关系

对曝气池的生物量进行物料衡算：曝气池内生物量的净变化率＝生物量进入曝气池的速率－生物量离开曝气池的速率，即：

$$0 = (\frac{\mathrm{d}x}{\mathrm{d}t})V = RQX_r + QX_i + \left[Y\left(\frac{\mathrm{d}s}{\mathrm{d}t}\right)_u - K_dX\right]V - Q(1 + R)X$$

其中 $q = (\mathrm{d}s/\mathrm{d}t)_u/X$，整理可得：

$$\frac{1}{\theta_c} = \frac{Q}{V} \cdot \left[1 + R - R\frac{X_r}{X}\right] \tag{15-21}$$

式中　X_r ——回流污泥的浓度，$X_r = 1.2 \times \frac{10^6}{\mathrm{SVI}}$。

(4) 产率系数(Y)与表观产率系数(Y_{obs})之间的关系

产率系数(Y)是指单位时间内,微生物的合成量与基质降解量的比值,即:

$$Y = \frac{(dX/dt)_s}{-(dS/dt)_u}$$

表观产率系数(Y_{obs})是指单位时间内,实际测定的污泥产量与基质降解量的比值,即:

$$Y_{obs} = Y/(1 + K_d\theta_c) \tag{15-22}$$

该式还提供了通过试验求Y及K_d的方法:将式(15-22)取倒数后可得$\frac{1}{Y_{obs}} = \frac{1}{Y} + \frac{K_d}{Y} \cdot \theta_c$,以$1/Y_{obs}$对$\theta_c$作图,即可求得$Y$及$K_d$值。

二、活性污泥的增长

在活性污泥法曝气系统中,污水中有机物的去除是由活性污泥微生物来完成的。在去除有机物的同时,微生物自身亦在生长、繁殖,反映在曝气系统中,就是活性污泥的增长。

伴随着污水中有机物转化而形成的增长的活性污泥,即为剩余污泥。剩余污泥量ΔX可按下式计算:

$$\Delta X = YQ(S_0 - S_e) - K_d VX \tag{15-23}$$

式中 Y——污泥产率系数,kgVSS/kgBOD$_5$;

Q——污水流量,m^3/d;

S_0,S_e——曝气池进、出水浓度,mg/L;

K_d——活性污泥衰减系数,kgVSS/(kgVSS · d);

V——曝气池容积,m^3;

X——活性污泥浓度,以 MLVSS 计。

这个公式采用的是合成系数法,其意义是每天合成的污泥量与每天内源呼吸消耗的污泥量的差值,就是每天净增长并需要排出系统的污泥量。

令$\Delta X/(Q(S_0 - S_e))$为有机物转化为活性污泥的净转化系数(可简称为工程污泥系数)a_n,则a_n可表示为:

$$a_n = Y - \frac{K_d VX}{Q(S_0 - S_e)} = Y - \frac{K_d}{U_d} \tag{15-24}$$

式中U_d称为动力学负荷,$U_d = Q(S_0 - S_e)/(VX)$,其物理意义为单位活性污泥单位时间内去除的有机物的量,是曝气池设计的主要依据。

式(15-24)的实际意义在于直接简明地表示出工程污泥系数与动力学负荷相关,Y、K_d是表征污水性质的参数,对于确定的污水,其数值相对稳定,如要减少污泥的排放,必须降低负荷。

令$\Delta X/(VX)$为活性污泥增长率(简污泥称增长率),则污泥增长率可表示为:

$$\Delta X/(VX) = YU_d - K_d \tag{15-25}$$

从式(15-25)可看出,污泥负荷低到K_d/Y时,污泥增长率为零,即系统基本上不排剩余污泥。

污泥增长率的倒数称作泥龄θ_c,表示污泥在活性污泥法的系统中停留的平均时间,它是活性污泥法工艺中一个非常重要的参数,也是生物脱氮工艺中的一个关键参数。

根据式(15-25),则有泥龄:

$$\theta_c = 1/(YU_d - K_d) \tag{15-26}$$

一般说来，活性污泥法工艺的泥龄必须大于微生物的世代时间，否则该种微生物将从活性污泥系统中逐渐消失。

对于生活污水或性质相似的工业污水，在一般负荷下、20 ℃条件下 Y 值可取 0.4～0.8，典型值取 0.6；K_d 值约为 0.04～0.075，典型值取 0.06。

三、溶解氧的消耗

微生物在去除有机物的同时，需要消耗溶解氧，同时微生物自身生长、繁殖、呼吸也需消耗溶解氧，反映在曝气系统中，就是溶解氧的消耗。因此，在曝气系统运转中，溶解氧的消耗由有机物氧化和微生物内源呼吸两部分构成。

通常称溶解氧的消耗量为需氧量，需氧量可按下式计算：

$$O_2 = a'Q(S_0 - S_e) + b'VX \tag{15-27}$$

式中 a'——净需氧系数，即氧化单位重量的有机物需氧量，$kgO_2/(kgBOD_5)$；

b'——活性污泥耗氧系数(亦称呼吸率)，即微生物内源呼吸消耗单位重量的污泥需要的氧量，d^{-1}。

令 $O_2/(Q(S_0-S_e))$ 为有机物被氧化的总需氧系数(可简称为工程需氧系数) a'_n，则 a'_n 可表示为：

$$a'_n = a' + \frac{b'VX}{Q(S_0 - S_e)} = a' + U_d \tag{15-28}$$

式(15-28)的意义在于直接简明地表示出工程需氧系数与负荷相关，如要减少需氧量，必须增高负荷。但式(15-28)未考虑氨氮硝化所需的氧量，因此在进行生物脱氮工艺设计时，还要计算氨氮的耗氧量。这种情况下，需氧量计算应调整为：

$$O_2 = a'Q(S_0 - S_e) + b'VX + \frac{64}{14}Q(N_0 - N_e) \tag{15-29}$$

式中 N_0，N_e——进、出水中氨氮浓度，mg/L。

生活污水和某些工业污水的 a'、b' 值见表 15-1。

表 15-1　生活污水和工业污水的 a'、b' 值

污水类型	a'	b'	污水类型	a'	b'
生活污水	0.53	0.11	生活、纺织混合污水	0.63	0.12
石油化工污水	0.75	0.16	合成纤维污水	0.55	0.142
亚硫酸盐浆粕污水	0.40	0.185	炼油污水	0.50	0.12
含酚污水	0.56		酿造污水	0.44	
制药污水	0.35	0.354	纸浆造纸污水	0.38	0.092

【例 15-2】 流量为 5 000 m^3/d 的生活污水，进水 BOD_5 为 210 mg/L，有机物的去除反应为一级反应，反应常数 $K_2=3.2\times10^{-4}$。拟采用活性污泥曝气池进行处理，若取曝气时间为 4 h，污泥回流率为 25%，MLVSS=2 000 mg/L，试求 BOD 去除率、剩余污泥量以及理论需要量各为多少？

解　根据式(15-11)，BOD 去除率为：

$$\eta=\frac{S_0-S_e}{S_0}=1-\frac{S_e}{S_0}=1-e^{-K_2Xt}=1-e^{-3.2\times10^{-4}\times2\,000\times4}=92.3\%$$

曝气池的容积：

$$V=Qt=5\,000\times\frac{4}{24}\approx833.33\ (m^3)$$

取 $Y=0.65$，$K_d=0.075$，可根据式(15-23)计算剩余污泥量：

$$\begin{aligned}\Delta X&=YQ(S_0-S_e)-K_dVX\\&=0.65\times5\,000\times0.21\times0.923-0.075\times833.33\times2\\&=620\ (kg/d)\end{aligned}$$

取 $a'=0.53$，$b'=0.11$，可根据式(15-27)计算理论需氧量：

$$\begin{aligned}O_2&=a'Q(S_0-S_e)+b'VX\\&=0.53\times5\,000\times0.21\times0.923+0.11\times833.33\times2\\&=813.3\ (kg/d)\end{aligned}$$

第四节　曝气原理和曝气池

曝气(Aeration)是指利用充气或机械搅动等方法增大水与气体接触，进行溶氧或散除水中溶解性气体和挥发性物质的过程。在好氧生物处理系统中，通过曝气可以向曝气池提供生化反应所需的溶解氧，使其中的混合液悬浮固体呈悬浮状态，实现微生物、有机物和溶解氧的充分接触。

曝气是通过曝气设备实现的，要达到好的曝气效果，曝气设备的选择还必须和曝气池的构造相配合。因而本节重点学习气体传递原理，介绍常见的曝气设备和曝气池。

一、气体传递原理

曝气扩散的实质就是使氧由气相向液相进行传质转移，即空气中的氧通过曝气传递到水中，这种传质扩散的理论目前应用最普遍的是惠特曼(W. G. Whitman)和刘易斯(L. K. Lewis)提出的双膜理论。

双膜理论(Two-Film Theory)的基本观点如下：

① 在气液两相接触的界面两侧存在着处于层流状态的气膜和液膜，在其外侧则分别为气相主体和液相主体，两个主体均处于紊流状态。气体分子以分子扩散方式从气相主体通过气膜和液膜而进入液相主体。

② 由于气、液两相的主体均处于紊流状态，其中物质浓度基本上是均匀的，不存在浓度差，也不存在传质阻力，气体分子从气体主体传递到液相主体，阻力仅存在于气、液两层层流膜中。

③ 在气膜中存在着氧的分压梯度，在液膜中存在着氧的浓度梯度，它们是氧转移的推动力。

④ 氧难溶于水，因此，氧转移的阻力主要集中在液膜上，因此，氧分子通过液膜是氧转移过程的控制步骤。

根据双膜理论，气、液相界面附近的浓度分布如图 15-6 所示。

简单地说，双膜理论就是气液界面存在着两层膜(即气膜和液膜)这一物理现象。这两层薄膜使气体分子从一相进入另一相时形成了阻力。当气体分子从气相向液相传递时，若气体的溶解度较低，则阻力主要来自液膜。

在污水生物处理系统中，氧是难溶的气体，它的传递速率通常正比于溶液中饱和溶解氧浓度差。可用下式表示：

$$dc/dt = \alpha K_{la}(\beta C_s - C_{sw}) \tag{15-30}$$

式中 K_{la}——清水中氧总转移系数，h^{-1}；

C_s——清水中饱和溶解氧，mg/L；

C_{sw}——污水中饱和溶解氧，mg/L；

α——氧转移折算系数，$\alpha = \dfrac{K_l(\text{污水中氧总转移系数})}{K_{la}(\text{清水中氧总转移系数})}$；

β——氧溶解度折算系数，$\beta = \dfrac{C_{sw}(\text{污水中饱和溶解氧})}{C_s(\text{清水中饱和溶解氧})}$。

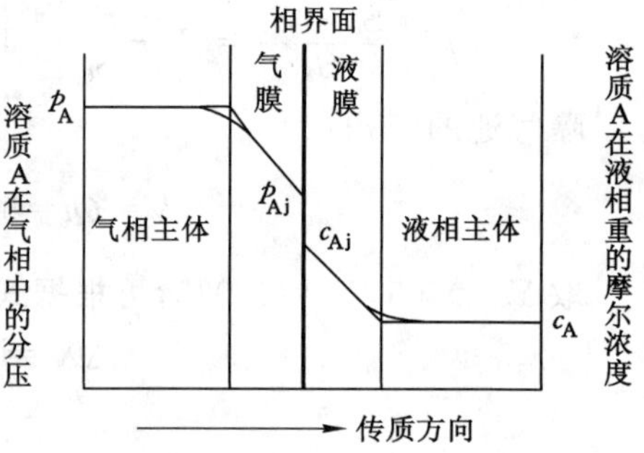

图 15-6 双膜理论示意图

由式(15-30)分析可知，若欲提高氧的传递速率，可从两个方面考虑：一是提高 K_{la}，需加强液相主体的紊流程度，降低液膜厚度，加速气液界面的更新；二是可以增大 C_s，即提高气相中的氧分压，如采用纯氧曝气、深井曝气等。

二、曝气设备

在水处理工艺中，向污水中强制增氧的设备称为曝气设备(Aerator)。曝气设备是活性污泥系统至关重要的设备之一。当前活性污泥系统中广泛应用的曝气设备主要分为鼓风曝气设备和机械曝气设备两大类。

1. 鼓风曝气

鼓风曝气(Blasting Aeration)是指利用鼓风机(或空压机)向曝气池中充入一定压力的空气(氧气)，属于深层曝气充氧方式。鼓风曝气系统由空气净化器、鼓风机、空气输配管系统和浸没于混合液中的扩散器组成。鼓风机供应一定压力的风量，风量要满足生化反应所需的氧量和能保持混合液悬浮固体的悬浮状态，风压则要满足克服管道系统和扩散器的阻力损耗以及扩散器上部的净水压，并满足扩散器要求的出口余压；空气净化器可改善整个曝气系统的运行状态和防止扩散器堵塞；空气输配管线负责将空气输送到空气扩散器。

扩散器是整个鼓风曝气系统的关键部位，它的作用是将空气分散成空气泡，增大空气和混合液之间的接触界面，把空气中的氧溶解于水中。鼓风曝气系统的空气扩散装置主要分为水力剪切、水力冲击及空气升液等类型。根据分散气泡的大小，扩散装置又可分成大气泡、中气泡、小气泡、微气泡扩散器，图 15-7 所示是几种扩散器的结构示意图。

(1) 小气泡扩散器

典型的小气泡扩散器是由微孔材料(陶瓷、砂粒、塑料)制成的扩散板或扩散管，如图 15-7(a)所示。产生的气泡粒径在 1.5 mm 以下。其特点是气泡小，氧利用率高(约 11%)，但易堵塞，空气压力损失大。

(2) 中气泡扩散器

中气泡扩散器常用穿孔管和莎纶管。穿孔管如图 15-7(b)所示，由管径介于 25～50 mm 之间的钢管或塑料管制成，在管壁两侧向下相隔 45°夹角，留有直径为 2～3 mm 的孔眼

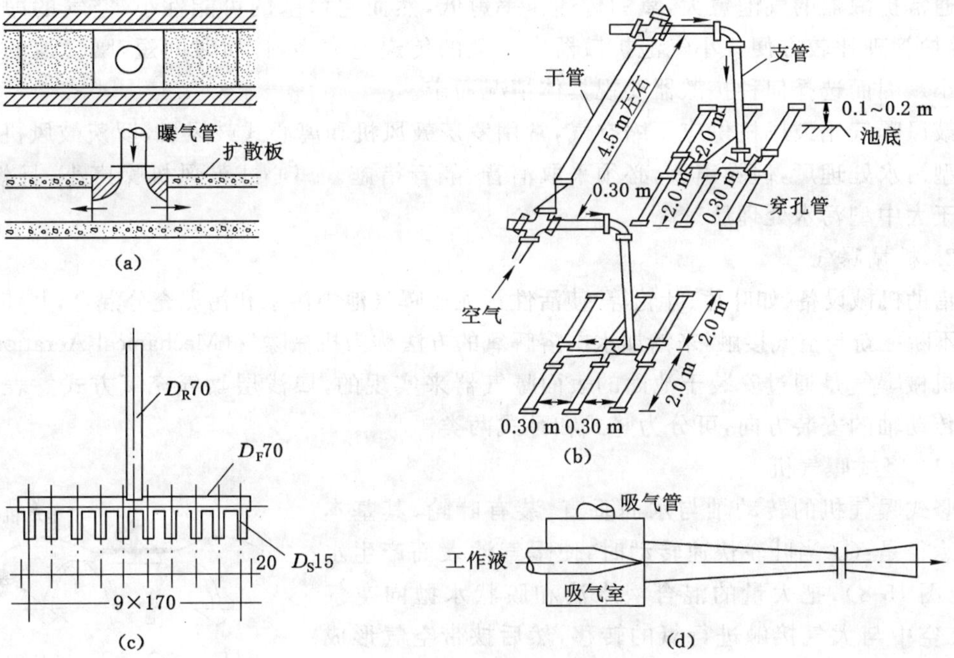

图 15-7　扩散器结构示意图

(a) 小气泡扩散器；(b) 中气泡扩散器；(c) 大气泡扩散器；(d) 微气泡扩散器

或缝隙，间距 50～100 mm。空气由孔眼溢出，孔眼的气体流速不小于 10 m/s，以防堵塞。这种扩散器结构简单，不易堵塞，阻力小，但氧的利用率较低，只有 4%～6%左右，动力效率亦低，约 1 kgO_2/(kW·h)。穿孔管扩散器多组成栅格型，一般多用于浅层曝气曝气池。

国外常用莎纶管，是以多孔金属管为骨架，管外缠绕莎纶绳。金属管上开了许多小孔，由于莎纶富有弹性，压缩空气从小孔逸出后，从绳缝中以气泡的形式挤入混合液。

(3) 大气泡扩散器

大气泡扩散器如图 15-7(c)所示，常用曝气竖管，直径为 15 mm 左右，底部敞开，其特点是气泡大(直径 3 mm 以上)，分布不均，氧利用率低，但空气压力损失小，不易堵塞。

(4) 微气泡扩散器

微气泡扩散器常称为射流曝气器(Jet Aerator)，见图 15-7(d)，产生的气泡直径在 100 μm 左右。射流曝气器通过混合液的高速射流，将鼓风机引入的空气切割粉碎为微细气泡，与混合液充分接触混合，在喉管和扩散管处存在气泡压缩和释放的过程，促进了氧的传递，提高了传质速率。也可设计负压自吸式的射流器，这样可以省去鼓风机，避免鼓风机引起的噪声。

通常扩散器的气泡愈大，氧的传递速率愈低，然而它堵塞的可能性小，空气的净化要求低，养护管理比较方便。小气泡扩散器由于氧的传递速率高，传质时间短，曝气池的容积可以缩小。因而选择何种扩散器要视具体情况而定。

扩散器一般布置在曝气池的一侧和池底，以便形成旋流，增加气泡和混合液的接触时间，有利于氧的传递，同时具有搅拌的作用，使混合液中悬浮固体呈悬浮状态。扩散器的构造形式有管式、板式、膜片式、钟罩式、软管式等多种，布置形式多样，但基本原理是一样的，具体可参考相关设计手册。

通常扩散器的气泡愈大，氧的传递速率愈低，然而它堵塞的可能性小，空气的净化要求低，养护管理比较方便。小气泡扩散器由于氧的传递速率高，传质时间短，曝气池的容积可以缩小。因而选择何种扩散器要视具体情况而定。

鼓风曝气用鼓风机供应压缩空气，常用罗茨鼓风机和离心式鼓风机，罗茨鼓风机适用于中小型污水处理厂，但噪声大，必须采取消音、隔音措施。离心式鼓风机噪声小，且效率高，适用于大中型污水处理厂。

2. 机械曝气

借助机械设备(如叶片、叶轮等)使活性污泥法曝气池中污水和污泥充分混合，并使混合液液面不断更新与空气接触，来增加水中溶解氧的方法称为机械曝气(Mechanical Aeration)。

机械曝气是通过安装于池面的表面曝气器来实现的，属浅层曝气充氧方式。表面曝气机按传动轴的安装方向，可分为竖式和卧式两类。

(1) 竖式曝气机

竖式曝气机的转动轴与水面垂直，装有叶轮，其基本充氧途径是：① 当叶轮快速转动时，使曝气池表面产生水跃(见图 15-8)，把大量的混合液水滴和膜状水抛向空气中，在空中与大气接触进行氧的转移，然后挟带空气形成水气混合物回到曝气池中，由于气水接触界面大，从而使空气中的氧很快溶入水中；② 随着曝气机的不断转动，在曝气叶轮的后侧形成负压区，卷吸部分空气；③ 曝气叶轮的转动具有提升、输送液体的作用，使混合液连续上下循环流动，表面水层不断更新，氧气不断地溶入，同时池底含氧量低的混合液向上环流和表面充氧区发生交换，从而提高了整个曝气池混合液的溶解氧含量。

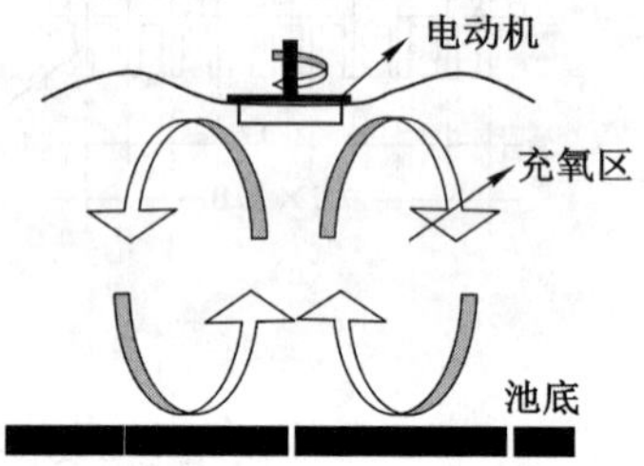

图 15-8　竖式表曝机曝气状态

表曝机叶轮的淹没深度一般在 10～100 mm，可以调节，淹没深度大时提升水量大，但所需功率亦会增大，叶轮转速一般为 20～100 r/min。我国目前应用的表曝机有泵型、倒伞型和平板型，见图 15-9。

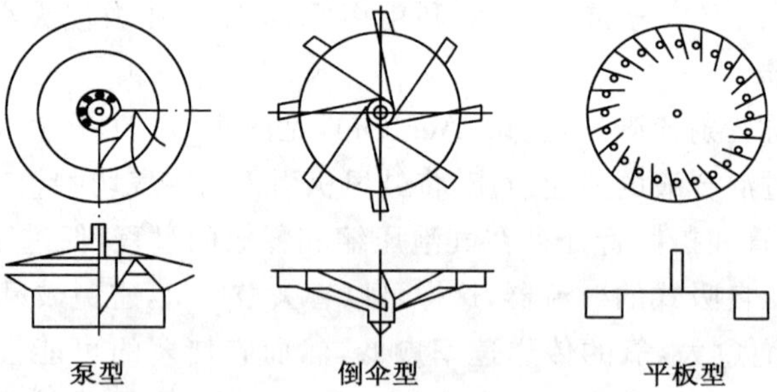

图 15-9　几种典型叶轮表曝机

(2) 卧式曝气机

卧式曝气机(图 15-10)的转动轴与水面平行，主要用于氧化沟系统，它具有负荷调节方便、维护管理容易、动力效果高等优点。

在转动轴上安装有开鳞片孔的转碟，或在垂直于转动轴的方向装有不锈钢丝(旋刷)或板条，用电动机带动，淹没深度为转刷直径的 1/3～1/4。图 15-10 所示为卧式转刷曝气机，转动轴在传动装置带动下，以一定的速度回转，转速为 70～120 r/min。转动时，转刷叶片把大量液滴抛向空中，并使液面剧烈波动，促进氧的溶解；同时推动混合液在池内流动，促进曝气器附近的混合液更新，便于溶解氧的扩散。

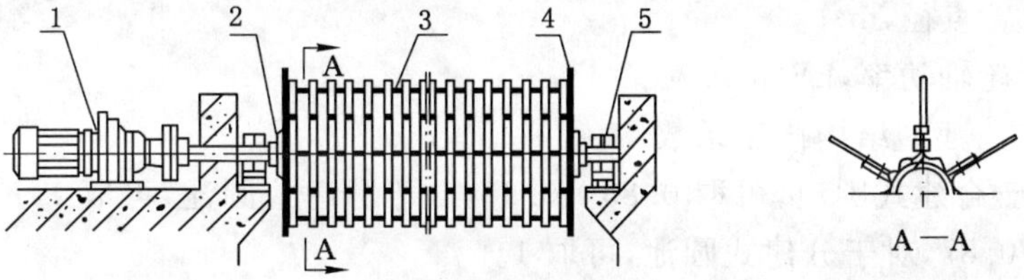

图 15-10　转刷曝气机

1——传动机构；2——主轴；3——刷片；4——挡水板；5——轴承座

机械曝气不适合含有较多表面活性剂的污水处理，如洗涤污水等，此类污水容易产生泡沫，隔断水气传质界面，影响曝气效果。

3. 曝气设备性能指标

表征曝气设备性能的指标主要有：① 充氧能力，即标准状态下的氧转移速率，单位为 kgO_2/h；②动力效率，即每消耗 1 kW・h 的动力能传递到水中的氧量，单位为 $kgO_2/(kW \cdot h)$；③ 氧利用率，通过鼓风曝气系统转移到混合液中的氧量占总供氧量的比例，单位为%。机械曝气无法计量总供氧量，因而无法计算氧利用率。

表 15-2 所示为各类曝气设备的性能。其中的标准条件是指水温 20 ℃，大气压力为 1.013×10^5 Pa条件下的清水曝气试验；现场试验用的是污水，水温为 15 ℃，海拔 150 m，$\alpha=0.85$，$\beta=0.9$。

一般说来，表面曝气机的动力效率要比鼓风曝气的动力效率高，范围一般在 1.2～2.4 $kg(O_2)/(kW \cdot h)$，三种表面曝气叶轮的动力效率相比而言，以泵型叶轮最高，倒伞型次之，平板型较低，但平板型叶轮加工方便，便于小型工程灵活使用。

表 15-2　　各类曝气设备性能

曝气设备类型	氧转移速率/[mg/(L・h)]	动力效率/[$kgO_2/(kW \cdot h)$]	
		标准条件	现场试验
小气泡	46～60	1.2～2.0	0.7～1.4
中气泡	20～30	1.0～1.6	0.6～1.0
大气泡	10～20	0.6～1.2	0.3～0.9
射流曝气器	40～120	1.2～2.4	0.7～1.4
低速表面曝气机	10～90	1.2～2.4	0.7～1.3
低速表面曝气加导管	60～90	1.2～2.4	0.7～1.4
高速浮动曝气机		1.2～2.4	0.7～1.3
转刷式曝气机		1.2～2.4	0.7～1.4

对于泵型叶轮，有以下经验公式计算充氧量及功率，其他形式的叶轮也可参考使用。

$$Q_S = 0.379v^{2.8}D^{1.88}K_1 \tag{15-31}$$

$$N = 0.0804v^3D^{2.05}K_2 \tag{15-32}$$

式中 Q_s——泵型叶轮在标准状态下脱氧清水中的充氧量，kg/h；

v——叶轮线速度，m/s，一般采用 3～5 m/s 左右；

D——叶轮直径，m；

N——叶轮轴功率，kW；

K_1，K_2——池型结构修正系数。

式中 K_1 对于合建式圆池，可取 0.85～0.98，对于分建式圆池，可取 1，K_2 对于合建式圆池，可取 0.85～0.87，对于分建式圆池，可取 1。

三、曝气池

曝气池(Aeration Tank)是利用活性污泥法进行污水处理的构筑物，是活性污泥系统的核心设备。曝气池提供一定的污水停留时间，满足好氧微生物所需要的氧量以及污水与活性污泥充分接触的混合条件。活性污泥系统的净化效果，在很大程度上取决于曝气池的功能是否能够正常发挥。

它的池型和所需反应器的水力特征密切相关：① 从混合液流动状态方面，曝气池分为推流式、完全混合式和循环混合式三种；② 从平面形状方面，可分为长方廊道形，圆形、方形以及环状跑道形四种；③ 从采用的曝气方法方面，可分为鼓风曝气池、机械曝气池以及机械—鼓风曝气池；④ 从曝气池与二沉池之间的关系，可分为曝气—沉淀合建式和分建式两种。

1. 推流式曝气池

推流式曝气池(Plug Flow Aeration Tank)是水流动形式呈推流式的曝气池，工艺流程如图 15-11 所示。污水及回流污泥从池体的一端进入，水流呈推流前进，在曝气池推流横断面上各点浓度均匀一致，纵向不存在掺混，底物浓度在进口端最高，沿池长逐渐降低，至池出口端最低。由于水流动过程中纵向扩散现象的存在，很难得到理想的推流状态。

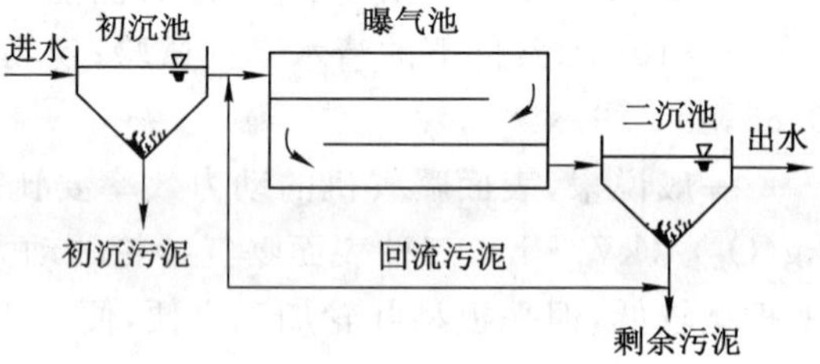

图 15-11 推流式曝气池工艺流程

推流式曝气池一般为长方形，池子的长宽比一般为 5～10。为了便于布置，沿池长可以分隔为几个廊道，通常采用的廊道数为 2～5。横断面上的池宽和有效水深之比一般为 1～2。有效水深最小为 3 m，最大可为 9 m。进水方式不限，出水一般都采用溢流堰。

推流式曝气池一般采用鼓风曝气，根据横断面上的水流情况，又可分为平移推流和旋转推流。其中平移推流式曝气池中扩散器在池底均匀铺设，池中的水流只有沿池长方向的流动。这种池型的横断面宽深比可以大些，见图 15-12；旋转推流式曝气池中扩散器装于横断面的一侧。由于气泡形成的密度差，池中的水除沿池长方向流动外，还有侧向旋流，形成了旋转推流，见图 15-13。

由于扩散器在竖向高度上位置的不同，旋转推流式曝气池又可分为底层曝气、浅层曝气

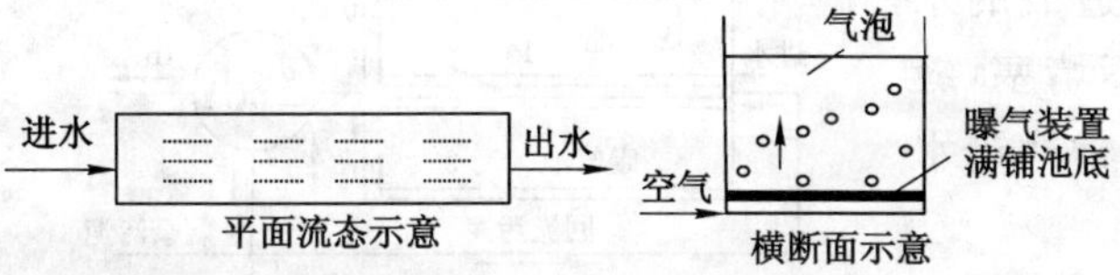

图 15-12 平移推流式曝气池流态

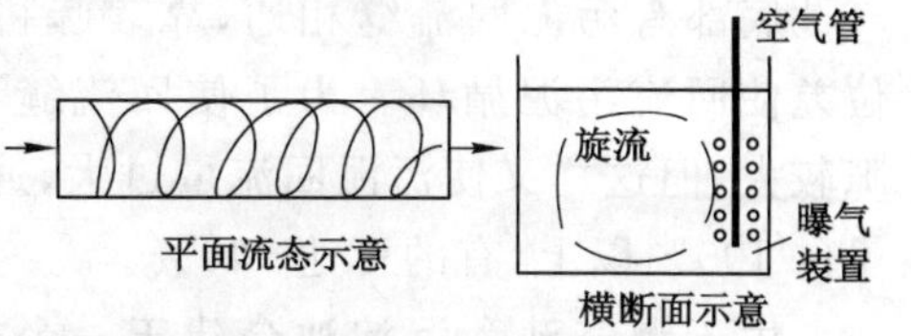

图 15-13 旋流推流式曝气池流态

和中层曝气，见图 15-14。

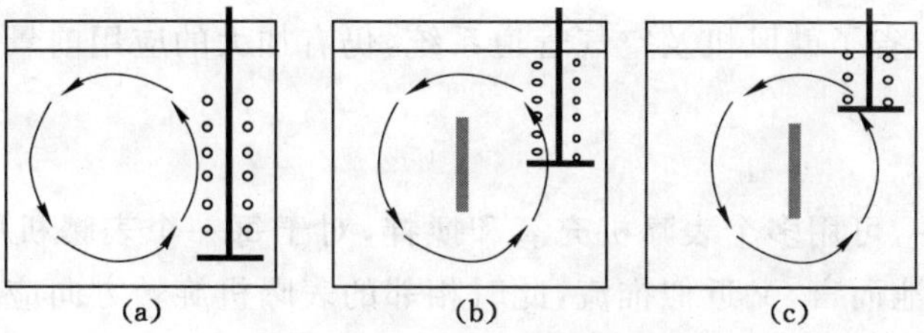

图 15-14 旋转推流式曝气池的曝气形式

(a) 底层曝气；(b) 中层曝气；(c) 浅层曝气

底层曝气(图 15-14(a))是扩散器装于曝气池底部，池深决定于鼓风机能提供的风压，根据目前的产品规格，有效水深常为 3～4.5 m。浅层曝气(图 15-14(c))是扩散器装于曝气池水面以下 0.8～0.9 m 的浅层，常采用 1.2 m 以下风压的鼓风机，虽风压小，但风量大，故仍能形成足够的密度差，产生旋转推流，池的有效水深一般为 3～4 m。中层曝气(图 15-14(b))是扩散器装于池深的中部，是近年发展的新布置方法。与底层曝气相比，在处理效果和鼓风条件相同时，池深一般可加大到 7～8 m，最大的可达 9 m，节约了曝气池的用地。中层曝气的扩散器也可设于池的中央，形成两个侧流，这种池型可采用较大的宽深比，适用于大型曝气池。

推流式曝气池运行稳定，但占地面积大，抗冲击负荷能力差。随着水流的推进，有机底物不断降解，微生物增殖，F/M 沿程变化，需氧量前大后小。

2. 完全混合曝气池

完全混合曝气池(Completely Mixed Aeration Tank)的池型可为圆形、多边形，也可以是方形或矩形。曝气设备可采用表面曝气机，置于池的表层中心，也可采用鼓风曝气装置。污水由池底部的中心进入，在表面曝气机的搅拌下，污水一进池内就立即和池内原混合液混合，呈循环流动。池中各点水质均匀，需氧均匀，水质波动小，抗冲击负荷能力强。

根据曝气池与沉淀池的组合形式，完全混合式曝气池可分为分建式和合建式。

(1) 分建式

曝气池和沉淀池分别设置，池型如图 15-15 所示。可以采用表面曝气机，也可采用鼓风曝气装置，有的分建式表面曝气池设置中心导流筒。分建式虽然占地较大，不够紧凑，且需设置专门的污泥回流设备，但运行上便于调节控制。

(2) 合建式

合建式表面曝气池，又称为曝气沉淀池、加速曝气池。这种池型结构紧凑，沉淀池与曝气池合建于一个圆形池中，一般沿池周设置溢流堰和出水槽，沉淀池设于外环，与中间的曝气池底部有污泥回流缝相通，靠表曝机造成的水位差使回流污泥循环。为了使回流缝不堵塞，缝隙较大，但这样又使污泥回流量过大，通常达进水量的100%以上，有的可达500%。

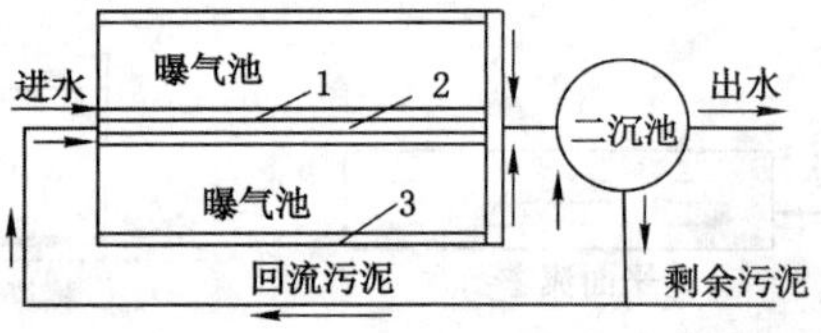

图 15-15　分建式全混曝气池

1——进水槽；2——进泥槽；3——出水槽

由于曝气池和沉淀池合建于一个构筑物，难于分别控制和调节，运行不灵活，出水水质难于保证，国外已趋淘汰。但对于小型工业污水处理来说，表面曝气沉淀池由于占地较少，曝气费用较少，节约能耗，同时节省了鼓风机及空气管道系统，仍有加大的应用前景，尤其是适合出水要求不高的污水处理。

3. 结合型曝气池

在推流曝气池中，可用多个表曝机充氧和搅拌，对于每一个表曝机所影响的范围内，则为完全混合，而对全池而言，又近似推流，此时相邻的表曝机旋转方向应相反，否则两机间的水流会互相冲突，见图 15-16。也可用横向挡板在曝气机之间隔开，避免相互干扰，见图 15-17。这种池型各池可以独立，就成为完全混合，也可以各池串联，成为近似推流流态，运行灵活。为了投产时驯化活性污泥，各类曝气池在设计时，都应在池深1/2处预留排液管。

图 15-16　采用表面曝气装置的推流式曝气池

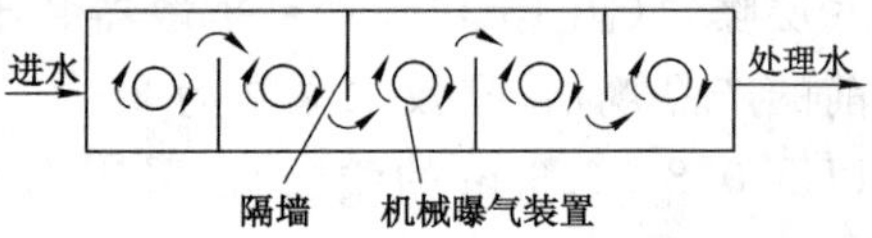

图 15-17　设置隔墙的采用表面曝气装置的推流式曝气池

第五节　活性污泥系统的运行方式

一、活性污泥系统

一个完整的活性污泥系统由曝气池、曝气设备、二沉池、污泥回流设备组成，它们之间协调工作运行，共同完成污水处理过程。

曝气池及曝气设备在第四节已经介绍，这里着重介绍污泥回流。

回流的污泥量(体积)占进水量的比值称为污泥回流比，用 R 表示：

$$R = Q_r/Q \tag{15-33}$$

式中　Q_r——回流污泥量，m^3/d；

Q——进水流量，m^3/d。

曝气池污泥浓度在一定程度上取决于污泥回流状况，设污泥回流浓度为 X_r，污泥回流比为 R，曝气池污泥浓度为 X，根据物料守恒，则有：

$$X(1+R) = RX_r$$

整理可得：

$$X = RX_r/(1+R) \tag{15-34}$$

在一定的回流比范围内，式 $X_r \approx 1.2 \cdot 10^6/\mathrm{SVI}$ 成立，则：

$$X = \frac{1.2R}{(1+R)} \cdot \frac{10^6}{\mathrm{SVI}} \tag{15-35}$$

上式近似地表示了曝气池污泥浓度与污泥回流比、SVI 的关系。

实际的 X_r 要更高些，因此可用系数进行修正，在一定的回流比范围(大约 0.4～0.7)内取修正系数 1.2 较为合理。但是，当回流比较大时(如表面曝气沉淀池的回流比因混合及曝气需要可达 3～5)，污泥沉淀浓缩时间较短，甚至可能远小于 30 min，此时的 X_r 要向小的方向修正。

合建式的曝气沉淀池，活性污泥从沉淀区自行流入曝气区；分建式曝气池，活性污泥从二次沉淀池回流到曝气池时需要设置污泥回流设备。在污水处理工程中应用较多的回流设备主要是污泥泵及空气提升系统。大、中型污水处理厂，一般采用螺旋泵或轴流泵；小型污水处理厂，一般采用小型潜污泵或空气提升器。

采用污泥泵时，常把二次沉淀池的回流污泥先集中到集泥井，然后再用污泥泵抽送到各个曝气池。所用泵的台数在满足污泥实际输送工作要求外，还应该有备用泵。

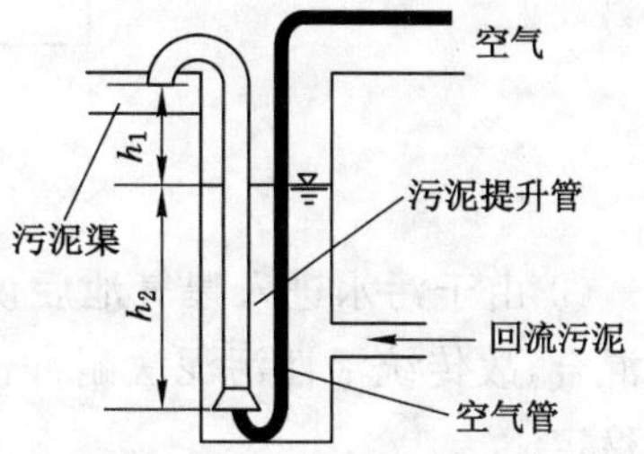

图 15-18　污泥提升器示意图

空气提升器是利用升液管内外液位高差不同进行污泥输送的设备，常附设在二次沉淀池的集泥井中或曝气池的进泥口处。如图 15-18 所示，其中 h_1 为淹没水深，h_2 为提升高度，一般 $h_1/(h_1+h_2)\geqslant 0.5$，空气用量为最大回流量的 3～5 倍。需要在回流比小的情况下工作时，可调节进气阀门。空气提升器结构简单，管理方便，且通过气体提升，有利于向污泥中预充氧，提高活性污泥的活性，采用鼓风曝气时宜用气力提升。

二、活性污泥系统的运行方式

在好氧生物处理中，供氧速率(氧传递速率)应满足需氧速率(耗氧速率)。国内外许多学者和工程师们就如何提高供氧速率、调节耗氧速率及其他因素，对传统活性污泥法的运行方式进行了不断的改革，开发出多种变型的活性污泥法运行方式，以满足和适应不同情况的需要。

1. 传统活性污泥法

传统活性污泥法，又称普通活性污泥法，是活性污泥法最早的运行方式，其工艺流程如图 15-19 所示。传统活性污泥法有机物的去除率(按 BOD_5 计)一般可达 90%以上，出水水质较好。

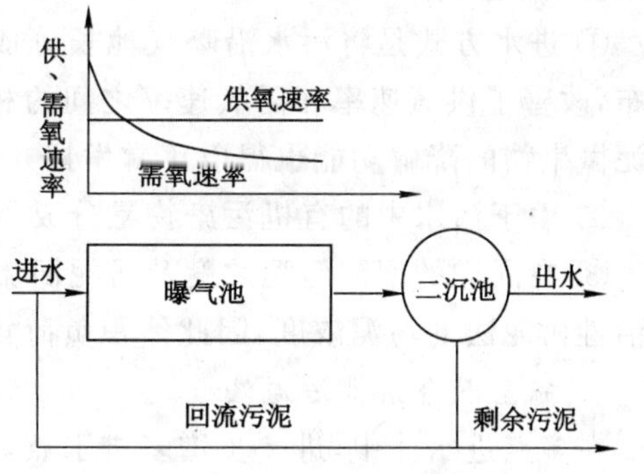

图 15-19　传统活性污泥法

可是，传统活性污泥法问世以来，在运行实践中，亦发现了一些问题。

① 污水中的有机污染物从曝气池的一端进入，曝气池首端有机负荷高，池末端有机负荷低。这样，池首端需氧速率必高，池末端则低，而曝气池的供氧速率是池的首末端均匀一致的，当供氧无法满足时，池中由于缺氧形成厌氧状态。为此，对传统活性污泥法来讲，进水的污泥承受负荷，或者说 F/M 不宜过高，一般不超过 0.5 kgBOD/(kgMLVSS·d)；

② 由于沿曝气池长的需氧速率是变化的，而沿池长的供氧速率是不变的，这样，曝气池

的后半部就将出现供氧速率大于需氧速率的现象，如图 15-20 所示。

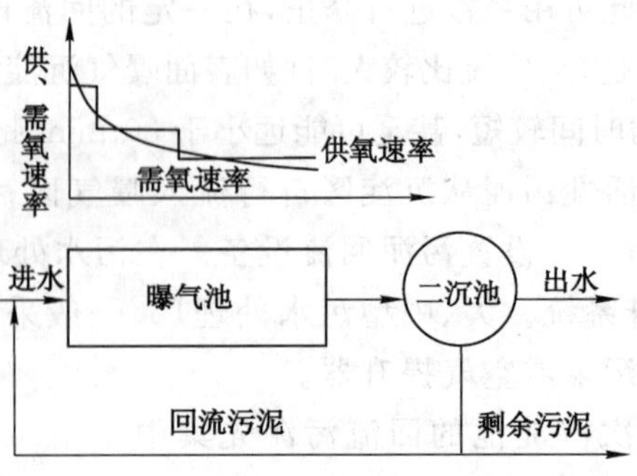

图 15-20　渐减曝气活性污泥法

③ 由于污水进入曝气池后仅和活性污泥混合，而不能立即和池中整个原有的混合液充分混合，故传统活性污泥法耐冲击负荷能力较差，易受水质变动的影响，出水水质也因此而不稳定。

2. 渐减曝气活性污泥法

为了克服传统活性污泥法中供氧与需氧速率之间的差距较大、能量耗费大的缺点，开发了一种使供氧与需氧速率尽量吻合的渐减曝气活性污泥法。这种运行方式主要是按照沿池长不同位置需氧的量进行供氧，供氧速率沿曝气池长逐步递减，使其接近需氧速率，以节约能耗（图 15-20）。

渐减曝气活性污泥法仍然和传统活性污泥法同属一个类型，属于推流式活性污泥法工艺，它仅改善了曝气池内氧的供需矛盾的状况，但并未克服推流式活性污泥法工艺的其他缺点。

3. 多点进水活性污泥法

多点进水活性污泥法，又称分段曝气活性污泥法（图 15-21）。该工艺自 1939 年在美国开始使用，迄今已得到了广泛的运用。它的主要优点是：

① 进水方式是将污水沿曝气池长分成多点进水。这样使得底物浓度沿池长较均匀地分布，改善了供氧速率和需氧速率之间的相互吻合情况（图 15-20），有利于降低能耗。活性污泥微生物的降解功能也得以正常发挥。

② 由于污水中的有机污染物是分成多点进入曝气池，提高了耐冲击负荷的能力。

③ 在同样的回流污泥浓度及污泥回流比条件下，曝气池中污泥平均浓度明显高于推流式活性污泥法的污泥浓度，因此体积负荷较高，适应于较高有机物浓度的污水处理。

4. 完全混合活性污泥法

在多点进水法中，进一步增多进水点，同时相应增多回流污泥入流点，那么曝气池中混合液不均匀的情况就大大改变（图 15-22）。污水一进入曝气池就被回流污泥或池内混合液大量稀释、均化，致使整个曝气池内底物浓度梯度很小，使微生物生活在较为稳定的环境中，这就是完全混合活性污泥法的基本概念。

完全混合式活性污泥法在实际应用中一般采用中心进水（如曝气沉淀池）或者采用沿整个池长进水，同时沿整个池长回流污泥的方法。其主要特点在于：

① 污水在曝气池内分布均匀，各部位的水质相同，F/M 相等，微生物群体的组成和数

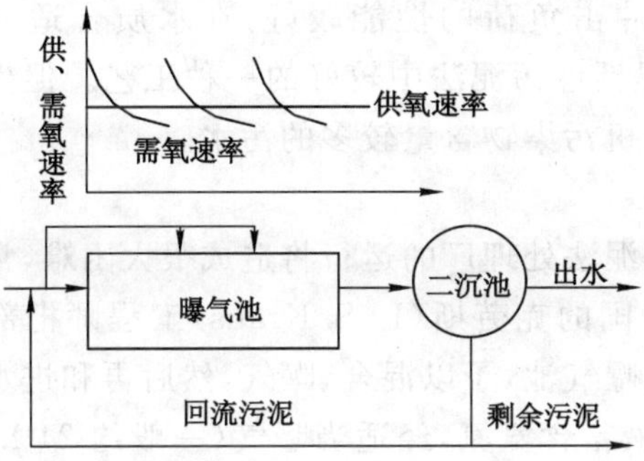

图 15-21　多点进水活性污泥法

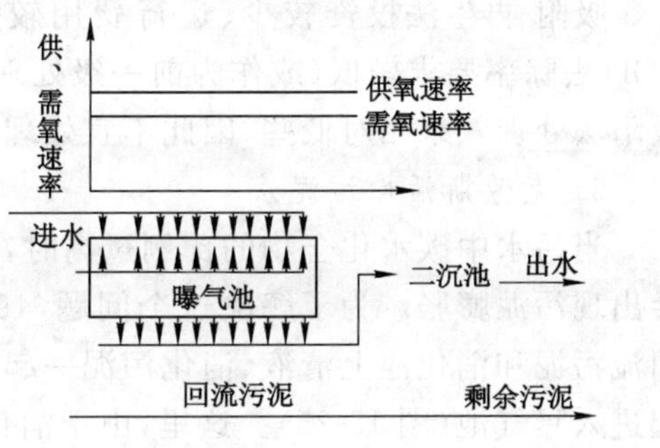

图 15-22　完全混合活性污泥法

量近乎一致，各部位有机污染物降解情况相同，因此，可以通过对 F/M 的调节，将整个曝气池的工况控制在最佳条件，此时工作点处于微生物增殖曲线上的一个点上。在处理效果相同的条件下，其负荷率高于推流式曝气池。

② 曝气池内混合液的需氧速率基本相等，动力消耗低于推流式曝气池。

③ 耐冲击负荷能力较强。

由于完全混合活性污泥法具有上述的优点，故该法自 1950 年在美国开始运用以来，迄今已在污水生物处理工程中得到了广泛的使用。

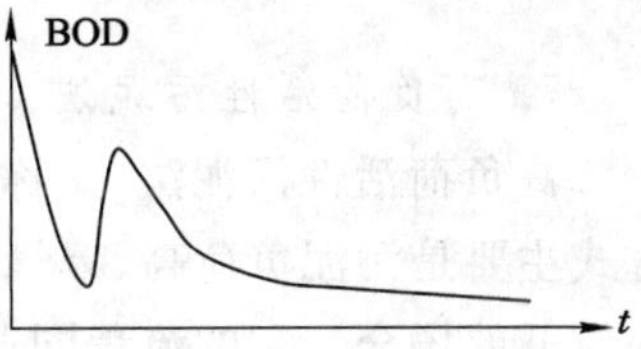

图 15-23　受吸附影响 BOD 下降曲线

5. 吸附-再生活性污泥法

吸附-再生活性污泥法，又称生物吸附活性污泥法或接触稳定活性污泥法。图 15-23 表示混合液中 BOD 随曝气过程的变化，在曝气初期，污水有机物很快被活性污泥吸附去除，BOD 出现最小值，随着曝气时间增长，混合液中的 BOD 呈现回升趋势，至最高点后又逐渐下降。这主要是由于非溶解性有机物被吸附并经生物水解酶作用后，转化为可溶性有机物(包括游离菌)扩散到液体中去，致使混合液中的溶解性 BOD 增高。

吸附-再生活性污泥法的基本思路是使污水和活性污泥接触达到吸附饱和状态的时候，大部分的有机物被吸附在活性污泥颗粒的表面，这时就进行泥水分离。因此这种工艺形式的活性污泥和污水接触时间很短，同时设置再生池使吸附饱和的污泥在其中降解有机物。

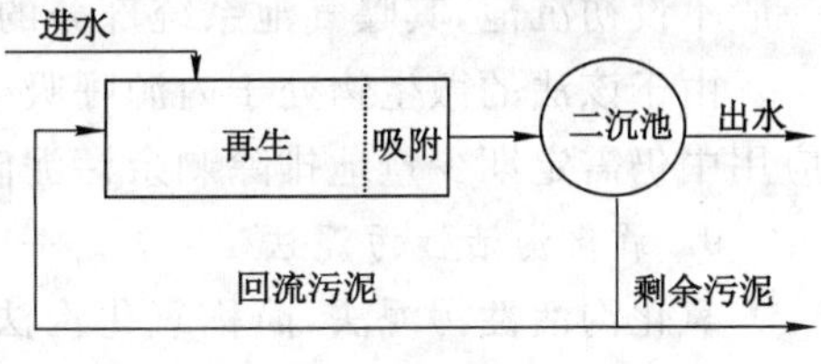

图 15-24　吸附-再生活性污泥法

吸附-再生活性污泥法运行方式(图 15-24)的主要特点，是将有机物去除过程的吸附和再生两个阶段，分别在两个反应器中进行。这样，曝气池所需的容积，比普通活性污泥法的要小些，一般可减少三分之一或更多。故在一些老污水处理厂中，为了扩大曝气池的处理能力，往往将原有按传统法运行的曝气池改造成按生物吸附法运行。

吸附-再生法除了上述的主要优点外，其回流比比传统法大些，较多的回流污泥进入曝气池，就具有了一定的调节平衡能力和适应负荷的变化。而且由于有大量污泥在再生池中曝气再生，故一旦当吸附池中污泥遭到破坏，即可迅速由再生池的污泥去替换，而不致影响曝气池继续运转，故吸附-再生法相对传统法具有更好的耐冲击负荷能力。

吸附-再生法投资较少、运行费用较低，抗受冲击负荷的性能较好，在水质合适并且BOD去除率要求较低(或作为前一级处理)时，它是活性污泥法中较好的一种工艺。但生物吸附法处理效果相对低些，因此不宜处理溶解性有机污染物含量较多的污水。

6. 克劳斯活性污泥法

当污水中碳水化合物的比例过高时，对活性污泥法处理厂的运行将造成很大困难，常常会出现污泥膨胀。为了解决这个问题，1955 年，美国的克劳斯(L. S. Kraus)工程师把部分回流污泥和消化池上清液、消化污泥一起先进入预曝气池，予以混合、曝气，然后再和进水一起进入曝气池(图 15-25)。这里，由于消化池上清液富含氨氮，经适当曝气(一般约 24 h)后转化为硝酸盐，可提供给微生物氮营养源。而消化污泥的加入，则因其含较重固体颗粒，可改善混合液的沉降性能。

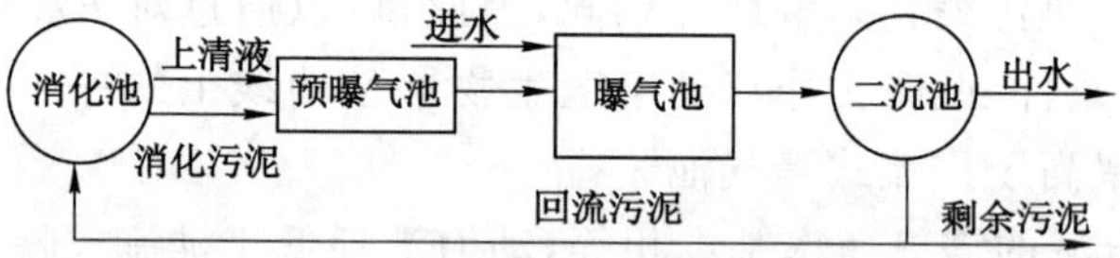

图 15-25　克劳斯活性污泥法

7. 高负荷活性污泥法

高负荷活性污泥法，又称短时曝气活性污泥法、变型曝气活性污泥法、超越法。这种运行方式主要是污泥负荷高、曝气时间短，处理效率也相应较低，仅为 65%左右，适用于出水水质要求较低的场合。它的流程同普通活性污泥法相同，但为了区别，常称之为变型活性污泥法。

高负荷活性污泥法的显著特点是剩余污泥量大，同时运行费用较少。

8. 延时曝气活性污泥法

延时曝气活性污泥法又称完全氧化活性污泥法，是 20 世纪 50 年代初在美国开始运用起来的。它的特点是污泥负荷特别低，曝气时间很长(一般在 24 h 以上)，活性污泥在池内长期处于内源呼吸期，剩余污泥量少而且性质稳定，无需再进行厌氧消化处理，易于处置。由于该法的曝气时间特别长，曝气池容积就要大得多，且需要的空气量多，所以该法主要适用于小型污水处理的场合，规模不宜超过 4 000 m^3/d。

由于延时曝气活性污泥法的曝气时间很长，故一般常采用完全混合型曝气池，且流程中一般不设初沉池，其曝气池系统部分的流程和完全混合活性污泥法的相同(见图 15-22)。

由于该法的微生物处于内源呼吸生长期，剩余污泥量很少，一般可按零考虑，但在实际应用中仍需定期少量地排除剩余污泥防止活性污泥中非生物部分过多。

9. 氧化沟活性污泥法

氧化沟活性污泥法，简称氧化沟法(Oxidation Ditch Process)，这种运行方式实质上是一种低负荷延时曝气法。其工艺流程可见图 15-26，包括循环曝气沟渠、分建的二沉池和污泥回流系统。

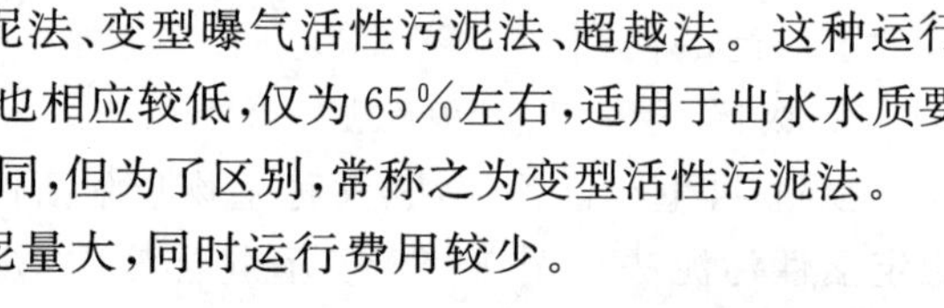

图 15-26　氧化沟活性污泥法

氧化沟的曝气沟渠呈环形，渠深一般为 1～1.5 m，槽中流速为 0.3～0.6 m/s。沟中设有转刷，其作用为：① 使进水、回流污泥和沟中原有混合液均匀混合；② 向混合液供氧；③ 推动水流以一定的流速沿池长循环流动，这对氧化沟在保持它的工艺特征方面具有重要的意义。

由于氧化沟法具有较长的水力停留时间、较低的有机负荷和较长的污泥龄，因此与传统活性污泥法相比，可以省去调节池、初沉池、污泥消化池，有的还可以省去二沉池。在处理小水量污水时，有时亦可采用间歇运行，此时，氧化沟可在停止曝气运行后，兼作沉淀池用，可省去二沉池。

氧化沟工艺简单、便于管理，兼具推流和完全混合的特征，沟渠内具有明显的溶解氧梯度，适合于硝化反硝化，并且污泥产量少，性质稳定。但占地面积相对较大。

10. 射流曝气活性污泥法

采用射流曝气充氧就是利用射流器产生高速湍动水流，加强气相向液相的传递，提高氧的传递速率。射流曝气活性污泥法就是利用这一特点而创建的一种运行方式，其工艺流程如图 15-27 所示。

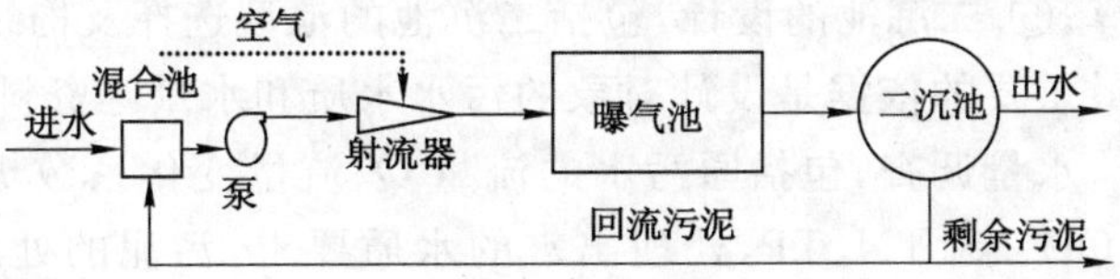

图 15-27　射流曝气活性污泥法

射流曝气是目前污水生化处理应用的一种曝气方式，具有充氧性能良好、氧利用率高、有效的气体分散及较高的传质系数，溶解氧及气泡分散均匀，制造简单，维修方便等特点，适当组合便于调节，特别适合于高浓度工业污水和小型污水的处理。

11. 纯氧曝气活性污泥法

在活性污泥曝气系统中，由于空气中的氧分压较低（仅 0.21 个大气压），饱和溶氧浓度不高，导致氧的转移速率受到一定的限制。如一般常温 20 ℃情况下，当采用鼓风（空气）曝气时，液体中饱和溶氧浓度为 9 mg/L 左右，而若采用纯氧曝气时，氧分压为 1 个大气压，是采用空气鼓风曝气的 5 倍，液体中饱和溶氧浓度可提高到 43 mg/L。

纯氧曝气法曝气池目前大多采用有盖密闭式的，如图 15-28 所示。池内分隔成几个小室，每室的流态为完全混合型，各室串联运行。池顶加盖密闭，是为了充分利用氧气，池内气压比池外的略高，一般约 100 mm，以保证池外空气不渗入，同时池中废气（主要是含有二氧化碳的混合气体）得以排出。

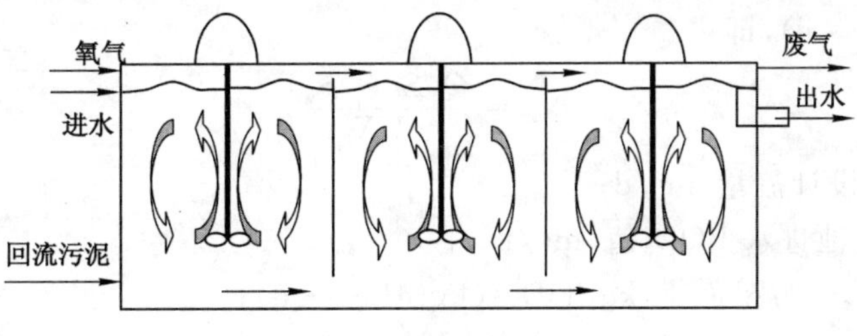

图 15-28　纯氧曝气法曝气池

采用纯氧曝气系统氧的利用率可达80%～90%，而鼓风曝气系统仅为10%左右；曝气池内混合液的MLSS值可达4 000～7 000 mg/L，能提高曝气池的容积负荷；曝气池混合液的SVI值较低，一般低于100，污泥膨胀现象发生的少；产生的剩余污泥量少。

在具体应用中，纯氧曝气法亦存在着一些问题。最主要的是纯氧（纯度98%）的供应问题，一般均需自备制氧装置，而这种制氧装置的运行管理，专业性较强，操作复杂，对污水处理厂来说，可能存在着较大困难。

第六节　活性污泥系统的工艺设计

活性污泥系统的工艺设计主要内容包括：① 工艺流程的选择；② 曝气池的设计，包括曝气池容积和构筑物尺寸的确定、进出水方式的设计计算；③ 曝气系统的设计，包括充氧量和供气量的计算，曝气管路及鼓风机房的设计计算；④ 污泥回流系统的设计，包括剩余污泥量、回流污泥量的计算；⑤ 二沉池的设计，包括二沉池的池型选择及构筑物尺寸计算。

在工艺设计中，最重要的依据是设计对象的污水水质和水量等资料。在进行设计之前，必须进行详尽的水质、水量调查，包括原污水的流量 Q、流量变化系数 K_Z，一级处理后的主要水质指标 BOD_5、COD、SS、TN、TP，处理出水的水质要求，污泥的处理及处置要求，原污水中的有毒有害物质浓度等。对于北方地区还需考虑水温、气压等气象资料。在取得可靠的数据资料后，才可进一步结合具体情况，去考虑进行工艺设计。

一、曝气池的设计

曝气池是活性污泥法系统中的重要组成部分，关系到实际运行状态下生物降解污水中有机污染物质的进行程度，即有机物的转化深度。

1. 曝气池容积设计计算

目前，曝气池容积的设计计算方法有三种：污泥负荷法、泥龄法和数学模型法。三种方法在操作上难易程度不同，计算结果的精确度不同，直接关系到设计水平、基建投资和处理可靠性。

(1) 污泥负荷法

这是目前国内外最流行的设计方法，我国和美国、英国、法国等国目前多采用这种方法，设计中普遍采用的是BOD—污泥负荷率计算法。

BOD_5—污泥负荷率是指单位重量的活性污泥，在单位时间内所承受的有机物的量。污泥负荷在微生物代谢方面的含义就是 F/M 比值，单位为 $kgBOD_5/(kgMLSS \cdot d)$ 或 $kgBOD_5/(kgMLVSS \cdot d)$，即：

$$N_s = \frac{Q(S_0 - S_e)}{VX} \tag{15-36}$$

式中　Q——污水设计流量，m^3/d；

S_0——曝气池进水 BOD_5 值，mg/L；

N_s——BOD—污泥负荷，$kgBOD_5/(kgMLSS \cdot d)$；

X——曝气池内悬浮固体浓度(MLSS)，mg/L。

污泥负荷法是一种经验计算法，它的基本参数 N_s 可根据以往的经验数值选取，为确保设计的准确性，需进行校核，可根据下式进行校核：

$$N_s = \frac{K_2 S_e f}{\eta} \tag{15-37}$$

式中　K_2——有机物降解常数，对于城市污水 K_2＝0.016 8～0.028 1，工业污水需通过实验确定；

S_e——曝气池出水 BOD_5 值，mg/L；

f——活性污泥（MLSS）中挥发性有机物（MLVSS）的含量，一般取 0.7～0.8；

η——有机物去除率，%。

按污泥负荷率计算，曝气池的容积为：

$$V = \frac{Q(S_0 - S_e)}{N_s X} \tag{15-38}$$

污泥负荷法是一种经验计算法，其最基本的设计参数 N_s 是根据以往的经验设定，由于水质千差万别和处理程度要求不同，在使用中存在一些问题，影响了设计的精确性和可操作性，这个参数的设定只能给出一个较大的范围，如普通曝气池 N_s＝0.2～0.4 kgBOD_5/(kg MLSS・d)，其最大值和最小值相差一倍，导致计算出来的曝气池容积相差一倍以上，相应的基建投资也有很大差别。其次，污泥负荷的单位有两个，我国规范中用的是 kgBOD_5/(kgMLSS・d)，而手册中用的是 kgBOD_5/(kgMLVSS・d)，但推荐的数值却是一样的。另外，当涉及硝化和反硝化时，采用污泥负荷法就缺少推荐数值。这些都直接影响着设计计算的精确性。

(2) 泥龄法

泥龄法是以泥龄 θ_c 为基本设计参数的计算方法。泥龄反映微生物在曝气池中的平均停留时间，当只要求去除含碳有机物时，所需的泥龄最短，如要求硝化反硝化，所需泥龄较长，如要求污泥同步稳定，则所需泥龄最长，因此泥龄的长短取决于处理的目标。

由泥龄的物理意义式(15-14)可得：

$$V = \frac{\theta_c \Delta X}{X} \tag{15-39}$$

由劳-麦方程的推论式(15-19)可得：

$$V = \frac{Q\theta_c Y(S_0 - S_e)}{X(1 + K_d \theta_c)} \tag{15-40}$$

式(15-39)或式(15-40)为泥龄法计算曝气池容积的基本公式，在我国规范中给出了几个关键参数 θ_c、Y、K_d 的推荐值范围，但它们的取值范围都很宽，变化幅度很大，实际计算时很难取值。

为使泥龄计算法更实用化，可采用德国目前采用的 ATV 标准中的方法，其基本计算公式为：

$$V = \frac{Q\theta_c Y(S_0 - S_e)}{X} \tag{15-41}$$

式(15-41)中的泥龄可参照表 15-3 进行取值，表中所示数据为设计温度为 10 ℃时的最小值和建议值。当污水处理厂处理规模介于 1200～6 000 kg/d 之间时可按内插法取值。

式(15-41)中的产率系数 Y 可按德国 ATV 标准的污泥产量计算公式，加以修正后计算：

$$Y = K\left[0.75 + 0.6\frac{X_0}{S_0} - \frac{(1-0.2)\times 0.17\times 0.75\theta_c \cdot 1.072^{(T-15)}}{1+0.17\theta_c \cdot 1.072^{(T-15)}}\right] \tag{15-42}$$

式中 K——修正系数，针对我国实际情况，一般取 0.8～0.9；

X_0——进水悬浮固体浓度，mg/L。

表 15-3　　活性污泥工艺最小泥龄和建议泥龄表(德国 ATV 标准)

处理目标	污水处理厂规模			
	BOD≤1 200 kg/d		BOD≥6 000 kg/d	
	最小泥龄/d	建议泥龄/d	最小泥龄/d	建议泥龄/d
无硝化	5	6	4	5
有硝化	10	11	8	9
有硝化反硝化				
$V_D/V=0.2$	12.5	13.8	10	11.3
$V_D/V=0.3$	14.3	15.7	11.4	12.9
$V_D/V=0.4$	16.7	18.3	13.3	15
$V_D/V=0.5$	20	22	16	18
有硝化、反硝化、污泥稳定	25	25		

在泥龄法中，泥龄是基本参数，而污泥负荷是导出参数，二者关系如下：

$$N_s = \frac{1}{\theta_c Y} \tag{15-43}$$

泥龄法是经验和理论相结合的设计计算方法，泥龄 θ_c 和污泥产率系数 Y 值的确定都有充分的理论依据，又有经验的积累，因而更加准确可靠；泥龄法很直观，根据泥龄大小，可知所选工艺能否实现硝化、反硝化和污泥稳定；泥龄法中最基本的参数泥龄 θ_c 和污泥产率系数 Y 都有变化幅度很小的推荐值和计算值，操作起来比选定污泥负荷值更方便容易。

(3) 数学模型法

活性污泥法是污水的生物处理过程，它遵循有机物降解和微生物生长动力学，在这方面已有相当深入的研究和较完善的理论体系。从 1987 年推出的包括脱氮过程的活性污泥 1 号模型(ASM1)，1995 年推出的包括除磷过程的 ASM2、包含反硝化聚磷菌的 ASM2D，到 1998 年推出的包含胞内贮存物质的 ASM3。在 ASM1 推出后不久，欧美等国就研制出各种实用计算机程序，实现了商品化，并应用于污水处理厂的设计和运行。

数学模型法正是建立在这个理论体系上，运用生物反应动力学公式，模拟污水处理厂的真实运行情况，给出必要的前提条件及假设，建立数学矩阵，设计时只需确定与该工程相吻合的动力学系数和化学常数，就可解出数学方程，得出所需的各种设计参数。

数学模型法在理论上是比较完美的，但在具体应用上则存在不少问题，其主要问题是模型中有很多系数和常数，如 ASM1 中有 13 个，ASM2 中有 19 个，它们都需要设计人根据实际污水水质和处理工艺的要求确定具体数值，多数要经过大量监测分析后才能得出，而且不同的污水有不同的数值。由于污水水质多变，确定这些参数很困难，从而阻碍了它的推广和应用。到目前为止，数学模型法在国外尚未成为普遍采用的设计方法，而在我国还没有实际应用于工程，仍停留在研究阶段。

2. 混合液污泥浓度的确定

曝气池中的活性污泥浓度对有机物的去除效果和动力消耗有一定的影响。

混合液污泥浓度可根据经验选取，一般说来，大部分活性污泥工艺采用的曝气池活性污泥浓度(MLSS)在 1 500～3 000 mg/L 之间。有条件的情况下应根据具体选用的活性污泥法运行形式进行试验确定最佳曝气池污泥浓度。

混合液活性污泥浓度与污泥回流比、回流污泥浓度有关，可采用公式计算，根据式(15-35)加以修正可得：

$$X = \frac{R}{1+R} \cdot \frac{10^6}{\mathrm{SVI}} \cdot r \tag{15-44}$$

式中　r——与二沉池有关的修正系数，当 SVI 低，停留时间为 2 h 左右，取 $r=1.2$；当 SVI 高，停留时间为 4～5 h，取 $r=2.0$。

二、曝气系统的设计

活性污泥法曝气系统的设计包括充氧量和供气量的计算，曝气管路及鼓风机房的设计计算等。本节重点介绍充氧量、供气量的计算，而曝气管路及鼓风机房的设计可参见《给水排水设计手册》。

混合曝气池的理论需氧量可以根据式(16-27)计算得到，因为氧转移率 E_A 值是根据不同的扩散装置在标准状态下脱氧清水中测得的，因此，供给曝气池混合液的需氧量必须换算成相应于水温 20 ℃、气压为 1 个大气压的脱氧清水的充氧量，最后再折算成实际供气量。

若以 R_0 表示曝气池有效容积的充氧量，为了保证有机物降解及活性污泥耗氧的需要，R_0 等于理论需氧量乘以综合修正因子 f，即：

$$R_0 = f \cdot O_2 \tag{15-45}$$

综合修正因子 f 的表达式如下：

鼓风曝气

$$f = \frac{C_{\mathrm{sb}(20)}}{1.024^{(T-20)} \cdot \alpha(\beta p C_{\mathrm{sb}(T)} - C)} \tag{15-46}$$

表面曝气

$$f = \frac{C_{\mathrm{s}(20)}}{1.024^{(T-20)} \cdot \alpha(\beta p C_{\mathrm{s}(T)} - C)} \tag{15-47}$$

式中　p——气压修正因子(其值为实际气压除以海平面气压)，Pa；

T——曝气池水温，℃；

$C_{\mathrm{s}(20)}$——20 ℃清水中氧的饱和溶解度；

$C_{\mathrm{s}(T)}$——T 温度下清水中氧的饱和溶解度；

$C_{\mathrm{sb}(20)}$——20 ℃曝气池混合液平均溶解氧饱和度；

$C_{\mathrm{sb}(T)}$——T 温度下曝气池混合液平均溶解氧饱和度；

α,β——同前。

其中 p 、$C_{\mathrm{sb}(T)}$ 按下式计算：

$$\rho = \frac{\text{所在地区实际压力(Pa)}}{1.013 \times 10^5} \tag{15-48}$$

$$C_{\mathrm{sb}(T)} = \frac{C_{\mathrm{s}(T)}}{2}\left(\frac{p_{\mathrm{b}}}{1.013 \times 10^5} + \frac{O_{\mathrm{t}}}{21}\right) \tag{15-49}$$

式中　p_{b}——曝气池水体内曝气扩散器安装高度的绝对压力，Pa；

$$p_{\mathrm{b}} = 1.013 \times 10^5 + 9.8 \times 10^3 H$$

O_{t}——气泡离开水面时氧的浓度，其计算方法如下：

$$O_t = \frac{21(1-E_A)}{79+21(1-E_A)} \tag{15-50}$$

E_A——曝气扩散器的氧转移效率，一般为 0.05～0.1，视扩散器产生的气泡大小而定。

如果采用鼓风曝气，则供气量 G_s 计算如下：

$$G_s = \frac{R_0}{0.21 \times 1.43 E_A} \tag{15-51}$$

【例 15-3】 已知城市污水平均设计流量 Q=2 700 m^3/h，流量变化系数 K_Z=1.3，经一级处理后出水 BOD_5=200 mg/L，水温 13～20 ℃，要求采用活性污泥法进行二级处理，二级处理出水 BOD_5=20 mg/L，已知曝气池出口处 C_e=2 mg/L，计算水温 T=30 ℃，试设计传统推流式曝气池。

解 采用污泥负荷法进行设计计算

(1) 处理程度

$$\eta = \frac{S_0 - S_e}{S_0} = \frac{200-20}{20} = 90\%$$

(2) 污泥负荷的确定

取 N_s=0.3 kgBOD$_5$/(kgMLVSS·d)，f=0.75，K_2=0.018 5

校核：

$$N_s = \frac{K_2 S_e f}{\eta} = \frac{0.018\,5 \times 20 \times 0.75}{0.9} = 0.308 \approx 0.3$$

结论：N_s取 0.3 适宜。

(3) 混合液污泥浓度

取 SVI=120，R=0.5，则污泥浓度

$$X = \frac{R}{1+R} \cdot \frac{10^6}{\mathrm{SVI}} \cdot r = \frac{0.5}{1+0.5} \times \frac{10^6}{120} \times 1.2 = 3\,333\ (\mathrm{mg/L})$$

(4) 曝气池容积

$$V = \frac{QS_0}{N_s X} = \frac{2\,700 \times 24 \times 200}{0.3 \times 3\,333} = 12\,961(\mathrm{m^3})$$

取 n=2，则每座曝气池容积

$$V_{单} = V/2 = 6\,480.5(\mathrm{m^3})$$

取 h=4.2，曝气池表面积为：

$$A = \frac{V_{单}}{h} = \frac{6480.5}{4.2} = 1\,543(\mathrm{m^2})$$

取 B=8 m，曝气池长度为

$$L_{总} = \frac{A}{B} = \frac{1543}{8} = 192.9(\mathrm{m})$$

校核：B/h=1.9，介于 1～2 之间，符合设计要求。

取廊道数为 3 个，则曝气池长度

$$L = \frac{L_{总}}{3} = \frac{192.9}{3} = 64.3(\mathrm{m})$$

校核：L/B=8.03，介于 5～10 之间，符合设计要求。

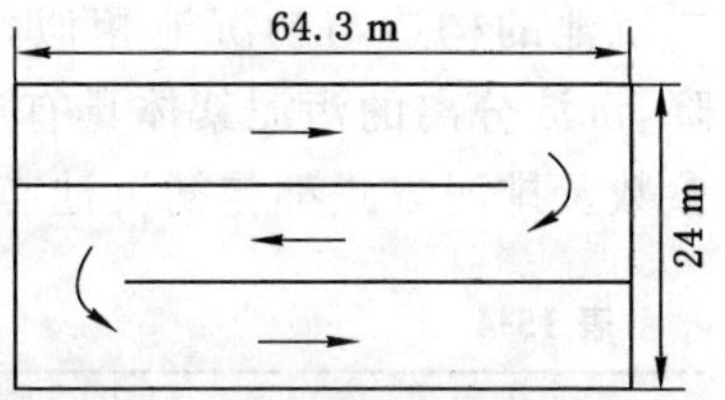

图 15-29　曝气池计算草图

取曝气池超高为 0.5 m，则曝气池总高

$$H = 4.2 + 0.5 = 4.7(\text{m})$$

经设计计算确定的曝气池外形尺寸为：$L \times B \times H = 64.3\ \text{m} \times 24\ \text{m} \times 4.7\ \text{m}$。计算草图见图 15-29：

(5) 剩余污泥计算

取 $Y = 0.5, K_d = 0.07$

干泥量：

$$\Delta X = YQ(S_0 - S_e) - K_d V X_V$$
$$= 0.5 \times 2\,700 \times 24 \times 0.18 - 0.07 \times 12\,961 \times 3.333 \times 0.75$$
$$= 3\,564(\text{kg/d})$$

湿泥量：

$$Q_s = \frac{\Delta X}{f \cdot X_r} = \frac{3\,564}{0.75 \times 10} = 475.2(\text{m}^3/\text{d})$$

(6) 曝气系统的计算

取 $a' = 0.53, b' = 0.11, \alpha = 0.85, \beta = 0.95$

理论需氧量

$$O_2 = a'Q(S_0 - S_e) + b'VX_V$$
$$= 0.53 \times 2\,700 \times 24 \times 0.18 + 0.11 \times 12\,961 \times 3.333 \times 0.75 = 9\,745.8(\text{kg/d})$$

充氧量：

取 $E_A = 10\%$，查表得 $C_{s(20)} = 9.2\ \text{mg/L}, C_{s(30)} = 7.63\ \text{mg/L}$

$$P_b = 1.013 \times 10^5 + 9.8 \times 10^3 \times 4.0 = 1.41 \times 10^5(\text{Pa})$$

$$O_t = \frac{21(1 - E_A)}{79 + 21(1 - E_A)} = \frac{21 \times (1 - 0.1)}{79 + 21(1 - 0.1)} = 19.3\%$$

则 $$C_{sb(20)} = 9.2\left(\frac{1.41 \times 10^5}{2.026 \times 10^5} + \frac{19.3}{42}\right) = 10.67(\text{mg/L})$$

$$C_{sb(20)} = 7.63\left(\frac{1.41 \times 10^5}{2.026 \times 10^5} + \frac{19.3}{42}\right) = 8.85(\text{mg/L})$$

故曝气池在 20 ℃脱氧清水中的充氧量为：

$$R_0 = \frac{O_2 C_{sb(20)}}{\alpha[\beta\rho C_{sb(30)} - C] \times 1.024^{(T-20)}}$$
$$= \frac{9\,745.8 \times 10.67}{0.85 \times [0.95 \times 1 \times 8.85 - 2] \times 1.024^{(30-20)}} = 15\,061.7(\text{kg/d})$$
$$= 627.6(\text{kg/h})$$

供气量：$$G_s = \frac{R_0}{0.3E_A} = \frac{627.6}{0.3 \times 0.1} = 20\,920(\text{m}^3/\text{h})$$

曝气器及鼓风机的选取、曝气管路的设计计算参见手册。

三、二次沉淀池

二次沉淀池(Secondary Sedimentation Tank)是整个活性污泥系统中非常重要的一环，通常简称为二沉池，它在功能上要同时满足泥水分离和污泥浓缩两方面的要求。

1. 二沉池的特点

从原理来看，二沉池与初沉池相同，都是利用悬浮物与污水的密度差以达到固液分离。

二沉池的构造与初沉池相似，但二沉池中混合液浓度高，沉淀过程属于区域沉降和压缩沉降，沉淀分离的污泥絮体具有质量小、易被水流带走等特点。因此，二沉池的设计计算、技术参数及排泥方式都与初沉池有一定的区别，见表 15-4。

表 15-4　　城市污水初沉池和二沉池设计数据

沉淀池类型		沉淀时间/h	污泥含水率/%	固体负荷/[kg/(m³·d)]	表面负荷/[m³/(m²·h)]	堰口负荷/[L/(s·m)]
初沉池		1.0～2.0	95～97	—	1.5～3.0	≤2.9
二沉池	活性污泥法后	1.5～4.0	99.2～99.6	≤ 150	0.6～1.5	≤1.7
	生物膜法后	1.5～4.0	96～98	≤ 150	1.0～2.0	≤1.7

二沉池在设计中要注意以下特点：

(1) 二次沉淀池的进出水设计

进水应保证布水均匀，造成有利于絮凝的条件；因活性污泥絮体较轻，容易被出水带走，二沉池中要限制出流堰处的流速，可在池面布置较多的出水堰槽，使单位堰长的出水量不超过 10 $m^3/(m \cdot h)$。

(2) 回流污泥、浓缩时间

二沉池所沉淀的污泥一部分要返回曝气池，称为回流污泥。返回到曝气池的回流污泥是用来维持系统要求的污泥浓度，因此，要保证整个系统的正常运行，必须保证回流污泥的量。回流污泥量一般用回流比控制，对于平流式和辐流式二沉池，回流比 $R \leqslant 1.5$；竖流式二沉池 $R \leqslant 2.0$。回流污泥的浓度在很大程度上与活性污泥的性质和二沉池内污泥浓缩条件有关，因受刮泥系统的影响，其浓度一般低于底流浓度。

浓缩时间的确定对二沉池设计非常重要。一方面活性污泥在二沉池浓缩区和刮泥区停留的时间应尽可能短，以免污泥中的磷再次溶解以及因脱氮而造成污泥上浮现象；而另一方面浓缩时间长，底流的污泥浓度高，相应的回流污泥浓度高，回流比则可减小。浓缩时间可根据经验资料选取，一般不超过 2 h。

(3) 水力表面负荷和固体表面负荷

二沉池不仅具有泥水分离的作用，还应能保证污泥得到足够的浓缩，以供给曝气池所需的回流污泥。因此，二沉池的设计计算应满足水力表面负荷和固体表面负荷两项负荷。

(4) 二沉池的设计流量

计算二沉池的表面积时，设计流量应采用最大小时流量，而不包括回流污泥量。这是因为混合液进入二沉池后基本是从池子的上部和下部两个方向排出的，而池子上部的排水量基本相当于最大小时流量。

2. 二沉池的设计计算

二沉池设计的主要内容包括：① 池型选择；② 二沉池(澄清区)表面面积、有效水深和污泥区容积的计算，其中二沉池表面面积的确定是二沉池设计的关键。二沉池表面面积通常分别按照表面负荷与固体负荷进行计算。

按澄清要求，二沉池的表面负荷必须小于污泥成层沉降速率，即：

$$q = \frac{Q_{max}}{A} \leqslant v \tag{15-52}$$

按浓缩要求，二沉池的固体负荷必须小于极限固体通量，即：

$$q_V = \frac{(1+R)Q_{max}C_0}{A} \leqslant G_L \tag{15-53}$$

式中　Q_{max}——最大设计流量，m^3/h；

A——二沉池表面积，m^2；

v——污泥沉降速率，m/h；

R——污泥回流比；

C_0——进入二沉池的悬浮固体浓度，kg/m^3；

G_L——极限固体通量，$kg/(m^2 \cdot h)$。

若无沉降特性资料，可根据经验值选取表面负荷 q、固体负荷 q_v，由式(15-52)或式(15-53)计算二沉池的表面积；若有沉降特性资料，可根据区域沉降曲线进行计算。

【例 15-4】　已知污水处理厂的设计流量 Q=2 700 m^3/h，流量变化系数 K_Z=1.3，采用辐流式二沉池对曝气池的混合液进行泥水分离，沉淀池水力表面负荷 q'=1.0～1.2 $m^3/(m^2 \cdot h)$，池子个数 n=2，沉淀时间为 3 h，污泥回流比 0.5，采用机械刮泥，试设计沉淀池的主要尺寸。

解　采用水力表面负荷法进行设计计算

(1) 沉淀池表面积

$$A = \frac{Q_{max}}{q'} = \frac{2\,700 \times 1.3}{1.1} = 3\,190.9(m^2)$$

$$A_{单} = \frac{A}{2} = 1\,595.5(m^2)$$

(2) 沉淀池直径

$$D = \sqrt{\frac{4A_{单}}{\pi}} = \sqrt{\frac{4 \times 1\,595.5}{3.14}} = 45(m)$$

(3) 有效水深

$$h_2 = q't = 1.1 \times 3 = 3.3(m)$$

(4) 污泥区容积

污泥区所需容积：

$$V_{单} = \frac{2T(1+R)QX}{2 \times 24(X+X_r)} = \frac{2 \times 2 \times (1+0.5) \times 2\,700 \times 3\,333}{2 \times 24 \times (3\,333+10\,000)} = 84.5(m^3)$$

污泥区设计计算：如计算草图 15-30 所示，取 r_1=2，r_2=1，则

$$h_4 = (R - r_1) \cdot i = (22.5 - 2) \times 0.05 = 1.0(m)$$

$$h_5 = (r_1 - r_2)\tan 60° = (2-1)\tan 60° = 1.73(m)$$

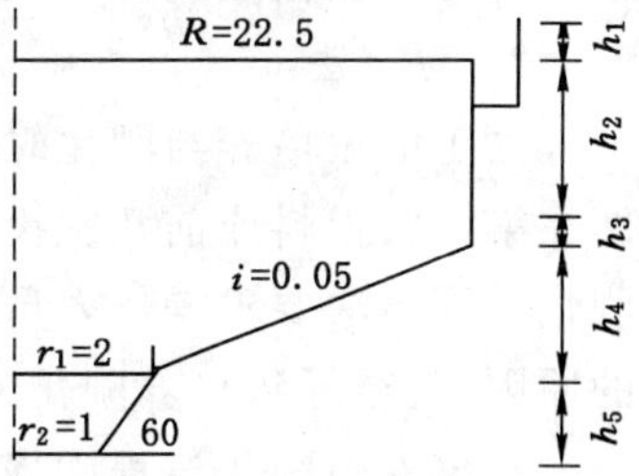

图 15-30　二沉池计算草图

沉淀池总深度：

$$H = h_1 + h_2 + h_3 + h_4 + h_5$$

$$= 0.5 + 3.3 + 0.5 + 1.0 + 1.73 = 7.03(m)$$

实际污泥区容积：

$$V_4 = \frac{\pi h_4}{3}(R^2 + Rr_1 + r_1^2)$$

$$= \frac{3.14 \times 1}{3}(22.5^2 + 22.5 \times 2 + 2^2) = 581(m^3)$$

$$V_5 = \frac{\pi h_5}{3}(r_1^2 + r_1 r_2 + r_2^2) = \frac{3.14 \times 1.73}{3}(2^2 + 2 \times 1 + 1^2) = 12.68(\text{m}^3)$$

则污泥区容积　　　　$V_4 + V_5 = 593.68\ \text{m}^3 > 84.5\ \text{m}^3$

满足贮泥 2 h 的设计要求，若不满足则需重新调整泥斗的尺寸。

第七节　活性污泥系统的运行管理

活性污泥法处理污水的关键在于有足够数量、性能良好的活性污泥，往往由于运行管理不善会出现一系列异常现象，使活性污泥的性能改变，处理出水水质变差，系统工作遭到破坏。

一、活性污泥的培养与驯化

活性污泥是通过一定的方法培养和驯化出来的，根据培养与驯化的程序，有异步法和同步法两种。

1. 异步法

异步法是采用先培养，使细菌增殖到足够数量后再用特定污水进行驯化。异步法的培养过程为：将经过粗滤的浓粪便水投入曝气池，用生活污水（或河水、自来水）稀释，控制池内 BOD_5 在 300～500 mg/L，先进行连续曝气，经 1～2 d 后，池内出现模糊不清的絮凝物。此时，为补充营养物并及时排出代谢产物，应停止曝气，静置沉淀 1～1.5 h 后，排出上清液（排出量约为全池容积的 50%～70%）；然后再往曝气池投加新鲜粪便水和稀释水，并继续曝气。为了防止池内出现厌氧发酵，停止曝气到重新曝气的时间不应超过 2 h。开始培养时宜每天换水 1 次，以后可增至每天 2 次，以便及时补充营养。

如果采用连续培养，则要求有足够的生活污水。在第一次投料曝气后或经数次间歇曝气换水后即开始连续投加生活污水，并不断从二次沉淀池排出清液，污泥再回流至曝气池。污泥回流量应比设计值大，污水进水量应比设计值小。

经过 1～2 周的培养，混合液 SV 值可在 10% ～20%范围内，活性污泥的絮凝和沉淀性能良好，污泥中含大量菌胶团和固着型纤毛虫，BOD_5 去除率达 90%左右，即可进入驯化阶段。开始驯化时，宜向培养液中投加 10% ～ 20%的待处理污水，获得较好的处理效果后，再继续增加污水的比例，每次增加的比例，以设计水量的 10%～20%为宜，直到满负荷为止。污泥经驯化成熟后，系统即可转入试运转。

2. 同步法

为了缩短培养与驯化时间，也可采用同步操作。同步法是培养和驯化同时进行的方法，即在第一次投料或前几次投料后开始投加待处理污水，污水的比例逐步增加，一边培养一边驯化。同步法要求操作人员有较丰富的经验，否则难以判断培养驯化过程中出现异常现象的原因，甚至导致培养驯化失败。

在培养与驯化过程中应保证良好的微生物生存条件，如温度、溶解氧、pH 值、营养比等。池内水温应在 15～35 ℃范围内，溶解氧为 0.5～3 mg/L，pH 值以 6.5～7.5 为宜。若氮和磷等不足时，应投加生活污水或人工营养物。

二、活性污泥系统运行中的常见问题

活性污泥系统的操作管理，核心在于维持系统中微生物、营养、供氧三者的平衡，即维持

曝气池内污泥浓度、进水浓度及流量和供氧量的平衡。当出现异常情况或故障时，应判明原因并采取相应的对策，使系统处于最佳状态。

1. 污泥膨胀

污泥膨胀(Sludge Bulking)是活性污泥运行管理中常见的异常现象，是指污泥结构极度松散，体积增大、沉降性能变差，难于沉降分离，影响出水水质的现象。污泥膨胀在活性污泥系统中具有普遍性，不仅会使出水水质恶化，严重时甚至可以导致整个工艺过程的失败。

(1) 污泥膨胀特性

活性污泥膨胀可分为两种：一种是由于污泥中丝状菌过量繁殖而引起的丝状菌污泥膨胀，一种是由于活性污泥中菌胶团细菌体内大量积累葡萄糖、甘露糖等高黏性多糖类物质而形成的非丝状菌污泥膨胀。在活性污泥工艺中发生的污泥膨胀90%以上是丝状菌污泥膨胀。

活性污泥絮体主要由絮凝菌和丝状菌组成，其中丝状菌提供有力的骨架使絮凝菌围绕其生长，形成的絮体颗粒大，同时保持了一定的松散度，而絮凝菌的附着使絮体具有一定的沉降性能而不易被出水带走，由于絮凝菌的包覆使得丝状菌获得更加稳定良好的生态条件。因此，合适比例的絮凝菌和丝状菌就形成了良好的活性污泥，一般呈矾花状，絮凝、沉降和浓缩性能良好，含水率约90%。而当丝状菌大量繁殖时，过量丝状菌伸展到污泥絮体之外，导致污泥絮体沉降性能变差，从而发生丝状菌污泥膨胀现象。

非丝状菌污泥膨胀主要是由于活性污泥中菌胶团内大量积累葡萄糖、甘露糖等高黏性多糖类物质而形成的。这些高黏性糖类物质的羟基具有很强的亲水性，可使活性污泥含水率高达400%，外观体积显著增大，污泥絮体中絮状菌较多，而丝状菌很少甚至看不到，污泥絮体松散，沉降性能变差，从而导致出水混浊、水质恶化。

丝状菌污泥膨胀与非丝状菌污泥膨胀的共同点在于使污泥沉降性能变差，但发生丝状菌污泥膨胀的上清液清澈，而发生非丝状菌污泥膨胀的上清液则较混浊。

(2) 污泥膨胀的控制对策

引起污泥膨胀的因素很多，而且导致污泥膨胀的丝状菌也有很多种，因此，在实际生产中要根据情况采用一种或多种措施来控制，最根本的就是将丝状菌和絮凝菌控制在一个合适的比例范围内，从而改善污泥的沉降性能。

诱发污泥膨胀的原因主要有两个方面：一是进水水质，包括水质水量波动、营养物质含量、可溶性物质含量、硫化物含量的高低等；二是反应器环境，包括水温、溶解氧、pH值等。

对丝状菌生长的有利条件是低溶解氧(DO)、低污泥负荷(F/M)、水温偏高、营养缺乏和低pH等。因此为防止污泥膨胀的发生，在运行管理中，应经常检查进水水质、溶解氧、污泥沉降比、污泥指数等，如出现不正常情况，应及时采取措施预防。

发生污泥膨胀时，活性污泥的沉降性能变差，可从以下四个方面进行预防控制。

第一，加重助沉法。加重助沉法是指向发生膨胀的污泥中加入有机或无机混凝剂或助凝剂，如聚合氯化铁、氢氧化铁、硫酸铁、硫酸铝和聚丙烯酰胺等有机高分子絮凝剂，增大活性污泥的比重，使之在二沉池内易于分离。加重助沉法只是暂时改善了污泥沉降性能，并没有真正抑制丝状菌的繁殖，因此它一般用于控制非丝状菌污泥膨胀或作为控制丝状菌污泥膨胀的一种应急处理措施。

第二，灭菌法。灭菌法是指向发生丝状菌膨胀的污泥中投加化学药剂，杀灭或抑制丝状菌，从而达到控制污泥膨胀的目的。常用的化学药剂有Cl_2、O_3、H_2O_2等。由于氯气是目前最常用的消毒剂，在污水处理厂中应用十分广泛，因此加氯控制丝状菌污泥膨胀成为最普遍的一种方法。通常向回流污泥中投加，投加量一般按干污泥量的 0.2%～1%估算。由于 Cl_2、O_3、H_2O_2 等不仅能杀灭丝状菌，也能杀伤菌胶团细菌，同时投氯还可能产生大量的有机氯化物，造成二次污染。因此，灭菌法也无法彻底解决污泥膨胀问题，一旦停止加药，污泥膨胀又会出现，它也只能作为一种应急措施使用。

第三，环境调控法。就是根据丝状菌和菌胶团细菌的生长环境条件不同，调整曝气池中的生态环境，造成有利于菌胶团细菌生长的环境条件，有效抑制丝状菌的繁殖，将二者的比例控制在合适的范围内，达到控制污泥膨胀的目的。具体措施：控制曝气池内溶解氧浓度不低于 2 mg/L，调节污水的 pH 值在 6～8 范围内，养料配比控制在 C：N：P＝100：5：1 左右，水温适当，根据沉降比严格控制排泥量和排泥时间等。

污泥膨胀是污水处理厂较难解决的问题，因其影响因素多种多样，故没有一种通用的方法。在工程实际中，应根据实际情况分析产生的原因，必要时可更换新泥。

2. 污泥上浮

污泥上浮(Sludge Floating)是指在二沉池中的污泥随出水流失，或污泥凝聚成块随水漂走，影响出水水质的现象。从操作管理角度，导致污泥上浮的原因有污泥脱氮和污泥腐化。

污泥脱氮上浮是指污水在二沉池中经过长时间停留造成缺氧(DO＜0.5 mg/L)，则反硝化菌会使硝酸盐转化成氨和氮气，在氨和氮逸出时，污泥吸附氨和氮而上浮，使污泥沉降性降低，可通过减少污泥在二沉池中的停留时间，及时排泥或增加污泥回流比等措施来加以解决。

污泥腐化上浮是指在沉淀池内污泥由于缺氧而引起厌氧分解，产生甲烷及二氧化碳气体，污泥吸附气体上浮。解决办法有加大曝气池供氧量，提高出水溶解氧，减少污泥在二沉池中的停留时间，及时排走剩余污泥。

3. 表面泡沫

对于世界上大多数采用活性污泥法的污水处理厂而言，普遍存在表面泡沫问题，也严重影响出水水质。

泡沫一般分为三种形式：① 启动泡沫。活性污泥工艺运行启动初期，由于污水中含有一些表面活性物质，易引起表面泡沫，但随着活性污泥的成熟，这些表面活性物质经生物降解，泡沫现象会逐渐消失。② 反硝化泡沫。如果污水处理厂进行硝化反应，则在沉淀池或曝气不足的地方会发生反硝化作用，产生氮等气泡而带动部分污泥上浮，出现泡沫现象。③ 生物泡沫。由于丝状微生物的异常生长，与气泡、絮体颗粒混合而成的泡沫具有稳定、持续、较难控制的特点。

控制泡沫的措施有：① 喷洒水。这是一种最常用的物理方法，通过喷洒水流或水珠以打碎浮在水面的气泡，来减少泡沫。但丝状细菌仍然存在于混合液中，所以不能根本消除泡沫现象。② 投加消泡剂。可以采用具有强氧化性的杀菌剂，如氯、臭氧和过氧化物等。还有利用聚乙二醇、硅酮生产的市售药剂，以及氯化铁和铜材酸洗液的混合药剂等。药剂的作用仅仅能降低泡沫的增长，却不能消除泡沫的形成。③ 降低污泥龄。一般采用降低曝气池中污泥的停留时间，以抑制有较长生长期的放线菌的生长。实践证明，当污泥停留时间在 5～6 d 时，能有效控制 Nocardia 菌属的生长，可以避免由其产生的泡沫问题。④ 回流厌氧消化池上清液。对于有厌氧处理的工艺，可采用将厌氧消化池上清液回流到曝气池的方法，控制曝气池表面的气泡形成。⑤ 投加载体。向活性污泥系统中投加移动或固定载体，使一些易产生污泥膨胀和泡沫的微生物固着生长，这既能提高处理效果，又能减少或控制泡沫的产生。

第八节　活性污泥法的工艺发展

目前活性污泥法在世界各地得到了广泛的应用，已成为污水处理的主要工艺。传统活性污泥工艺采用中等污泥负荷，曝气池是连续推流式，以去除有机污染物为主。20 世纪 60 年代以来，水污染问题日益严重，对水处理工艺的功能要求也愈来愈高，随之出现了基于传统活性污泥工艺的各种改进工艺，其处理功能增强、工艺运行更加稳定、工艺费用降低，满足了不同的处理要求。

一、池型的改进

传统活性污泥工艺最初采用推流式曝气池，后来出现了完全混合式曝气池，二者各有其优缺点。与推流式流态相比，完全混合式流态抗冲击负荷能力强，但易发生短流和丝状菌污泥膨胀。20 世纪 60 年代出现了氧化沟工艺，其曝气池是封闭的沟渠型，所以在水力流态上不同于传统的活性污泥法，是一种首尾相连的循环流曝气池。氧化沟中混合液为环流流态，介于推流式与完全混合式之间，兼具二者的优点。几种典型氧化沟的工艺特点见表 15-5。

表 15-5　　典型氧化沟的工艺特点

类型	沟型及特点	曝气方式	适用范围
Pasveer 氧化沟 （第一代）	基本沟型：  特点： （1）工艺简单、便于管理； （2）具有明显的溶解氧梯度，适合硝化反硝化； （3）污泥产量少，性质稳定； （4）占地面积相对较大	水平卧式曝气转刷	适用于处理生活污水，能去除有机物
Carrousel 氧化沟 （第二代）	基本沟型： 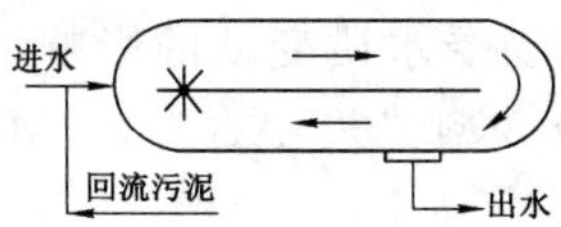 特点： （1）采用立式曝气机，单机功率大，设备数量少； （2）曝气功率密度大，传氧效率高； （3）沟深加大，可达 5 m，减少了占地； （4）运行管理简单； （5）表曝机调节性能好，节能效果显著； （6）有极强的混合搅拌和耐冲击负荷能力	立式表面曝气机	适用于中小规模的生活污水、工业污水的处理，具有去除 BOD 及硝化脱氮功能

续表 15-5

类型	沟型及特点	曝气方式	适用范围
Orbal 氧化沟 （第三代）	基本沟型： 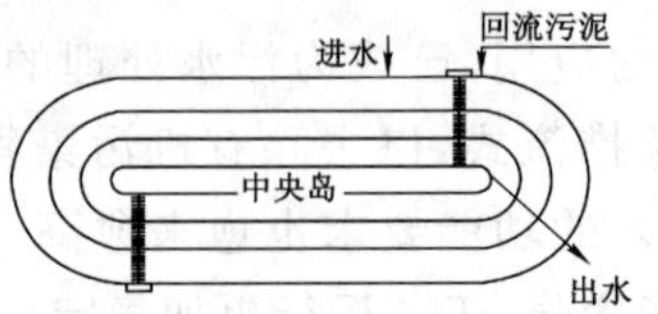 特点： （1）溶解氧分布由外向内呈 0－1－2 mg/L 的梯度分布，充氧动力效率高； （2）出水水质稳定，脱氮性能好； （3）由于三环沟设计，能较好地避免二沉池污泥流失； （4）兼具推流和完全混合两种流态的优点，有利于难降解有机物的去除	曝气转碟	用于 20 万 m^3/d 以下规模的城市污水处理。具有去除 BOD、脱氮除磷功能。对工业污水比例较高的生活污水有更好的适应性
一体式氧化沟 （第四代）	基本沟型： 是将二沉池与氧化沟建在同一构筑物内，有 BMTS、船式、涡型、侧沟、中心岛式一体式氧化沟等。 特点： （1）集曝气、沉淀（泥水分离）和污泥回流功能为一体，不设单独的沉淀池； （2）流程短、处理效果稳定可靠、脱氮作用明显； （3）剩余污泥少、污泥性质稳定； （4）能耗低、占地少、管理简便	曝气转刷 曝气转盘 表面曝气机	适用于城市生活污水、工业污水的处理

氧化沟工艺处理效果可靠、基建费用低、运行费用省，已被广泛应用于城市生活污水，石油污水、化工污水、造纸污水、印染污水、食品加工污水等的工业污水处理之中，在各种形式的活性污泥处理技术中处于领先地位。

二、运行方式的改进

传统活性污泥工艺属连续流运行方式，且从曝气池前端进水，运行中池内有机负荷前高后低，需氧量前大后小。所以它的运行不很稳定，易受水质变动的影响，出水水质也因此而不稳定。为了克服这些缺点，先后出现了 SBR 及变型工艺、AB 工艺、MBR 工艺等。

1. SBR 及变型工艺

SBR(Sequencing Batch Reactor，SBR)工艺即间歇式活性污泥法，是活性污泥法的一种变型工艺。它的反应机理和污染物去除机制与传统活性污泥法相同，只是运行操作不同。SBR 是在单一的反应器内，按时间顺序进行各种目的的不同操作，故称之为时间序列上的污水处理工艺，它集调节池、曝气池、沉淀池为一体，不需设污泥回流系统。其运行工序如图 15-31 所示。

传统 SBR 工艺的一个操作周期包括进水期（Fill）、反应期（React）、沉淀期（Settle）、排水期（Draw）和闲置期（Idle）等五个阶段。

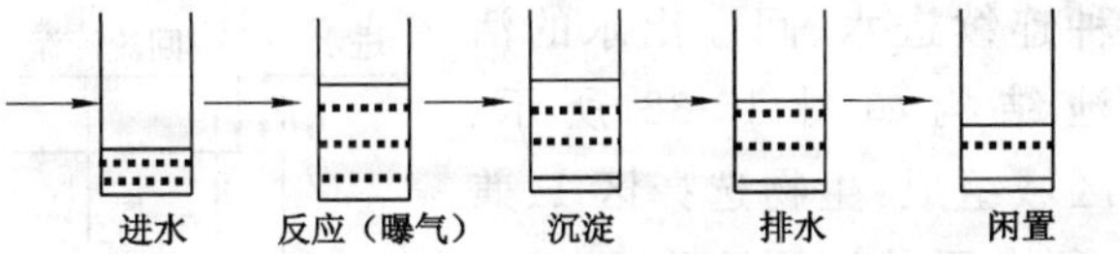

图 15-31　SBR 运行工序图

（1）进水期

进水期是反应器接受污水的过程，这个过程不仅仅是污水的流入与反应器水位升高的过程，而且伴随一定的生化反应。因为在污水流入的同时采用搅拌设备进行搅拌，可将其中的 DO 控制在 0.02 mg/L 以下，因此释磷和脱氮反应都会发生。进水时间一般为 1～4 h，由处理规模和污水水质而定。

（2）反应期

当进水达到设定的液位后，开始曝气。在此阶段可进行 BOD 去除、硝化脱氮、好氧吸磷。其曝气方式有限量曝气（进水结束后开始曝气）、非限量曝气（边进水边曝气）、半限量曝气（进水后期开始曝气）三种形式。由于混合搅拌在曝气停止后进行，系统在反应期也会存在缺氧状态，进行反硝化脱氮，该阶段一般历时 2 h 以上。因此，活性污泥微生物在反应阶段周期性地处于高浓度及低浓度基质的环境中，而反应器也相应地形成厌氧—缺氧—好氧的交替过程，可同步脱氮除磷。

（3）沉淀期

经过曝气和搅拌作用后，混合液中的污泥颗粒和絮体在重力的作用下沉降，实现污泥和污水的分离。因该工艺的沉淀过程是在相对静止的状态下进行的，因而其沉降时间短，沉淀效率高。

（4）排水期

在此期间，反应器中上清液由反应器上部的溢流堰和滗水器排出，其水位降至处理周期内的最低水位。反应器底部沉降的活性污泥大部分作为下一周期使用，其余作为剩余污泥排放。另外反应器中还会一部分的处理水，可起到循环水和稀释水的作用。

（5）闲置期

闲置期是从一个处理周期排水结束后到下一个周期开始进水的一段时间，同时伴随少量的厌氧反应和脱氮过程。在此期间活性污泥中的微生物得到充分休息，恢复活性。

SBR 工艺在时间序列上提供了缺氧、厌氧和好氧交替的环境条件，使缺氧条件下实现反硝化，厌氧条件下实现磷的释放，好氧条件下的硝化及磷的过量摄取，从而能够有效地脱氮除磷。

SBR 工艺简单、运行费用低，运行方式灵活、固液分离效果好、脱氮除磷效果好，耐冲击负荷，能有效防止污泥膨胀。但传统的 SBR 在应用中有一定的局限性，如在进水流量较大时，对反应系统需调节，会增大投资。为了进一步提高出水水质，出现了许多 SBR 演变工艺，如 CASS 工艺、DAT-IAT 工艺、MSBR 工艺、UNITANK 等。

CASS（Cyclic Activated Sludge System）工艺的全称是周期循环活性污泥法，是由 Goronszy 教授在 ICEAS 工艺的基础上研究开发的，它是利用不同微生物在不同的负荷条件下生长速率差异和污水生物除磷脱氮机理，将生物选择器与传统 SBR 反应器结合的产物。

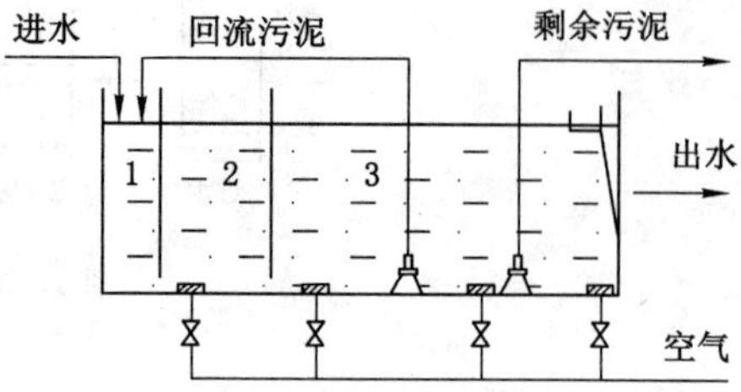

图 15-32　CASS 工艺反应池结构示意图

CASS 工艺是一种连续进水、间歇出水的活性污泥工艺，反应池结构如图 15-32 所示。CASS 反应器由 3 个区域组成：生物选择区 1、兼氧区 2 和主反应器 3，每个区的容积比为 1∶5∶30。污水首先进入选择区，与来自主反应器的混合液（20%～30%）混合，经过厌氧反应后进入主反应区。

进水与回流的污泥在生物选择区混合，不仅充分利用了活性污泥的快速吸附降解作用，同时也使污泥中的磷在厌氧条件下得以充分释放，另外生物选择区还有利于抑制污泥膨胀，改善污泥的沉降性能；此外在生物选择区还可发生明显的反硝化作用，去除的氮可占总容积的 20%左右。兼氧区辅助生物选择区对水质水量变化起缓冲作用，促进磷的进一步释放，促进反硝化反应。

CASS 工艺入口处设一生物选择器，并进行污泥回流，保证了活性污泥不断地在选择器中经历一个高絮体负荷阶段，从而有利于絮凝性细菌的生长并提高污泥的活性，进一步有效地抑制丝状菌的生长和繁殖。通过对生物速率的控制，使反应器以厌氧—缺氧—好氧交替的序批方式运行，具有良好的脱氮除磷效果。

由于 CASS 工艺具有组成简单、运行灵活、处理效果好等优点，尤其适合于要求脱氮除磷的污水处理中。目前已在欧美等国家得到了较多的应用，国内也开始对 CASS 进行研究，并逐步在制药、啤酒、印染和化工污水处理的实际工程中得到应用。

2. AB 工艺

AB 是吸附-生物降解（Adsorption-Biodegradation）工艺的简称，是由德国亚琛工业大学宾克（Bohnke）教授于 20 世纪 70 年代中期开创的。AB 工艺流程如图 15-33 所示，是两段活性污泥法，其中 A 段为吸附段，B 段为生物降解段，工艺中不设初沉池，A、B 两段严格分开，形成各自的特征菌群。

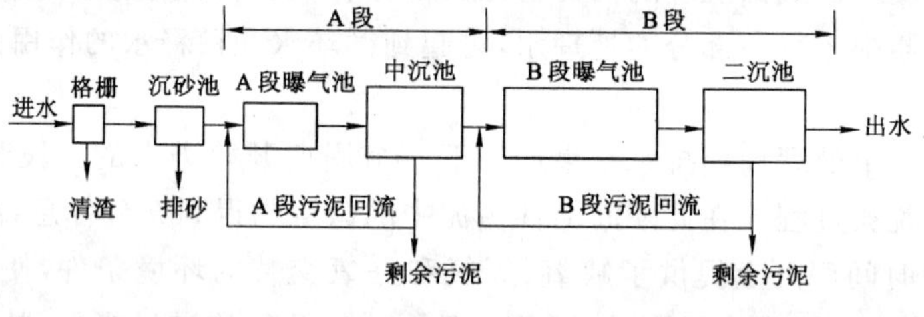

图 15-33　AB 工艺流程图

处理过程中，污水经格栅和沉砂池直接进入 A 段，该段在缺氧（兼性）环境下运行，负荷较高，泥龄短，水力停留时间很短，约为 30 min，有利于增殖速度较快的微生物生长繁殖，而且在 A 段存活的只是抗冲击负荷能力强的原核细菌。污水经过 A 段处理后，BOD 去除率 40%～70%，可生化性有所提高，有利于 B 段的工作；A 段污泥产率较高，吸附能力强，重金属、难降解物质以及氮、磷等植物性营养物质等，都可能通过污泥的吸附作用得以去除。

AB 工艺中的 B 段属传统活性污泥法，在好氧环境下运行，负荷低，水力停留时间为 2～4 h，泥龄较长，一般为 15～20 d。在 B 段曝气池中生长的微生物除菌胶团外，有相当数量的高级真核动物，如原生动物和后生动物。

在AB法工艺中，A段具有高效和稳定的特点，A段对B段的运行具有重要的影响。可使B段的运行负荷减少40%～70%，因此在给定的容积负荷下，活性污泥曝气池的总容积可减少45%左右。原污水的浓度变化在A段得到明显的缓冲，使B段只有较低的、稳定的污染物负荷，污染物和有毒物质的冲击对B段的影响减小，从而保证了污水处理厂的净化效果。A段对部分氮和有机物的去除，以及B段泥龄的加长，改善了B段硝化过程的工艺条件，硝化效果得以提高。

AB法处理效果稳定，具有抗冲击负荷能力，特别适用于处理浓度较高、水质水量变化较大的污水，AB工艺在BOD、总磷和总氮上的去除率均高于传统活性污泥法，且工程投资和运行费用方面也较省。

AB法自身组成上的特点，决定了其对氮、磷的去除量有限，为了提高其脱氮除磷效果，出现了一些AB工艺的改进型工艺，如ADMONT工艺，A-A/O工艺、A-A^2/O工艺等。

该工艺处理效果稳定，抗冲击负荷能力强，在欧洲有广泛的应用。该工艺还可以根据经济实力进行分期建设。例如，可先建A级，利用有限的资金投入，去除尽可能多的污染物质，达到优于一级处理的效果；等条件成熟，再建B级以满足更高的处理要求。AB法曾在我国的青岛海泊河污水处理厂、淄博污水处理厂等得到应用，运行效果良好。

3. MBR工艺

膜生物反应器(Membrane Biological Reactor，MBR)是将膜分离技术与活性污泥法有机结合的新型水处理技术，利用膜组件取代二沉池进行固液分离，一般由膜组件和生物反应器组成，常用微滤膜或超滤膜。按膜组件与生物反应器的组合方式，膜生物反应器可分为一体式和分体式两种，其结构形式如图15-34所示。一体式膜生物反应器是将膜组件内置浸没于生物反应器中，进水进入膜生物反应器后，其中的大部分污染物被混合液中的活性污泥去除，再在负压作用下由膜过滤出水；分体式膜生物反应器中膜组件和反应器分开设置，生物反应器中的混合液经循环泵增压后打至膜组件，经膜过滤后成为系统出水。

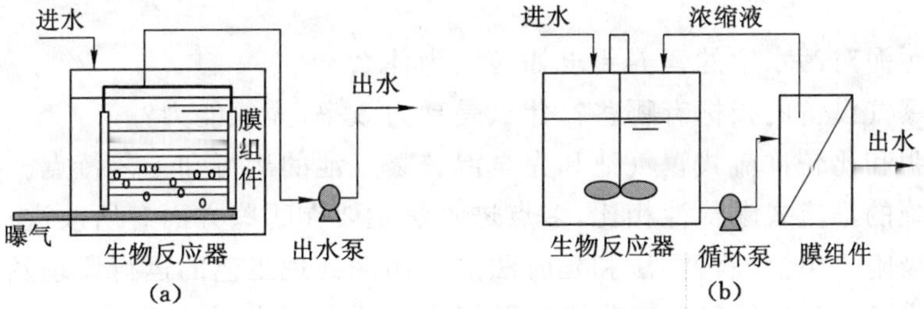

图15-34　膜生物反应器结构示意图

(a) 一体式；(b) 分体式

膜生物反应器集膜的高效分离和活性污泥的生物降解于一体，不仅省去了二沉池，大大提高了固液分离效率，而且因为没有二沉池泥水分离和固体通量的限制，反应器中混合液悬浮固体浓度可以比普通活性污泥法高几倍，容积负荷及耐冲击负荷能力更高，提高了生化反应速率。

与传统活性污泥法相比，膜生物反应器具有容积负荷率高、水力停留时间短；污泥龄较长，剩余污泥量减少；混合液污泥浓度高，避免了因丝状菌膨胀而引起的污泥膨胀现象；系统硝化反硝化效果好，可去除氨氮及难降解有机物；膜的高效截留作用，出水水质好；省去二沉池，占地面积相对较小等优点，已应用于生活污水处理，以及啤酒废水、食品废水、焦化废水等工业废水处理中。

目前，膜生物反应器还存在系统造价较高、膜组件易受污染、膜使用寿命有限、运行费用高、系统控制要求高、运行管理复杂等缺点。

习题与思考题

1. 活性污泥法的基本概念和基本流程是什么？

2. 什么是活性污泥？其主要特征是什么？

3. 活性污泥正常运行的必要条件是什么？

4. 判断污泥沉降性能的指标有哪些？何谓污泥容积指数(SVI)、污泥沉降比(SV)？它们与曝气池中的污泥浓度有何关系？写出有关公式并说明其含义。

5. 为什么说污泥容积指数能较全面地反映污泥的沉降性能？具有良好沉降性能的污泥的 SVI 值一般为多少？

如果曝气池的污泥沉降比(SV)为 30%，混合液中的活性污泥浓度为 MLSS＝2 500 mg/L。求污泥容积指数 SVI。

6. 从曝气池中取混合液 500 mL，置于 500 mL 的量筒中沉淀半个小时后的污泥体积为 150 mL。试计算 SV。若曝气池中的 MLSS 为 3 000 mg/L，求 SVI。根据计算结果说明该曝气池的运行是否正常？

7. 曝气池中的 MLSS＝2 200 mg/L，其 1 000 mL 混合在量筒中经 30 min 沉淀后的污泥体积为 180 mL。试计算 SVI、所需的污泥回流比 R 及回流污泥浓度 X_R。

8. 试描述推流式和完全混合式反应器中的水力流态及其主要特征。

9. 微生物对污水中有机物的降解可分为几个阶段？各阶段对污染物去除的机理是什么？

10. 活性污泥对污水中的营养要求如何？为什么？

11. 衡量曝气设备的指标有哪些？什么是动力效率、充氧能力？

12. 试说明和比较推流式曝气池和完全混合曝气池的运行和工艺特点。

13. 与传统的推流式曝气池相比，多点进水法主要在哪些方面有所改进？

14. 说明吸附再生活性污泥法和延时法活性污泥处理工艺的运行原理及其主要特点。

15. 试画出 AB 工艺的基本工艺流程并说明其主要工艺特点。AB 工艺中为何一般不设初沉池？试从城市排水系统的整体角度及微生物的生长繁殖规律方面加以分析。

16. AB 工艺中将 A 段回流污泥系统和 B 段污泥回流系统分开的原因是什么？AB 工艺中 A 段对有机物的去除机理是什么？

17. 简述 SBR 工艺的基本操作和运行过程。何谓 SBR 工艺地运行周期？确定运行周期的关键是什么？

18. 为何 SBR 工艺具有良好的污泥沉降性能？与其他工艺相比，其发生污泥膨胀的可能性如何？

19. 采用完全混合活性污泥法处理城市污水。其流量为 Q＝10 000 m^3/d，进水BOD_u＝

200 mg/L,要求处理出水 $BOD_u \leqslant 6$ mg/L。有关设计参数已知:污泥回流比 $R=0.3$,$K=0.1$ L/mg·d,$K_d=0.1\ d^{-1}$,$Y_T=0.5$,SVI=96。试计算污泥龄 θ_C、污泥回流浓度 X_R 和曝气池所需的容积 V。

20. 何谓污泥负荷、容积负荷？其确定的基本依据是什么？污泥负荷的高低对污泥的沉降性能有何影响？

21. 何谓污泥龄？它与污泥负荷间有何关系？说明污泥龄对污泥沉降性能的影响。传统的活性污泥法中的污泥龄一般应控制在什么范围内？

22. 为什么活性污泥法的曝气池污泥浓度不能设计过高或过低？

23. 曝气池污泥浓度可以通过大幅度提高回流比来实现吗？为什么？

24. 何谓污泥膨胀？引起污泥膨胀的原因有哪些？何谓污泥解体和污泥腐化？应如何加以控制？

第十六章 生物膜法

第一节 生物膜法的基本原理

生物膜法(Biological Membrane Process)是利用附着生长于某些固体物表面的微生物(即生物膜)进行有机污水处理的方法。生物膜(Bio-film)是一种膜状生物污泥,是由细菌、真菌、藻类、原生动物和后生动物等组成的生物群落附着在滤料或某些载体上生长繁育而成。

生物膜法是与活性污泥法并列的一种污水好氧生物处理技术,主要用于去除污水中呈溶解态和胶体态的有机污染物。生物膜主要有三种类型:① 润壁型生物膜法,即污水中的有机物、空气沿着附着生长有生物膜的接触介质表面流动,形成浸润生物膜的水膜,空气中的氧分子透过水膜向生物膜传递的方式,如生物滤池、生物转盘;② 浸没型生物膜法,即附着生长有生物膜的接触介质完全浸没在污水中,需向水中进行人工充氧,如生物接触氧化法;③ 流化床型生物膜法,即附着生物膜的接触介质悬浮流动于曝气池内的方式,如生物流化床。

一、生物膜的结构特点

含有营养物质和接种微生物的污水在滤料或某种载体表面流动接触,经过一段时间后,滤料或载体的表面就覆盖一层膜状污泥,即生物膜。生物膜主要是由微生物及其胞外多聚物组成,具有孔状结构,并具有很强的吸附性能。生物膜从开始形成到成熟,要经历黏附、生长和成熟三个阶段,由于传质的限制,生物膜内微生物的分布具有明显的空间性,其结构如图 16-1 所示,生物膜的表层形成好氧层,其中好氧菌属占优势,沿生物膜深度方向逐渐形成兼性层和厌氧层,以兼性菌居多。但对于整个生物膜而言,异养细菌为其优势种群菌。

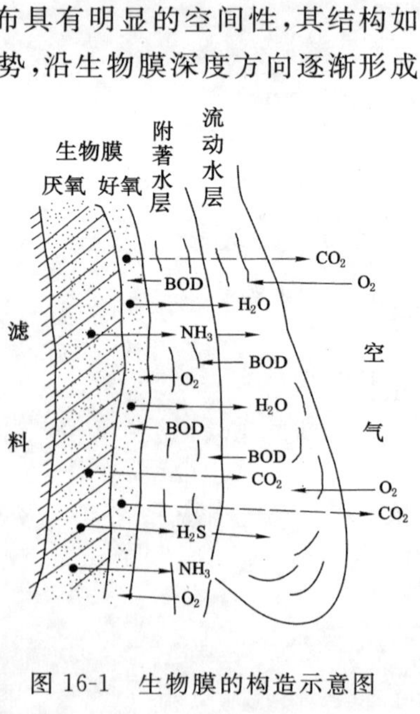

图 16-1 生物膜的构造示意图

生物膜的结构具有如下特点:

(1) 生物膜是高度亲水的物质

生物膜外侧总是存在着一层附着水层,污水不断在其表面流动,污水中有机物便于向生物膜扩散,同时生物膜中微生物的代谢产物也可及时被水流带走。

(2) 生物膜具有好氧和厌氧双层结构

生物膜成熟后,由于微生物不断增殖,生物膜的厚度不断增加,在增厚到一定程度后,氧不能透入的生物膜里侧深部即转变为厌氧状态,形成厌氧性膜,构成生物膜好氧和厌氧双层结构。好氧层的厚度一般为 2 mm 左右,有机物的降解主要是在好氧层内进行。

当厌氧层逐渐加厚到一定程度后,生物膜内部供氧不足，内层微生物不断死亡并解体，代谢产物增多，并通过好氧层向外逸出，从而破坏好氧层的稳定状态。而且气态产物的不断逸出，减弱了生物膜在滤料上的固着力，处于这种状态的生物膜为老化生物膜，老化生物膜在自重和水流冲刷的共同作用下自行脱落，脱落后的滤料表面又开始生长新的生物膜，这一过程称作生物膜的更新。

(3) 生物膜及水层之间存在多种传质过程

生物膜的传质主要集中在气—液、液—固及固相(生物膜)三个部分，固相内部扩散一般称为内传质，主要有扩散和对流两种形式，在细胞实体内的传质方式主要为扩散，而在孔穴内的传质方式既有扩散，也有对流。氧与底物通过液相主体与界面达到固相表面的扩散，称为外传质。

由生物膜的结构可知，空气中的氧先溶解于流动水层中，再通过附着水层传递给生物膜，供微生物新陈代谢，污水中有机物由流动水层扩散进入生物膜，并通过微生物降解得到净化，同时产生的代谢产物由流动水层带走，一些气态产物通过水层逸出，进入空气中。

二、生物膜的微生物特点

1. 微生物种类具有多样性

生物膜中的生物群落分布相对稳定，不但生长有细菌、真菌、鞭毛虫、纤毛虫，还能够生长世代时间较长、比增殖速度很小的微生物(如硝化菌等)，还可能有大量丝状菌出现，轮虫和寡毛虫出现的频率也较高，在有光照的条件下还能够出现藻类。

2. 生物的食物链长

由于生物膜提供了良好的生长栖息环境，使得生物膜上能够栖息捕食性纤毛虫、轮虫类、线虫类，甚至是更高等级的寡毛类和昆虫，生物的食物链增长。

三、生物膜法的工艺特点

1. 抗冲击负荷能力强

生物膜处理法的各种工艺，对流入污水水质、水量的变化都具有较强的适应性。

2. 污泥产量少，运行管理方便

生物膜中的生物相更为丰富稳定，食物链长，使得生物膜系统产生的剩余污泥少。一般说来，生物膜处理法产生的污泥量较活性污泥处理系统少 1/4 左右，运行管理方便。

3. 污泥沉降性能良好

由生物膜上脱落下来的生物污泥，密度较大，且污泥颗粒个体较大，沉降性能良好，宜于固液分离。

4. 容积负荷有限

由于生物膜载体比表面积较小，故设备容积负荷有限，空间利用率较低，通常适用于中、小水量的污水处理，且污水中 SS 含量不宜太高。

第二节 生物滤池

生物滤池(Biological Trickling Filter)是以土壤自净原理为依据，在污水灌溉的实践基础上，经较原始的间歇砂滤池和接触滤池而发展起来的人工生物处理技术，至今已有百余年的历史。

1893 年，英国试行将污水喷洒在粗滤料上进行净化试验，取得了良好的效果。1900 年以后这种工艺被命名为生物过滤法，相应的处理构筑物则称为生物滤池。生物滤池的发展经历了低负荷生物滤池、高负荷生物滤池，塔式生物滤池，生物流化床等几个阶段。

一、普通生物滤池

普通生物滤池，又名滴滤池，是第一代的生物滤池。其工艺流程为：污水→预处理（格栅、沉砂池、初沉池等）→生物滤池→二沉池→排放。

1. 普通生物滤池构造

普通生物滤池由池体、滤料、布水装置和排水系统等四部分所组成，见图 16-2。

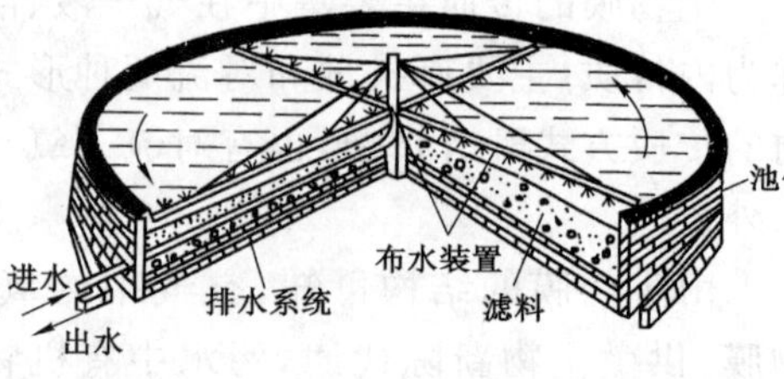

图 16-2　普通生物滤池构造示意图

（1）池体

普通生物滤池池体(Filter Cell)平面形状一般为方形、矩形或圆形。池壁高度应高出滤料表面 0.5～0.9 m，起围挡滤料和保护布水的作用，池底起支撑滤料和排除处理后污水的作用。池壁分有孔洞和无孔洞两种形式，其中有孔洞的池壁利于滤料的内部通风，但在低温季节，易受温度影响，而使净化功能降低。

（2）滤料

滤料(Filter Material)是生物膜附着的载体，也称为载体填料，是生物滤池的核心组成部分，它直接影响着生物滤池的处理效果和工艺运行。为了达到理想的处理效果，一般要求滤料要质坚、高强、耐腐蚀，比表面积大、孔隙率大，且来源广泛、适合就地取材、易于加工、价格低廉。

最初，生物滤池采用的填料为粒状填料，如碎石、卵石、炉渣、焦炭等，同一层中粒径要求均匀，以提供较高的孔隙率。以碎石、碎钢渣和焦炭等为滤料时，其粒径介于 30～80 mm，空隙率为 45%～50%，比表面积为 65～100 m^2/m^3。这类填料表面粗糙，易于附着生物膜，截留悬浮污染物的能力强，但阻力大，易堵塞。

近年来，生物滤池多采用玻璃钢或塑料填料，形状有不规则多孔填料，波纹板状或蜂窝状填料等，如图 16-3 所示。不规则多孔填料最初采用拉西环，目前常用的有哈凯登和多面空心球等，可用陶瓷、金属或塑料制成，这类填料结构简单、价格低廉，但流体分布不均匀；波纹板状填料比表面积在 80～195 m^2/m^3 之间，孔隙率为 93%～95%；国内目前采用的玻璃钢蜂窝状块状滤料，孔心间距在 20 mm 左右，孔隙率 95%左右，比表面积在 200 m^2/m^3 左

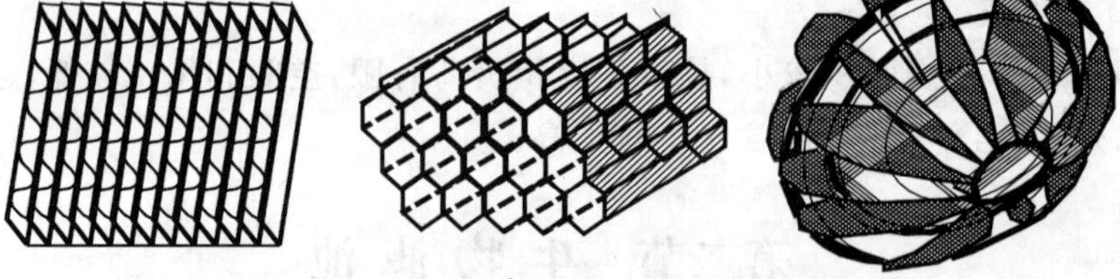

(a)　　(b)　　(c)

图 16-3　几种形式的塑料滤料

(a) 波纹板状；(b) 蜂窝状；(c) 多面空心球

右；多面空心球填料比表面积在 110～460 m^2/m^3 之间，孔隙率为 90%左右。其主要特点是质轻强度好、孔隙率高、防腐性能好，易于老化的生物膜脱离，但生物在填料表面的生长和脱落平衡不易控制，填料内难以得到均一的流速。

生物滤池的滤床高度一般为 1～2 m，滤料直径为 3～10 cm，滤料的底层需用稍大的石块垫衬，形成承托层，以防止脱离的生物膜累积而堵塞。通常，滤床的工作厚度为 1.3～1.8 m，承托层厚为 0.2 m。

(3) 布水装置

布水装置(Distributor)的作用是使污水均匀地分布在整个滤池表面上，分固定式喷嘴布水系统和旋转式布水器两种。

固定式喷嘴布水系统如图 16-4 所示，由投配池、虹吸装置、布水管道和喷嘴等组成。借助投配池的虹吸作用，使布水自动间歇进行。喷洒周期一般为 5～15 min。安装在配水管上的喷嘴应高出滤料表面 0.15～0.20 m，喷嘴口径一般为 15～25 mm。污水流入投配池内，在达到一定高度后，虹吸装置开始作用，污水进入布水管道，并从喷嘴喷出，受喷嘴上部设有的倒立圆锥体所阻，向四处分散，形成水花，均匀喷洒在滤料上。当投配池内的水位降到一定位置后，虹吸破坏，停止喷水。这种布水系统需要较大的水头，约在 2 m。

由于固定式喷嘴布水系统布水不均匀，不能连续地冲刷生物膜，易导致滤池堵塞，现已逐渐被如图 16-5 所示的旋转式布水器所代替。

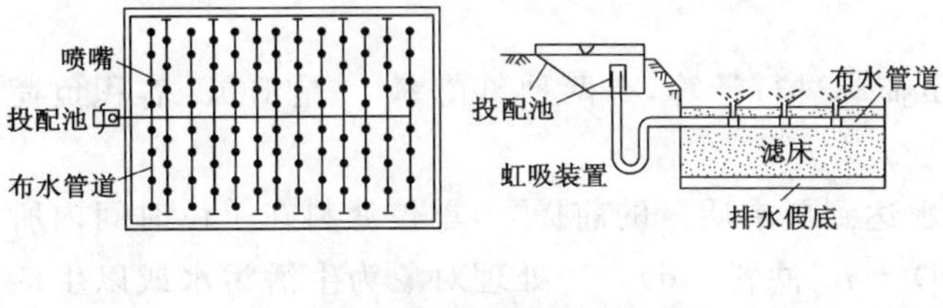

图 16-4　固定式喷嘴布水系统

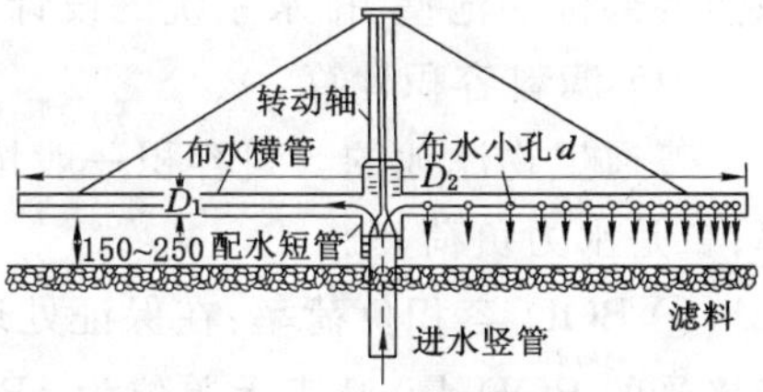

图 16-5　旋转式布水器

旋转式布水器主要由进水竖管和可转动的布水横管构成。旋转式布水器的中央是一根空心的立柱，底端与设在池底下面的进水竖管衔接，其所需水头在 0.6～1.5 m 左右。进水竖管固定，通过转轴和外部的配水短管相连，配水短管和布水横管直接连在一起共同转动。布水横管的数目可根据具体情况而定，一般为 2～4 根，横管距滤料表面 150～250 mm，横管一侧方向上开有孔径约为 10～15 mm 的小孔，孔间距由池中心向池边逐渐减小，相邻两横管的小孔位置应错开，以保证布水的均匀。污水由进水竖管进入，经配水短管分配至布水横管，在压力作用下由布水小孔喷出，产生的反作用力推动布水横管向相反方向旋转。

旋转布水器布水均匀，喷淋周期短，水力冲刷能力强，但由于布水水头和布水横管上的小孔孔径较小，易发生堵塞。

(4) 排水系统

生物滤池的排水系统(Drainage System)设于滤池的底部，其作用有两方面：一是收集并排出滤床流出的污水及脱落的生物膜；二是保证滤池的良好通风和支撑滤料。

排水系统(图 16-6)包括渗水装置、集水沟和排水渠，渗水装置有混凝土板、砌砖、滤砖和陶土罐等多种形式，常用的混凝土板式渗水装置如图 16-7 所示。渗水板用特制的砖块或栅板铺成，滤料堆在假底上面，假底孔隙率不小于滤池面积5%～8%，高于池底0.4～0.6 m。池底中心轴线上设有集水沟，两侧底面以1%～2%的坡度向集水沟倾斜，集水沟要有充分的高度，并在任何时候不会漫流，确保空气能在水面上畅通无阻，使滤池中的孔隙充满空气。集水沟以0.5%～2.0%的坡度坡向总排水渠，总排水渠的坡度不应小于0.5%，为保证良好的通风，总排水渠的过水断面应小于其总断面积的50%，沟内流速大于0.7 m/s，以免发生沉积和堵塞。

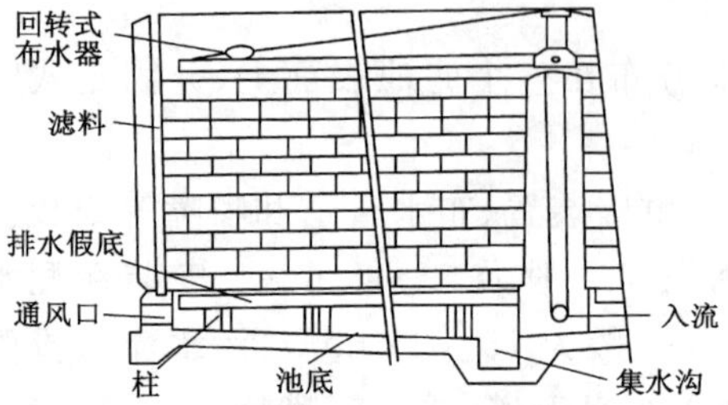

图16-6　生物滤池排水系统示意图

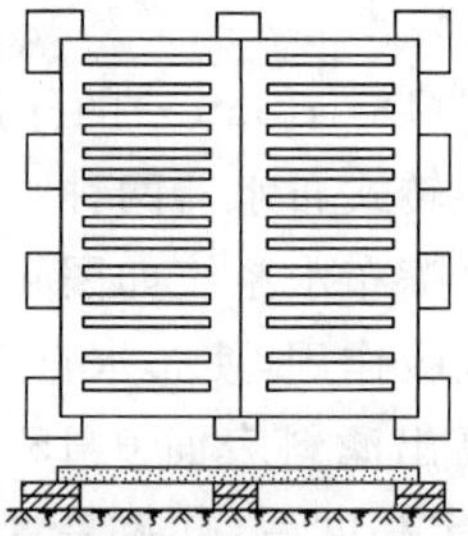

图16-7　混凝土板式渗水装置

2. 普通生物滤池的设计与计算

普通生物滤池的设计与计算一般分两部分进行：一是滤料的选定，滤料容积的计算以及滤池各部位如池壁、排水系统的设计；二是布水装置系统的计算与设计。

(1) 滤料容积计算

普通生物滤池的滤料容积一般按负荷率进行计算，有两种负荷率，一是BOD_5容积负荷率；二是水力负荷率。

① BOD_5容积负荷率：在保证处理水达到要求质量的前提下，单位滤料在单位时间内所能接受的BOD_5量，其表示单位为$gBOD_5/(m^3$滤料·d)。当处理对象为生活污水或以生活污水为主体的城市污水时，BOD_5容积负荷率可根据表16-1选用。

表16-1　　普通生物滤池BOD_5容积负荷

年平均气温/℃	BOD_5容积负荷/[$gBOD_5/(m^3$滤料·d)]
3～6	100
6.1～10	170
>10	200

② 水力负荷率：在保证处理水达到要求质量的前提下，每立方米滤料或每平方米滤池表面在单位时间内所能够接受的污水水量(m^3)，其表示单位为$m^3/(m^3$滤料·d)或$m^3/(m^2$滤池表面·d)，对生活污水可取1～3 $m^3/(m^3·d)$。

(2) 布水装置系统计算

布水装置喷嘴布置有多种形式，见图16-8，喷水周期一般为5～8 min，喷洒时间为1～5 min，配水管自由水头起端为1.5 m，末端为0.5 m。

① 喷嘴出水量

$$q=\mu f\sqrt{2gH_1} \tag{16-1}$$

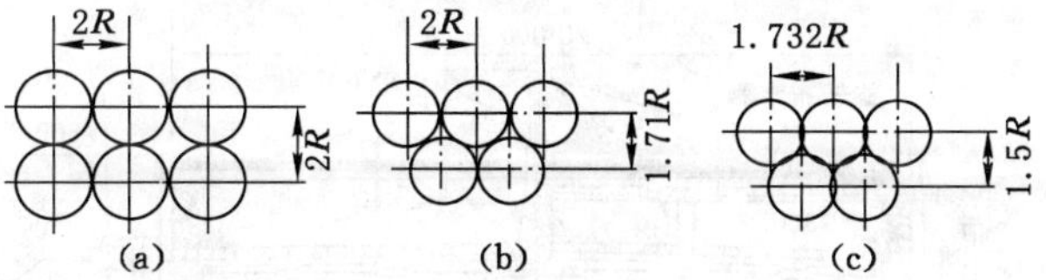

图 16-8 喷嘴布置形式

式中 q——每个喷嘴的喷出流量,m^3/s;

μ——流量系数,$\mu=0.60\sim0.75$;

f——喷嘴孔口的有效面积,m^2;

H_1——喷嘴孔口自由水头,m;

g——重力加速度,m/s^2。

② 投配池最大出水量

$$Q_{max}=nq_{max} \tag{16-2}$$

式中 Q_{max}——投配池最大出水量,m^3/s;

q_{max}——每个喷嘴的最大流量,m^3/s;

n——每个滤池喷嘴个数,个。

3. 普通生物滤池的优缺点

普通生物滤池处理效果良好,BOD_5 的去除率可达 85%～95%,基建投资省、运行费用低,运行稳定、易于管理、节省能源。

但普通生物滤池占地面积大、滤料易于堵塞,孳生滤池蝇、散发臭味,恶化环境卫生。一般适用于处理污水量不高于 1 000 m^3/d 的小城镇污水或有机工业污水。

二、高负荷生物滤池

1. 高负荷生物滤池构造

在低负荷生物滤池的基础上,通过采取处理出水回流等技术限制进水 BOD 含量并获得较高的滤速(>3 m/d),将 BOD 容积负荷提高 6～8 倍,同时确保 BOD 去除率不发生显著下降的一种生物滤池称作高负荷生物滤池(High-rate Bio-filter)。

高负荷生物滤池的高滤率是通过限制进水 BOD_5 值和在运行上采取处理水回流等技术措施而达到的。进入高负荷生物滤池的 BOD_5 值须低于 200 mg/L,否则用处理水回流加以稀释。处理水回流可以均化与稳定进水水质,加大水力负荷,及时冲刷过厚和老化的生物膜,加速生物膜更新,抑制厌氧层发育,使生物膜经常保持较高的活性;同时抑制滤池蝇的过度滋长,减轻散发的臭味。

高负荷生物滤池的构造(图 16-9)与普通生物滤池基本相同,采用旋转布水器布水。滤料粒径相对较大,一般为 40～100 mm,孔隙率较高,宜采用碎石或塑料制品做填料。滤料层厚度为 2～4 m,当采用自然通风时,一般不应大于 2 m。滤床分为两层,工作层层厚 1.8 m 左右,粒径 40～70 mm,承托层层厚 0.2 m 左右,粒径 70～100 mm。当滤料层厚度超过 2 m时,一般应采取人工通风措施。

2. 高负荷生物滤池设计与计算

高负荷生物滤池的设计主要包括池体和旋转布水器的设计计算。其中池体的设计多采

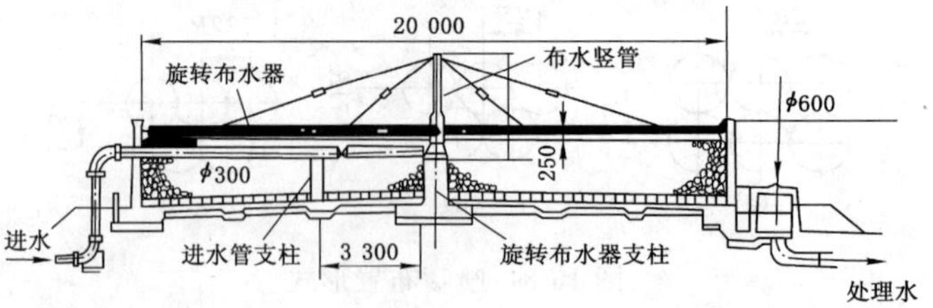

图 16-9 高负荷生物滤池结构示意图

用负荷率法。高负荷生物滤池按平均日污水量设计，容积负荷宜大于 1.8 $kgBOD_5/(m^3 \cdot d)$，水力负荷宜为 10～36 $m^3/(m^2 \cdot d)$。

（1）各项参数的确定

① 经回流水稀释后进水的 BOD_5 浓度为：

$$S_a = \alpha S_e \tag{16-3}$$

式中 S_a——稀释后进水的 BOD 值，mg/L；

S_e——滤池处理出水的 BOD 值，mg/L；

α——系数，依据温度、滤料层厚度选取。

② 回流稀释倍数

$$n = \frac{S_o - S_a}{S_a - S_e} \tag{16-4}$$

式中 n——回流稀释倍数；

S_o——滤池进水的 BOD 值，mg/L；

（2）滤池容积计算

① 按 BOD 容积负荷计算

滤料容积 V：

$$V = \frac{Q(n+1)S_a}{N_v} \tag{16-5}$$

式中 Q——原污水日平均流量，m^3/d；

V——滤料容积，m^3；

N_v——BOD—容积负荷率，$gBOD_5/(m^3$ 滤料 $\cdot d)$。

滤池表面积 A

$$A = V/H \tag{16-6}$$

式中 H——滤料层高度，m；

A——滤料表面积，m^2。

② 按 BOD 面积负荷计算滤料容积 V

$$A = \frac{Q(n+1)S_a}{N_A} \tag{16-7}$$

式中 N_A——BOD 面积负荷，$gBOD_5/(m^2 \cdot d)$。

滤池容积 V：

$$V = A \cdot H \tag{16-8}$$

③ 按水力负荷计算

$$A=\frac{Q(n+1)}{q} \tag{16-9}$$

式中 q——滤池水力负荷，$m^3/(m^2 \cdot d)$。

(3) 旋转布水器的计算与设计

旋转布水器按最大污水量计算，每架布水器布水横管为 2～4 根。布水器计算参见图 16-5。

① 每根布水横管上布水小孔个数

$$m=\frac{1}{1-\left(1-\frac{4d}{D_2}\right)^2} \tag{16-10}$$

式中 m——每根布水横管上布水小孔个数；

d——布水小孔直径，mm，一般为 10～15 mm；

D_2——布水器直径，mm，$D_2=D-200$（D 为池内径）。

② 布水小孔与布水器中心距离

$$r_i=R\sqrt{\frac{i}{m}} \tag{16-11}$$

式中 r_i——布水小孔与布水器中心距离，m；

R——布水器半径，m；

i——布水横管上布水小孔从布水器中心开始的排列序号。

③ 布水器转速

$$n=\frac{34.78\times10^6}{md^2D_2}Q_{lmax} \tag{16-12}$$

式中 n——布水器转速，r/min；

Q_{lmax}——每架布水器上最大设计污水量，m^3/s。

④ 布水器水头损失

$$H=\left(\frac{Q_{lmax}}{n_0}\right)^2\left(\frac{256\times10^6}{m^2d^4}-\frac{81\times10^6}{D_1^4}+\frac{294D_2}{K^2\times10^3}\right) \tag{16-13}$$

式中 H——布水器水头损失，m；

n_0——每架布水器横管数；

D_1——布水横管直径，$D_1=50$～250 mm；

K——流量模数，L/s。

3. 高负荷生物滤池的优缺点

高负荷生物滤池克服了普通生物滤池的缺陷，利用高水力负荷作用，减小了占地面积，避免了滤池堵塞，同时出水回流，稳定了水质，减少了滤池蝇滋生，因此在实际中应用较多。

但是高负荷生物滤池 BOD_5 去除率较低，一般为 75%～90%，其污泥氧化不彻底，且工艺中需要较大的水头跌落，一般超过 3 m，需二次提升，因此能耗较普通生物滤池高。

三、塔式生物滤池

塔式生物滤池（Tower Biological Filter），简称滤塔，是在 20 世纪 50 年代初由前民主德国环境工程专家应用气体洗涤塔原理所开创的，是第三代生物滤池。其特征是采用增加滤层高度的方式来提高滤池的处理能力，属高负荷生物滤池。

1. 塔式生物滤池构造

塔式生物滤池一般高达 8～24 m，直径 1～3.5 m，径高比介于 1∶6～1∶8，填料层厚度宜为 8～12 m，平面形状多为圆形或矩形。塔式生物滤池由塔身、滤料、布水系统、通风及排水装置所组成，其构造如图 16-10 所示。

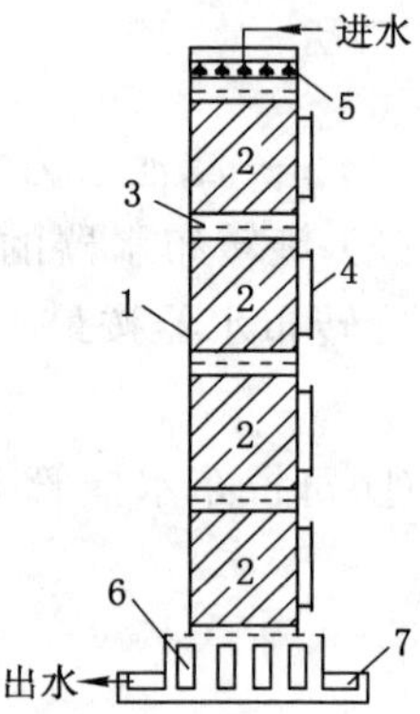

图 16-10　塔式生物滤池构造示意图

1——塔身；2——滤料；3——格栅；4——检修口；5——布水器；6——通风孔；7——集水槽

（1）塔身

塔身主要起围挡滤料的作用。塔身一般沿塔高分层建造，在分层处建格栅，格栅承托在塔身上，而其本身又承托着滤料。滤料荷重分层负担，每层高度以不大于 2.5 m 为宜，以免将滤料压碎，每层都应设检修口，以便更换滤料。应设测温孔和观察孔，用以测量池内温度和观察塔内滤料上生物膜的生长情况及滤料表面布水均匀程度，并取样分析测定。塔顶上缘应高出最上层滤料表面 0.5 m 左右，以免风吹影响污水的均匀分布。

塔的高度在一定程度上能够影响塔滤对污水的处理效果。试验与运行的资料表明，在负荷一定的条件下，滤塔的高度增高，处理效果亦增高。提高滤塔的高度，能够提高进水有机污染物的浓度，即在处理水水质的要求确定后，滤塔的高度可以根据进水浓度确定。

（2）滤料

塔式生物滤池多采用轻质滤料，轻质滤料的开发与使用为塔式生物滤池的应用创造了条件。国外广泛采用塑料材质大孔径波纹孔板滤料，在我国使用比较多的是用环氧树脂固化的玻璃钢蜂窝滤料，这种滤料结构均匀，比表面积较大，有利于污水均匀分布和空气的流通，不易堵塞。滤池填料应分层，每层高度不宜大于 2 m，并应便于安装和养护。

（3）布水装置

塔式生物滤池的布水装置与一般的生物滤池相同，对大、中型塔式生物滤池多采用电机驱动的旋转布水器，也可以用水流的反作用力驱动。

（4）通风

塔式生物滤池一般都采用自然通风，塔底有高度为 0.4～0.6 m 的空间，并且周围留有通风孔，其有效面积不得小于滤池面积的 7.5%～10%。

塔式滤池内部通风情况非常良好，污水从上向下滴落，水流紊动强烈，污水、空气、滤料上的生物膜三者接触充分，充氧效果良好，污染物质传质速度快，这些都非常有助于有机污染物质的降解，是塔式生物滤池的独特优势。

塔式生物滤池具有以下主要工艺特征：① 高负荷率。塔式生物滤池的水力负荷率可达 80～200 $m^3/(m^2 \cdot d)$，为一般高负荷生物滤池的 2～10 倍，BOD_5 容积负荷率达 1 000～3 000 $gBOD_5/(m^3 \cdot d)$，是高负荷生物滤池的 2～3 倍。高有机物负荷率使生物膜生长迅速，高水力负荷率又使生物膜受到强烈的水力冲刷，从而使生物膜不断脱落、更新，故塔式生物滤池内的生物膜能够经常保持较好的活性。② 滤塔内存在明显的分层特性。塔式生物滤池滤层内部存在着明显的分层现象，在各层生长繁育着不同种类的微生物群体，这有利于微生物的繁殖，更有助于有机污染物的逐级降解，且能够承受较高的有机污染物冲击负荷。

塔式生物滤池常用于高浓度工业污水二级生物处理的第一级工艺，能较大幅度地去除有机污染物，以保证二级生物处理的良好净化效果。

2. 塔式生物滤池的计算与设计

塔式生物滤池按平均日污水量设计，容积负荷一般为 1 000～3 000 $gBOD_5/(m^3 \cdot d)$，水力负荷为 80～200 $m^3/(m^2 \cdot d)$。不同污水水质，不同处理要求的容积负荷不一样，一般应通过试验确定。对于以生活污水为主的城市污水，可参照图 16-11 选用。

塔式生物滤池的个数应不少于 2 个，并按同时工作设计。塔身直径与塔高之比为 1∶6～8。滤料层高度与进水 BOD 浓度有关，可参照图 16-12 选用。

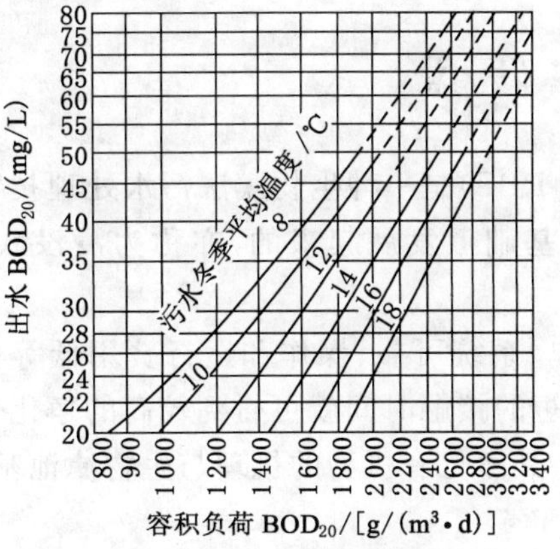

图 16-11 塔式生物滤池 BOD 容积负荷与出水 BOD_{20} 关系

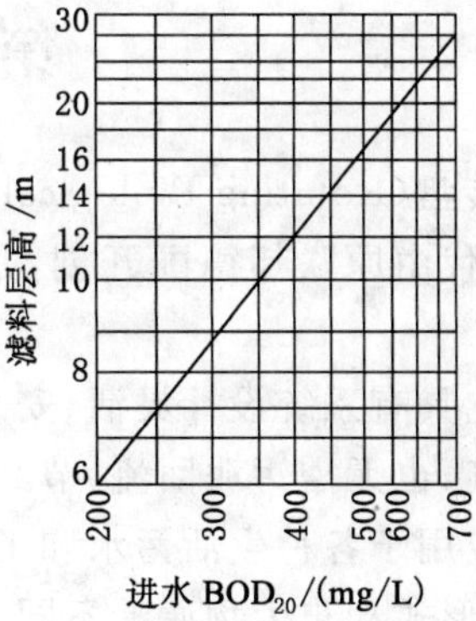

图 16-12 进水 BOD_{20} 与滤料层总高度的关系

塔式生物滤池一般采用自然通风。但对含有易挥发有毒物质的污水，宜采用人工通风，尾气应经过淋洗处理后才能排入大气。

塔式生物滤池的布水装置，对大中型滤池一般采用旋转布水器，对小型滤池可采用多孔管或喷嘴布水。

(1) 塔式生物滤池滤料总体积

$$V=\frac{Q(S_0-S_e)}{M} \tag{16-14}$$

式中 Q——平均日污水流量，m^3/d；

S_0，S_e——进、出水 BOD_{20}，g/m^3；

M——滤料容积负荷，$gBOD_{20}/(m^3 \cdot d)$。

(2) 滤池总高度

$$H_0=H+h_1+(m-1)h_2+h_3+h_4 \tag{16-15}$$

式中 H_0——滤池总高度，m；

H——滤料层总高度，m；

h_1——超高，m，取 0.5 m；

m——滤料层层数，层；

h_2——滤料层间隙高度，m，取 0.2～0.4 m；

h_3——最下层滤料底面与集水池最高水位距离，m，一般大于 0.5 m；

h_4——集水池最大水深，m。

3. 塔式生物滤池的优缺点

塔式生物滤池处理污水量大，容积负荷高，占地面积小，运转费用较低，而且由于塔内微生物存在着分层的特点，所以能承受较大的有机物和有毒物质的冲击负荷。塔式生物滤池塔身较高，自然通风良好，氧气供给充足，产泥量少。

当进水 BOD_5 浓度较高时，由于生物膜生长迅速，容易引起滤料堵塞。所以，塔式生物滤池进水 BOD_5 浓度应控制在 500 mg/L 以下，否则必须采取处理水回流稀释措施。同时，其基建投资较大，BOD_5 去除率也较低。

第三节　生 物 转 盘

生物转盘(Rotating Biological Contactor，简称 RBC)是一种生物膜法污水处理技术，20 世纪 60 年代由原联邦德国开创，是在生物滤池的基础上发展起来的，亦称为浸没式生物滤池。

该工艺具有系统设计灵活、安装便捷、操作简单、系统可靠、操作和运行费用低等优点；不需要曝气，也无需污泥回流，节约能源，同时在较短的接触时间就可得到较高的净化效果，现已广泛应用于各种生活污水和工业污水的处理。其净化有机物的机理与生物滤池基本相同，但构造形式却与生物滤池不同。

一、生物转盘的构造

生物转盘是由水槽和部分浸没于污水中的旋转盘体组成的生物处理构筑物，其构造如图 16-13 所示，主要包括旋转圆盘(盘体)、接触反应槽、转轴及驱动装置等，必要时还可在氧化槽上方设置保护罩，起遮风挡雨及保温作用。

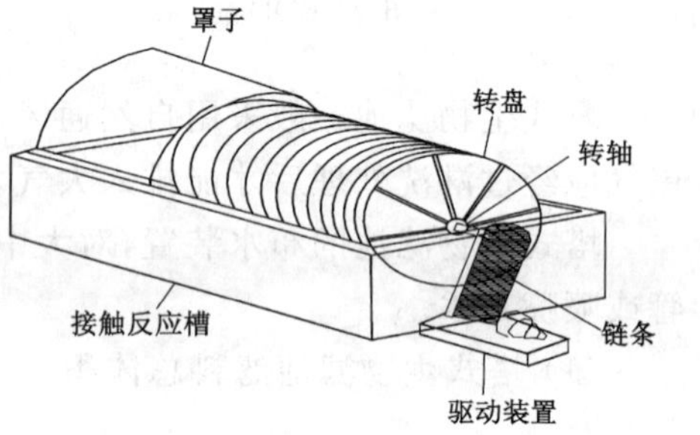

图 16-13　生物转盘构造示意图

1. 盘体

盘体是由装在水平轴上的一系列间距很近的圆盘所组成，其中一部分浸没在氧化槽的污水中，另一部分暴露在空气中。作为生物载体填料，转盘的形状有平板、凹凸板、波纹板、蜂窝、网状板或组合板等，组成的转盘外缘形状有圆形、多角形和圆筒形。

盘片串联成组，固定在转轴上并随转轴旋转，对盘片材质的要求是质轻高强，耐腐蚀，易于加工，价格低廉。盘片的直径一般为 2～3 m，盘片厚度 1～15 mm。目前常用的转盘材质有聚丙烯、聚乙烯、聚氯乙烯、聚苯乙烯和不饱和树脂玻璃钢等。转盘的盘片间必须有一定的间距，以保证转盘中心部位的通气效果，标准盘间距为 30 mm，若为多级转盘，则进水端盘片间距 25～35 mm，出水端一般为 10～20 mm，具体可根据工艺需要进行调节。

2. 氧化槽

氧化槽一般做成与盘体外形基本吻合的半圆形，槽底设有排泥和放空管与闸门，槽的两侧设有进出水设备，常用进出水设备为三角堰。对于多级转盘，氧化槽分为若干格，格与格之间设有导流槽。大型氧化槽一般用钢筋混凝土制成，中小型氧化槽多用钢板焊制。

3. 转动轴

转动轴是支撑盘体并带动其旋转的重要部件，转动轴两端固定安装在氧化槽两端的支座上，一般采用实心钢轴或无缝钢管，其长度应控制在 0.5～7.0 m 之间。转动轴不能太长，否则往往由于同心度加工不良，容易扭曲变形，发生磨断或扭断。

转轴中心应高出槽内水面至少 150 mm，转盘面积的 20%～40%左右浸没在槽内的污水中。在电动机驱动下，经减速传动装置带动转轴进行缓慢的旋转，转速一般为 0.8～3.0 r/min。

4. 驱动装置

包括动力设备和减速装置两部分。动力设备分电力机械传动、空气传动和水力传动等，国内多采用电力机械传动或空气传动。电力机械传动以电动机为动力，用链条传动或直接传动。对于大型转盘，一般一台转盘设一套驱动装置；对于中、小型转盘，可由一套驱动装置带动一组(3～4 级)转盘工作。空气传动兼有充氧作用，动力消耗较省。

二、生物转盘净化过程

生物转盘是用转动的盘片代替固定的滤料，其净化过程如图 16-14 所示。工作时，转盘浸入或部分浸入充满污水的接触反应槽内，在驱动装置的驱动下，转轴带动转盘一起以一定的线速度不停地转动，转盘交替地与污水和空气接触，经过一段时间的转动后，盘片上将附着一层生物膜。在转入污水中时，生物膜吸附污水中的有机污染物，并吸收生物膜外水膜中的溶解氧，对有机物进行分解，微生物在这一过程中得以自身繁殖；转盘转出反应槽时，与空气接触，空气不断地溶解到水膜中去，增加其溶解氧。在这一过程中，在转盘上附着的生物膜与污水以及空气之间，除进行有机物(BOD、COD)与 O_2 的传递外，还有其他物质，如 CO_2、NH_3 等的传递，形成一个连续的吸附、氧化分解、吸氧的过程，使污水不断得到净化。

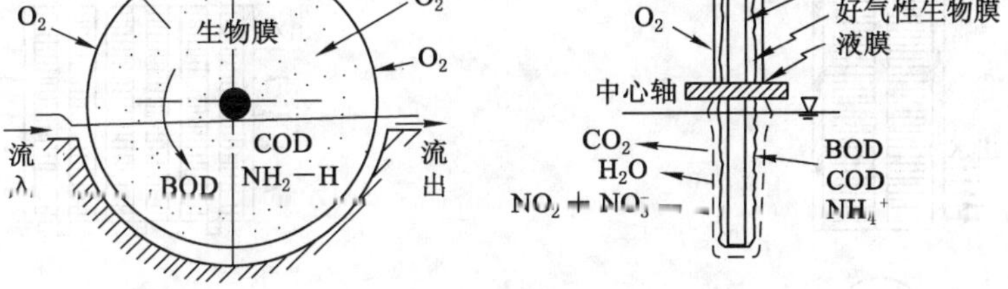

图 16-14　生物转盘净化反应过程

生物转盘对污水的净化过程主要受以下因素的影响：

1. 盘片材料

盘片的有效面积及表面粗糙度是影响生物转盘处理效率的重要因素，盘片材料的价格与重量则直接影响着整个系统的投资及运行成本。盘片材料有效面积越大，其上生长的微生物就越多；盘片材料表面越粗糙，其越容易长上生物膜，而且生物膜厚度也越大；盘片材料越轻，能耗越少，运行费用越低。

2. 转盘转速

转盘转速与系统处理效果之间存在一种抛物线关系，在一个特定的转速值(最优转速)

时，系统处理效果达到最优，在低于或高于该转速下运行生物转盘，系统处理效果都会下降。因为初始转速由零逐渐增加到最优转速值时，反应器内液体混合也逐渐趋于均匀，基质与转盘上附着的生物膜得到越来越充分的接触，系统处理效果逐渐增加到最高；但当转速超过该最优转速并继续增高时，液体剪力也越来越大，生物膜脱落加速，且转盘边界层越来越薄，最终基质已无时间传递到生物膜，造成系统处理效果的降低。

因此，在运行生物转盘之前，必须通过实验选择最佳的转速范围，使整个系统在最优的条件下运行。

3. 水力停留时间

水力停留时间增加，基质与生物膜的接触机会与时间也增加，降解更加充分，系统的处理效果得到提高；但水力停留时间越长，反应器的体积就需要越大，占地面积随之增加，投资费用急剧上升；而且水力停留时间过长，即进水流量太低的情况下，污水得不到充分的混合，其中的可溶性物质无法及时扩散到生物膜中，因而得不到降解。

4. 有机负荷

有机负荷与水力停留时间和进水有机物浓度密切相关，对于一定的进水底物浓度来讲，有机负荷越低，则水力停留时间越长，因而反应器流出的有机物浓度就越低；反之则越高，即有机物的去除率下降。

三、生物转盘处理系统的工艺流程

生物转盘宜于采用多级处理方式，一般可分为单级单轴、单轴多级和多轴多级等。其中单轴单级处理是污水从氧化槽一侧流入，平行于盘面流动，从槽的另一侧排出，处理效果较差，一般很少采用；单轴多级和多轴多级生物转盘设备如图 16-15 和图 16-16 所示。对于中、小规模污水处理厂，宜采用单轴多级转盘。

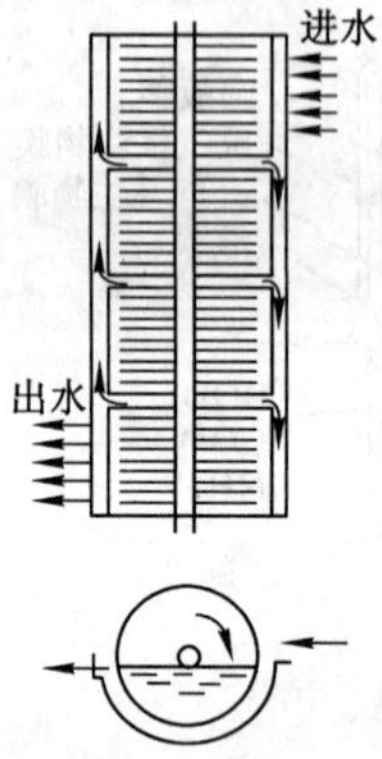

图 16-15　单轴四级生物转盘示意图

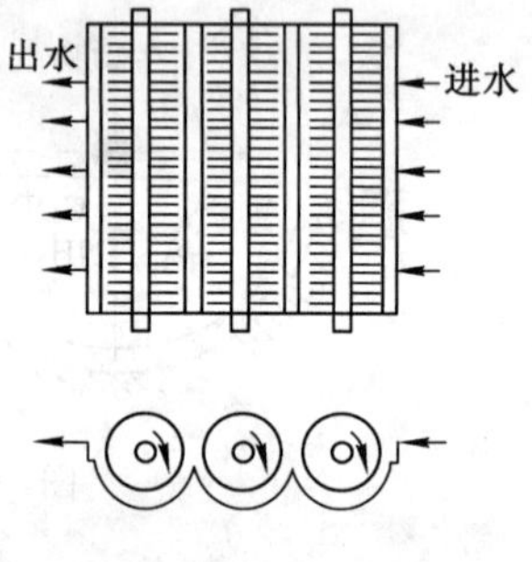

图 16-16　多轴多级生物转盘示意图

城市污水的生物转盘处理基本工艺流程如图 16-17 所示。污水经格栅、沉砂池、初沉池，进入生物转盘，污水中呈溶解态和细微悬浮态的有机物通过生物膜的作用被氧化降解，一部分转化为简单的有机物及 CO_2、H_2O，另一部分用于合成新的生物膜。污水经生物转盘处理后同盘体上脱落的生物膜残片一起进入二沉池，经泥水分离后获得净化后的出水。

图 16-18 是用于脱氮处理的生物转盘工艺流程。污水经多级生物转盘处理去除 BOD，在经前两级生物转盘处理后，后两级转盘能够产生比较充分的硝化反应，然后污水进入厌氧

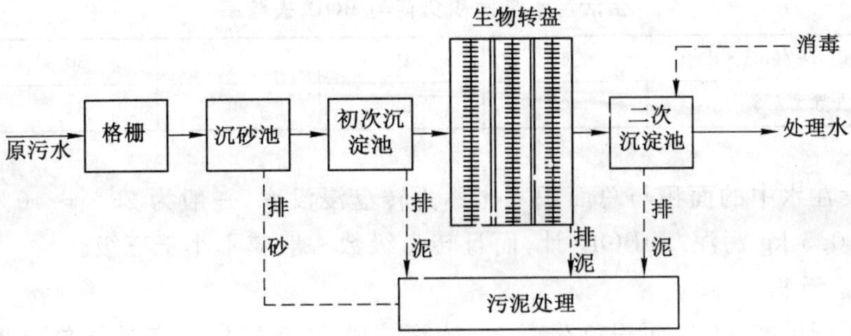

图 16-17 生物转盘的基本工艺流程

状态的淹没式转盘,加入碳源甲醇,进行反硝化脱氮。最后好氧转盘去除投加过量的甲醇,同时增加水中的溶解氧。

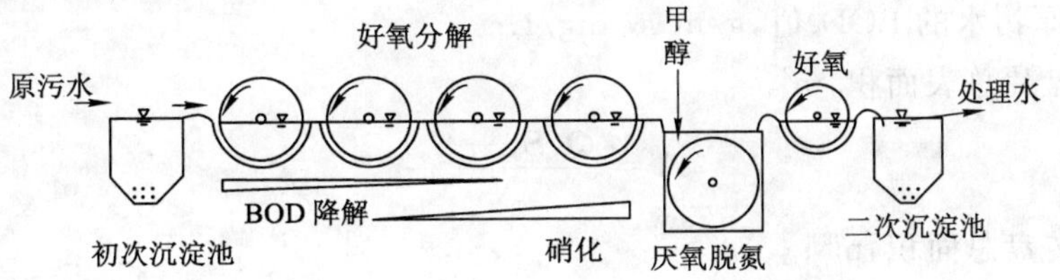

图 16-18 脱氮处理生物转盘工艺流程

四、生物转盘的设计计算

生物转盘设计计算的主要内容是确定所需转盘的总面积,并进一步确定转盘总片数、接触氧化槽总容积、转轴长度以及污水在接触反应槽内的停留时间等参数。

规范要求生物转盘的组数应不少于两组,并按同时工作设计。当污水量很少,而且允许间歇运行时,可只考虑 1 组。一般按平均日污水量计算,有季节性变化的污水,应按最大季节的平均日污水量计算。进入转盘的 BOD_5浓度,按经调节沉淀后的平均值计算。

转盘面积按 BOD_5面积负荷计算,用水力负荷或停留时间校核。不同性质污水的 BOD_5面积负荷和水力负荷,一般应通过试验确定。当无实际资料时,对于生活污水,可参照图 16-19、图 16-20 和表 16-2 选用。

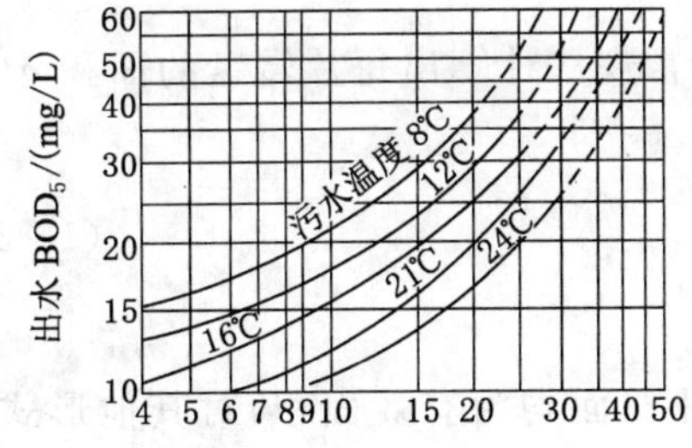

图 16-19 生活污水盘面负荷与出水 BOD_5的关系

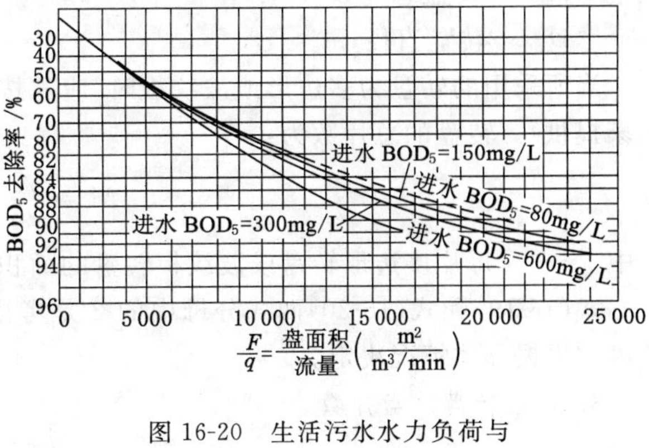

图 16-20 生活污水水力负荷与 BOD_5去除率的关系

表 16-2　　生活污水盘面积负荷与 BOD_5 去除率

面积负荷/[$gBOD_5/(m^2 \cdot d)$]	6	10	25	30	60
BOD_5 去除率/%	93	92	90	81	60

转盘浸没在水中的面积与总面积之比称为转盘浸没率，一般为 20%～40%。转盘产泥量可按 0.3～0.5 kg 污泥/$kgBOD_5$ 计，而且转盘级数一般应不小于三级。

1. 转盘总面积

转盘总面积可按 BOD 面积负荷率 N_A 计算。BOD 面积负荷率是指单位盘片表面积在每日内能够接受并使转盘处理达到预期效果的 BOD 值，即：

$$N_A = \frac{QS_o}{A} \tag{16-16}$$

式中　N_A——面积负荷，$gBOD_5/(m^2 \cdot d)$；

S_o——原污水的 BOD_5 值，g/m^3 或 mg/L；

A——盘片总表面积，m^2。

$$A = \frac{Q(S_o - S_e)}{N_A} \tag{16-17}$$

式中　A——转盘总面积，m^2；

Q——平均日污水量，m^3/d；

S_e——出水 BOD_5，mg/L。

转盘总面积也可按水力负荷率 q_A 计算。水力负荷率即单位盘片表面积在每日内能够接受并使转盘处理达到预期效果的污水量。

$$A = \frac{Q}{q_A} \tag{16-18}$$

式中　q_A——水力负荷，$m^3/(m^2 \cdot d)$；

2. 转盘总片数

当所采用的转盘为圆形时，转盘的总片数按下列公式计算：

$$M = \frac{4A}{2\pi D^2} = 0.637\frac{A}{D^2} \tag{16-19}$$

式中　M——转盘总片数，片；

D——转盘直径，m。

当所采用的转盘为多边形或波纹板时，应先按一般常规法计算出每片转盘的面积 a（或厂家提供）。转盘的总片数为：

$$M = \frac{A}{2a} \tag{16-20}$$

式中　a——每片多边形转盘或波纹板转盘的面积，m^2。

式(16-19)和式(16-20)两式分母中的 2 是考虑盘片双面均为有效面积，对其他形式的转盘则根据具体情况决定。

3. 每组转盘的盘片数

$$M_1 = \frac{0.673A}{\pi D^2} \tag{16-21}$$

式中 M_1——每组转盘的盘片数，片；

n——转盘组数，组。

4. 每台转盘的转轴长度

$$L = m(d+b)K \tag{16-22}$$

式中 L——每台(级)转盘的转轴长度，m；

m——每台(级)转盘盘片数；

d——盘片间距，m；

b——盘片厚度，一般取值为 0.001～0.013 m；

K——考虑污水流动的循环沟道的系数，取值 1.2。

5. 接触反应槽容积

此值与槽的形式有关，当采用半圆形接触反应槽时，其总有效容积 V 为：

$$V = (0.294 \sim 0.335)(D+2C)^2 L \tag{16-23}$$

而净有效容积 V' 为：

$$V' = (0.294 \sim 0.335)(D+2C)^2(L-mb) \tag{16-24}$$

式中 C——盘片边缘与接触反应槽内壁之间的净距，m；

当 $r/D=0.1$ 时，系数取 0.294；当 $r/D=0.06$ 时，系数取 0.335。r 为转轴中心距水面的高度，一般为 150～300 mm。

6. 平均接触时间

污水在接触氧化槽内与转盘接触，并进行净化反应的时间，即：

$$t_a = \frac{V}{Q} \cdot 24 \tag{16-25}$$

接触时间对污水的净化效果有着直接影响，增加接触时间，能够提高净化效果。接触时间也可以作为生物转盘计算的基础参数。

7. 转盘的旋转速度

勃别尔早期提出，转盘的旋转速度以 20 m/min 为宜。但是，转盘旋转的主要目的之一是使接触氧化槽内的污水得到充分混合，如水力负荷大，转速过小，即得不到充分的混合，为此，勃别尔又提出了一个为达到混合目的的转盘的最小转数 $n'_{\min}$ 的计算公式：

$$n'_{\min} = \frac{6.37}{D} \times \left(0.9 - \frac{1}{Q_1}\right) \tag{16-26}$$

式中 Q_1——每个氧化槽的污水量，m^3/d。

8. 电机功率

$$N_p = \frac{3.85 R^4 n'_{\min}}{10d} \cdot m\alpha\beta \tag{16-27}$$

式中 R——转盘半径，cm；

α——同一电动机带动的转轴数；

β——生物膜厚度系数。

五、生物转盘的优缺点

生物转盘作为污水生物处理的一种成熟技术，具有如下特点：

① 效率高。生物转盘上的微生物浓度高，特别是最初几级的生物转盘。据测定统计，

转盘上的生物膜量如折算成曝气池的 MLVSS，可达 40 000～60 000 mg/L，F/M 为 0.05～0.1。

② 生物相分级。在每级转盘生长着适应于入流该级污水性质的生物相，这对微生物的生长繁育，有机污染物降解非常有利。

③ 污泥龄长。在转盘上能够增殖世代时间长的微生物，如硝化菌等，因此，生物转盘具有硝化、反硝化的功能。

④ 耐冲击负荷。对于高浓度有机污水（BOD＞10 000 mg/L）和超低浓度污水（BOD＜10 mg/L），采用生物转盘进行处理能够得到较好的处理效果。

⑤ 污泥产量少。在生物膜上的微生物食物链较长，故产生的污泥量较少，约为活性污泥处理系统的 1/2，在水温为 5～20 ℃的范围内，BOD 去除率为 90%的条件下，去除 1 kg-BOD 的产泥量约为 0.25 kg。

⑥ 动力消耗低。接触反应槽不需要曝气，污泥也无需回流，据有关运行统计，生物转盘法每去除 1 kgCOD 的耗电量约为 0.7 kW·h，运行费用低。

⑦ 便于维护管理。该法不需要经常调节生物污泥量，不存在产生污泥膨胀的问题，复杂的机械设备也比较少。且运行正常的生物转盘，不产生滤池绳、不出现泡沫、不产生噪音，不会发生二次污染。

生物转盘由于运行管理简便，在多种工业污水处理领域得到广泛应用，并取得良好效果。但普通生物转盘由于盘片比表面积小、挂膜性能差、挂膜生物量低，存在转盘启动慢、有机负荷低、占地面积大、对高质量浓度污水的处理效果差等缺点，氮磷去除率有待进一步提高。

为了进一步提高设备处理的效率，近年来生物转盘有了一些新发展，出现了空气驱动的生物转盘、与曝气池合建的生物转盘、与沉淀池合建的生物转盘、藻类转盘和生物接触转盘和网状生物转盘等。同时，生物转盘与其他技术相结合的组合工艺的发展将为污水处理提供更有效的方法。

第四节　生物接触氧化

生物接触氧化法（Biological Contact Oxidation Process）是一种介于活性污泥法与生物滤池之间的生物膜法工艺。其特点是在池内设置填料，池底曝气对污水进行充氧，并使池体内污水处于流动状态，以保证污水与填料充分接触。附着在填料上的生物膜在好氧条件下对污水中的有机物进行降解，同时生物膜中的微生物不断生长，达到一定厚度时，会因缺氧而进行厌氧代谢，产生的气体及曝气形成的冲刷作用会造成生物膜的脱落，并促进新生物膜的生长，此时，脱落的生物膜将随出水流出池外。

生物接触氧化法容积负荷率高，对水质水量的波动有较强的适应能力；净化效果好，出水水质好而稳定；污泥不需回流也无膨胀问题，污泥产量少，已广泛应用于各行各业的污水处理系统。

一、生物接触氧化池的构造

生物接触氧化池是生物接触氧化处理系统的核心处理构筑物，又称为淹没式生物滤池，其构造如图 16-21 所示，主要由池体、填料、布水布气装置及排泥管道等部分组成。

1. 池体

接触氧化池的池体用于设置填料、布水布气装置和支撑填料的栅板和格栅。池体在平面上多呈圆形、矩形或方形，用钢板焊接制成或用钢筋混凝土浇灌砌成。平面尺寸以满足布水、布气、填料安装及维护方便为原则，总高度根据填料层、布水布气层、澄清层、泥斗及超高确定，其中池内填料高度为 2.5～3.5 m；底部布气层高为0.6～0.7 m；顶部稳定水层 0.4～0.5 m，超高不宜小于0.5 m。

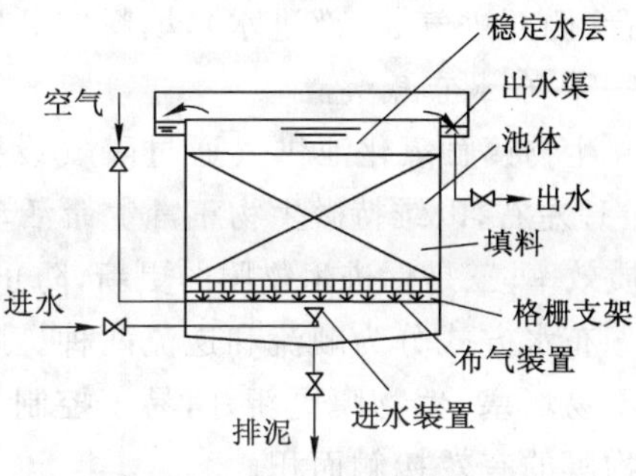

图 16-21　接触氧化池构造图

生物接触氧化池进水端宜设导流槽，其宽度不宜小于 0.8 m。出水端设集水槽，以保证均匀出水，集水槽过堰负荷一般为 2.0～3.0 L/(s・m)。

2. 填料

填料是生物膜的载体，也称之为载体。填料是接触氧化处理工艺的关键部位，它直接影响处理效果及基建费用，选用的填料应对微生物无毒害、易挂膜、质轻、抗老化、比表面积大、空隙率大、水力阻力小、强度大、化学和生物稳定性好、经久耐用、价格低廉。目前，生物接触氧化池中应用的填料可分为硬性填料、弹性填料和软性填料 3 类。

硬性填料有蜂窝形、球形、波纹板形等多种[16-22(a)]，一般是由玻璃钢或塑料制成，其优点是比表面积大、空隙率大、质轻高强、生物膜易于脱落，但是价格较高，设计或运行不当，填料易堵。弹性填料[16-22(b)]是由中心绳和弹性丝组成，弹性丝由聚丙烯和助剂制成，呈立体均匀辐射状排列，具有高强度、耐腐蚀、寿命长等特点，该种填料比表面积大、空隙率大、充氧性能好、价格低廉等优点，是目前国内接触氧化池中应用较多的一种新型填料；软性填料[16-22(c)]常为纤维束状，由尼龙、涤纶、维纶、腈纶等化纤编结成束，并用中心绳接连而成，纤维束在水中呈自由飘动状态，其优点是比表面积大，物理化学性能稳定，运输组装方便，缺点是纤维束易于结块，形成厌氧，使用寿命短。半软性填料的材质通常为变性聚乙烯、聚氯乙烯等有机塑料，优点较多，如比表面积大、空隙率高、耐腐蚀、不易堵塞、易于安装等，其缺点是易老化。

弹性填料和软性填料单体一般悬挂在填料支架上，如图 16-23 所示。目前国内采用的填料支架有钢支架、钢塑复合支架和钢筋混凝土支架，要求支架的承载力不小于填料挂膜后的湿重。填料悬挂的方式有直拉均匀式和横拉梅花式，使用时填料和填料支架一起置入接触氧化池。

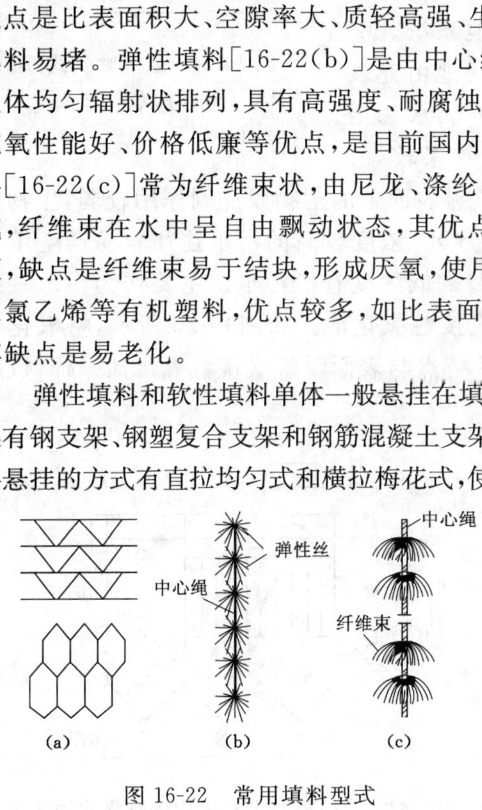

图 16-22　常用填料型式

(a) 硬性填料；(b) 弹性填料；(c) 软性填料

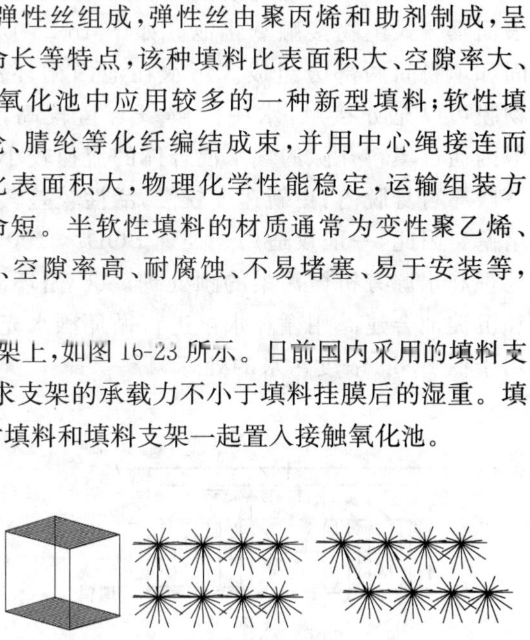

图 16-23　填料安装形式

(a) 填料支架；(b) 直拉均匀式；(c) 横拉梅花式

填料的布置可采用全池布置(底部进水、进气)、两侧布置(中心进气、底部进水)或单侧布置(侧部进气、上部进水),填料应分层安装。

3. 布水布气装置

生物接触氧化池供气通过曝气设备实现,供气的作用:一是使池中溶解氧控制在 4～5 mg/L 左右,以维持微生物正常生命活动;二是使混合液形成紊流,提高污水与生物膜的接触传质效率;三是促进生物膜的更新,防止填料堵塞。布气管可布置在池子中心、侧面和全池。

布水方式分为顺流和逆流两种。顺流布水是指进水和供气同向流动,该方式运行时填料不易堵塞,生物膜更新好,易于控制;逆流布水是指池中的水、气逆向流动,可增加水、气与生物膜的有效接触面积。

二、生物接触氧化池形式及工艺

1. 生物接触氧化池形式

根据充氧方式的不同,接触氧化池可分为有以下三种形式:① 鼓风曝气式生物接触氧化池。如图 16-24 所示,滤池鼓风曝气装置安装在填料层的下面。填料表面上的生物膜直接受上升气水混合体的强烈搅动,加速生物膜的更新速度,使生物膜经常保持较高的活性,同时防止填料堵塞。此种形式的滤池多作为污水二级处理设施,进水 BOD_5 浓度一般控制在 100～300 mg/L 之间。当进水 BOD_5 浓度较高时,可以采用处理水回流稀释或采用二级或多级滤池系统。② 表面曝气式生物接触氧化池。如图 16-25 所示,滤池由充氧间和填料间两部分组成。污水在池内循环流动,气、水和生物膜可以充分接触,水中溶解氧含量较高,处理效果较好。但因通过填料孔隙的气水混合体的流速较小,对填料表面上的生物膜冲刷作用较弱,生物膜一般靠自身脱落,更新速度较慢,活性较差。对于 BOD_5 浓度较高的污水往往容易产生填料堵塞。因此,一般仅适用于处理 $BOD_5<100$ mg/L 的低浓度有机污水。主要作为污水三级处理和水源有机微污染的预处理。③ 循环洒水式接触氧化池。如图16-26 所示,将氧化池和沉淀池合建。用循环水泵进行循环洒水充氧,其特点与表面曝气式接触氧化池一样,仅适用于低 BOD_5 浓度污水的处理。

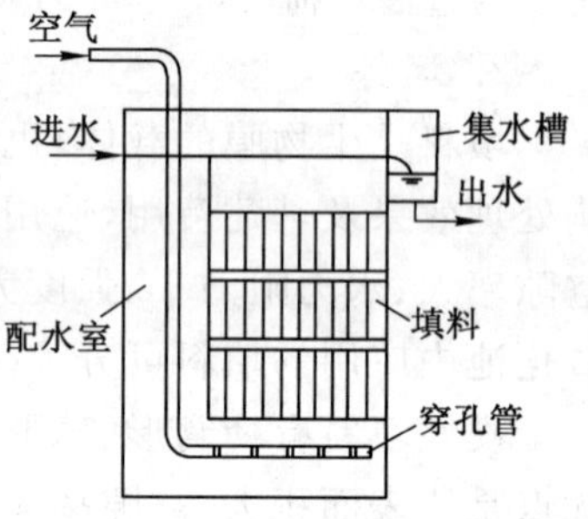

图 16-24 鼓风曝气式生物接触氧化池

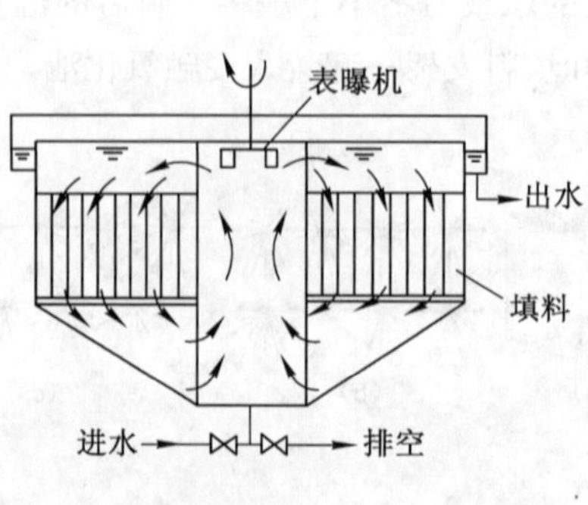

图 16-25 表面曝气式生物接触氧化池

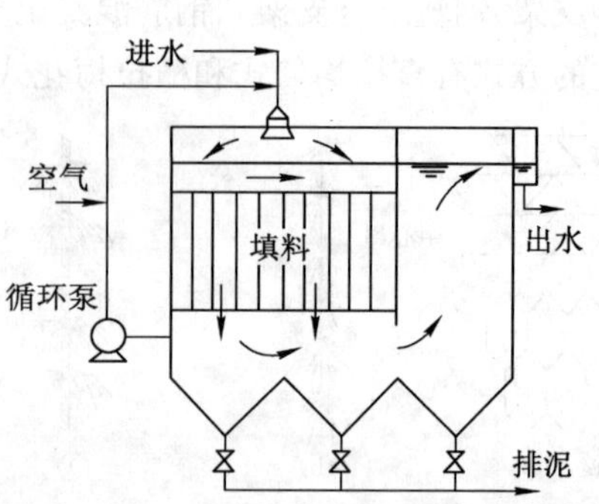

图 16-26 循环洒水式生物接触氧化池

2. 生物接触氧化池的工艺流程

生物接触氧化的工艺流程，一般可分为：一段（级）处理流程、二段（级）处理流程和多段（级）处理流程。

（1）一段（级）处理流程

如图16-27所示，原污水经初次沉淀池处理后进入接触氧化池，经接触氧化池的处理后进入二次沉淀池，在二次沉淀池进行泥水分离，从填料上脱落的生物膜，在这里形成污泥排出系统，澄清水则作为处理水排放。

接触氧化池的流态为完全混合型，微生物处于对数增殖期和减衰增殖期的前期，生物膜增长较快，有机物降解速率也较高。

生物接触氧化的一段处理流程简单，易于维护运行，投资较低。

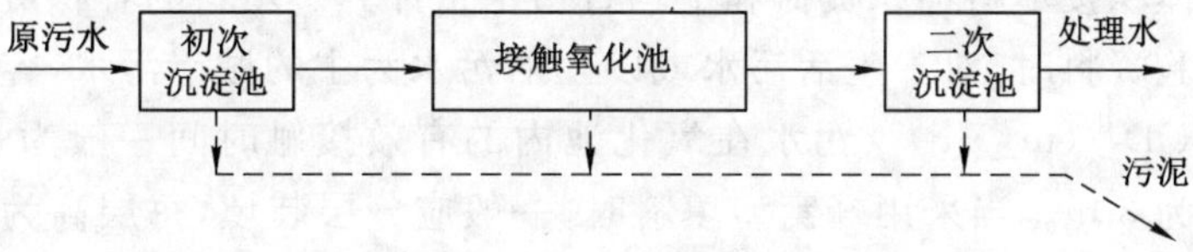

图16-27 生物接触氧化一段处理流程

（2）二段（级）处理流程

如图16-28所示，二段处理流程的每座接触氧化池的流态都属于完全混合型，而结合在一起又属于推流式。

在一段接触氧化池内 F/M 值应高于2.2，微生物增殖不受污水中营养物质含量的制约，处于对数增殖期，BOD负荷率亦高，生物膜增长较快；在二段接触氧化池内 F/M 值一般为0.5左右，微生物增殖处于减衰增殖期或内源呼吸期，BOD负荷率降低，处理水水质提高。

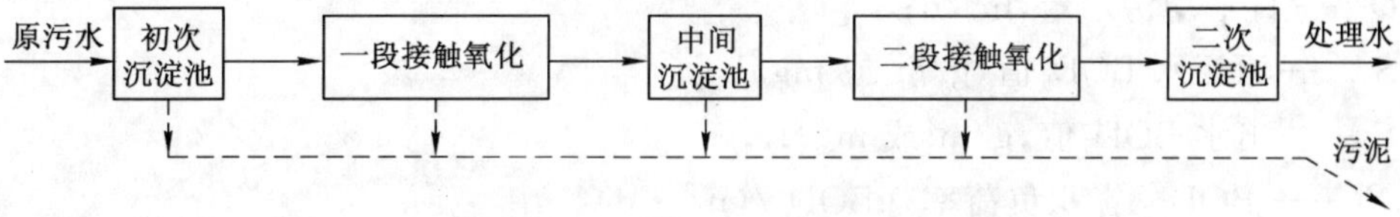

图16-28 生物接触氧化二段处理流程

中间沉淀池也可以考虑不设。

二段处理流程适应原水的水质变化，出水水质趋于稳定，能提高生化处理效率，缩短生化反应时间，但由于二段流程中需增加设备设施，故其费用比一段流程高。

（3）多段（级）处理流程

如图16-29所示，多级生物接触氧化处理流程是由连续串联3座或3座以上的接触氧化池组成的系统。

从总体来看，其流态应按照推流考虑，但每一座接触氧化池的流态又属完全混合。

由于设置了多段接触氧化池，在各池间明显地形成有机污染物的浓度差，这样在每池内生长繁殖的微生物，在生理功能方面适应该池污水的水质条件，有利于提高处理效果，能够取得非常稳定的出水水质。

经过适当运行，这种处理流程不仅具有去除有机污染物功能，还具有硝化、脱氮功能。

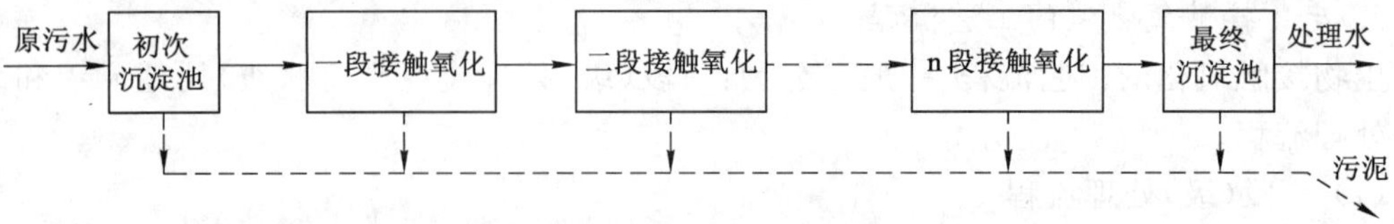

图 16-29 生物接触氧化处理技术多段处理流程

但这种工艺的基建费用和管理难度会增加。

三、生物接触氧化池的设计计算

根据生物氧化法设计规范，生物接触氧化池的个数或分格数应不少于 2 个，并按同时工作设计。填料的体积按填料容积负荷和平均日污水量计算。填料的容积负荷一般应通过试验确定。当无试验资料时，对于生活污水或以生活污水为主的城市污水，容积负荷一般采用 1 000～1 500 $gBOD_5/(m^3 \cdot d)$。污水在氧化池内的有效接触时间一般为 1.5～3.0 h。填料层总高度一般为 3 m。当采用蜂窝型填料时，一般应分层装填，每层高为 1 m。蜂窝孔径宜采用 25～30 mm。进水 BOD_5 浓度应控制在 150～300 mg/L 范围内。接触氧化池中的溶解氧含量一般应维持在 2.5～3.5 mg/L，气水比为 15～20∶1。底部全池曝气时，气水比宜为 8∶1。

为保证布水布气均匀，每格氧化池面积一般应不大于 25 m^2。

(1) 填料的容积

$$V = \frac{Q(S_o - S_e)}{N_V} \tag{16-28}$$

式中 V——填料的总有效容积，m^3；

Q——日平均污水量，m^3/d；

S_o——原污水 BOD_5 值，g/m^3 或 mg/L；

S_e——出水 BOD_5 值，g/m^3 或 mg/L

N_V——BOD—容积负荷率，$gBOD_5/(m^3 \cdot d)$。

(2) 接触氧化池总面积

$$A = \frac{V}{H} \tag{16-29}$$

式中 A——接触氧化池总面积，m^2；

H——填料层高度，m，一般取 3 m。

(3) 接触氧化池座(格)数

$$n = \frac{A}{f} \tag{16-30}$$

式中 n——接触氧化池座(格)数，一般 $n \geqslant 2$；

f——每座(格)接触氧化池面积，m^2，一般 $f \leqslant 25$ m^2。

(4) 污水与填料的接触时间

$$t = \frac{nfH}{Q} \tag{16-31}$$

式中 t——污水在填料层内的接触时间，h。

(5) 接触氧化池的总高度

$$H_{o}=H+h_{1}+h_{2}+(m-1)h_{3}+h_{4} \tag{16-32}$$

式中　H_{o}——接触氧化池的总高度，m；

h_1——超高，m，$h_1=0.5\sim1.0$ m；

h_2——填料上部的稳定水层深，m，$h_2=0.4\sim0.5$ m；

h_3——填料层间隙高度，m，$h_3=0.2\sim0.3$ m；

m——填料层数；

h_4——配水区高度 m，当考虑需要入内检修时，$h_4=1.5$ m，当不需要入内检修时，$h_4=0.5$ m。

四、生物接触氧化法的特点

生物接触氧化处理技术，在工艺、功能以及运行等方面具有下列主要特征：

① 填料比表面积大，提供了巨大的生物栖息空间，使大量的生物得以附着生长，可形成稳定性较好的高密度生态体系，挂膜周期相对缩短，在处理水量相同的情况下，水力停留时间短，所需设备体积小，占地面积小。

② 污泥浓度高，系统耐冲击负荷能力强。一般情况下，生物接触氧化法的容积负荷为 3～10 kg/(m^3 · d)，是普通活性污泥法的 3～5 倍，COD 去除率为传统生物法的 2～3 倍。

③ 污泥产量少。在操作过程中一般不会产生污泥膨胀，不需要污泥回流装置。

④ 氧利用率高，动力消耗低。生物接触氧化法对氧的利用率比活性污泥法高 3～8 倍，动力消耗比活性污泥法减少 20%～30% 。

⑤ 操作简单，维护方便，可间歇运行，运行费用低，综合能耗低。

⑥ 生物接触氧化处理技术具有多种净化功能，除能有效地去除有机污染物外，如运行得当还能够用以脱氮，因此，可作为三级处理技术。

⑦ 但如设计或运行不当，生物接触氧化池中的填料可能堵塞，此外，布水、曝气不易均匀，可能在局部部位出现死角。

第五节　生物流化床

生物流化床(Biological Fluidized Bed)处理技术是借助流体(液体、气体)使表面生长着微生物的固体颗粒(生物颗粒)呈流态化，同时进行有机污染物的去除和降解的一种生物膜法处理技术。

生物流化床就是以砂、活性炭、焦炭一类较小的惰性颗粒为载体充填在床体内，因载体表面覆盖着生物膜而使其质地变轻，污水以一定流速从下向上流动，使载体处于流化状态。该工艺是利用流态化的概念进行操作，是一种强化生物处理，提高了微生物降解有机物能力，克服了固定床生物膜法中固定床操作存在的易堵塞问题。

一、生物流化床的构造

生物流化床是由床体、载体、布水装置、充氧装置和脱膜装置等部分组成。

1. 床体

流化床床体平面多呈圆形，多由钢板焊制，需要时也可以由钢筋混凝土浇灌砌制。

2. 载体

载体是生物流化床的核心部件，在生物流化床工艺中，载体填料应具有高比表面积和较小的颗粒直径。目前常用的惰性载体材料包括砂粒、焦炭、活性炭、陶粒、无烟煤、玻璃珠、微粒硅球等，表 16-3 所列举的是我国常用载体及其物理参数。

表 16-3　常用载体及其物理参数

载体	粒径/mm	密度/(g/cm^3)	载体高度/m	膨胀率/%	空床时水上升速度/(m/h)
聚苯乙烯球	0.5～0.3	1.005	0.7	50 100	2.95 6.90
活性炭 (新华 8#)	ϕ(0.96～2.14)× L(1.3～4.7)	1.50	0.7	50 100	84.26 160.50
焦炭	0.25～3.0	1.38	0.7	50 100	56 77
无烟煤	0.5～1.2	1.67	0.45	50 100	53 62
细石英砂	0.2～0.5	2.50	0.7	50 100	21.60 40

3. 布水装置

均匀布水对生物流化床能够发挥正常的净化功能是至关重要的，特别是对液动流化床更为重要。布水不匀，可能导致部分载体沉积而不形成流化，使流化床工作受到破坏。布水装置又是填料的承托层，在停水时，载体不流失，并易于再次启动。

4. 脱膜装置

及时脱除老化的生物膜，使生物膜经常保持一定的活性，是生物流化床维持正常净化功能的重要环节。流化床的脱膜过程分为两类，即靠床内载体颗粒之间的摩擦脱膜和设置专门的脱膜设备。脱膜装置主要用于液动流化床，常用的有机械搅拌脱膜器、振动筛和刷形脱膜机，脱膜设备可单独设立，也可以设在流化床的上部。气动流化床一般不需要另行设置脱膜装置。

二、生物流化床的工艺类型

按使载体流化的动力来源分，可分为液流动力流化床、气流动力流化床和机械搅拌流化床等 3 种类型。按生物流化床处于好氧或厌氧状态，也可分为好氧流化床和厌氧流化床。

1. 液流动力流化床

液流动力流化床也称之为二相流化床，即在流化床内只有污水(液相)与载体(固相)相接触，如图 16-30 所示。其特点是充氧过程与流化过程分开并完全依靠水流使载体流化。在流化床外设充氧设备和脱膜设备，在流化床内只有液、固两相。原污水先经充氧设备，可利用空气或纯氧为氧源使污水中溶解氧达饱和状态。

生物流化床内的载体，全为生物膜所包覆，生物高度密集，耗氧速度很高，往往对污水的一次充氧不足以保证对氧的需要，此外，单纯依靠原污水的流量不足以使载体流化，因此要使部分处理水循环回流，增加富氧水，进而增加水中总的氧气含量。回流水循环率 R 一般按生物流化床的需氧量确定。

2. 气流动力流化床

气流动力流化床亦称为三相生物流化床，即污水（液）、载体（固）及空气（气）三相同步进入床体，如图16-31所示。

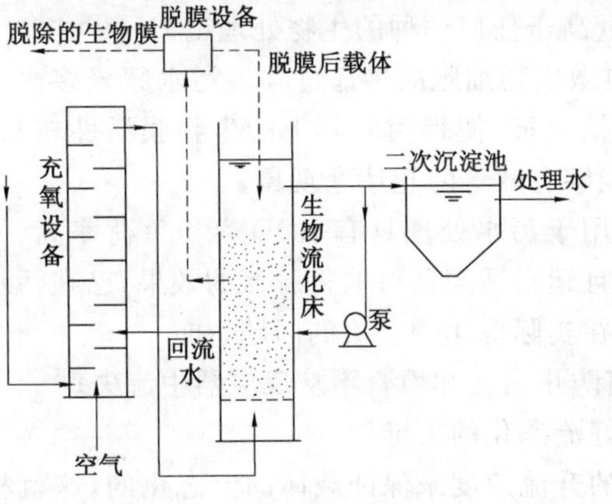

图16-30　液流动力流化床

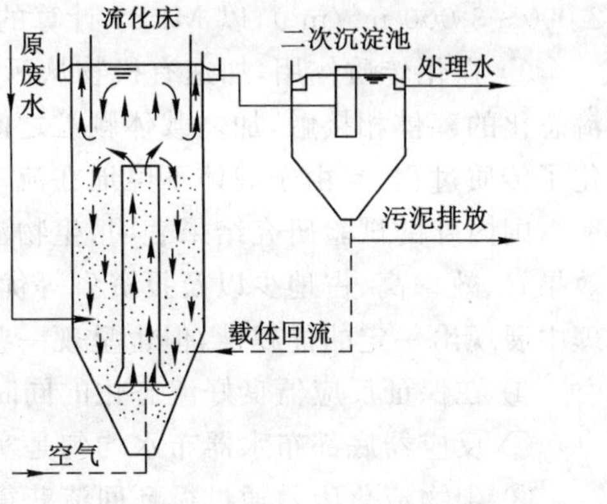

图16-31　气流动力流化床

气流动力流化床是由三部分组成的，在床体中心设输送混合管，其外侧为载体下降区，其上部则为载体分离区。空气由输送混合管的底部进入，在管内形成气、液、固混合体，空气起到空气扬水器的作用，混合液上升，气、液、固三相间产生强烈的混合与搅拌作用，载体之间也产生强烈的摩擦作用，外层生物膜脱落，输送混合管起到了脱膜作用。

气流动力流化床的技术关键之一，是防止气泡在床内合并成大气泡而影响充氧效率，为此可采用减压释放或射流曝气方式进行充氧或充气。

气流动力流化床可以高速去除有机污染物，BOD容积负荷率高达5 kg/(m^3·d)，处理水BOD值可保证在20 mg/L以下（对城市污水），便于维护运行，对水质、水量变动有一定的适应性，且占地面积少。

但是气流动力流化床脱落在处理水中的生物膜颗粒细小，用单纯沉淀法难以全部去除，如在其后用混凝沉淀法或气浮法进行固液分离，则能够取得优质的处理水。

气流动力流化床在适当的运行条件下具有硝化及脱氮的功能。

3. 机械搅拌流化床

机械搅拌流化床又称为悬浮粒子生物膜处理工艺，如图16-32所示。机械搅拌流化床池内分为反应室与固液分离室两部分，池中央接近于底部安装有叶片搅动器，由安装在池面上的电动机驱动转动以带动载体，使其呈流化悬浮状态。充填的载体为粒径为0.1～0.4 mm之间的砂、焦炭或活性炭，粒径小于一般的载体。采用一般的空气扩散装置充氧。

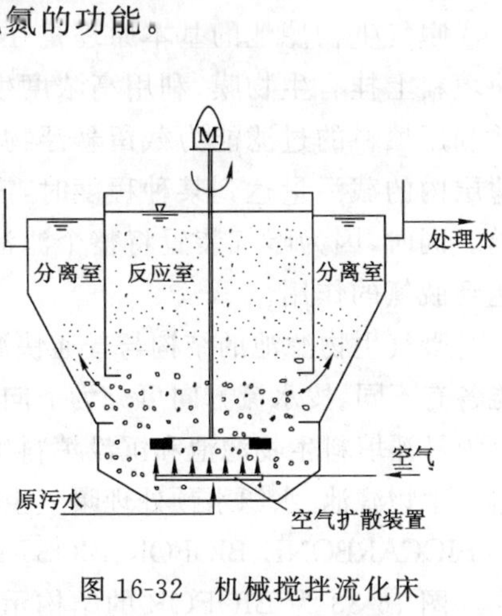

图16-32　机械搅拌流化床

机械搅拌流化床降解速率高，反应室单位容积载体的比表面积较大，可达8 000～9 000 m^2/m^3；用机械搅动的方式使载体流化、悬浮，反应可保持均一性，生物膜与污水接触的效率较高;MLVSS 值比较固定,无需通过运行加以调整。

三、生物流化床的优缺点

生物流化床具有如下两个显著特点:

① 提高处理设备单位容积内的生物量。载体处于流化状态,且比表面积大(可达 2 000~3 000 m^2/m^3),以 MLSS 计算的生物量高于任何一种的生物处理工艺。

② 强化传质作用,加速有机物从污水中向微生物细胞的传递过程。污水频繁多次地与流态化的载体相接触,加之载体颗粒之间的摩擦碰撞,使得附着其上的生物膜活性较高,强化了传质过程;且由于载体不停地在流动,还能够有效地防止堵塞现象。

国内外的试验研究结果表明,生物流化床用于污水处理具有 BOD 容积负荷率高、处理效果好、效率高、占地少以及投资省等优点,而且运行适当还可取得脱氮的效果,已在污水处理中展现出一定的优越性,但也呈现一些需要在实际应用中解决的问题,如:

① 在保证反应器良好流态化的同时,如何防止污泥和填料不从反应器中流失;

② 反应器底部布水器布水均匀是实现良好流态化的关键;

③ 生物流化床是通过循环回流获得较大的升流速度来保证载体的流态化的,这就相应地增加了能耗,提升了成本,阻碍了其在大规模污水处理工艺的应用。

为使生物流化床发展成为高效、低耗、连续处理大量污水的新型反应器,国内外又研究开发了一些新型生物流化床反应器,如磁场生物流化床、复合式生物流化床、三重环流生物流化床等。

第六节　曝气生物滤池

曝气生物滤池(Biological Aerated Filter)简称 BAF,是 20 世纪 80 年代在普通生物滤池的基础上,借鉴给水滤池开发的一种新型生物膜法污水处理工艺,90 年代初得到较大发展。

曝气生物滤池集曝气、高滤速、截留悬浮物和降解有机物、定期反冲洗等特点于一体,具有去除 SS、COD_{Cr}、BOD_5、硝化与反硝化、除去 AOX(有害物质)的作用,其最大特点是集过滤、生物降解、生物吸附于一体,并节省了后续二次沉淀池。

曝气生物滤池的基本原理是在滤池内装填大量粒径较小的粒状填料,通过培养和驯化使填料上挂有生物膜,利用高浓度生物膜的生物降解和生物絮凝作用处理污水中的有机物,并利用填料的过滤能力截留悬浮物和脱落的生物膜,保证脱落的生物膜不随出水流出。当滤层内的截污量达到某种程度时,需对滤层进行反冲洗,以释放截留的悬浮物,并更新生物膜。同时,因为曝气装置将整个滤池分为好氧区和缺氧区,可分别进行硝化和反硝化,从而达到脱氮的作用。

曝气生物滤池的结构与普通快滤池基本相同,但增加了曝气系统。其结构形式和使用功能各有不同,按水流方向可分为下向流曝气生物滤池和上向流曝气生物滤池,按填料的不同可分为悬浮填料生物滤池和沉没填料生物滤池,按使用功能分为去碳曝气生物滤池、硝化反硝化曝气生物滤池、水源水预处理曝气生物滤池和组合曝气生物滤池等。目前工程中常用的工艺有 BIOCARBONE、BIOFOR、BIOSTYR 和 BIOPUR,其中 BIOFOR 应用最为广泛。

图 16-33 为 BIOFOR 的结构示意图。污水通过滤池底部的进水管进入滤池,向上首先

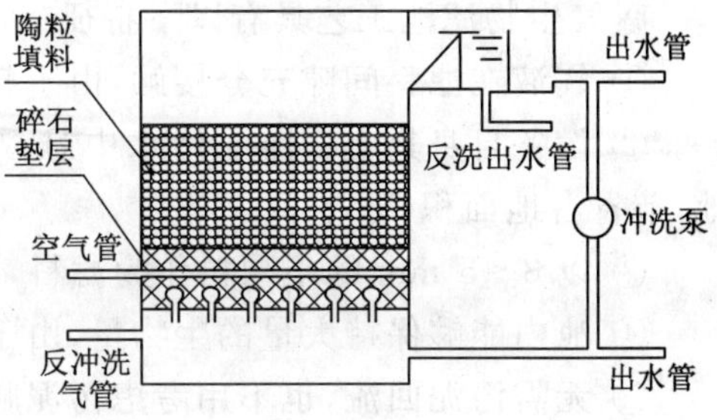

图 16-33 BIOFOR 结构示意图

流经填料层的缺氧区，此时反冲洗空气管处于关闭状态。缺氧区内，填料上的微生物利用进水中的溶解氧降解有机物，反硝化菌利用进水中的有机物作为碳源将滤池进水中的 NO_2^-、NO_3^- 转化为 N_2，实现反硝化脱氮；同时悬浮物也通过一系列复杂的物化过程被填料及其上面的生物膜吸附截留在滤床内。经过缺氧区处理的污水流经填料层内的曝气管后即进入好氧区，并与空气泡均匀混合继续向上流经填料层。在水气上升过程中，填料上的微生物利用水中的溶解氧进一步降解有机物，并将污水中的 NH_3-N 转化为 NO_2^-、NO_3^-，发生硝化反应。经净化后的水流出填料层，通过滤池挡板上的出水滤头排出滤池。

随着过滤过程的进行，过滤水头损失逐步加大到一定程度，需对滤池进行反冲洗再生，以去除滤床内过量的生物膜及悬浮物，恢复滤池的处理能力。反冲洗方式为气冲、水冲、气水联合反冲等，宜采用气水联合反冲洗，通过长柄滤头实现，其中反冲洗空气强度宜为 10～15 L/(m^2 · s)，反冲洗水强度不应超过 8 L/(m^2 · s)，冲洗时间一般为 30 min。

滤池出水的去向有三个：① 直接排出处理系统外；② 按回流比与原污水混合进入滤池实现反硝化；③ 用做反冲洗水。

填料作为曝气生物滤池的核心组成部分，滤池性能的优劣很大程度上取决于填料的特性，填料的研究和开发在曝气生物滤池工艺中至关重要。曝气生物滤池的填料应具有强度大、不易磨损、孔隙率高、比表面积大、化学物理稳定性好、易挂膜、生物附着性强、比重小、耐冲洗和不易堵塞的性质，宜选用球形轻质多孔陶粒或塑料球形颗粒。曝气生物滤池发展过程中依次出现过 3 种不同形式的填料：BIOCARBONE 采用的是石英砂粒；BIOFOR 采用的是轻质陶粒；BIOSTYR 采用的则是密度比水小的聚苯乙烯球形颗粒。石英砂粒由于密度大，比表面积、孔隙率小；当污水流经滤层时阻力很大，生物量少，因此滤池负荷不高、水头损失大。轻质陶粒和聚苯乙烯做填料时，由于密度小，比表面积、孔隙率大，生物量大，因此滤池负荷较大，水头损失较小。国外的实际运行表明，BIOFOR 和 BIOSTYR 明显优于 BIOCARBONE。不同类型的曝气生物滤池的结构特点见表 16-4。

表 16-4　不同类型曝气生物滤池结构特点

工艺形式	填料	进出水方式	曝气管位置	反冲洗方式
BIOCARBONE	石英砂	上部进水、下部出水	滤池中下部	气水联合反冲，底部设反冲气、水装置
BIOPUR	规则波纹板	上部进水、下部出水	滤池底部	气水联合反冲，底部设反冲洗气、水装置
BIOFOR	陶粒	下部进水、上部出水	滤池底部	气水联合反冲，气、水同时进入气水混合室
BIOSTYR	聚苯乙烯	下部进水、上部出水	滤池中下部	气水联合反冲，反冲洗水采用下向流

曝气生物滤池工艺具有以下特征：

① 气液在滤料间隙充分接触，由于气、液、固三相接触，氧的转移率高，动力消耗低。

② 设备自身具有截流原污水中悬浮物与脱落的生物污泥的功能，因此不需要设沉淀池，节省占地面积。

③ 以 3～5 mm 的小颗粒作为滤料，比表面积大，微生物附着力强。

④ 池内能够保持大量的生物量，由于截流作用，污水处理效果良好。

⑤ 无需污泥回流，也不用考虑污泥膨胀。如果反冲洗全自动化，维护管理也非常方便。

作为一种发展较快的新型生物膜法处理技术，曝气生物滤池工艺具有占地面积小、出水水质好、抗冲击负荷能力强、基建投资少、能耗及运行成本低等特点，在欧洲、北美等国已得到广泛应用，在我国处于推广阶段，显示出良好的应用前景，其应用领域为生活污水、工业污水和中水处理。

第七节　序批式生物膜反应器

序批式生物膜反应器(Sequencing Batch Biofilm Reactor，简称 SBBR)，是一种将生物膜法与活性污泥法进行有机结合的新型复合式生物膜反应器。它是在 SBR 基础上，在反应器内装有不同的填料，使污泥颗粒化或在反应器内安装填料使活性污泥在填料上形成生物膜，运行上遵循 SBR 的运行模式。

SBBR 工艺具有与 SBR 类似的工艺流程，如图 16-34 所示。一个完整的操作过程包括五个阶段：进水、反应、沉淀、出水、闲置，其运行工况是以时间顺序间歇操作。在一个运行周期中，各个阶段的运行时间、反应器内混合液的体积变化及运行状态都可以根据污水水质、出水水质要求、运行功能等要求灵活控制。与传统的 SBR 相比，SBBR 可以不设置沉淀过程。

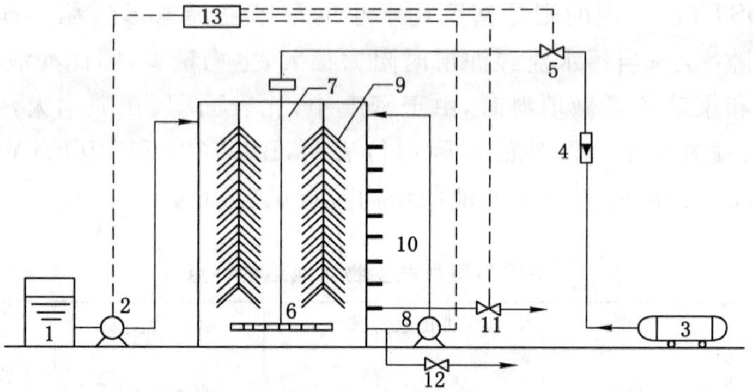

图 16-34　SBBR 工艺流程图

1——污水槽；2——进水泵；3——空气压缩机；4——空气流量计；5——空气电磁阀；6——微孔曝气器；7——反应器；8——回流泵；9——生物载体；10——出水口；11——出水电磁阀；12——排空阀；13——自动控制装置

按照所选填料的不同，SBBR 一般可分成三类：① 固定填料式 SBBR。反应器内装有陶粒、塑料及其他固定式生物载体。② 流动填料式 SBBR。反应器内装有粒状可流化的生物载体，如活性炭等。③ 微孔膜 SBBR。反应器内装有一个可透过性膜，这种膜可以成为微生物的载体，同时又能完成充氧功能。

SBBR通过将生物膜法与活性污泥法进行有机结合,形成了一些特有的优势,主要特点如下:

① 微生物相多样化。由于生物膜固定在填料上,具有稳定的生态条件,能栖息增殖速度慢、世代时间长的细菌和较高级的微生物,如硝化菌,还可能出现大量的丝状菌、线虫类、轮虫类等,故采用SBBR法可获得较好的脱氮效果。

② 微生物量高,耐冲击负荷。SBBR内挂的生物膜具有较少的含水率,单位体积内的生物量可达活性污泥法的5～10倍;而且反应器内生物膜的浓度和性质分布均匀,故具有良好的抗冲击负荷的能力。

③ 剩余污泥产量少。SBBR的生物膜上栖息较多高营养水平的微生物,食物链较长,生物污泥量较少,降低了污泥的处理与处置费用。

④ 动力消耗小,易于维护管理。由于SBBR填料的剪切作用,提高了氧的传输效率,故动力消耗较SBR小;且其不需要污泥回流,因而不需要经常调整污泥量和污泥排出量,易于维护管理。

SBBR兼具生物膜法和活性污泥法两种技术的特点,工艺简单,污泥产量少,基建运行费用低,实现了在一个反应器内污水的脱氮除磷,是目前国内外正在研究、应用的一种污水生物处理新工艺。国内的研究集中在工业污水的处理上,国外的研究主要集中在有毒、难降解有机物的处理上。

但SBBR研究和应用中尚存在一些问题有待进一步解决,如填料的选择、厌氧—好氧交替状态对微生物活性和种群分布的影响、同步脱氮除磷性能的提高等,SBBR是一种尚处于不断发展、完善阶段的生物处理技术。

习题与思考题

1. 什么是生物膜?它有哪些特点?

2. 简述生物膜的形成过程及更新方式和传质原理。

3. 比较生物膜法和活性污泥法的优缺点?

4. 简述各种生物膜法设备设施的基本构造和功能?

5. 什么叫回流?回流在高负荷生物滤池系统运行中有何意义?

6. 已知进入高负荷生物滤池原污水BOD_5值S_0=300 mg/L,滤池处理水的BOD_5,S_e=20 mg/L,回流比R=0.5。求解经处理水回流稀释后污水的BOD_5值S_a。

7. 某居住区生活污水量为10 000 m^3/d,通过初沉池处理后污水的BOD_5为220 mg/L,拟采用高负荷生物滤池进行处理。处理后出水的BOD_5要求达到30 mg/L。此外,当地年平均气温为5 ℃,冬季污水平均水温为12 ℃,滤料高度为2 m,试确定滤池的尺寸(V和D)。(滤池有机负荷为800 $gBOD_5/m^3 \cdot d$)。

8. 已知某住宅区生活水量为500 m^3/d,BOD_5为300 mg/L,平均水温为16 ℃,试设计生物转盘处理工艺,使其出水BOD_5不大于30 mg/L。

9. 某住宅区生活水量为2 500 m^3/d,BOD_5为150 mg/L,拟采用生物接触氧化池处理,要求出水BOD_5小于20 mg/L,设计接触氧化池计算参数。

10. 简述生物流化床与其他生物膜法工艺的异同,说明其优越性。

第十七章 厌氧生物处理

厌氧生物处理(Anaerobic Biological Treatment)是指在无分子氧的条件下,通过厌氧微生物或兼性微生物的作用,将污水中的有机物分解并产生甲烷和二氧化碳的过程,又被称为厌氧消化(Anaerobic Digestion)、厌氧发酵(Anaerobic Fermentation)。

厌氧生物处理技术最早用于城市污水处理厂的污泥处理,作为一种高效低耗的生物处理工艺,现已广泛用于处理中、高浓度有机工业污水。厌氧生物处理通常与好氧生物处理技术相结合,作为好氧生物处理的前处理工艺,能有效提高污水的可生化性。

第一节 厌氧生物处理的基本原理

一、厌氧生物处理的基本过程

厌氧生物处理过程是一个由多种微生物共同作用的复杂的生化过程,自 20 世纪 30 年代以来,随着对厌氧微生物学研究的不断深入,很多学者提出了不同的理论来反映厌氧降解的基本过程,比较有代表性的有两阶段理论、三阶段理论和四阶段理论。

1. 两阶段理论

在 20 世纪 30～60 年代,人们普遍认为厌氧降解过程可以分为两个阶段:第一阶段为酸性发酵阶段,污水中的有机物在产酸菌的作用下,发生水解和酸化反应,而被降解为低分子的中间产物,如脂肪酸、醇类、CO_2 和 H_2 等。因为该阶段有大量的脂肪酸产生,使消化液的 pH 值降低,所以此阶段称为酸性发酵阶段,或称为产酸阶段;第二阶段为碱性发酵阶段,产甲烷菌利用前一阶段的产物,并最终将其转化为 CH_4 和 CO_2。由于有机酸在该阶段不断地被转化 CH_4 和 CO_2,同时系统中有 NH_4^+ 的存在,使消化液的 pH 值不断上升,所以此阶段称为碱性发酵阶段,或称为产甲烷阶段。

很多学者发现上述过程不能真实完整地反映厌氧降解过程的本质,因为厌氧微生物学的研究结果表明,产甲烷菌是一类非常特别的细菌,它们只是利用一些简单的有机物如甲酸、乙酸、甲醇、甲基胺类以及 H_2、CO_2等,而不能利用除乙酸以外的含两个碳以上的脂肪酸和甲醇以外的醇类。

2. 三阶段理论

20 世纪 70 年代,Bryant 根据微生物的生理种群,提出了厌氧生物降解过程的三阶段理论。该理论认为,整个厌氧消化过程可以分为三个阶段,突出了产氢产乙酸菌的作用,并把其独立划分为一个阶段,有机物厌氧分解过程见图 17-1。

第一阶段为水解发酵阶段:复杂的大分子、不溶性有机物在胞外酶的作用下水解为小分子、溶解性有机物,渗入到细胞体内后,在发酵细菌(Fermentative Bacteria)的作用下,分解产生高级脂肪酸、醇、醛类等。

碳水化合物、脂肪、蛋白质的厌氧分解过程分别为：

$$多糖（低聚糖）\xrightarrow{水解胞外酶}单糖\xrightarrow{发酵细菌}脂肪酸、醇、醛类$$

$$脂肪\xrightarrow{水解胞外酶}长链脂肪酸、甘油\xrightarrow{发酵细菌}短链脂肪酸、丙酮酸、CH_4、CO_2$$

$$蛋白质\xrightarrow{水解胞外酶}氨基酸\xrightarrow{发酵细菌}脂肪酸、NH_3、CH_4、CO_2、H_2S$$

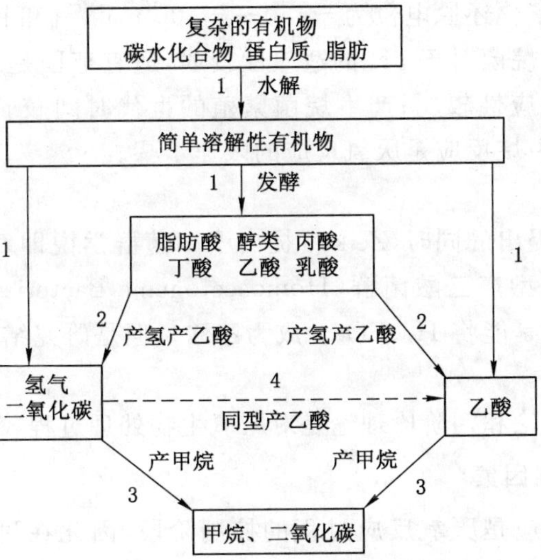

图 17-1　有机物厌氧分解过程

1——发酵细菌；2——产氢产乙酸菌；3——产甲烷菌；4——同型产乙酸菌

参与这个阶段的发酵细菌主要为厌氧菌和兼性厌氧菌，如梭菌属、拟杆菌属、丁酸弧菌属、乳杆菌属、双歧杆菌属等；若按功能来分类，则可将发酵细菌分为纤维素分解菌、半纤维素分解菌、淀粉分解菌、蛋白质分解菌、脂肪分解菌等。一般来说，水解过程比较缓慢，会成为厌氧反应的限速步骤，但产酸反应的速率一般比较快。

第二阶段为产氢产乙酸阶段：产氢产乙酸菌（Hydrogen-producing Acetogenic Bacteria）将各种高级脂肪酸和醇类等氧化分解为乙酸和 H_2，在降解奇数碳素有机酸时还形成 CO_2。主要反应有：

$$CH_3CH_2OH+H_2O \longrightarrow CH_3COOH+2H_2 \tag{17-1}$$

$$CH_3CH_2COOH+2H_2O \longrightarrow CH_3COOH+3H_2+CO_2 \tag{17-2}$$

$$CH_3CH_2COOH+2H_2O \longrightarrow 2CH_3COOH+2H_2 \tag{17-3}$$

上述各反应只有在系统的乙酸浓度和氢的分压均很低时才能顺利进行，参与这个阶段的产氢产乙酸菌多属互营单胞菌属、互营杆菌属、梭菌属、暗杆菌属等，多数是严格厌氧菌或兼性厌氧菌。

第三个阶段为产甲烷阶段：产甲烷菌（Mathanogenic Bacteria）将第一和第二阶段产生的乙酸、H_2和 CO_2转化为 CH_4和 CO_2。主要反应为：

$$CH_3COOH \longrightarrow CH_4+CO_2 \tag{17-4}$$

$$4H_2+CO_2 \longrightarrow CH_4+2H_2O \tag{17-5}$$

通常可将参与该阶段反应的产甲烷菌分为两大类，即乙酸营养型产甲烷菌和 H_2 营养型产甲烷菌。一般来说，自然界中乙酸营养型产甲烷菌的种类较少，只有产甲烷八叠球菌（Methanosarcina）和产甲烷丝状菌（Methanothrix）两大类，但在厌氧反应器中，这两种细菌的数量一般较多，且有 70% 左右的甲烷是来自乙酸的氧化分解。

产甲烷菌具有各种不同的形态，常见的有产甲烷杆菌、产甲烷球菌、产甲烷八叠球菌和产甲烷丝菌，都是极严格的厌氧细菌，专一性很强，每种甲烷细菌只能代谢一定的底物。一般要求其生存环境中的氧化还原电位为－150～－400 mV，氧和其他任何氧化剂都对其具有极强的毒害作用；产甲烷菌对于 pH 的适应性较弱，适宜范围是 6.5～7.5，最佳 pH 值为 6.8～7.2，对于温度的适应性较弱；产甲烷菌繁殖的世代时间较长，一般为 4～6 d 甚至更长，因此，一般情况下产甲烷反应是厌氧反应的限速步骤。

3. 四阶段理论

几乎与三阶段理论提出的同时，Zeikus 提出了四菌群学说即四阶段理论。与三阶段理论相比，该理论增加了同型产乙酸菌群（Homoacetogenic Bacteria），如图 17-1 中虚线部分所示，该菌群的代谢特点是能将 H_2、CO_2 合成为乙酸。但是研究结果表明，这一部分乙酸的量较少，一般可忽略不计。

目前为止，三阶段理论和四阶段理论是对厌氧生物处理过程较全面和准确的描述。

二、厌氧消化的影响因素

一般来说，产甲烷反应是厌氧反应过程的控制阶段，因此在讨论厌氧反应的影响因素时，主要也以对产甲烷菌的各项影响因素为准。影响厌氧处理效率的因素可分为两大类：一类是环境因素，包括温度、pH 值、氧化还原电位、营养比、有毒物质等；第二类是工艺因素，包括水力停留时间、有机负荷、搅拌和混合等。

1. 温度

温度对厌氧细菌的影响尤为显著，主要是通过对厌氧微生物细胞内酶的活性的影响而影响微生物的生长速率和对基质的代谢速率，进而影响到污水厌氧处理工艺中的污泥产量、有机物的去除率、反应器的处理负荷等；另外温度还会影响生化反应过程中中间产物的形成及各种物质在水中的溶解度，进而影响到沼气的产量和成分。

根据产甲烷菌对温度的适应性，可将其分为两类，即中温甲烷菌（30～36 ℃）；高温甲烷菌（50～53 ℃）。利用中温甲烷菌进行厌氧消化处理的系统叫中温消化，利用高温甲烷菌进行厌氧消化处理的系统叫高温消化。

中温或高温厌氧消化允许的温度变动范围为±1.5～2.0 ℃，当有±3 ℃变化时，就会抑制消化速率，有±5 ℃急剧变化时，就会突然停止产气，使有机酸大量积累而破坏厌氧消化。

消化时间是指产气量达到总量 90%所需的时间。表 17-1 为中温消化和高温消化的运行参数。

表 17-1　　中温消化和高温消化的运行参数

类型	有机负荷 /[kg/(m³·d)]	产气量 /[m³/(m²·d)]	消化时间 /d	灭菌率	备注
中温消化	0.6～1.5	1～1.3	20～30	低	对寄生虫卵及大肠菌的杀灭率
高温消化	2.0～2.8	3.0～4.0	10～15	高	可满足卫生要求

从表 17-1 可知，中温消化的消化时间长，产气率低，对寄生虫卵及大肠菌的杀灭率较低；高温消化的消化时间短，产气率高，对寄生虫卵杀灭率可达 99%，大肠菌指数可达 10～100，可满足卫生要求。

2. pH 值和酸碱度

pH 值和酸碱度是厌氧消化中的重要控制因素。厌氧消化三阶段是在一个构筑物中进行，水解与发酵细菌与产氢产乙酸细菌对 pH 变化适应性较强，其最适 pH 值范围 5.5～6.5；而产甲烷菌能适应的 pH 值范围较窄，一般为 6.5～7.5，pH 值变化会影响到产甲烷细菌生存。在消化过程中，有挥发酸的形成会引起 pH 值下降，影响到产甲烷菌的生存，但由于消化池中存在着消化液，具有缓冲作用，可以维持消化正常进行。

消化液缓冲作用是由于有机物消化降解产生的 HCO_3^- 和 H_2CO_3 形成的，反应如下：

$$CO_2 + H_2O \rightleftharpoons H_2CO_3 \rightleftharpoons H^+ + HCO_3^- \tag{17-6}$$

其电离常数 $K' = \frac{[H^+][HCO_3^-]}{[H_2CO_3]}$，当有机酸浓度增加时，反应向左进行，若增加的有机酸较 HCO_3^- 和 H_2CO_3 数量少，$[HCO_3^-]/[H_2CO_3]$ 值变化不大，则 pH 值变化不大。

HCO_3^- 碱度可表示消化液缓冲能力大小，当 HCO_3^- 碱度低时，挥发酸浓度略有增加，即可对 pH 造成严重影响，对甲烷细菌产生环境影响，相反，有足够碱度，则该系统能承受挥发酸浓度的显著波动，而 pH 值不会有大的变化。

为了维护消化的正常运行，我们需要定期测定消化液的碱度，挥发酸浓度，pH 值，这三者中挥发酸的测定更重要。挥发酸浓度突然增加，表明产甲烷细菌受到抑制，消化池不正常；相反，挥发酸浓度突然降低，表明促进了产甲烷细菌的代谢活动，也就是说，挥发酸浓度增大是导致厌氧效果下降的直接原因，挥发酸浓度增大到足以降低 pH 值时，厌氧消化效果已显著下降。

实际上，厌氧体系是一个 pH 值的缓冲体系，碱度的作用主要是保证厌氧体系具有一定的缓冲能力，以维持合适的 pH 值，厌氧体系一旦发生酸化即脂肪酸严重积累，pH 值下降到低于 5.5，则需要很长时间才能恢复。故在消化系统管理时，pH 值一般为 6.5～7.5，HCO_3^- 碱度保持在 2 000～5 000 mg/L（以 $CaCO_3$ 计），挥发酸为 200～400 mg/L（以 HAc 计）。

3. 氧化还原电位

厌氧环境是严格厌氧的产甲烷菌进行正常生理活动的基本条件，厌氧反应器中的氧浓度可通过氧化还原电位（Oxidation Reduction Potential，简写为 ORP）来反映。不同的厌氧消化系统要求的氧化还原电位也不相同，在厌氧发酵过程中，不产甲烷菌对氧化还原电位的要求不甚严格，可在＋100～－100 mV 的环境中正常生长和活动；而产甲烷菌的最适氧化还原电位为－350～－400 mV。

4. 营养比

为满足厌氧微生物的营养要求，在工程中需要控制进入厌氧反应器的 C、N、P 的比例，厌氧细菌对 N、P 等营养的要求略低于好氧微生物，其 C：N：P＝200～300：5：1。厌氧反应所需的碳相对高些，污水的性质不同其比例有所不同，这是因为厌氧反应的细胞合成率低，且不同性质的污水所含的碳的可生物利用性不同。

产甲烷菌生长所需的碳源和能源物质是非常有限的，常见的基质包括 H_2、CO_2、乙酸、甲醇、甲胺类物质等，还有一些能利用 CO 作为基质，但此时产甲烷菌生长能力较差。除嗜乙酸型产甲烷菌和专性甲基营养型产甲烷菌外，大多数产甲烷菌能利用 H_2 作为能源，尽管少数菌种不需要碳源，但乙酸、氨基酸和维生素都能刺激大部分产甲烷菌的生长。

尽管产甲烷菌的碳源和能源有限，但作为厌氧生物处理过程而言，它能降解转化的有机物几乎包含自然界中的所有物质，甚至许多在好氧条件下不能和不易降解的复杂有机物。

5. 有毒物质

所谓"有毒"是相对的，事实上任何一种物质对甲烷消化都有两方面的作用，即有促进甲烷细菌生长的作用与抑制甲烷细菌生长的作用。关键在于它们的浓度界限，即毒阈浓度。表 17-2 列举某些物质的毒阈浓度。低于毒阈浓度下限，对甲烷细菌生长有促进作用；在毒阈浓度范围内，有中等抑制作用，如果浓度是逐渐增加的，则甲烷细菌可被驯化；超过毒阈浓度上限，对甲烷细菌有强烈的抑制作用。

表 17-2　某些物质的毒阈浓度

物质名称	毒阈浓度界限/(mg/L)	物质名称	毒阈浓度界限/(mg/L)
碱金属和碱土金属 Ca^{2+}、Mg^{2+}、Na^{+}、K^{+}	10^{-1}～10^{+6}	胺类	10^{-5}～10^{0}
重金属 Cu^{2+}、Ni^{2+}、Zn^{2+}、Hg^{2+}、Fe^{2+}	10^{-5}～10^{-3}	有机物质	10^{-6}～10^{0}
H^{+} 和 OH^{-}	10^{-6}～10^{-4}		

6. 水力停留时间

水力停留时间是厌氧工艺一个重要的控制参数，它直接影响着反应器的运行稳定性和高效性。它对厌氧工艺的影响是通过上升流速来体现的，一般高的上升流速可增加污泥与进水有机物之间的接触，有利于提高去除率；但是流速过高，反应器内的污泥可能会被冲刷出反应器。在 UASB 反应器中，一般控制反应区内的平均上升流速不低于 0.5 m/h，设计推荐值为 1.25～3 m/h。

7. 有机负荷

在厌氧法中，进水有机负荷通常指有机容积负荷，即消化池单位有效容积单位时间内接受的有机物的量。有机负荷反映了基质与微生物之间的供需关系，它是影响污泥增长、污泥活性和有机物降解的主要因素。

提高有机负荷，可加快污泥增长和有机物的降解，缩小反应器所需的容积；但对于厌氧生物处理过程而言，有机负荷过高，会出现产酸反应与产甲烷反应的失衡现象，产酸率将大于产甲烷率，导致挥发酸积累而使 pH 值下降，破坏产甲烷阶段的正常运行，严重时产甲烷作用停止，系统运行失败，并很难恢复。

有机负荷是影响厌氧消化效率的重要因素之一，直接影响产气量和处理效率。在一定范围内，随着有机负荷的提高，单位重量物料的产气量趋于下降，而反应器的容积产气量则增多，反之亦然。

在处理常规的有机工业污水时，一般厌氧工艺的进水有机负荷为 5～10 $kgBOD_5/(m^3 \cdot d)$，有的高达 50 $kgBOD_5/(m^3 \cdot d)$，比好氧工艺要高 10 倍以上。

8. 搅拌和混合

搅拌混合是提高消化效率的工艺条件之一,新鲜污水投入消化池后,应该及时加以搅拌,使新鲜污水与池内微生物充分接触,消除池内梯度,增加消化池内底物和微生物的接触机会,避免料液的分层现象;搅拌还可以缩短消化时间,提高产气量。

搅拌的方法一般有:机械搅拌、消化液循环搅拌、沼气循环搅拌等方式。

第二节 厌氧生物处理工艺

一、概述

1. 厌氧生物处理技术的特点

与好氧生物处理技术相比较,厌氧生物处理技术有一系列明显的优点。

① 应用范围广。厌氧法既可用于处理有机污泥,也适用于处理有机污水,尤其是中、高浓度有机污水的处理,厌氧微生物可处理好氧微生物难以降解的有机物,如固体有机物和某些偶氮染料等。

② 有机负荷率高。好氧法有机容积负荷率一般为 0.7～1.2 kgCOD/(m^3 · d),而厌氧法有机容积负荷率一般为 10～60 kgCOD/(m^3 · d)。

③ 污泥产量低。厌氧菌世代时间长,其产率系数 Y 值较小,故厌氧法生成的剩余污泥量少,仅为好氧法的 1/6～1/10,而且污泥已稳定,可降低污泥的处理费用。

④ 能耗低。厌氧生物处理过程中,细菌分解有机物是在无氧条件下,故不必给系统提供氧气,厌氧法动力消耗一般为活性污泥法的 1/10 左右,而且所产生的沼气可作为能源,去除每千克 COD 产生的沼气量一般为 0.35～0.45 m^3,沼气发热量 21～23 MJ/m^3。

⑤ 对营养需要量低。厌氧法去除 1 千克 BOD_5 所合成细胞量远低于好氧法,故可减少对 N、P 的需要量,一般厌氧法营养需要量为 BOD_5 ∶ N ∶ P＝(200～300) ∶ 5 ∶ 1。

⑥ 对某些难降解有机物有较好的降解能力。研究发现厌氧微生物具有某些脱毒和降解有害物质的功效,还具有某些好氧微生物不具备的功能,如多氯链烃和芳烃的还原脱氯、芳香环还原为烷烃环结构或环的断裂等。所以,采用厌氧法处理合成的、有毒的、有害的有机物可取得较好的效果。

但厌氧生物处理法也存在一些缺点,如:

① 设备启动时间长。因为厌氧微生物增殖缓慢,启动时经接种、培养、驯化,达到设计污泥浓度时间比好氧生物处理长,一般为 8～12 周,甚至更长。

② 处理出水水质差。厌氧处理去除有机物不彻底,出水水质一般不能达到排放标准的要求,通常要在厌氧处理后串联好氧生物处理。

③ 不能脱氮和除磷。含氮和磷的有机物经过厌氧消化处理后,其所含的氮磷被转化为氨氮和磷酸盐,由于只有很少的氮和磷被细胞合成所利用,故绝大部分的氮磷以氨氮和磷酸盐的形式被排放,故采用厌氧法处理污水,一般不能去除污水中的氮和磷。

④ 卫生条件差。厌氧反应会产生有毒和具有恶臭的气体,如硫化氢,若反应器不能做到完全密闭,就会散发出臭味,引起二次污染。

⑤ 运行管理较为复杂。由于厌氧菌的种群较多,虽性质各不相同,但相互又密切关联,如运行中需保持产酸菌和产甲烷菌两大类种群的平衡,稍有不慎,可能使两菌群失衡,导致

反应器不能正常工作，故对运行管理的要求较为严格。

2. 厌氧生物处理工艺的分类

厌氧过程广泛存在于自然界中，早在1881年，法国的Louis Mouras发明了"自动净化器"来处理污水污泥，从而开始了人类利用厌氧生物过程处理污水废物的历程。

按照发展经历，厌氧生物处理工艺可分为三类：第一代厌氧反应器，以厌氧消化池为代表，属于低负荷系统，因无法实现对水力停留时间和污泥停留时间的分离，使处理污水的停留时间至少需要20～30 d，所以反应器容积大，处理效率极低；20世纪50年代诞生了厌氧接触工艺，60年代出现了厌氧滤池，70年代Lettinga等人开发了UASB反应器，是第二代厌氧反应器，属于高负荷系统，其特点是实现了污泥停留时间与水力停留时间相分离，可以维持较长的污泥龄，但水力停留时间较短，从而提高了反应器内污泥的浓度，反应器有很高的处理效能；20世纪90年代初以内循环反应器(IC)、厌氧膨胀污泥床反应器(EGSB)、升流式流化床(UFB)为典型代表的第三代厌氧反应器相继出现，实现了在将固体停留时间和水力停留时间相分离的前提下，使固液两相充分接触，从而既能保持高的污泥浓度，又能使污水和活性污泥之间充分混合、接触，真正实现了高效。

按厌氧微生物的凝聚形态，厌氧生物处理工艺可分为悬浮生长厌氧反应器和附着生长厌氧反应器。悬浮生长厌氧反应器中活性污泥是以絮状或颗粒状悬浮于反应器液体中生长，如传统消化池、厌氧接触消化池、升流式厌氧污泥床(UASB)、厌氧颗粒污泥膨胀床(EGSB)等；而附着生长厌氧反应器是微生物附着于固定载体或流动载体上生长，如厌氧生物滤池、厌氧流化床和厌氧生物转盘等。

按照厌氧消化的阶段，厌氧生物处理工艺可分为单相厌氧反应器和两相厌氧反应器。单相厌氧反应器是将产酸阶段与产甲烷阶段结合在一个反应器中，而两相厌氧反应器则是将产酸阶段和产甲烷阶段分开在两个互相串联的反应器中进行。由于厌氧反应过程中产酸速率较产甲烷速率快，所以两者分开，可充分发挥产酸菌的作用，进而能提高整个系统的反应速率。

二、厌氧生物处理工艺

1. 厌氧接触工艺

厌氧接触工艺(Anaerobic Contact Process)是在传统的完全混合反应器的基础上发展起来的，其工艺流程如图17-2所示。污水先进入消化池与回流的厌氧污泥相混合，污水中的有机物被厌氧污泥所吸附、分解，厌氧反应所产生的沼气由顶部排出；处理后的水与厌氧污泥的混合液从消化池上部排出，在沉淀池中完成固液分离，上清液由沉淀池排出，部分污泥回流至消化池，另一部分作为剩余污泥处理。在消化池中，搅拌可以用机械方法，也可以用泵循环等方式。

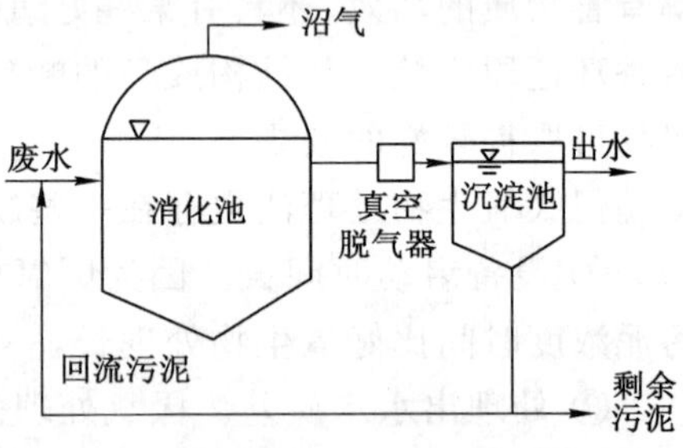

图17-2 厌氧接触工艺流程图

厌氧接触法的主要特征在厌氧消化池后设沉淀池，污泥进行回流，使厌氧消化池内维持较高的污泥浓度，缩短了水力停留时间。其对于悬浮物含量较高的有机污水处理效果较好，微生物可大量附着生长在悬浮污泥上，使微生物与污水的接触表面积增大，悬浮污泥的沉降性能也较好。

厌氧接触工艺具有以下特点：

① 消化池污泥浓度达到 5～10 gVSS/L，耐冲击负荷能力强。

② 与普通厌氧法相比较，该工艺减少出水微生物浓度。

③ 适合处理悬浮物浓度、有机物浓度高的污水。

厌氧接触工艺存在的问题是，从厌氧反应器排出的混合液中的污泥由于附着大量气泡，在沉淀池中易于上浮到水面而被出水带走，此外进入沉淀池的污泥仍有产甲烷菌的活动，并产生沼气，使已沉下的污泥上翻，引起固液分离不佳。

对这些问题可采取下列技术措施：

① 在消化池与沉淀池之间设真空脱气器，脱除混合液中的沼气，但不能抑制产甲烷菌在沉淀池内继续产气。

② 在消化池与沉淀池之间设冷却器，使温度从 35 ℃降温至 15 ℃，以抑制产甲烷菌在沉淀池内活动。

③ 向混合液投加混凝剂，提高沉淀效果。如先投加氢氧化钠，再投三氯化铁。

④ 用超滤器代替沉淀池，以提高固液分离效果。

厌氧接触工艺是现代高速厌氧反应器中应用较早的反应器，它在处理中等浓度的污水，如屠宰加工污水、啤酒污水、制糖污水等处理中取得了令人满意的效果。表 17-3 为国外部分生产性厌氧接触工艺运行数据。从表中可以看出，国外厌氧接触工艺主要用于处理食品加工等有机污水。厌氧接触工艺在我国也已用于处理某些工业污水。例如，我国某酒精厂采用厌氧接触法处理酒精污水，反应温度 53～55 ℃，原污水 BOD_5 浓度为 26 000～34 000 mg/L，水力停留时间为 4～4.5 d，BOD_5 去除率为 87％。

厌氧接触工艺除在处理中、高浓度有机污水方面获得较为广泛的应用外，在污泥等固体废物处理方面也得到应用。

表 17-3　国外部分生产性厌氧接触工艺运行参数

污水种类	运行温度 /℃	污水浓度 /($mgBOD_5$/L)	有机负荷率 /[$kgBOD_5/(m^3 \cdot d)$]	水力停留时间 /d	BOD_5去除率 /%
玉米淀粉污水	23	6 280	1.8	3.3	88
威士忌酒厂污水	33	25 000	4.0	6.2	95
啤酒污水	33	3 900	2.0	2.3	96
葡萄酒厂污水	33	9 000	5.8	2.0	96
糖果厂污水	33	7 000	1.5	4.6	92
酵母污水	33	3 040	2.1	2.0	81
柠檬酸污水	33	4 600	3.4	1.3	87
屠宰厂污水	33	2 100	1.4	1.3	96
肉类加工厂污水	33	1 380	2.5	0.5	91
大米加工厂污水	30	1 290	1.4	1.2	92
乳品加工厂污水	33	2 950	1.5	2.0	93
棉籽精炼污水.	30	1 600	1.2	1.3	92

2. 厌氧生物滤池

(1) 构造

厌氧生物滤池(Anaerobic Biological Filter，AF)是采用填料作为微生物载体的一种高速厌氧反应器。厌氧菌在填料上附着生长，形成生物膜。污水淹没式地通过填料，在生物膜的吸附作用和微生物的代谢作用以及滤料的截流作用下，污水中有机物被去除。产生的沼气聚集于池顶部罩内，并从顶部引出，出水由反应器旁侧排出。因此其构造与原理类似于好氧生物滤池。

填料是厌氧生物滤池的主要部分。填料的选择对厌氧生物滤池的运行有重要影响。这些影响因素包括填料的材质、粒度、比表面积和孔隙率等。表面粗糙、孔隙率高、比表面积大、易于生物膜附着是对填料的基本要求；同时还要求填料的化学及生物学稳定性强、机械强度高；此外对微生物无抑制作用、质轻、价格低廉也是选择填料时需要考虑的重要因素。

填料的种类很多，例如碎石、陶瓷、塑料、炉渣、玻璃、珊瑚、贝壳、海绵、网状泡沫塑料等。厌氧生物滤池生产常用的填料有以下几类：

① 实心块状填料。如碎石、卵石等，其比表面积较小，孔隙率低。采用这类填料的厌氧生物滤池生物固体浓度低，使其有机负荷受限制，仅为 3～6 kgCOD/(m^3 · d)，这类滤池在运行中易发生堵塞和短流现象。

② 空心填料。多用塑料制成，呈圆柱形或球形，内部则有不同形状不同大小的空隙，可减少填料层的堵塞现象。

③ 蜂窝或波纹板填料。包括塑料波纹板和蜂窝填料，其比表面积可达 100～200 m^2/m^3，厌氧生物滤池的有机负荷达 5～15 kgCOD/(m^3 · d)。此类填料质轻、稳定，滤池运行时不宜被堵塞。

④ 软性或半软性填料。包括软性尼龙纤维填料，半软性聚乙烯、弹性聚苯乙烯填料等。此类滤料的主要特性是纤维细而长，因此，比表面积和孔隙率均大。

厌氧生物滤池除填料外，还有布水系统和沼气收集系统。布水系统的作用是将进水均匀地分布于全池，同时应克服布水系统的堵塞问题。厌氧滤池多为封闭形，其中污水水位高于填料层，使填料处于淹没状态，上部封闭体积用于收集沼气，沼气收集系统包括水封、气体流量计等。

(2) 形式

根据水流方向，厌氧滤池可分为升流式和降流式两种形式。

图 17-3(a)为升流式厌氧生物滤池示意图，污水进入反应器底部并均匀布水，向上流动通过填料，处理水从滤池顶部旁侧流出，沼气通过设于滤池顶部最上端的收集管排出滤池。部分老化的生物膜剥落随出水排出，在反应器后设置的沉淀池中分离成为剩余污泥。

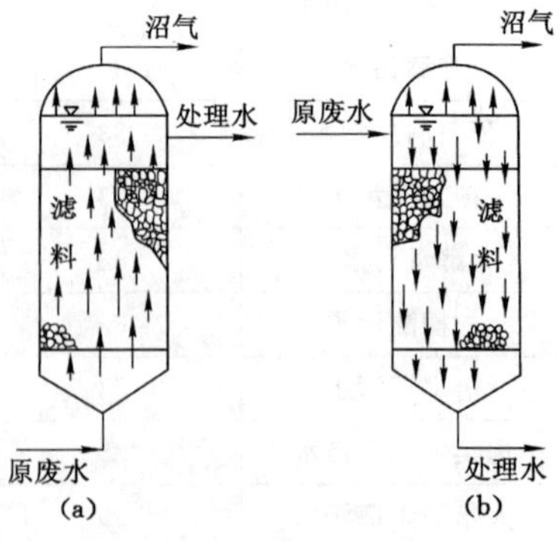

图 17-3　厌氧滤池构造图

(a) 升流式厌氧生物滤池；

(b) 降流式厌氧生物滤池

升流式厌氧生物滤池有机容积负荷率高，适合处理含悬浮物浓度较高的有机污水。普通升流式厌氧生物滤池的缺点有：① 底部易于堵塞；② 污泥浓度沿深度分布不均匀，上部滤料不能充分利用。为避免这些不足可采取处理出水回流的措施。

图 17-3(b)为降流式厌氧生物滤池示意图，污水从反应器顶部旁侧进入，处理后水由池底排出，沼气收集管仍设于池顶部上端。其堵塞问题不如降流式厌氧生物滤池严重，但是其膜的形成较慢，反应器的容积负荷也较低。

厌氧生物滤池的优点：① 滤池内可以保持很高的微生物浓度，因此，有机负荷率较高；② 微生物固体停留时间长，因此耐冲击负荷能力较强；③ 不需污泥回流，能耗低；④ 设备简单，操作管理方便；⑤ 出水悬浮物浓度较低。

其主要缺点是：滤池易堵塞，特别是滤池下部的生物膜较厚，更易发生堵塞的现象，而对滤池的清洗还没有简单有效的方法。因而它适于处理含悬浮物很低的溶解性有机污水，进水悬浮物浓度不应超过 200 mg/L。

(3) 厌氧生物滤池在污水处理中的应用

目前，厌氧生物滤池已用于小麦淀粉污水、制药污水、酿酒污水、蔬菜加工污水及溶剂生产等污水的处理，其 COD 负荷通常在 4～20 kg/(m^3 · d)，特别适用于处理溶解性污水。

美国 Celanese 化学公司采用有回流的升流式厌氧生物滤池处理 COD 为 16 g/L 的高浓度化工污水，其反应器容积 1 300 m^3，含甲醛的化工污水流量为 543 m^3/h，水力停留时间 1 h，COD 去除率为 65%。该系统占地面积少，对毒物有很好的适应性，例如对重金属不敏感，对毒性的甲醛和酚的进液浓度可分别达到 5 g/L 和 2 g/L，并能将其降解至 10 mg/L 以下。

在美国华盛顿建造的厌氧生物滤池处理小麦淀粉污水，进水 COD 浓度为 5.9～13.1 g/L。该系统采用了完全混合的工艺，其滤池填料部分高 6 m，直径 9 m，填料用石块，上部粒径 25～50 mm，下部粒径 50～75 mm，空隙率 40%。淀粉中悬浮物高达 1.37～83.6 g/L，但由于是易生物降解的淀粉，它的高浓度并未引起运行上的问题。在容积负荷为 3.8 kgCOD/(m^3 · d)，水力停留时间为 22 h 时，COD 去除率为 65%。

3. 厌氧膨胀床和厌氧流化床

(1) 工艺流程

工艺流程如图 17-4 所示，床内充填细小的固体颗粒填料，如石英砂，无烟煤，活性炭，陶粒，沸石等，填料粒径一般为 0.2～3 mm。污水从床底流入，水流沿反应器横断面均匀分布，为使床层膨胀，要采用出水回流，在较大上升流速下，颗粒被水流提升，产生膨胀现象。一般认为膨胀率为 10%～20% 称为厌氧膨胀床（Anaerobic Attacked Film Expanded Bed，AAFEB）；膨胀率为 20%～70% 时称为厌氧流化床（Anaerobic Fluidized Bed，AFB）。厌氧流化床载体粒径比厌氧膨胀床的小。

(2) 厌氧膨胀床和厌氧流化床的特点

① 耐冲击负荷能力强，运行稳定。细颗粒的填料为微生物附着生长提供较大的比表面积，使床内具有很高的微生物浓度，一般为 30 gVSS/L 左右，因此，有机物容积负荷高，为 10～40 kgCOD/(m^3 · d)，水力停留时间短，运行稳定，且占地小。

② 载体处于膨胀状态，能保证厌氧微生物和被处理介质充分接触及防止载体堵塞。

③ 床内生物固体停留时间长，剩余污泥量少。

④ 可应用于各种污水处理。

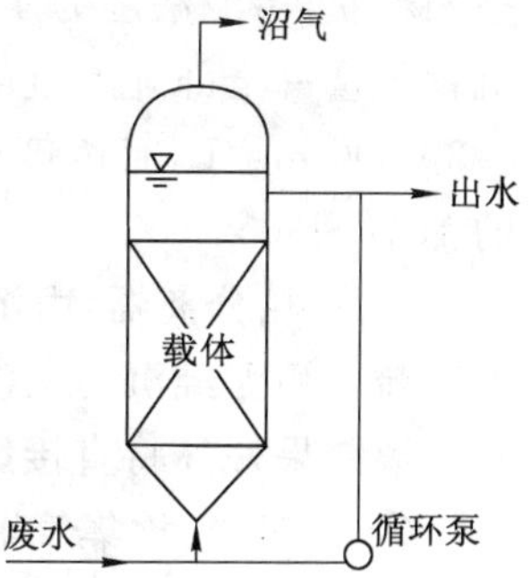

图 17-4 厌氧膨胀床和流化床示意图

厌氧流化床的主要缺点:① 载体流化耗能大;② 系统设计要求高。

(3) 应用

Jewell 以厌氧膨胀床作为 Ithaca 污水处理厂的二级处理,实践结果证明:采用厌氧膨胀床处理城市污水,出水可以达到二级排放标准,产生的剩余污泥量少,并且运行、管理、维护费用低。

厌氧生物流化床处理高浓度有机污水的研究与应用实例已比较广泛,处理的工业污水包括含酚污水、a-萘磺酸污水、鱼类加工污水、炼油污水、乳糖污水、屠宰场污水、煤气化污水等,处理的城市污水包括家庭污水、粪便污水、市政污水、厨房污水等,而且已发挥了显著优势。据报道,采用厌氧生物流化床处理含乙醇的化工污水,有机负荷为 4～27.3 kgCOD/(m^3 · d)时,COD 去除率达 93%～97%。处理大豆蛋白生产污水,有机负荷为 7.6～11.0 kgCOD/(m^3 · d)时,COD 去除率达 91%。可见厌氧生物流化床有机质去除率高,出水水质好。

4. 升流式厌氧污泥床

(1) 构造

升流式厌氧污泥床(Upflow Anaerobic Sludge Blanket,UASB)是荷兰 Wageningen 农业大学的 Lettinga 等人于 20 世纪 70 年代研制成功的,是一种集反应与沉淀于一体、结构紧凑的厌氧反应器,其结构如图 17-5 所示。

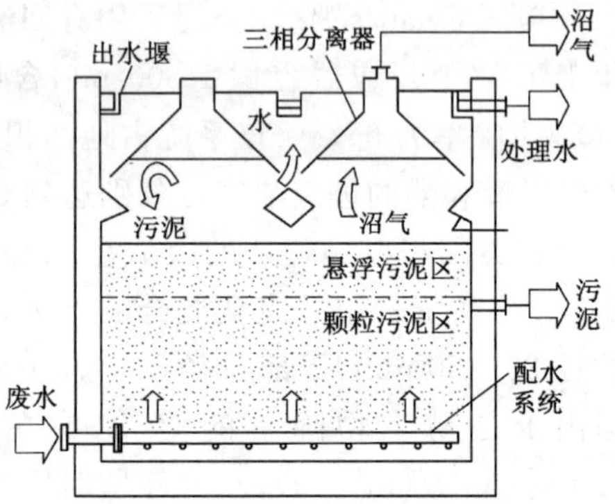

图 17-5　UASB 反应器构造原理

反应器断面形状一般为圆形或矩形,常为钢结构或钢筋混凝土结构。由于三相分离器的结构要求,常采用矩形断面以便于设计和施工。反应器主要由下列几部分组成:

① 进水配水系统:设于 UASB 的底部,其主要功能是把污水均匀分配到反应区的横断面上,使有机物能在反应区内均匀分布,有利于污水与微生物充分接触。同时,配水系统还起到水力搅拌的作用,这是反应器高效运行的关键之一。

② 反应区:是 UASB 的主要部位,在反应区内存留大量厌氧污泥,具有良好凝聚和沉淀性能的污泥在池底形成污泥床,包括颗粒污泥区和悬浮污泥区。底部的颗粒污泥区中污泥呈颗粒状,污泥浓度为 40 000～80 000 mg/L,容积占整个反应器容积的 30%,但其降解有机物的量占全部降解量的 70%～90%;上部的悬浮污泥区中污泥呈絮状,污泥浓度 15 000～30 000 mg/L,且浓度自下而上逐渐减少,容积占整个容积的 70%,承担着有机物降解量的 10%～30%。

③ 三相分离器:由沉淀区/回流缝和气封组成,其主要功能是气液分离、固液分离和污泥回流。污泥经沉淀区沉淀后经回流缝回流到反应区,沼气分离后进入气室。三相分离器的分离效果好坏将直接影响反应器的处理效果。

④ 气室:也称集气罩,其作用是收集产生的沼气。

⑤ 处理水排出系统:其功能是将沉淀区水面上的处理水,均匀地加以收集,排出反应器。

⑥ 浮渣清除系统:其功能是清除沉淀区液面和气室表面的浮渣。

⑦ 排泥系统：其作用是均匀排除反应区的剩余污泥。

(2) 工作原理与特点

UASB 的工作原理如图 17-5 所示，污水从反应器底部经配水系统均匀分布于反应器的横断面上，向上依次流经含有颗粒污泥和絮状污泥的污泥床，在厌氧条件下，污水中的有机物被颗粒污泥和絮状污泥降解，产生的沼气(甲烷和二氧化碳)引起内部的循环，有利于颗粒污泥的形成。形成的气体和附着气体的污泥颗粒向反应器顶部上升，到三相分离器实现气、液、固三相的分离，其中附着气体的污泥撞击到三相分离器后脱气后，沉淀到污泥床表面，气体遇到反射板或挡板后折向三相分离器的集气室被分离排出，而包含一些剩余固体和污泥颗粒的液体经过三相分离器的缝隙进入沉淀区，进一步进行固液分离，沉降下来的污泥滑回反应区，澄清后的处理水经出水堰收集后排出。

与其他厌氧污泥生物反应器相比，UASB 的特点如下：

① 实现了污泥的颗粒化。反应器内一般可形成厌氧颗粒污泥(Anaerobic Granular Sludge)，厌氧颗粒污泥不仅有较高的去除有机物的特性，而且具有良好的沉降特性，使反应器内保持很高的生物量。浓度可达 20～40 gVSS/L。

② 容积负荷率和处理效率高。反应器内生物量很高，生物固体停留时间很大，水力停留时间小，这使反应器的容积大大缩小，且有很高的容积负荷率和 COD 去除率，容积负荷率可高达 30～50 kgCOD/(m^3 · d)以上，COD 去除率达 90%以上。

③ 实现 SRT 与 HRT 的分离。反应器 SRT＞HRT，因此，反应器具有很好的运行稳定性。

④ 实现了固、液、气分离的一体化。由于反应器上部设置了三相分离器，能实现固液气三相分离，简化了工艺，节约了投资和运行费用。

⑤ 设备简单，运行管理方便，无需设沉淀池和污泥回流装置。反应器内不设搅拌装置，不加填料，造价相对较低，便于管理，也不存在堵塞问题。

(3) 厌氧颗粒污泥的形成机理

在 UASB 反应器中能培养得到具有良好沉降性能和高比产甲烷活性的颗粒污泥，实现了污泥的颗粒化。污泥颗粒化是指床中的污泥形态发生了变化，由絮状污泥变为密实、边缘圆滑的颗粒。颗粒污泥呈球形或椭球形，颜色为灰黑色或褐黑色，表面包裹着白色的生物膜，密度 1.03～1.08 g/cm^3，粒径一般为 0.5～3 mm。

有关颗粒污泥的机理目前还处于研究阶段，大多数是根据观察颗粒污泥培养过程中观察到的现象提出的，以下为几种目前比较有代表性的假说。

① 晶核假说。Lettinga 等人提出了“晶核假说”，认为颗粒污泥的形成类似于结晶过程，在晶核的基础上，颗粒不断发育到最后形成成熟的颗粒污泥。晶核来源于接种污泥或运行过程中产生的非溶解性无机盐，如 $CaCO_3$ 等颗粒物质。

② 电荷中和假说。细菌细胞表面带负电荷，互相排斥使菌体呈分散状态。金属离子如 Ca^{2+}、Mg^{2+} 等带有正电荷，两者互相吸引可以减弱细菌间的静电斥力，并通过盐桥作用促进细胞的相互凝聚，形成团粒。

③ 胞外聚合物假说。胞外聚合物是形成颗粒污泥的关键因素，胞外聚合物主要由蛋白质和多聚糖组成，其组成可影响细菌絮体的表面性质和颗粒污泥的物理性质，胞外聚合物的产生可以改变细菌表面电荷，从而产生凝聚作用。这是目前比较流行的假说。

④ Spaghetti 理论。该理论认为颗粒污泥的形成过程也就是选择压等物理作用对微生物进行选择的过程。在 UASB 的接种污泥中，存在 Methanothrix 和 Methanosarcina 两类细菌，在启动初期，Methanothrix 菌会长成小聚集体或附着在其他物体上，一旦新生体形成，颗粒慢慢长大，在上升水流和沼气的剪切力的作用下，颗粒会慢慢长成球形。

(4) UASB 在污水处理中的应用

目前，UASB 反应器已经广泛地应用于处理各种有机污水。如食品加工污水、造纸污水、制糖污水、制酒污水、屠宰污水、造纸污水、生活污水等。国外已有近千座生产性规模的 UASB 反应器应用于不同污水的处理，国内也已有数百座投入生产性运行。如北京啤酒厂采用 UASB 在常温下处理啤酒工业污水，当进水 COD 平均为 2 300 mg/L，容积负荷为 7.0～12.0 kgCOD/(m^3 · d)，水力停留时间 5～6 h，COD 去除率高于 75%。Lettinga 等采用 UASB 常温下处理生活污水，水力停留时间 12 h，COD 去除率为 60%～80%，其试验结果表明，UASB 反应器亦可用于对低浓度污水处理。

5. 厌氧折流板反应器

(1) 工作原理

厌氧折流板反应器(Anaerobic Baffled Reactor，ABR)是 McCarty 于 1982 年提出的一种新型高效厌氧反应器，结构见图 17-6。

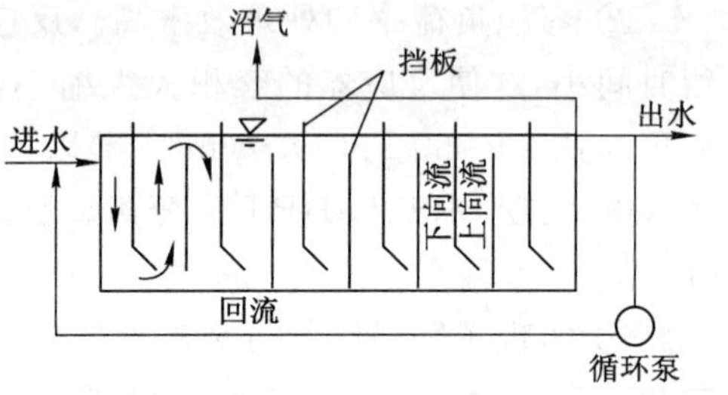

图 17-6 厌氧折流板反应器示意图

从构造上看，ABR 是通过内置的竖向导流板，将反应器分割成串联的几个反应室，每个反应室都是一个相对独立的 UASB 系统。运行时，污水进入反应器后沿折流板上下折流前进，依次通过每个反应室内的污泥床，并通过水流和产气的搅拌作用，使进水中的底物与微生物充分接触而得以降解去除。

从构造上看，ABR 可以看作多个 UASB 的简单串联，但在工艺上与单个 UASB 有显著不同。首先，UASB 可近似看作是一种完全混合式反应器，而 ABR 更接近于推流式反应器；其次，UASB 中酸化和产甲烷两类不同的微生物相交织在一起，不能很好适应相应的底物组分及环境因子(pH 值、H_2分压值等)，而 ABR 独特的分格式结构及推流式流态使得每个反应室中可以驯化培养出与流至该反应室中的污水水质、环境条件相适应的微生物群落，即各个反应室中的微生物相是随流程逐级递变的，递变的规律与底物降解过程协调一致，从而确保相应的微生物相拥有最佳的工作活性。

(2) 特点

ABR 具有以下特点：

① 运行稳定。由于 ABR 独特的挡板构造，减少了堵塞和污泥膨胀问题，可长时间稳定运行。

② 工艺简单，投资少，运行费用较低。ABR 不需设搅拌装置，没有填料，不需要设三相分离器，不需沉淀池，进水系统简单，因此，ABR 的投资少，运行费用低。

③ 固液分离效果好，出水水质好。ABR 的分格结构和水流的推流状态，使 F/M 随水流逐渐降低，最后一格室内 F/M 最低，且产气量最低，有利于固液分离，所以能够保证良好的出水水质。

④ 耐冲击负荷能力强。ABR 内微生物浓度高，可适应污水水质、水量的变化。

⑤ 反应器启动时间短。试验表明，接种一个月就有颗粒污泥的形成，两个月可投入稳定运行。

(3) 应用

ABR 在我国高浓度工业有机污水(如酿造、造纸、制革污水等)的污染控制中有很好的研究开发价值和推广应用前景。目前已有少数工程应用实例。美国哥伦比亚市 Tenjon 镇污水处理厂采用 ABR 处理生活水。福建某生化厂采用 ABR 处理制药污水，福建长乐市某纺织印染有限公司应用 ABR 工艺处理毛巾印染污水，均取得了令人满意的处理效果。

6. 膨胀颗粒污泥床反应器

(1) 构造

膨胀颗粒污泥床(Expanded Granular Sludge Bed，EGSB)反应器是荷兰学者 Lettinga 教授于 20 世纪 80 年代研发的一种高效厌氧反应器。它是 UASB 反应器的变型，是厌氧流化床与 UASB 反应器两种技术的成功结合，是通过颗粒污泥床的膨胀以改善污水与微生物的接触，强化传质效果，提高反应器的处理能力。

与 UASB 反应器相比，EGSB 反应器增加了出水再循环部分，使反应器内的液体上升流速远远高于 UASB 反应器。UASB 反应器中，水力上升流速 V_{up} 一般小于 1 m/h，污泥床更像一个静止床，而 EGSB 反应器 V_{up} 一般可达到 5～10 m/h，所以整个颗粒污泥床是膨胀的。EGSB 反应器这种独有的特征使它可以进一步向着空间化方向发展，反应器的高径比高达 20 或更高。因此对于相同容积的反应器而言，EGSB 反应器的占地面积大为减少。除反应器主体外，EGSB 反应器的主要组成部分有进水分配系统，三相分离器以及出水循环部分，其结构如图 17-7 所示。

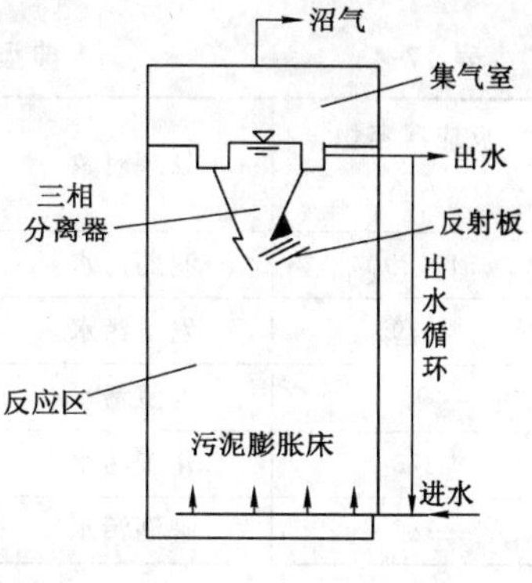

图 17-7　EGSB 反应器构造示意图

进水分配系统的主要作用是将进水均匀地分配到整个反应器的底部，并产生一个均匀的上升流速。与 UASB 反应器相比，EGSB 反应器由于高径比更大，其所需的配水面积会较小；同时采用了出水循环，配水孔口的流速会更大，因此系统更容易保证配水均匀。

三相分离器仍然是 EGSB 反应器最关键的构造，其主要作用是将出水、沼气、污泥三相进行有效分离，使污泥在反应器内有效持留。与 UASB 反应器相比，EGSB 反应器内的液体上升流速要大得多，因此必须对三相分离器进行特殊改进。改进方法有：① 增加一个可以旋转的叶片，在三相分离器底部产生一股向下的水流，有利于污泥的回流；② 采用筛鼓或细格栅，可以截留细小颗粒污泥；③ 在反应器内设置搅拌器，使气泡与颗粒污泥分离；④ 在出水堰处设置挡板，以截留颗粒污泥。

(2) 工艺特点

与 UASB 相比，EGSB 工艺主要具有以下几个显著特点：

① 能在高负荷下取得高处理效率，尤其在低温条件下对低浓度有机污水的处理。EGSB 反应器可处理 COD 低于 1 000 mg/L 的污水。

② 反应器内维持很高的水流表观上升流速。在 UASB 反应器中液流上升流速为

1 m/h，而 EGSB 反应器中速度可高达 3～10 m/h，最高可达 15 m/h。

③ 可采用较大的高径比(15～40)，这种细高型反应器构造，能有效地减少占地面积。

④ EGSB 反应器中颗粒污泥沉降性能好，颗粒污泥呈膨胀状态，在高水力负荷条件下，颗粒污泥粒径较大，约为 3～4 mm，沉速达 60～80 m/h，机械强度也较高。

⑤ EGSB 反应器对布水系统要求较为宽松，但对三相分离器要求较严格。

⑥ EGSB 采用处理水回流技术。对于高浓度或含有毒物质的有机污水，回流可以稀释进入反应器内基质浓度和有毒物质浓度，降低其对微生物的毒害和抑制。对于低温和低浓度有机污水，回流可保证处理效果。

(3) 应用

20 世纪 90 年代以来，EGSB 反应器在啤酒污水、食品污水、制糖污水、制药污水和化工污水的处理中得到应用。著名的荷兰嘉力啤酒公司、丹麦嘉士伯啤酒公司和中国深圳金威啤酒公司都已是 EGSB 反应器的用户。实际运行结果表明，EGSB 反应器的处理能力可以达到 UASB 反应器的 2～5 倍。

表 17-4 是典型的 EGSB 处理不同类型污水的运行情况。

表 17-4　典型的 EGSB 处理不同类型污水的运行情况

反应器容积 /m^3	处理对象	温度	COD 负荷 /[kg/(m^3/d)]	水力负荷 /[m^3/(m^2/h)]	应用国家
4×290	制药污水	中温	30	7.5	荷兰
2×95	发酵污水	中温	44	10.5	法国
95	发酵污水	中温	40	8.0	德国
275	化工污水	中温	10.2	6.3	荷兰
780	啤酒污水	中温	19.2	5.5	荷兰
1 750	淀粉污水	中温	15.5	2.8	美国

7. 内循环厌氧反应器

(1) 构造

内循环(Internal Circulation，IC)厌氧反应器是荷兰 Paques BV 公司 20 世纪 80 年代中期在 UASB 反应器的基础上开发成功的高效厌氧反应器，1986 年以后迅速把该项技术应用于生产中，到目前为止，该技术工艺成功应用于啤酒生产、造纸及食品加工等行业的生产污水处理中。

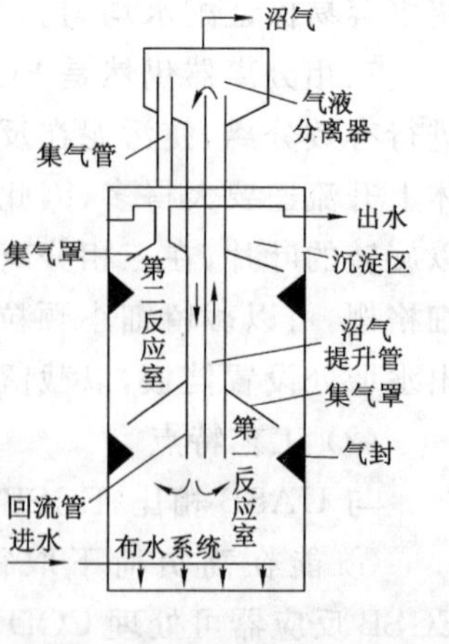

图 17-8　IC 反应器构造示意图

IC 反应器的基本构造如图 17-8 所示。IC 反应器具有很大的高径比，一般可达 4～8，反应器的高度可达 16～25 m。从外形上看，IC 反应器实际上是个厌氧生化反应塔。

IC 反应器的工作原理如下：进水由泵送入反应器底部第一反应室，与该室的厌氧颗粒污泥相混合。污水中的大部分有机物在这里被厌氧微生物转化为沼气，所产生的沼气被第一厌氧反应室的集气罩收集，沼气沿着提升管上升。沼气上升的同时，把第一反应室的混合液提升至设在反应器顶部上的气液分离器，被分离出的沼气由气液分离器顶部的沼气排出管排走。分离出的泥水混合液将沿着回流管回到第一反应室的底部，并与底部的颗粒污泥和进水充分混合，实现了第一反应室混合液的内部循环。经过第一厌氧反应室处理过的污水，会自动进入第二厌氧反应室被继续进行处理。污水中的剩余有机物可被第二反应室内的厌氧颗粒污泥进一步降解，使污水得到更好的净化，提高了出水水质。产生的沼气由第二厌氧反应室的集气罩收集，通过集气管进入气液分离器。第二反应室的泥水混合液进入沉淀区进行固液分离，处理过的上清液由出水管排走，沉淀下来的污泥可自动返回第二反应室，这样，污水就完成了在IC反应器处理的全过程。

综上所述，IC反应器可理解为由两个上下串联的UASB反应器串联所组成。下面一个有机负荷率高，上面一个有机负荷率低。用下面的UASB反应器所产生的沼气作为动力，实现上下部混合液的内循环，使污水获得粗处理，上面的第二个UASB对污水继续进行精处理，使出水可以达到预期的处理效果。

(2) 特点

IC反应器的优点：

① 容积负荷率高，水力停留时间短。IC反应器由于存在内循环，传质效果好，生物量大，泥龄长，进水有机负荷高。可处理高浓度有机污水，如土豆加工污水，COD为10 000～15 000 mg/L时，进水容积负荷达30～40 kgCOD/(m^3·d)。

② 基建投资省，占地面积小。体积为UASB的1/4～1/3，IC反应器具有很大的高径比，所以占地面积省。

③ 节省能耗。由于IC反应器以自身能力产生的沼气作为提升的动力实现混合液的内循环，不必另设水泵，故可节能。

④ 抗冲击负荷能力强。由于IC反应器实现了内循环，内循环液与进水在第一反应室充分混合，使原污水中有害物质得到充分稀释，大大降低了有害程度。

⑤ 具有缓冲pH值变化的能力。IC反应器可充分利用循环回流的碱度，对pH起缓冲作用，使反应器pH稳定，从而节省了投碱量，降低了运行费用。

⑥ 出水水质稳定。IC反应器相当于两级UASB工艺处理，下面一个有机负荷率高，起"粗"处理作用，上面一个有机负荷率低，起"精"处理作用，故比一般的单级处理稳定性好，出水水质稳定。

IC反应器的缺点：

① IC反应器比UASB反应器内含有细微颗粒污泥浓度高，HRT短，高径比大，故出水中含有更多的细微颗粒污泥。

② IC反应器高度高，内部结构复杂，增加了施工安装和日常维护困难，对水泵动力消耗也存在负面影响。

(3) IC反应器的应用

目前，IC反应器在啤酒工业污水处理中应用最为广泛。如荷兰Wezep建成的两座容积分别为100 m^3和130 m^3的IC反应器，其进水容积负荷高达36.5 $kgCOD_{Cr}$/(m^3·d)。1996年，我国沈阳华润雪花啤酒有限公司首次从Paques BV公司引进IC反应器技术，应用于啤酒污水的处理。该反应器高16 m，有效容积70 m^2，日处理啤酒污水400 m^3，进水容积负荷高达25～30 $kgCOD_{Cr}$/(m^3·d)，COD_{Cr}去除率稳定在80%。我国上海、哈尔滨也采用了IC

反应器处理啤酒污水。

IC 反应器除应用于啤酒污水处理外，在造纸污水、酿酒污水、柠檬酸污水、土豆加工、菊苣加工污水等的处理中也有日趋增多的应用。表 17-5 所列为国内外部分采用 IC 反应器处理上述不同污水的运行情况。

表 17-5　　IC 反应器处理不同污水的运行情况

企业名称	反应器容积 /m^3	反应器高度 /m	进水 COD_{Cr} /(mg/L)	COD_{Cr}容积负荷 /[kg/(m^3 · d)]	HRT /h	COD_{Cr}去除率 /%
荷兰某土豆加工厂	100	15	6 000～8 000	48	4	85
荷兰 Roosendual 菊苣加工厂	1 100	22	7 900	31	6.1	>80
法国 Sical 纸厂	100	16	650～2 650	5～26	—	60～75
德国 Wepa 纸厂	385	20	1 510～2 920	9～20	—	58～74
德国 Europa CartonⅢ厂	465	24	1 250～3 515	9～24	—	90～95
江苏某柠檬酸厂	1 560	22	7 000～12 000	15	12	81
浙江某酿酒厂	35	12	4 500	—	—	>80
福建南纸股份有限公司	—	—	1 850	—	—	87

第三节　厌氧生物处理工艺设计

厌氧生物处理工艺已经成功运用到中、高浓度有机污水的处理中，其中以 UASB 反应器的应用最为广泛，下面就以 UASB 为例，介绍厌氧工艺的设计方法。

在实际工程中应用的 UASB 多是根据经验或半经验的方法设计，UASB 工艺设计包括反应区容积的设计、三相分离器的设计、进水区设计、沉淀区的设计及集气系统设计。

一、反应区容积的设计

UASB 反应器反应区(即 UASB 的有效容积部分，包括污泥床、污泥悬浮层和三相分离区)的容积不仅与所处理污水的特征(污染物浓度、污染物性质)有关，还与温度及所需达到的处理效率有关。

当处理高浓度的有机工业污水时，UASB 反应器反应区容积的设计通常以其允许容积负荷(N_V)作为其主要的控制设计参数，同时需合理确定反应器中的污泥浓度。反应区容积可以根据下式计算：

$$V=\frac{QS_0}{N_V} \tag{17-7}$$

式中　Q——UASB 反应器的进水流量，m^3/d；

S_0——进水有机物质量浓度，mg/L；

N_V——进水 COD_{Cr} 或 BOD_5 容积负荷，kg/(m^3 · d)。

当 UASB 中的平均污泥浓度为 25 kg/m^3，容积负荷应根据水质和反应温度，参考表

17-6 确定。

表 17-6　**UASB 的允许容积负荷**

温度/℃	COD_{Cr}容积负荷/[kg/(m³·d)]		
	溶解性污水	不溶性污水	可沉 SS 含量占 COD_{Cr}总量 30%的污水
15	2～4	1.5～3	1.5～2
20	4～6	2～4	2～3
25	6～12	4～8	3～6
30	10～18	8～12	6～9
35	15～24	12～18	9～14
40	20～32	15～24	14～18

当应用于处理较低浓度(COD<1 000 mg/L)污水时，UASB 反应区容积根据水力停留时间(HRT)确定，计算公式如下：

$$V = Q \cdot HRT \quad (17\text{-}8)$$

UASB 反应器的最小 HRT，参照表 17-7。

表 17-7　**UASB 处理生活污水的最小 HRT**

温度/℃	水力停留时间/h		
	日平均	日最大	高峰时
16～19	10～14	7～9	3～5
22～26	7～9	5～7	2～3
>26	6	4	2.5

二、反应器池体

UASB 一般可采用矩形、方形和圆柱形布置。当处理规模小时，多采用径深比较小的圆柱形钢结构，而处理规模大时，多采用矩形、方形钢结构或钢筋混凝土结构。

三、反应器的几何尺寸

1. 反应器的高度

根据目前已有的生产性装置，最经济的反应器高度一般在 4～6 m 之间，并且在大多数情况下这也是系统最优的运行范围；水力负荷越高，反应器的高度就相应的越大。

2. 反应器的面积和反应器的长、宽

在已知反应器的高度时，反应器的截面积计算式如下：

$$A = \frac{V}{H} \quad (17\text{-}9)$$

式中　A——厌氧反应器表面积，m²；

H——厌氧反应器的高度，m。

在确定反应器容积和高度后，对矩形池必须确定反应器的长和宽。正方形池周长比矩形池小，从而矩形反应器需更多的建筑材料；单池从布水均匀性和经济性考虑，矩形池的长宽比在 2∶1 以下较为合适，单池的宽度易小于 20 m。

3. 反应器的升流速度

高度确定后，UASB 反应器的高度与上升流速之间的关系表达式如下：

$$v = \frac{Q}{A} = \frac{V}{\mathrm{HRT} \cdot A} = \frac{H}{\mathrm{HRT}} \tag{17-10}$$

式中　v——反应器的上升流速，m/h。

一般厌氧反应器的上升流速 v＝0.1～0.9 m/h。

四、反应器的进水系统

UASB 反应器进水系统的合理设计是非常重要的，一般来说，UASB 的进水系统可以参照滤池的大阻力布水系统的形式设计，在反应器底部设置布水点均匀布水，主要包括布水点的设置、进水方式的选择。

布水点的服务面积是保证布水均匀的关键，每个布水点服务面积的大小与反应器的容积负荷和污泥形态有关，进水配水系统的布置形式有多种，如树枝管式、穿孔管式、多点多管式配水等。表 17-8 是 Lettinga 根据 UASB 反应器的大量实践总结的 UASB 处理城市污水时不同污泥形态下每个布水点的服务面积。

表 17-8　UASB 处理城市污水时不同污泥形态下每个布水点的服务面积

污泥形态	反应器容积负荷/[kgCOD/(m^3·d)]	布水点的个数/(个/m^2)
颗粒状污泥	2	0.5～1
	2～4	0.5～2
	＞4	＞2
中等浓度的絮状污泥（20～40 kgTSS/m^3）	1～2	1～2
	＞3	2～5
高浓度絮状污泥（＞40 kgTSS/m^3）	＜1	0.5～1
	1～2	1～2
	＞2	2～3

UASB 所采用的进水方式主要有间歇式进水、脉冲式进水、连续均匀进水、连续进水和间歇回流相结合的进水方式等，一般情况多采用连续进水的运行方式。脉冲进水、连续进水与间歇回流相结合的方式多在反应器启动初期或反应器中出现沟流时使用。

五、三相分离器的设计

三相分离器的设计是 UASB 工艺设计的关键部分，其设计内容可分为沉淀区设计、回流缝设计和气液分离设计 3 个方面。目前，三相分离器的构造有多种，但其设计思路基本是一致的，高效的三相分离器需具备以下功能：① 在固液气混合液进入沉淀区之前，必须将气泡有效地分离去除；② 为避免在沉淀区中产气，污泥在沉淀区的停留时间必须较短，保持沉淀区液流稳定；③ 沉淀后的污泥需能迅速返回反应器中，以保持较高的污泥浓度和较长的污泥龄。图 17-9 为三相分离器的一种形式。

1. 沉淀区设计

UASB 沉淀区的设计与普通二沉池设计相似，主要考虑沉淀区面积和水深两个因素。沉淀区面积根据处理的污水流量和沉淀区的表面负荷确定。对于污泥颗粒化的反应器，沉淀区的表面负荷采用 1～2 $m^3/(m^2 \cdot h)$，对于污泥为絮状的反应器，沉淀区的表面负荷采用 0.4～0.8 $m^3/(m^2 \cdot h)$。因在沉淀区仍有少量的沼气产生，故建议表面水力负荷小于 1.0 $m^3/(m^2 \cdot h)$。

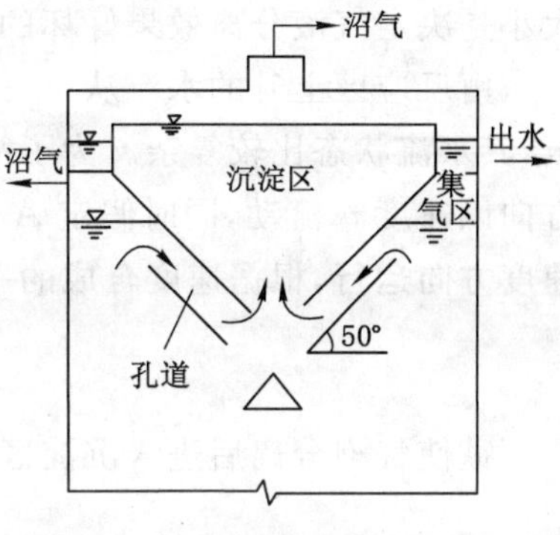

图 17-9　三相分离器示意图

为确保沉淀区获得良好的固液分离效果，三相分离器集气罩(气室)顶部以上覆盖的水深建议采用 0.5～1.0 m，沉淀区斜面的坡度为 55°～60°，沉淀区斜面的高度 0.5～1.0 m，沉淀区总水深≥1.5 m，保证水流在沉淀区的停留时间约 1.5～2.0 h。

2. 回流缝设计

三相分离器由上、下两组重叠的三角形集气罩组成，如图 17-10 所示，根据几何关系可得：

$$b_1 = \frac{h_3}{tg\theta} \tag{17-11}$$

式中　b_1——下三角集气罩的 1/2 宽度，m；

h_3——下三角形集气罩的垂直高度，m；

θ——下三角集气罩斜面的水平夹角，一般为 55°～60°。

下三角集气罩污泥回流缝中混合液的上升流速：

$$v_1 = \frac{Q}{S_1} \tag{17-12}$$

$$S_1 = b_2 ln \tag{17-13}$$

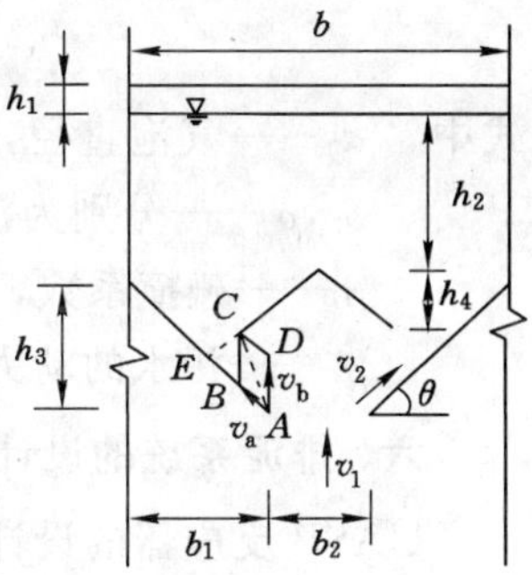

图 17-10　三相分离器几何关系示意图

式中　Q——反应器的设计污水量，m^3/h；

S_1——下三角集气罩回流缝的总面积，m^2；

b_2——下三角集气罩回流缝的宽度，m，$b_2 = b - 2b_1$；

l——反应器的宽度，即三相分离器的长度，m；

n——反应器三相分离器的单元数。

为使回流缝的水流稳定，建议 $v_1 < 2.0$ m/h。上三角集气罩与下三角集气罩之间回流缝的流速：

$$v_2 = \frac{Q}{S_2} \tag{17-14}$$

$$S_2 = 2ncl \tag{17-15}$$

式中　S_2——上三角集气罩回流缝的总面积，m^2；

c——上三角集气罩回流缝的宽度，即图 18-11 中 C 点至 AB 斜面的垂直距离 CE，建议 $c > 0.2$ m，m。

为确保良好的分离效果和污泥回流，使回流缝合沉淀区的水流平稳，设计要求 $v_2 < v_1 < 2.0$ m/h。

3. 气液分离设计

由图 17-10 的几何关系可知，欲达到气液分离的目的，上下两组三角形集气罩的斜边必须重叠，重叠的水平距离越大，去除气泡的直径越小，气体的分离效果越好。所以重叠量的大小是决定气液分离效果好坏的关键因素之一。

由反应区上升的水流从下三角集气罩回流缝过渡到上三角集气罩回流缝，再进入沉淀区，其水流状态比较复杂。为了简化计算，可假定当混合液上升至 A 点后将沿着 AB 斜面方向以速度 v_a 流动，同时假定 A 点的气泡以速度 v_b 垂直上升，故气泡将沿着 v_a 和 v_b 的合成速度方向运行，根据速度合成的平行四边形法则，则有：

$$\frac{v_b}{v_a} = \frac{AD}{AB} = \frac{BC}{AB}$$

欲使气泡分离后进入沉淀区的必要条件是：

$$\frac{v_b}{v_a} > \frac{AD}{AB}\left(= \frac{BC}{AB}\right) \tag{17-16}$$

具体设计中主要考虑导流板与集气罩斜面重叠部分宽度应在 10～20 cm。气泡的上升流速 v_b 的大小与其直径、水温、液体和气体的密度、污水的动力学黏度系数等因素有关，可以用斯托克斯公式计算。

$$v_b = \frac{\beta g}{18\mu}(\rho_1 - \rho)d^2$$

式中 d——气泡直径，cm；

ρ_1，ρ——分别为污水、沼气密度，g/cm^3；

β——碰撞系数，一般取 0.95；

μ——污水的动力黏滞系数，g/(cm · s)。

六、排泥系统的设计

UASB 反应器的设计必须设有剩余污泥排放口，一般认为设置在反应器中部为好，也有的反应器将剩余污泥排放口设在反应器底部或在离反应器底部 0.5 m 的地方。UASB 反应器污泥床均匀排泥是反应器正常工作的重要因素，为了保证反应器的处理效果，必须进行多点排泥，建议每 10 m^2 设一个排泥口，若采用穿孔管配水系统时，可把穿孔管兼作为排泥管较为适宜。排泥点的多少适宜，尚有待于实践中进一步总结。

【例 17-1】 已知 UASB 反应器的设计流量为 1 500 m^3/d，每个反应器内设 6 组三相分离器，经计算反应器的有效高度为 4.6 m，有效长度为 14.4 m，有效宽度为 8 m，反应器内水温 20 ℃，试设计三相分离器并确定其主要尺寸。

解

(1) 沉淀区的设计

由图 17-11 可知，三相分离器的沉淀区面积即反应器的水平面积，则沉淀区的表面负荷率为：

$$q = \frac{Q}{A} = \frac{1\,500}{24 \times 14.4 \times 8} = 0.54\ m^3/(m^2 \cdot h)$$

该值小于 1.0 $m^3/(m^2 \cdot h)$，满足设计要求。

为保证良好的沉淀效果，取 $h_2 + h_4 = 1.5$(m)。

(2) 回流缝的设计

取上下三角集气罩斜面的水平倾角为 55°，保护高度 $h_1 = 0.3$ m，下三角形集气罩高度 $h_3 = 1.2$ m，则有：

$$b_1 = \frac{h_3}{\tan 55^\circ} = \frac{1.2}{1.428} = 0.84(\mathrm{m})$$

已知反应器内设 6 个三相分离器，则单元三相分离器宽度 $b=2.4$ m，则下三角集气罩回流缝宽度为：

$$b_2 = 2.4 - 2 \times 0.84 = 0.72(\mathrm{m})$$

下三角集气罩回流缝的面积为：

$$S_1 = b_2 ln = 0.72 \times 8 \times 6 = 34.56(\mathrm{m}^2)$$

下三角集气罩回流缝间混合液的上升流速为：

$$v_1 = \frac{Q}{S_1} = \frac{1\,500}{24 \times 34.56} = 1.81(\mathrm{m/h})$$

该值小于 2 m/h，满足设计要求。

取上三角集气罩回流缝宽度 $c=0.4$ m，则回流缝总面积为：

$$S_2 = 2ncl = 2 \times 6 \times 0.4 \times 8 = 38.4(\mathrm{m})$$

上三角集气罩回流缝混合液的上升流速为：

$$v_2 = \frac{Q}{S_2} = \frac{1\,500}{24 \times 38.4} = 1.63(\mathrm{m/h})$$

上述结果满足 $v_2 < v_1 < 2.0$ m/h 的要求。

因为 $BC = c/\sin 35^\circ = 0.4/0.573\,6 = 0.69(\mathrm{m})$，取 $AB=0.3$ m，则上三角集气罩的位置可确定，其高度为：

$$h_4 = (AB\cos 55^\circ + \frac{b_2}{2})\tan 55^\circ = (0.3 \times 0.573\,6 + \frac{0.72}{2}) \times 1.428 = 0.76(\mathrm{m})$$

取水深 $h_2=0.74$ m，则可满足沉淀区水深≥1.5 m 的要求。

经计算确定了单元三相分离器的尺寸，如图 17-11 所示。

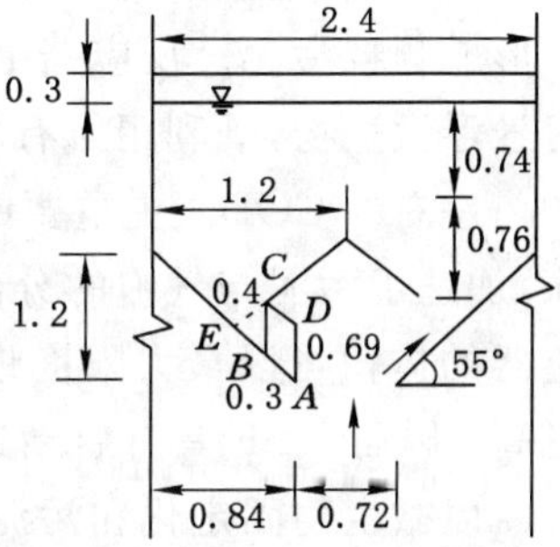

图 17-11　单元三相分离器构造示意图

（单位：m）

(3) 沼气分离效果的校核

三相分离器的尺寸确定后，还应校核沼气分离的效果是否满足要求，若不能满足要求，需对三相分离器的尺寸进行重新调整。

设沼气气泡的直径 $d=0.008$ cm，水温 20 ℃时，污水的动力黏滞系数 0.02 g/(cm・s)，污水密度 1.01 g/cm³，沼气的密度1.2×10^{-3} g/cm³，则气泡的上升速度为：

$$v_\mathrm{b} = \frac{0.95 \times 981}{18 \times 0.02}(1.01 - 1.2 \times 10^{-3}) \times 0.008^2 = 0.167(\mathrm{cm/s}) = 6.01(\mathrm{m/h})$$

根据上述计算结果有：

$$\frac{BC}{AB} = \frac{0.69}{0.3} = 2.3$$

$$\frac{v_\mathrm{b}}{v_\mathrm{a}} = \frac{6.01}{1.63} = 3.7$$

则满足 $\frac{v_\mathrm{b}}{v_\mathrm{a}} > \frac{BC}{AB}$ 的要求，该三相分离器可以脱除直径大于或等于 0.008 cm 的沼气气泡，故所确定的三相分离器构造尺寸可以达到良好的气液固三相分离效果。

第四节　厌氧生物处理的其他改进工艺

一、厌氧复合床工艺

1984年，加拿大 Guiot 等人首次提出了 UBF 反应器的概念，又称厌氧复合床。UBF(Upflow Blanket Filter)反应器是由升流式污泥床(UASB)和厌氧滤池(AF)构成的复合式反应器，反应器的下面是高浓度颗粒污泥组成的污泥床，其混合液悬浮固体浓度(MLSS)可达每升数十克，上部是填料及其附着的生物膜组成的滤料层，其构造如图 17-12 所示。

一般的 UBF 反应器均为升流式混合型连续流反应器，即污水从反应器的底部进入，顺序经过污泥床、填料层进行生化反应后，从其顶部排出。同 AF 相比，该反应器的特征是大大减小了填料层高度，标准 UBF 反应器的高径(宽)比为 6，且填料填充在反应器上部的 1/3 体积处。

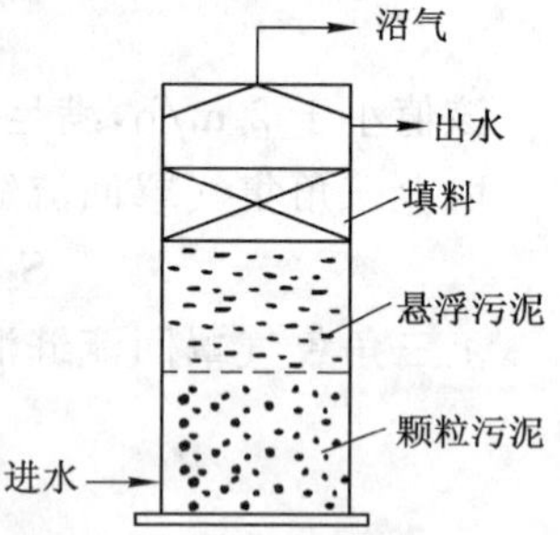

图 17-12　UBF 反应器构造图

UBF 反应器所用的填料可根据污水生物反应特性及水力学特征进行选择，常用的有 聚氨酯泡沫填料、YDT 弹性填料、BIO-ECO 聚丙烯填料、半软性纤维填料、陶瓷希腊环、聚乙烯拉西环、塑料环、活性炭、焦炭、浮石、砾石等，其中应用最多的是聚氨酯泡沫填料，这是因为聚氨酯泡沫的比表面积大(2 400 m^2/m^3)、空隙度高(97%)，具有网状结构，微生物能在其上密实而迅速地增殖，是厌氧优势菌落的良好基质。

UBF 系统的突出优点是反应器内水流方向与产气上升方向一致，一方面减少堵塞的机会，另一方面加强了对污泥床层的搅拌作用，有利于微生物同进水基质的充分接触，也有助于形成颗粒污泥。反应器上部空间所架设的填料，不但在其表面生长微生物膜，在其空隙截留悬浮微生物，既利用原有的无效容积增加了生物总量，又防止生物量被洗出，而且能去除 20%左右的 COD。更重要的是由于填料的存在，夹带污泥的气泡在上升过程中与之发生碰撞，加速了污泥与气泡的分离，从而降低了污泥的流失。由于二者的联合作用，使得 UBF 反应器的体积可以最大限度地利用，反应器积累微生物的能力大为增强，反应器的有机负荷更高，因而 UBF 具有启动速度快，处理效率高，运行稳定等显著特点。

以微生物固定化和污泥颗粒化为基础所开发出的 UBF 反应器，是高效厌氧装置的后起之秀，该装置的突出特点是 SRT 极大地延长，其实质是维持了反应器内污泥的高浓度，增强了对不良因素(例如有毒物质)的适应性，使之能够高效、稳定地处理高浓度难降解有机污水，在有机污水的处理，尤其是在高浓度难降解有机污水的处理中显示出广阔的应用前景。

二、两级厌氧工艺(HUSB＋EGSB)

在以往的研究中发现采用水解反应器(HUSB)可以在短的停留时间(HRT＝2.5 h)和相对高的水力负荷(＞1.0 $m^3/(m^2 \cdot h)$)下获得高的悬浮物去除率(SS 去除率平均为 85%)。这一工艺可以改善和提高原污水的可生化性和溶解性，以利于好氧后处理工艺。但是，工艺的 COD 去除率相对较低，仅有 40%～50%，并且溶解性 COD 的去除率很低。事实上 HUSB 工艺仅仅能够起到预水解和酸化作用。如前所述 EGSB 反应器可以有效地去除可生物降解的溶解性 COD 组分，但对于悬浮性 COD 的去除极差。研究表明采用水解

HUSB＋EGSB串联处理工艺可以使这两个工艺相得益彰。

当处理含颗粒性有机物组分的污水(如生活污水)时，采用两级厌氧工艺可能更有优势：第一级是絮状污泥的水解反应器并运行在相对低的上升流速下，颗粒有机物在第一级被截留，并部分转变为溶解性化合物，重新进入到液相而在随后的第二个反应器内消化。在水解反应器中，因为环境和运行条件不适合，几乎没有甲烷化过程。

三、ASBR工艺

厌氧序批式反应器(Anaerobic Sequencing Batch Reactor，简称ASBR)，是20世纪90年代美国Dague教授等人将好氧生物处理的序批式反应器(SBR)运用于厌氧处理研究并开发的一种新型厌氧反应器。近年来，厌氧序批式活性污泥法(ASBR)由于具有污泥易颗粒化、沉淀性能好、布水简单、工艺简单、有机负荷高、处理效率高的优点而成为研究热点。

ASBR法的运行过程与好氧SBR工艺相似，但发生的反应却有本质的不同。ASBR工艺的所有反应均在一个反应器内完成，其工艺流程可分为典型的4个阶段，即进水期、反应期、沉降期和排水期，如图17-13所示。进水阶段，污水进入反应器后，利用生物气、液体再循环和机械进行搅拌，进水到预定位置为止；反应阶段，污水中的有机物与微生物进行代谢反应转化为生物气而得以去除；沉淀阶段，停止搅拌，使生物体在静止的条件下沉降，固液分离，形成低悬浮固体含量的上清液，沉淀时间一般为10～30 min，不宜太长，否则会因生物气的继续产出而使颗粒污泥重新悬浮；排水阶段，液固分离完成后，上清液排出，进入下一个循环，排水总量与进水量相等。

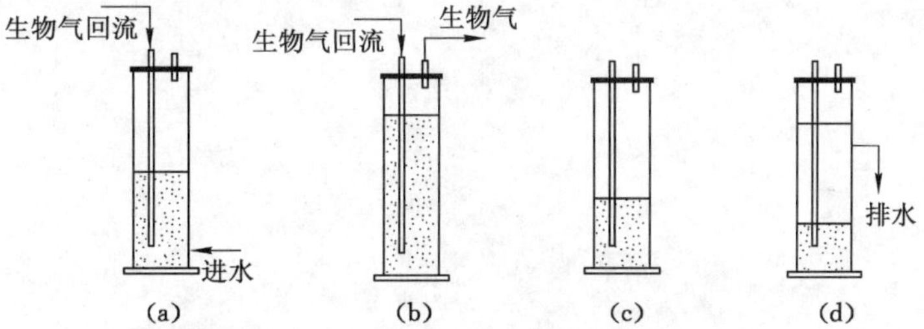

图17-13　ASBR各个阶段示意图

(a)进水；(b)反应；(c)沉淀；(d)排水

反应阶段需要搅拌，这是有机质转化的重要阶段，搅拌时间对COD去除的影响不大，但对甲烷气的产量有影响。Dague等研究发现，间歇搅拌产生的CH_4气量较多，且可以防止因为过分搅拌而剪断生物絮体，进而影响泥水分离效果，使出水水质变差，故间歇搅拌更可取。

ASBR能使污泥在反应器内的停留时间(SRT)大大延长，增加反应的污泥浓度，并能够进行充分的泥水混合，从而提高了厌氧污泥的处理能力，使处理效果明显提高，水力停留时间(HRT)也大大缩短。固液分离在反应器内部进行，不需要另设沉淀池，不需要复杂的三相分离器。ASBR工艺选择在挥发酸浓度低时能生长的甲烷菌，这使ASBR能得到更低浓度的挥发酸，另外菌体流失少，出水水质好。

作为一种新型的高效厌氧反应器，ASBR工艺具有污泥持留量高、水力停留时间短、处理效率高等优点，不仅可以单独或与其他工艺相结合有效地处理食品加工污水、家畜饲养污水等高浓度污水，还可以应用于处理城市污水和低浓度工业污水。

习题与思考题

1. 厌氧生物法与好氧生物法相比有哪些优缺点?
2. 试简述厌氧生物处理的基本原理,影响厌氧生物处理的主要因素有哪些?
3. 厌氧消化的三阶段为什么可在一个池子进行?
4. 厌氧消化的影响因素有哪些?
5. 高温消化与中温消化相比有什么优势?
6. 消化时间与温度有什么关系?
7. 简述厌氧接触工艺的优缺点。对其缺点应如何改进?
8. 简述升流式厌氧滤池的特点。
9. UASB 由哪几部分构成? 简述 UASB 的特点。
10. EGSB 与 UASB 的区别是什么?
11. 简述 IC 的特点。IC 与 UASB 的区别是什么?
12. 简述 ASBR 的特点。
13. 简述两相厌氧工艺的特点,并说明适合处理哪类污水。

第十八章　污水的自然生物处理

污水的自然生物处理是利用天然(或经一定人工修整)的池塘或土地对污水进行生物处理的过程,也称为自然条件下的生物处理法。自然生物处理通常包括两大类型:① 水体净化处理系统(如稳定塘),其净化原理与活性污泥法相似;② 土地处理系统(如土地渗滤和污水灌溉),其净化原理与生物膜法相似。

自然生物处理系统不仅费用低廉、运行管理简便,而且对难生物降解的有机物、氮磷等营养物质和细菌的去除率均高于常规二级生物处理。此外,在一定条件下,生物稳定塘还能作为养殖塘加以利用,污水灌溉可利用污水中的营养物质作为水肥资源,故自然生物处理是一种兼具环境效益和经济效益的污水处理工艺,在中小城镇的污水处理中具有一定的优势。

第一节　稳　定　塘

一、稳定塘的工艺原理和分类

稳定塘(Stabilization Pond),又称氧化塘(Oxidation Pond)或生物塘(Biological Pond),是一种利用天然净化能力对污水进行处理的构筑物的总称。

稳定塘是经过人工适当的修整,设围堤和防渗层的池塘,其净化过程与自然水体的自净过程相似,主要利用菌藻的共同作用处理污水中的有机污染物。污水在塘内缓慢的流动,较长时间的贮存,通过微生物和包括水生植物在内的多种生物的综合作用,使污水中有机污染物降解,污水得到净化。

稳定塘是一种复杂的半人工生态系统,如图 18-1 所示,由生物和非生物两部分组成。其中生物部分主要有细菌、藻类、原生动物、后生动物、水生植物以及高等水生动物。非生物因素主要包括光照、风力、温度、有机负荷、pH 值、溶解氧、二氧化碳、氮及磷营养元素等。稳定塘中发生着各种物理、化学及生物化学反应。就好氧塘与兼性塘而言,细菌与藻类的共生关系是其主要的生态特征。在光照及温度适宜的条件下,藻类利用二氧化碳、无机营养素和水,通过光合作用合成藻类细胞并释放氧。异养菌利用溶解在水中的氧降解有机质,生成二氧化碳、氨氮和水等,又成为藻类合成细胞的原料。在这一系列反应过程中,污水中的溶解性有机物逐渐减少,藻类细胞和惰性生物残渣逐渐增加,并随水排出。好氧微生物代谢所需要的溶解

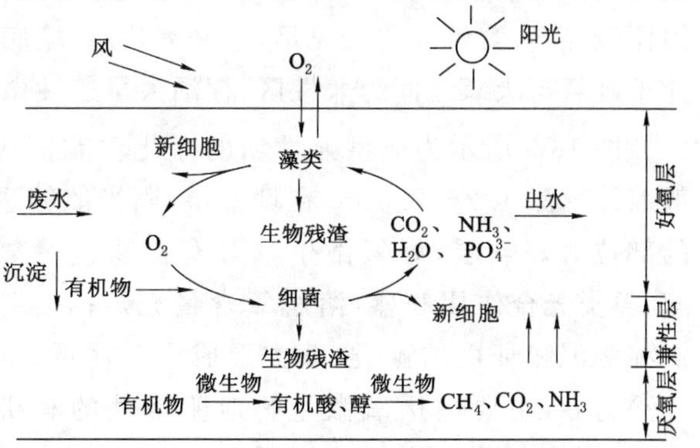

图 18-1　生物稳定塘系统示意图

氧由大气复氧作用及藻类的光合作用提供，也可通过人工曝气提供。

根据塘水中微生物的类型和供氧方式，稳定塘分为好氧塘、兼性塘、厌氧塘和曝气塘四种类型；稳定塘污水处理系统具有基建投资和运转费用低、维护和维修简单、便于操作、能有效去除污水中的有机物和病原体、无需污泥处理等优点。

二、好氧塘

好氧塘(Aerobic Pond)深度较浅，一般不超过 0.5 m，阳光能够透入塘底，主要依靠藻类光合作用和塘表面风力搅动自然复氧供氧，全部塘水呈好氧状态，由好氧微生物起净化作用。

按有机负荷的高低，好氧塘可分为高负荷好氧塘、普通好氧塘和深度处理好氧塘。高负荷好氧塘水深较浅，水力停留时间短，有机负荷高，出水藻类含量高，运行技术较复杂，只适用于气候温暖且阳光充足的地区；普通好氧塘有机负荷高，水力停留时间长，适用于污水的二级处理；深度处理好氧塘水深比高负荷好氧塘大，有机负荷低，多串联在二级处理之后，进行深度处理。

图 18-2 所示为好氧塘的净化功能模式，采用较低的有机负荷值，塘内存在着藻类及原生动物的共生系统，在阳光照射时间内，塘内的藻类在光合作用下，释放出大量的氧，塘表面由于风力的搅动进行自然复氧，使塘水保持良好的好氧状态。在水中繁殖生育的好氧异养微生物通过其本身的代谢活动对有机物进行氧化分解，而它的代谢产物二氧化碳作为藻类光合作用的碳源，藻类摄取二氧化碳及氮磷等无机盐，利用太阳能合成其本身的细胞物质，并释放出氧。

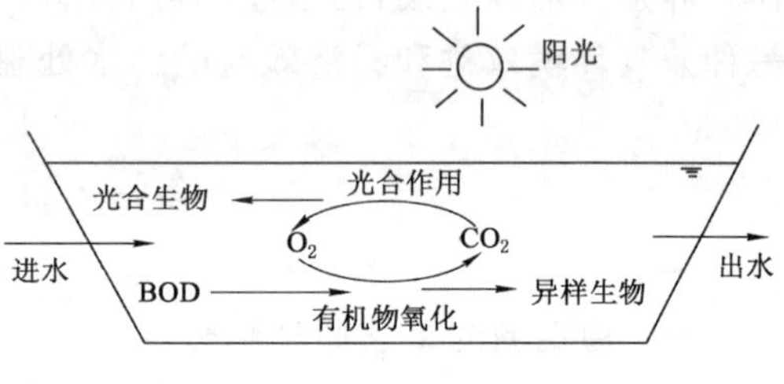

图 18-2　好氧塘净化功能模式

好氧塘的优点是净化功能较好，有机污染物降解速率高，污水停留时间短，但进水需进行较彻底的预处理，去除其中可沉悬浮物，以防形成污泥沉积层。

好氧塘存在占地面积大，处理水中含有大量的藻类，对细菌的去除效果较差等缺点。

三、兼性塘

兼性塘(Facultative Pond)是利用好氧、厌氧和兼性菌的共同作用去除污水中有机物的生物塘。塘水较深，一般都在 1.0 m 以上，从塘面到一定深度，阳光能够透入，藻类光合作用比较旺盛，溶解氧比较充足，呈好氧状态；塘底为沉淀污泥，处于厌氧状态，进行厌氧发酵，介于好氧与厌氧之间为兼性区，存活大量兼性微生物。

图 18-3 所示为典型兼性塘的净化功能模式。一般兼性塘深 1.2～2.5 m，在塘上层，阳光能够透射到的部位为好氧层，好氧微生物对有机物进行氧化分解，藻类光合作用旺盛，溶解氧含量充足；在塘底，由沉淀污泥和衰亡的藻类、菌类形成了污泥层，溶解氧几乎为零，主要由厌氧微生物对不溶性的有机物代谢，从而称为厌氧层；在这两层之间为兼性层，其溶解氧很低，这层生长着兼性微生物，这类微生物既能够

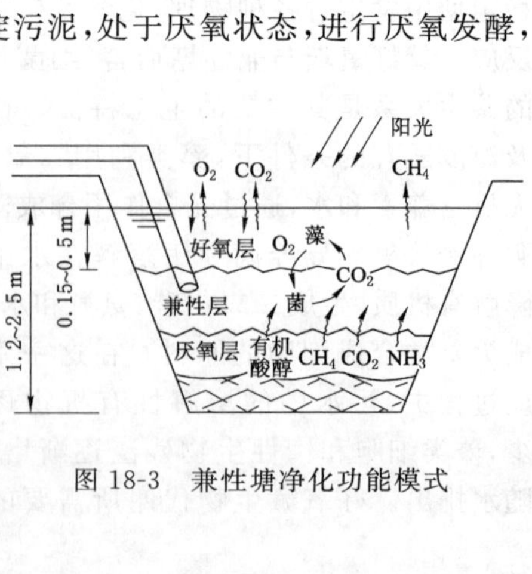

图 18-3　兼性塘净化功能模式

利用水中游离的分子氧，也能够在厌氧条件下，从 NO_3^- 和 CO_3^{2-} 中摄取氧，相继经过产酸、产氢产乙酸和产甲烷等反应。液态代谢产物如 H_2O、有机酸、醇等与塘水混合，而如气态的代谢产物如 CO_2、CH_4 等则逸出水面，或在通过好氧区时为细菌所分解，被藻类所利用。

兼性塘对水量、水质的冲击负荷有一定的适应能力，在相同处理效果条件下，其基建费用和维护管理费用低于其他生物处理工艺，可作为好氧塘的前级处理塘。兼性塘适用于 BOD_5 浓度为 200～500 mg/L 的污水，去除率可达 70%～85%。

四、厌氧塘

厌氧塘(Anaerobic Pond)是利用厌氧微生物对污水进行生物处理的稳定塘。厌氧塘一般面积较小，但深度较大，塘水深度一般在 3～5 m，有机负荷率高，整个塘水基本都呈厌氧状态。净化速度低，污水停留时间长。

如图 18-4 所示，厌氧塘处于厌氧状态，它处理污水的原理与污水的厌氧生物处理相同，在厌氧状态下，进入厌氧塘的可生物降解的颗粒性有机物，先被胞外酶水解而成为可溶性的有机物，溶解性有机物再通过产酸菌转化为乙酸，接着在产甲烷菌的作用下，将乙酸转变为甲烷和二氧化碳。虽然厌氧降解在机理上是有顺序的，但在厌氧塘处理系统中，这些过程则是同时进行的。

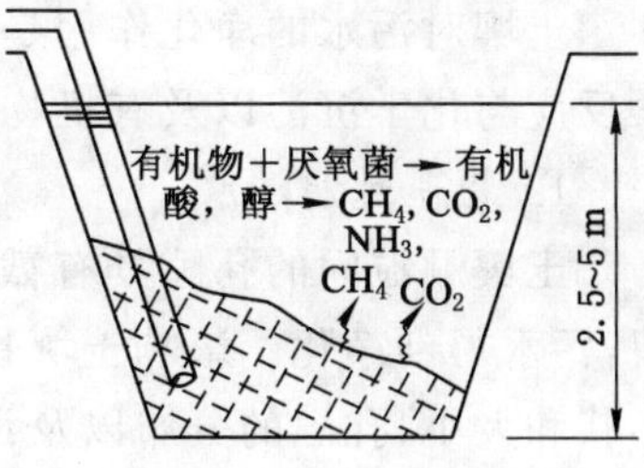

图 18-4　厌氧塘净化功能模式

厌氧塘除对污水进行厌氧处理以外，还能起到污水初次沉淀、污泥消化和污泥浓缩的作用。影响厌氧塘处理效率的因素有气温、水温、进水水质、浮渣、营养比、污泥成分等，其中气温和水温是影响厌氧塘处理效率的主要因素。

我国厌氧塘处理城市污水的 BOD 去除率为 30%～60%，厌氧塘对某些化工污水中的醇、醛、酚、酮等也有一定的去除能力。

五、曝气塘

曝气塘(Aerated Pond)是采用人工曝气装置向塘内污水供氧的稳定塘。塘深在 2.0 m 以上，多采用表面曝气机供氧，并对塘水进行搅动，也可采用鼓风曝气，在曝气条件下，藻类的生长和光合作用受到抑制。

如图 18-5 所示，曝气塘可分为好氧曝气塘和兼性曝气塘，这主要取决于曝气装置的数量、安设密度和曝气强度。当曝气装置的功率较大，使塘水中全部生物污泥都处于悬浮状态，并向塘水提供足够的溶解氧时，即为好氧曝气塘；如果曝气装置的功率仅能使部分固体物质处于悬浮状态，而有一部分固体物质沉积塘底，进行厌氧分解，曝气装置提供的溶解氧也不满足全部需要，则为兼性曝气塘。

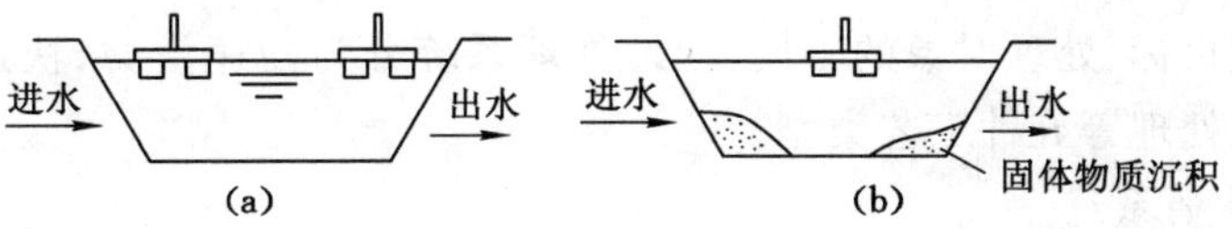

图 18-5　好氧曝气塘与兼性曝气塘

(a) 好氧曝气塘；(b) 兼性曝气塘

曝气塘虽属于稳定塘，但又不同于其他以自然净化过程为主的稳定塘，实际上它是介于活性污泥法中的延时曝气法与稳定塘之间的一种处理工艺。

第二节　污水土地处理系统

污水土地处理系统是在人工控制的条件下，利用土壤—微生物—植物组成的陆地生态系统的自我调控机制和对污染物的综合净化功能处理污水的方法。

污水土地处理系统能使水质得到不同程度的改善，同时通过营养物质和水分的生物地球化学循环，促进绿色植物生长，是实现污水资源化与无害化的常年性生态系统工程。

一、土地处理系统的净化机理

土壤对污水的净化作用是一个十分复杂的综合过程，包括物理过程中的过滤、吸附；化学反应与化学沉淀以及有机物的微生物降解等。

1. 物理过滤

土壤颗粒间的孔隙具有截留、滤除水中悬浮颗粒的性能。污水流经土壤，悬浮物被截留，污水得到净化。影响土壤物理过滤净化效果的因素有：土壤颗粒的大小、颗粒间孔隙的形状和大小、孔隙的分布以及污水中悬浮颗粒的性质等。如悬浮颗粒过粗、过多以及微生物代谢产物过多等都能导致土壤颗粒的堵塞。

2. 物理吸附与物理化学吸附

在非极性分子之间的范德瓦耳斯力作用下，土壤中黏土矿物颗粒能够吸附土壤中的中性分子。污水中的部分重金属离子在土壤胶体表面，因阳离子交换作用而被置换吸附并生成难溶性的物质被固定在矿物的晶格中。

金属离子与土壤中的无机胶体和有机胶体颗粒，由于螯合作用而形成螯合化合物，有机物与无机物的复合化而生成复合物，重金属离子与土壤颗粒之间进行阳离子交换而被置换吸附，某些有机物与土壤中重金属生成可吸性螯合物而固定在土壤矿物的晶格中。

3. 化学反应与化学沉淀

重金属离子与土壤的某些组分进行化学反应生成难溶性化合物而沉淀；如果调整、改变土壤的氧化还原电位，能够生成难溶性硫化物；改变 pH 值，能够生成金属氢氧化物；某些化学反应还能够生成金属磷酸盐等物质而沉积于土壤中。

4. 有机物的微生物降解

在土壤中生存着种类繁多、数量巨大的土壤微生物，它们对土壤颗粒中的有机固体和溶解性有机物具有强大的降解与转化能力，这也是土壤具有强大自净能力的原因。

二、土地处理系统的类型

根据处理目标、处理对象的不同，土地处理系统分为慢速渗滤、快速渗滤、地表漫流、地下渗滤和湿地处理等五种工艺类型。

1. 慢速渗滤系统

慢速渗滤系统是将污水投配到种有农作物的土壤表面，污水在流经土壤—植物系统时得到充分净化的土地处理工艺(图 18-6)。在慢速渗滤处理系统中，投配的污水一部分被作物吸收，一部分渗入地下，流出处理场地的水量一般为零。系统中的水流途径取决于污水在土壤中的迁移及处理场地下水的流向。

慢速渗滤系统的优点：适用于处理村镇生活污水和季节性排放的有机工业污水，通过收割系统种植的经济作物和处理出水的回用，可以取得一定的经济收入；由于投配污水的负荷低，污水通过土壤的渗滤速度慢，水质净化效果非常好；在所有土地处理工艺中，慢速渗滤系统受地表坡度的限制最小。

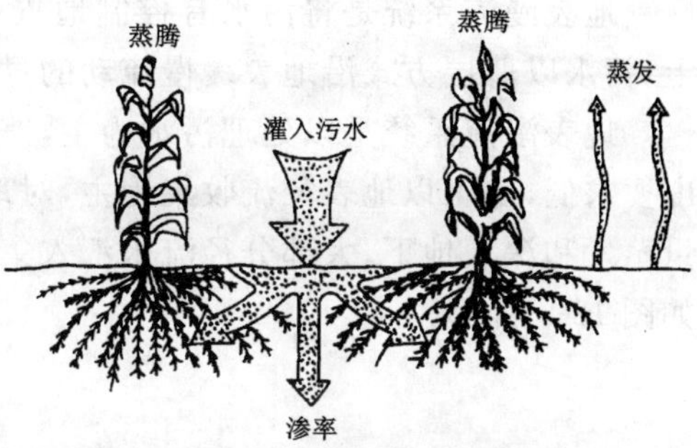

图 18-6　慢速渗滤系统示意图

慢速渗滤系统存在的缺点：由于表面种植作物，所以慢速渗滤系统受季节和植物营养需求的影响很大；植物的营养需求、需水量和对氮的去除能力通常成为设计水力负荷的限制性参数；水力负荷小，土地面积需求量大。

2. 快速渗滤系统

快速渗滤系统是将污水有控制地投配到具有良好渗滤性能的土壤表面，污水在重力作用下向下渗滤的过程中，通过过滤、沉淀、氧化、还原以及生物氧化、硝化、反硝化等一系列物理、化学及生物的作用而使污水得到净化的污水土地处理工艺。

快速渗滤处理系统的水流途径如图 18-7 所示，主要由污水在土壤中的流动和处理场地地下水流方向确定。快速渗滤系统中污水是周期地向渗滤田灌水和休灌，使表层土壤处于淹水、干化，即厌氧、好氧交替运行状态。在休灌期，表层土壤恢复好氧状态，此时产生好氧降解反应，被土壤层截留的有机物被微生物所分解，休灌期土壤层脱水干化有利于下一个灌水周期水的下渗和排除。在土壤层形成的厌氧、好氧交替的运行状态则有利于氮、磷的去除。

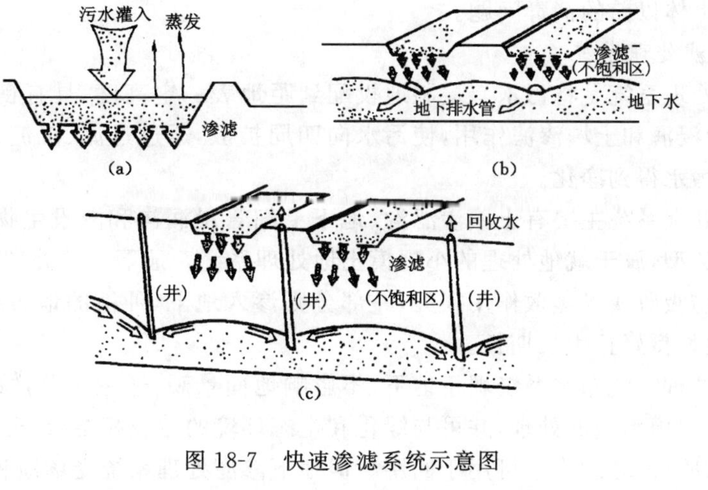

图 18-7　快速渗滤系统示意图

快速渗滤处理系统的优点：对氨氮、有机物、悬浮物等污染物质有很高的去除率；投资省，管理方便，土地面积需求量少，可常年运行；处理出水可用于回用或回灌以补充地下水。

快速渗滤处理系统的缺点：对快速渗滤场地的水文地质条件的要求较为严格；对总氮的去除率不高，处理出水中的硝态氮可能导致地下水污染。

3. 地表漫流系统

地表漫流系统是将污水有控制地投配到多年生牧草、坡度和缓、土壤渗透性差的土地上,污水以薄层方式沿地表缓慢流动的过程中得到净化的土地处理工艺。

地表漫流系统是以处理污水为主,兼有生长牧草功能的污水处理利用系统,对预处理程度要求低,出水以地表径流收集为主,对地下水的影响最小。在处理过程中,只有少部分水量蒸发和深入地下,大部分径流水汇入集水沟。典型的地表漫流处理系统场地和水流途径如图 18-8 所示。

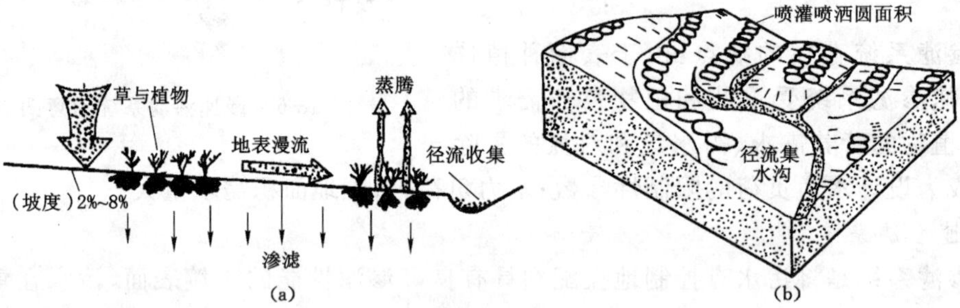

图 18-8　地表漫流处理系统示意图

地表漫流系统的优点:适用于处理分散居住地区的生活污水和季节性排放的有机工业污水;预处理程度要求低,而处理出水可达到二级或高于二级处理的出水水质;投资省,管理简单;地表可种植经济作物,处理出水也可回用;在所有土地处理工艺中,对土壤渗透性的要求最低。

地表漫流系统的缺点:受气候、作物的需水量、地表的坡度影响大;气温降至冰点和雨季期间,地表漫流系统的应用受到限制;植物的需水量限制着系统的水力负荷;通常应考虑处理出水在排入水体以前的消毒问题。

4. 地下渗滤处理系统

地下渗滤处理系统是将污水有控制地投配到距地表一定高度,具有良好渗透性的土层中,借助毛细管浸润和土壤渗滤作用,使污水向四周扩散,通过过滤、沉淀、吸附和生物降解作用等过程使污水得到净化。

地下渗滤处理系统主要有土壤渗滤沟、地下毛细管浸润沟和浸没生物滤池—土壤浸润复合工艺三种类型,属于就地处理的小规模土地处理系统。地下渗滤处理系统中,投配的污水一部分被植物吸收或经蒸散作用损失,一部分则渗入地下,种植的地表绿地植物由于水、肥供给充足,生长良好且生长期长。

地下渗滤处理系统布水系统埋于地下,不影响地面景观,适用于分散的居住小区、度假村、疗养院等小规模污水的处理,并可与绿化和生态环境的建设相结合;运行管理简单,负荷低,处理出水水质好,处理出水可用于回用。但地下渗滤处理系统受场地和土壤条件的影响较大,如果负荷控制不当,土壤会堵塞;进出水设施埋于地下,工程量较大,与其他土地处理类型相比,投资要高一些。

污水进入地下渗滤处理系统前需经化粪池或酸化(水解)池预处理,可以去除其中的大部分 SS,避免堵塞土壤。

5. 湿地处理系统

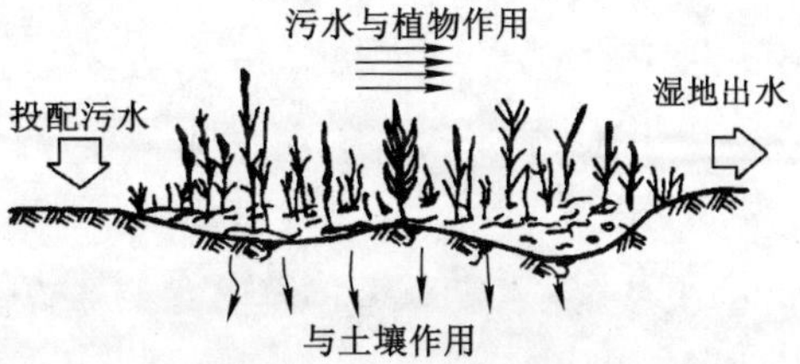

图 18-9　湿地处理系统示意图

湿地(Wetland)是指地下水位终年接近地表面,土壤处于饱和状态并生长植物的地方(见图 18-9),被誉为"地球之肾"。

湿地处理系统是一种利用低洼湿地和沼泽地处理污水的方法,污水有控制地投配到种有芦苇、香蒲等耐水性、沼泽性植物的湿地上,污水在沿一定方向流动过程中,在耐水性植物和土壤联合作用下得到净化。

20 世纪 70 年代以来,通过对天然湿地处理污水的大量调查及实验研究,创造了人工湿地处理系统。人工湿地处理系统主要利用土壤、植物和微生物等作用处理污水,主要由五部分组成:① 具有各种透水性的基质,如土壤、砂、砾石;② 适于在饱和水和厌氧基质中生长的植物,如芦苇;③ 水体;④ 无脊椎动物和脊椎动物;⑤ 好氧和厌氧微生物种群。

人工湿地系统根据湿地中主要植物类型可分为浮生植物系统、挺水植物系统和沉水植物系统。浮水植物(如浮萍、凤眼莲)主要用于 N、P 去除和提高传统稳定塘效率,沉水植物(如狐尾藻、金鱼藻)系统主要应用于初级处理和二级处理后的深度处理,目前所指的人工湿地一般都是挺水植物系统。

人工湿地系统的流态主要有四种:推流式、阶梯进水式、回流式和综合式。阶梯进水式可以避免填料床前部的堵塞问题,有利于床后部的硝化脱氮作用的发生;回流式可以对进水中的 BOD_5 和 SS 进行稀释,增加进水中的溶解氧浓度并减少处理出水中可能出现的臭味问题,出水回流同样还可以促进填料床中的硝化和反硝化脱氮作用;综合式则一方面设置了出水回流,另一方面还将进水分布到填料床的中部以减轻填料床前端的负荷。

人工湿地处理系统需要的构筑物和设备少,易于维护管理,基建投资和运行费用较低;湿地处理系统不设二沉池,处理系统的产泥量少;处理工艺可靠,对 BOD、SS、营养盐有明显的处理效果;耐冲击负荷能力较强;可间接产生其他效益,如绿化、收割芦苇、野生生物保护等。

人工湿地处理系统的上述优点对于污水处理系统而言是非常重要的,因此,近二十年得到了迅速发展。但其也存在不足,如占地面积大,需要经过三个月的植物生长季节,形成稳定的植物和微生物系统后才能达到设计处理要求。

习题与思考题

1. 简述稳定塘的组成及分类。
2. 简述好氧塘的净化模式。
3. 简述兼性塘、厌氧塘的净化模式。
4. 什么是人工湿地处理系统?人工湿地由哪几部分组成?
5. 人工湿地处理系统的类型有哪些?
6. 地表漫流系统具有哪些特点?
7. 垂直流湿地的特点有哪些?
8. 潜流湿地的特点有哪些?

第六篇

污水的深度处理与回用

污水深度处理(Advanced Treatment)是指为达到一定的回用水标准使污水回用于生产或生活，进一步去除二级处理未能完全去除的污水中杂质的净化过程。

污水经深度处理后可用于农业、工业、建筑、地下水回灌、景观、娱乐、河流生态维持等方面，不同的用途对污水处理有不同的要求。

污水深度处理基本单元技术有混凝、沉淀(澄清、气浮)、脱氮除磷、过滤和消毒等。当对回用水的水质有更高要求时，可考虑采用吸附、离子交换、膜分离和臭氧氧化等处理技术。

污水回用(Reuse)是将经二级处理和深度处理后的污水回用于生产系统或生活杂用。污水回用既可以有效地节约和利用有限的和宝贵的淡水资源，又可以减少污水的排放量，减轻水环境的污染。

第十九章 过 滤

过滤(Filtration)是去除水中悬浮物,特别是去除低浓度悬浮液中微小颗粒的一种有效方法,是借助粒状材料或多孔介质截除水中悬浮固体的过程,去除对象包括各种无机、有机质粒和浮游生物、细菌、滤过性病毒、漂浮油和乳化油等。

在饮用水净化处理工艺中,过滤是必不可缺的工序,用于给水处理系统中的沉淀池和澄清池之后,保证出水的浊度达到饮用水标准。而在污水处理系统中,过滤既可作为吸附、离子交换、膜分离等深度处理的预处理,也可用于生化处理后的深度处理,以去除出水中残留的悬浮物,使出水达到回用要求。

根据所采用的过滤介质不同,过滤可分为格筛过滤(Screen Filtration)、微孔过滤(Microfiltration)、膜过滤(Membrane Filtration)和深层过滤(Depth Filtration)四种类型,前三种过滤均属于表面或浅层过滤(Precoat Filtration)过程,在前面章节中已有详细描述,本章主要介绍深层过滤。

第一节 过滤理论

污水通过一定厚度的颗粒状滤料(如石英砂、无烟煤等)床层时,由于滤料颗粒之间存在孔隙,水中的悬浮物和胶体会被截留在滤料表面和内部孔隙中,这一过程称为深层过滤,简称为过滤。

一、过滤机理

过滤是一个包含多种作用的复杂过程,多数研究者认为过滤主要是悬浮颗粒与粒状滤料之间黏附作用的结果,其过滤机理可分为阻力截留、重力沉降和接触絮凝三种。

1. 阻力截留

过滤过程中,当污水流经滤料层时,粒径较大的悬浮物颗粒首先被截留在表层滤料的孔隙中,从而使表层滤料的孔隙越来越小,截污能力随之变得越来越高,逐渐形成一层由被截留的悬浮颗粒构成的滤膜,并起到所谓的"表层截污"作用,这种作用称为阻力截留(Staining)或筛滤作用。由于该过滤作用是在滤料的表面进行,故也称之为表面过滤。阻力截留作用的大小,取决于悬浮颗粒和滤料粒径及过滤速度。一般情况下,悬浮颗粒的粒径越大,滤料的粒径越小,过滤速度越小,阻力截留作用愈强。

由于阻力截留作用的表层截污现象会增加过滤阻力,严重时会堵塞滤池,使下层滤料的截污作用得不到充分发挥,因此在实际过滤操作中应尽量防止阻力截留作用的形成,从而充分发挥深层滤料的纳污能力。

2. 重力沉降

污水通过滤料层时,众多的滤料介质表面同时提供了巨大的沉降面积,形成无数微型的沉淀池，据相关资料统计，1 m^3 粒径为 0.5 mm 的滤料中就拥有 400 m^2 的有效沉降面积。根据斯托克斯定律，污水中的悬浮颗粒沿着水流流线运动时，在沉速适宜的条件下，悬浮颗粒会在重力作用下脱离流线而在滤料表面沉降下来。

重力沉降(Gravity Settlement)强度主要取决于滤料直径和过滤速度。滤料越小，沉降面积越大；滤速越小则水流越平稳，这些都有利于悬浮物的沉降。

3. 接触絮凝

滤料拥有巨大的比表面积，使之对悬浮颗粒具有明显的黏附作用。在范德瓦耳斯力、静电力的相互作用以及某些化学键和特殊的化学吸附作用下，与滤料表面接近或接触的颗粒就会被黏附于滤料表面上，黏附过程同时还存在着絮凝颗粒的架桥作用，有些研究者称其为接触絮凝(Contact Flocculation)。接触絮凝是一种物理化学作用，其强弱主要取决于滤料和水中悬浮颗粒的表面物理化学性质。如快滤池表层细砂层粒径为 0.5 mm，滤料孔隙率为 80 μm，进入滤池的颗粒尺寸大部分小于 30 μm，但仍然能被去除，主要原因就是接触絮凝作用使小粒径颗粒黏附在滤层上。因此，接触絮凝对提高过滤效率具有重要作用。

由于以重力沉降和接触絮凝作用为主的过滤均可充分发挥深层滤料的截污能力，故将这两种作用统称为深层过滤。

在过滤过程中，上述三种作用同时存在，只是条件不同时其主导作用不同而已。通常，大粒径的悬浮颗粒以阻力截留形式的表层过滤作用为主，而细粒径的悬浮颗粒则主要以重力沉降和接触絮凝作用的深层过滤为主。

二、过滤方式

过滤有等速过滤和变速过滤两种基本方式。当滤池过滤速度保持不变，亦即滤池流量保持不变时，称等速过滤；而滤速随过滤时间而逐渐减小的过滤称变速过滤。

1. 变水头等速过滤

随着过滤进行，滤层孔隙率减少，水头损失增加，滤池内水位自动上升，自由进流，以保持过滤速度不变，这种情况称为“变水头等速过滤”。虹吸滤池、无阀滤池属于等速过滤的滤池。

水流通过干净滤层的水头损失称“清洁滤层水头损失”或称“起始水头损失”，即 H_0。假设过滤 t 时后，滤层水头损失增加 ΔH_t，于是过滤时滤料的总水头损失 H 是清洁滤层水头损失 H_0、配水系统、承托层及灌渠水头损失之和 h 再加上 ΔH_t。

图 19-1 是 ΔH_t 与时间的关系，反映了滤层截留杂质与过滤时间的关系。图中 H_{max} 是水头损失增值为最大时的过滤水头损失，一般设计时取 1.5～2.0 m。图中 T 为过滤周期。如果不出现滤后水质恶化等情况，过滤周期不仅决定于最大允许水头损失，还与滤速有关。设滤速 $v'>v$，其对应清洁砂层水头损失为 H_0'，$H_0'>H$。同时对应的单位时间内被滤层截留的杂质量也较多，水头损失增加也较快，即 $\tan\alpha'>\tan\alpha$，因而此滤速下过滤周期 $T'<T$。这里可忽略承托层及配水系统、管(渠)等相对微小变化的水头损失。

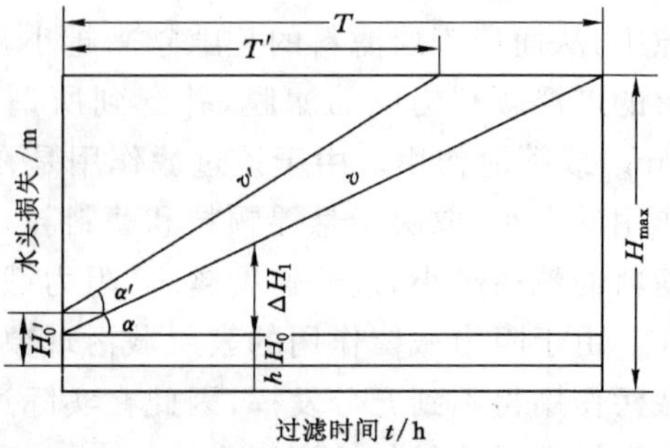

图 19-1 变水头等速过滤水头损失与过滤时间的关系

2. 等水头等速过滤

在整个过滤周期内，滤池的水位和滤速都保持不变，称为“等水头等速过滤”。等水头等速过滤是通过设置出流量控制阀来控制的，如V型滤池。

过滤时流经滤料层的水头损失逐渐增加，为使剩余水头不变，可开大出水阀减小流经控制阀的水头损失。当过滤周期快结束时，出水阀已经全部打开，此时流经控制阀的水头损失已达最小。继续过滤，流经控制阀的水头损失开始逐渐减小，直至全部消耗完，滤池也不再出水，过滤完成。在实际运行中，一般当出水阀全部打开时（过滤时间为 T），就停止过滤而进行反冲洗。时间 T 就是过滤周期。

3. 等水头变速过滤

在过滤过程中，如果过滤水头损失始终保持不变，而滤层孔隙率又逐渐减小，则滤速逐渐减小，这种情况称“等水头变速过滤”。这种变速过滤状态在分格数很多的移动冲洗罩滤池中可近似达到。

设4座滤池组成1个滤池组，进入滤池组的总流量不变。由于每座滤池的进水渠相互连通，4座滤池内的水位或总水头损失在任何时间内基本上都是相等的。在整个过滤过程中，4座滤池的平均滤速始终不变，以保持总的进出流量平衡。但对某一座滤池而言，其滤速则随着过滤时间的延续而逐渐降低。最大滤速发生在该座滤池刚反冲洗完毕投入运行阶段，而后滤速呈阶梯形下降（图19-2）。一般最大、最小滤速分别是平均滤速的150%、50%。如果滤池格数无限大，则滤速变化接近连续曲线。

图19-2表示1组4座滤池中某一座滤池的滤速变化。如果4座滤池均处于过滤状态，每座滤池虽滤速各不相同，但同一座滤池仍按等速过滤方式运行，各座滤池水位稍有升高。一旦某座滤池冲洗完毕投入过滤，由于该座滤池滤料干净，滤速突然增大，则其他3座滤池的一部分水量即由该座滤池分担，从而其他3座滤池均按各自原滤速下降一级，相应地4座滤池水位也突然下降一些。折线的每一突变，表明其中某座滤池刚反冲洗干净投入过滤。

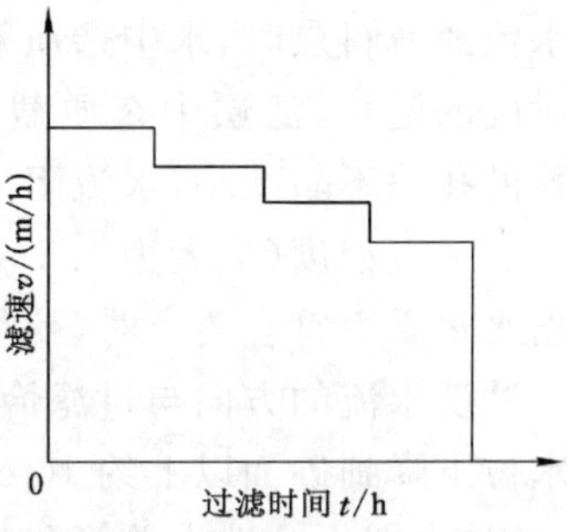

图19-2 等水头变速过滤中一座滤池滤速的变化

与等速过滤相比，在平均滤速相同的情况下，变速过滤具有滤后水质好、在相同过滤周期内过滤水头损失较小、单位水头损失产水量高等优点。但滤层内截留杂质较多时，虽然滤速降低，但因滤层孔隙率减小，孔隙流速未必减小。

第二节 过滤设备

滤池（Filter）是实现过滤的设备。目前使用的滤池类型很多，按水流方向，可分为下向流、上向流和双向流滤池；根据滤料组成，可分为单层滤料、双层滤料、三层及混合滤料滤池；按过滤速度，分为低速过滤（速度小于4 $m^3/(m^2 \cdot h)$）；中速过滤（速度为4～10 $m^3/(m^2 \cdot h)$）和高速过滤（速度为10～16 $m^3/(m^2 \cdot h)$）；按作用力分为重力式滤池（过滤压力水头为4～5 m）、压力滤池（过滤压力水头为15～20 m）；按进出水的方式和反冲洗的方式，可分为普通快滤池、双阀滤池和无阀滤池。

一、普通快滤池

1. 普通快滤池的结构

各种类型的滤池在构造上虽各有特点，但其工作原理和运行过程基本相同，这里以最常用的普通快滤池(Rapid Filter)为例进行介绍。

最早出现的滤池为下向流重力式石英砂块滤池，又称普通快滤池。普通快滤池的构造如图 19-3 所示，包括池体、滤料层、承托层、配水系统和管廊。

快滤池的运行过程包含过滤(Filtration)和反冲洗(Backwash)两个工序。过滤的作用是截留分离悬浮物，以获得澄清的出水，过滤速度大于 10 m/h；而反冲洗的目的则在于清除滤料层中残留的悬浮物，恢复其过滤能力。两个工序交替进行，共同完成过滤作用。

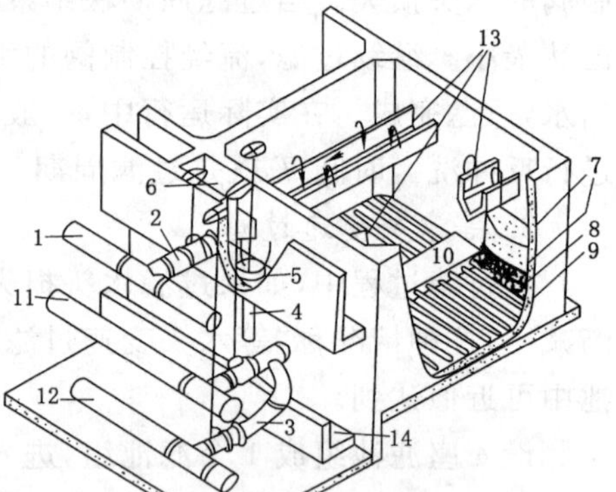

图 19-3　普通快滤池构造剖视图

1——进水总管；2——进水支管；3——出水支管；4——冲洗水支管；5——排水阀；6——进水渠；7——滤料层；8——承托层；9——配水支管；10——配水干管；11——冲洗水总管；12——出水总管；13——冲洗排水槽；14——污水渠

过滤时，开启进水支管和出水支管的阀门。原水经进水总管、进水支管，由进水渠进入滤池，在洗砂排水槽的作用下均匀分配在整个滤池的断面上，然后流经滤料层、承托层后，由配水系统的配水支管汇集，再经配水干管、出水支管、出水总管流向下一个构筑物。原水流经滤料层时，水中杂质被滤料层截留。随着过滤时间的增长，滤层中杂质截留量的逐渐增加，滤料颗粒的孔隙不断减小，水流阻力不断增加。当水头损失达到一定程度(最大为 1.5～2 m)，滤池出水量减少或出水水质不符合要求时，就须停止过滤而进行反冲洗操作。

冲洗水流的方向与过滤恰好相反，故称为反冲洗。反冲洗时，关闭进水支管上的阀门，待水位下降到砂面以上约 10 cm 时，再关闭出水支管的阀门。开启排水阀和冲洗水支管阀门，冲洗水即由冲洗水总管和冲洗水支管，经配水系统干管、配水支管从下而上流过承托层和滤料层，均匀地分布于整个滤池表面上。滤料层在反冲洗水流的作用下呈悬浮状态，并逐步膨胀到一定高度，滤料颗粒之间互相碰撞、摩擦，黏附在滤料表面上的污染物等杂质便脱落下来。冲洗污水排入冲洗排水槽，再经进水渠、出水总管和污水渠流入下水道。一般反冲洗水利用过滤后的清水，其用量约占滤池产水量的 1%～3%。

从过滤开始到过滤结束称为一个过滤周期(Filter Run)，而从过滤开始到反冲洗结束的过程则为过滤循环(Filter Cycle)，也称为工作周期，滤池的工作周期一般为 12～24 h。

2. 滤料及其性能

滤料是滤池的重要组成部分，它能为去除悬浮物提供巨大的接触表面和纳污空间。性能优良的滤料应具有足够的机械强度，以防冲洗时滤料产生磨损和破碎现象；具有足够的化学稳定性，以免滤料与水产生化学反应而恶化水质；有适宜的级配和足够的空隙率；滤料的外形最好接近于球形，表面粗糙而有棱角；滤料还应价廉、易得。

目前，水处理中石英砂是使用最广泛的滤料。在双层和多层滤料中，常用的还有无烟煤、石榴石、钛铁矿、磁铁矿、金刚砂、白云石、聚苯乙烯，以及近年来研发的硅藻土、陶粒、核桃壳、纤维滤料等。滤料的选择要根据其性能指标、实验和工程实际来确定。

(1) 滤料的规格

滤料的规格通常指滤料的粒径级配及滤层厚度，两者是决定过滤效果和纳污能力的重要指标。

① 滤料的粒径级配(Grain Size and Grade)

粒径级配是指各种粒径的颗粒所占的重量比例，通常用有效粒径(Effective Size)和不均匀系数(Diversity Factor)表示。

有效粒径是指有10%的滤料能通过的筛孔孔径，用d_{10}表示。d_{10}反映了滤料中小颗粒的大小。d_{80}则表示有80%滤料通过的筛孔孔径。d_{80}与d_{10}之比称为不均匀系数，表示为$k_{80}=d_{80}/d_{10}$。k_{80}反映滤料大小的不均匀程度。k_{80}愈大表示滤料中颗粒大小相差愈大，颗粒愈不均匀，这对过滤和冲洗都很不利。因此k_{80}愈接近于1，滤料愈均匀，过滤和反冲洗效果愈好，但滤料价格会较高，一般k_{80}控制在1.65～1.80之间为宜。

我国规范中所采用的滤料粒径级配法是通过最大粒径d_{max}、最小粒径d_{min}和不均匀系数k_{80}来控制滤料粒径分布，工程上为使用方便，一般取$d_{min}\approx d_{10}$，$d_{max}\approx d_{80}$。

不同型式的滤池要求有效粒径和不均匀系数亦不一样。但非每种滤料都能满足要求，因此应将滤料进行筛分试验。

② 滤层厚度

滤料必须有一定的厚度，才能保证出水水质。滤层厚度取决于悬浮物穿透的深度，与滤料的粒径、滤速及混凝效果有关。滤料粒径越大，滤速越快，混凝效果越差，穿透深度也随之增加，所需的滤层较厚；而滤料粒径小，滤速慢，污染物穿透深度也较小，所需的滤层厚度较薄。

理想的滤料层是按水流方向，滤料的粒径由粗到细分布的。单层滤料通常由石英砂组成，其粒径分布是上细下粗，出水水质较好，但易形成筛滤层，且反冲洗困难，一般不适宜处理污水。为改变单层滤料上细下粗的分布不均匀现象，提高滤料层纳污能力，出现了双层滤料、三层滤料及均质滤料，其分布见图19-4。

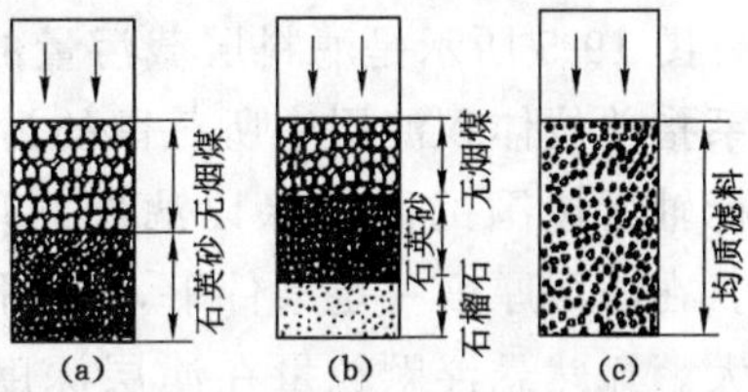

图19-4　几种滤料组成示意图

双层滤料[图19-4(a)]的上层采用密度较小、粒径较大的轻质滤料(如无烟煤)，下层采用密度较大、粒径较小的重质滤料(如石英砂)，从而形成了滤层孔隙上大下小的排列。上层无烟煤空隙率较大，可除去进水中大部分悬浮物，而下层细粒径的石英砂起精滤作用，保证了出水水质。实践证明，双层滤料纳污能力较单层滤料约高1倍以上；相同滤速下，过滤周期增长；相同过滤周期下，滤速可提高。

三层滤料[图19-4(b)]是在双层滤料底部再铺设一层密度更大而粒径更小的重矿石(如石榴石、磁铁矿)。这种滤料从上到下分别为大粒径、小密度的轻质滤料层，中等粒径、中等密度的滤料层和小粒径、大密度的重质滤料层，每层滤料的平均粒径由上而下递减，在粒径分布上更接近于理想滤料，因此三层滤料不仅纳污能力大，而且因为下层为小粒径的重质滤料，滤后水质有保障。

所谓"均质滤料"是指沿整个滤层深度方向的任一横断面上，滤料组成和平均粒径均匀一致，见图19-4(c)。均质滤料层的纳污能力远大于上细下粗的级配滤层。

快滤池中各种滤料组成及参数要求见表19-1。

表 19-1　　快滤池滤料组成及相关参数

类别	滤料组成			滤速/(m/h)	强制滤速/(m/h)
	粒径/mm	不均匀系数 k_{80}	厚度/mm		
单层滤料	石英砂 $\begin{cases} d_{max}=1.2 \\ d_{min}=0.5 \end{cases}$	<2.0	700	8～10	10～14
双层滤料	无烟煤 $\begin{cases} d_{max}=1.8 \\ d_{min}=0.8 \end{cases}$	<2.0	300～400	10～14	14～18
	石英砂 $\begin{cases} d_{max}=1.2 \\ d_{min}=0.5 \end{cases}$	<2.0	400		
三层滤料	无烟煤 $\begin{cases} d_{max}=1.6 \\ d_{min}=0.8 \end{cases}$	<1.7	450	18～20	20～25
	石英砂 $\begin{cases} d_{max}=0.8 \\ d_{min}=0.5 \end{cases}$	<1.5	230		
	重质矿石 $\begin{cases} d_{max}=0.5 \\ d_{min}=0.25 \end{cases}$	<1.7	70		

(2) 滤料的纳污能力

滤料的纳污能力(Capacity of Retaining Pollutants)是指在保证出水水质的前提下,在一个过滤周期内单位体积滤料中所截留污染物的量,单位以 g/cm^3 或 kg/m^3 计。

图 19-5 所示是滤料层截污量的变化曲线,其中含污量系指单位体积滤层中所截留的污染物量。图中曲线与坐标轴所包围的面积除以滤层总厚度即为滤层纳污能力。在滤层厚度一定条件下,此面积愈大,滤层纳污能力愈大。显然悬浮颗粒量在滤层深度方向变化愈大,表明下层滤料截污作用愈小,就整个滤层而言,纳污能力愈小,反之亦然。

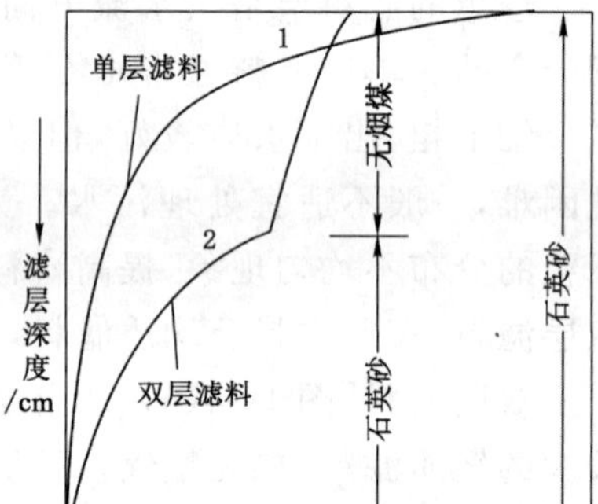

图 19-5　滤料层截污量变化

(3) 滤料的孔隙率和比表面积

孔隙率(Porosity)是指一定体积的滤层中,孔隙所占体积与总体积的比值。滤料层孔隙率与滤料颗粒形状、均匀程度以及压实程度等有关。均匀粒径和不规则形状的滤料,孔隙率大。常用的石英砂和白煤滤料的孔隙率分别为 0.40 和 0.50。

滤料的比表面积(Specific Surface)是指单位重量或单位体积的滤料所具有的表面积,用 cm^2/g 或 cm^2/cm^3 表示。

3. 承托层

承托层(Supporting Grave Layer)铺垫在滤料层底部,起到承托滤料的作用,亦称垫料层。其作用主要是防止滤料从配水系统中流失,同时在反冲洗时起到均匀布水的作用。

一般要求承托层不被反冲洗水冲动发生位移,形成的孔隙均匀,使布水均匀,同时要有足够的化学稳定性和机械强度。其最小粒径不应小于滤料的最大粒径,从上至下按粒度由小到大分层铺设。承托层常采用天然卵石或砾石，采用分层布置方式，每层的粒径和厚度见表 19-2。

承托层一般配合大阻力配水系统使用。若采用小阻力配水系统，承托层可以减薄或不设。

表 19-2　　大阻力配水系统承托层规格

层次(自上而下)	粒径/mm	厚度/mm
1	2～4	100
2	4～8	100
3	8～16	100
e	16～32	本层顶面高度至少应高出配水系统孔眼 100

4. 配水系统

配水系统(Water Distribution System)的作用是均匀收集滤后水，更重要的是均匀分配反冲洗水。配水系统的合理设计是保证滤池正常工作、滤料层稳定的重要前提。配水不均匀，部分滤层膨胀不足，冲洗不净；而部分滤层膨胀过甚，甚至会招致局部承托层发生移动，造成跑砂现象。

滤池的总水头包括五个部分(见图 19-6)，则过滤时总水头损失为：

$$H = H_t + h_1 + h_t + v^2/(2g) + h_2 \tag{19-1}$$

式中 H——滤池的水位高度，m；

H_t——流经滤层水头损失，m，开始时为 H_t，随着时间呈直线增加；

h_1——配水系统、承托层及灌渠水头损失之和，m；

h_t——流经流量控制阀的水头损失，m，开始为 h_0；

$v^2/(2g)$——出水管内流速水头，m；

h_2——剩余水头，m。

要使反冲洗水量分布均匀，则需要使反冲洗水在滤池各个断面上各点的水头损失尽可能相等。反冲洗水流线如图 19-7 所示，取反冲洗水管入口处 A 点和末端 B 点处的水流流线Ⅰ和Ⅱ来分析，各水流路线的总水头损失应包括配水系统的水头损失 S_1q^2、配水系统出水孔眼的水头损失 S_2q^2、垫料层的水头损失 S_3q^2、滤料层的水头损失 S_4q^2，则进入压力为：

流道Ⅰ：
$$H = S_{1A}q_A^2 + S_{2A}q_A^2 + S_{3A}q_A^2 + S_{4A}q_A^2 + \text{流速水头} \tag{19-2}$$

流道Ⅱ：
$$H = S_{1B}q_B^2 + S_{2B}q_B^2 + S_{3B}q_B^2 + S_{4B}q_B^2 + \text{流速水头} \tag{19-3}$$

一般认为，对于确定的滤池，两流道中的垫料层、滤料层、配水系统的布水孔眼各处的水头损失可控制为一致，故上两式中 $S_{2A}=S_{2B}=S_2$，$S_{3A}=S_{3B}=S_3$，$S_{4A}=S_{4B}=S_4$，假定反冲洗水各处分布均匀，则两流道反冲洗水强度之比为：

$$\frac{q_A}{q_B} = \sqrt{\frac{S_{1A} + S_2 + S_3 + S_4}{S_{1B} + S_2 + S_3 + S_4}} \tag{19-4}$$

因为 $S_{1A} \neq S_{1B}$，故 $q_A \neq q_B$，实际生产中一般认为 q_A/q_B 不小于 0.95 即为布水均匀，但在设计中应尽可能使 $q_A = q_B$。

由式(19-4)分析可知，其中 S_3、S_4 保持不变，若使 $q_A=q_B$，可调节 S_1 和 S_2，可采用两种方式：一是通过调节 S_2，使 $S_2 \gg S_1 + S_3 + S_4$，即增大配水系统出水孔眼的阻力，减小孔眼尺寸，这种人为增大孔眼阻力的配水系统称为大阻力配水系统；二是调节 S_1 值，使得 $S_1 \ll S_2 + S_3 + S_4$ 也可使 $q_A = q_B$，即减小配水系统的水头损失，这种配水系统称为小阻力配水系统。

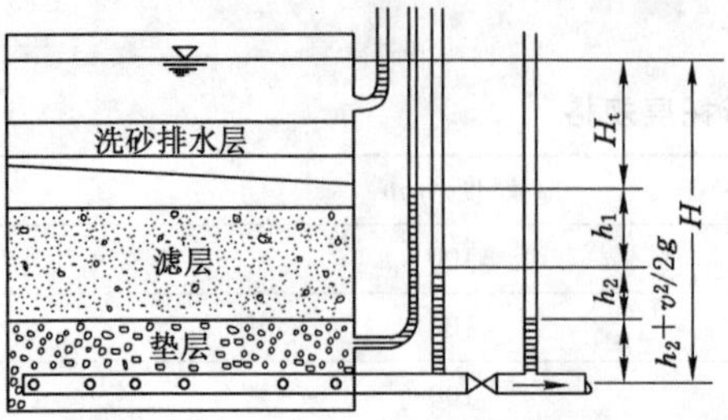

图 19-6　滤池各部位水头损失示意图

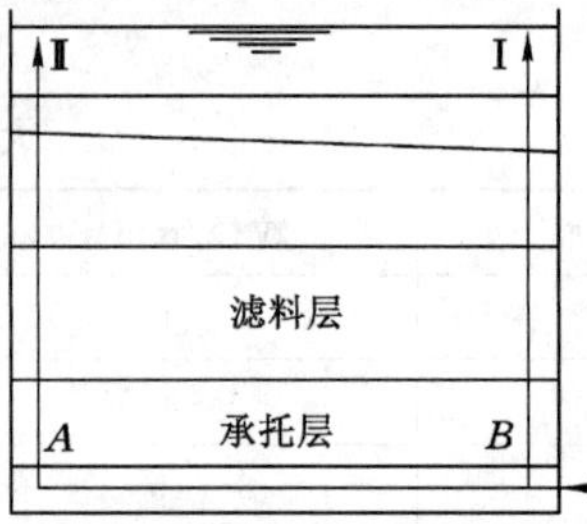

图 19-7　滤池反冲洗水流线图

普通快滤池中常用的是穿孔管大阻力配水系统，见图 19-8。中间是一根干管或干渠，干管两侧接出若干根相互平行的支管。支管下方开两排配水孔，与中心线成 45°角交错排列。冲洗时，水流自干管起端 A 进入后，流入各支管，由支管孔口流出，再经承托层和滤料层流入排水槽。

大阻力配水系统虽然配水均匀性较好，但结构较复杂，孔口水头损失大，冲洗时动力消耗大，管道易结垢，增加检修困难。

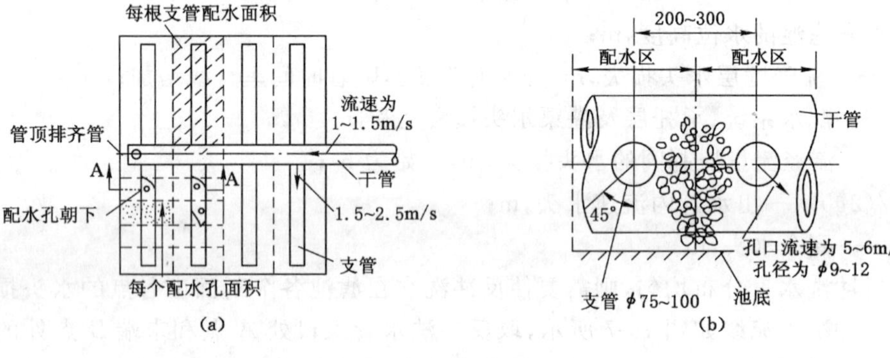

图 19-8　管式大阻力配水系统

(a) 干支管结构关系；(b) 剖面 A—A

若要减小系统的水头损失，必须让冲洗水在分配过程中保持较小的流速，为此，小阻力配水系统多用配水室代替配水管(图 19-9)，以提供较大的进水空间。小阻力配水系统由于配水室内流速很小，水头损失可忽略不计。当滤池面积、配水室宽度和高度已定时，小阻力系统配水均匀性取决于开孔比。开孔比大，孔口阻力小，配水均匀性差。另外，配水室高度 H 增大，有利于均匀配水，但滤池造价增加，一般高度在 0.4 m 左右较合适。

小阻力配水系统通常采用穿孔滤板、穿孔滤砖、滤头等形式。穿孔滤板[图 19-10(a)]是开了圆孔或条式缝隙的钢筋混凝土板，板上铺设一层或两层尼龙网，板上开孔比和尼龙孔网眼尺寸可不一致，视滤料粒径、滤池面积等具体情况决定，这种配水系统造价较低，孔口不易堵塞，配水均匀性较好，强度高，耐腐蚀。穿孔滤砖[图 19-10(b)]是由钢筋混凝土或陶瓷制成，由上下两层连成整体。铺设时，各砖的下层相互连通，起到配水渠的作用；上层各砖单独配水，用板分隔成互不相通的许多小格，上层配水孔均匀布置，水流阻力基本接近，这样保证了滤池的均匀冲洗。穿孔滤砖配水均匀性较好，但价格较高。以上两种配水系统均适用于水流反冲洗方式。长柄滤头[图 19-10(c)]是目前在气水反冲洗滤池中应用最普遍的配水、配气系统，由上部滤帽、滤柄和预埋套管组成，每只滤帽上开有多条缝隙，缝隙在 0.5 μm～0.25 mm 之间，冲洗时空气从滤柄上部的气孔进入，水则在滤柄下部的缝隙和底部进入。

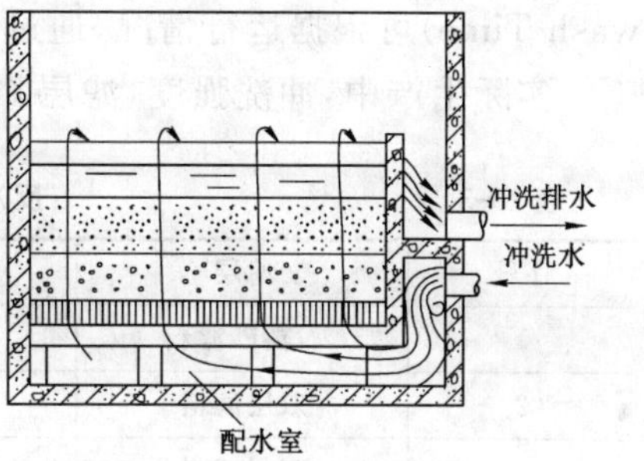

图 19-9　小阻力配水系统

小阻力配水系统的主要缺点是较大阻力配水系统其配水均匀性较差，一般适用于滤池面积较小的滤池，如虹吸滤池、无阀滤池。

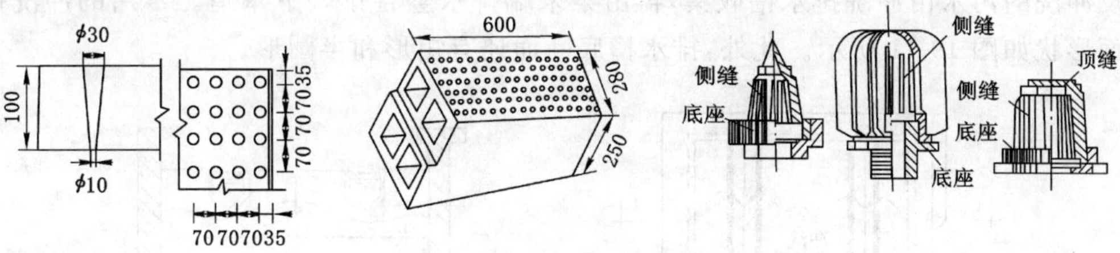

图 19-10　常用小阻力配水系统的形式

(a) 穿孔滤板；(b) 穿孔滤砖；(c) 长柄滤头

5. 反冲洗系统

反冲洗系统(Backwash System)是保证滤池持续良好运行的措施，其目的是清除滤层中所残留的污染物，恢复滤池的过滤能力。目前，滤池普遍采用滤后水反冲洗、气水反冲洗、表面辅助冲洗等方式。

影响反冲洗效果好坏的因素主要有滤料的反冲洗强度、膨胀度、反冲洗时间等。

(1) 反冲洗强度

反冲洗强度(Backwash Flow Rate)是指单位时间、单位滤池面积上所通过的反冲洗水量，通常用 $L/(m^2 \cdot s)$表示。

反冲洗强度与滤料粒径、水温及要求的膨胀度有关。其具体强度值的确定可用试验方法或利用有关的经验公式进行估算，也可通过反冲洗试验精确确定一定工艺条件下冲洗强度与膨胀度的关系。目前我国的实际生产中，多根据经验数据来确定冲洗强度及膨胀度。

(2) 膨胀度

反冲洗时，滤层膨胀后所增加的厚度与膨胀前厚度之比，称滤层膨胀度(Expanding Rate)。反洗时的膨胀率要适当，膨胀率太低，水流剪切力小；膨胀率过高，颗粒碰撞次数会减少，还会冲动垫料层及流失滤料。因此，要确保良好的冲洗效果，必须确定适宜的膨胀度值。

(3) 反冲洗时间

即使冲洗强度或滤层膨胀度符合要求，冲洗时间不足也不能充分清洗掉截留在滤料表面上的污泥。同时，冲洗污水也会因排除不净而使污染物重返滤层。反冲洗时间(Backwash Time)可根据运行情况，通过反冲洗水浊度确定，也可根据生产经验确定。

实际生产中，冲洗强度、滤层膨胀度和冲洗时间根据滤料层不同按表 19-3 确定。

表 19-3　反冲洗强度、膨胀度和冲洗时间

序号	滤层	反冲洗强度/[L/(m^2·s)]	膨胀度/%	反冲洗时间/min
1	石英砂滤料	12～15	45	5～7
2	双层滤料	13～16	50	6～8
3	三层滤料	16～17	55	5～7

反冲洗水供给方式有冲洗水泵和冲洗水塔(冲洗水箱)两种。前者投资省，但操作较麻烦，冲洗短时间内耗电量大；后者造价较高，但操作简单，允许在较长时间内向水塔(水箱)输水，专用水泵小，耗电较均匀。因此若有地形或其他条件可利用时，采用冲洗水塔较好。

反冲洗的污水由冲洗排水槽收集，再由渠末端排水竖管排入下水道。常用的冲洗排水槽断面形状如图 19-11 所示。此外，排水槽底断面还有矩形和半圆形。

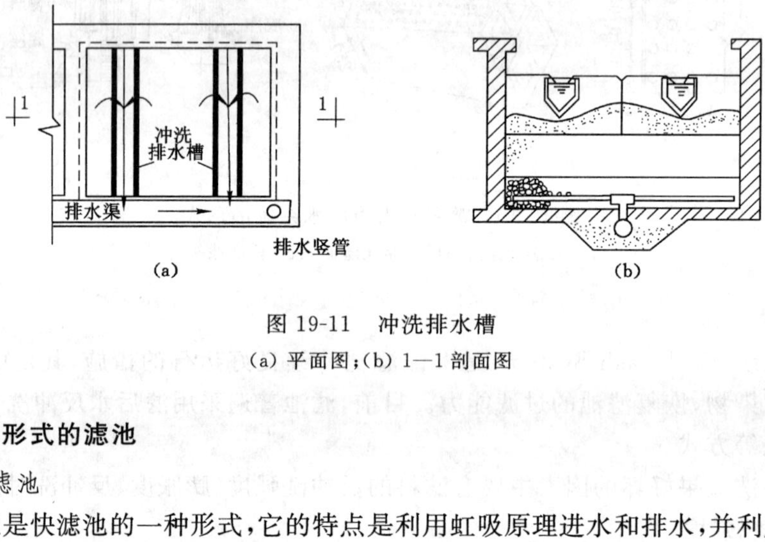

图 19-11　冲洗排水槽

(a) 平面图；(b) 1—1 剖面图

二、其他形式的滤池

1. 虹吸滤池

虹吸滤池是快滤池的一种形式，它的特点是利用虹吸原理进水和排水，并利用池子自身的水位进行反冲洗，不需另设冲洗水箱或水泵，采用小阻力配水系统，其结构如图 19-12 所示。

虹吸滤池是由 6～8 个单元滤池组成一个整体，图 19-12 中为左右对置的两个池子，分别表示滤池过滤和反冲洗时的情况，池子的中心部分相当于普通快滤池的管廊，上部设有真空控制系统。

过滤时(右侧池)，经澄清的水由进水槽流入滤池上部的配水槽，经虹吸管进入进水槽，再经过进水堰和布水管流入滤池。水经过滤层和配水系统流入集水槽，再经过出水管流入出水井，最后由控制堰流出滤池。

过滤过程中滤池的水头损失不断增加，池内水位不断上升，当水位上升到一定高度时，水头损失达到了最大允许值(一般为 1.5～2.0 m)，则进水的虹吸作用被破坏，进水停止，滤池即自动进行反冲洗。

反冲洗时(左侧池)，利用真空系统将冲洗虹吸管抽成真空，使它形成虹吸，则滤池内的存水沿虹吸管被抽到滤池中心的下部，由排水管排出。此时池内水位逐渐降低，至低于集水

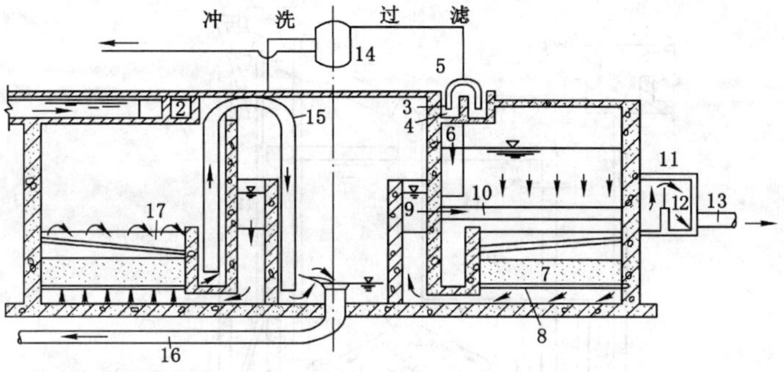

图 19-12 虹吸滤池结构

1——进水总槽;2——环形配水槽;3——进水虹吸管;4——单个滤池进水槽;5——进水堰;6——布水管;7——滤层;8——配水系统;9——环形集水槽;10——出水管;11——出水井;12——控制堰;13——清水管;14——真空系统;15——冲洗排水虹吸管;16——冲洗排水管;17——冲洗排水槽;18——汇水槽

槽的水位时,反冲洗即正式开始,集水槽的水反向流过滤层,冲洗滤料,反洗水经排水槽排至虹吸管进口处抽出。当滤料冲洗干净以后,破坏冲洗虹吸管的真空,冲洗即停止,再启动进水虹吸管,滤池又进入过滤状态。

虹吸滤池是利用虹吸作用控制滤池运行,不需大型阀门及电动、水利等控制设施,能利用滤池本身的水位进行反冲洗,操作管理方便,易于实现自动控制,造价比普通快滤池低 20% ~30%。但池体较深(一般为 5~6 m),且面积较小(不大于 16 m^2),因此冲洗水头受到限制,一般为 1.1~1.3 m,平均冲洗强度一般采用 10~15 L/(m^2 · s),多适用于中小型水处理厂。

2. 无阀滤池

无阀滤池(Filter without Valve)是利用水力学原理,通过进出水的压力差自动控制虹吸管,实现自动清洗和投入过滤的滤池,这种类型的滤池可完全不用阀门控制。无阀滤池的构造如图 19-13 所示,其内部构造同一般快滤池无本质上的差异,只是通过虹吸上升管与辅助管口间的水位高差实现自动反冲洗。

过滤时,水流方向如图中箭头所示。污水经进水分配槽,由进水管进入虹吸上升管,再经顶盖下面的挡板后,均匀地分布在滤料层上,通过承托层、小阻力排水系统进入底部空间。滤后水从底部空间经连通渠(管)上升到冲洗水箱,再经出水管流入清水池。

开始过滤时,虹吸上升管与冲洗水箱中的水位差 H_0 为过滤起始水头损失。随着过滤时间的延续,滤料层水头损失逐渐增加,虹吸上升管中水位相应逐渐升高。管内原存空气受到压缩,一部分空气将从虹吸下降管出口端穿过水封进入大气。当水位上升到虹吸辅助管的管口时,水从辅助管流下,依靠下降水流在管中形成的真空和水流的挟气作用,抽气管不断将虹吸管中空气抽出,使虹吸管中真空度逐渐增大。其结果是一方面虹吸上升管中水位升高,同时,虹吸下降管将排水水封井中的水吸上至一定高度。当上升管中的水越过虹吸管顶端而下落时,管中真空度急剧增加,达到一定程度时,下落水流与下降管中上升水柱汇成一股冲出管口,把管中残留空气全部带走,形成连续虹吸水流。这时的滤层上部压力骤降,促使冲洗水箱的水沿着与过滤时的相反方向进入虹吸管,滤料层受到反冲洗。冲洗污水由排水水封井流入下水道。冲洗过程中,水箱内水位逐渐下降。

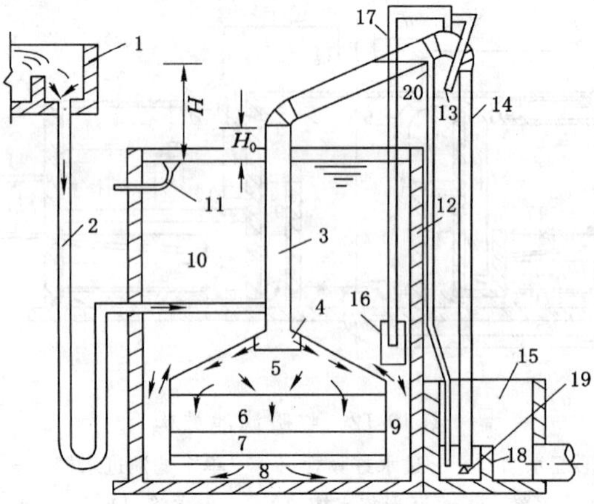

图 19-13 无阀滤池

1——进水分配槽;2——进水管;3——虹吸上升管;4——伞形顶盖;5——挡板;6——滤料层;7——承托层;8——底部配水系统及配水区;9——连通渠;10——冲洗水箱;11——出水管;12——虹吸辅助管;13——抽气管;14——虹吸下降管;15——水封井;16——虹吸破坏斗;17——虹吸破坏管;18——水封堰;19——反冲洗强度调节器;20——虹吸辅助管管口

当水位下降到虹吸破坏斗以下时,虹吸破坏管把小斗中的水吸完。管口与大气相通,虹吸破坏,冲洗结束,过滤重新开始。

从过滤开始至虹吸上升管中水位升至辅助管口的这段时间,为无阀滤池的过滤周期。因为当水从辅助管向下流时,仅需数分钟便进入冲洗阶段,故辅助管口至冲洗水箱最高水位差 H 即为反洗前期最终允许水头损失值,一般采用 1.5～2.0 m。

如果在滤层水头损失还未达到最大允许值,而因某种原因(如出水水质不符要求)需要冲洗时,可进行人工强制冲洗。强制冲洗设备是在辅助管与抽气管相连接的三通上部,接一根压力水管,称强制冲洗管。打开强制冲洗管阀门,在抽气管与虹吸辅助管连接三通处的高速水流产生强烈的抽气作用,使虹吸很快形成。

无阀滤池不需大型阀门,冲洗完全自动,造价较低,操作管理方便,过滤过程中不会出现负水头现象。因冲洗水头不高,故配水采用小阻力配水系统。但其池体结构较复杂,反洗水量较大,滤料装卸困难;冲洗水箱位于滤池上部,出水标高较高,给水厂的总体高程布置带来困难。无阀滤池较适用于小型水处理工程。

3. 移动冲洗罩滤池

移动冲洗罩滤池(Movable Hood Backwashing Filter)为快滤池的一种类型。它是由许多滤格构成的滤池,利用一个可移动的冲洗罩轮流对各滤格进行冲洗。某滤格的冲洗水来自本组其他滤格的滤后水。移动冲洗罩的作用与无阀滤池伞形顶盖相同,冲洗时,使滤格处于封闭状态。因此,移动罩滤池具有虹吸滤池和无阀滤池的某些特点,图 19-14 为虹吸式移动罩滤池示意图。

过滤时,原水从进水管进入,水流自上而下经过各格滤层过滤,滤后水通过底部集水区,由出水虹吸管和出水上堰口流入清水池。出水虹吸管上装有水位恒定器,用以控制滤池水位,使其在较小幅度内波动。

反冲洗时,桁车带动冲洗罩移到滤格上方定位,然后使罩体紧贴在滤格四周的隔墙上,达到密封不漏水的要求，即可用虹吸或水泵抽吸的方法，使该滤格进入反冲洗阶段。反冲洗水来自各个滤格的过滤水。冲洗排出水由排水槽流出，进入下水道。如高程允许时，还可送往反应池、沉淀池或澄清池加以回收。冲洗结束后，破坏冲洗罩的密封，重新恢复过滤。冲洗罩再移到下一滤格，按同样步骤一格一格依次反冲洗。

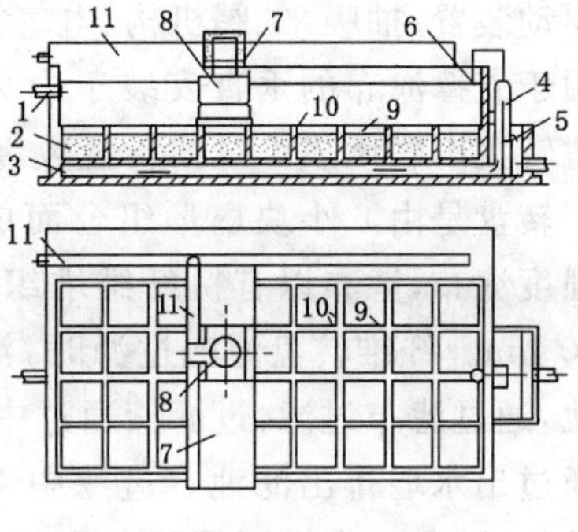

图 19-14　移动冲洗罩滤池

1——进水管；2——滤层；
3——底部集水区；4——出水虹吸管；
5——出水堰；6——水位恒定器；
7——桁车；8——冲洗罩；
9——滤格；10——隔墙；
11——排水槽

移动罩滤池池体结构简单，无需冲洗水箱(塔)，无大型阀门，管件小。采用泵吸式冲洗罩时，池深较浅。与同规模的普通快滤池相比，造价有所下降。但它的机电及控制设备较多，自动控制与维修较复杂。为检修需要，水厂内的滤池座数不得少于 2 个。移动冲洗罩滤池生产规模可从 60 万 m^3/d 到 1 200 m^3/d 大小不等。

4. 压力滤池

压力滤池(Pressure Filter)也称为压力过滤器，是一个承压的钢制密封过滤罐，见图 19-15。其内部构造和普通过滤池相似，进水用泵直接抽入，在压力下工作，允许水头损失 6～7 m，滤后的余压将出水送到用水地点或远距离输送。反冲洗污水通过顶部的漏斗或设挡板的进水管收集并排除。为提高反洗效果，常辅以表面冲洗或压缩空气冲洗。

压力滤池分竖式和卧式两种，一般直径不超过 3 m。常用无烟煤和石英砂双层滤料，处理含油污水也可用表面疏水的核桃壳做滤料，粒径一般采用 0.6～1.0 mm，厚度约 1.1～1.2 m，滤速为 8～10 m/s。配水系统常用小阻力缝隙式滤头。压力滤池外部安装有压力表、取样管，及时监控水头损失和水质变化。顶部设有排气阀，用以排除池内和水中析出的空气。

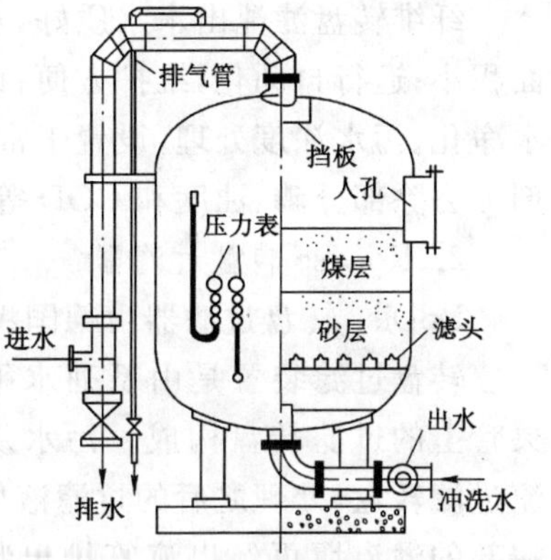

图 19-15　压力滤池

压力滤池过滤能力强，容积小，设备定型，使用的机动性大，能实现单台或者多台过滤器系统 PC 自控，在工业生产中应用广泛。但由于密闭，滤料的装卸不方便，特别适合于处理量小且悬浮物浓度相对较高的污水。

三、新型滤池

过滤技术的发展趋势是净化效果好、效率高、管理方便、易于设备化和技术成套化。用于污水再生工艺的新型滤池主要有滤布滤池、RoDisc 转盘过滤器、V 型滤池、Biofor 生物滤池、连续膜过滤、Aria 系统和 DA 超高 D 型滤池等。

1. 滤布滤池

滤布滤池(Cloth Media Filtration)与膜过滤一样，都属于表面过滤，它使液体通过一层隔膜(滤料)的机械筛滤，去除悬浮于液体中的颗粒物质。过滤器的隔膜材料有金属织物、以不同方式编织的滤布和多种合成材料，也称为滤布转盘过滤器，目前研究和应用较多的有纤维转盘滤池、钻石型滤布滤池等。

纤维转盘滤池结构如图 19-16 所示，主要由箱体、滤盘、空心转轴、清洗装置、排泥装置、驱动装置、抽吸泵、阀机构、电气控制系统组成。它由用于支撑滤布的垂直安装于中央集水管上的平行过滤转盘串联组成。过滤转盘数量一般为2～20片，每个转盘是由6小块扇形组合而成。每片滤盘外包高强度滤布，滤布以有机纤维堆织而成，标称孔径约为10 μm。纤维转盘滤池过滤时，污水以重力流进入滤池，通过滤布过滤，过滤液通过中空管收集后，重力流通过出水堰排出滤池。过滤中部分污泥吸附于滤布外侧，随着滤布上污泥的积聚，过滤阻力增加，滤池水位逐渐升高。通过设置在滤池内的压力传感器监测池内液位变化，当该池内液位到达清洗设定值（高水位）时，可启动反洗泵，开始清洗过程。过滤转盘以反洗水泵负压抽吸滤布表面，吸除滤布上积聚的污泥颗粒，过滤转盘内的水自里向外被同时抽吸，对滤布起清洗作用。

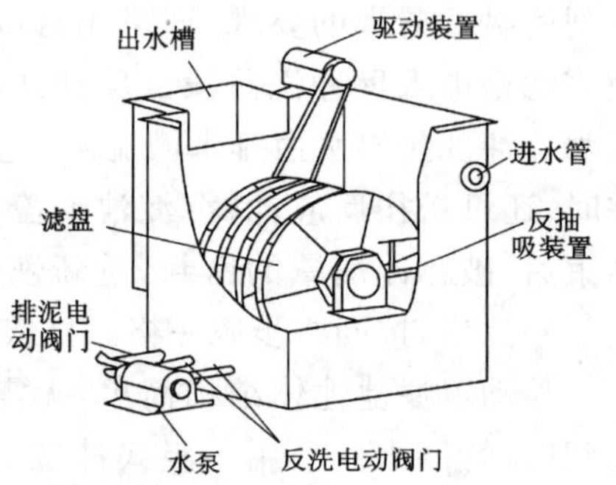

图 19-16　纤维转盘滤池结构示意图

纤维转盘滤池的过滤转盘下设有斗形池底，有利于池底污泥的收集。污泥池底沉积减少了滤布上的污泥量，可延长过滤时间，减少反洗水量。池底通过排泥泵由穿孔排泥管将污泥回流至厂区排水系统。

过滤期间，滤盘全部静止浸没于污水中，有利于污泥的池底沉积。反冲洗期间，滤盘以0.5～1 r/min的速度旋转。

纤维转盘滤池出水水质好，水量稳定；耐冲击负荷，适应性强；过滤及反洗效率高，占地面积小；运行自动化，维护方便；设备紧凑，附属设备少，投资运行费用低；可广泛应用于地表水净化、污水深度处理，设置于常规二级污水处理系统之后，主要去除总悬浮物，结合投加药剂可去除部分磷、浊度和COD等污染物。

2. RoDisc 转盘过滤器

RoDisc转盘过滤器由德国汉斯琥珀公司于1997年开发。其结构如图19-17所示。

转盘过滤装置是由系列水平安装在中央管上的过滤转盘构成。污水从内向外穿流过滤转盘，处理之后的过滤液做通过池体端部的溢流堰再经出流管排出装置。在过滤过程中，转盘处于静止状态，被筛网截留的固体物质会造成水头损失，导致盘内或者中央管内的液位上升。当液位达到预先设置的最大值时，转盘开始缓慢旋转，同时冲洗棒对转盘筛网从外向内进行清洗，将附着在筛网上的固体物质冲入泥浆水收集槽内。冲洗水来自经过滤后的出水（内部冲洗水循环），过滤转盘内外的液位差（中央管内的液位和外部池内液位）是过滤驱动力，不需抽吸水泵。

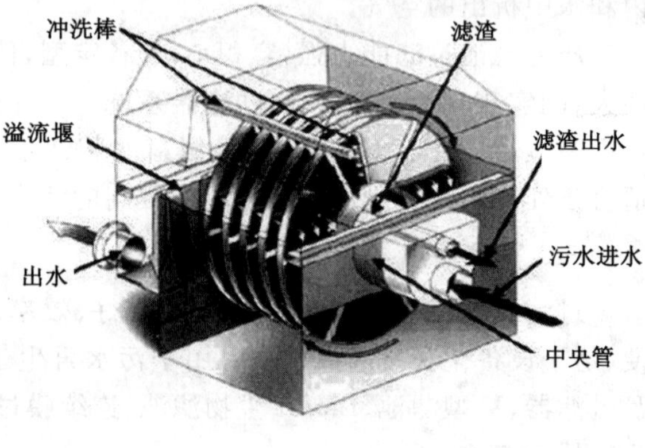

图 19-17　RoDisc 转盘过滤器结构示意图

该装置网布采用的是不锈钢过滤网布，网内的孔隙形状一般为方格型。不锈钢过滤网布属于二维空隙结构和分离界限，具有很高的固液分离效率。另外，不锈钢网布结构稳定，不会因为受紫外线照射而使滤布变黄发脆，使用寿命长。

转盘过滤装置的最大特点是安装简单、占地小。转盘过滤装置主要应用于污水处理厂的深度过滤处理。同时由于水头损失小，所以尤其适于对已建污水处理厂的改造工程。

习题与思考题

1. 根据滤层中杂质分布规律，提出改善快滤池的几种途径，并简述滤池发展趋势。

2. 什么叫"等速过滤"和"变速过滤"？分别在什么情况下形成？分析两种过滤方式的优缺点并指出哪几种滤池属"等速过滤"。

3. 什么叫"有效粒径"和"不均匀系数"？不均匀系数过大对过滤和反冲洗有何影响？"均质滤料"的含义是什么？

4. 双层和多层滤料混杂与哪些因素有关？滤料混杂对过滤有何影响？

5. 滤料承托层有何作用？粒径级配和厚度如何考虑？

6. 试述大阻力配水系统和小阻力配水系统的原理和形式。

7. 简述普通快滤池、无阀滤池、移动罩滤池的主要优缺点和适用条件。

第二十章 脱氮除磷

氮、磷等营养物质大量进入湖泊、河口、海湾等缓流水体，引起藻类及其他浮游生物迅速繁殖，水体溶解氧量下降，水质恶化，鱼类及其他生物大量死亡的现象称为水体富营养化(Eutrophication)。

富营养化影响水源水质，增加给水处理成本，制约水环境功能的正常发挥，加剧城市水质性缺水状况。而另一方面氮磷资源的回收又是污水厂未来发展趋势。因此脱氮除磷环节在污水厂设计与运行的地位愈来愈重要。

第一节 生物脱氮

污水中的氮一般以有机氮、氨氮、亚硝酸盐氮和硝酸盐氮等四种形态存在。生活污水中氮的存在形式以有机氮和氨氮为主，其中有机氮约占 40%～60%，氨氮占 50%～60%，一般情况下，生活污水中的亚硝酸盐氮和硝酸盐氮含量很低，不超过含氮总量的 1%。

氮的去除方法主要有物化法和生物法两大类，其中生物法不但能去除有机物，还能将污水中的有机氮和氨氮通过生物硝化反硝化作用转化为氮气，最终从污水中去除；而物化法通常只能去除氨氮，且存在处理费用高，可能对环境造成负影响以及再生方法(离子交换脱氮的饱和离子交换剂)尚未确立等问题，故目前多采用生物脱氮法(Nitrogen Removal)。

一、生物脱氮原理

生物脱氮是将有机氮转化为亚硝态氮、硝态氮，然后依赖于专性细菌实现氮形式的转化，再经反硝化将硝态氮转化为氮气去除，达到脱氮目的。生物脱氮通常包括以下几个阶段：

$$\text{有机氮}\xrightarrow{\text{氨化}}NH_3\text{-}N\xrightarrow{\text{亚硝化}}NO_2\text{-}N\xrightarrow{\text{硝化}}NO_3\text{-}N\xrightarrow{\text{反硝化}}N_2\uparrow$$

由于氨化作用是在二级处理(生物处理)中完成的，故本章主要讨论生物脱氮的硝化和反硝化作用。

1. 硝化

硝化(Nitrification)反应是指在好氧条件下，通过硝化菌的作用将氨氮氧化为硝酸盐氮的过程，它包括亚硝化反应和硝化反应两个阶段。

亚硝化反应是在亚硝酸菌(Nitrosomonas)作用下，将氨氮转化为亚硝酸盐的过程，其中亚硝酸菌有亚硝酸单胞菌属、亚硝酸螺杆菌属和亚硝酸球菌属等，其反应式如下：

$$NH_4^+ + \frac{3}{2}O_2 \xrightarrow{\text{亚硝酸菌}} NO_2^- + H_2O + 2H^+ \tag{20-1}$$

硝化反应是在硝酸菌(Nitrobactor)作用下，将亚硝酸盐转化为硝酸盐的过程，其中硝酸菌有硝酸杆菌属、硝酸螺菌属和硝酸球菌属，其反应式如下：

$$NO_2^- + \frac{1}{2}O_2 \xrightarrow{\text{硝酸菌}} NO_3^- \quad (20\text{-}2)$$

亚硝酸菌和硝酸菌都属于化能自养菌，它们利用 CO_2、CO_3^{2-} 和 HCO_3^- 等作为碳源，通过与 NH_3、NH_4^+ 和 NO_2^- 的氧化作用获得能量，硝化反应过程需在好氧条件下进行，并以氧为电子受体，其总的反应式如下：

$$NH_4^+ + 2O_2 \xrightarrow{\text{硝化菌}} NO_3^- + H_2O + 2H^+ \quad (20\text{-}3)$$

由上述反应的物料衡算可知，在硝化反应过程中，将 1 g 氨氮转化为硝酸盐氮需耗氧 4.57g，同时约需消耗 7.14 g 的碱度（以 $CaCO_3$ 计），而亚硝酸菌和硝酸菌分别增殖 0.146 g 和 0.019 g。

亚硝酸菌和硝酸菌统称为硝化菌，属专性好氧菌，是不生芽孢的短杆状细菌，广泛存活在土壤中，在自然界的氮循环中起着重要作用。硝化菌对环境十分敏感，温度、pH 值、溶解氧和泥龄等都会对其产生影响。

(1) 温度

温度不但影响硝化菌的比增长速率，而且影响硝化菌的活性。硝化反应的适宜温度是 20～30 ℃，温度低于 15 ℃时，硝化速率迅速下降，当低于 5 ℃时，硝化速率极低，硝化菌的生命活动几乎停止。低温对硝酸菌的抑制作用强烈，因此低温条件下常常会出现亚硝酸盐的积累。

(2) pH 值

硝化菌对 pH 值变化十分敏感，由式(20-3)可知，1 g 氨氮完全硝化消耗 7.14 g 的碱度，若污水氨氮浓度为 20 mg/L，则所需碱度为 142.8 mg/L，因此硝化反应中，应及时补充碱度以保证硝化菌的活性。硝化反应的适宜 pH 值稍高于 7.0～8.0，一般建议 8.0～8.4 之间为最佳。当 pH 值降到 5～5.5 时，硝化菌活性就大大减少，硝化反应几乎停止。

(3) 溶解氧

硝化反应是在好氧条件下进行的，溶解氧浓度会影响硝化反应速率，一般溶解氧浓度不应低于 1.0 mg/L。

(4) 泥龄

为了使硝化菌能够在连续流反应器中存活，微生物在反应器内的停留时间必须大于自养型硝化菌的最小世代时间，一般至少为硝化菌最小世代时间的 2 倍以上。

(5) 重金属及有毒物质

高浓度的 NH_4^+-N、NO_2^-、NO_3^-、BOD_5 及重金属离子均抑制硝化反应，因此运行时，要考虑水质水量变化，对进水中上述物质都要严格控制，保证硝化反应效果。

2. 反硝化

反硝化(Denitrification)反应是在缺氧条件下，由反硝化菌将硝酸盐和亚硝酸盐还原为气态氮的过程。

反硝化菌属兼性菌，在污水处理中很常见，如变形杆菌、微球菌属、假单孢菌属、芽孢杆菌属等。在有分子态氧存在时，反硝化菌利用分子氧作为电子受体氧化分解有机物，在无分子态氧的情况下，反硝化菌利用硝酸盐和亚硝酸盐中的 N^{5+} 和 N^{3+} 作为电子受体，以有机碳为电子供体和营养源进行反硝化反应。反应式如下：

$$6NO_3^- + 2CH_3OH \xrightarrow{\text{硝酸还原菌}} 6NO_2^- + 2CO_2\uparrow + 4H_2O \quad (20\text{-}4)$$

$$6NO_2^- + 3CH_3OH \xrightarrow{\text{亚硝酸还原菌}} 3N_2\uparrow + 3H_2O + 6OH^- + 3CO_2\uparrow \tag{20-5}$$

$$6NO_3^- + 5CH_3OH \xrightarrow{\text{反硝化菌}} 5CO_2\uparrow + 7H_2O + 3N_2\uparrow + 6OH^- \tag{20-6}$$

经物料衡算，还原 1 g 硝酸盐约消耗 2.47 g 甲醇，同时产生 3.57 g 碱度，0.45 g 新细胞。这个碱度正好抵消了硝化作用所需的一半左右碱度。

在反硝化反应过程中，NO_3^- 和 NO_2^- 的转化是通过反硝化菌的同化作用（合成）和异化作用（分解）来完成的，如图 20-1 所示。同化作用最终形成有机氮化合物，用于微生物细胞的合成，而异化作用最终生成气态氮，异化作用去除的氮占总氮去除量的 70%～75%。

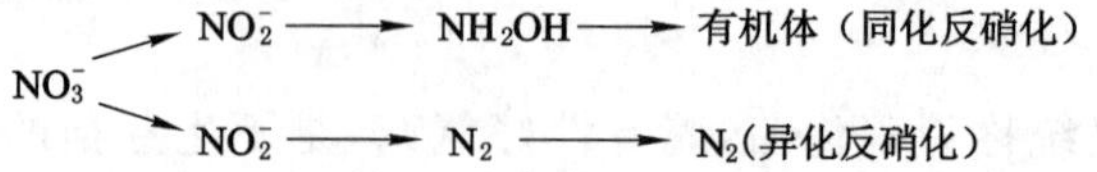

图 20-1　反硝化反应过程

反硝化反应受以下几方面因素的影响：

(1) 碳源

碳的来源可分为原水中所含有机物碳源、外加碳源、内源呼吸碳源三类。一般认为污水中 BOD_5/TN 值为 3～5 时，即可以认为碳源充足，无需外加碳源；当污水中 BOD_5/TN 值小于 3～5 时，需另行投有机碳源，现使用最多的碳源是甲醇。

反硝化反应是由异氧型微生物完成的，它以有机物作为碳源及电子供体，碳源物质不同，反硝化速率也不同。根据不同的碳源有机物，Barnard 提出在反硝化过程中存在三种不同的反应速率（见图 20-2）：第一阶段在 5～15 min 内，该阶段利用易降解的厌氧发酵产物（如挥发性脂肪酸和醇类）作为碳源，反硝化速率最快为 50 mg/(L・h)；第二阶段速率为16 mg/(L・h)，利用颗粒状和复杂的有机物作为碳源，该阶段一直持续到全部外碳源用完为止；第三阶段，由于外碳源用尽，用微生物内源代谢产物作为碳源，反应速率最低，仅为 5.4 mg/(L・h)。

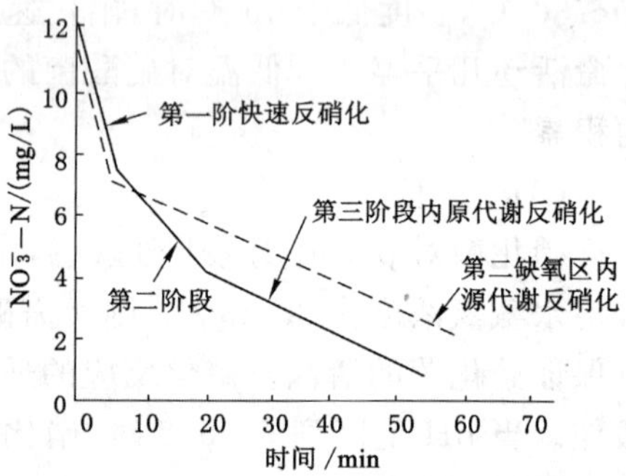

图 20-2　反硝化反应速率

(2) 温度

反硝化细菌对温度变化虽不如硝化细菌那样敏感，但反硝化效果也会随温度变化而变化。温度越高，硝化速率也越高，在 30～35 ℃时，反硝化速率增至最大。当低于 15 ℃时，反硝化速率将明显降低；至 5 ℃时，反硝化将趋于停止。温度对反硝化速率影响的大小，与反应设备的类型以及硝酸盐负荷有关，如在生物流化床中，温度对反硝化的影响要比生物转盘和悬浮活性污泥小得多，通常负荷越高，温度的影响越大。

(3) pH 值

pH 值是反硝化反应的重要影响因素，对反硝化菌最适宜的 pH 值是 6.5～7.5，超出此范围反硝化速率将大大下降。反硝化过程会产生碱度将有助于将 pH 值保持在所需范围内，并补充硝化过程消耗的一部分碱度。

(4) 溶解氧

反硝化菌是兼性细菌,既可进行有氧呼吸,也可进行无氧呼吸,在同时存在分子态氧和硝酸盐时优先进行有氧呼吸。因此为使反硝化正常进行,应保持反应在缺氧状态下运行,一般溶解氧浓度应保持在 0.5 mg/L 以下。

二、生物脱氮工艺

根据生物脱氮理论,生物脱氮工艺是包括硝化和反硝化过程的工艺组合。而近些年随着脱氮理论的研究,诸如厌氧氨氧化等一些新型脱氮工艺开始大放异彩。

1. 传统生物脱氮工艺

传统生物脱氮途径是先好氧硝化后缺氧反硝化,由于两个过程菌种和环境不同不能同时发生。因此传统生物脱氮工艺大多将缺氧区与好氧区分开,形成分级硝化反硝化工艺。

(1) 三级生物脱氮工艺

三级生物脱氮工艺是 1969 年由美国 Barth 开创的,它是以氨化、硝化和反硝化三个过程为基础建立起来的,其工艺流程如图 20-3 所示。

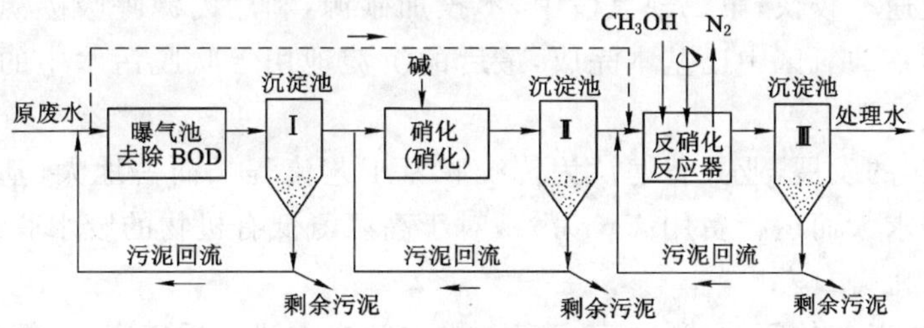

图 20-3　三级生物脱氮工艺

该工艺运行条件易于控制,不同的微生物种群能在不同的条件下发挥各自的优势,可同时获得良好的 BOD 去除效果和脱氮效果。

(2) A/O 脱氮工艺

A/O 工艺即缺氧(Anoxic)/好氧(Oxic)工艺,于 20 世纪 80 年代初开发,其工艺流程如图 20-4 所示,是目前应用较多的一种脱氮工艺。

A/O 工艺是一种前置反硝化工艺,其主要特征是将脱氮池设置在系统之前,该池中异养反硝化菌可直接利用进水中的有机碳源将内回流硝化液内中的 NO_3^- 转化为 N_2。因此 A/O 工艺的内回流比的控制非常重要,若回流比过低,则会使脱氮池中的 BOD/NO_3^- 过高,导致反硝化菌因无充足的 NO_3^- 做电子受体而影响反硝化速率;反之,若回流比过高,则 BOD/NO_3^- 过低,反硝化菌的作用因得不到足够的碳源而受到抑制。

与传统的脱氮工艺相比,将反硝化前置的 A/O 工艺主要优点如下:① 工艺中只设一个污泥回流系统,好氧异氧菌、反硝化菌和硝化菌都处于缺氧-好氧交替的环境中,构成一个混合菌群,有利于改善污泥沉降性能,控制污泥膨胀;② 可利用前置的反硝化过程产生的碱度来补偿硝化过程消耗的碱度,因此对含氮浓度不高的污水可不必另投碱调节 pH

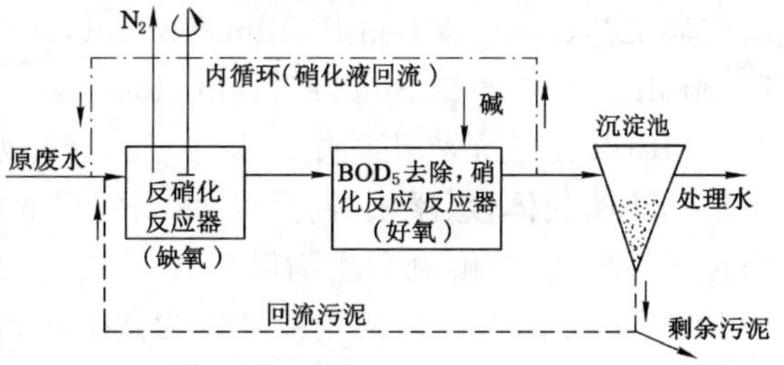

图 20-4　A/O 法脱氮工艺流程

值。③ 工艺流程简单,无需外加碳源,基建费用及运行费用较低,脱氮率一般在70%左右,其缺点是二沉池中可能发生反硝化反应,使污泥上浮,影响出水水质。

(3) Bardenpho 脱氮工艺

Bardenpho 工艺取消了三级脱氮工艺的中间沉淀池,是由硝化段和反硝化段相互交替排列组成的脱氮工艺,其工艺流程见图20-5。实际工程中,该工艺常用于推流式曝气池内部改造。

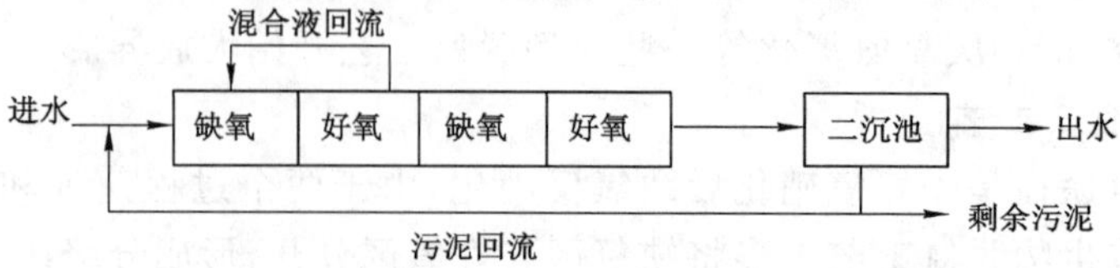

图 20-5 Bardenpho 脱氮工艺

该工艺中有两个缺氧段,第一段利用原水中的有机物为碳源和回流中的混合液进行反硝化反应,其反应速率较快;第二缺氧段中,不投加碳源,利用内源呼吸碳源进行反硝化,速率较低,脱氮在第一缺氧区中已基本完成,最后的沉淀池用于吹脱污水中的氮气,可提高污泥沉降性能,防止污泥上浮。

经历了几十年的发展,业界普遍认为传统脱氮工艺流程长而占地大,基建费用高,需外加碳源、溶解氧需求大而运行费用高。另外,对于高氨氮低有机物的废水脱氮效果不佳。

2. 新型生物脱氮工艺

鉴于传统脱氮工艺的问题,科学家一直在寻求解决方法。近年来,脱氮理论的不断发展突破了对传统生物脱氮理论的认识,一些新型的生物脱氮工艺应运而生。

(1) 同步硝化—反硝化工艺

在处理系统中,硝化和反硝化反应在同一反应器中同时进行,这种现象称为同步硝化—反硝化(Simulfaneous Nitrification-Denitrification,SND)。

SND现象在氧化沟、生物转盘反应器、序批式反应器、生物流化床等反应器系统中均有发现。对SND的机理可从宏观环境、微环境和生物学三方面加以理解。宏观环境认为生物反应器内泥水混合物流态不均一,整体环境内可形成不同的好氧、缺氧和厌氧区;微环境理论则认为氧扩散的限制会造成微生物絮体表面和内部产生DO梯度,认为具有一定尺寸($\geqslant$ 100 μm)的颗粒污泥会形成外层硝化、内层反硝化的微生物层分布;生物学解释则依托于在同一生物反应器内,许多好氧反硝化菌和异养硝化菌同时存在,而且许多好氧反硝化菌又是异养硝化菌,因此借助这样的菌种可将NH_4^+-N直接转化为N_2排出。一般SND的环境条件主要通过碳源、溶解氧、絮凝体特性等因素控制。目前国际上应用最多的是移动床生物膜反应器工艺(Moving Bed Biofilm Reactor,MBBR)和集成固定膜活性污泥工艺(Integrated Fixed-film Activated Sludge Technology)。

MBBR工艺是将比重接近水并可悬浮于水中的悬浮填料直接投加到反应池中作为微生物的活性载体,悬浮填料能与污水频繁多次接触,逐渐在填料表面生长出生物膜(挂膜),强化了污染物、溶解氧和生物膜的传质效果,并创造宏观和微观上的厌氧和好氧环境。而IFAS则是在SBR反应器中投加作为微生物的活性载体,既增加了硝化菌生物量,又保持了曝气池中的污泥量。两种工艺中分布于生物膜好氧层的好氧氨氧化菌、亚硝酸盐氧化菌和好氧反硝化细菌与分布于生物缺氧层的厌氧氨氧化菌、自养型亚硝酸细菌和反硝化细菌相互协作，最终达到脱氮目的。

SND 工艺相当程度地弥补了传统脱氮工艺的缺点，既节省了反应构筑物和占地面积，基建投资相对较少，同时硝化和反硝化作用同步发生，又可减少氧气和有机碳的消耗，运行费用降低。当然工艺运行中如何更好地让硝化反硝化同步进行，如何更好调节各影响因素仍然在研究中。

(2) 短程硝化-反硝化

短程硝化-反硝化(Shortcut Nitrification-Denitrification)是由荷兰 Delft 技术大学开发的脱氮新工艺。其基本原理是将氨氮氧化控制在亚硝化阶段，然后进行反硝化。即使 NH_4^+-N 正常硝化成 NO_2^-，而 NO_2^- 到 NO_3^- 的过程受阻，NO_2^- 积累后直接反硝化，从而实现污水中氮的去除。其反应方程式如下：

$$2NH_4^+ + 3O_2 \longrightarrow 2NO_2^- + 2H_2O + 4H^+ \tag{20-7}$$

$$6NO_2^- + 3CH_3OH \longrightarrow 3CO_2\uparrow + 3H_2O + 3N_2\uparrow + 6OH^- \tag{20-8}$$

根据上述原理，荷兰 Delft 技术大学和 Mulder 相继开发了 SHARON(Single Reactor for High Ammonia Removal over Nitrite)工艺，分别应用于荷兰 Rotterdam 和 Utrech 两座城市污水二级处理厂中。该工艺的核心是利用高温(30～35 ℃)下亚硝酸菌的生长速率明显高于硝酸菌的生长速率这一固有特性，控制系统水力停留时间与反应温度，从而使硝酸菌被淘汰，在反应器中形成亚硝酸菌的积累，使氨氧化控制在亚硝化阶段，再通过缺氧环境达到反硝化。

短程硝化反硝化工艺能大大节省曝气和反硝化阶段中碳源的投加。不过实现短程硝化—反硝化脱氮需要控制硝化速率，因此如何将 NH_4^+-N 氧化控制在亚硝酸阶段、持久维持较高浓度 NO_2^- 的积累，是该工艺实现的一个关键问题，也是现在研究的热点和难点。

(3) 厌氧氨氧化

1990 年，荷兰 Delft 技术大学 Kluyver 生物技术实验室开发出厌氧氨氧化(Anaerobic Ammonium Oxidation，ANAMMOX)工艺，即在厌氧条件下氨氮以亚硝酸盐为电子受体，由专项自养菌将 NH_4^+ 直接被氧化成 N_2 和气态氮化物的一种新型脱氮工艺。目前其已经成为未来污水处理脱氮主流发展技术之一。截止到 2014 年全世界已有 114 座厌氧氨氧化工程(包括 10 座在建的工程和 8 座正在设计的工程)，其中 75%应用于城市污水处理厂。基于该工艺基本原理的各种专利性厌氧氨氧化工艺也在蓬勃发展中。

厌氧氨氧化是一个厌氧生物反应，其反应式如下：

$$NH_4^+ + NO_2^- \longrightarrow N_2\uparrow + 2H_2O \tag{20-9}$$

$$\begin{aligned} &NH_4^+ + 1.32NO_2^- + 0.066\ HCO_3^- + 0.13H^+ \longrightarrow \\ &1.02N_2\uparrow + 0.26NO_3^- + 0.066\ CH_2O_{0.5}N_{0.15} + 2.03H_2O \end{aligned} \tag{20-10}$$

与传统工艺相比，厌氧氨氧化所需的亚硝化曝气能耗只有传统工艺的 55%～60%，同时几乎无需碳源，并减少 45%碱度消耗量。该工艺污泥产量远低于传统脱氮工艺，显著降低剩余污泥的处理和处置成本。

ANAMMOX 菌是厌氧氨氧化的核心，其优势菌种是革兰氏阴性球状菌，适宜温度为 20～43 ℃，pH 值范围为 6.7～8.3(最佳为 8)，生长缓慢，因此适用于具有较长污泥泥龄的生物反应器(如厌氧流化床、固定床、UASB 和 SBR 等)，尤其适用于处理高浓度氨氮污水。

目前，厌氧氨氧化技术分为主流和侧流两种。主流厌氧氨氧化是在污水处理主线上设置厌氧氨氧化反应器进行脱氮，具体流程如图 20-6 所示。

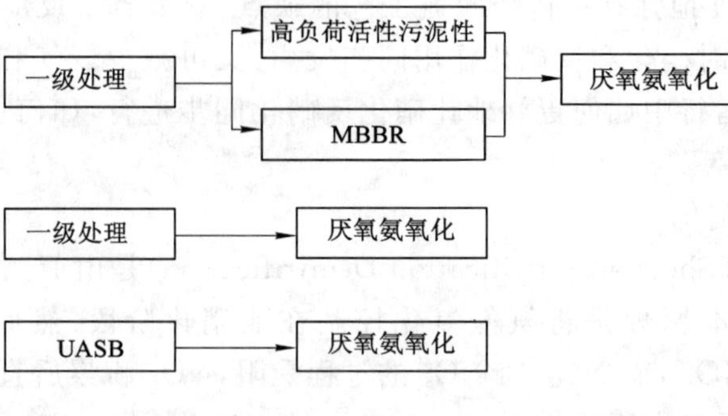

图 20-6　主流厌氧氨氧化脱氮工艺

基于能源回收的未来污水厂理念，生物法前期多是 COD 筛分或浓缩这样的碳回收处理。传统的 A/B 工艺目前正朝着这个方向改造。A 段或通过吸附或通过高负荷运行进行碳回收，B 段进行厌氧氨氧化或反硝化除磷。目前报道最为成功的工程实例就是新加坡樟宜再生水厂和奥地利 strass 污水厂，但是奥地利 strass 污水厂工艺中有侧流 Anammox 菌对主流工艺的补充。其流程图如图 20-7 所示。

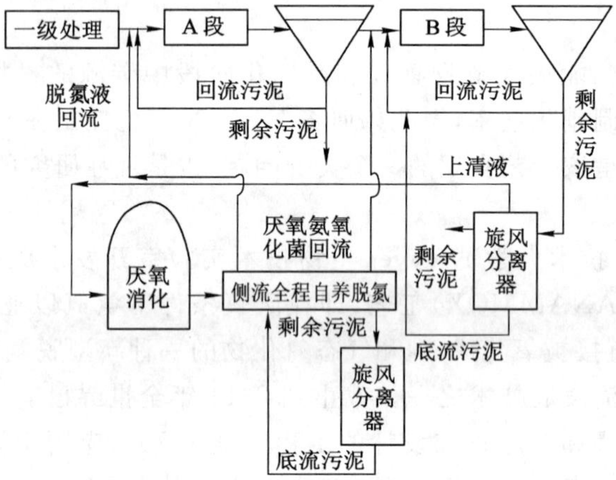

图 20-7　奥地利 strass 污水厂工艺

侧流厌氧氨氧化则是将消化后的消化液和污泥脱水液从水处理主线中引出单独进行厌氧氨氧化脱氮，其工艺如图 20-8 所示。

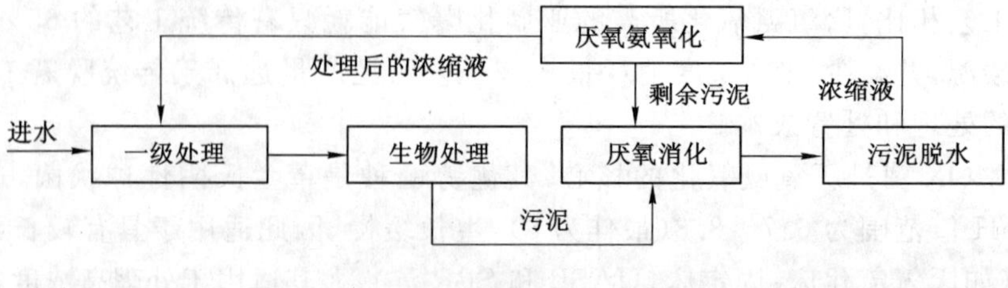

图 20-8　侧流厌氧氨氧化脱氮工艺

侧流厌氧氨氧化的技术较为成熟,未来发展趋势是好氧颗粒污泥(主流)与厌氧氨氧化(侧流)的组合。

(4) 新技术联合

基于短程硝化反硝化和厌氧氨氧化原理的联合工艺开发也是研究热点。目前较为成熟的主要有三种:全程自养脱氮工艺(Completely Autotrophic Nitrogen Removal over Nitrite,CANON)、氧限制自养硝化反硝化工艺(Oxygen Limited Autotrophic Nitrification Denification,OLAND)和与中温亚硝化(SHARON)结合的SHARON-ANAMMOX联合工艺。

全程自养脱氮(CANON)的概念就是“基于亚硝盐途径的完全自养脱氮”,是在限制氧浓度的条件下,获得好氧亚硝化菌和厌氧的氨氧化菌的混合自养菌群。这种混合菌群将氨氮和亚硝酸盐同时去除。因此在同一个反应器中,控制一定浓度的溶解氧就可实现较高的脱氮率。其反应式如下:

$$NH_4^+ + 0.85O_2 \longrightarrow 0.435N_2\uparrow + 0.13NO_3^- + 0.14H^+ + 1.3H_2O \qquad (20\text{-}11)$$

OLAND工艺原理是在DO约为0.1~0.3 mg/L的条件下,好氧氨氧化菌将50%的NH_4^+转化为NO_2^-,使亚硝化阶段出水稳定在$NH_4^+/NO_2^-=1:(1.2\pm0.2)$的比例,再进行反硝化脱氮。其反应式如下:

$$NH_4^+ + NO_2^- + \text{OLAND菌} \longrightarrow N_2\uparrow + H_2O \qquad (20\text{-}12)$$

该工艺中反硝化菌是基于传统硝化菌(芽孢杆菌群)通过限制氧条件下培养的自养型反硝化菌,比厌氧氨氧化菌易于获取和培养。OLAND工艺和CANON工艺的一大差别是前者在两个反应器中进行,而后者则在单独反应器中完成,其工艺如图20-9所示。

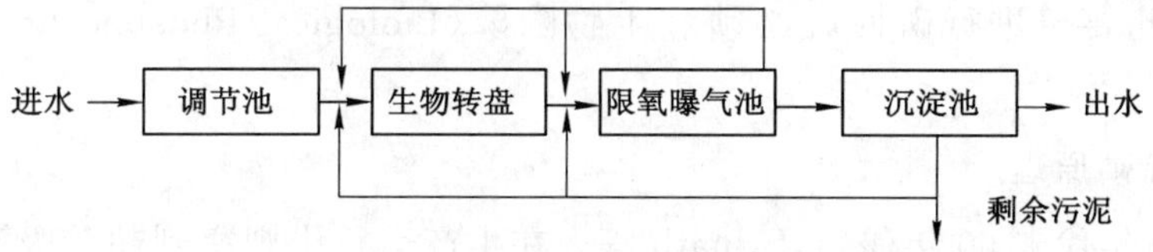

图20-9 OLAND工艺流程图

SHARON-ANAMMOX联合工艺就是控制SHARON工艺中50%的氨氮转化为亚硝酸盐,然后作为ANAMMOX反应器的进水,最终完成脱氮作用。工艺中发挥作用的细菌主要为氨氧化菌和ANAMMOX菌,因此耗氧量、产酸量都大为降低,产碱量为零,不但可节约中和试剂,而且可避免反硝化需有机电子供体(COD)的问题。

新型脱氮工艺在耗氧量、碳源需求及碱度调节上比传统生物脱氮都极具优势,已经成为未来污水生物脱氮技术发展主流。当然,在反应温度、短程硝化控制及厌氧氨氧化菌的培养上还有待专业人员深入研究,以利于工艺的推广应用。

第二节 生物除磷

磷是自然界必需的营养元素。有研究表明按每年对磷需求量增加3%来计算,全球可经济开采的磷矿将会在50 a内用完,而全球全部磷储量将在100~200 a内耗尽。从污水中回收磷已经成为目前污水处理的另一个主要目标。污水中的磷主要以有机磷、聚磷酸盐和正磷酸盐三种形态存在，其中以正磷酸盐和聚磷酸盐占绝大多数。污水中磷的转化过程就是有机磷和聚磷酸盐转化为正磷酸盐。而正磷酸盐（PO_4^{3-}、HPO_4^{2-}、$H_2PO_4^-$）可作为营养物质被水中藻类大量摄取。

污水除磷的方法分为物化法和生物法两类。物化法主要有化学沉淀法、结晶法和吸附法。化学沉淀法是通过投加铝盐、镁盐、石灰等金属盐类，使水中磷酸离子形成不溶性磷酸盐沉淀，然后通过固液分离将磷从污水中除去，根据使用的药剂可分为石灰沉淀法和金属盐沉淀法。目前磷回收常用的化学沉淀法是钙盐和镁盐沉淀法。其中钙盐法由于钙盐的经济性广泛使用，形成的产物是羟基磷灰石，简称 HAP(Hydroxy Apatite)，其具体化学反应式如下：

$$5Ca^{2+}+7OH^{-}+3H_2PO_3^{2+}\longrightarrow Ca_5OH(PO_4)_3\uparrow+6H_2O \qquad (20\text{-}13)$$

由于浓缩污泥和消化池上清液中含有大量磷酸盐和铵根，因此近些年镁盐法回收磷也成为研究应用热点。这种方法回收的磷酸盐产物就是鸟粪石（六水磷酸铵镁），简称 MAP (Magnesium Ammonlum Phosphate)，其具体化学反应式如下：

$$Mg^{2+}+NH^{4+}+HnPO_4^{n-3}+6H_2O\longrightarrow MgNH_4(PO_4)\cdot H_2O+nH^{+} \qquad (20\text{-}14)$$

结晶法则是使污水呈碱性，且其中 Ca^{2+}、OH^-、PO_4^{3-} 的浓度相对较低呈亚稳定状态时，让投加了 Ca^{2+} 的含磷污水流过含磷晶种的填料结晶床，在晶体表面生成羟基磷酸钙结晶并析出，从而将磷去除。吸附法利用某些多孔或大比表面积的固体物质作为吸附剂，通过磷在其表面的附着吸附、离子交换或表面沉淀来实现污水的除磷过程。

这些方法既能达到污水除磷目的，又能进行磷回收，但多用于含磷浓度较高的污水或污泥处理中。因此要想进行磷回收必须和生物除磷(Biological Phosphorus Removal)工艺结合。

一、生物除磷原理

20 世纪 50 年代末 60 年代初，Srinath 等人在生产运行中观察到超量吸磷现象，即微生物吸收的磷量远超过其正常生长所需的磷量，这些微生物种群称为"聚磷菌"。聚磷菌(Phosphorus Accumulating Bacteria，PAB)在好氧和缺氧条件下摄取磷，并以聚磷酸盐的形式存储。

污水的生物除磷就是基于超量吸磷现象。在实际运行中通过调节污水处理系统中的厌氧和好氧环境，完成先有机磷，继而无机磷，最后含磷微生物的转化，最终使污水中的磷以剩余污泥的形式排出系统，使出水中的磷浓度大为降低。

1. 生物除磷原理

在生物除磷过程中，磷的转化经历了厌氧释磷和好氧摄磷两个阶段，其反应原理如图 20-10 所示。

(1) 厌氧释磷

在没有溶解氧和硝态氮的厌氧条件下，即绝对的厌氧条件下，厌氧菌通过发酵作用将溶解性的 BOD 转化为 VFAs(即挥发性有机酸)。聚磷菌吸收这些由发酵或来自原污水的 VFAs，将其运送到细胞内，并同化成胞内碳源储存物聚 β 羟基链烷酸酯(PHB/PHA)等。这些生命活动的能量就来自于微生物体内三磷酸腺苷(ATP)的水解和细胞内糖的酵解。ATP 水解的同时也释放了大量的 H_3PO_4。因此在厌氧段内随着有机物的降解发生着有机

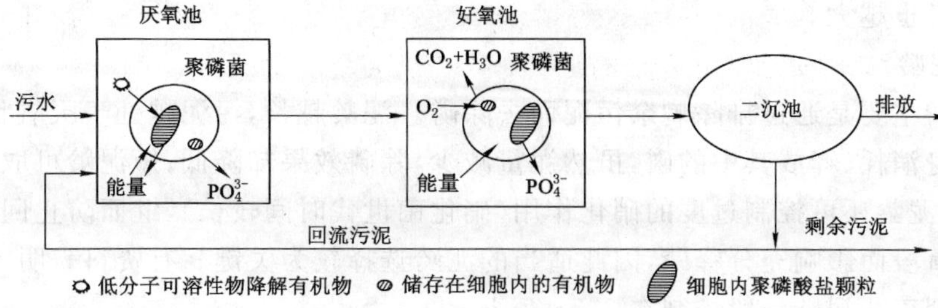

图 20-10 污水生物除磷原理示意图

磷(O—P)分解为 H_3PO_4 的过程,其相关反应式如下:

$$\mathrm{COD} \xrightarrow{\text{分解}} \mathrm{VFA} \tag{20-15}$$

$$\mathrm{O—P} \xrightarrow{\text{分解}} \mathrm{H_3PO_4} + \mathrm{H_2S} + \text{醇} + \text{能量} \tag{20-16}$$

$$\mathrm{VFA} \xrightarrow{\text{分解}} \mathrm{PHB} \tag{20-17}$$

$$\mathrm{ATP} \xrightarrow{\text{分解}} \mathrm{ADP} + \mathrm{H_3PO_4} + \text{能量} \tag{20-18}$$

(2) 好氧摄磷

经厌氧段处理后的水进入好氧段,好氧菌、异养菌在有氧条件下降解有机物,此时有机磷可进一步分解为无机磷。聚磷菌此时活力更强,因此通过氧化分解自身体内储存的 PHB 获得能量,过量摄取磷酸盐,并利用体内 ADP 合成 ATP 储存在体内。此时磷酸盐就从泥水混合物中液相除去,而产生的新聚磷菌细胞(富含磷)则以剩余污泥的形式从系统中排出。其相关反应式如下:

$$\mathrm{PHB} \xrightarrow{\text{分解}} \text{无机物} + \text{能量} \tag{20-19}$$

$$\mathrm{ADP} + \mathrm{H_3PO_4} + \text{能量} \xrightarrow{\text{合成}} \mathrm{ATP} + \mathrm{H_2O} \tag{20-20}$$

生物除磷的关键是依靠聚磷菌的除磷活性,对于污水生物除磷中的聚磷菌,大多数的研究认为主要是不动杆菌,也有部分研究认为假单胞菌属和气单胞菌属占聚磷菌优势大。因此基于传统除磷机理的工艺设计和运行也是以此类菌种活性影响因素进行的。

2. 生物除磷的影响因素

(1) 溶解氧(DO)

溶解氧的影响主要有两方面:一是在聚磷菌释磷的厌氧反应器内,应保持绝对的厌氧条件,即使是 NO_3^- 等类的化合态氧也不允许存在;二是在除磷菌吸收磷的好氧反应器内,则应保持充足的溶解氧,这样才可满足聚磷菌对其储存的 PHB 进行降解,释放足够的能量供其过量摄磷。一般厌氧段的 DO 应严格控制在 0.2 mg/L 以下,而好氧段的 DO 则控制在 2.0 mg/L 左右。

(2) BOD_5 负荷和有机物性质

较高 BOD_5 负荷可取得较好除磷效果,其低限是 BOD/TP ≥15。而污水中是否含有足够的易降解有机质提供给聚磷菌合成 PHB,是关系到聚磷菌在厌氧条件下能否顺利生存的重要因素。因为小分子易降解的有机物更易于被聚磷菌利用,从而可将其体内储存的多聚磷酸盐分解释放得更彻底。小分子易降解的有机物诱导磷的释放能力越强,好氧段聚磷菌对磷的摄取量也越大。

(3) 污泥龄

生物除磷主要是通过排除剩余污泥而去除磷。泥龄越长,污泥越处于厌氧状态,聚磷菌就会依靠自身消耗、释放其中的磷,虽然泥量减少,除磷效果却降低;短泥龄可取得较好除磷效果,同时短泥龄还可控制过度的硝化作用(硝化菌世代时间较长),继而防止回流时过量硝态氮带入厌氧段而影响充分释磷,因此适当的泥龄选择较为关键。有资料表明,以除磷为目的的生物处理工艺泥龄一般控制在 3.5～7 d。

(4) NO_3^--N 和 NO_2^--—N 浓度

NO_3^--N 和 NO_2^--N 的存在会助长反硝化菌的生长,一方面会与聚磷菌争夺碳源,抑制聚磷菌的生长;另一方面某些生物聚磷菌会以硝态氮作为电子受体进行反硝化作用,从而影响发酵产酸过程。两方面的影响使得聚磷菌的释磷和摄磷作用都不能彻底,进而影响除磷效果。

(5) 温度

温度对除磷效果的影响不是很明显,一般在 5～30 ℃的范围内,都可以取得较好的除磷效果。

(6) pH 值

除磷过程适宜 pH 值为 6～8,在这个 pH 范围内磷的厌氧释放比较稳定。pH 值低于 6.5 时生物除磷的效果会大大下降,因为厌氧段的低 pH 值会抑制细胞吸收营养质的过程,从而抑制磷的释放。

二、生物除磷工艺

根据生物除磷原理,污水生物除磷工艺需包含厌氧释磷和好氧摄磷两个阶段。按照磷的最终去除方式和构筑物的组成,可将除磷工艺分为主流除磷工艺和侧流除磷工艺两类。

主流除磷工艺是厌氧池在污水主流方向上,磷的最终去除要通过剩余污泥排放。典型工艺就是 A/O 工艺。侧流工艺包括生物强化除磷和生物化学强化除磷的结合工艺两大类,其典型工艺为侧流-生物加强除磷工艺、Phostrip 工艺和 MAP 工艺。

1. A/O 除磷工艺

A/O 工艺即厌氧(Anaerobic)/好氧(Oxic)工艺,美国研究者 Spector 在 1975 年研究活性污泥膨胀的控制问题时发现,厌氧—好氧工艺不仅可以有效防止污泥的丝状菌膨胀,而且具有很好的除磷效果,在此基础上开发了 A/O 生物除磷工艺。A/O 工艺的基本流程如图 20-11 所示。

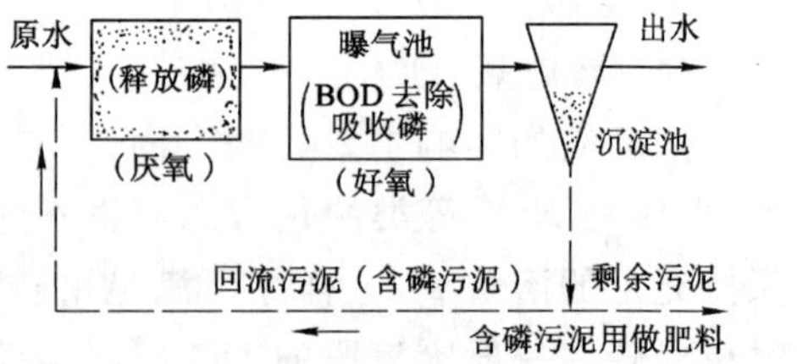

图 20-11　A/O 除磷工艺流程图

该工艺中回流污泥和污水的混合液先后进入厌氧池、好氧池进行充分释磷和过量摄磷,然后进入二沉池进行泥水分离。含磷污泥一部分就以剩余污泥的形式排出,另外一部分则回流至厌氧段重新进入放磷与聚磷的循环过程。

A/O 法除磷工艺流程简单,建设费用和运行费用均较低,适用于处理硝酸盐含量较少或是除氮要求不高的污水,磷的去除率一般在 75%左右,出水含磷约 1 mg/L 或略低。

2. SS-EBPR 工艺

SS-EBPR 工艺是南非“脱氮生物除磷之父”James L. Barnard 先生提出的一个加强生物除磷的工艺，其全称为 Side Stream-Enhanced Biological Phosphors Removal。其工艺流程图如图 20-12 所示。

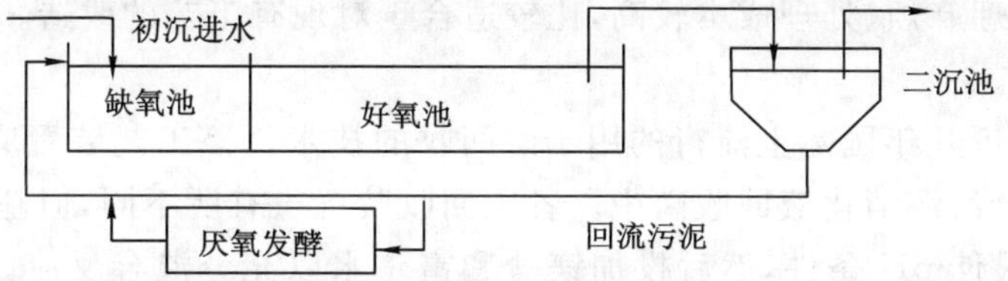

图 20-12　SS-EBPR 工艺流程图

该工艺原理是将回流污泥的一部分引入侧流厌氧池水解，为主流反应池提供物质基础（如 VFAs）和特异功能微生物（如 Tetrasphaera 菌），既增强了传统聚磷菌的生物功能，又丰富了主流反应池聚磷菌的浓度和种类，研究表明传统聚磷菌占除磷菌类的比例只有 10%，而 Tetrasphaera 这类非常规菌类含量较多。同时，这类菌和常规的 PAOs（Accumulibacter）具有良好的共生和协同作用，可极大增强主流工艺的摄磷作用。但是这类菌的世代时间较长，因此需要在厌氧发酵阶段进行培养。

3. Phostrip 工艺

Phostrip 工艺是由 Levin 在 1965 年提出的一种侧流生物化学除磷工艺。该工艺是在传统活性污泥的回流污泥管线上增设回流污泥厌氧池进行除磷，而后含磷上清液用石灰进行沉淀。其工艺流程如图 20-13 所示。

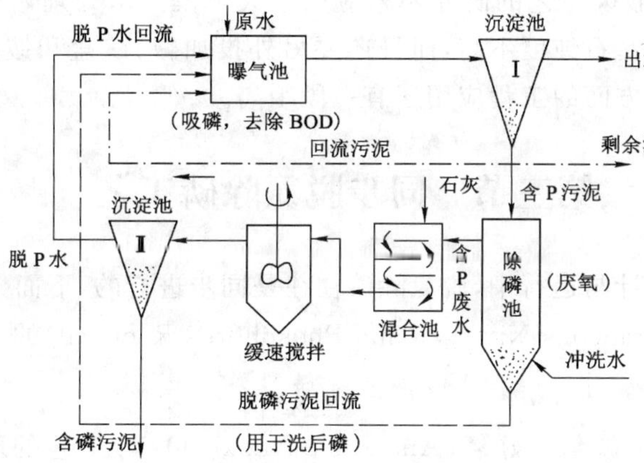

图 20-13　Phostrip 除磷工艺流程图

该工艺中污水经曝气好氧池，去除 BOD_5 和 COD，并在好氧状态下过量地摄取磷。在沉淀池Ⅰ中，实现含磷污泥与水的分离，含磷污泥一部分（相当于进水量的 10%～15%）回流至厌氧除磷池，另一部分作为剩余污泥被排出系统。在厌氧除磷池中，回流污泥在好氧状态时过量摄取的磷在此得到充分释放，脱磷污泥回流至曝气池中重新起到摄磷的作用。除磷池流出的富磷上清液进入混凝沉淀池，通过投加石灰形成 $Ca_3(PO_4)_2$ 沉淀，排放含磷污泥达到去除磷的目的，而混凝沉淀池出水流入沉淀池Ⅱ再进行处理并回流到曝气池中。

Phostrip 工艺受外界条件影响小，工艺操作灵活，除磷效果好且稳定，一般出水总磷浓度小于 1 mg/L，回流污泥含磷量较低，对进水 BOD_5/P 没有特殊的限制，耐冲击负荷。但其流程复杂、运行管理麻烦、处理成本较高，比较适合于对现有工艺的改造。

4. MAP 工艺

MAP 工艺是近几年国际上流行的用于磷回收的技术。该工艺装置应用于污水处理厂污泥脱水液和厌氧污泥消化液回收磷中。各国回收装置虽有所不同，但基本处理过程相似，即投加碱液创造最佳 pH 条件，然后投加镁盐和富磷水以充分混合反应。产生的鸟粪石沉淀颗粒在沉淀区充分分离富集以便排放收集。其基本装置如图 20-14 所示。

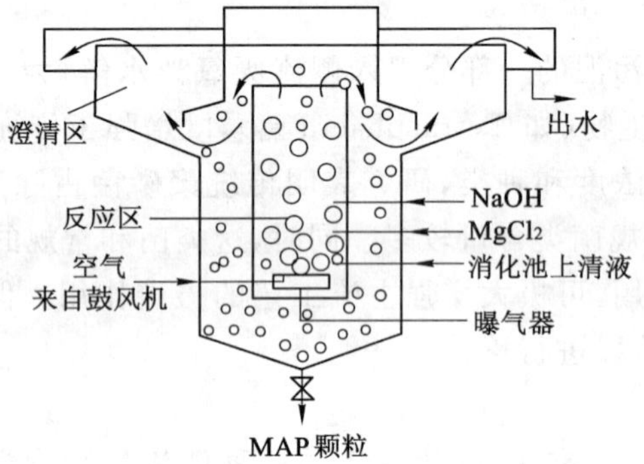

图 20-14　MAP 回收磷装置

我国对于 MAP 回收磷工艺的研究还未应用于大规模污水处理厂中，主要是由于目前的技术水平所回收的鸟粪石纯度不高，而且还要另外投加碱、镁盐和铵盐，成本高。因此该技术在我国污水磷回收方面的工程应用还有一段距离。

第三节　同步脱氮除磷工艺

在污水处理工艺设计与运行中，脱氮除磷往往是同步进行的，下面介绍几种能够实现污水同步脱氮除磷(Simultaneous Nitrogen and Phosphorus Removal)的工艺。

一、A^2/O 工艺

A^2/O 工艺是厌氧—缺氧—好氧(Anaerobic-Anoxic-Oxic)工艺的简称，可同时完成有机物的去除、硝化脱氮、除磷等过程，其工艺流程如图 20-15 所示。

工艺首段设厌氧池，原污水及从二沉池回流的含磷污泥同步流入厌氧池，其主要功能是释磷，使污水中磷的浓度升高，溶解性有机物被微生物细胞吸收而使污水中 BOD_5 浓度下降；另外，NH_3-N 因细胞合成浓度有所下降，但 NO_3-N 含量没有变化。

在缺氧池中，反硝化菌利用污水中的有机物作为碳源，将回流混合液中带入的大量 NO_3-N 和 NO_2-N 还原为 N_2 释放至空气，因此 BOD_5 浓度下降，NO_3-N 浓度大幅度下降，而磷的变化很小。

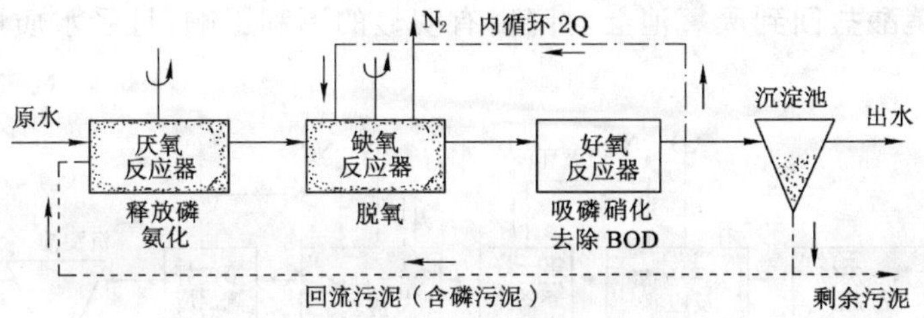

图 20-15　A^2/O 同步脱氮除磷工艺流程图

在好氧池中，有机物继续被微生物生化降解而减少；有机氮被氨化、硝化，因此 NH_3-N 浓度显著下降，但随着硝化过程使 NO_3-N 的浓度增加；但 P 随着聚磷菌的过量摄取，以较快速度下降。

A^2/O 工艺污染物去除效率高，运行稳定，耐冲击负荷。由于厌氧—缺氧—好氧交替运行下，丝状菌不会大量繁殖，SVI 一般小于 100，不会发生污泥膨胀，污泥沉降性能好。

工艺脱氮效果受混合液回流比大小的影响，一般要求采用较大的污泥回流以保证好氧池的硝化作用；同时除磷效果则受回流污泥中夹带 DO 和硝酸态氧的影响，因为在厌氧区反硝化菌会与聚磷菌争夺有机碳源而影响磷的释放和聚磷菌体内的 PHB 合成。另外，硝化菌需要较长的泥龄增殖而聚磷菌吸收磷后应尽快排放，因而很难同时取得较好的脱氮除磷效果。

为了提高脱氮除磷的效率，在 A^2/O 基本工艺的基础上提出了许多改良型工艺，如 Bardenpho 工艺、Phoredox 工艺、UCT 工艺等。

Bardenpho 工艺又称为 A^2/O^2 工艺，其工艺流程如图 20-16 所示。原水进入第一厌氧反应器，同时第一好氧反应器中的含硝态氮的污水内循环到第一厌氧反应器完成脱氮。而含磷污泥也回流到第一厌氧反应器，在厌氧条件下进行释磷。第一好氧反应器则进行降解 BOD，去除原水中的有机污染物，同时初步硝化。第二厌氧反应器的功能与第一厌氧反应器相同，脱氮和除磷，其中以脱氮为主。第二好氧反应器的功能是吸收磷和进一步硝化，同时去除 BOD。该工艺中各项反应都反复进行两次以上，因此脱氮除磷效果良好。但是该工艺流程复杂，反应器单元较多，运行繁琐，成本高。在南非、美国及加拿大有着广泛的应用。

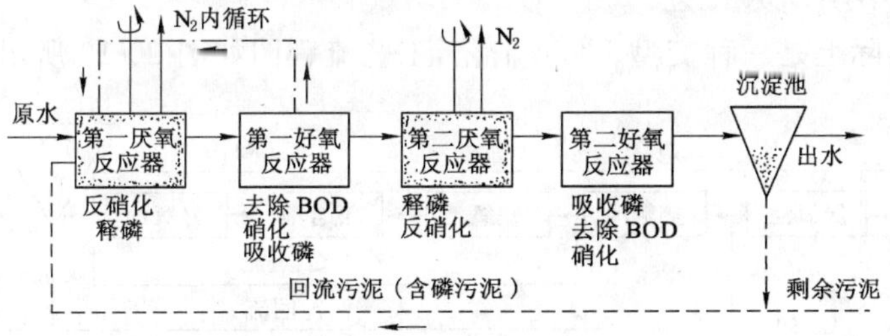

图 20-16　Bardenpho 工艺流程图

Bardenpho 工艺脱氮率高，但除磷效果差。为了提高除磷率，在 Bardenpho 工艺的第一个缺氧池前增加了一个厌氧段，形成 Phoredox 工艺(图 20-17)，又称为 Phoredox 五段工艺。

该工艺中混合液两次从好氧区回流到缺氧区，充分进行了脱氮。同时好氧池的曝气也降低了二沉池出现厌氧状态和释放磷的可能性，提高了磷的处理效果。但 Phoredox 工艺中污泥回流携带硝酸盐回到厌氧池会对降磷有明显的不利影响，且受水质影响较大，除磷效果不稳定。

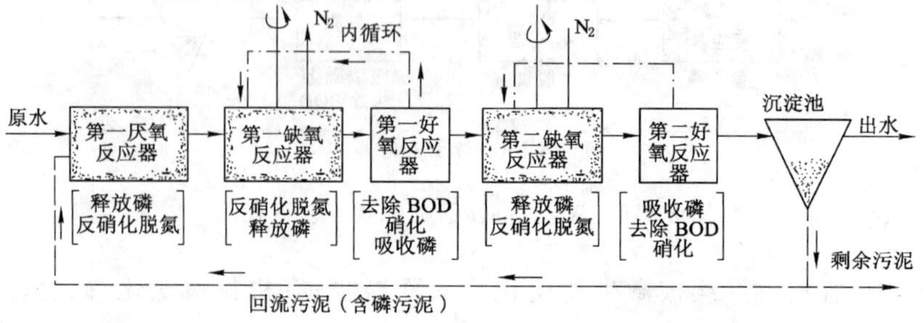

图 20-17　Phoredox 工艺流程图

UCT(University of Cape Town)工艺为南非开普敦大学研究开发，该工艺是通过减少回流污泥中的硝酸盐对厌氧区的影响，进而影响磷的去除效果，工艺流程见图 20-18。工艺中二沉池污泥是回流到缺氧段而不是厌氧段，从缺氧段出来的泥水混合液硝酸盐含量很低，再回流到厌氧池后为污泥的释磷反应提供了最佳的条件。厌氧区停留时间较长，有机物的利用率较高。

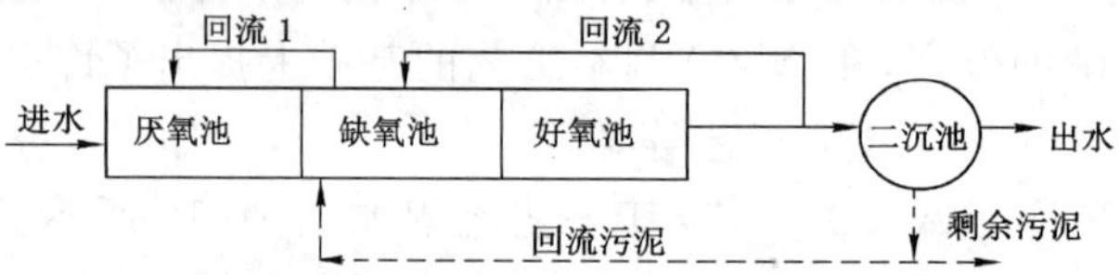

图 20-18　UCT 工艺流程图

二、反硝化除磷工艺

反硝化除磷工艺是基于兼性厌氧反硝化除磷细菌(Denitrifying Phosphorus Removing Bacteria，DPB)在缺氧条件下能超量吸收磷的现象发展而来的。其代表工艺就是 BCFS、Dephanox 工艺和 A_2NSBR 工艺。

BCFS 工艺实际上是一种变型 UCT 工艺，工艺流程图如图 20-19 所示。

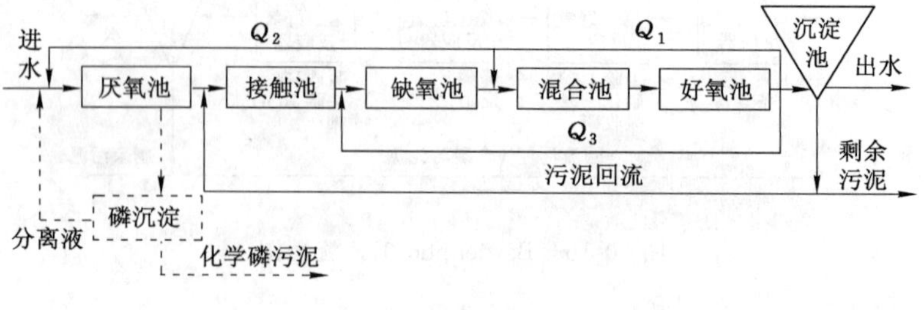

图 20-19　BCFS 工艺流程图

在原有厌氧池与缺氧池之间增加缺氧接触池，来自回流污泥中的硝酸盐氮被 DPB 利用反硝化除磷，并抑制丝状菌生长。在原有缺氧池和好氧池间增加混合池。好氧池和低氧混合池可加强同时硝化和反硝化反应速率，保证出水总氮浓度。好氧池设置内循环 Q_3 到缺氧池补充硝酸盐氮。而内循环 Q_1 则增加硝化和同时反硝化机会，加强脱氮。若出现保证脱氮效果而使得污泥停留时间过长或进水 C/P 比较低的情况，可抽取厌氧池富磷上清液化学法除磷以提高除磷效果。

Dephanox 工艺是具有硝化和反硝化除磷双泥回流系统的脱氮除磷工艺，如图 20-20 所示。

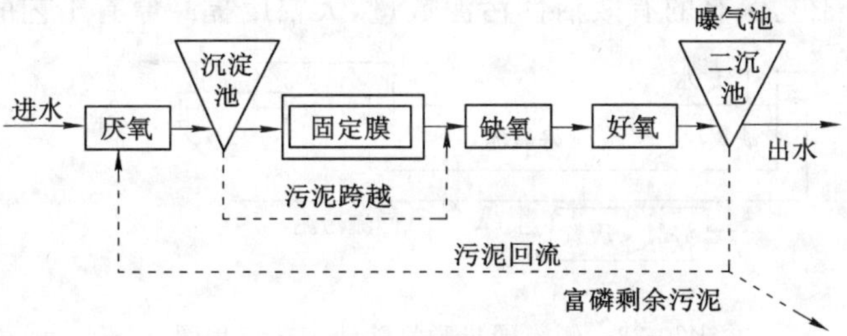

图 20-20　Dephanox 工艺流程图

污水在厌氧池中释磷，经沉淀池泥水分离。富氮上清液进入固定膜反应池进行硝化，污泥与固定膜反应池中的 NO_x 共同进入缺氧池，进行反硝化吸磷。固定膜反应池的设置避免了有机碳源的损失并维持了系统所需硝酸盐浓度。好氧池仅需降解脱氮除磷后剩余有机物即可。因此该工艺解决了除磷系统反硝化碳源不足的问题，又降低了系统的能耗和剩余污泥量。

如图 20-21 所示，A_2NSBR 工艺由完全分开的 A^2/O-SBR 反应器和 N-SBR 反应器组成。前者去除 COD 和反硝化除磷脱氮，后者进行硝化。运行时只是将各自沉淀后的上清液相互交换。该工艺分别控制硝化菌和异养菌（聚磷菌和反硝化菌）的泥龄，解决了异养菌和硝化菌的泥龄矛盾，优化了反硝化脱氮除磷与硝化的作用。

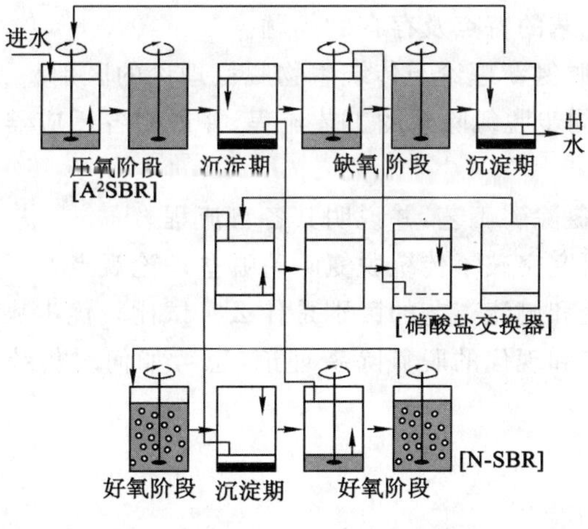

图 20-21　A_2NSBR 工艺流程图

三、侧流生物强化脱氮除磷工艺

鉴于目前对于脱氮除磷菌种和侧流除磷艺的进一步研究，侧流同步脱氮除磷工艺也在世界各国蓬勃发展起来。

结合侧流硝化反硝化和侧流厌氧 EBPR 可实现同步高效硝化、反硝化和深度生物除磷。如图 20-22 所示，该工艺就是在侧流将部分回流污泥一部分引入厌氧发酵池，以获得更多除磷菌和污泥中的碳源。同时，再引入缺氧池间歇曝气，以培养更多的硝化菌和反硝化菌。之后将出流引入主流反应器提高脱氮除磷效果。侧流工艺在维持主流工艺池容基础上大大增加常规 AAO 工艺保有的有效活性污泥数量，大幅度提高原有工艺的脱氮除磷能力。

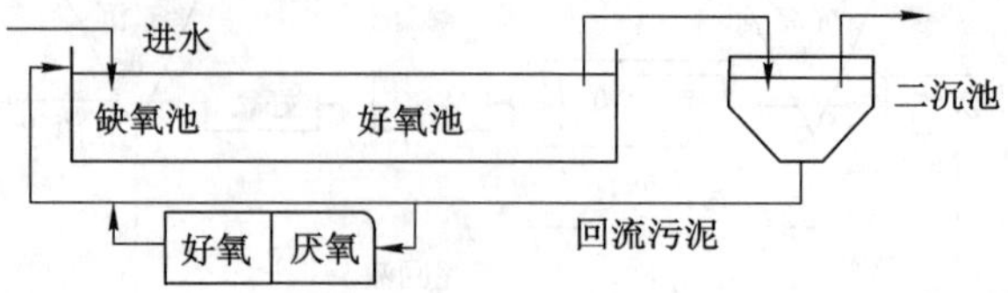

图 20-22　侧流同步脱氮除磷工艺流程图

实际上，侧流生物技术在欧美国家的应用已经有不下 100 座污水厂实际案例。我国对此类技术的成功应用还不多。由于该工艺是基于传统工艺发展而来，技术的理解与实施并不很困难，相信未来在国内污水厂提标改造的需求下，侧流技术有一定的应用前景。

习题与思考题

1. 何为硝化反应与反硝化反应？简述硝化及反硝化的影响因素有哪些。
2. 叙述 A/O 法的脱氮机理，画出 A/O 法的工艺流程图。
3. 混凝沉淀除磷方法有哪几种？它们各自的原理如何？
4. 简述生物除磷的原理，常用的生物除磷工艺有哪几种？
5. 试述生物除磷的影响因素有哪些？
6. 说明 A/O 除磷工艺的特点及存在的问题。
7. 试举例说明生物脱氮新理论与传统生物脱氮理论的区别。
8. 绘图说明 A^2/O 同步脱氮除磷的工艺流程，并说明各反应器的主要功能及该工艺流程存在的主要问题。
9. 简述几种同步脱氮除磷工艺，并说明其各自流程。
10. 现代脱氮除磷研究突破了传统脱氮除磷哪些理论观点？
11. 脱氮除磷的主流和侧流工艺的区别是什么？试比较优劣势。
12. 根据所学的传统和现代的脱氮除磷理论，思考如何对传统 A^2/O 工艺进行改造以提高脱氮除磷效率。

第二十一章　消　　毒

消毒(Disinfection)是指消除或杀灭水中的病原微生物,使其达到无害化的过程。消毒是水处理工艺中的重要环节,其作用是使水中病原微生物失去活性,通常在过滤以后进行。水中的病原微生物主要包括病菌、原生动物胞囊、病毒(如传染性肝炎病毒、脑膜炎病毒)等,它们通过水的传播可造成人类疾病。

消毒方法可分为物理法、化学法及生物法。物理法是应用热、光波和电子流体等实现消毒作用的方法。目前采用和研究的物理法有加热、冷冻、辐射、紫外线及高压静电、微电解等。化学法是通过向水中投加消毒剂来实现消毒作用的方法,常用的消毒剂有氯及其化合物、各种卤素、臭氧等。生物法是利用生物酶等活性物质直接作用于水中有害细菌和病毒的遗传物质,裂解其 DNA 或 RNA,达到杀灭这些有害细菌和病毒的目的,但由于生物酶消毒剂的成本相对较高以及其他一些原因,生物消毒法还不能广泛应用于水处理行业。

目前,在水处理中常用的消毒方法有氯消毒、臭氧消毒和紫外线消毒三种方法。

第一节　氯　消　毒

氯消毒(Chlorine Disinfection)是一种传统的消毒技术,具有效果可靠、操作方便、价格便宜等优点,是水处理中广泛采用的消毒方法。

一、氯系消毒剂的种类

氯系消毒剂包括氯气、次氯酸钠、漂白粉、漂粉精、二氧化氯、氯胺等。

次氯酸钠别名漂白水,分子式为 NaClO,一般工业品为无色或淡黄色液体,具有刺激气味,有效氯含量为 10%～13%。性质不稳定,受光照、浓度、温度、金属离子杂质和 pH 值等影响,宜保存在 pH 值大于 12 的碱性溶液中。

漂白粉分子式 $Ca(OCl)_2 \cdot CaCl_2 \cdot 2H_2O$,为白色粉末,具有类似氯气的臭味。易溶解于水,其水溶液呈碱性。暴露于空气中易吸收水分、二氧化碳,性质不稳定,有效氯含量为 25%～35%。

漂粉精即高效漂白粉,分子式 $3Ca(OCl)_2 \cdot 2Ca(OH)_2 \cdot 2H_2O$,白色或微灰色粉状或颗粒,具有腐蚀性和较强的氧化性,易溶于冷水,有效氯含量大于 60%。性能比较稳定,常温下贮存 200 天不分解。通常将其加入适当的添加剂,压制成便于使用的片剂,俗称消毒片。

二氧化氯分子式 ClO_2,易溶于水,稳定的二氧化氯溶液为无色、无臭、无腐蚀性的透明水溶液,不易燃、不挥发,在－5～95 ℃时质量稳定,不易分解。在水溶液中的饱和溶解度为 5.7%,其有效氯含量是氯的 2.6 倍,属强氧化剂。二氧化氯是国际上公认的含氯消毒剂中唯一高效、快速、持久、无毒、无刺激的安全消毒剂。

氯胺属有机型消毒剂,外观为白色或淡黄色结晶,氯味及刺激性小,稳定耐贮存,有效氯含量约为 35%。

通常把在氯化合物中以正价态形式存在的具有氧化作用的氯称为有效氯。有效氯含量是衡量氯化物中所含有效消毒成分多少的参数,有效氯含量越高,则相应消毒剂用量就越少。

二、消毒原理

1. 液氯

液氯主要是通过其水解产物次氯酸(HOCl)起作用。其他氯系消毒剂溶于水后,在常温下也迅速水解为次氯酸,而次氯酸为弱酸,在水中发生部分电离。其反应如下:

$$Cl_2 + H_2O \longrightarrow HOCl + HCl \tag{21-1}$$

$$HOCl \longrightarrow H^+ + ClO^- \tag{21-2}$$

HOCl、OCl^-统称为游离氯。液氯的消毒作用主要依靠 HOCl,而 OCl^- 的作用较弱。可能是因为次氯酸为中性小分子,很容易能扩散到带负电的细菌表面,穿透细胞壁进入到菌体内部,进而与细菌的酶系统发生氧化反应,使细菌的酶系统遭到钝化破坏而被灭活。而 OCl^- 带负电荷,不易接近带负电的菌体,难于发挥杀菌作用。

当水中含有氨态氮时,投氯可依次形成三种氯胺:

$$NH_3 + HOCl \longrightarrow NH_2Cl\text{(一氯胺)} + H_2O \tag{21-3}$$

$$NH_2Cl + HOCl \longrightarrow NHCl_2\text{(二氯胺)} + H_2O \tag{21-4}$$

$$NHCl_2 + HOCl \longrightarrow NCl_3\text{(三氯胺)} + H_2O \tag{21-5}$$

上述反应与 pH 值、温度和接触时间有关,也与氨和氯的初始比值有关,大多数情况下,反应主要生成一氯胺和二氯胺,其中的氯称为化合氯。二氯胺的消毒作用比一氯胺强,而三氯胺消毒作用极差,且有恶臭味,在通常的水处理条件下生成的可能性极小。氯胺的消毒作用实质上也是依靠其水解产生的 HOCl,只有当水中的 HOCl 消耗殆尽后,氯胺才水解释放出 HOCl 起到消毒作用,因此氯胺的消毒作用比较缓慢。

此外,液氯在消毒过程中,会与污水中的有机物反应生成各种具有毒性和三致效应的消毒副产物,如三卤甲烷、卤乙酸、卤乙腈等,对人体的健康存在一定的危害性,因此,氯消毒的安全性正在日益受到关注。研究表明,氯消毒副产物的生成受反应条件的影响,如投氯量、反应温度、pH 值、反应时间等。鉴于上述原因,二氧化氯消毒正逐步得到人们的青睐。

2. 二氧化氯

二氧化氯是自然界中完全或几乎完全以单体游离原子团型体存在的少数化合物之一,在水溶液中以 ClO_2 分子状态存在,有利于在水中扩散,极易穿透细胞膜,渗入细菌细胞内,具有优良的消毒功能。

二氯化氯对细胞壁有较好的吸附和透过性能,可有效地氧化含巯基的酶反应使细菌死亡,也可以与细菌及其他生物蛋白质中的部分氨基酸发生氧化还原反应使氨基酸分解破坏,进而控制微生物蛋白质的合成,最终导致细菌死亡。二氧化氯中的氯以正四价态存在,其活性为氯的 2.5 倍,其理论氧化能力是氯的 263 倍。特别是在酸性条件下,二氧化氯氧化能力更强,其对大肠菌、细菌、病毒及藻类均有较好的杀灭作用。

同氯气消毒相比,二氧化氯具有如下优势:① 二氧化氯消毒一般只起氧化作用,不起氯化作用,可大大降低了三卤甲烷等消毒副产物的产生;② 二氧化氯可选择性地与无机物、有机物发生反应,因此其投加量远低于氯的投加量;③ 二氧化氯能有效地氧化去除水中的藻类、酚类及硫化物等有害物质，对这些物质造成的水的色、嗅、味等具有比氯气更好的去除效果；④ 二氧化氯是现场发生使用，即使泄漏也不会对附近的居民及操作人员造成伤害。

当然，二氧化氯也存在消毒成本较高、检测手段不完备、分析检测程序复杂和相对的操作管理水平要求高等缺点，同时过量的 ClO_2 和其副产物 ClO_2^- 对人体血红细胞有损害，故其投加量和 ClO_2^- 残留量的限量标准是特别要注意的问题。

三、加氯量的确定

为获得持久而可靠的消毒效果，氯化消毒必须保证有足够的加氯量，加氯量包括需氯量和余氯量两部分。

需氯量是指用于达到指定的消毒指标及氧化水中所含有机物和还原性物质所需的有效氯。此外，为抑制水中残存的细菌再度繁殖，在水中尚需维存少量有效氯，即为剩余氯量，简称为余氯。

加氯量视原水水质和消毒要求不同而异，加氯量和余氯量之间的关系曲线见图 21-1。

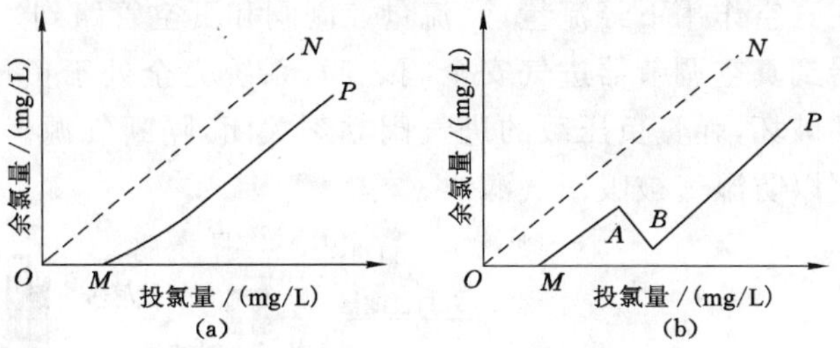

图 21-1　加氯量与余氯量的关系

(a) 水中无氨时；(b) 水中有氨时

对于清洁水，即水中不含微生物、有机物、还原性物质、氨、含氮化合物等时，其需氯量为零，则投氯量即为余氯量，二者关系如图 21-1(a)中的虚线 *ON* 所示；当水中只含有消毒对象细菌以及有机物、还原性无机物等需氯物质时，加氯量为需氯量和余氯量之和，二者关系如图 21-1(a)中的实线 *OMP* 所示；当水中的需氯物质主要是氨和含氮化合物时，投氯量与余氯量之间的关系如图 21-1(b)中的折线 *OMABP* 所示。

由图 21-1(b)可见，在 *OM* 段，所投加的有效氯均为水中的细菌及其他杂质所消耗，余氯为零，此时消毒效果不可靠，细菌等有再度繁殖的可能；在 *MA* 段，有效氯与水中的氨反应生成氯胺，余氯以化合氯的形式存在，有一定的消毒效果；在 *AB* 段，仍产生化合氯，但随着加氯量的增加，部分氯胺被氧化分解为不起消毒作用的 N_2、N_2O 等，导致余氯由 *A* 点降至最小值，即折点 *B* 的位置；自 *B* 点之后，水中的需氯杂质已基本消耗殆尽，此时所投加的氯全部用于增加游离氯，即 *BP* 段，在此阶段消毒效果稳定可靠。

将加氯量超过折点 *B* 需要量时的氯化消毒操作称为折点加氯。在含氨水中投氯的研究中发现，当加氯量达到氯与氨的摩尔比值 1∶1 时，化合余氯即增加，当摩尔比达到 1.5∶1 时，余氯下降到最低点，即“折点”。

实际加氯操作中，应视原水水质、消毒要求等情况，控制适宜的加氯量。如当原水中游离氯含量低于 0.3 mg/L 时，通常控制加氯量超过折点 *B*，以维持一定的游离氯；而当原水中游离氯含量超过 0.5 mg/L 时，则将加氯量控制在 *A* 点之前即可，此时的化合性余氯可以满足消毒要求。

四、消毒工艺

1. 液氯

消毒处理系统应具备设备安全可靠、定比投加、能够保证消毒剂和水的快速混合和充分接触等特点,其消毒工艺流程如图 21-2 所示。

消毒工艺中加氯机是消毒系统的关键设备,它是将氯气加入水中的设备。目前采用的加氯设备主要是真空式加氯机(Vaccum Chlorine Injector),相对于过去使用过的正压式加氯设备及转子加氯机,真空式加氯机具有更高的安全性,成为各类水厂加氯设备的首选。

图 21-3 所示为 NXT3000 真空加氯机的工作原理示意图。该机运行时,压力水流经过水射器喉管形成一个真空,从而开启水射器中的止回阀。真空通过真空管路到真空调节器,在那里形成的压差使真空调节器上的进气阀打开,促使气体流动,真空调节器中的弹簧膜片调节真空度。气体在真空作用下经流量计、流量控制阀和真空管路到达水射器,在这里与水安全混合。在水射器到真空调节器进气安全阀之间,系统完全处于负压状态。如果水射器停止给水或真空条件破坏,弹簧负压载的进气阀立刻关闭,隔断气源。当气源用尽的时候,调节装置会自动封闭以防湿气被吸回气源。

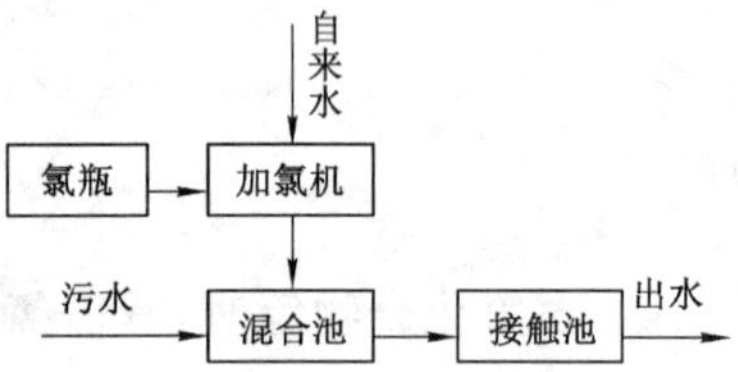

图 21-2　液氯消毒工艺流程图

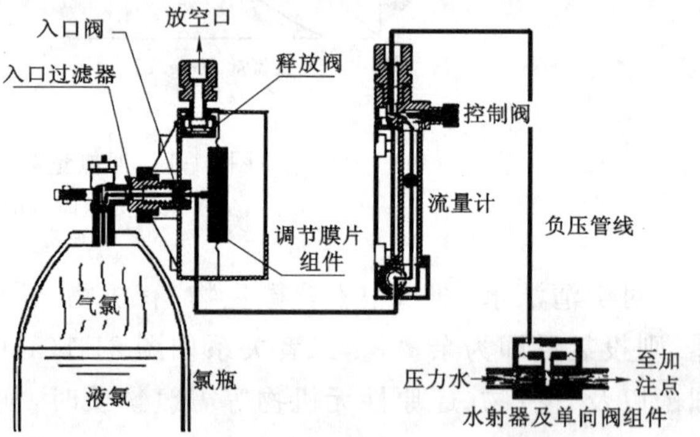

图 21-3　NXT3000 真空加氯系统原理图

当需要多点投加时,可提供多个流量计和水射器。在需要 24 h 不间断供气时,可采用自动切换系统。每个系统都包括两个真空调节器,一个自动转换器,一个水射器和一个远程安装的流量管。

液氯消毒的效果与水温、pH 值、接触时间、混合程度、污水浊度及所含干扰物质、有效氯含量有关。加氯量应根据试验确定,对于生活污水一般可参考下表 21-1。

表 21-1　生活污水氯消毒参数

水质	加氯量/(mg/L)	混合时间/min	总接触时间/min	余氯量/(mg/L)
一级处理水	20～30	5～15	＞30	＞0.5
不完全二级处理水	10～15	5～15	＞30	＞0.5
二级处理水	5～10	5～15	＞30	＞0.5

2. 二氧化氯

实际工程应用中，由于二氧化氯性质不稳定，不便贮存运输，需现场制备。其制备的方法有电解法和化学法。由于电解法应用的隔膜和电极寿命有限、产生的二氧化氯浓度低、设备复杂和运行维护困难，工程中常用化学法。化学法包括氯酸盐法和亚氯酸盐法，常用的是氯酸盐法。

氯酸盐法就是在高酸性介质中，用还原剂还原氯酸钠制取二氧化氯。其效率随还原剂的不同而变化。主要还原剂有盐酸、甲醇和氧化钠等。

还原剂为盐酸的氯酸盐法特点是反应产物氯化钠（可电解生成氯酸钠）和氯都可以再回收利用于二氧化氯的生产。当反应温度较高时，产生的二氧化氯纯度可达70%，生产成本较低。国产发生器一般采用此方法，反应式如下：

$$2NaClO_3 + 4HCl \longrightarrow 2ClO_2 + Cl_2 + 2NaCl + 2H_2O \tag{21-6}$$

其现场制备及应用流程图如图21-4所示。

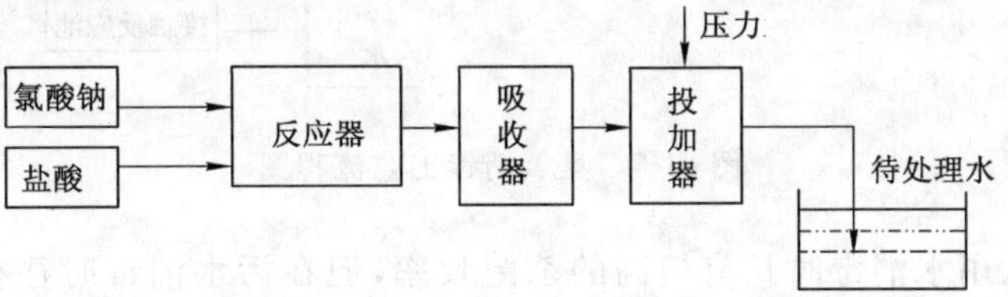

图21-4 二氧化氯制备及应用流程图

第二节 臭氧消毒

臭氧技术是1840年德国化学家发明的，1856年被用于水处理消毒行业。目前，臭氧消毒（Ozone Disinfection）技术已广泛用于水处理、空气净化、食品加工、医疗、医药、水产养殖等领域。臭氧可使用臭氧发生器制取，通过高压放电、电晕放电、电化学、光化学、原子辐射等方法，利用高压电力或化学反应，使空气中的部分氧气分解后聚合为臭氧，是氧的同素异形转变的一种过程。

一、臭氧消毒机理

臭氧（O_3）对大肠杆菌、肠道致病菌、结核杆菌、芽孢和蠕虫卵都有很强的杀灭能力，其消毒机理实质上仍然是氧化作用。

臭氧可以通过三条途径来杀死细菌和病毒：一是氧化分解细菌内部氧化葡萄糖所必需的葡萄糖氧化酶；二是直接与细菌、病毒发生作用，破坏其细胞器和核糖核酸，分解DNA，RNA，蛋白质，脂类和多糖等大分子聚合物，使细菌的物质代谢和繁殖过程遭到破坏；三是侵入细胞膜内作用于外膜脂蛋白和内部的脂多糖，使细胞发生通透性畸变，导致细胞的溶解死亡，并且将死亡菌体内的遗传基因、寄生菌种、寄生病毒粒子、噬菌体、支原体及细菌病毒代谢产物等溶解变性死亡，从而起到消毒作用。

二、臭氧消毒的特点

臭氧消毒的优点在于：① 消毒作用受污水pH值、温度及干扰物质的影响较小；② 杀菌作用快、效率高，且能杀死抗氯性强的病菌及芽孢；③ 可除污水的色、嗅、味和酚、氰污染物，同时实现消毒、脱色、除味、除臭、氧化破坏水中污染物、增加溶解氧等功能，能有效改善出水水质；④ 可氧化分解难生物降解的有机物及三致物质，不会产生残留导致的二次污染。

但臭氧消毒也存在一些缺点：① 设备投资及运行费用高；② 臭氧具有强腐蚀性，与之接触的容器、管路等均应采用耐腐蚀材料或作防腐处理，管理维护复杂；③ 臭氧的半衰期短，不具备持久的杀菌作用，只能就地生产就地使用，且杀菌后尚需投加少量的消毒药剂。

三、臭氧消毒工艺

臭氧消毒工艺流程见图 21-5。臭氧是空气中的氧通过高压放电产生的，制备时必须净化和干燥，以提高效率和防止腐蚀。臭氧溶解度高于氧，但在一定温度和中性条件下每升仅溶解十几毫克，要大量溶解很难，因此，一般需加长反应池长度或串联几个反应池使其充分混合。

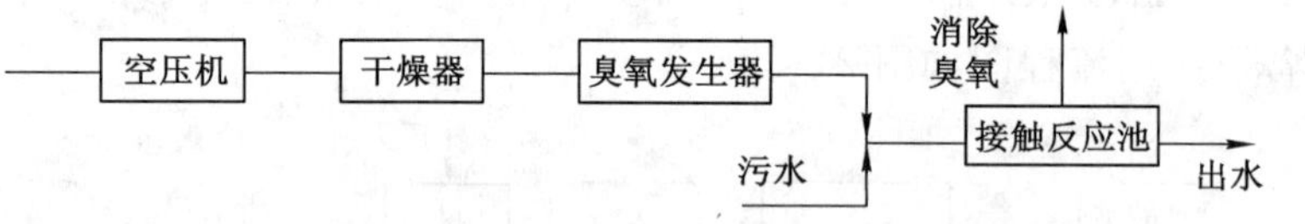

图 21-5　臭氧消毒工艺流程图

臭氧在用于饮用水消毒时具有极高的杀菌效率，但在污水消毒时往往需要较大的臭氧投加量和较长的接触时间。影响消毒效果的主要因素有水质、臭氧投加量、剩余臭氧量和臭氧接触方式。水质影响主要是水中含 COD、NO_2^--N、悬浮固体、色度等消耗水中的臭氧。因此在臭氧消毒前尽量彻底去除原水有机物，同时应以试验的方式确定臭氧投加量和剩余臭氧量。另外，根据气液传质原理，增加臭氧的传质效率可提高臭氧的利用率，因此应选用相应的投加方式，常用的臭氧投加方式有鼓泡法、射流法、涡轮混合法、尼可尼混合法等。

第三节　紫外线消毒

紫外线消毒(Ultraviolet Disinfection)技术是在现代防疫学、医学和光动力学的基础上，利用特殊设计的高效率、高强度和长寿命的 UVC 波段紫外光照射，将水中各种细菌、病毒、寄生虫、水藻以及其他病原体直接杀死，达到消毒的目的。由于紫外线消毒对于微生物指标有较好的控制能力，因此多用于生活污水和工业污水的深度处理中。

一、紫外线消毒机理

根据生物效应的不同，将紫外线按照波长划分为四个部分：UV-A(400～320 nm)，称为黑斑效应紫外线；UV-B(320～275 nm)，称为红斑效应紫外线；UV-C(275～200 nm)，称为灭菌紫外线；UV-D(200～10 nm)，称为真空紫外线。用于污水消毒的是 C 波段紫外线，当紫外线波长 250～270 nm 时杀菌能力最强。

紫外线能穿透微生物的细胞壁与细胞质，细菌核酸吸收紫外光谱能量会发生突变，其复制、转录功能受到阻碍，微生物体内的蛋白质和酶的合成无法进行，导致细胞死亡。这种紫外线损伤是致死性损伤。

紫外线消毒主要是利用 C 波段紫外线对微生物(细菌、病毒、芽孢等病原体)的辐射损伤和破坏核酸的功能，破坏微生物机体细胞中的 DNA(脱氧核糖核酸)或 RNA(核糖核酸)

的分子结构，造成生长性细胞死亡和(或)再生性细胞死亡，从而达到消毒的目的。

二、紫外线消毒的特点

与液氯消毒相比，紫外线消毒具有许多优点：① 消毒速度快，污水经紫外线照射几十秒即能杀菌；② 杀菌效果高，去除细菌总数的百分比达 96.6%，去除大肠杆菌的百分比达 98%；③ 不产生二次污染，不增加水的臭与味；④ 消毒器携带方便，管理简单。

紫外线消毒也存在一定的问题：① 耗电量大，运行成本高；② 消毒后的持续时间短，不能解决后续污染问题；③ 工艺运行中石英套管外壁的清洗是影响消毒效果的一个重要因素，因此必须根据不同水质采用合理的防结垢措施和清洗装置。另外，寿命长的紫外灯生产技术也是该法应用需亟待解决的问题。

三、紫外线消毒工艺

图 21-6 是紫外线消毒工艺流程。工艺中起消毒作用的就是照射池，根据池内安装的紫外线(UV)消毒器形式的不同，消毒工艺可分为敞开式和封闭式。

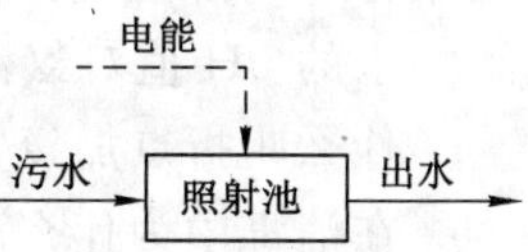

图 21-6　紫外线消毒工艺流程图

敞开式系统中需要消毒的水在重力作用下流经消毒器并灭活水中的微生物，主要适用于中、大水量处理，多用于污水处理厂。根据紫外灯安装的位置，又可分为浸没式和水面式两种。

浸没式见图 21-7，是将外加同心圆石英套管的紫外灯置入水中，水从石英套管的周围流过。这种系统运行的关键在于恒定水位的维持，若水位太高则灯管顶部的部分进水得不到足够的辐射，可能造成出水中微生物指标过高；若水位太低则会造成上排灯管暴露于大气之中，进而引起灯管过热并在石英套管上生成污垢膜而抑制紫外线的辐射，因此控制水位多采用自动水位控制器。当灯管(组)需要更换时，使用提升设备将其抬高至工作面进行操作。

该方式构造比较复杂，但紫外辐射能的利用率高、灭菌效果好且易于维修。

水面式即将紫外灯置于水面之上，由平行电子管产生的平行紫外光对水体进行消毒。该方式较浸没式简单，但能量浪费较大、杀菌效能不如浸没式，实际生产中很少应用。

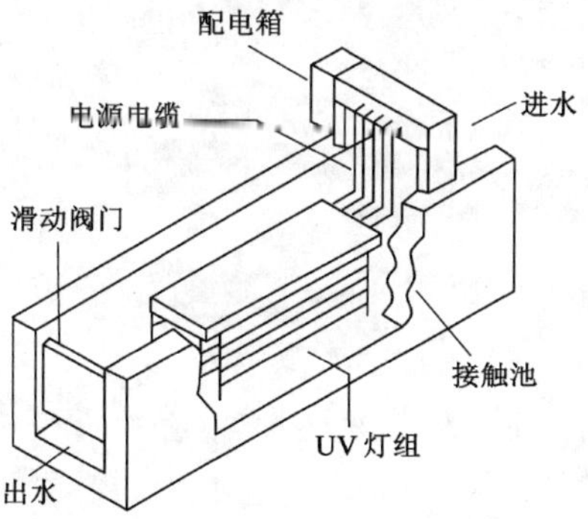

图 21-7　敞开式紫外线消毒器

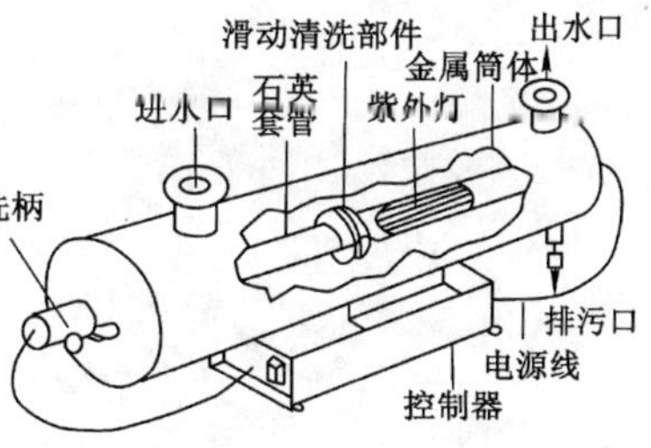

图 21-8　封闭式紫外线消毒器

封闭式结构如图 21-8 所示，消毒器属承压型，用金属筒体和带石英套管的紫外灯把被消毒的水封闭起来。筒体常用不锈钢或铝合金制造，内壁多作抛光处理以提高对紫外线的反射能力和增强辐射强度。同时可根据处理水量的大小调整紫外灯的数量。为加强处理效果可在筒体内壁加装螺旋形叶片，不但可以改变水流的运动状态以避免出现死水和管道堵塞，而且所产生的紊流及叶片锋利的边缘会打碎悬浮固体，使附着的微生物完全暴露于紫外线的辐射中，提高消毒效率。封闭式消毒器一般适用于中、小水量处理，或有必要施加压力且消毒器不能在明渠中使用的情况。

紫外线消毒效果主要受灯管温度、光源的辐射强度、水层厚度及处理时间、水流分布状态、水质和微生物的抗性等因素的影响。为符合实际状况，设计前先测出需要消毒水样的水质，包括细菌数、种类、水样透射率等。其次可采用静态或动态的试验获得相应参数。

习题与思考题

1. 目前水的消毒方法主要有哪几种？简要评述各种消毒方法的优缺点。
2. 什么叫游离氯？什么叫化合氯？两者消毒效果有何区别？简述两者消毒原理。
3. 水的 pH 值对氯消毒作用有何影响？为什么？
4. 什么叫折点加氯？出现折点的原因是什么？折点加氯有何影响？
5. 在消毒中为什么广泛采用氯作为消毒剂？氯消毒带来了哪些问题？

第七篇

污泥处理与处置

污泥处理(Sludge Handling)是指经单元工艺组合处理，使污泥达到减量化、稳定化、无害化、资源化的过程，如浓缩、脱水、稳定等；污泥处置(Sludge Disposal)是将处理后的污泥弃置于自然环境中(地面、地下、水中)或再利用，能够达到长期稳定并对生态环境无不良影响的最终归纳方式，如填埋、堆肥、资源化利用等。

第二十二章　污泥处理与处置

第一节　概　述

一、污泥的来源与种类

污泥来源于污水处理工艺中的不同工序，主要包括：① 初沉污泥，即由初次沉淀池排出的污泥；② 二沉污泥，即生物处理系统二次沉淀池排出的剩余污泥或腐殖污泥；③ 消化污泥，即初次沉淀池污泥、腐殖污泥、剩余活性污泥经厌氧消化处理后的污泥；④ 化学污泥，即经混凝、化学沉淀等处理所产生的污泥。

污泥的种类除可按其来源的不同进行划分之外，还可根据所含固形物成分的不同划分为污泥和沉渣两大类。以有机物为主要成分者俗称污泥，具有比重小、颗粒细、含水率高且不易脱水、易腐化发臭的特点；而以无机物为主要成分者称为沉渣(Sediment)，具有比重较大、颗粒较粗、含水率较低且容易脱水、流动性差等特点。

生物化学处理系统中初次沉淀池、二次沉淀池以及消化处理后的沉淀物均属于污泥，习惯上将前两者统称为生污泥，而将厌氧消化或好氧消化处理后的污泥称为熟污泥；沉砂池及某些工业污水处理系统沉淀池的沉淀物多属于沉渣。

二、污泥的性质指标

1. 污泥固体

污泥固体(Sludge Solid)包括溶解态和不溶解态两类物质，前者称为溶解固体，后者称为悬浮固体。溶解固体和悬浮固体所构成的总固体又可划分为稳定固体和挥发性固体。所谓挥发性固体是指在600 ℃条件下能被氧化，并以气体产物形式排出的那部分固体，通常用它来表示污泥的有机物含量。

2. 污泥含水率

污泥中所含水分的含量与污泥总质量之比称为污泥含水率(Sludge Moisture)。污泥的含水率一般都很大，相对密度接近1，主要取决于污泥中固体的种类及其颗粒大小。通常，固体颗粒越细小，其所含有机物越多，污泥的含水率越高。

污泥含水率可用如下公式计算：

$$P_W=\frac{W}{W+S} \tag{22-1}$$

式中　P_W——污泥含水率，%；

W——污泥中水分重量，g；

S——污泥中总固体重量，g。

一些典型污泥的含水率见表 22-1。

表 22-1　　　　典型污泥的含水率

污泥类型	含水率/%	污泥类型		含水率/%
栅渣	80	活性污泥	空气曝气	98～99
沉渣	60		纯氧曝气	96～98
浮渣	95～97	生物滴滤池污泥	慢速滤池	93
腐殖污泥	96～98		快速滤池	97
初次沉淀污泥	95～97	厌氧消化污泥	初次沉淀污泥	85～90
混凝污泥	93		活性污泥	90～94

3. 污泥比重

污泥比重(Sludge Density)是指污泥重量与同体积水重量的比值，其值大小取决于污泥含水率和固体的比重。固体比重愈大，则污泥比重越高。污泥比重的计算如下：

$$\gamma = 1/\sum_{i=1}^{n}\left(\frac{W_i}{\gamma_i}\right) \tag{22-2}$$

式中，W_i 表示污泥中第 i 项组分的百分含量，%；γ_i 表示污泥中第 i 项组分的比重，kg/m^3。

如果将污泥成分近似为一种成分，且含水率为 P(%)，则式(22-2)可简化为：

$$\gamma = 100\gamma_1\gamma_2/[P\gamma_1 + (100 - P)\gamma_2] \tag{22-3}$$

式中，γ_1 表示固体比重，kg/m^3；γ_2 表示水的比重，kg/m^3。

4. 污泥体积与含水率的关系

污泥的初始含水率为 P_0，其体积为 V_0。若含水率为 P 时，则对应污泥体积 V 的计算公式为：

$$V = V_0\frac{[100\gamma_2 + P(\gamma_1 - \gamma_2)](100 - P_0)}{[100\gamma_2 + P_0(\gamma_1 - \gamma_2)](100 - P)} \tag{22-4}$$

当 γ_1 与 γ_2，及 P 与 P_0 接近时，式(22-4)可简化为：

$$V = V_0 \cdot \frac{100 - P_0}{100 - P} \tag{22-5}$$

当污泥含水率大于 80%时，可按简化公式(22-5)计算污泥体积。由式(22-5)可知，当污泥的含水率由 99%降到 98%时，其污泥体积能减少一半。由此可见，污泥含水率愈高，降低污泥的含水率对减小其体积的作用愈明显。表 22-2 给出污泥的部分性质指标。

表 22-2　　　　污泥的物理参数

污泥种类	比重		污泥干固体/[kg/(10³m³污水)]	
	固体物质	污泥	范围	代表性值
初沉污泥	1.4	1.02	110～170	150
剩余活性污泥	1.25	1.005	70～100	85
滴滤池剩余污泥	1.45	1.025	55～90	70
延时曝气法剩余污泥	1.3	1.015	80～120	100
氧化塘剩余污泥	1.3	1.010	80～120	100

三、污泥量

污水处理中污泥的数量是处理构筑物工艺尺寸设计的重要参数，污泥的数量依不同污水的水质和处理工艺不同而不同。

对于初次沉淀池污泥量，可由污泥中的悬浮固体浓度、污水流量、沉淀效率及含水率来计算，计算式如下：

$$V=\frac{100cQ\eta}{1\ 000(100-P)\rho} \tag{22-6}$$

式中　V——初次沉淀池污泥量，m^3/d；

Q——污水流量，m^3/d；

η——沉淀效率，%；

c——污泥中悬浮固体浓度，mg/L；

P——污泥含水率，%；

ρ——污泥密度，以 1 000 kg/m^3 计。

对于剩余污泥量，也可以按体积计算如下：

$$V_{SS}=\frac{100\Delta X_{SS}}{(100-P)\rho} \tag{22-7}$$

式中　V_{SS}——剩余活性污泥量，m^3/d；

ΔX_{SS}——产生的悬浮固体，kgSS/d。

此外，污泥数量也可参考表 22-3 所给污泥数量的相关经验数值进行计算。

表 22-3　　污泥数量的部分参数值

栅渣		沉砂		初沉污泥		二沉污泥	
当格栅间隙为 16～25 mm	0.1～0.05 m^3/t 污水	平流或竖流式沉砂池	30×10^{-3} m^3/t 污水	沉淀 1.5～2.2 h，表面负荷 1.5～2.5 $m^3/(m^2\cdot h)$ 单独沉淀池	15～27 g/(人·d) 含水率为 95%～97%	在活性污泥二沉池，沉淀时间为 1.5～2.5 h，表面负荷 1.0～1.5 $m^3/(m^2\cdot h)$	10～21 g/(人·d) 含水率为 99.2%～99.6%
当格栅间隙为 25～40 mm	0.03～0.01 m^3/t 污水			沉淀时间为 1～2 h 表面负荷为 5～35 $m^3/(m^2\cdot h)$	14～25 g/(人·d) 含水率为 95%～97%	生物膜二沉池沉淀时间为 1.5～2.5 h，表面负荷 1.0～2 $m^3/(m^2\cdot h)$	7～19 g/(人·d) 含水率为 96%～98%

四、污泥中水分的存在形式

污泥中的水分按它的存在形式，大致可分为间隙水、毛细水、吸附(黏附)水、内部水等四类。

(1) 间隙水

存在于污泥颗粒间隙中的水，称为间隙水或游离水，约占污泥水分的 70%。这部分水一般借助外力可脱除。

(2) 毛细水

存在于污泥颗粒间的毛细管中，称为毛细水，约占污泥水分的 20%，可采用物理方法分离出来。

(3) 吸附水

颗粒的吸附水被吸附在污泥颗粒表面，约占 7%，可用加热法脱除。

(4) 内部水

黏附于污泥颗粒表面的附着水和存在于其内部(包括生物细胞内的水)的内部水，约占污泥中水分的 3%，只有干化才能分离，但也不完全。通常，污泥浓缩只能去除游离水中的一部分。

污泥处理的方法常取决于污泥的含水率和最终的处置方式。如含水率大于 98%的污泥，一般要考虑浓缩，使含水率降至 96%左右，以减少污泥体积，有利于后续处理。为了便于污泥处置时的运输，污泥要脱水，使含水率降至 80%以下，失去流态。某些国家规定，若污泥进行填埋其含水率要在 60%以下，这就决定了要用板框压滤机进行污泥脱水。

第二节 污泥浓缩

污泥浓缩(Sludge Thickening)的主要目的是去除颗粒间隙的部分游离水，提高污泥的含固率，减少污泥的体积。污泥浓缩亦相当于污泥脱水操作的预处理过程，操作方法有间歇式和连续式两种，具体浓缩方法主要包括重力浓缩、气浮浓缩及离心浓缩三种，其中前两种方法的应用最为普遍。

一、重力浓缩法

重力浓缩(Gravity Concentration)池类似于污水处理的二沉池，本质上是一种沉淀工艺，属于压缩沉淀，按运行方式可分为间歇运行和连续运行两种形式。图 22-1 所示为间歇式浓缩池，可建成矩形或圆形，停留时间一般为 9～12 h，浓缩池的上清液应回流到初沉池前重新进行处理，该池型多用于小型污水处理厂。

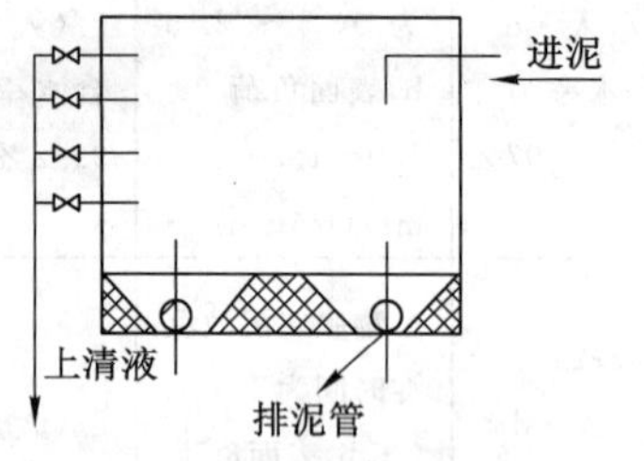

图 22-1 间歇式污泥浓缩池

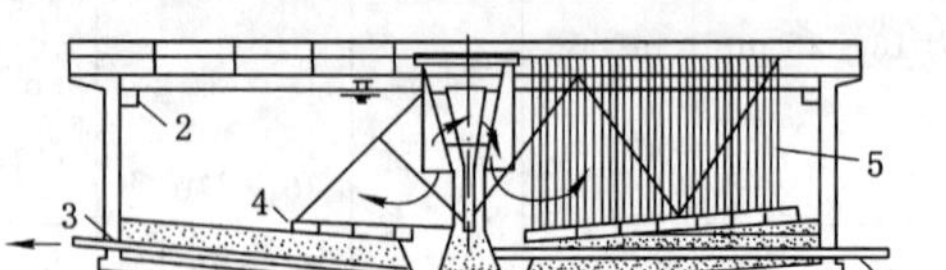

图 22-2 连续式污泥浓缩池(带刮泥机及栅条)

1——中心进泥管；2——上清液溢流堰；

3——底流排出管；4——刮泥机；

5——搅动栅；6——钢筋混凝土

连续式污泥浓缩池一般为圆形构筑物，可采用竖流式或辐流式。图 22-2 所示为圆形辐流连续式污泥浓缩池，进泥管设置在池的中心，经重力分离的上清液由出流堰进入集水槽并排出；刮泥机桁架上有时设有纵向栅条，用以切断污泥颗粒间的粘连，加速沉降速率，增加污泥密实度；浓缩池池底处设有缓慢旋转的刮板，将分离的浓缩污泥由刮泥板汇入池底部污泥斗后，经底流排泥管排出。

重力浓缩池面积的计算公式如下：

$$A=M/G_L \tag{22-8}$$

式中　A——池体的表面积，m^2；

M——污泥的固体负荷，kg/h；

G_L——临界固体通量，$kg/(m^2 \cdot h)$。

式(22-8)中 G_L 的取值可通过两种方法获得。对于不同的工业污水，可根据不同污泥的最终沉降方式，采用试验的方法测定 G_L 值；无法通过试验确定 G_L 值时，可参考表 22-4 所给的有关实际污泥负荷的经验数据进行选取。

重力浓缩池水力停留时间的计算公式如下：

$$T=AH/Q \tag{22-9}$$

式中　Q——进泥量，m^3/h；

H——浓缩池有效水深，m。

水力停留时间 T 一般控制在 12～30 h 范围内。

通常用浓缩比(f)、固体回收率(η)以及分离率(F)等三个指标来衡量浓缩池的浓缩效果，即

$$f=C_u/C_i \tag{22-10}$$

$$\eta=Q_u \cdot C_u/(Q_i \cdot C_i) \tag{22-11}$$

表 22-4　　污泥浓缩池表面积设计参数

污泥类型		入流污泥固体含量/%	浓缩污泥固体含量/%	污泥负荷率/[kg/(m² · d)]
单一污泥	初次沉淀池(PRI)	2～7(3～5)	5～10(8～10)	3.92～5.88 (3.33～5.0)
	生物滤池(TF)	1～4	3～6	1.47～1.96
	生物转盘(RBC)	1～3.5	2～5	1.47～1.96
	剩余活性污泥(WAS)	(0.4～0.8)	(2.5)	(0.83～1.25)
	普通曝气法	0.5～1.5	2～3	0.49～1.47
	纯氧曝气	0.5～1.5	2～3	0.49～1.47
	延时曝气	0.2～1.0	2～3	0.98～1.47
	消化后的初沉池污泥	8	12	4.9
热处理污泥	PRI	3～6	12～15	7.84～10.29
	PRI+WAS	3～6	8～15	5.88～8.82
	WAS	0.5～1.5	6～10	4.41～5.88
	PRI+WAS	0.5～1.5	4～6	0.98～2.94
其他污泥	PRI+TF	2.5～4.0	4～7	1.47～3.43
		2～6	5～9	2.45～3.92
	PRI+RBC	2～6	5～8	1.96～3.43
	WAS+TF	0.5～2.5	2～4	0.49～1.47
厌氧消化后的污泥	PRI+WAS	4	8	2.94

注：括号()代表国内设计手册值。

$$F=\frac{Q_e}{Q_i}=\frac{(Q_i-Q_u)}{Q_i}=1-\frac{\eta}{f} \tag{22-12}$$

式中 C_i——入流污泥浓度，kg/m^3；

C_u——排泥浓度，kg/m^3；

Q_i——入流污泥量，m^3/h；

Q_u——浓缩池排泥量，m^3/h；

Q_e——上清液量，m^3/h。

对于初沉污泥，$f>2$，$\eta>90\%$；对于初沉污泥与二沉污泥的混合污泥，$f>2$，$\eta>85\%$。

二、气浮浓缩法

气浮浓缩(Flotation Concentrate)法常用于相对密度接近于1的轻质污泥(如活性污泥)或含有气泡的污泥(如消化污泥)的浓缩处理。其工作原理是通过水射器或空压机将空气引入，然后在溶气罐内溶入水中。溶气水经减压阀进入混合池，与流入该池的新污泥混合。减压析出的空气泡附着于污泥颗粒上，利用气泡—污泥颗粒共载体的浮力作用，将污泥颗粒浮升至水面实现泥水分离，并以此达到浓缩污泥的目的。

常用的气浮浓缩方法为压力溶气气浮法，其压力溶气形式又可分为全加压、部分加压和回流加压三种方式。实际中常用的平流式气浮污泥浓缩池的结构如图22-3所示。该浓缩池在运行时，先用泵把污泥打入混合池，同时进入的溶气水在此减压、扩散，产生小气泡并与污泥颗粒接触附着；浮升到水面上的浓缩污泥由移动刮板收集，分离处理的出水一部分回流用做溶气水。

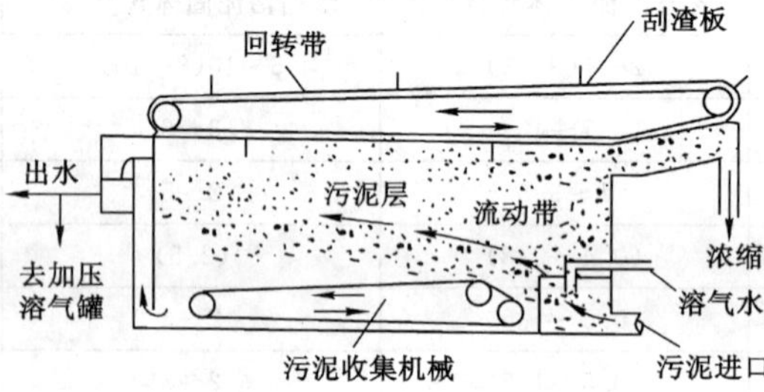

图22-3 平流式气浮污泥浓缩池的结构图

与重力浓缩法相比，气浮浓缩池的负荷率高，一般为120～240 $kg/(m^2 \cdot h)$，浓缩过程不受污泥膨胀的影响，且污泥浓缩比大，占地面积小，但运行费用高，操作较复杂。

气浮浓缩池的主要设计参数为负荷率和供气量。

根据污泥负荷率计算气浮池面积的公式如下：

$$A=\frac{Q_s C_0}{\text{污泥负荷率}} \tag{22-13}$$

式中 A——气浮池面积，m^2；

Q_s——入流污泥流量，m^3/h；

C_0——入流污泥浓度，mg/L。

三、离心浓缩法

离心浓缩(Centrifugal Concentrate)法是根据污泥中固体颗粒与水的密度差异，利用离心力场的作用实现泥水分离，同时使污泥得到浓缩的方法。离心浓缩法具有浓缩效率高、占地少，卫生条件好等特点。一些试验结果表明，利用离心机可将浓度为0.5%的活性污泥浓缩到5%～6%。

三种浓缩方法各有特点，其对比见表22-5。在实际运用中，可根据具体情况进行比较选择。

表22-5　　三种污泥浓缩方法的比较

方法种类	优　点	缺　点
重力浓缩法	存储污泥能力高，运行费用较低，操作要求不高	占地面积大，不稳定，易产生臭气，且浓缩后的污泥含水率仍较高
气浮浓缩法	泥水分离效果较好，污泥含水率低；与比重力浓缩相比，占地面积小，产生臭气少，并可使砂砾不与浓污泥相混，此外，还可除去油脂	运行费用较重力浓缩法高，存储污泥的能力较小
离心浓缩法	占地最少，处理能力高，几乎没有臭气产生	对设备要求严，耗能大；对操作者要求较高

第三节　污泥稳定

污泥稳定(Sludge Stabilization)就是通过氧化降解减少污泥中的有机物量，降低其生物活性的一种方法。其目的主要防止有机污泥在处置和运输过程中因生物活动而产生臭味等。

污泥稳定处理的方式分生物稳定和化学稳定两类。生物稳定是在人工条件下加速微生物对有机物的分解，使之变成稳定的无机物或不容易降解的有机物过程，其具体方法又分为厌氧消化法和好氧消化法。化学稳定是采用化学药剂对污泥中的微生物加以处理，使有机物在短时间内不产生腐败过程，其具体方法主要包括加石灰分解稳定法和加氯稳定法两种。

生物稳定是目前应用较为普遍的有机污泥稳定处理方法。由于化学稳定处理效果的维持时间有限，因而多将其应用于对有机污泥进行应急处理的场合。

一、污泥的生物稳定

1. 污泥的厌氧消化法

目前城市污水处理厂所产生的污泥多采用厌氧消化方法进行处理。污泥消化的原理在第十七章已阐述，经过厌氧消化使污泥中的有机物得到降解稳定，与此同时获得可利用的沼气资源。按温度的不同，厌氧消化可分为中温消化(30～37 ℃)和高温消化(45～55 ℃)两种形式；按运行方式可分为一级消化、二级消化、厌氧接触消化等；按负荷的不同，可分为低负荷和高负荷两种。

(1) 低负荷消化法

低负荷消化法是在普通消化池中进行的，该消化池通常为单级间歇消化过程，消化池内不加热，不设搅拌装置，加入污泥进行快速消化并产气后，气泡的上升所起的搅拌作用是唯一的搅拌方式。污泥的消化、浓缩和形成上清液等过程，在一个消化池内同时完成。低负荷厌氧消化池的结构见图22-4所示。

实际运行过程中，消化池内形成四个区，即上部浮渣区、中间上清液区、下部消化活跃区和底部污泥区。经消化后的污泥在池底浓缩并定期排出，上清液回到水处理流程的前端进行处理；消化过程产生的以甲烷为主要成分的沼气从池顶收集和导出。

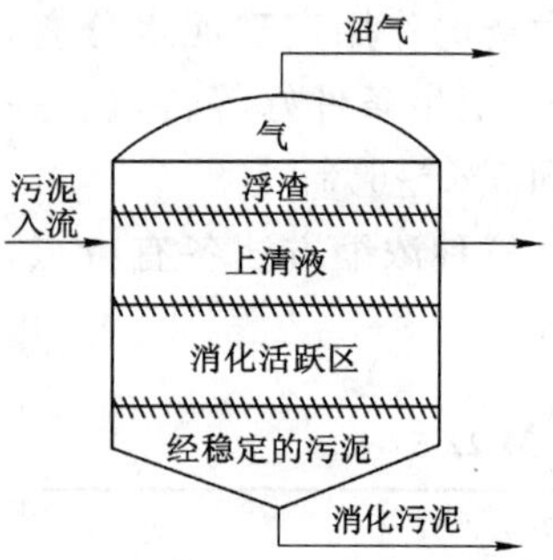

图 22-4　低负荷厌氧消化池

低负荷厌氧消化池的负荷率一般为 0.4～1.6 kgVSS/(m^3 · d)。由于这种单级消化池存在池内分层、温度不均匀、有效容积小等问题，使其消化时间偏长，因此，仅适用于小型污泥处理。

(2) 高负荷消化法

高负荷消化法是在高负荷消化池中进行的厌氧消化处理方法。与普通消化池相比较，高负荷消化池的负荷率为 1.6～8.0 kgSS/(m^3 · d)，设有搅拌设备，连续加料与排料，池内不存在上清液分层现象，全池多处于活跃的消化状态。消化时间约 10～15 天，仅为低负荷消化池的 1/3 左右。目前国内外常用高负荷消化池的差异主要是在搅拌方式上有所不同，如气体循环、机械搅拌、提升或引流管混合器等，使污泥在内部混合和加热，达到理想的消化效果。

(3) 二段消化法

为了更好地进行泥水分离，通常将两个消化池相组合构成二段(二级)式高负荷厌氧消化处理系统，其系统构成见图 22-5。

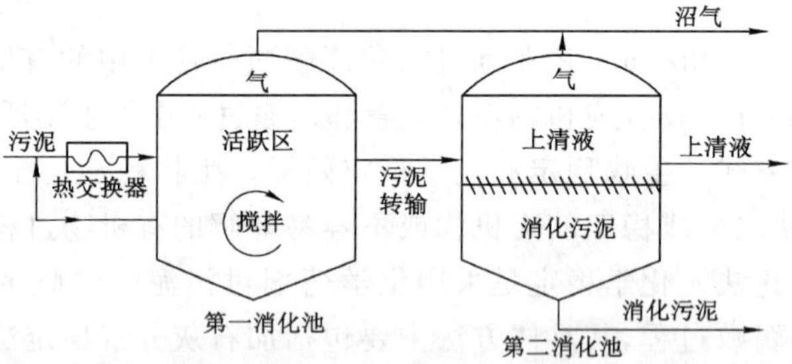

图 22-5　二段式高负荷厌氧消化系统

在二段消化系统内，产酸和产甲烷阶段分别在两个单独的反应池中进行。第一消化池主要进行加热、搅拌、产气和除渣，池温约 33～35 ℃；第二消化池无须加热和搅拌，利用从第一消化池排出污泥的余热，继续进行消化、浓缩和排出上清液，池温约 24～26 ℃。采用这种方法，可为不同类别的微生物提供各自最适宜的繁殖条件，从而获得理想的消化效果。

二段消化产气量比一段消化大约增加了 10%～15%，其中第一段消化池占总产气量的 90%。二段消化池的总容积与一段消化池相同，因第二段消化池不搅拌、不加热，所以总动力消耗较少，而消化更彻底。但由于消化池的数量增加一倍，二段消化系统的基建投资和占地面积较大。

(4) 厌氧接触消化法

厌氧消化的时间受产甲烷菌分解有机物的速度控制。将高负荷厌氧消化系统第二段消化池沉降后的部分熟污泥回流到第一段消化池，这样可以增加消化池中产甲烷菌的数量和停留时间，相对降低挥发物与细菌数的比值，从而加快分解速度。这种高负荷厌氧消化系统的运行方式称为厌氧接触法。厌氧接触法对有机物的分解速度比单一的高负荷消化池快，消化时间可缩至12～24 h，其回流污泥量为新鲜污泥投配量的1～3倍，剩余污泥量也较少。

由于高温消化能耗较大，污泥的厌氧消化法通常均在中温条件下进行。不同厌氧消化方法的对比见表22-6。

表22-6　几种厌氧消化法的对比

比较项目	普通消化方法	高负荷消化法	厌氧接触法
加热情况	加热或不加热	加热	加热
停留时间/d	>40	10～15	0.5～1
负荷/[kgVSS/(m^3·d)]	0.48～0.8	1.6～2.3	1.6～3.2
加料、排料方式	间断	间断或连续	连续
搅拌	不要求	要求	要求
均衡配料	不要求	不要求	要求
脱气	不要求	不要求	要求
排泥回流利用	不要求	不要求	要求

2. 污泥的好氧消化法

污泥的好氧消化是通过对二级处理的剩余污泥或一、二级处理的混合污泥进行持续曝气，促使细胞分解，以降低其挥发性悬浮固体含量的处理方法。好氧消化的主要作用是消除污泥臭味，减少可生物降解固体等，主要用于污泥处理量不大的场合。

与活性污泥很类似，当外来养料被消耗完后，好氧消化的污泥微生物通过内源代谢来消耗自身的机体来维持生命活动，细胞在此过程中的代谢产物为二氧化碳、水和氨，而氨进一步氧化为硝酸盐。污泥好氧消化的最终反应式可用以下方程式表示：

$$C_5H_7NO_2+7O_2 \longrightarrow 5CO_2+NO_3^-+H_2O+H^+ \tag{22-14}$$

与厌氧消化相比，好氧消化的优点在于操作简单、投资费用低，上清液中的BOD、氨氮等浓度低，污泥中有价值成分回收率高，无甲烷爆炸的危险，消化污泥量少，无臭、稳定，易脱水。但操作费用高(主要是供氧)，所需要稳定时间受温度变化的影响较大，不能产生甲烷之类的副产品。

好氧消化运行可以间歇操作，也可连续操作，目前好氧消化过程分为普通好氧消化与自热高温好氧消化，而自热高温好氧消化工艺又分为空气曝气与纯氧曝气。

(1) 普通好氧消化

普通好氧消化指以空气作为氧源的好氧消化。在消化温度为20 ℃左右，水力停留时间为10～12天的条件下，普通好氧消化的挥发性固体分解率为35%～45%。普通好氧消化池的部分技术参数见表22-7。

表22-7　好氧消化池的运行参数

水力停留时间(T=20 ℃)	剩余活性污泥：10～15 d 剩余活性污泥+初沉污泥：15～20 d
污泥负荷	1.6～4.8 kg(挥发固体)/(m^3·d)
每分解1 kgBOD需空气量	1.6～1.9 kg
机械混合所需电能	20～−4 kW/($10^3 m^3$污泥)
空气混合所需氧量	20～40 m^3/($10^3 m^3$污泥·min)

pH 值和温度是好氧消化过程的重要环境条件。当在 20 ℃时，水力停留时间按 1.08～1.10 的系数增加(以 15 天为基数)；如水力停留时间达到 60 天，则温度的影响可以忽略不计。但在水力停留时间较长的条件下，系统的 pH 值可能低于 6，因此，在运行时要定期检查，注意系统的 pH 值调节。

(2) 自热高温好氧消化

自热高温好氧消化是利用微生物氧化有机物过程中所释放出的热量来对污泥进行加热，使消化过程达到污泥的自热高温消化的效果。自热高温消化的污泥温度可达 40～70 ℃。

与普通好氧消化相比，自热高温消化具有反应速度快、停留时间短、基建费用低、可改善污泥沉淀脱水性能等优点，而且可全部杀灭病原体，不需进一步消毒处理。在大多数的自然气候条件下，自热高温消化池都可以达到稳定污泥的作用。消化系统的水力停留时间远短于普通好氧消化和厌氧消化系统；此外，其所产生的上清液中的有机物含量亦低于厌氧消化。

自热高温好氧消化需对消化池采取加盖和其他保温措施，以便将系统的热损失减少到最小。

污泥好氧消化主要目的是减少污泥固体处置量，其细胞分解速率大小随有机养料和微生物比值增加而降低。好氧消化池内污泥量与排出的污泥量之差为污泥微生物降解量，并由此可得泥龄 T_S：

$$T_S = V/T \tag{22-15}$$

式中，V 表示消化池内 VSS 量，kg；T 表示系统污泥 VSS 净输入量，kg/d。

泥龄 T_S相当于污泥净输入量消化时间的平均值。

【例 22-1】 某活性污泥处理厂，每天产 3 000 kg 污泥，其中挥发固体为 1 800 kg，在 T ＝20 ℃下，污泥浓缩至含水率为 95％，水力停留时间为 15 d。在此条件下进行污泥好氧消化，计算好氧消化的主要参数。

解

(1) 每日要处理的污泥体积为(设比重为 1.2，0.05＝1－95％)：

$$V = \frac{3\ 000}{1\ 000 \times 1.2 \times 0.05} = 50\ (\mathrm{m^3})$$

(2) 计算好氧消化池的体积：$V \times t = 50 \times 15 = 750(\mathrm{m^3})$

(3) 校核固体负荷：$\frac{1\ 800}{750} = 2.4(\mathrm{kg/m^3 \cdot d})$

(4) 如 40％的细胞组织(挥发固体)被完全氧化，且每千克的细胞组织完全降解需要为 2.4 kg，故所需氧量为：

$$1\ 800 \times 0.4 \times 2.4 = 1\ 728\ (\mathrm{kg/d})$$

(5) 换算为标准状态下所需空气体积：

$$\frac{1\ 728}{1.201 \times 23\%} = 6\ 255.6\ (\mathrm{m^3/d})$$

(6) 如氧的转移效率为 10％，所需空气体积：

$$\frac{6\ 255.6}{0.1 \times 1\ 440} = 43.4\ (\mathrm{m^3/min})$$

(7) 计算每立方米消化池容积所需的空气量：

$$\frac{43.4}{750} = 0.057\ 9[\mathrm{m^3/(m^3 \cdot min)}] = 57.9(\mathrm{m^3/(10^3\,m^3 \cdot min)})$$

二、污泥的化学稳定

1. 石灰分解法

石灰分解法是向污泥中投加石灰，使污泥的 pH 值提高到 11～11.5，在 15 ℃下接触 4 h，从而杀灭有机污泥中的病原体、解决污泥的臭气问题。由于 CaO 可形成强碱性条件，能使微生物受到强烈的抑制甚至杀死，使产生臭气的反应不能进行，病原体也失去活力而死亡。此外尽管投加石灰后污泥的肥效降低，但能调整污泥的物理性质，使污泥的脱水性能有所改善。石灰分解方法简单，投资小，但不能使有机物降解。与水中的 CO_2 和磷酸盐反应.形成碳酸钙和磷酸钙的沉淀，使得污泥量增大，最终处置的费用比其他方法可能要高。

石灰分解法设计主要考虑 pH 值、接触时间和石灰的剂量这三个参数。一般设计要求，pH 值在 12 以上，接触时间为 2 h。

2. 氯稳定法

氯稳定是以高剂量的氯气对污泥进行氧化的过程，氯气一般在封闭的反应器中，在短时间内向污泥投加，随后进行污泥脱水。氯系消毒剂能迅速有效地杀灭病菌，且其杀灭效果具有较长期的稳定性，故经过氯处理后的污泥具有较好的脱水性和稳定性。但氯稳定会造成污泥过滤性差，pH 值较低，而且氯化过程中常会产生有毒的氯胺，给后续处理工作带来困难，仅限于小型污水处理厂。

3. 臭氧稳定法

臭氧稳定法是近年来国外研究较多的污泥稳定法，与氯稳定法相比，臭氧不仅能杀灭细菌，而且对病毒的灭活也十分有效，此外，臭氧稳定也不存在氯稳定时带来的二次污染问题，经臭氧处理后，污泥处于好氧状态，无异味，是污泥稳定最安全有效的方法。该法的缺点是臭氧发生器的效率仍较低，建设及运营费用均较高。但对一些危险性很高的污泥，采用臭氧稳定法，仍不失为一种最安全的选择。

三、消化池的设计计算

常用圆柱形消化池的主体结构如图 22-6 所示，由集气盖、池盖、池体和下锥体等四部分组成。消化池的直径为 6～35 m，柱体高度为直径的一半，总高度接近直径。此外，消化池还有加料、排料、加热和搅拌、集气、破渣、排液、液流等附属设备。

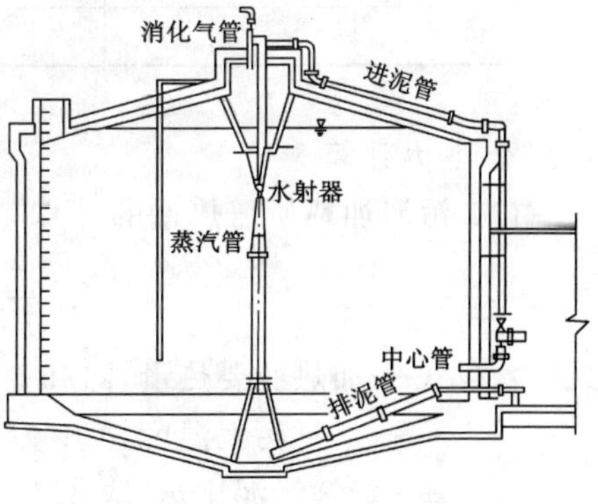

图 22-6　消化池结构尺寸示意图

消化池主体设计包括主要结构尺寸以及必要的热力计算。

1. 消化池尺寸计算

消化池尺寸的计算可分别根据投配率、负荷、泥龄这三个参数进行计算。通常多采用投配率计算的方法。

消化池有效体积为：

$$V=\frac{V'}{n}\times 100 \tag{22-16}$$

式中　V——消化池有效体积，m^3；

n——新鲜污泥投配率，%；

V'——新鲜污泥体积，m^3。

集气罩顶的高度(h_1)与直径(d_1)分别为 1 m、2 m；池盖锥角 α 为 20°～30°，池体底部泥斗的下锥角 α' 为 20°～30°，下锥截顶直径(d_2)为 0.5～1.0 m。此外，消化池设计泥面一般位于池体容积 1/2～1/3 高度处。

按负荷法计算的消化池主要参数如表 22-8 所示。

按泥龄计算确定尺寸指标，需保证消化池内应有足够的停留时间，并依据泥龄与上清液中悬浮固体等参数之间关系，考虑不同泥龄值的范围和出水水质情况变化。

表 22-9 为高负荷消化池设计的建议泥龄。由于温度变化也会影响微生物的繁殖速率，温度不同时，泥龄也不尽相同，因此，需将建议泥龄乘以一定的系数。

表 22-8　中温消化计算负荷

参数	低负荷有效容积/(m^3/人)	高负荷有效容积/(m^3/人)
初次沉淀池污泥	0.056～0.084	0.036
初次沉淀池污泥＋洒滴滤池污泥	0.112～0.140	0.076～0.093
初次沉淀池污泥＋剩余活性污泥	0.112～0.170	0.076～0.112
每日每立方米挥发固体量	0.064～0.160	0.240～0.840

表 22-9　高负荷消化池的泥龄

消化池温度/℃	泥龄/d		消化池温度/℃	泥龄/d	
	最小值	建议设计泥龄		最小值	建议设计泥龄
18	11	28	24	8	20
30	6	14	35	4	10
40	4	10			

2. 热力计算

(1) 污泥加热所需热量的计算

$$Q_1 = \frac{V'}{24}(T - T_0) \times C \times 10^3 \tag{22-17}$$

式中　Q_1——加热所要热量，kJ/h；

T_0——新鲜污泥温度，℃；

C——新鲜污泥比热，取 4.18，kJ/(L·℃)；

V'——新鲜污泥投加量，L/d。

(2) 损失热量的计算

损失热量主要由池体所散失热量和管道散热两部分组成。

池体损失热量的计算公式为：

$$Q_2 = FK(FT_3) \tag{22-18}$$

式中　F——消化池壳体总表面积，m^2；

K——传热系数，$kJ/(m^2 \cdot h \cdot ℃)$，一般取 2.5～3.3；

T_3——池外介质温度，℃。

管道热量损失 Q_3 可根据污泥加温及池体散热损失所需热量进行估算，估算式为：

$$Q_3 = (Q_1 + Q_2) \times 0.1 \tag{22-19}$$

则消化池所需总热量为：

$$Q = Q_1 + Q_2 + Q_3 \tag{22-20}$$

第四节　污泥调节

污泥浓缩及脱水性能的优劣与污泥颗粒大小、表面电荷水合程度以及颗粒之间相互作用有关，为有效提高污泥去水处理的效率，通常必须在操作过程中采取一定的措施，对污泥的性能进行调整。

通过有针对性地采取凝聚、加热等措施，以改善污泥颗粒的结构，减小污泥比阻和黏性，从而使污泥容易脱水的过程称为污泥调节(Sludge Conditioning)。

污泥调节分为化学调节、水力调节和物理调节三种方式。其中，化学调节的应用最为普遍。

一、化学调节

化学调节的实质就是向污泥中投加某种药剂，使污泥在脱水过程中易形成大颗粒、多孔隙和结构强度高的滤饼。

在污泥调节中使用的药剂即为污泥调节剂，在污水混凝澄清处理中使用的絮凝药剂，通常都可用做污泥调节剂使用。因而，调节剂也相应划分为无机调节剂和有机调节剂两大类。无机调节剂包括三氯化铁、三氯化铝、硫酸铝、聚合铝等；有机调节剂如聚丙烯酰胺等。

在调节使用过程中，调节剂不但消耗于污泥固相组分颗粒的絮凝反应中，而且同时也和某些液相组分发生反应并消耗一部分药剂量。以投加 $FeCl_3$ 为例，其与液相组分重碳酸盐等物质所发生的化学反应方程式如下：

$$FeCl_3 + 3NH_4HCO_3 \longrightarrow Fe(OH)_3 \downarrow + 3NH_4Cl + 3CO_2 \tag{22-21}$$

$$2FeCl_3 + 3Ca(HCO_3)_2 \longrightarrow 2Fe(OH)_3 \downarrow + 3CaCl_2 + 6CO_2 \tag{22-22}$$

由式(22-21)及式(22-22)可知，污泥中所含的重碳酸盐越多，相应消耗在液相组分中的调节剂量就越大。调节剂的使用量范围一般需通过试验来确定。

二、水力调节

在消化污泥池中，如果碱度越高，需投加的调节剂量就越大。如果先将处理过的污水和污泥混合，然后澄清分离以降低污泥中的碱度，并带走细小污泥颗粒，就可以降低混凝剂的用量，提高过滤性能。这种通过水力淘洗实现对污泥性能调节的过程称为水力调节，简称淘洗。目前，淘洗分为单级、两级、多级以及逆流淘洗等方法。

三、物理调节

物理调节包括热调节、冷冻调节和添加惰性助滤剂(如粉煤灰、锯末和纯纤维等)调节等方法。现以热调节为例，说明其调节原理及操作条件。

热调节借助高压加热破坏水与污泥之间的结构关系，使污泥水解并释放细胞内的水分，从而使污泥的脱水性能得到改善。例如，在160～200 ℃和1.5 MPa条件下，污泥胶体结构被破坏，脱水性能大大提高，同时可以彻底杀灭细菌，解决卫生问题。

热调节温度在150～260 ℃之间，加热时间为20～60 min。通过热调节，污泥过滤后的滤液有很高的有机物浓度，改变了比阻。一般来说，反应温度增高，调节后的比阻呈下降趋势。

热调节使污泥容易脱水，提高了过滤能力，但耗能较大，会产生臭气，且操作水平要求高。

第五节 污泥脱水

污泥经浓缩处理后，体积大幅度缩减，污泥中的游离水亦基本获得分离，为污泥的后续处理创造了条件。但浓缩过程很难实现污泥内部水的分离。

污泥脱水(Sludge Dewatering)是降低污泥水分的操作过程，脱水后的污泥具有固体特性，呈泥块状，便于装车运输及最终处置。污泥脱水的主要处理对象是存在于污泥絮体网络内部的吸附水和毛细水。

污泥脱水分为人工机械脱水和自然脱水两种，实际应用中以人工机械脱水为主。常用的污泥脱水设备有压滤机、过滤机及离心机等。

一、机械脱水原理

机械脱水是利用机械设备中过滤介质两侧压力差的作用，使污泥中的水由高压力一侧透过过滤介质流向低压力一侧，污泥颗粒被介质(滤布)截留而形成滤饼，从而实现泥水分离。所分离的污泥水通常送回污水处理系统再行处理，而截留的固态污泥则经剥落后外运，进行最终处置。

污泥脱水过程中，滤液通过滤饼过滤的基本方程为：

$$\frac{t}{V}=\frac{\mu\omega r}{2PA^2}V \tag{22-23}$$

式中 V——过滤体积，m^3；

t——过滤时间，s；

P——过滤压力，kg/m^2；

A——过滤面积，m^2；

μ——过滤的动力黏滞度，$kg\cdot s/m^2$；

ω——单位过滤体积的滤液在过滤介质上所截留的干固体量，kg/m^3；

r——比阻，单位过滤面积上单位干重滤饼所具有的阻力，m/kg。

在一定压力条件下，$\frac{t}{V}$与V成直线关系，其斜率为：$b=\frac{\mu\omega r}{2PA^2}$，由此可得比阻的计算公式如下：

$$r=\frac{2PA^2b}{\mu\omega} \tag{22-24}$$

比阻反映过滤难易程度，比阻越大，则过滤越困难。

二、机械脱水设备

1. 板框压滤机

板框压滤机是由组滤板和滤框交替组装而成，自动板框压滤机的工作原理及整体构型如图 22-7 所示。

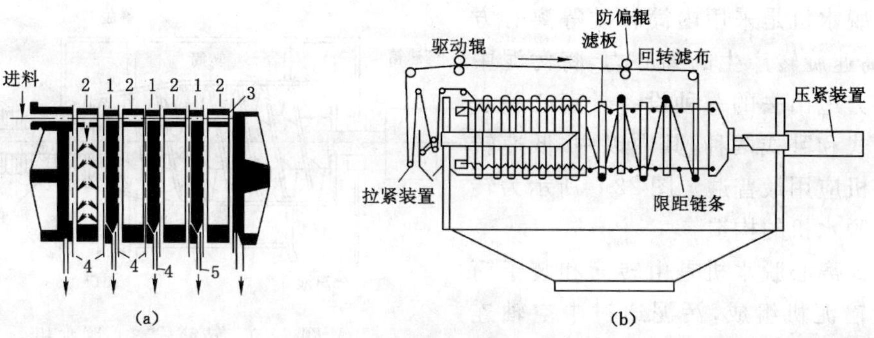

图 22-7　自动板框压滤机

(a) 工作原理;(b) 整体构型

1——组滤板;2——滤框;3——通道;4——滤布;5——排水管道

自动板框压滤机的框边有通道,并有小沟道与板框接通;污泥由通道及小沟道进入滤框后,污泥水渗过滤板两面覆盖的滤布,沿板面沟流下,最后由滤板下方的滤过液排出管流入集水槽。污泥固体截留在滤框内的滤布上形成滤饼,当达到一定厚度时,拆开板框,取出滤布,将滤饼剥落,并冲洗干净后组装。自动板框压滤机可自动拆开和压紧,滤布为很长的能回转布带,卸料时,滤带在许多小活轮间绕过移动,滤饼便自动脱落。

板框压滤机特点是操作压力大(0.4～0.6 MPa),能产生很高的泥饼固体含量,泥饼含水率一般可为 75%～80%,但间歇运行,滤布拆装频繁,处理量小。

2. 滚压带式过滤机

滚压带式过滤机由上下两组转动方向相同的回转带组成,见图 22-8。该机上回转带表面为金属丝网做成的压榨带,下回转带表面为滤布制成的过滤带。经混凝剂调质处理(将污泥中的毛细水转化为游离水)的污泥由回转带一端进入,在随滤带水平行向另一端移动的过程中,先经过主要依靠重力过滤的浓缩段;在重力作用下,污泥中的游离水透过滤带与污泥固形物分离,浓缩后的污泥进入压榨段;在上下两排支承滚压轴的挤压作用下,污泥中的水分被进一步压榨分离,滤布所截流污泥滤饼的含水率可降为 75%～80%,从而实现脱水目的。

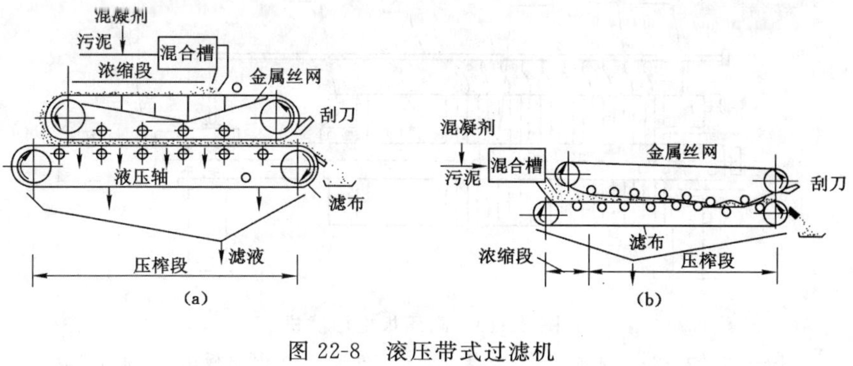

图 22-8　滚压带式过滤机

滚压带式过滤机的特点是把压力直接施加在滤布上,由滤布的压力或张力最终使污泥脱水。它不需要真空或加压设备,消耗动力少,且可连续运行。

3. 离心脱水机

离心脱水机是采用内筒转动等离心方式，通过高速旋转产生的离心力，将污泥中所含的水分甩出去的一种设备。离心脱水机有转筒式和卧式两种，其中以中、低速转筒式离心机应用最普遍。图22-9所示为转筒式离心脱水机的构造。

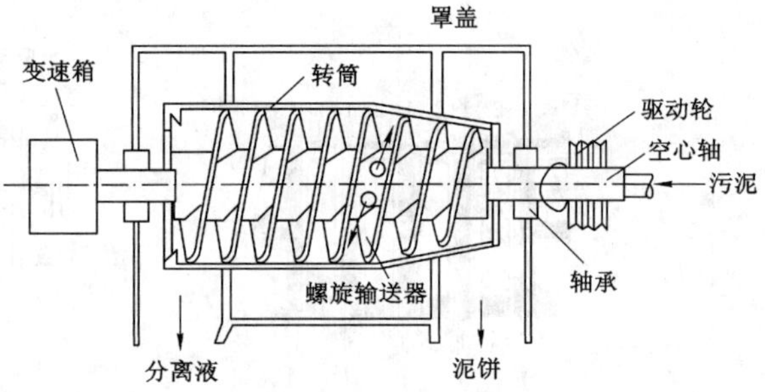

图22-9 转筒式离心脱水机

转筒式离心脱水机是由转筒和装于筒内的螺旋输泥机组成，污泥通过中空轴连续进入筒内，并由转筒带动污泥高速旋转；在离心力的作用下，泥水离心分离形成泥饼和澄清水，后者由另一端排水口排出。螺旋输泥机与转筒旋转方向相同，通过输泥机的螺旋刮刀与转筒间的相对运动，将泥饼由左端推向右端，最后从排泥口排出。

经离心机脱水后，污泥的含水率显著降低，污泥回收率大大提高；若投加调节剂，污泥回收率可达95%。因此，离心脱水机具有效率高、分离能力强、操作性好的优点，但制造工艺要求高，设备对污泥首先要进行预处理，需要用高分子的聚合电解质作为调节剂。

4. 脱水干化一体机

深度去除污泥中的水分是污泥减量化、稳定化、无害化、资源化处理的重要基础。污泥脱水干化一体机可将污泥含水率降至60%以下，泥饼呈固态，可直接进行填埋、焚烧、制建筑材料和做绿化肥料等。

(1) 高压板框压滤机

高压板框压滤机是利用可变滤室隔膜压榨技术进行污泥高效脱水的设备，又称隔膜压滤机，采用水压或气压，压力可达到0.8～3.0 MPa，最大压力可达5 MPa。其结构如图22-10所示，机身及滤板全部采用合金钢材质，采用全自动设计，在污泥深度脱水处理中，污泥入料、污泥压干、泥饼卸载、泥饼运输等，完全无需人工操作，整个工作周期仅需40 min，相对于普通板框压滤机的3～5 h，可以缩短数倍。

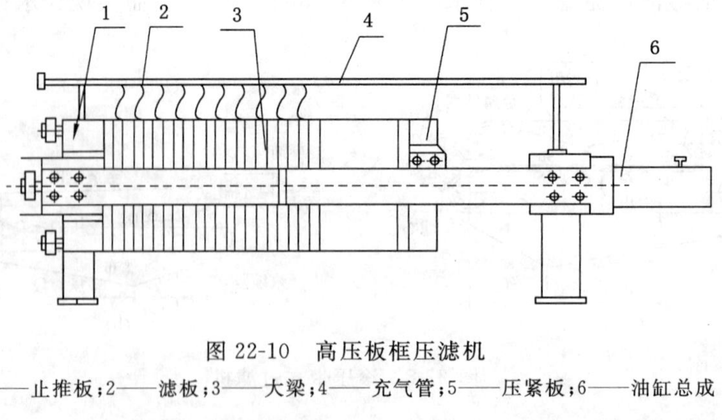

图22-10 高压板框压滤机

1——止推板；2——滤板；3——大梁；4——充气管；5——压紧板；6——油缸总成

高压板框压滤机与普通板框压滤机的不同之处，就是利用滤板、隔膜板和滤布组成可变滤室过滤单元，在隔膜板的两侧加装了两块弹性膜，运行过程中，由油缸提供压榨压力，将高压流体介质注入隔膜板中，当滤饼填满整个过滤腔时，向滤板加压，整张隔膜鼓起，将压力作用于滤饼，将滤饼中的液体压出。高压板框压滤机具有过滤速度快，自动化程度高，滤饼脱水率高等特点，它能将城市污泥含水率由传统机械脱水的80%左右降到50%～58%，使污泥脱水突破含水率60%障碍线，是城市污泥机械脱水技术的重大突破。

（2）离心脱水干燥一体机

离心脱水干燥一体机包括污泥进料系统、絮凝剂投配系统、脱水系统、泥饼干化系统、干污泥收集和输送系统、自控系统等部分，其结构如图22-11所示。工作时，污泥和调配好的絮凝剂一同由进料口进入一体机转筒内，在离心力作用下进行固液分离，固体颗粒在热反应罩内和由热介发生器提供的过热蒸汽发生热交换，快速完成干化，干燥后的固体颗粒由热介质以气动方式带出，完成离心脱水和热干燥过程，滤液经一体机收集罩收集后排至集水井或指定地点。

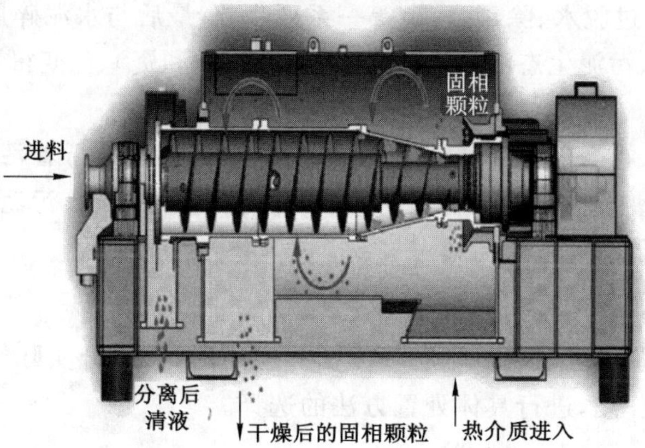

图22-11　离心脱水干燥一体机

离心脱水干燥一体机优势主要体现在以下几方面：① 过程简单。把脱水和干化一体化，有显著的低空间要求，进料污泥的类型多样化。② 运行简单。封闭设计使操作人员不接触产品、蒸汽和废气，完全自动化控制，操作人员少。③ 柔性控制。和其他干化系统相比，通过调节进气温度和速度，使产物的含固率在50%～90%之间，可满足污泥资源化利用的要求。④ 低能耗。利用高速离心力使污泥充分颗粒化，换热效率高，90%以上的干燥介质循环利用，系统热耗、电耗低。

第六节　污泥的利用与处置

一、污泥的综合利用

根据污泥性质的不同，可通过不同的途径对其进行综合利用。

1. 土地利用

土地利用方式主要是将污泥用于农田等施肥垦荒地、贫瘠地等受损土壤的修复及改良园林绿化建设森林土地施用等。用于土地利用的污泥通常是剩余活性污泥，其中含有丰富的有机营养成分如氮、磷、钾等和植物所需的各种微量元素如Ca、Mg、Cu、Zn、Fe等，其中有机物的浓度一般为40%～70%，含量高于普通农家肥。因此能够改良土壤结构，增加土壤肥力，促进作物的生长。

污泥中含有营养成分的同时不可避免地也会含有一些有害成分，如各种病原菌、寄生虫卵以及铜、铝、锌、铬、砷、汞等重金属和多氯联苯、二噁英等难降解的有毒有害物质。因此污泥土地利用的一个原则是施用污泥中的有害成分不能超过受施土壤的环境容量。

2. 提取原料

主要指从工业污水处理的沉渣中回收工业原料，如轧钢厂污水中的氧化铁皮；高炉煤气洗涤和转炉烟气洗涤水的沉渣，可作为烧结矿的原料；电镀污水可提炼铁氧体等。

3. 制作建筑材料

污泥建材利用时，主要由无机组分构成的污泥采用污泥脱水干化后可直接用于制造建材，如作为铺路、制砖、制纤维板和水泥生产原料等。制作建筑材料是将污泥经过脱水、烘干、焚烧成灰，然后通过脱水、除毒、压离等一系列步骤，最后与水泥碎屑进行混合。这个可以生产制造免烧地砖、污泥生态混凝土，使污泥的无害化和资源化变得切实可行。

4. 其他利用

兼顾到环境效益、社会效益和经济效益，国内外学者积极进行着污泥资源化的研究，研发出了一些使得污泥变废为宝的综合利用方法，如污泥燃烧发电、污泥热处理制燃油、污泥改性制吸附剂、污泥低温热解等。

二、污泥的最终处置

污泥最终处置包括填埋、焚烧、堆肥等方法。应用时，需结合实际情况并充分考虑其对环境可能产生的影响作用，进行具体处置方法的选择。

1. 填埋

污泥既可单独的，也可与固体垃圾混合排于填埋场、废弃矿坑或天然的低洼地。污泥在填埋之前要进行稳定处理，在选择填埋场地时要考虑到土壤和当地的水文地质条件，避免对地表水和地下水的污染。对填埋场地不仅要进行地下水观测，还要做好对地面水、土壤、污泥中的重金属、难分解的有机物、病原体和硝酸盐的动态监测工作。必要时应对污泥填埋场地的渗滤液及地面径流进行收集并作适当处理。

2. 焚烧

焚烧是借助辅助燃料引火，使焚炉内温度升至燃点以上，以实现污泥的高温氧化燃烧，然后再分别对所产生的废气和炉灰进行处理的污泥处置方法。现阶段在国内外已有较为广泛的应用。

焚烧可以大幅度减小有机固体和污泥体积量，且可同时达到灭菌的目的。但燃烧中会不可避免地产生污染空气的气体（如二氧化硫、盐酸等）和有害物质（如甲苯、氯乙烯、二噁英等），造成二次污染，故只有在其他的污泥处置方法由于环境或土地利用的限制而被排除时，焚烧处理方法才适用。

3. 堆肥

堆肥是在一定条件下通过微生物的作用，使有机物不断被降解和稳定，并生产出一种适宜于土地利用的产品的过程。污泥堆肥是一种很好的土壤改良剂，当堆肥被用于农田，可以增加有机质，改善土壤结构，减少肥料的使用量，并且可以减轻土壤的潜在侵蚀。

习题与思考题

1. 污泥的来源主要有哪些?

2. 污泥中所含的水分有哪几种?污泥浓缩过程主要去除污泥中的哪一类水分?为什么?

3. 传统的污泥机械脱水设备有哪几种?简述其优缺点。

4. 简述国内外污泥干化技术及设备的进展。

5. 污泥浓缩的方法有哪几类?各有何特点?

6. 污泥浓缩的作用是什么?若通过浓缩将污泥的含水率由 97.5%降至 95%,试求污泥浓缩前后的体积变化。

7. 污泥脱水之前为什么要进行调节处理?调节的方法有哪几种?一般采用哪些药剂进行调节处理?

8. 某活性污泥处理厂,每天产 4 000 kg 污泥,其中挥发固体为 1 700 kg,在 $T=20$ ℃下,污泥浓缩至含水率为 90%,水力停留时间为 16 d。如在此条件下进行污泥好氧消化,试设计计算好氧消化的主要参数。

第八篇

矿业水污染及防治

第二十三章　矿业水污染及防治

煤炭开采、加工过程中产生的工业污水统称为矿业水，主要来源于煤炭采掘、分选和焦化三个主要工业生产环节。矿业水水量大、污染物含量高、成分复杂、污染范围大，如不经有效处理就外排，不但造成环境污染，而且造成水资源的极大浪费。

第一节　矿业水污染的来源及危害

一、矿井水

矿井水(Mine Water)是指伴随煤炭开采而产生的地表渗透水、岩溶水、矿坑水、地下含水层的疏放水以及生产、防尘用水等的总称。各种水源水与煤层、岩层接触，发生一系列物理、化学和生化反应，在煤矿采掘过程中，为保证开采工作顺利进行，通过排水泵将收集于水仓或排水硐室内的污水排出矿井，形成矿井水。

根据所含污物特性，矿井水一般分为洁净矿井水、含悬浮物矿井水、高矿化度矿井水、酸性矿井水及含特殊污染物的矿井水等。

1. 洁净矿井水

洁净矿井水水质较好，呈中性，低矿化度，低浊度，不含有毒有害离子，只需稍加处理或消毒即可作为生活饮用水，有的还含有多种有益元素，可直接开发作为矿泉水。

2. 含悬浮物矿井水

含悬浮物矿井水一般指除悬浮物、细菌及感官指标外，其他理化指标均满足饮用水卫生标准的矿井水，其悬浮物含量多在100～400 mg/L。

3. 高矿化度矿井水

高矿化度矿井水也称含盐矿井水，它是由于地下水与碳酸盐和硫酸盐岩层的接触融蚀，使水中Ca^{2+}、Mg^{2+}、CO_3^{2-}、HCO_3^-、SO_4^{2-}等离子增多而形成的，矿化度大多为1 000～4 000 mg/ L，水质多呈碱性，带苦涩味，其硬度往往也较高。

4. 酸性矿井水

酸性矿井水主要是因为被采煤层中含有大量的硫铁矿，在有充足的氧气和细菌的存在下，使黄铁矿氧化，生成亚硫酸和硫酸，造成矿井水呈酸性，一般含有大量的Fe(Fe^{2+}、Fe^{3+})。它严重腐蚀矿山设备和管道，未经处理排入地面水体，会危害水生生物，并使禾苗枯死。

5. 含特殊污染物的矿井水

含特殊悬浮物的矿井水主要指一些含重金属、放射性元素、氟化物等的矿井水，水中的F、Fe、Mn等离子及水质毒理学指标、放射性指标等超标，对环境的污染和人体的健康危害性较大。

矿井水中含有大量的COD、SS、铁、锰、硫酸盐等污染物，长期以来，矿井水未被利用而直接外排，造成地表水体发黑发臭，水体环境破坏严重。有些矿井水 pH 值很低，呈酸性，酸性矿井水腐蚀矿井设备及构筑物，外排后破坏土壤的团粒结构，使土壤板结，农作物枯黄，还会危害鱼类等水生生物，甚至可使某些重金属离子由不溶性化合物变为可溶性离子状态，毒性增大，长期接触酸性矿井水可使手脚破裂，眼睛疼痒，危害人类健康。

同时，大量的地下水资源以矿井水的形式从地下抽取出来，造成地下水层疏干，加剧地表下沉及裂、缝隙产生，对生态环境造成不可逆转的破坏。

二、选煤污水

选煤污水(Coal Preparation Wastewater)是指湿法选煤过程中产生的不再利用的水。选煤是利用煤和杂质的物理、化学性质的差异，通过物理、化学或微生物分选的方法使煤和杂质分离，并加工成质量均匀、用途不同的煤炭产品，一般通过选煤可除去煤中 50%～80% 的灰分、30%～40%的全硫。

我国目前选煤以跳汰、重介和浮选三种工艺为主，均为以水或水的混合物作为分选介质的湿法选煤。通常入选 1 t 原煤要使用 3～5 m^3 水。当原煤经分级、脱泥、精选、脱水等作业分选成产品时，由于煤的粉碎和泥化，产生一些粒径小于 1 mm 的煤粉，水洗后含有粒径小于 1 mm 的悬浮粒子的选煤工艺污水叫煤泥水。据统计，全国每年选煤用水量约 8.4×10^8 m^3，达到全国工业用水量的 0.74%，在技术、资金等方面原因的制约下，每年未处理就排放的洗煤污水达到约 4.0×10^7 m^3，约占全国工业污水排放总量的 0.1%左右。

洗煤污水中含有大量的悬浮物、残留选煤药剂和重金属离子，大量外排会对地表径流和地下水质产生短期甚至长期的污染，危害人类健康，同时大量可燃煤粉的流失，造成极大的资源浪费。

三、焦化污水

煤炭焦化是以煤为原料，在隔绝空气条件下，加热到 950 ℃左右，经高温干馏生产焦炭，同时获得煤气、煤焦油并回收其他化工产品的一种煤转化工艺。

焦化污水(Coking Wastewater)是指原煤高温干馏、煤气净化及化工产品精制过程中产生的高浓度有机污水，主要来源于以下几个工艺环节。

1. 蒸氨污水

蒸氨污水来自集气管氨水喷淋后，汽液分离器的焦油氨水与初冷器(间接冷却)的冷凝水(含焦油和氨)。这两部分污水经焦油氨水分离器分离后，焦油送焦油车间处理，氨水排入氨水罐，循环使用于焦气管的喷淋冷却。但由于煤料中含有水分以及煤料受热裂解析出化合水的补充，使得氨水循环系统氨水超量，即产生剩余氨水。剩余氨水经化产回收后由蒸氨塔排出，产生蒸氨污水。蒸氨污水中含有大量的酚、氰化物、焦油、硫化物等污染物。

2. 焦油污水

煤炭焦化过程中产生的煤焦油常用精馏法将其中的各组分初步分开，然后用酸、碱洗涤分离出粗酚、吡啶等化工产品，同时间断排放含油、含酸的高浓度污水。焦油污水经焦化产回收酚后，送蒸氨塔蒸氨后排出。

3. 粗苯分离水

洗苯塔底部排出的洗油在脱苯塔采用直接通入蒸汽冷凝，回收粗苯，产生污水经分离器排出。粗苯分离水含有大量的酚、苯、氰化物和氨等污染物。

4. 苯精制污水

粗苯精制过程中的初馏塔、粗苯塔、纯苯塔和纯苯残液精馏等工序均直接通入蒸汽冷凝，回收产品，蒸汽经冷凝后从分离器排出。苯精制污水含有大量的酚、苯、氰化物和氨等污染物。

5. 煤气终冷排水

煤气进入洗苯塔前需用水直接冷却和洗涤，以去除氰化物、萘等有害的物质。终冷水冷却后循环使用。为保证冷却水质，约有15%的循环水量外排。煤气终冷排水中含有大量的酚、洗油和氰化物等污染物。

焦化污水污染物种类繁多，成分复杂，且含有大量难降解有机污染物，特别是一些剧毒和致癌物质更是危害极大。焦化污水外排污染地下水资源，对居民饮水安全造成重大威胁。近年来，部分产焦地区地下水苯并芘超标，也和焦化污水超标外排有直接关系。

第二节　矿业污水的处理技术

一、矿井水处理技术

1. 含悬浮物矿井水处理技术

含悬浮物矿井水水质为中性，含盐量小于1 000 mg/L，基本上不含有毒有害离子，水中煤尘含量较高，此类污水处理工艺较为简单，一般采用混凝、沉淀、过滤及消毒处理工艺，图23-1所示是矿井水处理中比较成熟的工艺。

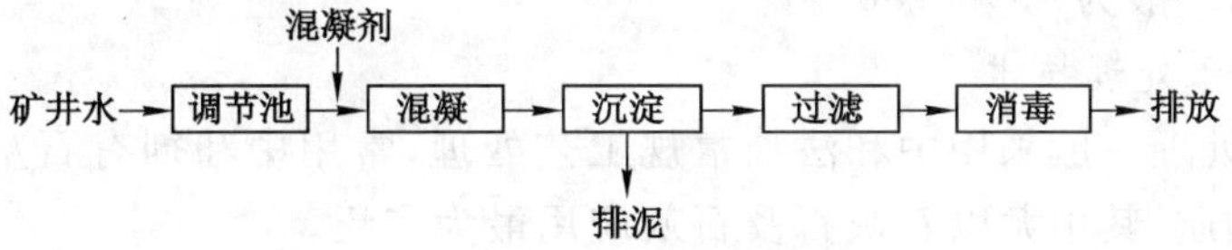

图23-1　含悬浮物矿井水处理工艺

矿井水处理混凝剂常用硫酸铝、聚合氯化铝及聚丙烯酰胺等，其中聚合氯化铝铁对矿井水的水温及pH的变化适应性强，价格较低，得到广泛应用；滤料常采用过滤效果好、强度高、价格低的无烟煤和石英砂。

表23-1是某矿采用混凝、沉淀、过滤及杀菌水处理工艺对高浊度矿井水的处理效果。矿井水处理后水质可满足《煤炭工业矿井设计规范》(GB 50215—2005)井下消防水质要求，也可以满足《城市污水再生利用 城市杂用水水质标准》(GB/T 18920—2002)，因此处理后的矿井水可作为消防水和城市杂用水资源化利用。

表23-1　　混凝、过滤、消毒工艺处理高浊度矿井水效果

	水量	pH	SS	浊度	色度	COD
进水水质	140 m^3/h	7.1	760 mg/L	/	/	150 mg/L
处理水质	140 m^3/h	7.1	9 mg/L	5	30	43 mg/L

一体化矿井水处理器是目前煤矿普遍采用的矿井水处理设备，它集成了混凝、沉淀、过滤及杀菌等多个水处理环节，节省了占地面积；缩短了水处理构筑物间管路长度，减少了水

力损失，降低了运行费用。

2. 高矿化度矿井水处理技术

高矿化度矿井水处理常采用反渗透和电渗析膜分离技术，为防止膜污染，需对矿井水进行预处理，主要去除矿井水中的悬浮物、胶体和微粒以及溶解性物质，一般预处理方法有下列几种：① 利用混凝、沉淀、过滤，去除水中的悬浮固体微粒和胶体物质；② 利用活性炭等吸附剂进行过滤，去除水中油类等可溶性的有机物；③ 利用接触氧化等方法，除去铁、锰等金属离子，防止这些物质在膜表面产生氢氧化物沉淀。

电渗析法处理高矿化度矿井水技术成熟，应用广泛。根据高矿化度矿井水水质和处理规模，电渗析脱盐工艺可采用以下两种工艺：① 当矿井水矿化度很高，处理规模较小时可采用电渗析直流式脱盐工艺，即经预处理后的水分别进入电渗析器的淡水室、浓水室和极水室，出口淡水全部流入淡水池，由加压供给用户，浓水直接排放；② 当矿井水矿化度适中，且处理规模较大时，为了减少浓水排放，可采用浓水部分循环水处理流程，极水全部回收到浓水池，与部分浓水混合后由浓水泵加压，经浓水过滤器送入电渗析器的浓水室，其余浓水外排。

电渗析技术电耗较大，易结垢和膜寿命短，因此，随着反渗透膜技术日益成熟，越来越多的煤矿采用反渗透膜来处理矿井水。

与电渗析相比，反渗透处理技术更优越，其脱盐率高达 99%以上，在分离过程中无相变化及相变引起的化学反应，能耗低，无二次污染；工艺流程简单，有利于实现水处理的连续化、自动化；反渗透装置结构紧凑，占地面积小，适应大规模连续供水的水处理系统，水的回收率比电渗析高，一般为 75%～80%。

3. 酸性矿井水处理技术

酸性矿井水处理一般采用中和法加常规工艺处理，常用中和剂有石灰石、大理石、白云石、石灰等碱性物质，其中尤以石灰石及石灰应用最为广泛。

(1) 石灰石中和

石灰石中和装置常采用中和滚筒机、升流膨胀过滤床和曝气流化床。中和滚筒机内置石灰石为中和剂，通过滚筒不停翻转，增大酸性水与中和剂的接触面积，促进中和反应进行。为保证石灰石与酸性水有较充足的接触反应时间，中和滚筒机出水送入反应池，使反应继续进行，其工艺见图 23-2。

图 23-2　中和滚筒法处理酸性矿井水工艺流程

中和滚筒机处理酸性污水设备简单，管理方便，处理费用低，但其噪声较大，二次污染严重，特别是反应产物 $CaSO_3$、$Fe(OH)_3$ 和过剩的石灰石黏在一起，容易堵塞后续管路，且其除铁效率较差。

石灰石升流膨胀过滤中和是以细小石灰石颗粒($D \leqslant 3$ mm)为滤料，酸性水自滤池底部进入滤池，使滤料膨胀，从而使中和反应沿着流线方向连续不断地进行，是目前普遍采用的中和方法，其工艺见图 23-3。

石灰石升流膨胀过滤中和操作简单，管理方便，处理费用低，但其处理出水 pH 值不高，经常低于 6.0，且除铁效率较差，反应产物 $CaCO_3$、$Fe(OH)_3$ 经常包裹在石灰石颗粒表面，出

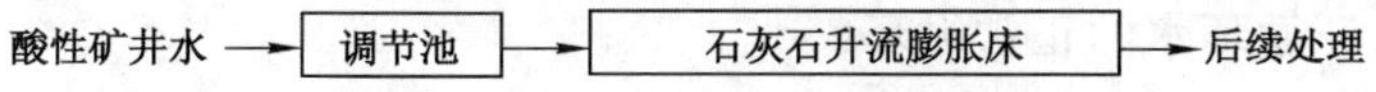

图 23-3　石灰石升流膨胀法处理酸性矿井水工艺流程

现包固现象，从而使石灰石颗粒失去活性，降低了反应效率。

(2) 石灰中和

石灰中和是利用 CaO 与硫酸反应，从而得以中和，其工艺流程见图 23-4。

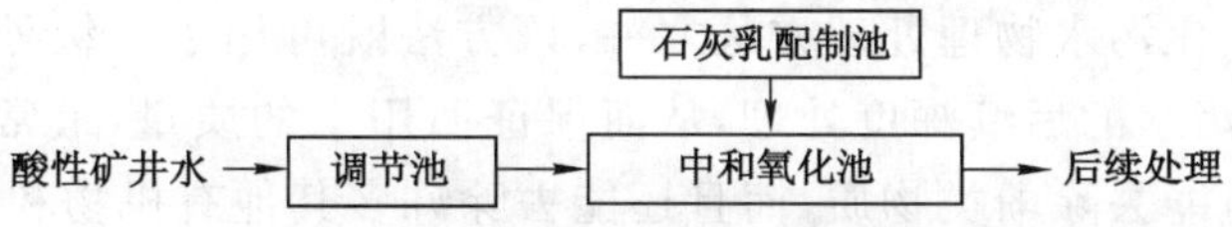

图 23-4　石灰中和工艺流程

石灰中和工艺简单，操作方便，出水 pH 值能够稳定达标，除铁效率比石灰石中和法高，但费用相对较高，且存在二次污染问题。

(3) 生物处理

针对酸性矿井水中含有高浓度硫酸盐和大量重金属离子的特点，利用硫酸盐还原菌将硫酸盐(SO_4^{2-})还原为硫化物(S^{2-})，同时产生碱度提高污水的 pH 值，使重金属离子与硫化物(S^{2-})产生难溶的金属硫化物沉淀去除。其反应如下

$$2C + SO_4^{2-} + H_2O \longrightarrow H_2S + 2HCO_3^-\text{（硫酸盐还原菌作用下）}$$

$$M^{2+} + H_2S \longrightarrow MS_{(S)} \downarrow + 2H^+$$

生物法处理酸性矿费用低，无二次污染，还可回收副产品单质硫，应用前景广泛，但由于关键技术尚未解决，目前国内尚无应用。

二、选煤污水处理技术

我国煤炭产业要求选煤污水必须执行闭路循环一级标准，即保证在正常或事故状态下，选煤污水均不外排。选煤污水闭路要达到以下要求：煤泥全部厂内回收，取消煤泥沉淀池；选煤水重复利用率 90%以上，补充水量小于 0.15 m^3/t；设有事故放水池或缓冲浓缩机，并有完备的回收系统；选煤水浓度小于 50 g/L；入选原料达到稳定能力的 70%以上。

煤泥水的处理几乎涵盖湿法选煤过程的所有环节，通常包括：煤泥分选—尾矿浓缩—压滤。目前，国内外常用的煤泥水处理工艺包括四种流程：浓缩浮选流程、直接浮选流程、半直接浮选流程、浓缩分级浮选流程。

浓缩浮选流程是指全部煤泥水进入浓缩机，经浓缩后，溢流作为选煤的循环水，底流进入浮选作业。该流程的特点是浓缩机底流浓度较高，在 300～400 g/L 之间，用清水稀释到 100～200 g/L 再进入浮选，所以浮选的浓度较高，粒度较粗。该方法投资少，运行费用低，但容易造成选煤循环水中细泥积聚，造成循环水浓度较高，影响浮选结果。

直接浮选流程是指全部煤泥水不经浓缩，通过缓冲池，直接进入浮选，浮选尾煤进入浓缩机，在浓缩机中添加絮凝剂沉淀，所得清水作为循环水使用。底流用压滤机脱水，实现闭路循环。直接浮选消除了细泥循环，降低了循环水浓度，但入料浓度偏低，增加了药剂消耗。

半直接浮选流程是介于上述两者之间的流程，溢流水一部分进入浓缩机，一部分直接进入浮选作业。该流程比较灵活，适用于煤质变化较大的选煤厂，一方面减少了细泥的恶性聚

集，另一方面可保证循环水的正常循环。

浓缩分级浮选流程是指煤泥水经浓缩后，底流由分级旋流器进行分级，旋流器底流进入浮选机，溢流进入浮选柱进行分选，浮选机精煤进入过滤机脱水，浮选柱浮精煤进入压滤机脱水。

三、焦化污水处理技术

焦化污水的处理技术从工艺上可分为物理法、化学法、生化法以及组合法。

焦化污水的物理处理方法主要有吸附法、溶剂萃取法、乳化液膜法、气浮法、盐析法等。吸附法是最常见的焦化污水物理处理方法之一，该方法既可用于一级处理回收污水中的酚类物质，还可以用做污水的后续深度处理，从而保证回用水的质量，最常见的吸附剂是颗粒活性炭。该方法不但能去除酚类物质，而且还能去除许多其他有机物和重金属离子，在生产回用水处理中应用较多，它能适应不同水力负荷以及污水成分和浓度的变化，不会产生二次污染问题。

化学氧化是处理焦化污水的一种有效方法，污水中呈溶解状态的酚类物质在高温高压条件下通过化学反应易被氧化成低毒或者无毒物质，或者直接转化为容易与水分离的形态，而达到去除的目的，主要方法有催化湿式氧化法、Fenton 试剂法、光催化氧化法等。

生物法处理焦化污水是目前应用最广泛的处理技术，目前国内外采用较多的工艺有两类：一类是普通生化处理工艺，仅脱出酚、氰和降解 COD 类物质，不脱氮；另一类是生物脱氮处理工艺，主要有 A/O 工艺、A^2/O 工艺、A^2/O^2 工艺、SBR 工艺、MBR 工艺等。

A^2/O 工艺是目前处理焦化污水应用最广泛的生物处理工艺，该技术已列入《国家重点行业清洁生产技术导向目录》。

习题与思考题

1. 根据我国目前煤炭的生产状况，矿井水主要来源及其主要污染物有哪些？
2. 酸性矿井水是怎样形成的？生物法处理酸性矿井水有哪些优点？其反应过程中碱度是如何产生的？
3. 煤泥水闭路循环有哪些要求？煤泥水的处理工艺主要有哪些？
4. 焦化污水主要是在哪些生产环节产生的，其水质有什么特征？
5. 简述处理焦化污水各工艺优劣及适应性。

第九篇

污水处理厂设计

第二十四章　污水处理厂设计

第一节　概　　述

一、设计原则

① 适用性。设计必须符合适用要求，选择的处理工艺流程、构筑物型式、主要设备等应最大限度地满足生产和使用的需要，以保证污水处理厂功能的实现，达到国家排放标准的要求。

② 可靠性。设计中采用的各项设计参数必须可靠，在污水处理设计中一定要遵守现行的设计规范，保证必要的安全系数。且应慎重使用新材料、新设备、新技术和新工艺。

③ 合理性。设计必须符合经济合理的要求，尽可能采取合理措施降低工程造价和运行管理费用；

④ 先进性。在保证安全可靠的前提下，尽可能采用先进的工艺、机械和控制技术。

⑤ 近远期结合原则。设计应进行近期与远期的规模研究，以合理确定工程分期，全面进行规划，为今后的扩建留有空间和条件。

⑥ 安全性。设计中须考虑安全运行要求，如适当设置分流设施、超越管线、防止有毒有害物质逸散、考虑消防安全等。

⑦ 美观性。在经济条件允许情况下，应适当考虑厂区的美观和绿化，并与厂区周围景观相协调。

二、设计资料

1. 设计任务书与原始资料

① 设计项目批文、设计范围及设计深度等。

② 所在区域的现状与近期、远期的总体规划资料。

③ 所在区域水资源情况与已形成的水污染状况。

④ 受纳水体的使用功能、水环境质量目标、自净规律、自净容量及当地规定的各项指标的排放标准。

⑤ 城市（区域）与工业企业的排水与污水处理设施的现状，包括数量、规模、处理对象、运行情况等。

⑥ 生活污水和工业污水近期、远期发展的水质水量情况。

⑦ 处理后污水再利用与污泥利用的可能性与途径等。

2. 自然条件资料

① 气象特征资料。包括气温（年平均、最高、最低）、湿度、降雨量、蒸发量、冻土层深度以及风向资料。

② 水位资料。包括当地水体名称,有关河流的功能、水位(最高、最低、平均水位)、流速(各特征水位下的平均流速)、流量(平均流量、保证率 95%的水文年的最高月平均流量)资料。

③ 水文地质资料。包括有关地下水的资料,特别应注意地下水的利用情况、地下水和地面水的相互补给情况。

④ 地质资料。包括污水处理厂厂址地区的地质钻孔柱状图、地基的承载力、地下水位与地震等资料。

⑤ 地形资料。包括污水处理厂及其附近 1∶10 000～1∶5 000 地形图,厂址与排放口附近 1∶00～1∶500 地形图,以便进行厂区平面布置,土方平衡等。

⑥ 其他自然条件资料。包括污水处理厂附近及其周围地区有无能够利用的池塘、山谷、洼地、沼泽地和旧河道等废弃不用的土地等资料。

三、设计步骤

污水处理厂的设计步骤可分为设计前期工作、初步设计、施工图设计等三个阶段。

1. 设计前期工作

设计前期工作主要包括编写项目建议书或进行预可行性研究、可行性研究两个阶段。

第一阶段:项目建议书或预可行性研究

国家规定投资在 3 000 万元以上的工程项目,必须进行预可行性研究。项目建议书或预可行性研究报告重点论述项目建设的必要性、初步方案比较和拟建设的工程内容、投资估算、融资设想和初步经济评价结果。预可行性研究报告需经专家评审,并将评审意见附在报告后送上级机关审批。经审批立项后,才可以进行可行性研究和其他正式设计工作。

第二阶段:可行性研究

可行性研究是污水处理厂建设项目前期工作的核心,根据批准的项目建设书和建设单位的任务委托书进行。要进行《工程可行性研究报告》的编制,其主要内容包括项目建设的目的和基础资料,通过对项目的技术可行性、经济合理性和实施可能性等进行综合论证,提出工程的实施方案。它对与工程有关的所有方面进行调查研究和综合论证,为拟建项目提供科学依据,从而保证所建项目技术上先进可行、经济上合理,并具有良好的社会和环境效益。

2. 初步设计

初步设计应根据批准的可行性研究报告进行编制,主要明确工程规模、建设目的、设计标准和原则、深化设计方案、进行工程概算、确定主要工程数量和主要材料设备数量、设计中可能涉及的问题及建议。初步设计文件包括设计说明书、工程量、材料与设备量、工程概算书、设计图纸等。

3. 施工图设计

施工图设计是在初步设计获得批准后,以初步设计的图纸和说明书为依据进行的,是初步设计的进一步细化。其主要任务是进行各处理构筑物的平面布置和高程布置,将处理构筑物的各个节点构造、细部尺寸都精确地表达在图纸上,图需要按一定的比例、用标准图精确绘制,以便施工人员准确地将各构筑物按设计要求建造、安装在预定位置上。施工图设计文件包括设计图纸、设计说明和施工图预算,是整个设计过程的终结,是全部设计内容的体现。

第二节　厂 址 选 择

污水处理厂厂址的选择是进行设计的前提，它与城市的总体规划、城市排水系统的走向、布置、处理后污水的出路都密切相关，一般应遵循下列原则：

① 厂址与规划居住区或公共建筑的卫生防护距离应根据环境影响评价报告要求确定。

② 应尽量做到少占农田和不占农田。

③ 厂址应在集中供水水源地下游，并应位于一级、二级水源保护区之外。污水处理厂应设置在城镇水体下游的某一区段，由于受某些因素的影响，不能设在城镇水体的下游时，出水口应设在城镇水体的下游。

④ 厂址应尽可能设在城镇和工厂夏季主导风向的下方。

⑤ 厂址应设在地形有适当坡度的城镇下游地区，使污水有自流的可能，宜节约动力消耗。

⑥ 厂区地形不应受洪涝灾害影响，防洪标准不应低于城镇防洪标准，应有良好的排水条件。

⑦ 厂址的选择应考虑交通运输、水电供应、地质、水文地质条件。

⑧ 厂址的选择应结合城镇总体规划，考虑远景发展的可能性，并留有充分的扩建余地。

⑨ 便于处理后出水回用和安全排放。

⑩ 便于污泥的集中处理和处置。

第三节　工艺流程的选择

污水处理工艺流程是指在保证处理污水达到所要求的处理程度的前提下，所采用的污水处理技术各单元的有机组合。污水处理工艺流程的选择是设计的关键，要根据污水的性质、处理程度、自然条件、工程投资和运行费用等，并结合调查研究与经济技术比较后确定，必要时还需进行试验。

一、处理程度

处理程度是污水处理工艺流程选定的主要依据，而污水的处理程度又主要取决于处理水的水质和处理出水的去向。

选择污水处理工艺流程时首先应根据受纳水体的性质确定出水水质要求，并依此确定处理程度。当处理出水排入天然水体或城市下水道时，其水质应满足《污水综合排放标准》(GB 8978—2002)、《城镇污水处理厂污染物排放标准》(GB 18918—2002)等国家排放标准或相关地方标准的要求；当处理出水回用时，水质应满足相应的回用水水质标准。

城市、重点流域及水资源保护区的建制镇必须建设二级污水处理设施，受纳水体为封闭或半封闭水体时，为防治富营养化，城市污水应进行二级强化处理，增强除磷脱氮的效果；非重点流域和非水源保护区的建制镇，根据当地的经济条件和水污染控制要求，可先实行一级强化处理，分期实现二级处理。

二级处理工艺可选用氧化沟法、SBR 法、水解好氧法、AB 法和曝气生物滤池法等成熟工艺技术，也可选用常规活性污泥法；二级强化处理要求除磷脱氮，工艺流程除可以选用 A/O

法、A^2/O 法，也可选用具有除磷脱氮效果的氧化沟法、CASS 法和水解—生物接触氧化法等；一级强化处理厂，采用水解工艺、生物絮凝吸附（即 AB 法的 A 段）和混凝沉淀等强化一级处理，待资金等条件成熟后再续建后续生物处理工艺，形成水解好氧法、AB 法等完整工艺。

二、污水水质特点

污水的水质特点是影响工艺流程选择的重要因素之一。一般城市污水的水质是根据污水处理厂服务区域的有关规划指标，如人口、人均用水量及人均污染物排放量等确定，城市污水水质相对稳定，可生化性较好，通常可选用二级生物处理，若出水需回用可选用三级处理。工业污水的水质是根据产生污水的生产工艺不同而有很大差别，其中污染物除有机物外还有毒物（如酚、氰、铬、重金属）、一些特殊物质（如酸、碱、油）等，其水质水量变化也比较大，应考虑设调节池或事故贮水池，或选用承受冲击负荷能力较强的处理工艺，有些污水宜单独就地处理，如含重金属离子的污水，在未稀释前较易用沉淀法等分离出来，并可考虑其回收利用。

此外，污水的水量大小（即处理规模）对工艺选择也有直接影响，有些工艺仅适用于小型的污水处理厂。

三、工程造价与运行费用

工程造价和运行费用是选定工艺流程的重要因素。一般来说，在进行污水处理工程系统最优化设计时，应以原污水的水质、水量及其他自然状况为已知条件，以处理水应达到的水质指标为制约条件，以处理系统最低的总造价和运行费用为目标函数。另外，工程施工的难易程度和运行管理需要的技术条件也是选定处理工艺流程需要考虑的因素，地下水位高，地质条件较差的地方，不宜选用深度大、施工难度高的处理构筑物。减少占地面积也是降低工程费用的重要措施，从长远考虑，它对污水处理工程的经济效益和社会效益有着重要的影响。

四、自然条件

当地的地形、气候等自然条件对污水处理工艺流程的选定也具有一定影响，在寒冷地区宜应采用耐低温、冬季能正常运行的处理工艺。如冰冻期长的寒冷地区应选用水下曝气装置，而不宜采用表面曝气；生物处理设施需建在室内时，应采用占地面积小的工艺，如 UNITANK 等；水解池对水温变化有较好的适应性，在低水温条件下运行稳定，北方寒冷地区可选择水解池作为预处理，较温暖的地区可选择各种氧化沟和 SBR 法等。在有条件的地区可利用荒地、闲地等可利用的条件，采用各种类型的土地处理和稳定塘等自然净化技术，但在北方寒冷地区不宜采用。

五、运行管理和施工

运行管理所需要的技术条件与施工的难易程度也是在选择工艺流程时需考虑的因素。如果采用技术密集、运行管理复杂的工艺，就需要素质高、技术水平强的管理人员。地下水位较高与地质条件较差的地区不宜选择施工难度大的处理构筑物。

总之，污水处理工艺流程的选定是一项比较复杂的系统工程，必须对上述各项因素加以综合考虑，进行多种方案的经济技术比较，必要时应当进行深入的调查研究和试验研究工作，以选定技术可行、先进、经济合理、运行可靠的污水处理工艺流程。

第四节　平面布置与高程布置

一、污水处理厂平面布置

1. 平面布置原则

污水处理厂的平面布置就是厂内各处理单元构筑物及其附属建筑和设施的相对位置的平面布局。在污水处理厂厂区内包括处理单元构筑物、连通各处理构筑物之间的管渠及其他管线、辅助性建筑物、道路以及绿地等，在对其进行平面规划和布置时，应考虑的一般原则如下：

(1) 各处理单元的平面布置

处理构筑物是污水处理厂的主体建筑物，在进行平面布置时，应根据各构筑物的功能要求和水力要求，结合地形和地质条件，确定它们在厂区内平面的位置，对此，应考虑：① 管渠连接便捷，各处理构筑物之间的布置尽量呈一字形，使管、渠连接直通顺畅，避免迂回曲折；② 充分利用地形，土方量做到基本平衡，并避开劣质土壤地段，降低工程费用；③ 保持安全距离，在处理构筑物之间，应保持一定的间距，以保证敷设连接管、渠的要求，一般的间距可取 5～10 m，特别是污泥消化池、消化气贮罐等易燃易爆的构筑物，其间距应按建筑防火的有关规定确定；④ 布置紧凑，各处理构筑物在平面布置上，应考虑适当紧凑；⑤ 考虑预留，应预留适当余地，考虑扩建和施工可能；⑥ 考虑风向，构筑物布置应注意风向和朝向，将排放异味、有害气体的构筑物布置在生活区的下风向；为保证良好的自然通风条件，构筑物的朝向应考虑主导风向。⑦ 应考虑除臭、降噪的要求，防止高温、有害气体、噪声等对周边环境和人身安全的危害，营造良好的工作环境，同时满足《城镇污水处理厂污染物排放标准》(GB 18918)和《工业企业设计卫生标准》(GBZ 1)的相关规定。

(2) 管渠的平面布置

管渠是连接各构筑物的通道，其布置应满足：① 各处理构筑物之间设有连接的管、渠，此外，还应设有能够使各处理构筑物独立运行的管、渠，当某一处理构筑物因故停止工作时，使其后接处理构筑物，仍能够保持正常的运行。② 污水处理厂内应设超越管，以便发生事故时，使污水能超越一部分或全部构筑物，进入下一级构筑物或直接事故溢流。③ 各处理构筑物应设放空管，排出水应回流处理。④ 在厂区内还设有给水管、空气管、污泥管以及输配电线路，这些管线有的敷设在地下，但大部分都在地上，对它们的安排，既要便于施工和维护管理，但也要紧凑，少占用地，也可以考虑采用架空的方式铺设。⑤ 在污水处理厂区内，应有完善的排雨水管道系统，必要时应考虑设防洪沟渠。⑥ 如有条件，可以考虑在污水处理厂内设置综合管廊，将各种压力管线和电缆合并敷设在一条或多条综合管廊内，以利于维护和维修。

(3) 辅助构筑物

污水处理厂内的辅助建筑物有泵房、鼓风机房、集中控制室、水质分析化验室、变电所、机修、仓库、食堂等。它们是污水处理厂不可缺少的组成部分。其建筑面积大小可根据城市污水处理工程项目建设标准而定。辅助建筑物的位置应根据方便、安全等原则确定。如鼓风机房应设在曝气池附近，以节省管道与动力。化验室应远离机器间和污泥脱水间，以保证良好的工作条件。办公室、化验室等均应与处理构筑物保持适当距离，并应位于处理构筑物的夏季主风向的上风向处。此外，污水处理厂应设置水量和水质监测设备和设施。

(4) 道路及绿化

污水处理厂内应设置连通各构筑物和建筑物的道路。人行道宽 1.5～2.0 m；厂区主要车行道：单车道宽 3.5～4 m，双车道宽 6～7 m，车行道的转弯半径为 6～10 m。

污水处理工厂布置除应保证生产安全和整洁卫生外，还应注意美观、充分绿化，按规定污水处理厂厂区绿化面积不小于全厂总面积的 30%。

2. 平面布置步骤

污水处理厂的平面布置是在工艺设计计算之后进行的。

(1) 建设规模及占地指标

根据污水处理量，建设规模分五类：Ⅰ类：50 万～100 万 m^3/d；Ⅱ类：20 万～50 m^3/d；Ⅲ类：10 万～20 万 m^3/d；Ⅳ类：5 万～10 万 m^3/d；Ⅴ类：1 万～5 万 m^3/d。

根据建设规模类别，确定污水处理厂的占地指标，见表 24-1。

表 24-1　污水处理厂的建设用地指标　($m^3/(m^2 \cdot d)$)

建设规模	一级处理厂	二级处理厂	深度处理
Ⅰ类	—	0.50～0.40	—
Ⅱ类	0.30～0.20	0.60～0.50	0.20～0.15
Ⅲ类	0.40～0.30	0.70～0.60	0.25～0.20
Ⅳ类	0.45～0.40	0.85～0.75	0.35～0.25
Ⅴ类	0.55～0.45	1.20～0.85	0.40～0.35

注：1. 建设规模大的取下限，规模小的取上限。

2. 表中深度处理的用地指标是在二级处理的基础上增加的用地；深度处理工艺包括提升泵房、絮凝、沉淀、过滤、消毒、送水泵房等常规流程；当二级污水厂出水满足特定回用要求或仅需某几个净化单元时，深度处理用地根据实际情况确定。

(2) 污水处理厂构(建)筑物平面布置

按照功能，将污水处理厂布置分成污水处理区、污泥处理区和生活区。

① 污水处理区：该区由各项污水处理构筑物组成。包括污水泵站、格栅间、旋流沉砂池、厌氧池、缺氧池、好氧池、二沉池、接触消毒渠、鼓风机房、加氯间及氯库等。污水处理区根据污水处理厂面积和地形，采用直线型布置。污水处理厂面积有限时，可采用曲折型布置。

② 污泥处理区：根据夏季主导风向要求，污泥处理区应位于厂区夏季主导风向的下风向，由贮泥池、污泥脱水机房等组成。污泥处理流程宜采用直线型布置。

③ 生活区：该区是将办公楼、宿舍、食堂、锅炉房、浴室等建筑物组合在一个区内。该区靠近污水处理厂大门，便于与外来人员联系，且位于夏季主导风向的上风向。

(3) 污水处理厂管线布置

污水处理厂的管线主要有污水管、污泥管、空气管及加药管等。

厂区排水管道系统包括三部分，各构筑物的排水管、构筑物的溢流管、构筑物的放空管、厂区污水管，这些污水收集后接入泵前集水池继续进行处理。另外，考虑事故检修时不影响污水处理厂运行，对旋流沉砂池、厌氧池、缺氧池、曝气池、二沉池、浓缩池等主要处理工艺在必要时设置超越管道。采用氯消毒时，为了防止管道腐蚀，加氯管采用塑料管。

(4) 厂区道路布置

厂区内道路包括主厂道和车行道。一般由厂外道路与厂内办公楼连接的道路采用主厂道，道宽 6 m；而厂内主要构筑物间布置车行道，道宽 4 m，呈环状布置，相互连通。

(5) 厂区绿化布置

在厂区布置花坛，种植草坪、花木和灌木等，美化污水处理厂环境。

3. 平面布置示例

【例 24-1】 图 24-1 为邯郸市污水处理厂总平面布置图。主要构筑物为格栅、曝气沉砂池、三沟式氧化沟。氧化沟的泥水混合液经浓缩池浓缩后送至均质池，然后至脱水间，经带式压滤机脱水后外运。该厂工艺流程简单，无需初沉池、二沉池、污泥回流和硝化液回流装置。该厂平面布置的特点是：布置简洁。

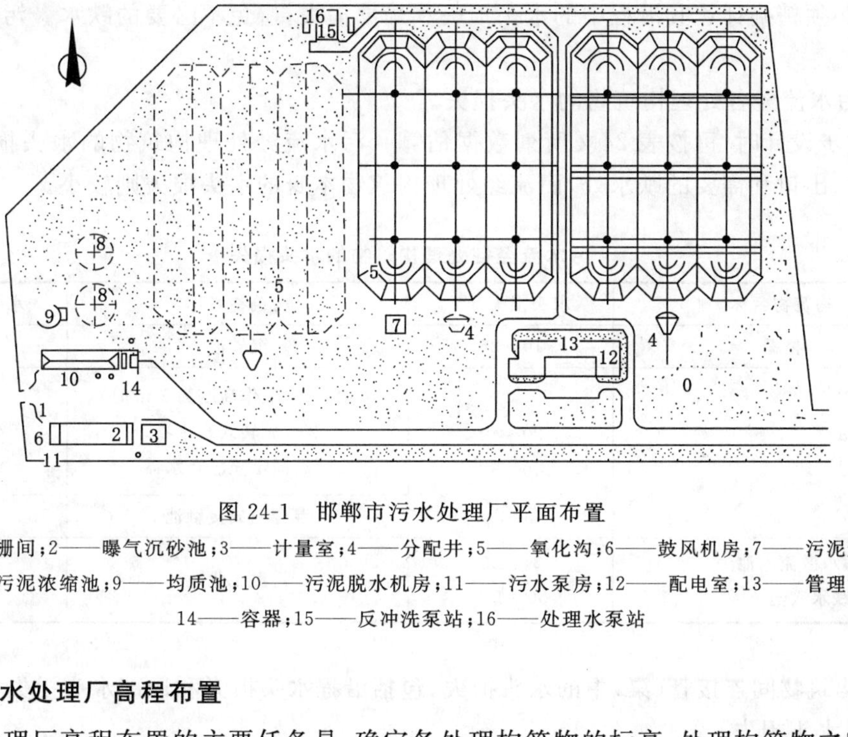

图 24-1　邯郸市污水处理厂平面布置

1——格栅间；2——曝气沉砂池；3——计量室；4——分配井；5——氧化沟；6——鼓风机房；7——污泥泵房；8——污泥浓缩池；9——均质池；10——污泥脱水机房；11——污水泵房；12——配电室；13——管理室；14——容器；15——反冲洗泵站；16——处理水泵站

二、污水处理厂高程布置

污水处理厂高程布置的主要任务是：确定各处理构筑物的标高、处理构筑物之间连接管渠的尺寸及其标高，从而使污水能够按重力流在处理流程中通畅地流动，保证污水处理厂的正常运行。

1. 高程布置原则

① 选择一条距离最长、水头损失最大的流程进行水力计算，并按最大设计流量计算。应适当留有余地，以保证在任何情况下处理系统能够正常运行。

② 高程布置宜充分利用地形，符合排水通畅、降低能耗、平衡土方的要求。在整个污水处理过程中，应尽可能使污水和污泥为重力流。

③ 高程计算时，常以受纳水体的最高水位作为起点，由下游逆推向上游计算，以使处理后的污水在洪水季节也能自流排出，而污水处理厂的总提升泵房需要的扬程较小。

④ 高程的布置既要考虑某些处理构筑物（如沉淀池、调节池、沉砂池等）的放空，但构筑物的挖土深度又不宜过大，以免土建投资过大和增加施工的困难。

⑤ 应满足防洪、防潮和排除内涝的要求，污水处理厂的出水管渠高程，须不受水体洪水顶托。

⑥ 高程布置应注意污水处理流程和污泥流程的结合，尽量减少需提升的污泥量。污泥浓缩池、消化池等构筑物高程的确定，应注意它们的污泥能排入污水井或者其他构筑物的可能性。

⑦ 绘制纵断高程图所采用的比例：纵向 1∶100，横向 1∶500～1∶1 000。

2. 污水处理构筑物高程布置

（1）污水的水头损失

为了降低运行费用和便于维护管理，尽可能使污水在各构筑物之间按重力流或减少提升次数，必须精确计算其沿程中的水头损失和局部损失，避免不必要的跌水。污水水头损失包括：

① 污水流经各处理构筑物的水头损失。

在初步设计时，可按表 24-2 所列数据估算。污水流经处理构筑物的水头损失，主要产生在进口、出口和需要的跌水处，而流经处理构筑物本身的水头损失则较小。

表 24-2　　污水流经各处理构筑物的水头损失

构筑物名称	水头损失/cm	构筑物名称	水头损失/cm
格栅	10～25	沉砂池	10～25
沉淀池：		生物滤池（工作高度为 2 m 时）	
平流式	20～40	装有旋转式布水器	270～280
竖流式	40～50	装有固定喷洒布水器	450～475
辐流式	50～60	混合池或接触池	10～30
曝气池：污水潜流入池	25～50	污泥干化池	200～350
污水跌水入池	50～100		

② 构筑物间连接管（渠）中的水头损失，包括沿程水头损失和局部水头损失。

沿程水头损失

$$h_1 = i \cdot L \tag{24-1}$$

式中　i——水力坡度；

L——管道长度，m。

局部水头损失

$$h_2 = \xi \frac{v^2}{2g} \tag{24-2}$$

式中　v——管内流速，m/s；

ξ——局部阻力系数。

③ 污水流经计量设备的水头损失。

污水处理厂中计量槽、薄壁计量堰、流量计的水头损失应通过计量设施有关计算公式、图表或者设备说明书来确定。

(2) 污水处理构筑物高程布置

污水处理高程计算，设计中一般以污水处理厂最后一个构筑物接触池的水面与地面相平，沿污水处理流程向上推算。但有时在高程布置上考虑土方平衡，设计中以曝气池为基准，确定曝气池的水面与地面相平，由此向两边推算其他构筑物高程。

3. 污泥处理构筑物高程布置

(1) 污泥管道水头损失

$$h_f = 2.49\left(\frac{L}{D^{1.17}}\right)\left(\frac{v}{C_H}\right)^{1.85} \tag{24-3}$$

$$h_i = \xi \frac{v^2}{2g} \tag{24-4}$$

式中 C_H——污泥浓度系数；

D——污泥管管径，m；

L——管道长度，m；

v——管内流速，m/s；

ξ——局部阻力系数。

查计算表可知污泥含水率97%时，污泥浓度系数 $C_H=71$，污泥含水率95%时，污泥浓度系数 $C_H=53$。

(2) 污泥处理构筑物的水头损失

污泥以重力流排出池体时，污泥处理构筑物的水头损失以各构筑物的出流水头计算，初沉池、浓缩池、消化池一般取1.5 m，二沉池一般取1.2 m。污泥以静压排出池体时，只考虑污泥管路的局部和沿程损失。

(3) 污泥高程布置

从污水处理高程可知初沉池液面标高和二沉池液面标高。高程计算的顺序是：① 由初沉池液面推算贮泥池液面高程；② 由二沉池液面高程推算浓缩池液面高程，再由浓缩池液面高程推算贮泥池液面高程；③ 由脱水机房高程，再推算贮泥池高程；④ 确定二沉池至厌氧池的污泥泵提升高度；⑤ 确定贮泥池至污泥脱水机房的污泥提升高度。

4. 高程布置示例

【例 24-2】 B市污水处理厂高程布置如图24-3所示，该厂以紫外消毒渠为基准，试逆算其他构筑物高程。

各处理构筑物的水力计算见表24-3。

表 24-3　构筑物间连接管渠水力计算表

项目	设计流量/(L/s)	管渠设计参数			长度/m
		管径/mm	1 000i	流速/(m/s)	
消毒渠至二沉池	440.00	700	2.24	1.14	15.0
	220.00	500	3.37	1.13	24.0
	110.00	400	2.83	0.88	43.0
二沉池至配水井	110.00	400	2.83	0.88	23.5
配水井至曝气池	220.00	500	3.37	1.13	17.0

续表 24-3

项目	设计流量/(L/s)	管渠设计参数			长度/m
		管径/mm	1 000i	流速/(m/s)	
曝气池至缺氧池	110.00	400	2.83	0.88	24.4
缺氧池至厌氧池	110.00	400	2.83	0.88	28.8
	220.00	500	3.37	1.13	8.0
厌氧池至旋流沉砂池	110.00	400	2.83	0.88	7.7
	220.00	500	3.37	1.13	68.8
	440.00	700	2.24	1.14	14.6
沉砂池至细格栅	440.00	900	1.89	1.24	23.8
细格栅至一级提升泵	440.00	900	1.89	1.24	8.6
一级提升泵至粗格栅	440.00	900	1.89	1.24	6.0

高程计算如下：

消毒渠中水位　80.000 m

沿程损失　$0.00224\times15+0.00337\times24+0.00283\times43=0.236$ (m)

局部损失　$3\times\dfrac{0.44^2}{2g}+1.5\times\dfrac{0.22^2}{2g}+0.65\times\dfrac{0.11^2}{2g}=0.035$ (m)

其中管件包括：三通 2 个（$\xi_1=3$，$\xi_2=1.5$），弯头 1 个（$\xi_2=0.65$）

合计　0.271 m

二沉池出水堰中水位　80.271 m

起端水深　0.5 m

自由跌落　0.1 m

堰上水头　0.02 m

合计　0.62 m

二沉池中水位　80.891 m

沿程损失　$0.00283\times23.5=0.067$ (m)

局部损失　$0.65\times\dfrac{0.11^2}{2g}=0.001$ (m)

其中管件包括：弯头 1 个（$\xi=0.65$）

合计　0.068 m

配水井外圈水位　80.959 m

自由跌落　0.100 m

配水井内圈水位　81.059 m

沿程损失　$0.00337\times17=0.057$ (m)

局部损失　$0.96\times\dfrac{0.22^2}{2g}=0.003$ (m)

其中管件包括：90°弯头 1 个（$\xi=0.96$）

合计　0.060 m

好氧池出水堰中水位　81.119 m

自由跌落　0.2 m

好氧池中水位　81.319 m

自由跌落　0.2 m

好氧池配水渠中水位　81.519 m

沿程损失　$0.002\,83\times 24.4=0.069$ (m)

局部损失　$2\times 0.9\times \frac{0.11^2}{2g}=0.001$ (m)

其中管件包括：90°弯头 2 个($\xi=0.9$)

合计　0.070 m

缺氧池中水位　81.589 m

沿程损失　$0.003\,37\times 8+0.002\,83\times 28.8=0.109$ (m)

局部损失　$1\times \frac{0.22^2}{2g}+1.5\times \frac{0.22^2}{2g}=0.006$ (m)

其中管件包括:三通 2 个(叉管 $\xi_1=1.5$，$\xi_2=1.0$)

合计　0.115 m

厌氧池中水位　81.704 m

沿程损失　$0.002\,83\times 7.7+0.00337\times 68+0.002\,24\times 14.6=0.284$ (m)

局部损失　$1.5\times \frac{0.44^2}{2g}+1.02\times \frac{0.44^2}{2g}+0.96\times \frac{0.22^2}{2g}=0.027$ (m)

其中管件包括:三通 2 个($\xi_1=1.5$，$\xi_2=1.02$)，弯头 1 个($\xi_2=0.96$)

合计　0.311

沉砂池出水堰中水位　82.015 m

自由跌落　0.2 m

沉砂池中水位　82.215 m

自由跌落　0.1 m

旋流沉砂池进水渠中水位　82.315 m

沿程损失　$0.001\,89\times 23.8=0.045$ (m)

局部损失　$1.07\times \frac{0.44^2}{2g}=0.011$ (m)

其中管件包括:弯头 1 个($\xi=1.07$)

合计　0.056 m

细格栅栅后水位　82.371 m

过栅损失　0.1 m

细格栅栅前水位　82.471 m

根据上述高程计算结果绘制的高程布置图见图 24-2。由计算可知，整个污水处理流程，从栅前水位 82.471 m 开始到消毒渠 80.00 m，全部水头损失为 2.471 m。

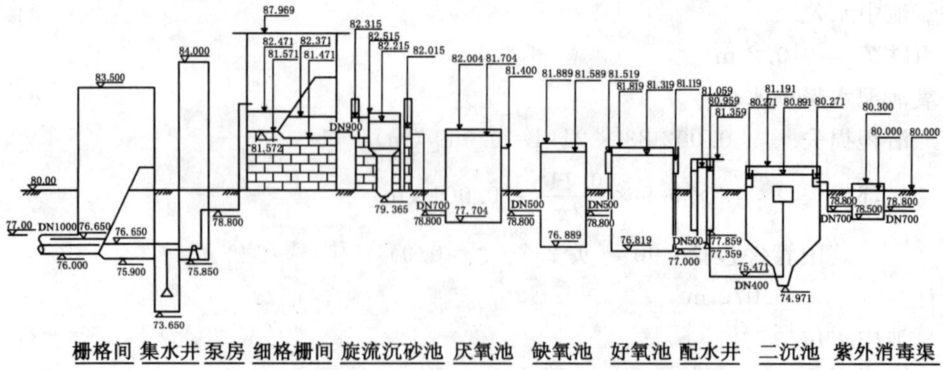

图 24-2 B市污水处理厂污水处理高程布置图

参考文献

[1] 北京市市政工程设计总院. 给排水设计手册[M]. 第 2 版. 北京:中国建筑工业出版社,2004.
[2] 陈观文,徐平,等. 分离膜应用与工程案例[M]. 北京:国防工业出版社,2007.
[3] 崔玉川,刘振江,张绍怡,等. 城市污水处理厂处理设施设计计算[M]. 北京:化学工业出版社,2006.
[4] 崔玉川,杨崇豪,张东伟. 城市污水回用深度处理设施设计计算[M]. 北京:化学工业出版社,2006.
[5] 高廷耀,顾国维,周琪. 水污染控制工程(下册)[M]. 第 3 版. 北京:高等教育出版社,2007.
[6] 高雪,付乐,陈才高,李跃增,李树苑. 高效浅层气浮工艺除藻效能研究[J]. 中国给水排水,2014,30(22):18-22.
[7] 耿土锁. 纤维球过滤技术是最基本和最经济的污水深度处理技术[J]. 西南给排水,2010,32(5):18-21.
[8] 顾夏声. 污水生物处理数学模式[M]. 第 3 版. 北京:清华大学出版社,1993.
[9] 韩剑宏,于玲红,张克峰. 中水回用技术及工程实例[M]. 北京:化学工业出版社,2004.
[10] 郝晓地,张健. 污水处理的未来:回归原生态文明[J]. 中国给水排水,2015(20):1-7.
[11] 何绪文,宋志伟,王殿芳,等. 反渗透技术在煤矿苦咸水处理中的应用研究[J]. 中国矿业大学学报,2002,31(6):618-621.
[12] 何绪文,肖宝清,王平. 废水处理与矿井水资源化[M]. 北京:煤炭工业出版社,2002.
[13] 胡冬冬,杨云龙. 高矿化度矿井水除盐方法的研究[J]. 山西建筑,2008,34(8):194-195.
[14] 黄慧,王梅芳,王长平,等. 浅层气浮除藻工艺中试试验[J]. 净水技术,2015,34(6):55-59.
[15] 黄霞,文湘华. 水处理膜生物反应器原理与应用[M]. 北京:科学出版社,2018.
[16] 蒯琳萍. 从 OLND 工艺的应用谈活性污泥法的下一个百年[J]. 净水技术,2016,35(2):1-5.
[17] 李安峰,等. 膜生物反应器技术与应用[M]. 北京:化学工业出版社,2013.
[18] 李国东,王薇,李凤娟,等. 反渗透膜的研究进展[J],高分子通报,2010(7):37-42.
[19] 李慧,李涛,王文. 高效沉淀池的工艺设计与应用案例[J]. 净水技术 2012,31(2):84-87.
[20] 刘珺,周培国. 趋磁细菌应用于重金属废水处理的研究进展[J]. 环境科技,2008,21(6):60-66.

[21] 刘艳艳，韩宏大．生物陶粒过滤技术在饮用水处理中的研究进展［J］．天津科技，2007(1)：49-51.

[22] 刘智晓，Gert Petersen，张伟，等．低碳源条件下利用侧流活性污泥水解技术强化生物脱氮除磷［J］．给水排水，2013(1)：53-57.

[23] 鲁继川，孙悦．生物流化床处理生活污水的试验研究［J］．浙江化工，2008，39(1)：14-16.

[24] 马溪平等．厌氧微生物学与污水处理［M］．北京：化学工业出版社，2005.

[25] 梅特卡夫和埃迪公司(美)．废水工程处理及回用［M］．第4版．北京：化学工业出版社，2004.

[26] 苗娜，朱铁群，李小伟，等．过滤技术在污水再生回用中的应用［J］．广东化工，2011，38(284)：122-124.

[27] 聂梅生．水工业工程设计手册：废水处理及再用［M］．北京：中国建筑工业出版社，2002.

[28] 皮姗姗，李昂，魏薇，等．微生物絮凝剂在水污染控制中的研究进展［J］．中国给水排水，2017，33(16)：27-31.

[29] 钱易，米祥友．现代废水处理新技术［M］．北京：中国科学技术出版社，1993.

[30] 任南琪．厌氧生物技术原理与应用［M］．北京：化学工业出版社，2004.

[31] 上海市离心机械研究所有限公司．离心脱水干燥一体机热风循环系统：CN201520830238.7［P］．2016-04-20.

[32] 邵刚．膜法水处理技术［M］．第2版．北京：冶金工业出版社，2000.

[33] 沈耀良，王宝贞．废水生物处理新技术［M］．北京：中国环境科学出版社，2006.

[34] 宋志伟，曹雯雯，王秋旭，等．好氧颗粒污泥对膜生物反应器污泥性能的影响［J］．环境工程学报，2014，8(9)：3725-3730.

[35] 宋志伟，张芙蓉，曲直，等．A/O和A^2/O工艺对膜生物反应器处理焦化废水影响的研究［J］．环境工程学报，2009，3(12)：136-140.

[36] 孙德智．环境中的高级氧化技术［M］．北京：化学工业出版社，2002.

[37] 唐受印等．废水处理工程［M］．第2版．北京：化学工业出版社，2004.

[38] 唐晓东，邓杰义，李晶晶，等．复合高分子絮凝剂的制备及研究进展［J］．工业水处理，2015，35(2)：1-5.

[39] 田富强，申向东．水污染处理中絮凝剂的研究现状及展望［J］．广东化工，2018，15(45)：183-193.

[40] 王俊九，褚立强，范广宇，等．支撑液膜分离技术［J］．水处理技术，2001，27(4)：117-118.

[41] 王世和，周飞．深层过滤理论与长纤维高速过滤器［M］．北京：化学工业出版社，2008.

[42] 王祥勇，陈洪斌，阮久丽．污水和再生水臭氧消毒的研究和应用［J］．水处理技术，2010，36(4)：19-23.

[43] 王小文，张雁秋，宋志伟，等．水污染控制工程［M］．北京：煤炭工业出版社，2002.

[44] 吴礼光，周勇，张林，等．反渗透复合膜功能材料研究进展［J］．化学进展，2008，20(7)：1216-1221.

[45] 吴斯文，张建明，胡新立，等. 混合絮凝及周进周出沉淀池工艺设计[J]. 工业用水与废水，2012(43)：57-60.

[46] 夏沈阳，李孟，闫爱萍，等. 浅层气浮-吸附再生-氧化沟工艺处理再生纸废水工程[J]. 给水排水，2014，40 (11)：42-44.

[47] 许保玖. 现代给水与废水处理原理[M]. 北京：高等教育出版社，1990.

[48] 杨基成，曾抗美，梁宏，等. 臭氧法在城市污水消毒中的应用[J]. 环境科学与技术，2004，27(1)：64-65.

[49] 尹军，崔玉波. 人工湿地污水处理技术[M]. 北京：化学工业出版社，2006.

[50] 岳秀萍，王嘉斌，陈立宁，等. 新型网状滤料过滤工艺及其设计[J]. 中国给水排水，2005，21(9)：105-107.

[51] 张林生. 水的深度处理与回用技术[M]. 第 2 版. 北京：高等教育出版社，2008.

[52] 张希衡. 水污染控制工程(修订版)[M]. 北京：冶金工业出版社，1998.

[53] 张忠祥，钱易. 废水生物处理新技术[M]. 北京：清华大学出版社，2004.

[54] 张自杰，林荣忱，金儒霖. 排水工程(下册)[M]. 第 4 版. 北京：中国建筑工业出版社，2000.

[55] 周雹. 活性污泥工艺简明原理及设计计算[M]. 北京：中国建筑工业出版社，2005.

[56] 邹伟国，陆嘉，张辰，等. 曝气生物滤池在脱氮除磷工艺中的应用[J]. 环境工程，2004，22(5)：27-29.

[57] Amjad Z(美). 反渗透—膜技术・水化学和工业应用[M]. 北京：化学工业出版社，1999.

[58] BARNARD J L，DUNLAP P，STEICHEN M，et al. Rethinking the Mechanisms of Biological Phosphorus Removal [J]. Water Environment Research，2017，89 (11)：2043-2054.

[59] DEBELLEFONTAINE F，FOUSSARD J N. Wet air oxidation for the treatment of industrial wastes，chemical aspects，reactor design and industrial application in Europe [J]. Waste Management，2000，20(1)：15-25.

[60] MIGUEL R，SIXTO M，CESAR P，et al. Optimizing the solar photo Fenton process in the treatment of contaminated water，Determination of intrinsic kinetic constants for scale up[J]. Solar Energy，2005，3(35)：360-368.

[61] PARKS J W，LEE Y J，MEYER A S，et al. Bacterial growth through microfiltration membrane and NOM characteristics in an MF-RO integrated membrane systems：Lab-scales and full-scales studies[J]. Water Research，2018，11(1)：36-45.

[62] SMITHA B，SUHANYA D，SRIDHAR S，et al. Separation of organic-organic mixtures by pervaporation-A review[J]. Journal of Membrane Science，2004，241(1)：1.

[63] SONG Z W，LI T，WANG Q X，et al. Influence of microbial community structure of seed sludge on the properties of aerobic nitrifying granules[J]. Journal of Environmental Sciences，2015(35)：144-150.

[64] STEVEN T，WEINMAN，FIERCE E M，et al. Nanopatterning commercial nanofiltration and reverse osmosis membranes[J]. Separation and Purification，2019 (1)：

646-657.

[65] YESHI C, HONG K B, VAN LOOSDRECHT M C, et al. Mainstream partial nitritation and anammox in a 200,000 m^3/day activated sludge process in Singapore: scale-down by using laboratory fed-batch reactor[J]. Water Science & Technology, 2016, 74(1): 48-56.